“十二五”国家重点图书出版规划项目

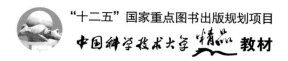

中国科学技术大学精品教材

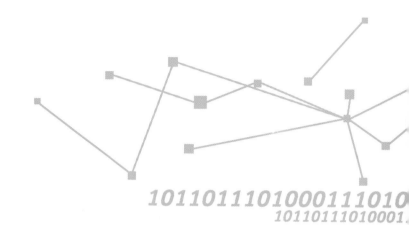

李嗣福 等 编著

Computer Control Fundamental

计算机控制基础

第3版

中国科学技术大学出版社

内 容 简 介

本书系统地阐述了计算机控制系统分析、设计与工程实现的基本理论和方法,以及模型预测控制的基本原理和算法。全书共 8 章,主要内容有:信号转换与 Z 变换、计算机控制系统数学描述、动态分析、基于输入输出模型设计、基于状态空间模型设计、模型预测控制算法及设计和计算机控制系统的工程实现技术。其中,"模型预测控制算法及设计"一章系统讲述基于系统时间响应序列(即系统单位脉冲或单位阶跃响应序列)的各种模型预测控制算法及其设计方法,也包括一些作者多年来在这方面的研究成果。模型预测控制是 20 世纪 70 年代末发展起来的一类新型的最具适用意义和广泛应用前景的计算机控制策略。这章内容也是本书有别于同类教材的一个重要特点。

本书可作为高等学校自动化和电子技术及相关专业的本科生、研究生教材,也可供有关科技人员和教师参考。

图书在版编目(CIP)数据

计算机控制基础/李嗣福等编著. —3 版. —合肥:中国科学技术大学出版社,2014.7
(2025.2 重印)
(中国科学技术大学精品教材)
"十二五"国家重点图书出版规划项目
ISBN 978-7-312-03550-0

Ⅰ. 计⋯ Ⅱ. 李⋯ Ⅲ. 计算机控制 Ⅳ. TP273

中国版本图书馆 CIP 数据核字(2014)第 145023 号

中国科学技术大学出版社出版发行
地址:安徽省合肥市金寨路 96 号,230026
网址:http://press.ustc.edu.cn
安徽省瑞隆印务有限公司印刷

开本:787 mm×1092 mm 1/16 印张:26.75 插页:2 字数:654 千
2001 年 9 月第 1 版 2014 年 7 月第 3 版 2025 年 2 月第 4 次印刷
定价:75.00 元

总　序

　　2008 年，为庆祝中国科学技术大学建校五十周年，反映建校以来的办学理念和特色，集中展示教材建设的成果，学校决定组织编写出版代表中国科学技术大学教学水平的精品教材系列。在各方的共同努力下，共组织选题 281 种，经过多轮、严格的评审，最后确定 50 种入选精品教材系列。

　　五十周年校庆精品教材系列于 2008 年 9 月纪念建校五十周年之际陆续出版，共出书 50 种，在学生、教师、校友以及高校同行中引起了很好的反响，并整体进入国家新闻出版总署的"十一五"国家重点图书出版规划。为继续鼓励教师积极开展教学研究与教学建设，结合自己的教学与科研积累编写高水平的教材，学校决定，将精品教材出版作为常规工作，以《中国科学技术大学精品教材》系列的形式长期出版，并设立专项基金给予支持。国家新闻出版总署也将该精品教材系列继续列入"十二五"国家重点图书出版规划。

　　1958 年学校成立之时，教员大部分来自中国科学院的各个研究所。作为各个研究所的科研人员，他们到学校后保持了教学的同时又作研究的传统。同时，根据"全院办校，所系结合"的原则，科学院各个研究所在科研第一线工作的杰出科学家也参与学校的教学，为本科生授课，将最新的科研成果融入到教学中。虽然现在外界环境和内在条件都发生了很大变化，但学校以教学为主、教学与科研相结合的方针没有变。正因为坚持了科学与技术相结合、理论与实践相结合、教学与科研相结合的方针，并形成了优良的传统，才培养出了一批又一批高质量的人才。

　　学校非常重视基础课和专业基础课教学的传统，也是她特别成功的原因之一。当今社会，科技发展突飞猛进、科技成果日新月异，没有扎实的基础知识，很难在科学技术研究中作出重大贡献。建校之初，华罗庚、吴有训、严济慈等老一辈科学家、教育家就身体力行，亲自为本科生讲授基础课。他们以渊博的学识、精湛的讲课艺术、高尚的师德，带出一批又一批杰出的年轻教员，培养了一届又一届优秀学生。入选精品教材系列的绝大部分是基础课或专业基础课的教材，其作者大多直接或间接受到过这些老一辈科学家、教育家的教诲和影响，因此在教材中也贯穿着这些先辈的教育教学理念与科学探索精神。

　　改革开放之初，学校最先选派青年骨干教师赴西方国家交流、学习，他们在带回先进科学技术的同时，也把西方先进的教育理念、教学方法、教学内容等带回到中国科学技术大学，并以极大的热情进行教学实践，使"科学与技术相结合、理论与实践相结合、教学与科研相结合"的方针得到进一步深化,取得了非常好的效果,培养的学生得到全社会的认可。这些教学改革影响深远,直到今天仍然受到学生的欢迎,并辐射到其他高校。在入选的精品教材中,这种理念与尝试也都有充分的体现。

中国科学技术大学自建校以来就形成的又一传统是根据学生的特点,用创新的精神编写教材。进入我校学习的都是基础扎实、学业优秀、求知欲强、勇于探索和追求的学生,针对他们的具体情况编写教材,才能更加有利于培养他们的创新精神。教师们坚持教学与科研的结合,根据自己的科研体会,借鉴目前国外相关专业有关课程的经验,注意理论与实际应用的结合,基础知识与最新发展的结合,课堂教学与课外实践的结合,精心组织材料、认真编写教材,使学生在掌握扎实的理论基础的同时,了解最新的研究方法,掌握实际应用的技术。

入选的这些精品教材,既是教学一线教师长期教学积累的成果,也是学校教学传统的体现,反映了中国科学技术大学的教学理念、教学特色和教学改革成果。希望该精品教材系列的出版,能对我们继续探索科教紧密结合培养拔尖创新人才,进一步提高教育教学质量有所帮助,为高等教育事业作出我们的贡献。

中国科学技术大学校长
中国科学院院士
第三世界科学院院士

第 3 版前言

《计算机控制基础》一书于 2001 年出版,2006 年修订出了第 2 版。十多年来,这本书在有关计算机控制基本理论及技术的教学以及相关知识传播和学术研究等方面发挥了积极的作用,产生了较好的社会效益。第 2 版图书业已售完,出版社拟将其修订出第 3 版。适逢 2012 年中国科学技术大学为了加强教材建设,由校教务处、研究生院和出版社联合组织学校年度精品教材出版项目。经评审,本书列入了该出版项目,并获得一定的经费支持。作者对此深感荣幸,并按该出版项目的要求,十分认真地对本书的第 2 版进行了重新修订,以使第 3 版无愧为中国科学技术大学的精品教材。

这次修订,考虑到本书的第 8 章内容所涉及的计算机硬件和软件技术发展变化很大,原有很多内容相对陈旧过时,所以着重对第 8 章的内容作了大幅的修改。将其中 8.1 节改为计算机控制系统工程实现的步骤及其任务;将其 8.2 节改为重点讲述单机集中式和多机分布式(即集散系统)计算机控制系统的结构及其特点;在其 8.3 节软件实现中,增加了控制算法的实现和减少在线计算产生时延的方法;将其 8.4 节硬件实现改为着重系统讲述单机集中式计算机控制系统的主要部件的结构及其技术要求以及设计选择的准则和依据。除此之外,对第 1 章也作了少量修改,在 1.1 节末,增加了一段关于计算机控制系统中的各种信号的说明;同时在其中增加了 1.3 节有关计算机控制系统分析设计理论的简要介绍,以使读者在学习本课程前对计算机控制的基本理论有一个整体概括的了解,以便在学习后面各章具体理论知识时,易于从理论整体高度加深理解。其余各章均未作较大的改动,仅个别地方因叙述不清或不够严谨,重新作了一些修改或补充说明。

在这次修订工作中,中国科学技术大学自动化系薛美盛老师给予很多支持和帮助,提供了不少非常好的参考文献资料,在此深表感谢。

这次修订改动最多的第 8 章原是以作者学生陈忠保博士为主编写的,因他移居海外多年,不能参与修订,只能由作者自己执笔修订。但这章相关知识非作者所长,作者在此方面的水平十分有限,所以难免会有不妥和错误之处,因此真诚欢迎读者不吝赐教指正。

李嗣福

2014 年 1 月 16 日

于中国科学技术大学

第 2 版前言

《计算机控制基础》这本教材是 2001 年出版的,中国科学技术大学信息学院一直将其作为本科生和部分研究生的计算机控制课程的教材,使用效果较好,师生反映其内容系统,思路清晰,讲述清楚,易于阅读理解。由此本书曾获得中国科学技术大学 2002 年度优秀教材一等奖。因第 1 版图书现已售完,为满足教学需要,出版社决定再版重印。

考虑到计算机控制系统分析设计的基本理论方法相对比较稳定,近几年来没有什么实质性大的发展变化,这次再版便没有作大的改动,基本上保持了原版内容、结构的全貌,仅仅作了一些局部少量的修订。具体包括:① 对原版作了一次全面仔细的勘校,对由于书写、输入、打印以及校对疏忽造成的错误进行了订正;② 对原版中个别阐述不清、不妥或错误的地方作了修改;③ 在第 5 章的数字 PID 控制、极点配置设计和最少拍控制系统设计等几节中分别增加了 Smith 预估补偿 PID 控制、大林控制器设计和卡尔曼控制器设计等内容。这几节同其所增加的内容存在一定的内在联系。

这次再版修订工作,中国科学技术大学自动化系薛美盛副教授参与了部分勘校工作,并对修订提出了一些宝贵意见,特在此致谢。

因本人学识和文字编写能力有限,本版虽经再次勘校修订,但其中仍难免有不妥或错误之处,真诚欢迎读者不吝赐教批评。

李嗣福

2006 年 1 月 22 日

于中国科学技术大学

前　言

本书是为高等学校自动化、控制理论与工程及其相关专业的计算机控制课程编写的教材,取名《计算机控制基础》。

自 20 世纪 80 年代以来,为适应计算机控制教学发展的需求,国内先后出版了一批各具特色的计算机控制理论与技术的教材。这些教材在计算机控制教学和工程推广应用中发挥了很大作用。本书综合借鉴了国内外现有的一些优秀计算机控制教材,取材主要是有关计算机控制系统分析、设计和工程实现方面的基本理论和基本方法。内容力求系统、简练、有新意,注重基础性、实用性和先进性;结构力求自然清晰、层次分明,注意各章节的联系与呼应;理论阐述力求概念清楚、论证严谨,注重理解思路和启发;语言力求简明、通俗易懂,便于阅读自学。

全书共分 8 章。第 1 章概述计算机控制系统的组成、类型、特点以及其发展概况和趋势;第 2 章讲述信号采样与重构、采样信号数学描述与分析,以及有关 Z 变换的数学知识;第 3 章讲述计算机控制系统的数学描述,侧重介绍差分方程、Z 传递函数、脉冲响应序列以及状态空间表示式等离散系统的 4 种数学模型及其相互关系;第 4 章讲述计算机控制系统稳定性和稳态及动态分析;第 5、6 两章分别讲述计算机控制系统基于输入输出模型和状态空间模型的一些典型设计方法和算法;第 7 章介绍最近二十多年来新发展的模型预测控制的原理、典型算法以及算法改进与分析,其中包括了作者自己多年来在这方面的一些研究成果;第 8 章简要介绍计算机控制系统工程实现中的一些基本知识,其中包括系统总体设计任务及步骤、计算机分布控制系统(DCS)及现场总线控制系统(FCS)的结构和特点、计算机控制系统软件与硬件设计思路与要求,以及抗干扰技术等。

本书可用于本科生或研究生教学,也可供从事自动化及其相关技术工作的科技人员参考。用于本科生教学可安排 54~72 学时,重点讲授前 5 章和第 8 章;用于研究生教学可安排 54 学时,重点讲授后 4 章内容。

本书第 8 章由魏衡华副教授和陈忠保博士完成,其余各章和全书统稿审校均由作者本人完成。本书的写作出版得到了中国科学技术大学教务处和自动化系吴刚教授、奚宏生教授的关心和支持,仝茂达教授审阅了前 7 章,并提出了很多宝贵的建设性意见,学生李亚秦、许自富为整理、打印书稿付出了辛勤劳动,在此一并致谢。

由于作者知识水平有限,书中难免有不妥或错误之处,诚请读者批评指正。

李嗣福

2001 年 3 月 20 日

于中国科学技术大学

目　　次

第 1 章　计算机控制系统概述

众所周知,计算机具有信息存储记忆、逻辑判断推理和快速数值计算功能,是一种强大的信息处理工具,其应用已经渗透到人类活动的各个领域,强有力地推动着科学与技术的全面进步。随着计算机技术的迅猛发展,计算机在工程控制中的应用也越来越广泛。如今计算机控制已广泛应用于各行各业技术工程和各类工业生产制造过程的控制中。人们在计算机控制推广应用的技术实践中不断总结、创新,促进了计算机控制系统的分析设计理论和方法以及工程实现技术的不断发展和完善,已使计算机控制成为以控制理论和计算机技术为基础的一门新的工程科学技术,成了从事自动化技术工作的科技人员必须掌握的一门专业知识。本书将侧重系统讲述有关计算机控制系统分析及设计的基本理论和方法,以及一些较为实用的计算机先进控制算法,并简要概述计算机控制系统工程实现技术。

本章概述计算机控制系统的组成、类型、特点和计算机控制系统分析设计理论简介,以及计算机控制的发展概况及趋势。

1.1　计算机控制系统的组成

1.1.1　计算机反馈控制系统及其中信号类型

计算机控制系统简单地说,就是由计算机和自动化仪表装置与被控对象连接而成的具有各种自动化功能的技术工程系统。其中计算机反馈控制系统典型结构如图 1.1 所示。系统中由被控对象、测量仪表和执行装置构成的广义被控对象绝大多数都是连续系统,其输入和输出信号均为连续的模拟信号,而计算机则是一个数字信号处理系统,进、出计算机的信号和计算机运算处理的信号均为数字信号,因此,广义被控对象和计算机之间,必须采用模/数(A/D)转换器和数/模(D/A)转换器来实现模拟信号与数字信号之间的相互转换,从而使得被控对象与计算机之间的信号传递形成闭合回路,构成反馈系统。系统中计算机的作用相当于传统模拟控制系统中的控制器,计算机按照时间很短的重复周期(即采样周期)不断地由 A/D 转换器获得被控量的数字测量信号 $y_m(k)$ 和数字参考输入信号 $r(k)$,并按照预定的反馈控制律(亦即控制算法)计算出数字控制信号 $u(k)$,再通过 D/A 转换器转换成模

拟控制信号 $u(t)$ 驱动执行装置,从而实现对被控对象的反馈控制。

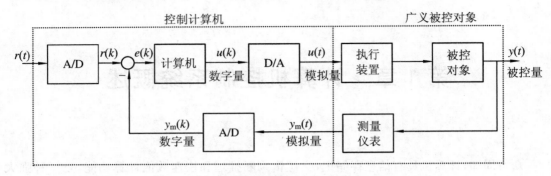

图 1.1　典型计算机反馈控制系统结构框图

由图 1.1 可知,计算机控制系统总是由连续环节的广义被控对象(其输入和输出均为连续时间信号)和离散环节的计算机(其输入和输出均为离散时间信号)通过 A/D 和 D/A 转换器连接而成的。系统中总是同时存在着连续时间和离散时间信号,所以计算机控制系统就其结构和信号而言是一种混合系统。因系统中的离散时间信号是由连续时间信号通过 A/D 过程中的周期采样获得的,故又称为采样系统。

计算机控制系统中的信号形式多样,若按信号时间特征可分为:

· 连续时间信号:指随着时间持续不间断的,在任何时刻都可取值的信号;

· 离散时间信号:指随着时间断续出现的,只可在离散间断的时刻取值的信号。

若按信号幅值特征可分为:

· 连续幅值信号:指幅值可连续变化,即可以是任何值的信号;

· 离散幅值信号:指幅值不是连续变化,只是离散值的信号。

如果将信号的时间特征和幅值特征两者组合,则计算机控制系统中的信号可分为如下四种类型:

(1) 连续时间连续幅值信号简称连续信号或模拟信号:具体有,系统被控量 $y(t)$ 及其测量 $y_m(t)$ 和系统参考输入 $r(t)$ 以及被控对象内部各状态量 $x_i(t)$ 等信号;

(2) 连续时间离散幅值信号也简称连续信号:具体有,D/A 转换器中的零阶保持器输出的幅值为阶梯式的控制信号 $u(t)$ 和计算机内存储的数字信号;

(3) 离散时间离散幅值信号简称离散信号:具体指计算机输入和输出以及运算处理的数字信号;

(4) 离散时间连续幅值信号:具体指 A/D 转换器中的采样开关后面的采样信号 $y^*(t)$。

说明一点,以上几种信号,按幅值特征分的连续幅值和离散幅值两类信号的差别仅是整量化误差,差别很小,对系统作用无实质性区别,其差异一般较少考虑。而按时间特征分的连续时间和离散时间两类信号则有很大差别,对系统的作用有着实质性区别。所以后面论及有关信号对系统影响时,主要关注和讨论的是这两类信号,凡提及连续信号和离散信号,若无说明,则均指连续时间和离散时间信号。此外,本书讲的计算机控制系统,若无特别说明,则均指计算机控制的线性时不变系统。

1.1.2 计算机控制系统的组成

由上可知,计算机是计算机控制系统中的核心装置,是系统中信号处理和决策的机构,相当于控制系统的神经中枢。虽然计算机控制系统中的被控对象和控制任务多种多样,但是就系统中的计算机而言,计算机控制系统其实也就是计算机系统,系统中的广义被控对象可以看作是计算机外部设备。因此,所有计算机控制系统都和一般计算机系统一样,是由硬件和软件两部分组成的。

1. 硬件组成

计算机控制系统的硬件主要由主机、外部设备、过程输入输出设备和广义被控对象组成,如图 1.2 所示。现分述如下:

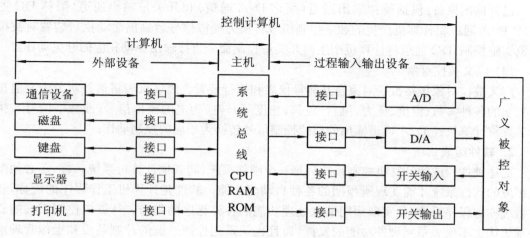

图 1.2　计算机控制系统的硬件组成框图

（1）主机

由中央处理器(CPU)和内存储器(RAM 和 ROM)以及定时器(TIMER)通过系统总线连接的主机是计算机的核心,也是整个控制系统的核心。它按照预先存放在内存中的程序、指令,不断通过过程输入设备获取反映被控对象运行工况的信息,并按程序中规定的控制算法,或操作人员通过键盘输入的操作命令自动地进行运算和判断,及时地产生并通过过程输出设备向被控对象发出相应控制命令,以实现对被控对象的自动控制目标。

（2）外部设备

常用的外部设备有四类:输入设备、输出设备、外存储器和通信设备。

输入设备:常用的是键盘,用来输入(或修改)程序、数据和操作命令。

输出设备:通常有打印机、显示器等,它们以字符、曲线、表格、图形等形式来反映被控对象的运行工况和有关控制信息。

外存储器:通常是磁盘(包括硬盘、USB 内存盘和光盘)。它们兼有输入和输出两种功能,用来存放程序和数据,作为内存储器的后备存储器。

通信设备:用来与其他相关计算机控制系统或计算机管理系统进行联网通信,形成规模更大,功能更强的网络分布式计算机控制系统。

以上常规外部设备通过接口与主机连接便构成具有科学计算和信息处理功能的通用计算机,但是这样的计算机不能直接用于控制。如果用于控制,还需要配备过程输入输出设备构成控制计算机。

（3）过程输入输出设备

过程输入输出(简称 PIO)设备是计算机与广义被控对象之间信息联系的桥梁和纽带,计算机与广义被控对象之间的信息传递都是通过 PIO 设备进行的。PIO 设备分过程输入设备和过程输出设备。

过程输入设备:包括模拟输入通道(简称 A/D 通道)和开关量输入通道(简称 DI 通道),分别用来将测量仪表测得的被控对象各种参数的模拟信号和反映被控对象状态的开关量或数字信号输入计算机。

过程输出设备:包括模拟输出通道(简称 D/A 通道)和开关量输出通道(简称 DO 通道)。D/A 通道将计算机产生的数字控制信号转换为模拟信号后输出驱动执行装置对被控对象实施控制;DO 通道将计算机产生的开关量控制命令直接输出驱动相应的开关动作。

（4）广义被控对象

广义被控对象包括被控对象及其测量仪表和执行装置。测量仪表将被控对象需要监视和控制的各种参数(温度、压力、流量、位移、速度等)转换为电的模拟信号(或数字信号),执行装置将计算机经 D/A 通道输出的模拟控制信号转换为相应的控制动作。

2. 软件组成

上述硬件构成的计算机控制系统只是一个硬件系统,同其他计算机系统一样,还必须配备相应的软件系统才能实现所预期的各种自动化功能。软件是计算机工作程序的统称,软件系统亦即程序系统,是实现预期信息处理功能的各种程序的集合。计算机控制系统的软件系统优劣不仅关系到硬件功能的发挥,而且也关系到控制系统的控制品质和操作管理水平。计算机控制系统的软件系统通常由系统软件和应用软件两大类软件组成。

（1）系统软件

系统软件即为计算机通用性软件,主要包括操作系统、数据库系统和一些公共服务软件(如各种计算机语言编译、程序诊断以及网络通信等软件)。系统软件通常由计算机厂家和软件公司研制,可以从市场上购置。计算机控制系统设计人员一般没有必要研制系统软件,但是需要了解和学会使用系统软件,以便更好地开发应用软件。

（2）应用软件

应用软件是计算机在系统软件支持下实现各种应用功能的专用程序。计算机控制系统的应用软件一般包括控制程序,过程输入和输出接口程序,人机接口程序,显示、打印、报警和故障联锁程序等。其中控制程序用来执行预先设计的控制算法,它的优劣直接影响控制系统品质;过程输入和输出接口程序与过程输入和输出通道硬件相配合实现计算机与被控对象之间的数据信息传递,一方面为控制程序提供反映被控对象运行工况的数据,另一方面又将控制程序运行结果所产生的控制信号送出驱动执行装置。一般情况下,应用软件应由计算机控制系统设计人员根据所确定的硬件系统和软件环境来开发编写。

应当指出,计算机控制系统中的控制计算机(简称控制机或工控机)跟通常用作信息处理的通用计算机(如 PC 机)不仅在结构方面而且在技术性能方面都有较大差别。由于控制机要对被控对象进行实时控制和监视,需要不间断长期可靠地工作,而且其工作环境一般都较恶劣,所以控制机不仅需要配置过程输入输出设备实现与被控对象之间的信息联系,而且还必须具有实时响应能力和很强的抗干扰能力以及很高的可靠性。控制机可靠性一般要求整机系统及其功能模板的 MTBF(平均无故障时间)分别为 1 年和 10 年以上,因此,控制机通常都是由专门厂家按照其技术性能要求采用模块化、标准化、系列化设计生产制造的,或是选用专门厂家生产的控制机系列功能模板和部件,通过组装构成。控制机的实时响应能力是指计算机中信号的一次输入、运算和输出能在规定的很短时间内完成,并且能够根据被控对象的参数变化及时地作出相应处理的能力。控制机实时响应能力不仅取决于计算机硬件性能指标,而且更多地取决于系统软件和应用软件。因此,在选用系统软件和设计编写应用软件时,应该考虑到对软件的实时性要求,并设法提高应用软件的质量,减少程序的计算和执行时间。

1.2　计算机控制系统的类型和特点

1.2.1　计算机控制系统的类型

随着计算机技术(硬件及软件)飞快发展,计算机的可靠性和性价比相应地快速提高,进而推动计算机控制获得了十分广泛的应用。现在计算机控制不仅取代了传统的模拟控制,而且广泛地应用于工业、国防和航空航天等各个领域。例如工业上,机床、机器人等各种机电装置的控制,采矿、冶金、石化、电力、机械以及轻纺等工业生产装置及生产过程的控制;国防上,海陆空各种武器装备系统的控制;航空航天领域,各种飞机、飞弹、火箭、飞船以及卫星和空间站的控制等。如今计算机控制利用计算机本身的强大信息处理和方便的通信能力,不仅可以实现图 1.1 所示的反馈控制功能,而且可以实现其他各种类型的自动化功能,比如,监测与操作指导、直接数字控制、顺序控制、监督优化控制以及网络化控制管理集成的综合自动化等功能。计算机控制系统如果按照其功能或工作任务分类,可以分为以下几种类型。

1. 计算机监测与操作指导系统

计算机监测与操作指导系统的结构框图如图 1.3 所示。这种系统常用于生产过程控制,其基本功能是监测与操作指导。监测是由计算机通过输入通道(由 A/D 和接口构成的外围设备)实时地采集被控对象运行参数,经适当运算处理(如数字滤波、非线性补偿、误差修正、量程转换等)后,以数字图表或图形曲线等形式,通过显示器实时显示,向操作人员提供全面反映被控对象运行工况的信息,使操作人员能够对被控对象运行工况进行全面监视。当被控对象运行中某些重要参数偏离正常值范围时,计算机发出报警信号,提醒操作人员进行应急操作,以确保被控对象安全正常工作。操作指导是由计算机一面实时显示全面反映被控对象运行工况的信息,同时还通过显示器给出操作指导信息,供操作人员参考。计算机

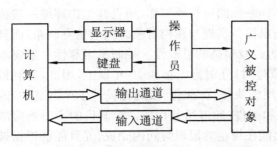

图 1.3　计算机监测与操作指导系统结构框图

给出的操作指导信息有两种,一种是计算机按照预先建立的数学模型和控制优化算法,通过计算给出的相应控制命令由显示器显示输出,控制命令执行与否由操作人员凭经验抉择;另一种是计算机按照预先存放的在特定工况下的操作方法和顺序,再根据被控对象实际工况和流程,逐条输出操作信息,用以指导操作。

2. 计算机直接数字控制系统

计算机直接数字控制(Direct Digital Control)系统,简称 DDC 系统,是指用计算机代替常规模拟控制器,直接对被控对象进行控制的系统。其中 DDC 反馈系统结构如图 1.1 所示。DDC 系统利用计算机强有力的数值计算和逻辑判断推理能力,通过软件不仅可以实现常规的反馈控制、前馈控制以及串级控制等控制方案,而且可以方便灵活地实现模拟控制器难以实现的各种先进复杂的控制律,如最优控制、自适应控制、多变量控制、模型预测控制以及智能控制等,从而可以获得更好的控制性能。

DDC 系统是最重要的一类计算机控制系统,通常它直接影响控制目标的实现。DDC 系统性能的优劣不仅跟计算机硬件和软件技术有关,而且更主要的是它涉及很多控制理论问题。正因为如此,DDC 系统列为本书的主要研究对象。需要指出,DDC 系统在系统结构上,可以说同模拟控制系统没有什么本质性的区别。只是用计算机的数值计算替代模拟电子线路来实现各种控制律而已。但是,就系统中信号的类型而言,DDC 系统和模拟控制系统却有着很大差别。模拟控制系统是连续系统,系统中只有一种类型的信号,即连续时间信号(简称连续信号);而 DDC 系统则是混合系统,系统中既有连续信号又有离散信号(即离散时间信号),同时存在这两种类型的信号,其他类型的计算机控制系统也是如此。由此决定了处理模拟控制系统数学描述、分析和设计的理论与方法不能直接用于计算机控制系统。计算机控制系统需要另有与之相应的理论和方法来处理。关于如何处理计算机控制系统的数学描述、分析和设计问题的理论与方法,正是本书后面要讲述的主要内容。

3. 计算机顺序控制系统

这种系统中,计算机根据被控对象运行状态,严格按照预定的时间先后顺序或逻辑顺序产生相应的操作命令,并以开关量形式输出,使被控对象各个环节或部件按照预定的规则顺序协调动作来完成相应的生产加工任务。这种系统常用于机械加工过程和连续生产过程中的启动、停止以及故障联锁保护阶段,数控机床就是一种典型的计算机顺序控制系统,市面上出售的各种类型可编程控制器(PLC,Programmable Logical Controller)就是主要用于顺序控制系统的控制计算机。

4. 计算机监督控制系统

计算机监督控制系统简称 SCC(Supervisory Computer Control)系统,是由 DDC 系统加监督级构成的,其结构框图如图 1.4 所示。监督级计算机根据反映被控对象运行工况的数据和预先给定的数学模型及性能目标函数,按照预先确定的优化算法或监督规则,通过计算机的计算和推理判断,为 DDC 系统提供最优设定值,或修改 DDC 系统控制律中的某些参数/某些控制约束条件等,使控制系统整体性能指标更好,工作更可靠。在小规模计算机控制系统中监督级功能也可用 DDC 级同一台计算机通过软件来实现。

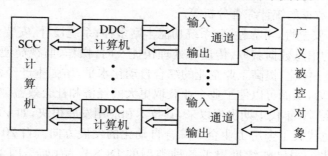

图 1.4　计算机监督控制系统结构框图

5. 计算机控制管理集成网络系统

计算机控制管理集成网络系统是运用计算机通信技术由多台计算机通过通信总线互连而成的计算机控制系统。系统具有网络分布结构,所以又称分散(或分布)控制系统或集散控制系统,简称 DCS(Distributed Control System),其典型结构如图 1.5 所示。

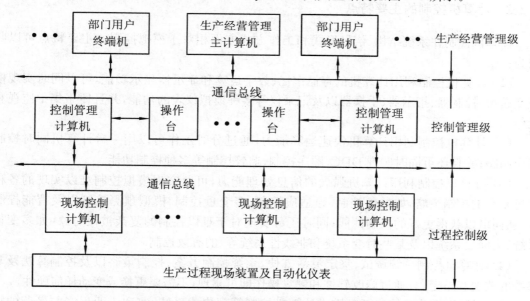

图 1.5　计算机控制管理集成系统(DCS)结构框图

DCS 采用分散控制、集中操作、分级管理,分而自治和综合协调的设计思想,将工业企业的生产过程控制、监督、协调与各项生产经营管理工作融为一体,由 DCS 中各子系统协调有序地进行,从而实现控制管理一体化的综合自动化功能。系统功能自下而上分为过程控制级(或装置级)、控制管理级(或车间级)、生产经营管理级(或企业级)等,每级由一台或数台计算机构成,各级之间通过通信总线相连。其中过程控制级由若干现场控制计算机(又称现场控制单元/站)对各个生产装置直接进行数据采集和控制,实现数据采集和 DDC 功能;控制管理级对各个现场控制机的工作进行监督、协调和优化;生产经营管理级执行对企业各个生产管理部门监督、协调和综合优化管理,主要包括生产调度、各种计划管理、辅助决策以及生产经营活动信息数据的统计综合分析等。

DCS 具有整体安全性,可靠性高;系统功能丰富多样;系统设计、安装、维护、扩展方便灵活;生产经营活动的信息数据获取、传递和处理快捷及时;操作、监视简便等优点,可以实现工业企业控制管理一体化,提高工业企业的综合自动化水平,增强生产经营的灵活性和综合管理的动态优化能力,从而可以使工业企业获取更大的经济和社会效益。

DCS 自 20 世纪 70 年代中期出现以来,其技术和应用发展很快,如今已成为计算机工业控制系统的主流,也代表了今后工业企业综合自动化的发展方向。自 20 世纪 70 年代中期以来,许多国外仪表公司已陆续推出了各种类型的 DCS 产品,如美国 Honeywell 公司的 TDCS 3000,Foxboro 公司的 SPECTRUM,日本横河公司的 CENTUM-XL 等都是较为典型的具有控制管理集成功能的 DCS 产品。我国近三十年来已有很多石化、冶金、电力大中型企业先后引进了 DCS,并获得了成功的应用,同时国内不少仪表和计算机厂商也相继推出了一些国产 DCS 产品,并得到较广泛的应用。

1.2.2　计算机控制的主要特点

计算机控制在系统结构、信号形式和工作方式方面相对于模拟控制的主要特点可以归纳为:

(1) 计算机控制利用计算机的存储记忆、数字运算和显示器显示功能,可以同时实现模拟变送器、控制器、指示器、手操器以及记录仪等多种模拟仪表的功能,并且便于集中监视和操作。

(2) 计算机控制利用计算机快速运算能力,通过分时工作可以用一台计算机同时控制多个回路;并且还可同时实现 DDC、顺序控制、监督控制等多种控制功能。

(3) 计算机控制利用计算机强大的信息处理能力,可以实现模拟控制难以实现的各种先进复杂的控制策略,如最优控制、自适应控制、多变量控制、模型预测控制以及智能控制等,从而可以获得更好的控制性能;同时还可实现对于难以控制的复杂被控对象(如多变量系统、大滞后系统以及某些时变系统和非线性系统等)的有效控制。

(4) 计算机控制系统调试、整定灵活方便,系统控制方案、控制策略以及控制算法及其参数的改变和整定,只通过修改软件和键盘操作即可实现,不需要更换或变动任何硬件。

(5) 利用网络分布结构可以构成计算机控制管理集成系统,实现工业生产与经营的控制管理一体化,大大提高工业企业的综合自动化水平。

(6) 计算机易于实现系统故障自检和自诊断功能,所以相对连续控制系统而言,计算机控制系统具有一定的容错能力和较高的可靠性。

(7) 计算机控制系统是由连续的广义被控对象和计算机通过 A/D、D/A 连接而成的,是一种同时存在连续和离散两种信号的混合系统。这是计算机控制系统和传统连续控制系统在结构和信号方面的区别。

1.3　计算机控制系统的分析设计理论简介

如前所述,计算机控制系统是一种混合信号系统或采样系统,系统在其结构和信号形式方面与连续控制系统均有明显区别。与之相应的,计算机控制系统的行为特性与连续控制系统也有区别,不过在系统的采样周期足够小(或采样频率足够高)的情况下,计算机控制系统行为特性与连续控制系统的差别小,不明显,可以运用连续系统理论进行系统分析和设计。但是,随着采样周期增大,计算机控制系统的行为特性与连续控制系统的区别也相应增大,最终会导致计算机控制系统的很多行为特性不符合连续系统的行为规律,当然也就不能用连续系统理论予以正确分析解释。现举例如下:

例1　计算机控制系统在输入正弦信号激励下,其稳态输出不仅与输入信号频率有关,还与系统采样周期(或采样频率)有关。若采样周期大于 1/2 的输入正弦周期(或采样频率小于 2 倍的输入正弦频率),则其稳态输出不再只是与输入正弦相同频率的单一正弦信号,其中还包含频率为采样频率与输入频率之差的正弦信号,即出现所说的差拍现象,如图 1.6 所示。图中,(a) 是 4.9 Hz 的正弦输入信号,采样频率为 5 Hz(即采样周期为 0.2 s);(b) 是相应输出的稳态响应,它是频率为 4.9 Hz 和差频为(5−4.9＝)0.1 Hz(其振荡

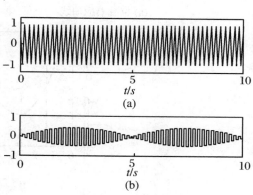

图 1.6　计算机控制系统的正弦激励响应

周期为 10 s)的差拍振荡信号。对连续系统而言,在正弦输入激励下,其稳态输出一定是与输入相同频率的单一正弦信号,而绝不会产生如此差拍现象。由此表明,这种情况下,计算机控制系统的行为特性与连续系统已有质的差别,因此不能再用连续系统理论进行分析和设计。

例2　由连续系统理论可知,任意稳定连续系统,其输出响应到达稳态值的时间,严格地说是无限的,因系统输出响应总是多个指数函数之和。但计算机控制系统通过适当的设计却可以使系统输出响应能在有限几个采样周期内达到稳态值,从而可以获得比连续控制系统更好的控制性能,如图 1.7 所示。图中,实线表示连续控制系统的位置、速度的阶跃响应以及控制输入的仿真曲线;虚线表示同一对象计算机控制系统的相对应的仿真曲线。由图可看出,连续控制系统的调节时间约 6 s,且有一定超调,而计算机控制系统的调节时间约 2.8 s,可见其性能明显优于连续控制系统。这就意味着计算机控制系统可以获得比连续控制系统更好的控制性能。

以上两例表明,要对计算机控制系统进行全面有效分析和更好设计,仅仅运用现有的连续系统理论是不够的,还需要在连续系统理论基础上引入其他有关信号与系统的理论知识,以建

立起系统的计算机控制系统的分析设计理论。上述例 1 中出现的差拍现象是由系统中的 A/D 转换过程对连续信号进行采样且采样频率过低引起的,这种现象可以运用采样理论进行分析解释。其实,采样理论是计算机控制理论的一个重要内容,它可以用来分析和揭示系统中的 A/D 和 D/A 两信号转换环节的转换过程及其内在信息传递关系,从而为计算机控制系统的分析设计提供理论基础(详细内容见第 2 章)。

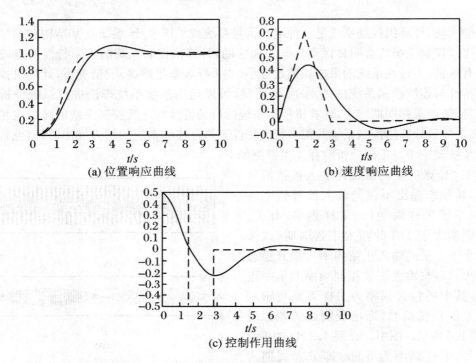

(a) 位置响应曲线　　　　　　　　(b) 速度响应曲线

(c) 控制作用曲线

图 1.7　计算机控制和连续控制系统动特性比较

应用采样理论分析表明,计算机控制系统中的 A/D 和 D/A,在系统采样频率相对被控对象的频带宽足够高(或采样周期相对被控对象的主导时间常数足够小)的情况下,可以近似为线性即时转换环节,即信号经其转换过程只是信号形式变化,而信号所含信息基本不变,或变化很小,且近无传递时滞。这样,计算机控制系统便可等效简化为全连续(线性)系统,也可等效简化为全离散(线性)系统,进而分别应用连续系统理论和离散系统理论进行系统分析和设计。

图 1.8 为典型计算机控制系统的简化框图,不难看出,如果将系统中的 A/D、计算机和 D/A 合并视为一个环节,则该环节为一连续环节(即等效模拟控制器),其输入 $y(t)$ 和输出 $u(t)$ 均为连续信号。它与广义对象相连就是全连续控制系统;若将系统中 D/A、广义对象和 A/D 合并视为一个环节,则该环节为一离散环节(即等效离散被控对象),其输入 $u(k)$ 和

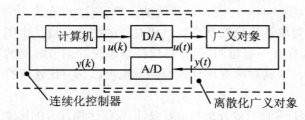

图 1.8　计算机控制系统简化框图

输出 $y(k)$ 均为离散信号。它与计算机（即数字控制器）相连即成为全离散控制系统。因此计算机控制系统既可以按照连续系统形式应用连续系统理论进行系统分析和设计，也可以按照离散系统形式应用离散系统理论进行系统分析和设计。

计算机控制系统如果按照连续系统形式进行分析和设计，在作系统分析时，需要将计算机执行的数字控制器的离散化模型等效转换为连续化控制器的模型；而做系统设计时，需要将按照连续系统理论设计出的连续控制器的模型等效转换为要计算机执行的数字控制器的离散化模型。应当着重指出，这里讲的数字控制器的离散化模型和连续控制器的连续化模型之间互相等效转换，只是一种近似意义下的等效，而非精确意义下的等价。此外，系统中的 D/A 并非如上所说没有传递时滞，其实 D/A 中的信号保持器具有带通滤波特性，是一个相位滞后环节。因此按照连续系统形式设计出的计算机控制系统，因用计算机等效执行所设计的连续控制器，其相角裕量总是小于预先设计出的连续控制系统，从而使得实际计算机控制系统的性能一般都比先设计出的连续控制系统的差，理论上不可能使计算机控制系统获得它应有的更好的控制性能，如上述例 2 那样。如果用来作计算机控制系统分析，也只能得到近似结果。这是按照连续系统形式分析设计计算机控制系统的较大局限，所以计算机控制系统分析设计通常较少采用这种连续化形式，而主要采用离散系统形式，即按照离散系统及其相应的离散控制系统理论进行系统分析和设计。

离散控制系统理论是在传统连续控制系统理论基础上，逐渐发展形成的用于离散控制系统分析与设计的方法和理论。它同连续控制系统理论在许多系统概念和表述形式方面基本相似或相同，例如，关于系统描述方程，传递函数，频率特性，根轨迹，系统状态，状态空间表示式，系统能控性，能观性，系统单位脉冲响应及单位阶跃响应，控制系统稳态误差和稳态误差系数以及系统稳定性和奈氏稳定判据等概念和表述基本相似或相同。此外，离散控制系统理论所用数学工具 Z 变换也是由连续控制系统理论的数学工具拉氏变换衍变来的，两者的概念和一些性质都很相似。因此可以说，离散控制系统理论是连续控制系统理论的推广或扩展，而计算机控制系统理论即是采样理论加离散控制系统理论组成的，其主要内容有：

- 采样信号分析和采样定理；
- 离散系统理论的数学工具——Z 变换理论；
- 离散系统的各种数学描述和计算控制系统的数学模型；
- 计算机控制系统性能特性及其稳态和动态特性分析；
- 计算机控制系统的各种设计方法及理论；
- 离散控制系统模型参数辨识和自校正或自适应控制算法及其设计；
- 基于系统单位脉冲或单位阶跃响应序列的模型预测控制算法及其设计。

此外还应包括有限字长引起的整量化误差对控制系统的影响分析。这些内容都将是本书后面要讲述的主要内容。

由上可知，计算机控制系统的分析设计理论同连续控制系统理论关系密切，有相似相同之处，但是仍有很多不同地方和完全新的内容，需要在掌握连续控制系统理论的基础上，进一步系统学习计算机控制系统的分析设计理论和工程实现技术。

1.4 计算机控制的发展概况及趋势

计算机控制的发展同计算机本身的发展有着紧密的联系,计算机每更新换代一次,计算机控制就前进一步,上一个新台阶。

世界上第一台电子计算机 1946 年问世后不久,人们就萌生了将计算机用于导弹和飞机控制系统,但是经研究表明,当时的计算机体积、功耗太大,可靠性太差,用于控制系统没有可能。因此,在以后较长的一段时间里,计算机主要用于科学计算和数据处理。

后来计算机控制的发展主要是在工业过程控制领域中获得的。20 世纪 50 年代中期,美国人开始进行化工过程计算机控制系统的可行性研究,于 1959 年 3 月,世界上第一个规模较大的过程计算机控制系统在得克萨斯州的一个炼油厂正式投入运行,取得成功。该系统控制 26 个流量,72 个温度,3 个压力和 3 个成分。美国人的这一开创性工作,唤起了人们对计算机控制的极大兴趣,使计算机厂家看到了新的市场,使工业界看到了新的自动化工具,使学术界发现了新的研究课题。因而有力地推动了计算机控制和计算机本身的进一步发展。

早期的计算机是电子管计算机,计算机的性能价格比很低,而且体积大,可靠性差。1958 年前后计算机的 MTBF 为 50~100 h,因此,当时计算机控制系统主要用来执行数据处理、操作指导和为模拟控制器提供最优设定值的监督控制等简单控制功能,而且实际应用的计算机控制系统为数非常少。20 世纪 60 年代初,随着半导体技术的兴起,半导体计算机取代了电子管计算机,计算机的可靠性和其他性能指标都有较大的提高,计算机的 MTBF 大约为 1000 h,计算机控制系统开始采用直接数字控制(DDC)。1962 年英国帝国化学工业公司就成功地实现了一个 DDC 系统,其中数据采集量为 244 个,并控制 129 个阀门。由于 DDC 系统可以较好地发挥计算机控制的优势,所以 DDC 系统的实现无疑是计算机控制系统的一大进步。但是计算机的价格仍然太贵,可靠性仍然不能满足很多部门和生产过程控制的要求,因此,计算机控制的推广应用仍然受到很大的限制。

后来集成电路技术发展很快,使得计算机技术又有了很大的发展。计算机可靠性和性能价格比又有了进一步的提高,MTBF 提高到大约 2000 h。到了 20 世纪 60 年代后期,已出现中小规模集成电路的小型计算机。小型计算机的出现加快了计算机控制系统的发展,此后小型过程控制计算机的产量逐年成倍递增。但是小型计算机的价格还是比较贵,只有规模较大的控制项目才有可能采用,而对大量中、小规模控制项目而言,计算机控制仍然是可望而不可即的事。

计算机控制的大发展是从 20 世纪 70 年代初出现微型计算机开始的。随着大规模集成电路(LSI)技术的突破,微型计算机于 1971 年问世。微型计算机的出现使得计算机控制进入了一个崭新的发展阶段。由于微型计算机具有运算速度快、可靠性高、价格低廉和体积小等特点,因而,消除了长期阻碍计算机控制发展的计算机造价昂贵和可靠性低两大问题,并为计算机分布控制系统(DCS)出现创造了条件。20 世纪 70 年代中期出现了 DCS,成功地解决了传统集中控制系统整体可靠性低的问题,从而使计算机控制系统获得了大规模的推广应用。1975 年世界上几个主要计算机和仪表公司,如美国的 Honeywell 公司,日本的横河公司等几乎同时推出了各自的 DCS 产品,并都得到了广泛的工业应用。我国计算机控制应用起步较晚,是从 20 世纪 70 年代末 DCS 兴起开始的,从这时起一些石化、冶金、电力等大企业陆续引进了一批 DCS,用于大型生产过程控制,这不仅大大提高了我国大型生产过程的自动化水平,而且也为我国计算机控制推广应用发挥了重要的示范和借鉴作用,有力地推动了我国计算机控制技术的发展。

20 世纪 80 年代以后,随着超大规模集成电路(VLSI)技术的飞速发展,计算机朝着超小型化、软件固化和控制智能化方向发展,同时测量仪表、执行装置等自动化仪表也向计算机智能化方向发展。前期 DCS 中的每个现场控制器一般要控制 8 个以上的回路。20 世纪 80 年代中后期又推出了将 DCS 低层控制级的现场控制器和智能化仪表设备用现场通信总线互联构成新型分散控制系统,称之为现场总线控制系统,简称 FCS(Fieldbus Control System)。FCS 中的一个现场控制器可以只控制一两个回路。FCS 具有开放性、互操作性和彻底分散性等特点,并且易于同上层管理级以及国际互联网实现互联构成多级网络控制系统。FCS 的可靠性更高,成本更低,设计安装调试使用维护更简便。因此,FCS 已成为现今计算机控制系统发展的新潮流。

计算机控制的发展不仅同计算机技术发展的关系密切,而且与控制理论的应用与发展也有密切的关系。几十年来,随着计算机技术的发展,计算机控制系统及其技术虽然已经取得了巨大进步和发展,并且亦已得到了广泛的应用,但是,就控制功能而言,现在大多计算机控制系统的控制功能并没有得到充分的发挥,其应用水平仍然较低。绝大多数工业过程计算机控制系统至今仍然沿用传统的 PID 反馈控制律,以致控制系统的性能提高和功能的发挥受到较大的限制。造成这种局面的主要原因是:

(1)自 20 世纪 60 年代以来,虽然在计算机控制推动下,控制理论也有了很大发展,先后形成了最优控制、多变量控制、系统辨识、自组织自适应控制、鲁棒控制、预测控制以及智能控制等一系列先进控制理论和方法,然而,这些先进控制理论和方法的应用前提和条件,大多在工程上难以满足,因而实际应用受到很大限制。其中 20 世纪 80 年代兴起的智能控制,其前景虽然诱人,但是至今尚处于可行性研究阶段,并没有形成系统的科学技术。

(2)这些先进控制理论和方法涉及较多数学知识,工程应用时,控制律设计、软件实现以及参数调整通常都较复杂,其专业性很强,一般工程技术人员难以掌握。由此可见,计算机控制的未来发展主要是依赖控制理论及应用的进步与发展,不断提高控制水平,发挥计算机控制系统的更大潜在功能。为此,需要进一步加强先进控制理论,尤其是智能控制应用的可行性研究,发展各种使用简便的先进控制策略;同时,加速发展计算机控制理论与技术方面的教育,培养更多从事计算机控制的研究、开发和应用工作的专业人才。

习 题

1.1 控制计算机在结构和技术性能要求方面与一般信息处理计算机有何不同?

1.2 计算机控制系统按其功能特点分类主要有哪几种类型? 计算机控制相对模拟控制有何优点?

1.3 计算机控制系统可否采用传统连续控制系统理论进行设计? 若采用的话,有何不足之处? 为什么?

第 2 章　信号转换与 Z 变换

　　由第 1 章可知,在计算机控制系统中同时存在着时间特征完全不同的两类信号,即连续信号和离散信号。这两类信号是分别通过系统中的 A/D 和 D/A 进行相互转换的,从而使系统内的信息传递构成闭合回路。计算机控制系统和模拟控制系统的根本区别就在于,计算机控制系统中存在着模拟控制系统所没有的离散信号和两个信号转换环节:A/D 和 D/A转换器。正是这种区别才导致模拟控制系统理论不能直接用于计算机控制系统。因此,要建立能够有效地对计算机控制系统进行描述、分析和设计的理论,就要首先对计算机控制系统中的连续信号和离散信号之间的相互转换过程进行研究。深入分析转换过程中离散信号与连续信号之间的内在信息关系,给出离散信号在时间和复数域中的数学表示式,进而引入能够简便地对离散信号和离散系统进行描述和分析的数学工具——Z 变换。这样就为进一步研究计算机控制系统描述、分析和设计等问题奠定了基础。按照这个思路,本章将要讲述A/D 和 D/A 转换过程中的信号采样、信号量化和信号恢复,采样周期选择,离散 Laplace 变换(又称星号变换)和 Z 变换等内容。

2.1　数字信号和 A/D 转换

　　在计算机控制系统中,由测量装置获取的被控量的模拟测量信号作为反馈信号输入计算机之前,需要通过 A/D 转换成二进制数码表示的数字信号,计算机方可接收。数字信号$f_d(nT), n = 0,1,\cdots$是按相同时间间隔和先后顺序依次出现的数字序列。可见,数字信号在时间上是离散的,幅值上也是离散的。在 A/D 转换过程中,数字信号的时间离散是由采样过程实现的,幅值离散是通过量化过程实现的。其转换过程和相应信号变化形式如图 2.1所示。在 A/D 转换中插入零阶保持过程,是为了满足量化过程需要一定转换时间,以提高转换精度。

　　连续信号 $f(t)$ 通过采样过程变为时间离散、幅值连续的采样信号 $f^*(t)$(又称离散模拟信号),$f^*(t)$ 再经过零阶保持过程变为阶梯形采样保持信号 $f_h(t)$,最后 $f_h(t)$ 通过和采样过程同步的量化过程将 $f^*(t)$ 的连续模拟幅值转换为数字量,从而实现将模拟信号转换为数字信号。

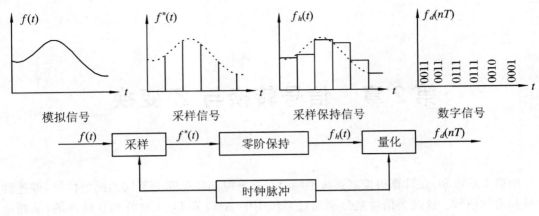

图 2.1   A/D 转换过程示意图

采样过程:简单地说就是按照一定的时间间隔 T 重复抽取连续信号 $f(t)$ 的瞬时值 $f(nT)$ 的过程。抽取的连续信号 $f(t)$ 的瞬时值 $f(nT)$ 叫采样值,两个相邻的采样值之间的时间间隔 T 称为采样周期。连续信号 $f(t)$ 经过采样后,就变为采样信号 $f^*(t)$,如图 2.1 所示。采样过程是由采样开关实现的。被采样的连续信号 $f(t)$ 接到采样开关的输入端,采样开关在时钟脉冲驱动下,每隔一个采样周期 T 的时间,就瞬时接通一次,每接通一次抽取一个采样值,这样连续信号经采样开关周期的瞬时接通,在开关输出端就变为采样信号。采样信号通常用 $f^*(t)$ 来表示,星号"$*$"表示信号在时间上是离散的。采样信号 $f^*(t)$ 的每个采样值 $f(nT)$,都看作是一个权重(又称冲量或强度)为 $f(nT)$ 的脉冲函数,即 $f(nT)\delta(t - nT)$,所以每个瞬时采样值 $f(nT)$ 也叫采样脉冲。整个采样信号 $f^*(t)$ 就看作是一个加权脉冲序列,即 $f^*(t) = \sum\limits_{n=0}^{\infty} f(nT)\delta(t - nT)$(后面再作推导和说明)。

零阶保持过程:指将采样信号 $f^*(t)$ 的每个瞬时采样值 $f(nT)$ 一直保持到下一个瞬时采样值 $f(nT + T)$ 出现之前的过程。其输入与输出的关系可表示为

$$f_h(nT + \Delta t) = f(nT), \quad 0 \leqslant \Delta t < T, \quad n \text{ 为整数} \tag{2.1.1}$$

由此可见,零阶保持过程对输入的每个采样脉冲(即瞬时采样值 $f(nT)$)都输出一个方波,方波幅值同采样脉冲的采样值 $f(nT)$(即权重)相等,其时间宽度均为一个采样周期 T。采样信号 $f^*(t)$ 通过零阶保持过程后就变为阶梯形采样保持信号 $f_h(t)$,如图 2.1 所示。从零阶保持过程的功能和输入输出关系式(2.1.1)不难看出,当零阶保持过程输入是一个权重为 1 的单位脉冲 $\delta(t)$ 时,其输出为一个幅值为 1,时间宽度为一个采样周期 T 的单位方波函数 $h_0(t)$,如图 2.2(a) 所示。这就表明,零阶保持过程实为一个线性动态过程,其单位脉冲响应函数就是如上所说的单位方波函数 $h_0(t)$。

单位方波函数 $h_0(t)$ 可以分解为正单位阶跃函数 $u(t)$ 和延迟一个采样周期 T 的负单位阶跃函数 $u(t - T)$ 之和,如图 2.2(b) 所示,所以零阶保持过程的单位脉冲响应函数可表示为

$$h_0(t) = u(t) - u(t - T) \tag{2.1.2}$$

由此得零阶保持过程的传递函数为

$$G_h(s) = L[h_0(t)] = L[u(t) - u(t - T)] = \frac{1 - e^{-Ts}}{s} \qquad (2.1.3)$$

式中 $L[\ ]$ 为拉氏变换符号。零阶保持过程是由零阶保持器实现的,图 2.2(c)为一实际采样保持器线路原理图。零阶保持作用是通过图中电容 C 对采样开关 S 接通时的电压保持来实现的。

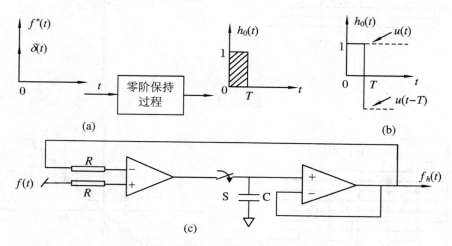

图 2.2　零阶保持过程和零阶保持器

量化过程:就是用一定字长的二进制数码的最低有效值(即所表示的物理量的数值)作为最小整量单位 q(简称量化单位),并用相同字长的二进制数码将采样信号 $f^*(t)$ 的模拟量幅值表示为量化单位 q 的整数倍。例如采样信号 $f^*(t)$ 的幅值变化范围 $0 \sim 5$ V,若用 8 位字长的二进制数对其量化,则量化单位 $q = 5000$ mV$/(2^8 - 1) = 19.608$ mV。采样信号 $f^*(t)$ 量化后,其幅值(即采样值)即被表示为 $0 \sim 255$ 范围内的某个数字量,对应的数字信号将在 $0 \sim 255$ 范围内变化,最小变化量为 1(即 1 个量化单位)。

量化误差:由于采样信号 $f^*(t)$ 的幅值是连续变化的模拟量,可以取任何值,量化时只能用一定字长的二进制数将其表示为量化单位 q 的整数倍,而小于 1 个量化单位 q 的剩余部分,就无法表示。因此量化后的数字信号在数值上与对应的采样信号的幅值相比,总是存在着误差,通常称之为量化误差,即 $e_n = f^*(nT) - f_d(nT), n = 0, 1, 2, \cdots$。量化过程对于采样信号幅值小于 1 个量化单位 q 的剩余尾数部分有两种处理方法:①"截尾"方法,即凡是幅值小于 1 个量化单位 q 的剩余尾数部分,不论其大小,一概舍去不计;②"舍入"方法,即量化过程中,剩余尾数部分小于 $\frac{q}{2}$ 时就舍去不计,大于或等于 $\frac{q}{2}$ 时,就当作一个量化单位进入,将量化的数值加 1。这两种量化方法的量化特性,即采样信号的模拟幅值 $f^*(nT)$ 到数字信号的幅值 $f_d(nT)$ 的转换关系,分别如图 2.3(a)、(b)所示。

由图显见,量化特性都是非线性的,在小范围内,类似于继电特性;在大范围和平均意义上,量化特性可以近似为线性比例特性如图中斜线所示。当量化单位 q 取得愈小,量化特性就愈接近线性比例特性。

由图 2.3(a)所示"截尾"量化特性可知,相应的量化误差 e_n 可以在 $0 \sim q$ 之间取任何

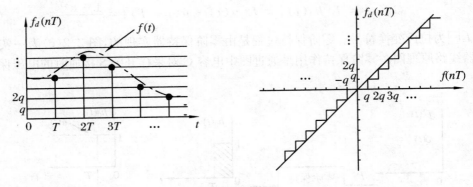

(a) 截尾法量化特性

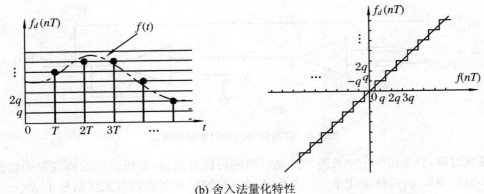

(b) 舍入法量化特性

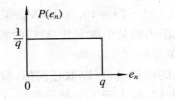
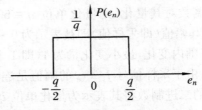

(c) 量化误差的概率密度函数

图 2.3　量化特性及其量化误差的概率密度函数

值,而且概率均等,因而可以认为量化误差 e_n 是在$[0,q]$范围内均匀分布的随机变量,其概率密度函数 $P(e_n)$ 如图 2.3(c)所示。由概率分布特性可得量化误差的均值或数学期望为

$$\overline{e}_n = \int_{-\infty}^{+\infty} e_n P(e_n)\mathrm{d}e_n = \int_0^q e_n \frac{1}{q}\mathrm{d}e_n = \frac{q}{2} \tag{2.1.4}$$

量化误差最大值为

$$|e_{nm}| = q \tag{2.1.5}$$

量化误差的方差为

$$\sigma^2 = \int_{-\infty}^{+\infty} P(e_n)(e_n - \overline{e}_n)^2 \mathrm{d}e_n = \int_0^q \frac{1}{q}\left(e_n - \frac{q}{2}\right)^2 \mathrm{d}e_n = \frac{q^2}{12} \tag{2.1.6}$$

量化误差的标准差为

$$\sigma = \frac{q}{2\sqrt{3}} \approx 0.3q \tag{2.1.7}$$

同样,由"舍入"量化特性可知,相应量化误差 e_n 可在 $-q/2 \sim q/2$ 之间取任何值,而且概率均等。因而可以认为量化误差 e_n 是在 $[-q/2 \sim q/2]$ 范围内均匀分布的随机变量,其概率密度函数 $P(e_n)$ 如图 2.3(c) 所示。相应的量化误差的均值 $\overline{e}_n$,最大值 $|e_{nm}|$,以及方差 σ^2 和标准差 σ 分别为

$$\overline{e}_n = \int_{-\infty}^{+\infty} e_n P(e_n) \mathrm{d}e_n = \int_{-\frac{q}{2}}^{\frac{q}{2}} e_n \frac{1}{q} \mathrm{d}e_n = 0 \tag{2.1.8}$$

量化误差最大值为

$$|e_{nm}| = \frac{q}{2} \tag{2.1.9}$$

量化误差的方差为

$$\sigma^2 = \int_{-\infty}^{+\infty} P(e_n) (e_n - \overline{e}_n)^2 \mathrm{d}e_n = \int_{-\frac{q}{2}}^{\frac{q}{2}} \frac{1}{q} e_n^2 \mathrm{d}e_n = \frac{q^2}{12} \tag{2.1.10}$$

量化误差的标准差为

$$\sigma = \frac{q}{2\sqrt{3}} \approx 0.3q \tag{2.1.11}$$

由上分析可知,两种量化方法的量化误差 e_n 的方差和标准差都相同,所不同的是"截尾"方法的量化误差的均值 $\overline{e}_n$ 为 $q/2$,最大误差值 $|e_{nm}|$ 为 q;"舍入"方法的量化误差的均值 $\overline{e}_n$ 为 0,最大误差 $|e_{nm}|$ 为 $q/2$。两种方法相比,很明显,"舍入"方法为好,在相同字长的情况下,其量化精度高于"截尾"方法,因此,大多 A/D 转换都是采用"舍入"方法。

量化误差 e_n 对于计算机控制系统而言,相当于在系统输入端引入一个随机干扰,对控制系统输出会产生有害影响。所以工程上,量化过程需要将表示数字信号的二进制数码的字长取得足够长,使量化单位 q 足够小,进而使得量化误差 e_n 减到足够小,以致它对系统的影响可以忽略不计。目前工业上,大多 A/D 转换都用 12 位字长,其量化精度一般都足以满足控制要求。

由上可知,量化后的数字信号与采样信号之间只有微小的量化误差的差别,它们对系统的作用可以认为是等价的。出于系统分析的需要,本应研究连续信号 $f(t)$ 到数字信号 $f_d(nT)$ 之间的转换关系,考虑到采样信号和数字信号的等价关系,因此,后面我们只集中研究连续信号 $f(t)$ 到采样信号 $f^*(t)$ 的转换关系。

2.2 采 样 信 号

2.2.1 理想采样信号

下面侧重研究采样信号的形式及其数学表示。如前所述,在计算机 A/D 转换器中,为

了适应量化过程所需转换时间的要求,在采样开关后总是连接着零阶保持器,对采样开关输出的采样信号进行零阶保持。以后将这种结构称为采样保持结构,记为 S/H,其传递函数框图如图 2.4 所示,在 S/H 结构情况下,连续信号 $f(t)$ 通过采样开关和零阶保持器两个转换环节的作用,变为阶梯形采样保持信号 $f_h(t)$ 如图 2.1 所示。

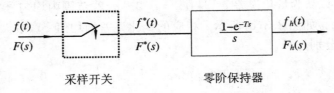

图 2.4　S/H 结构传递函数框图

采样保持信号 $f_h(t)$ 可以看作由连续出现的宽度为 T(即采样周期),幅值为采样值 $f(nT)$ 的方波构成的。每个方波可以分解为一个正阶跃信号和一个延迟 T 时间、幅值相同的负阶跃信号。因此,采样保持信号可表示为

$$f_h(t) = \sum_{n=0}^{\infty} f(nT) \big[u(t-nT) - u(t-nT-T) \big] \qquad (2.2.1)$$

式中,$u(t-nT)$ 为在 nT 时刻出现的单位阶跃信号,亦即在零时刻产生的延迟 nT 后出现的单位阶跃信号;而 $[u(t-nT) - u(t-nT-T)]$ 即为在 nT 时刻出现的单位方波。显然,$f_h(t)$ 的拉氏变换为

$$F_h(s) = \sum_{n=0}^{\infty} f(nT) \left(\frac{e^{-nsT}}{s} - \frac{e^{-(n+1)sT}}{s} \right) = \frac{1-e^{-Ts}}{s} \sum_{n=0}^{\infty} f(nT) e^{-nTs} \qquad (2.2.2)$$

由图 2.4 可知

$$F_h(s) = \frac{1-e^{-Ts}}{s} F^*(s) \qquad (2.2.3)$$

式中,$F^*(s) = L[f^*(t)]$ 为采样信号 $f^*(t)$ 的拉氏变换式。

将式(2.2.3)与式(2.2.2)相比,即得

$$F^*(s) = \sum_{n=0}^{\infty} f(nT) e^{-nTs} \qquad (2.2.4)$$

对 $F^*(s)$ 作拉氏反变换即得采样信号 $f^*(t)$ 的时间域表示式

$$f^*(t) = \sum_{n=0}^{\infty} f(nT) \delta(t-nT) \qquad (2.2.5)$$

式中,$\delta(t-nT) = L^{-1}[e^{-nTs}]$,$\delta(t-nT)$ 为在 nT 时刻出现的理想脉冲,即幅值为无穷大,持续时间为零的 δ 函数,其定义为

$$\delta(t-nT) = \begin{cases} \infty, & t = nT \\ 0, & t \neq nT \end{cases} \qquad (2.2.6)$$

$$\int_{-\infty}^{+\infty} \delta(t-nT) \mathrm{d}t = 1$$

应当指出,幅值无穷大,持续时间为零的理想脉冲在实际物理系统中是不存在的,它只是数学上的一个理论概念,即 δ 函数。工程上利用这个概念将实际物理系统中发生的持续时间短,幅值有限的实际脉冲信号抽象地表示为 δ 函数,可以给分析带来很大的方便。在实

际应用中,理想脉冲是由其出现时刻 nT 和面积(也称强度,冲量和权重)表征的。若其强度(即面积)为 1 个单位,则称为单位脉冲。脉冲强度用 δ 函数的系数表示。由式(2.2.5)可以看出,采样信号 $f^*(t)$ 是一个强度不等的,时间周期为 T 的理想脉冲序列。显然这样的采样信号 $f^*(t)$ 是理想化的,它是实际采样信号的近似的理论表示。其实,式(2.2.5)是在隐含瞬时采样(即采样开关每次接通是瞬时的,相应采样脉冲持续时间为零)的假设下得到的。因为式(2.2.1)所表示的采样保持信号 $f_h(t)$ 的理想阶梯形特征(即相邻采样时刻之间的幅值不变)只有在瞬时采样条件下才可能产生,而实际采样不可能是瞬时的,所以式(2.2.5)是瞬时采样条件下的理想采样信号 $f^*(t)$ 表示式。

由 $\delta(t-nT)$ 函数定义式(2.2.6)可知,

$$f(nT)\delta(t-nT) = f(t)\delta(t-nT)$$

于是式(2.2.5)可以改写为更一般的形式

$$f^*(t) = \sum_{n=-\infty}^{\infty} f(t)\delta(t-nT) = f(t)\sum_{n=-\infty}^{\infty}\delta(t-nT) = f(t)\delta_T(t) \tag{2.2.7}$$

式中

$$\delta_T(t) = \sum_{n=-\infty}^{+\infty}\delta(t-nT) \tag{2.2.8}$$

$\delta_T(t)$ 称为单位脉冲序列。

式(2.2.7)很有用,它不仅简捷地描述了采样信号的基本特征,更重要的是给出了被采样的连续信号 $f(t)$ 和采样信号 $f^*(t)$ 在时域中的关系。由式(2.2.7)不难理解,理想采样信号 $f^*(t)$ 可以看作是连续信号 $f(t)$ 对单位脉冲序列 $\delta_T(t)$ 调制的结果,理想采样过程可以看作是脉冲调制过程,如图 2.5 所示,连续信号 $f(t)$ 为调制信号,单位脉冲序列 $\delta_T(t)$ 为载波信号,理想采样开关就是单位脉冲发生器,每瞬时接通一次,就相当于产生一个单位脉冲。图 2.5 中,$\delta_T(t)$ 和 $f^*(t)$ 的函数图中的竖线箭头表示脉冲幅值无穷大,竖线高度表示脉冲的强度。

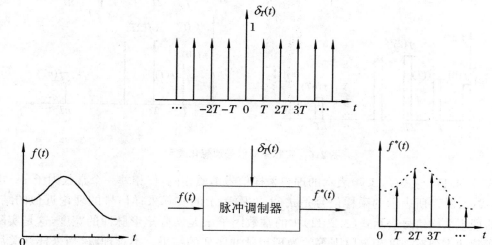

图 2.5　理想采样的脉冲调制示意图

2.2.2 实际采样信号

任何实际采样开关无论是机械式还是电子式的,都不可能实现理想的瞬时采样,实际采样开关每次接通时间 τ(又称采样时间)尽管很短,但不可能为零。因此连续信号 $f(t)$ 经过采样后产生的实际采样信号 $f^*(t)$ 是一串宽度为 τ,幅值随连续信号 $f(t)$ 变化的近似矩形脉冲序列,如图 2.6(b)所示,可表示为

$$f^*(t) = \sum_{n=0}^{\infty} f(t)\left[u(t-nT) - u(t-nT-\tau)\right] \qquad (2.2.9)$$

式中,$u(\cdot)$ 为单位阶跃函数,考虑到 $\tau \ll T$,实际采样脉冲的幅值在 τ 时间内变化极小,因此实际采样脉冲序列可近似为矩形脉冲序列,如图 2.6(c)所示,每个矩形脉冲幅值为采样开关接通瞬时的采样值 $f(nT)$,其宽度均为 τ。这样,式(2.2.9)可改为

$$f^*(t) = \sum_{n=0}^{\infty} f(nT)\left[u(t-nT) - u(t-nT-\tau)\right] \qquad (2.2.10)$$

然而,该式应用仍不方便。因此,进一步利用 $\delta(t)$ 函数,把式(2.2.10)所表示的矩形脉冲序列,按照强度相等原则等效表示为理想脉冲序列,如图 2.6(d)所示,将矩形脉冲的面积 $\tau f(nT)$,作为理想脉冲的强度。因此实际采样信号 $f^*(t)$ 便表示为

$$f^*(t) = \sum_{n=0}^{\infty} \tau f(nT)\delta(t-nT) = \tau f(t)\sum_{n=0}^{\infty} \delta(t-nT) = \tau f(t)\delta_T(t) \qquad (2.2.11)$$

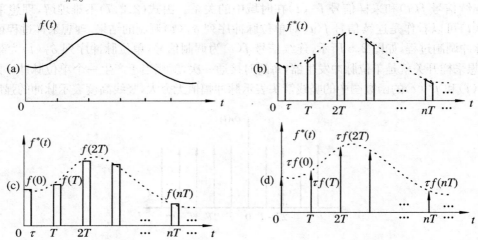

图 2.6　实际采样信号理想化表示

式(2.2.11)与式(2.2.7)表示的理想采样信号本质相同,仅相差一个常数因子 τ。由此可知,式(2.2.7)所表示的采样信号是式(2.2.9)表示的实际采样信号的理论近似的结果。这里的理想采样信号表示式(2.2.11)中的常数因子 τ 是实际矩形脉冲的宽度,这是实际采样矩形脉冲序列按强度相等原则等效为理想脉冲序列的结果。不难理解,当采样开关后面连接的不是零阶保持器,而是其他线性动态环节时,那么,连接的线性动态环节的输出不仅与输入的矩形脉冲幅值有关而且与其宽度有关,通常应是与矩形脉冲面积呈线性关系,所以

式(2.2.11)中出现 τ 是符合工程实际的。如果采样开关后面连接零阶保持器构成采样保持结构(S/H),由零阶保持器的保持特性可知,其输出的采样保持信号 $f_h(t)$ 只与输入的采样脉冲的幅值有关而与其宽度无关。对于每个采样脉冲不论其宽窄,零阶保持器输出都是一个幅值与采样值相同,宽度为 T 的方波。所以前面导出的在采样保持结构下的理想采样信号表示式(2.2.7)中不带 τ 因子也是正确的。因在 A/D 转换器中总是采用采样保持结构(S/H),所以今后都用式(2.2.7)作为理想采样信号的表示式。

2.2.3　采样信号分析

很明显,连续信号 $f(t)$ 与其采样信号 $f^*(t)$ 在时间域中的特征有很大差别,连续信号 $f(t)$ 是时间连续函数,它在任何时刻 t 的值 $f(t)$ 都能确切知道,但是采样信号 $f^*(t)$ 在时间上是离散的,由 $f^*(t)$ 仅确切知道 $f(t)$ 在各采样时刻的数值 $f(nT)(n=0,1,2,\cdots)$,而在相邻的采样时刻之间,$f(t)$ 的变化状况则不得而知。从时间上直观地看,① 采样信号 $f^*(t)$ 损失了连续信号 $f(t)$ 在采样时刻之间的变化信息;② 损失的信息多少,似乎与采样周期 T 和连续信号 $f(t)$ 的变化速度快慢有关。对于同一信号 $f(t)$,采样周期 T 取得小,损失信息少;对于相同的采样周期 T,信号 $f(t)$ 变化速度慢,损失信息少;反之,$f(t)$ 变化速度快,损失信息就多。因此,就采样信号 $f^*(t)$ 和连续信号 $f(t)$ 之间的信息关系来说,有如下两个问题需要进一步定量研究,即:

(1) 采样信号 $f^*(t)$ 能否完全反映连续信号 $f(t)$ 的变化规律,或者说 $f^*(t)$ 能否包含 $f(t)$ 中的全部信息?

(2) 采样信号 $f^*(t)$ 的信息损失和采样周期有何关系?

下面就这两个问题对采样信号 $f^*(t)$ 在频域中予以定量分析。

对采样信号进行频域分析就是研究它的频谱特性,因此要把采样信号在时间域的表示式(2.2.7)通过数学变换转为频域表示式,从而获得采样信号 $f^*(t)$ 的频谱 $F^*(j\omega)$,再进一步分析频谱 $F^*(j\omega)$ 的特征,从中获得有关采样信号 $f^*(t)$ 和连续信号 $f(t)$ 之间的定量信息关系。

由于采样信号表示式(2.2.7)中的单位脉冲序列 $\delta_T(t)$ 是一个周期为 T 的周期函数,所以它可以展开成指数型傅里叶(Fourier)级数,即

$$\delta_T(t) = \sum_{n=-\infty}^{+\infty} C_n e^{jn\omega_s t} \tag{2.2.12}$$

式中,$\omega_s = \dfrac{2\pi}{T}$ 为采样角频率(简称采样频率);$C_n = \dfrac{1}{T}\displaystyle\int_{-\frac{T}{2}}^{\frac{T}{2}} \delta_T(t)e^{-jn\omega_s t}\mathrm{d}t$,为傅里叶级数的系数。因 $\delta_T(t)$ 在 $\left[-\dfrac{T}{2},\dfrac{T}{2}\right]$ 时间内,仅有 $t=0$ 时刻的脉冲 $\delta(t)$,所以

$$C_n = \frac{1}{T}\int_{-\frac{T}{2}}^{\frac{T}{2}} \delta(t)e^{-jn\omega_s t}\mathrm{d}t = \frac{1}{T}e^{-jn\omega_s t}\Big|_{t=0} = \frac{1}{T} \tag{2.2.13}$$

因而得

$$\delta_T(t) = \frac{1}{T}\sum_{n=-\infty}^{+\infty} e^{jn\omega_s t} \tag{2.2.14}$$

将式(2.2.14)代入式(2.2.7),便得

$$f^*(t) = \frac{1}{T} \sum_{n=-\infty}^{+\infty} f(t) e^{jn\omega_s t} \tag{2.2.15}$$

对 $f^*(t)$ 作拉氏变换,得

$$F^*(s) = L[f^*(t)] = \frac{1}{T} \sum_{n=-\infty}^{+\infty} L[f(t)e^{jn\omega_s t}] = \frac{1}{T} \sum_{n=-\infty}^{+\infty} F(s - jn\omega_s) \tag{2.2.16}$$

其中,$F(s) = L[f(t)]$。

式(2.2.16)是采样信号 $f^*(t)$ 的拉氏变换表示式的另一种形式,它给出了连续信号 $f(t)$ 的拉氏变换 $F(s)$ 和对应的采样信号 $f^*(t)$ 的拉氏变换 $F^*(s)$ 之间的关系。关于 $F^*(s)$ 的性质后面将详细讨论。

令 $s = j\omega$,代入(2.2.16),便得采样信号 $f^*(t)$ 的傅里叶变换

$$F^*(j\omega) = \frac{1}{T} \sum_{n=-\infty}^{+\infty} F(j\omega - jn\omega_s) \tag{2.2.17}$$

这就是采样信号 $f^*(t)$ 的频谱或频率特性表示式。这是一个重要的表示式,它给出了采样信号 $f^*(t)$ 与连续信号 $f(t)$ 在频域中的相互关系,从而揭示出信号 $f^*(t)$ 与 $f(t)$ 之间的内在信息关系。式(2.2.17)表明:

(1) 采样信号 $f^*(t)$ 的频谱 $F^*(j\omega)$ 是以采样频率 ω_s 为周期的频率 ω 的周期函数;

(2) $F^*(j\omega)$ 在频率轴上是由以采样频率 ω_s 为间隔的,与 $F(j\omega)$(连续信号频谱)形状相似的无穷个分频谱 $\frac{1}{T}F(j\omega - jn\omega_s)$,$n = 0, \pm 1, \pm 2, \cdots$ 之和组成的,如图 2.7(b),(c),(d) 所示。其中 $n = 0$ 的项 $\frac{1}{T}F(j\omega)$ 正比于连续信号 $f(t)$ 的频谱 $F(j\omega)$ 称为主频谱,$\frac{1}{T}$ 为比例因子,也称为采样增益,其余的 $n \neq 0$ 各项 $\frac{1}{T}F(j\omega - jn\omega_s)$ 称为旁频谱。它们的形状均与 $F(j\omega)$ 相似,仅相差一个比例因子 $\frac{1}{T}$,在频率轴上同 $\frac{1}{T}F(j\omega)$ 相隔 $n\omega_s$。

由图 2.7 可以直观看出,如果① 连续信号 $f(t)$ 的频带是有限的,即存在上限频率 ω_m,当 $\omega \geq |\omega_m|$ 时,$|F(j\omega)| = 0$,其频谱如图 2.7(a) 所示;② 采样频率 $\omega_s \geq 2\omega_m$(或 $T \leq \pi/\omega_m$),那么,相应的采样信号 $f^*(t)$ 的频谱 $F^*(j\omega)$ 如图 2.7(b),(c) 所示,相邻分频谱互不重叠,采样信号的频谱 $F^*(j\omega)$ 在 $-\omega_m \leq \omega \leq \omega_m$ 频段内就包含了连续信号 $f(t)$ 频谱 $F(j\omega)$ 的全部频率成分。可以设想,如果用一个理想低通滤波器(其频率特性 $G_L(j\omega)$ 为门形,在 $-\omega_m \leq \omega \leq \omega_m$ 频段内,其幅值为常数 T,如图 2.7(b),(c) 所示)滤掉频段 $-\omega_m \leq \omega \leq \omega_m$ 以外的所有的旁频谱的频率成分,那么,就可得到连续信号 $f(t)$ 的完整频谱 $F(j\omega)$,如图 2.7(b),(c) 中阴影区所示。这就意味着,在上述条件①,②下,采样信号 $f^*(t)$ 通过理想低通滤波器 $G_L(j\omega)$ 滤波就能够完全精确地恢复原有连续信号。由此可以判断,当上述条件①,②满足时,采样信号 $f^*(t)$ 就包含了连续信号 $f(t)$ 的全部信息,或者说信号 $f^*(t)$ 能够反映信号 $f(t)$ 的全部变化规律。

由图 2.7 还可以看出,如果上述条件②不满足,即采样频率 $\omega_s < 2\omega_m$(或 $T > \pi/\omega_m$),那么相应的采样信号频谱 $F^*(j\omega)$ 如图 2.7(d) 所示,相邻分频谱之间就出现部分重叠(称为

"混叠"现象),这种情况下,采样信号频谱 $F^*(j\omega)$ 中就不会包含连续信号 $f(t)$ 频谱 $F(j\omega)$ 的全部频率成分,而仅包含 $F(j\omega)$ 在 $-(\omega_s-\omega_m)\leqslant\omega\leqslant(\omega_s-\omega_m)$ 频段内的频谱成分。而在 $(\omega_s-\omega_m)\leqslant\omega\leqslant\omega_m$ 和 $-\omega_m\leqslant\omega\leqslant-(\omega_s-\omega_m)$ 频段内,由于主频谱和旁频谱重叠,使得 $F(j\omega)$ 在这两个频段内的频率成分畸变,如图 2.7(d) 所示。因而在此情况下,无论如何都无

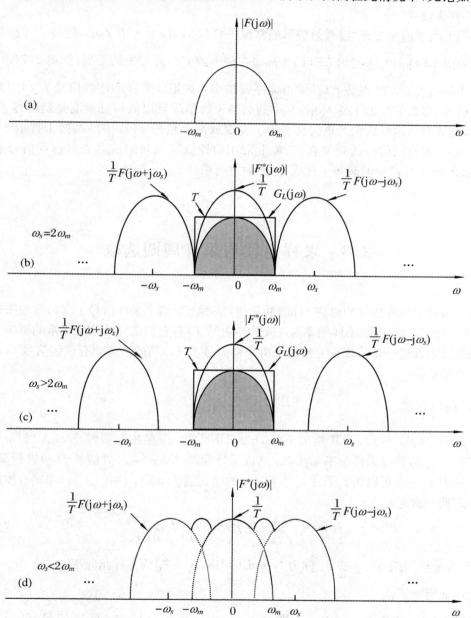

图 2.7 信号 $f^*(t)$ 和 $f(t)$ 的频谱及其关系示意图

法从 $F^*(j\omega)$ 中获得连续信号 $f(t)$ 的完整频谱 $F(j\omega)$。这就意味着无法由信号 $f^*(t)$ 精确恢复原有连续信号 $f(t)$。所以在这种情况下,采样信号 $f^*(t)$ 就不会包含连续信号 $f(t)$ 变

化的全部信息，$f^*(t)$ 只能近似地大体上反映 $f(t)$ 的变化状况。由 $f^*(t)$ 经过低通滤波所恢复的连续信号的波形与原有连续信号 $f(t)$ 相比将会有明显失真。当采样频率 ω_s 取得越小于 $2\omega_m$，$f^*(t)$ 的频谱 $F^*(j\omega)$ 中的主频谱与旁频谱之间重叠的频率范围就越宽，相应采样信号 $f^*(t)$ 的信息损失就越多，由 $f^*(t)$ 恢复的连续信号的失真就越严重。通常称这种现象为"混叠效应"。

工程上为了避免出现"混叠效应"，通常取采样频率 ω_s 远大于 $2\omega_m$，使得 $f^*(t)$ 的频谱中的主频谱 $\frac{1}{T}F(j\omega)$ 与旁频谱 $\frac{1}{T}F(j\omega \pm j\omega_s)$ 在频率轴上拉开较大的距离，如图 2.7(c) 所示，拉开的距离越大，产生"混叠效应"的可能性就越小。如果待采样的连续信号 $f(t)$ 中夹杂高频干扰信号，那么信号 $f(t)$ 采样后，其中的高频干扰信号就以低频分量混叠到信号 $f(t)$ 的低频段，造成有用信号低频严重失真。为了克服或减小信号 $f(t)$ 中的高频干扰由于"混叠效应"而造成的有用信号低频失真，工程上常用前置低通高频滤波器先对连续信号进行滤波，滤除或衰减 $f(t)$ 中的高频干扰成分，然后进行采样。

2.3　采样定理与采样周期选取

上节通过对采样信号频谱 $F^*(j\omega)$ 的分析，基本上弄清了采样信号 $f^*(t)$ 与原来连续信号 $f(t)$ 之间的关系，以及采样频率 ω_s（或采样周期 T）对它们之间的信息关系的影响。下面讲述的采样定理进一步从理论上给出了由采样信号 $f^*(t)$ 精确恢复原有连续信号 $f(t)$ 的条件和计算公式。

2.3.1　采样定理

任意连续信号 $f(t)$，若其频谱 $F(j\omega)$ 为有限带宽，即存在上限频率 ω_m，当 $|\omega| \geqslant \omega_m$ 时，$|F(j\omega)| = 0$，并以采样频率 $\omega_s \geqslant 2\omega_m$（或采样周期 $T \leqslant \pi/\omega_m$）对信号 $f(t)$ 进行采样，则连续信号 $f(t)$ 完全可以由其采样信号 $f^*(t)$ 的序列值 $f(nT)$，$n = 0, \pm 1, \pm 2, \cdots$，按照如下重构公式唯一确定：

$$f(t) = \sum_{n=-\infty}^{+\infty} f(nT) \frac{\sin \omega_N(t - nT)}{\omega_N(t - nT)} \tag{2.3.1}$$

式中，T 为采样周期，$\omega_N = \frac{1}{2}\omega_s$ 称为 Nyquist 频率，$\omega_s = \frac{2\pi}{T}$ 为采样角频率。

定理证明如下：

由定理所给条件 $\omega_s \geqslant 2\omega_m$，即 $\omega_N = \frac{1}{2}\omega_s \geqslant \omega_m$ 可知，采样信号 $f^*(t)$ 频谱 $\frac{1}{T}\sum_{n=-\infty}^{+\infty} F(j\omega - jn\omega_s)$ 中的主频谱 $\frac{1}{T}F(j\omega)$ 和相邻旁频谱 $\frac{1}{T}F(j\omega \pm j\omega_s)$ 因 $\omega_s - \omega_m \geqslant \omega_s/2 = \omega_N \geqslant \omega_m$ 而不会重叠，如图 2.7(b)，(c) 所示，因而有

$$F(j\omega) = \begin{cases} TF^*(j\omega), & \text{当} \mid \omega \mid \leqslant \omega_N \text{ 时} \\ 0, & \text{当} \mid \omega \mid > \omega_N \text{ 时} \end{cases}$$

由傅里叶反变换,得

$$f(t) = \frac{1}{2\pi} \int_{-\infty}^{+\infty} F(j\omega) e^{j\omega t} d\omega = \frac{1}{2\pi} \int_{-\omega_N}^{+\omega_N} F(j\omega) e^{j\omega t} d\omega = \frac{1}{2\pi} \int_{-\omega_N}^{+\omega_N} TF^*(j\omega) e^{j\omega t} d\omega$$

把 $s = j\omega$ 代入前面(2.2.4)式可得

$$F^*(j\omega) = \sum_{n=-\infty}^{+\infty} f(nT) e^{-jnT\omega} \tag{2.3.2}$$

将 $F^*(j\omega)$ 代入 $f(t)$ 的上述表示式,得

$$f(t) = \frac{1}{2\pi} \int_{-\omega_N}^{\omega_N} T \sum_{n=-\infty}^{+\infty} f(nT) e^{-jnT\omega} e^{j\omega t} d\omega = \sum_{n=-\infty}^{+\infty} f(nT) \frac{T}{2\pi} \int_{-\omega_N}^{\omega_N} e^{j\omega(t-nT)} d\omega$$

$$= \sum_{n=-\infty}^{+\infty} f(nT) \frac{T}{2\pi j(t-nT)} e^{j\omega(t-nT)} \Big|_{-\omega_N}^{\omega_N} = \sum_{n=-\infty}^{+\infty} f(nT) \frac{\sin \omega_N(t-nT)}{\omega_N(t-nT)}$$

证毕。

(2.3.1)式又称香农(Shannon)重构公式。

2.3.2 重构公式说明

其实,重构公式(2.3.1)就是上节讲的采样信号 $f^*(t)$ 通过门形特性的理想低通滤波器滤波后所恢复的原有连续信号 $f(t)$ 在时间域上的表示式,它将恢复的连续信号 $f(t)$ 作为理想低通滤波器的输出并将其表示为理想低通滤波器的脉冲响应函数和采样信号 $f^*(t)$ 的卷积形式,即

$$f(t) = f^*(t) * g(t) = \int_{-\infty}^{+\infty} f^*(\tau) g(t-\tau) d\tau \tag{2.3.3}$$

式中,$g(t) = \dfrac{\sin \omega_N t}{\omega_N t}$,其图像如图 2.8(a)所示,后面将证明它就是理想低通滤波器的脉冲响应函数。

$$f^*(\tau) = \sum_{n=-\infty}^{+\infty} f(nT) \delta(\tau - nT)$$

为采样信号。由此式(2.3.3)可写成

$$f(t) = \int_{-\infty}^{+\infty} \sum_{n=-\infty}^{+\infty} f(nT) \delta(\tau - nT) g(t-\tau) d\tau = \sum_{n=-\infty}^{+\infty} f(nT) \int_{-\infty}^{+\infty} \delta(\tau - nT) g(t-\tau) d\tau$$

由 $\delta(t)$ 函数筛选性质,有

$$\int_{-\infty}^{+\infty} \delta(\tau - nT) g(t-\tau) d\tau = g(t-nT) \tag{2.3.4}$$

代入式(2.3.4),便得重构公式,即

$$f(t) = \sum_{n=-\infty}^{+\infty} f(nT) g(t-nT) = \sum_{n=-\infty}^{+\infty} f(nT) \frac{\sin \omega_N(t-nT)}{\omega_N(t-nT)}$$

上述推导表明,重构公式(2.3.1)确是采样信号 $f^*(t)$ 和时间函数 $g(t)$ 的卷积,即与式(2.3.3)等价。由此可知,恢复的连续信号 $f(t)$ 是由采样信号 $f^*(t)$ 作用于一个脉冲响应函

数为 $g(t)$ 的线性动态环节后,产生的输出信号。其过程如图 2.8(c)所示。

由脉冲响应函数 $g(t)$ 可得其对应的线性动态环节的频谱特性为

$$G_L(j\omega) = \int_{-\infty}^{+\infty} g(t)e^{-j\omega t}dt = \int_{-\infty}^{+\infty} \frac{\sin \omega_N t}{\omega_N t}(\cos \omega t - j\sin \omega t)dt$$

$$= \int_{-\infty}^{+\infty} \frac{\sin \omega_N t}{\omega_N t}\cos \omega t dt = \begin{cases} T, & \text{当} |\omega| \leqslant \omega_N \text{ 时} \\ 0, & \text{当} |\omega| > \omega_N \text{ 时} \end{cases} \tag{2.3.5}$$

式(2.3.5)表明,上述脉冲响应函数为 $g(t)$ 的线性动态环节的频谱特性 $G_L(j\omega)$ 无相移,其形状为"门形",如图 2.8(b)所示,在 $[-\omega_N, \omega_N]$ 频率范围内,$G_L(j\omega) = T$;而在此频率范围外,$G_L(j\omega) = 0$。这意味着,采样信号 $f^*(t)$ 通过该环节后,$f^*(t)$ 中的在 $[-\omega_N, \omega_N]$ 频率范围内的主频谱 $\frac{1}{T}F(j\omega)$ 所有频率成分都被放大 T 倍,而在此频率范围外的所有旁频谱的频率分量全部衰减为零。由此可见,上述线性动态环节确实就是上节所讲的理想低通滤波器。

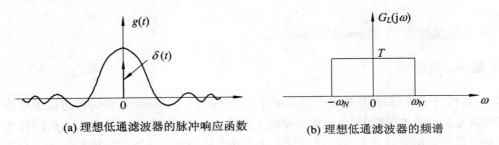

(a) 理想低通滤波器的脉冲响应函数　　　(b) 理想低通滤波器的频谱

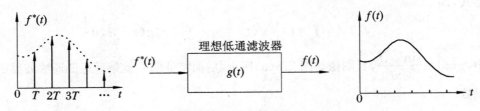

(c) 采样信号理想低通滤波过程

图 2.8　采样信号恢复成连续信号过程示意图

通过上面对重构公式(2.3.1)分析表明,采样定理给出的结论和上节对采样信号频谱 $F^*(j\omega)$ 分析所得结论是一致的,即由采样信号 $f^*(t)$ 唯一精确恢复原有连续信号 $f(t)$ 必须满足三个条件:

(1) 连续信号 $f(t)$ 带宽有限,即存在有限的上限频率 ω_m;

(2) 采样频率 $\omega_s \geqslant 2\omega_m \left(\text{或} T \leqslant \dfrac{\pi}{\omega_m}\right)$;

(3) 通过理想低通滤波器滤波。

然而需要指出,上述三个条件都是假设的理想条件,工程上无法精确实现,只能近似地实现。这是因为:

(1) 实际连续信号 $f(t)$,尤其控制系统中的信号根本不存在确切的有限上限频率 ω_m,

工程上只能取一近似的上限频率 ω_m；

（2）"门形"特性的理想低通滤波器是非因果系统,不可物理实现的(由图 2.8(a)所示脉冲响应函数 $g(t)$ 可以看出,系统输出响应 $g(t)$ 出现在脉冲信号 $\delta(t)$ 作用于系统时刻之前)。工程上只能采用可以物理实现的低通滤波器;

（3）由重构公式计算某时刻连续信号值 $f(t)$ 需要无穷项采样序列,这实际上是无法获得的,只能用有限项来近似。

由于上述原因,工程实际中,连续信号采样,总是有信息损失,或者说,由采样信号 $f^*(t)$ 恢复原有连续信号 $f(t)$ 总会有一定的波形失真,不过只要采样频率 ω_s 相对于信号 $f(t)$ 实际带宽足够高,采样过程产生的信息损失,工程上是完全可以容许的。

2.3.3　采样周期 T 选取

采样周期 T(或采样频率 ω_s)是计算机控制系统设计的重要参数之一。一般来讲,减小采样周期 T 有利于控制系统性能,采样周期越小,采样信号的信息损失越小,信号恢复精度越高。但是 T 过小会使控制系统调节过于频繁,使执行机构不能及时响应而加快其磨损,同时还因运算次数增加,使得计算机负担加重,要求计算机有更高的运算速度。然而 T 过大,使采样信号不能及时反映连续测量信号的基本变化规律,同时还会因为控制不及时致使控制系统动态品质恶化,甚至导致控制系统不稳定。所以,采样周期 T 应该合理选取,尽可能地避免取得过大和过小。

采样定理虽然给出了不产生"混叠效应"的采样频率 ω_s 的下限值(或采样周期 T 的上限值),但如前所述,采样定理是在理想条件下推得的,不能直接用来确定采样周期。在工程实际中,计算机控制系统的采样周期 T 的选取通常是以采样定理为理论指导原则,按照计算机输入的模拟信号和被控对象的动态特性或控制系统的频带指标,并结合工程经验来进行折中选取。常用方法有如下几种:

（1）直接按照工程经验选取

对于工业过程控制对象,被控变量随时间变化速度一般都比较缓慢,其采样周期 T 都可以取为秒量级的。变化最快的流量信号,采样周期 T 也可取为 1 s。对于这样的采样周期 T,现今一般计算机的运算速度是足以满足在一个采样周期内完成控制算法运算和监控程序执行的时间要求。所以,计算机过程控制系统的采样周期的选取一般不必严格计算,只要按照被控量的类型,参照下面列出的常见过程变量的采样周期参考范围来选取,就可以满足工程要求。

表 2.1　工业过程对象采样周期 T 的选取参考表

监控物理量	采样周期 T
流量	1～3 s
压力	1～5 s
液面	5～10 s
温度	10～20 s
成分	10～30 s

对于机电控制系统,尤其快速随动系统,采样周期 T 的选取较为严格,应该认真仔细考虑,通常可用如下方法来选取:

(2) 按照闭环系统频带 ω_B 选取

控制系统的闭环频带 ω_B 通常是控制系统的一项重要的性能指标,控制系统设计时必须要满足的。这就意味着闭环控制系统的输入和输出信号(都是输入计算机的信号)的频带都应位于闭环频带 ω_B 之内,在输入信号和输出信号中高于 ω_B 的高频分量将是很弱的。因此根据经验,控制系统的采样频率 ω_s 可取为

$$\omega_s \approx (5 \sim 10)\omega_B \tag{2.3.6}$$

相应采样周期 T 取为

$$T = \frac{2\pi}{\omega_s} = (0.2 \sim 0.1)\frac{2\pi}{\omega_B} \tag{2.3.7}$$

(3) 按照开环系统频率特性选取

如果已知系统开环频率特性 $G_0(j\omega)$,也可以参照开环频率特性的穿越频率 ω_c(即满足 $|G_0(j\omega)| = 1$ 的频率,如图 2.9 所示)。

取采样频率为

$$\omega_s \approx (5 \sim 10)\omega_c \tag{2.3.8}$$

这是因为系统开环频率特性的 ω_c 通常和对应的闭环频率特性的谐振频率 ω_0 很接近,如图 2.9(b)所示,而 ω_0 通常又接近于闭环系统频带 ω_B,所以采样频率 ω_s 可以近似地按 (2.3.8)式选取。

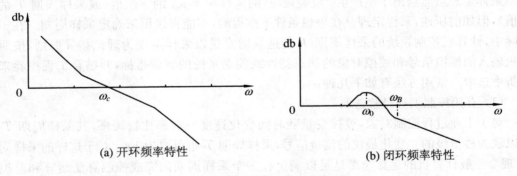

(a) 开环频率特性　　　　(b) 闭环频率特性

图 2.9　典型开环与闭环频率特性

(4) 按照开环传递函数选取

如果已知系统开环传递函数,可以按照传递函数中的最小时间常数或最小自然振荡周期来选取采样周期。系统开环传递函数的一般形式为

$$G(s) = \frac{N(s)}{s^m \prod_{i=1}^{n_1}(T_i s + 1)\prod_{j=1}^{n_2}\left[\left(s + \frac{1}{\tau_j}\right)^2 + \omega_j^2\right]} \tag{2.3.9}$$

其对应的脉冲响应函数 $g(t)$ 中基本分量为 $e^{-\frac{t}{T_i}}$,$e^{-\frac{t}{\tau_j}}\sin\omega_j t$($i = 1, 2, \cdots, n_1$; $j = 1, 2, \cdots, n_2$),其中 T_i,τ_j 为时间常数,ω_j 为阻尼振荡角频率,$t_j = \frac{2\pi}{\omega_j}$ 为阻尼振荡周期。由此可以近似了解系统动态过程中的输出信号的最快变化速度或最高的频率分量,因而可以作为采样

周期选取的依据。$g(t)$ 中的变化最快基本分量的振荡周期近似取为

$$T_{min} = \min \frac{1}{2}(T_1, T_2, \cdots, \tau_1, \tau_2, \cdots, t_1, t_2, \cdots) \qquad (2.3.10)$$

参照采样定理,采样周期 T 取为

$$T = \frac{1}{2}T_{min} = \frac{1}{4}\min(T_1, T_2, \cdots, \tau_1, \tau_2, \cdots, t_1, t_2, \cdots) \qquad (2.3.11)$$

具体应用时,只要将计算出的开环传递函数中的最小时间常数代入上式即可。

(5) 按照开环系统阶跃响应上升时间 t_r 选取

设开环系统稳定,其单位阶跃响应为图 2.10 所示两种典型情况:图(a)为过阻尼系统;图(b)为欠阻尼系统。对于过阻尼系统,t_r 取单位阶跃响应到达其稳态值 y_∞ 的 63.2% 的时间(相当于一阶系统的时间常数);对于欠阻尼系统,t_r 取单位阶跃响应第一次到达其稳态值 y_∞ 的时间,如图 2.10 所示。我们知道,阶跃响应的初始阶段反映了响应中的高频分量,所以按照 t_r 选取采样周期 T,就相当于按响应中的高频分量的周期选取 T,一般取

$$T = \frac{t_r}{2 \sim 4} \qquad (2.3.12)$$

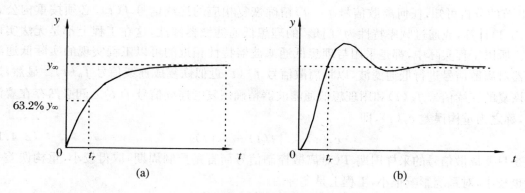

图 2.10 典型阶跃响应

(6) 按照 A/D 转换量化单位和连续信号最大变化速度选取

设 A/D 转换的量化单位为 q,被采样的连续信号为 $f(t)$,其最大变化速度为 $\max|f'(t)|$。若用零阶保持器作为低通滤波器将采样信号 $f^*(t)$ 重构成连续信号 $f_h(t)$(这是工程上常用的一种重构方法,下节讨论),最大重构误差为

$$e_m = \max|f(t) - f_h(t)| \leqslant T\max|f'(t)| \qquad (2.3.13)$$

上式表明最大重构误差 e_m 与采样周期 T 成正比,为保证重构精度应使 $e_m \leqslant q$,所以,采样周期应取

$$T \leqslant \frac{q}{\max|f'(t)|} \qquad (2.3.14)$$

(7) 按照控制系统抑制干扰要求选取

若考虑控制系统抑制干扰的要求,且大致知道控制系统主要干扰近似最高频率 ω_{fm},则采样频率 ω_s 应满足:

$$\omega_s \geqslant 2\omega_{fm} \qquad (2.3.15)$$

2.4   信号恢复与保持器

在计算机控制系统中,计算机输出的数字控制信号还必须经过 D/A 转换,变成连续的模拟控制信号方可作用于控制对象,以实现控制或调节功能。D/A 转换是 A/D 转换的逆过程,其中包括两个转换过程,数字量到模拟量转换和离散序列信号到连续信号转换。数字量到模拟量转换是 A/D 转换中的量化的逆过程,它是将数字信号的数字量幅值转换为电压或电流大小表示的模拟量幅值,其转换特性可以认为是线性的和即时的,经过该过程转换的模拟信号与原数字信号对系统的作用,在数学意义上,是完全等价的,在研究计算机控制系统特性描述和分析时,该转换过程可以不必考虑;离散信号到连续信号转换,是采样的逆过程,又称信号恢复或重构过程,即 2.3 节中所讲的,由采样信号恢复为连续信号的过程。由 2.3 节的分析可知,任何离散信号 $f^*(t)$ 精确恢复相应的连续信号 $f(t)$,必须按重构公式 (2.3.1)计算,或通过频率特性为"门形"的理想低通滤波器滤波,这在工程上都是无法实现的。所以工程实际中,都是采用与理想低通滤波器特性相近的可以工程实现的实际低通滤波器对离散信号进行低通滤波,以将离散信号 $f^*(t)$ 近似恢复成连续信号 $f_h(t)$。显然,这样恢复的连续信号 $f_h(t)$ 和用理想低通滤波器精确恢复的连续信号 $f(t)$ 之间必然存在着误差,称之为重构误差 $e_r(t)$,即

$$e_r(t) = \left| f(t) - f_h(t) \right| \tag{2.4.1}$$

但是只要离散信号的采样周期 T(对离散控制信号而言是控制周期)取得较小,重构误差一般也较小,对系统影响很小,工程上是允许的。

本节要讲的保持器正是这种用来将离散信号近似恢复为连续信号的一类实际低通滤波器。保持器的功能,从物理方面讲,它实现低通滤波作用,即使离散信号 $f^*(t)$ 中低频分量 $\left(\text{即 } \omega \leqslant \dfrac{\omega_s}{2} = \dfrac{\pi}{T} \text{ 频段的分量}\right)$ 衰减较小,而使高频分量 $\left(\text{即 } \omega > \dfrac{\omega_s}{2} = \dfrac{\pi}{T} \text{ 的分量}\right)$ 衰减很大;从数学上讲,保持器用来确定离散信号的现时刻序列值 $f(nT)$ 到尚未出现的下一个时刻序列值 $f(nT + T)$ 之间的插值,即确定连续信号 $f(nT + \Delta t)$,$0 \leqslant \Delta t < T$ 的取值。

保持器通常是按照离散信号已出现的现时刻和过去时刻的序列值 $f(nT - iT)$,$i = 0, 1, 2, \cdots$ 进行外推,来确定现时刻 nT 到下一时刻 $(n+1)T$ 之间的连续信号 $f(nT + \Delta t)$ 的取值,所以保持器也称外推器,所用的外推公式的一般形式为

$$f(nT + \Delta t) = f(nT) + \frac{1}{T} \nabla f(nT) \Delta t + \frac{1}{2!\,T} \nabla^2 f(nT) (\Delta t)^2 + \cdots, \quad 0 \leqslant \Delta t < T$$

$$\tag{2.4.2}$$

式中

$$\frac{1}{T} \nabla f(nT) = \frac{1}{T} \left[f(nT) - f(nT - T) \right] \simeq f'(t) \big|_{t = nT}$$

$$\frac{1}{T}\nabla^2 f(nT) = \frac{1}{T}[\nabla f(nT) - \nabla f(nT - T)]$$

$$= \frac{1}{T^2}[f(nT) - 2f(nT - T) + f(nT - 2T)]$$

$$\simeq f''(t)|_{t=nT}$$

分别为待恢复的连续信号 $f(t)$ 在 nT 时刻的平均一阶和二阶导数。外推公式(2.4.2)可以理解为待恢复的连续信号 $f(t)$ 在 nT 时刻的泰勒级数近似展开式。外推公式若仅取级数的第一项,即

$$f(nT + \Delta t) = f(nT), \quad 0 \leqslant \Delta t < T \tag{2.4.3}$$

则相应保持器称为零阶保持器。

外推公式若取级数的前两项,即

$$f(nT + \Delta t) = f(nT) + \frac{1}{T}[f(nT) - f(nT - T)]\Delta t, \quad 0 \leqslant \Delta t < T \tag{2.4.4}$$

则相应保持器称为一阶保持器。更高阶保持器的外推公式依次类推。

2.4.1 零阶保持器特性分析

关于零阶保持器特性已在 2.1 节中简要叙述过,这里再侧重分析一下它的低通滤波特性。由外推公式(2.4.3)可以看出,零阶保持器是按常数外推的,而且只依据现时刻 nT 的序列值 $f(nT)$ 外推,当下一时刻 $(n+1)T$ 到来时,就换成下一时刻的序列值 $f(nT+T)$,继续外推。这就是说,离散信号的每个序列值 $f(nT)$, $n = 0,1,2,\cdots$,经零阶保持器外推后都将持续保持一个采样周期 T。对应的零阶保持器输出是一个方波,其幅值等于对应的序列值 $f(nT)$,宽度为一个采样周期 T。离散信号通过零阶保持器外推后就恢复成阶梯形连续信号 $f_h(t)$,如图 2.11 所示。

图 2.11 零阶保持器的输入输出信号

在 2.1 节中,通过分析已知零阶保持器的传递函数为

$$G_{h_0}(s) = \frac{1 - \mathrm{e}^{-Ts}}{s}$$

即式(2.1.3)。零阶保持器频率特性为

$$G_{h_0}(\mathrm{j}\omega) = \frac{1 - \mathrm{e}^{-\mathrm{j}\omega T}}{\mathrm{j}\omega} = \frac{\mathrm{e}^{-\mathrm{j}\frac{\omega T}{2}}(\mathrm{e}^{\mathrm{j}\frac{\omega T}{2}} - \mathrm{e}^{-\mathrm{j}\frac{\omega T}{2}})}{\mathrm{j}\omega}$$

$$= \left(\frac{2}{\omega}\sin\frac{\omega T}{2}\right)\mathrm{e}^{-\mathrm{j}\frac{\omega T}{2}} = \frac{T\sin\frac{\omega T}{2}\mathrm{e}^{-\mathrm{j}\frac{\omega T}{2}}}{\frac{\omega T}{2}} \tag{2.4.5}$$

或

$$G_{h_0}(\mathrm{j}\omega) = \left| \frac{T\sin\dfrac{\pi\omega}{\omega_s}}{\dfrac{\pi\omega}{\omega_s}} \right| \mathrm{e}^{-\mathrm{j}\left(\frac{\omega}{\omega_s}-\theta\right)\pi} \tag{2.4.6}$$

$\theta = \mathrm{Int}\left(\dfrac{\omega}{\omega_s}\right)$，Int 为取整符号，$\omega_s = \dfrac{2\pi}{T}$ 为采样频率。

其中，幅频特性为

$$\left| G_{h_0}(\mathrm{j}\omega) \right| = \left| \frac{T\sin\dfrac{\pi\omega}{\omega_s}}{\dfrac{\pi\omega}{\omega_s}} \right| \tag{2.4.7}$$

相频特性为

$$\varphi_{h_0}(\mathrm{j}\omega) = \left(\frac{\omega}{\omega_s} - \theta\right)\pi \tag{2.4.8}$$

幅频特性和相频特性如图 2.12 所示。

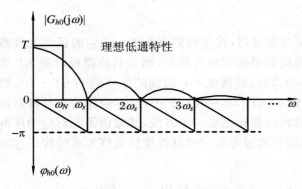

图 2.12　零阶保持器的幅频的相频特性

由图 2.12 可以看出：

(1) 零阶保持器确有低通滤波特性。在 $\omega \leqslant \dfrac{\omega_s}{2}$ 的低频段范围与理想低通滤波特性相近，在 $\omega > \dfrac{\omega_s}{2}$ 的高频段，虽然呈现较大衰减特性，但与理想低通滤波特性差别很大，显然不能完全滤除离散信号 $f^*(t)$ 中 $\omega > \dfrac{\omega_s}{2}$ 的全部高频分量。这就意味着恢复信号中含有高频分量，用此通常需要在零阶保持器后设置低通滤波器，以滤除恢复信号中的高频分量。

(2) 零阶保持器存在较大的负相移，负相移与采样频率 ω_s 成反比(与采样周期 T 成正比)，最大可达 $180°$。因此在计算机控制系统中引入零阶保持器将给整个控制系统增加负相移，使系统闭环稳定性下降，所以进行系统分析、设计时，必须予以考虑。在条件许可下，适当提高采样频率 ω_s，可以减小零阶保持器产生的负相移。

零阶保持器恢复信号的最大重构误差为

$$e_{rm} \leqslant T\max_{t}\left| \dot{f}(t) \right| \tag{2.4.9}$$

e_{rm} 和采样周期 T 成正比，也和待恢复的连续信号 $f(t)$ 的最大速度成正比。当连续信号 $f(t)$ 是阶跃信号，因阶跃信号的变化速度为零，所以相应离散信号 $f^*(t)$ 通过零阶保持器恢复的连续信号 $f_h(t)$ 无重构误差。当连续信号为斜坡信号即 $f(t) = at$，a 为常数，即斜坡信号的变化速度，所以相应离散信号 $f^*(t)$ 通过零阶保持器恢复的连续信号 $f_h(t)$ 将存在重构误差，其最大值为 aT。

2.4.2　一阶保持器特性分析

一阶保持器的外推公式(2.4.4)表明,一阶保持器是基于现时刻 nT 和前一时刻 $(n-1)T$ 的两个序列值,按照线性函数外推的。外推的线性函数斜率(即随时间变化速度)等于前一时刻 $(n-1)T$ 到现时刻 nT 之间的序列值平均变化速度即 $[f(nT)-f(nT-T)]/T$。对于离散信号依次出现的序列值,一阶保持器输出的连续信号 $f_h(t)$ 都是从现时刻出现的序列值出发,并按照前一时刻到现时刻之间的序列值平均变化速度,随着时间线性变化,直到下一时刻来到时,再改从下一时刻出现的序列值出发,并按照现时刻到下一时刻之间的序列值平均变化速度,随着时间线性变化,如此不断外推下去。这样,离散信号 $f^*(t)$ 通过一阶保持器外推后便恢复成锯齿状分段连续信号 $f_h(t)$,如图 2.13 所示。

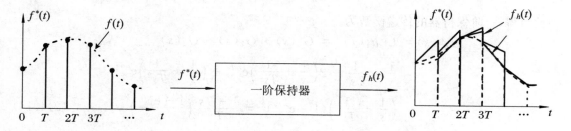

图 2.13　一阶保持器输入输出信号

由一阶保持器外推公式(2.4.4)和上述一阶保持器外推过程,可以想象一阶保持器的单位脉冲响应函数 $h_1(t)$ 如图 2.14(a)实线所示。单位脉冲响应函数 $h_1(t)$ 可以分解为如图 2.14(b)所示的函数 $g_1(t)$,$g_2(t)$ 与 $g_3(t)$ 之和,即

$$h_1(t) = g_1(t) + g_2(t) + g_3(t) \tag{2.4.10}$$

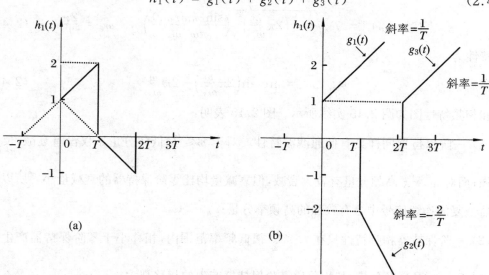

图 2.14　一阶保持器的单位脉冲响应函数

由图 2.14(b)可以看出

$$g_1(t) = u(t) + \frac{1}{T}t, \quad u(t) \text{ 为单位阶跃函数} \tag{2.4.11}$$

$$g_2(t) = -2g_1(t - T) \tag{2.4.12}$$

$$g_3(t) = g_1(t - 2T) \tag{2.4.13}$$

相应有

$$G_1(s) = L[g_1(t)] = \frac{1}{s} + \frac{1}{Ts^2}$$

$$G_2(s) = L[g_2(t)] = -2L[g_1(t-T)] = -2\left(\frac{1}{s} + \frac{1}{Ts^2}\right)e^{-Ts}$$

$$G_3(s) = L[g_3(t)] = L[g_1(t-2T)] = \left(\frac{1}{s} + \frac{1}{Ts^2}\right)e^{-2Ts}$$

由此可得,一阶保持器的传递函数为

$$G_{h_1}(s) = L[h_1(t)] = G_1(s) + G_2(s) + G_3(s)$$

$$= \frac{1}{s} + \frac{1}{Ts^2} - 2\left(\frac{1}{s} + \frac{1}{Ts^2}\right)e^{-Ts} + \left(\frac{1}{s} + \frac{1}{Ts^2}\right)e^{-2Ts}$$

$$= \left(\frac{1}{s} + \frac{1}{Ts^2}\right)(1 - e^{-Ts})^2 = \frac{1 + Ts}{T}\left(\frac{1 - e^{-Ts}}{s}\right)^2 \tag{2.4.14}$$

一阶保持器的频率特性为

$$G_{h_1}(j\omega) = \frac{1 + j\omega T}{T}\left(\frac{1 - e^{-j\omega T}}{j\omega}\right)^2$$

$$= T\sqrt{1 + \left(2\pi\frac{\omega}{\omega_s}\right)^2}\left(\frac{\sin(\pi\omega/\omega_s)}{\pi\omega/\omega_s}\right)^2 e^{-j\left(2\pi\frac{\omega}{\omega_s} - \arctan\left(2\pi\frac{\omega}{\omega_s}\right)\right)} \tag{2.4.15}$$

其幅频特性为

$$|G_{h_1}(j\omega)| = T\sqrt{1 + \left(2\pi\frac{\omega}{\omega_s}\right)^2}\left(\frac{\sin(\pi\omega/\omega_s)}{\pi\omega/\omega_s}\right)^2, \quad \omega_s = \frac{2\pi}{T} \tag{2.4.16}$$

相频特性为

$$\varphi_{h_1}(\omega) = \arctan\left(2\pi\frac{\omega}{\omega_s}\right) - 2\pi\frac{\omega}{\omega_s} \tag{2.4.17}$$

幅频和相频特性图如图 2.15 实线所示。图 2.15 表明:

(1)一阶保持器同样具有低通滤波特性。对于 $\omega \leqslant \frac{\omega_s}{2}$ 低频分量不仅没有衰减,反而有所增强;而对 $\omega > \frac{\omega_s}{2}$ 高频分量有较大衰减,但衰减量均比零阶保持器的衰减量小。所以一阶保持器恢复的连续信号中含有较强的高频率分量;

(2)一阶保持器相频特性只在 $\omega \ll \frac{\omega_s}{2}$ 很低频率范围内,相移小于零阶保持器产生的相移,而对于 $\omega \geqslant \frac{\omega_s}{2}$ 高频分量,其相移比零阶保持器产生的相移都大。

一阶保持器恢复连续信号的最大重构误差为

$$e_{rm} \leqslant T^2 \max_t | \ddot{f}(t) | \qquad (2.4.18)$$

e_{rm} 和采样周期 T 平方成正比,也和待恢复的连续信号 $f(t)$ 的最大变化加速度成正比。阶跃和斜坡型离散信号通过一阶保持器恢复连续信号,除在第一个采样周期 T 外,其余时间均无重构误差,这是因为阶跃和斜坡型连续信号变化的加速度均为零的缘故。对于相同信号,一阶保持器恢复精度高于零阶保持器。

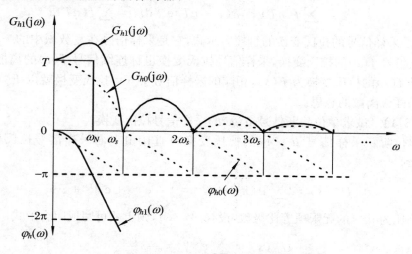

图 2.15　一阶保持器的频率特性

零阶保持器与一阶保持器相比,虽然恢复精度较低,但是零阶保持器产生的负相移较小,而且外推方法简单,工程上易于实现,所以计算机控制系统中普遍采样零阶保持器,很少用一阶保持器。至于二阶以上的高阶保持器,理论上虽然有更高的恢复精度,但负相移更大,而且外推方法复杂,工程实现难度大,在工程上基本不用。

2.5　Z 变 换

　　Z 变换和拉氏变换一样,也是将时间函数转换为复变量函数的一种线性的函数变换,其作用和拉氏变换在处理连续控制系统分析和设计问题中的作用类似,它是处理计算机控制系统或离散系统分析和设计问题的一种强有力的数学工具。Z 变换和拉氏变换有着密切的内在联系,它是由拉氏变换演变来的,其实就是拉氏变换的一种推广。所以本节在讲述 Z 变换之前,先来了解一下采样信号 $f^*(t)$ 的拉氏变换的形式和特点。

2.5.1　采样信号拉氏变换

　　连续信号 $f(t)$ 经过采样周期为 T 采样后的采样信号 $f^*(t)$ 可以用式(2.2.5)表示,即

$$f^*(t) = \sum_{n=0}^{\infty} f(nT)\delta(t - nT) \tag{2.2.5}$$

对式(2.2.5)实施拉氏变换,即得采样信号的拉氏变换,即

$$F^*(s) = L[f^*(t)] = L\Big[\sum_{n=0}^{\infty} f(nT)\delta(t - nT)\Big]$$

$$= \sum_{n=0}^{\infty} f(nT)\int_0^{\infty}\delta(t - nT)e^{-st}\,dt = \sum_{n=0}^{\infty} f(nT)e^{-nTs} \tag{2.5.1}$$

式(2.5.1)是采样信号的拉氏变换的直接表示式,它是采样信号在复数域中的一种表示。为区别于连续信号 $f(t)$ 的拉氏变换,采样信号拉氏变换也称连续信号 $f(t)$ 的离散拉氏变换。若连续信号 $f(t)$ 的拉氏变换为 $F(s)$,相应的采样信号 $f^*(t)$ 拉氏变换就以 $F^*(s)$ 表示,星号 $*$ 表示采样或离散的意思。

【例 2.5.1】 试求单位阶跃信号 $u(t)$ 的采样信号拉氏变换。

解 单位阶跃采样信号 $u^*(t)$ 的拉氏变换可直接由上面采样信号拉氏变换定义式(2.5.1)得到

$$U^*(s) = \sum_{n=0}^{\infty} u(nT)e^{-nTs} = 1 + e^{-Ts} + e^{-2Ts} + \cdots$$

这是一个公比为 e^{-Ts} 的无限项等比级数,设 $|e^{-Ts}| < 1$,则上式可写成闭合形式

$$U^*(s) = \sum_{n=0}^{\infty} e^{-nTs} = \frac{1}{1 - e^{-Ts}} \tag{2.5.2}$$

【例 2.5.2】 试求指数信号 $f(t) = e^{-at}$,$a > 0$ 的采样信号拉氏变换。

解 可直接按照式(2.5.1)获得指数信号相应的采样信号拉氏变换,即

$$F^*(s) = \sum_{n=0}^{\infty} e^{-anT}e^{-nTs} = 1 + e^{-aT}e^{-Ts} + e^{-2aT}e^{-2Ts} + \cdots$$

设 $|e^{-aT}e^{-Ts}| < 1$,则上式也可写成闭合形式,

$$F^*(s) = \sum_{n=0}^{\infty} e^{-aT}e^{-nTs} = \frac{1}{1 - e^{-aT}e^{-Ts}} \tag{2.5.3}$$

采样信号拉氏变换 $F^*(s)$ 有如下性质:

(1) $F^*(s)$ 是以 $j\omega_s$ 为周期的周期函数,即

$$F^*(s) = F^*(s \pm jk\omega_s) \tag{2.5.4}$$

$\omega_s = \dfrac{2\pi}{T}$ 为采样角频率,k 为正整数。

由 $F^*(s)$ 表示式(2.5.1),有

$$F^*(s \pm jk\omega_s) = \sum_{n=0}^{\infty} f(nT)e^{-nT(s \pm jk\omega_s)} = \sum_{n=0}^{\infty} f(nT)e^{-nTs}e^{\pm jnk\omega_s T}$$

因 $\omega_s T = 2\pi$,所以上式中 $e^{\pm jnk\omega_s T} = e^{\pm j2\pi} = 1$。因此,式(2.5.4)成立,即

$$F^*(s \pm jk\omega_s) = \sum_{n=0}^{\infty} f(nT)e^{-nTs} = F^*(s)$$

(2) $F^*(s)$ 与相应的连续信号拉氏变换 $F(s)$ 有如下关系,

$$F^*(s) = \frac{1}{T}\sum_{n=-\infty}^{+\infty} F(s - jn\omega_s) \tag{2.2.16}$$

式中，$F(s) = L[f(t)]$，$F^*(s) = L[f^*(t)]$，ω_s 是采样频率。

（3）若 s_i 是 $F(s)$ 的一个极点，则 $s_i \pm jn\omega_s$，$n = 0,1,2,\cdots$ 都是 $F^*(s)$ 的极点。

这就是说连续信号 $f(t)$ 的拉氏变换 $F(s)$ 中的每一个极点，相应的采样信号 $f^*(t)$ 的拉氏变换 $F^*(s)$ 有无穷多个与之对应的极点。这是因为，若 s_i 是 $F(s)$ 的一个极点，那么，$s_i \pm jn\omega_s$ 一定是函数 $\frac{1}{T}F(s \pm jn\omega_s)$ 的极点，然而，由式(2.2.16)可知，$F^*(s)$ 是无限个函数 $\frac{1}{T}F(s \pm jn\omega_s)$，$n = 0,1,2,\cdots$ 之和，每个函数 $\frac{1}{T}F(s \pm jn\omega_s)$ 的极点 $s_i \pm jn\omega_s$ 一定也是 $F^*(s)$ 的极点。

（4）若连续信号 $f(t)$ 的拉氏变换 $F(s)$ 是严格真有理分式（即 $F(s)$ 的分母阶次至少比分子阶次高一阶），则

$$F^*(s) = \frac{1}{2\pi j}\int_{C-j\infty}^{C+j\infty} F(p)\frac{1}{1 - e^{-T(s-p)}}dp = \sum_{i=1}^{n}\text{Res}\left[F(p)\frac{1}{1 - e^{-T(s-p)}}\right]_{p=p_i}$$

$$= \sum_{i=1}^{n}\frac{1}{(m_i - 1)!}\left(\frac{d}{dp}\right)^{m_i - 1}\left[(p - p_i)^{m_i}\frac{F(p)}{1 - e^{-T(s-p)}}\right]_{p=p_i} \qquad (2.5.5)$$

Res 是复函数的留数符号；p_i 是 $F(p)$ 的第 i 个极点，n 是 $F(p)$ 的互异极点个数，m_i 是极点 p_i 的重数，T 为采样周期。

式(2.5.5)很有用，当已知连续信号的拉氏变换式 $F(s)$，且是严格真有理分式，需要求相应采样信号拉氏变换 $F^*(s)$ 时，就可以直接用该式由 $F(s)$ 求得 $F^*(s)$，而不必由 $F(s)$ 求出 $f(t)$ 后，再用式(2.5.1)来求 $F^*(s)$。通常把由连续信号的 $F(s)$ 直接求其相应的 $F^*(s)$ 称为星号变换，并用星号 $*$ 表示，即

$$[F(s)]^* = F^*(s) \qquad (2.5.6)$$

式(2.5.5)的推导如下：

因为

$$f^*(t) = f(t)\sum_{n=0}^{\infty}\delta(t - nT) = f(t)\delta_T(t) \qquad (2.5.7)$$

所以

$$F^*(s) = L[f^*(t)] = L[f(t)\delta_T(t)] = F(s) \otimes \delta_T(s)$$

$$= \frac{1}{2\pi j}\int_{C-j\infty}^{C+j\infty} F(p)\delta_T(s - p)dp \qquad (2.5.8)$$

其中 $\otimes$ 为复数卷积符号；

$$F(s) = L[f(t)]$$

$$\delta_T(s) = L[\delta_T(t)] = \sum_{n=0}^{\infty}L[\delta(t - nT)]$$

$$= \sum_{n=0}^{\infty}e^{-nTs} = \frac{1}{1 - e^{-Ts}}, \qquad |e^{-Ts}| < 1 \qquad (2.5.9)$$

将式(2.5.9)代入式(2.5.8)得

$$F^*(s) = \frac{1}{2\pi j}\int_{C-j\infty}^{C+j\infty} F(p)\frac{1}{1 - e^{-T(s-p)}}dp \qquad (2.5.10)$$

式中函数 $\delta_T(s-p)$ 在 p 平面上有无穷个极点,其极点为

$$p_n = s \pm jn\omega_s, \quad n = 0,1,2,\cdots \tag{2.5.11}$$

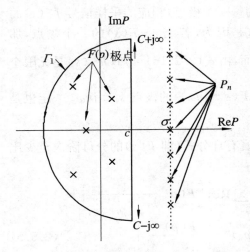

取 $s = \sigma > 0,\sigma$ 为实数,极点 p_n 都将位于 p 平面右半平面中一条平行于虚轴的直线上,如图 2.16 中虚线所示。再通过增大 σ 总是能够使极点 p_n 位于函数 $F(p)$ 的所有极点的右边。于是可以选择式(2.5.9)的积分线参数 C,使 $F(p)$ 的全部极点位于积分线左边,使极点 p_n 全部位于积分线右边,如图 2.16 所示,而且取闭合积分路线 Γ 为 $c - j\infty \sim c + j\infty$ 直线和无穷大半圆弧 Γ_1 组成的封闭线,该闭合积分线 Γ 包围 $F(p)$ 的全部极点,而不包含函数 $\delta_T(s-p)$ 的极点 p_n。可以证明,如果 $F(p)$ 为严格真有理分式,则

$$\begin{aligned} F^*(s) &= \frac{1}{2\pi j} \int_{C-j\infty}^{C+j\infty} F(p)\delta_T(s-p)\mathrm{d}p \\ &= \frac{1}{2\pi j} \oint_\Gamma F(p)\delta_T(s-p)\mathrm{d}p \end{aligned} \tag{2.5.12}$$

图 2.16 函数 $F(p)$ 和 $\delta_T(s-p)$ 的极点分布及闭合积分路线

因此,按留数定理,式(2.5.12)闭合积分就等于函数 $F(p)\delta_T(s-p)$ 在 $F(p)$ 所有极点处的留数之和,所以式(2.5.5)成立。

【例 2.5.3】 试用式(2.5.5)求指数信号 $f(t) = e^{-at}$ 拉氏变换 $F(s) = \dfrac{1}{s+a}$ 的离散拉氏变换 $F^*(s)$。

解 因 $F(s) = \dfrac{1}{s+a}$ 是严格真有理分式,所以可用式(2.5.5)求 $F^*(s)$,$F(s)$ 有一个极点为 $-a$,按式(2.5.5)得

$$F^*(s) = \mathrm{Res}\left[\frac{1}{(p+a)}\frac{1}{1-e^{-T(s-p)}}\right]_{p=-a} = \frac{1}{1-e^{-aT}e^{-Ts}}$$

这和例 2.5.2 用 $F^*(s)$ 定义式所求的结果是一致的。

(5) $\left[F_1^*(s)F_2(s)\right]^* = F_1^*(s)F_2^*(s)$ \tag{2.5.13}

证明:由式(2.2.16)有

$$\left[F_1^*(s)F_2(s)\right]^* = \frac{1}{T}\sum_{n=-\infty}^{\infty} F_1^*(s-jn\omega_s)F_2(s-jn\omega_s)$$

再由式(2.5.4)可得

$$\left[F_1^*(s)F_2(s)\right] = \frac{1}{T}\sum_{n=-\infty}^{\infty} F_1^*(s-jn\omega_s)F_2(s-jn\omega_s)$$

$$= F_1^*(s)\frac{1}{T}\sum_{n=-\infty}^{\infty} F_2(s-jn\omega_s) = F_2^*(s)F_2^*(s)$$

(6) $\left[F^*(s)\right]^* = F^*(s)$, \tag{2.5.14}

该式可以看作是(2.5.13)式的特例。

(7) $\left[F_1(s)F_2(s)\right]^* \triangle F_1F_2{}^*(s)$　　　　　　　　　　　　　　　　　　　　(2.5.15)

应当指出,式(2.5.1)和式(2.2.5)相比,可以看出,采样信号拉氏变换式 $F^*(s)$ 和采样信号时间表示式 $f^*(t)$ 有着直接的对应关系, $F^*(s)$ 中的 $f(nT)e^{-nTs}$ 和 $f^*(t)$ 中的 $f(nT)\delta_T(t-nT)$ 是直接相对应的。$f(nT)e^{-nTs}$ 表示在 nT 时刻的采样值为 $f(nT)$,其中 e^{-nTs} 表示采样时间,$f(nT)$ 表示采样的数值($n=0,1,2,\cdots$)。由此可见,采样信号拉氏变换 $F^*(s)$ 仍然保留了采样信号 $f^*(t)$ 时间表示式(2.2.5)的直观性。但是,我们注意式(2.2.5)和前面几个例子中的 $F^*(s)$ 表示式会发现,采样信号拉氏变换式 $F^*(s)$ 总是含有 s 的指数函数 e^{Ts},其实,$F^*(s)$ 是函数 e^{Ts} 的函数,或者说是 s 的超越函数,因此用于系统分析、设计时,会有诸多不便。为此人们将指数函数 e^{Ts} 定义为一个新的复变量 z,将 $F^*(s)$ 变为 z 的函数 $F(z)$,用函数 $F(z)$ 作为采样信号 $f^*(t)$ 在复数域的表示式。这就克服了用 $F^*(s)$ 作为采样信号 $f^*(t)$ 在复数域表示式的缺陷。将采样信号时间函数 $f^*(t)$ 变换为 z 的函数 $F(z)$ 的变换,就是下面要讲的 Z 变换。

2.5.2　Z 变换定义与说明

将采样信号拉氏变换 $F^*(s)$ 中包含的指数函数 e^{Ts} 定义为一个新的复变量,即

$$z \triangle e^{Ts}, \quad T \text{ 为采样周期} \tag{2.5.16}$$

代入 $F^*(s)$ 的表示式(2.5.1),于是 $F^*(s)$ 便化为复变量 z 的函数,并以 $F(z)$ 表示之,即

$$F(z) = F^*(s)\big|_{e^{Ts}=z} = \sum_{n=0}^{\infty} f(nT)z^{-n} \tag{2.5.17}$$

我们称 $F(z)$ 为采样信号的 Z 变换。通常用大写的 Z 表示对采样信号 $f^*(t)$ 施加 Z 变换,即

$$F(z) = Z[f^*(t)] = \sum_{n=0}^{\infty} f(nT)z^{-n} \tag{2.5.18}$$

注意,这里的 $F(z)$ 和 $f(t)$ 的拉氏变换式 $F(s)$ 不是同一个函数。式(2.5.18)通常称为单边 Z 变换,适用于单边信号,即 $t<0$ 时,$f^*(t)=0$;而称

$$F(z) = Z[f^*(t)] = \sum_{n=-\infty}^{+\infty} f(nT)z^{-n} \tag{2.5.19}$$

为双边 Z 变换,可用于双边信号,即 $t<0$ 时,$f^*(t)\neq 0$,控制系统涉及的信号都认为是单边的信号,所以今后仅考虑单边 Z 变换。

将采样信号 Z 变换 $F(z)$ 表示式(2.5.18)分别与 $F^*(s)$ 表示式(2.5.1)和 $f^*(t)$ 表示式(2.2.5)相比,会发现,$F(z)$ 与 $F^*(s)$ 和 $f^*(t)$ 之间有着直接的对应关系,它们分别对采样信号的采样时间及顺序的表示形式 z^{-n},e^{-nTs},$\delta(t-nT)$($n=0,1,2,\cdots$)是相互对应的,即

$$z^{-n} \leftrightarrow e^{-nTs} \leftrightarrow \delta(t-nT)$$

$$（z \text{ 域}）\quad（s \text{ 域}）\quad（t \text{ 域}）$$

由上可知,采样信号 Z 变换 $F(z)$ 不仅具有和 $F^*(s)$ 相同的直观性,而且只是 z 变量的简单函数形式,而不像 $F^*(s)$ 那样是 s 变量的超越函数形式。因此,给应用带来很大方便,这是 Z 变换的一大优点。

采样信号 $f^*(t)$,如果不考虑采样值的采样时间,只考虑采样值先后顺序,采样信号也

可视为一般形式的时间序列信号 $f(n), n = 0,1,2,\cdots$。时间序列信号 $f(n)$ 的 Z 变换与式 (2.5.5)类似,由下式表示:

$$F(z) = Z[f(n)] = \sum_{n=0}^{\infty} f(n)z^{-n} \tag{2.5.20}$$

与 Z 变换相反,由 Z 变换式 $F(z)$ 求相应的采样信号的采样值序列 $f(n)$ 就称为 $F(z)$ 的 Z 反变换,并用大写的 Z^{-1} 作为 Z 反变换符号表示如下:

$$f(n) = Z^{-1}[F(z)] = \frac{1}{2\pi j} \oint_L F(z)z^{n-1}\mathrm{d}z \tag{2.5.21}$$

关于如何求 Z 反变换即由 $F(z)$ 求 $f(n)$,后面将在 2.6 节详细介绍。

最后再强调几点:

(1) Z 变换是对采样信号 $f^*(t)$ 或时间序列 $f(n)$ 定义的,只有采样信号 $f^*(t)$ 或时间序列 $f(n)$ 才有 Z 变换,当我们习惯用 $Z[f(t)]$ 和 $Z[F(s)]$ 来表示 Z 变换时,实际上都是指对 $f(t)$ 的采样信号 $f^*(t)$ 进行 Z 变换。这样,我们以后就将 $Z[f(t)]$ 和 $Z[F(s)]$ 视为与 $Z[f^*(t)]$ 和 $Z[F^*(s)]$ 等价。即

$$Z[f(t)] = Z[F(s)] = Z[F^*(s)] = Z[f^*(t)] = Z[f(nT)] = F(z) = \sum_{n=0}^{\infty} f(nT)z^{-n} \tag{2.5.22}$$

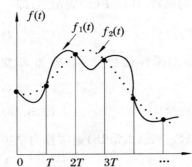

图 2.17 $F(z)$ 与 $f(t)$ 非唯一对应关系

(2) Z 变换 $F(z)$ 只与 $f^*(t)$ 或 $f(n)$ 有一对一的对应关系,即由 $f^*(t)$ 或 $f(n)$ 通过 Z 变换可得到唯一与之对应的 $F(z)$,由 $F(z)$ 通过 Z 反变换也可得到唯一与之对应的 $f^*(t)$ 或 $f(n)$。然而,$F(z)$ 与连续信号 $f(t)$ 之间不存在唯一的对应关系,两个不同的连续信号 $f_1(t)$ $\neq f_2(t)$,只要它们以同一采样周期采样的所有采样值相等,它们的 Z 变换就是相同的,即 $Z[f_1(t)] = Z[f_2(t)]$,如图 2.17 所示。

(3) Z 变换定义式(2.5.17)是 z 的无穷幂级数,只有幂级数收敛,Z 变换才能存在。确保采样信号 $f^*(t)$ Z 变换存在,z 必须满足 $|z| > R$,这里的 R 就称为 $f^*(t)$ 的 Z 变换收敛半径,满足 $|z| > R$ 的 z 定义域称为 Z 变换的收敛域。R 可由下式求得,

$$R = \lim_{n \to \infty} \left| \frac{f(nT + T)}{f(nT)} \right| \tag{2.5.23}$$

或

$$R = \lim_{n \to \infty} \left| \frac{f(n + 1)}{f(n)} \right| \tag{2.5.24}$$

工程中绝大多数信号的 Z 变换都存在,都有相应的收敛半径 R。当求采样信号 Z 变换时,应给出其收敛半径。而一旦求得采样信号 Z 变换表示式后,在应用它时就不必考虑收敛域问题。

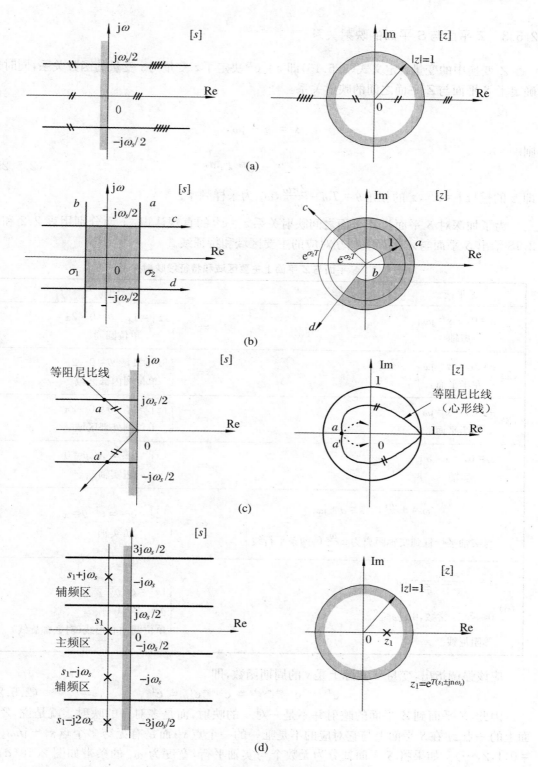

图 2.18 S 平面与 Z 平面之间映射关系

2.5.3 Z 平面与 S 平面的映射关系

Z 变换中的变量 z 定义式(2.5.16)即 $z = e^{Ts}$ 决定了 z 变量与 s 变量的函数关系,同时也确定了 S 平面与 Z 平面之间的映射关系。

设

$$s = \sigma + j\omega,$$

则

$$z = e^{Ts} = e^{T\sigma} \cdot e^{jT\omega} \tag{2.5.25}$$

即 z 的模 $|z| = e^{T\sigma}$,z 的相角 $\theta = T\omega = \dfrac{2\pi\omega}{\omega_s}$,$\omega_s$ 为采样频率。

为了加深对 S 平面与 Z 平面之间映射关系 $z = e^{Ts}$ 的直观认识,下面分别用表 2.2 和图 2.18 给出 S 平面与 Z 平面上相互对应的主要区域和特征线。

表 2.2　S 平面与 Z 平面上主要区域和特征线映射关系

S 平面		Z 平面
(1) $\left.\begin{array}{l}\sigma = 0, \quad s = j\omega\\ \text{虚轴}\end{array}\right\}$	$\Longleftrightarrow$	$\left\{\begin{array}{l}\|z\| = 1, \quad \theta = 0 \sim 2\pi\\ \text{单位圆周}\end{array}\right.$
(2) $\left.\begin{array}{l}\sigma < 0, \quad s = j\omega\\ \text{左半平面}\end{array}\right\}$	$\Longleftrightarrow$	$\left\{\begin{array}{l}\|z\| < 1, \quad \theta = 0 \sim 2\pi\\ \text{单位圆内部区域}\end{array}\right.$
(3) $\left.\begin{array}{l}\sigma > 0, \quad s = j\omega\\ \text{右半平面}\end{array}\right\}$	$\Longleftrightarrow$	$\left\{\begin{array}{l}\|z\| > 1, \quad \theta = 0 \sim 2\pi\\ \text{单位圆外部区域}\end{array}\right.$
(4) $\left.\begin{array}{l}\omega = 0, \quad s = \sigma\\ \text{实轴}\end{array}\right\}$	$\Longleftrightarrow$	$\left\{\begin{array}{l}\|z\| = 0 \sim \infty, \quad \theta = 0\\ \text{正实轴}\end{array}\right.$
(5) $\left.\begin{array}{l}\omega = \pm\dfrac{\omega_s}{2}, \quad s = \sigma + j\omega\\ \text{与实轴平行且到实轴距离为} \pm\dfrac{\omega_s}{2} \text{的两条平行线}\end{array}\right\}$	$\Longleftrightarrow$	$\left\{\begin{array}{l}\|z\| = 0 \sim \infty, \quad \theta = \pi\\ \text{负实轴}\end{array}\right.$
(6) $\left.\begin{array}{l}s = -\dfrac{\xi\omega}{\sqrt{1-\xi^2}} + j\omega\\ 0 \leqslant \xi < 1 \text{ 常数}, 0 \leqslant \omega \leqslant \dfrac{\omega_s}{2}\\ \text{等阻尼线}\end{array}\right\}$	$\Longleftrightarrow$	$\left\{\begin{array}{l}\|z\| = e^{-\frac{\xi\omega T}{\sqrt{1-\xi^2}}} \leqslant 1\\ \theta = \omega T = 0 \sim \pi\\ \text{单位圆内心形线(对数螺旋线)}\end{array}\right.$

应该强调指出,变量 z 实际上是 s 的周期函数,即

$$z = e^{Ts} = e^{T(s \pm jn\omega_s)} = e^{\pm jn2\pi}e^{Ts} = e^{Ts} \tag{2.5.26}$$

因此,S 平面到 Z 平面的映射并不是一对一的映射,而是多对一的映射。就是说,Z 平面上的一点 z_i 在 S 平面上与它对应的不是唯一的一个点 s_i 而是有无穷多个点 $s_i \pm jn\omega_s$($n = 0, 1, 2, \cdots$)。如果将 S 平面划分为无数个与实轴平行,宽度为 ω_s 的条带如图 2.18(d)所示,(通常称包含实轴的中心条带为主频区,其余条带称为辅频区),那么每个频区映射到 Z

平面与之对应的是整个 Z 平面,每个频区在虚轴左边部分都与 Z 平面单位圆内部区域相对应,在虚轴右边部分都与 Z 平面单位圆外部区域相对应,每个频区内的一段虚轴都与 Z 平面单位圆周相对应。由采样信号拉氏变换 $F^*(s)$ 性质(3),我们知道,如果 s_1 是连续信号拉氏变换 $F(s)$ 的一个极点,那么 $s_1 \pm jn\omega_s$ 都是相应的离散拉氏变换 $F^*(s)$ 的极点,这些极点分别位于每个频区内,如图 2.18(d)所示,这些无穷多个极点 $s_1 \pm jn\omega_s$ 通过 Z 变换映射到 Z 平面后,就变为一个极点 $z_1 = e^{(s_1 + jn\omega_s)T}$。由此再次表明,在复数域处理采样信号,Z 变换比离散拉氏变换简便得多。

2.6　Z 变换性质、定理和 Z 变换及其反变换求法

2.6.1　Z 变换基本性质和定理

和拉氏变换一样,Z 变换由其定义式出发也可以导出一系列关于 Z 变换的性质和定理,这些性质和定理对扩大 Z 变换应用都有重要作用。下面将介绍工程上常用的一些 Z 变换基本性质和定理。

1. 线性性质

由 Z 变换和 Z 反变换定义易知,它们都是线性变换,即若 $F_1(z) = Z[f_1(t)]$,$F_2(z) = Z[f_2(t)]$,a、b 为任意常数,则

$$Z[af_1(n) + bf_2(n)] = aF_1(z) + bF_2(z) \tag{2.6.1}$$

$$Z^{-1}[aF_1(z) + bF_2(z)] = af_1(n) + bf_2(n) \tag{2.6.2}$$

2. 位移延迟定理

若 $Z[f(t)] = F(z)$,则延迟 k 步函数 $f(t - kT)$ 的 Z 变换为

$$Z[f(t - kT)] = z^{-k}F(z), \quad k \geqslant 0 \text{ 整数} \tag{2.6.3}$$

式中 z^{-k} 称为 k 步时迟因子。

该定理表明,"t"域中的采样信号 $f^*(t)$ 时间上延迟 k 步,则对应于在"Z"域中 $f^*(t)$ 的 Z 变换 $F(z)$ 乘以 k 步时迟因子 z^{-k}。

证明　由 Z 变换定义,有

$$Z[f(t - kT)] = \sum_{n=0}^{\infty} f(nT - kT)z^{-n}$$

令 $m = n - k$,则 $n = k + m$,代入上式得

$$Z[f(t - kT)] = \sum_{m=-k}^{\infty} f(mT)z^{-k}z^{-m} = z^{-k}\sum_{m=-k}^{\infty} f(mT)z^{-m}$$

考虑到信号 $f(t)$ 的单边性,即 $m < 0$,$f(mT) = 0$,所以

$$Z[f(t - kT)] = z^{-k}\sum_{m=0}^{\infty} f(mT)z^{-m} = z^{-k}F(z)$$

3. 位移超前定理

若 $Z[f(t)] = F(z)$,则超前 k 步函数 $f(t + kT)$ 的 Z 变换为

$$Z[f(t + kT)] = z^k F(z) - \sum_{m=0}^{k-1} f(mT) z^{k-m}, \quad k \geqslant 0 \text{ 整数} \tag{2.6.4}$$

证明 由 Z 变换的定义,有

$$Z[f(t + kT)] = \sum_{n=0}^{\infty} f(nT + kT) z^{-n}$$

令 $m = n + k$,则 $n = m - k$,代入上式得

$$Z[f(t + kT)] = \sum_{m=k}^{\infty} f(mT) z^k z^{-m} = z^k \sum_{m=k}^{\infty} f(mT) z^{-m}$$

$$= z^k \left[\sum_{m=k}^{\infty} f(mT) z^{-m} + \sum_{m=0}^{k-1} f(mT) z^{-m} - \sum_{m=0}^{k-1} f(mT) z^{-m} \right]$$

$$= z^k \left[\sum_{m=0}^{\infty} f(mT) z^{-m} - \sum_{m=0}^{k-1} f(mT) z^{-m} \right]$$

$$= z^k \left[F(z) - \sum_{m=0}^{k-1} f(mT) z^{-m} \right] = z^k F(z) - \sum_{m=0}^{k-1} f(mT) z^{k-m}$$

注意,该定理表明,超前 k 步信号 $f(t + kT)$ 的 Z 变换不是简单地将 $f(t)$ 的 Z 变换 $F(z)$ 乘以 k 步超前因子 z^k,除此还必须减去 $F(z)$ 的前 k 项乘以 z^k,即要减去 $[f(0)z^k + f(1)z^{k-1} + \cdots + f(kT - T)z]$,这是因为 $f^*(t + kT)$ 的第一个采样值为 $f(kT)$(即 $t = 0$ 时的采样值),而 $f^*(t)$ 的第一个采样值为 $f(0)$ 的缘故。只有当 $f^*(t)$ 的前 k 步采样值 $f(0)$,$f(T)$,$\cdots$,$f(kT - T)$ 均为零时,才和延迟 k 步信号 $f(t - kT)$ 的 Z 变换有相似的表达式,即 $F(z) = Z[f^*(t + kT)] = z^k F(z)$。

4. 复位移定理

若 $L[f(t)] = F(s)$,$Z[f(t)] = F(z)$,则

$$Z[e^{\mp at} f(t)] = Z[F(s \pm a)] = F(e^{\pm aT} z) \tag{2.6.5}$$

证明 $Z[e^{\mp at} f(t)] = \sum_{n=0}^{\infty} e^{\mp anT} f(nT) z^{-n} = \sum_{n=0}^{\infty} f(nT)(e^{\pm aT} z)^{-n} = F(e^{\pm aT} z)$

该定理表明,在时间"t"域中原函数 $f(t)$ 乘以指数因子 $e^{\mp at}$,则在"s"域中的像函数 $F(s)$ 位移 $\pm a$,而在"z"域中 Z 变换 $F(z)$ 的变量 z 乘以比例因子 $e^{\pm aT}$。

5. 初值定理

若 $Z[f(t)] = F(z)$,且极限 $\lim_{z \to \infty} F(z)$ 存在,则当 $t = 0$ 时的采样信号 $f^*(t)$ 的初值 $f(0)$ 取决于 $\lim_{z \to \infty} F(z)$ 的极限值,即

$$f(0) = \lim_{n \to 0} f(nT) = \lim_{z \to \infty} F(z) \tag{2.6.6}$$

证明 按 Z 变换定义,

$$F(z) = Z[f(t)] = \sum_{n=0}^{\infty} f(nT) z^{-n} = f(0) + f(T) z^{-1} + f(2T) z^{-2} + \cdots$$

当 $z \to \infty$ 时,除第一项 $f(0)$ 不变外,其余各项都变为零,所以式(2.6.6)成立。

6. 终值定理

若 $Z[f(t)] = F(z)$，且 $(1-z^{-1})F(z)$ 在单位圆上和单位圆外无极点（该条件确保 $f^*(t)$ 存在有界终值），则有

$$\lim_{k \to \infty} f(kT) = \lim_{z \to 1}(z-1)F(z) = \lim_{z \to 1}(1-z^{-1})F(z) \qquad (2.6.7)$$

证明 由位移超前定理，

$$Z[f(t+T)] = zF(z) - zf(0),$$

即

$$zF(z) = Z[f(t+T)] + zf(0)$$

于是

$$
\begin{aligned}
(z-1)F(z) &= zF(z) - F(z) = Z[f(t+T)] + zf(0) - Z[f(t)] \\
&= Z[f(t+T) - f(t)] + zf(0) \\
&= \sum_{n=0}^{\infty} [f(nT+T) - f(nT)]z^{-n} + zf(0) \\
&= \lim_{k \to \infty} \sum_{n=0}^{k} [f(nT+T) - f(nT)]z^{-n} + zf(0)
\end{aligned}
$$

上式两边令 $z \to 1$，则

$$\lim_{z \to 1}(z-1)F(z) = \lim_{k \to \infty} f(kT) - f(0) + f(0) = \lim_{k \to \infty} f(kT)$$

上式也可写成

$$\lim_{z \to 1}(z-1)F(z) = \lim_{z \to 1} z(1-z^{-1})F(z) = \lim_{k \to \infty} f(kT)$$

根据初值定理和终值定理，可以直接由 Z 变换式 $F(z)$ 获得相应的采样时间序列 $f(kT)$ 的初值和终值。所以这两个定理在作系统分析时经常用到。

【例 2.6.1】 已知 Z 变换为

$$F(z) = \frac{1}{(1-z^{-1})(1-az^{-1})}$$

其中 $|a| < 1$。求相应序列 $f(kT)$ 的初值和终值。

解 (1) 由初值定理，得 $f(k)$ 的初值为

$$f(0) = \lim_{z \to \infty} \frac{1}{(1-z^{-1})(1-az^{-1})} = 1$$

(2) 因 $(1-z^{-1})F(z) = \dfrac{1}{1-az^{-1}}$，极点 $|a| < 1$，在单位圆内，故可以利用终值定理求终值，即

$$\lim_{k \to \infty} f(kT) = \lim_{z \to 1}(1-z^{-1})F(z) = \lim_{z \to 1} \frac{1}{1-az^{-1}} = \frac{1}{1-a}$$

该题中，若 $|a| > 1$，就不可用终值定理求终值。这和不能用拉氏变换的终值定理求函数 $\dfrac{1}{s(s-a)}$，$(a > 0)$ 的终值是同样的道理。

7. 差分和差分变换定理

差分是刻画采样序列或时间序列信号变化状况的一种数学表示，如同连续信号的微分。差分分为后向差分和前向差分，并分别用符号 "∇" 和 "Δ" 表示，具体定义如下：

（1）后向差分

设 $f(k)$ 为一时间序列，于是称：

一阶后向差分为

$$\nabla f(k) = f(k) - f(k - 1) \tag{2.6.8}$$

二阶后向差分为

$$\nabla^2 f(k) = \nabla f(k) - \nabla f(k - 1) = f(k) - 2f(k - 1) + f(k - 2) \tag{2.6.9}$$

n 阶后向差分为

$$\nabla^n f(k) = \nabla^{n-1} f(k) - \nabla^{n-1} f(k - 1) = \sum_{i=0}^{n} (-1)^i \frac{n!}{(n - i)! i!} f(k - i) \tag{2.6.10}$$

后向差分变换定理

若 $Z[f(k)] = F(z)$，则 n 阶后向差分 $\nabla^n f(k)$ 的 Z 变换为

$$Z[\nabla^n f(k)] = (1 - z^{-1})^n F(z) \tag{2.6.11}$$

（2）前向差分

一阶前向差分为

$$\Delta f(k) = f(k + 1) - f(k) \tag{2.6.12}$$

二阶前向差分为

$$\Delta^2 f(k) = \Delta f(k + 1) - \Delta f(k) = f(k + 2) - 2f(k + 1) + f(k) \tag{2.6.13}$$

n 阶前向差分为

$$\Delta^n f(k) = \Delta^{n-1} f(k + 1) - \Delta^{n-1} f(k) = \sum_{i=0}^{n} (-1)^i \frac{n!}{(n - i)! i!} f(k + n - i)$$

$$\tag{2.6.14}$$

前向差分变换定理

若 $Z[f(k)] = F(z)$，则一阶前向差分 $\Delta f(k)$ 的 Z 变换为

$$Z[\Delta f(k)] = (z - 1)F(z) - f(0)z \tag{2.6.15}$$

证明 由 Z 变换定义，

$$Z[\Delta f(k)] = Z[f(k + 1) - f(k)] = Z[f(k + 1)] - Z[f(k)]$$
$$= zF(z) - f(0)z - F(z) = (z - 1)F(z) - f(0)z$$

按照式（2.6.15），可导出二阶前向差分 $\Delta^2 f(k)$ 的 Z 变换为

$$Z[\Delta^2 f(k)] = Z[\Delta f(k + 1)] - Z[\Delta f(k)]$$
$$= zZ[\Delta f(k)] - z\Delta f(0) - Z[\Delta f(k)]$$
$$= (z - 1)Z[\Delta f(k)] - z\Delta f(0)$$
$$= (z - 1)^2 F(z) - (z - 1)z\Delta^0 f(0) - z\Delta^1 f(0) \tag{2.6.16}$$

依此类推，可归纳 n 阶前向差分 $\Delta^n f(k)$ 的 Z 变换为

$$Z[\Delta^n f(k)] = (z - 1)^n F(z) - (z - 1)^{n-1} z\Delta^0 f(0) - (z - 1)^{n-2} z\Delta^1 f(0) - \cdots - z\Delta^{n-1} f(0)$$

$$= (z - 1)^n F(z) - \sum_{i=0}^{n-1} z (z - 1)^{n-1-i} \Delta^i f(0) \tag{2.6.17}$$

8. 复域微分定理

若 $Z[f(t)] = F(z)$，则

$$Z[tf(t)] = -Tz\frac{\mathrm{d}F(z)}{\mathrm{d}z} \tag{2.6.18}$$

证明　由 Z 变换定义，

$$F(z) = \sum_{n=0}^{\infty} f(nT)z^{-n}$$

上式两边对 z 微分，得

$$\frac{\mathrm{d}F(z)}{\mathrm{d}z} = \sum_{n=0}^{\infty} -f(nT)nz^{-n}z^{-1}$$

再对上式两边同乘以 $(-Tz)$，便得

$$-Tz\frac{\mathrm{d}F(z)}{\mathrm{d}z} = \sum_{n=0}^{\infty} nTf(nT)z^{-n} = Z[tf(t)]$$

该定理表明，在时间域中信号 $f(t)$ 与 t 相乘，对应于在 Z 域中 $f(t)$ 的 Z 变换 $F(z)$ 对 z 的微分运算。由定理(2.6.18)式，有

$$Z[t^2f(t)] = -Tz\frac{\mathrm{d}}{\mathrm{d}z}Z[tf(t)] = -Tz\frac{\mathrm{d}}{\mathrm{d}z}\left[-Tz\frac{\mathrm{d}}{\mathrm{d}z}F(z)\right] = \left(-Tz\frac{\mathrm{d}}{\mathrm{d}z}\right)^2 F(z) \tag{2.6.19}$$

依此类推，可归纳出

$$Z[t^kf(t)] = \left(-Tz\frac{\mathrm{d}}{\mathrm{d}z}\right)^k F(z) \tag{2.6.20}$$

9. 复域积分定理

若 $Z[f(t)] = F(z)$，且极限 $\lim\limits_{t\to 0}\dfrac{f(t)}{t}$ 存在，则

$$Z\left[\frac{f(t)}{t}\right] = \int_z^{\infty} \frac{F(\lambda)}{T\lambda}\mathrm{d}\lambda + \lim_{n\to 0}\frac{f(nT)}{nT} \tag{2.6.21}$$

证明　令 $g(t) = \dfrac{f(t)}{t}$，则按照 Z 变换的定义，有

$$Z[g(t)] = G(z) = \sum_{n=0}^{\infty} \frac{f(nT)}{nT}z^{-n}$$

上式两边对 z 微分，得

$$\frac{\mathrm{d}}{\mathrm{d}z}G(z) = -\sum_{n=0}^{\infty} \frac{f(nT)}{T}z^{-n}z^{-1} = -\frac{1}{Tz}F(z)$$

上式两边作积分，有

$$\int_z^{\infty} \frac{\mathrm{d}G(\lambda)}{\mathrm{d}\lambda}\mathrm{d}\lambda = -\int_z^{\infty} \frac{F(\lambda)}{T\lambda}\mathrm{d}\lambda$$

即

$$G(\infty) - G(z) = -\int_z^{\infty} \frac{F(\lambda)}{T\lambda}\mathrm{d}\lambda$$

由初值定理，可得

$$\lim_{n\to 0} g(nT) = \lim_{z\to\infty} G(z) = G(\infty),$$

代入上式并整理得

$$G(z) = \int_z^\infty \frac{F(\lambda)}{T\lambda}\mathrm{d}\lambda + \lim_{n\to 0} g(nT)$$

即

$$Z\left[\frac{f(t)}{t}\right] = \int_z^\infty \frac{F(\lambda)}{T\lambda}\mathrm{d}\lambda + \lim_{n\to 0}\frac{f(nT)}{nT}$$

该定理表明,在时域中 $f(t)$ 与 t 相除,对应于在"z"域中 Z 变换 $F(z)/z$ 对 z 的积分运算。

10. 时域离散卷积定理

两个时间序列(或采样信号)$f(n)$ 和 $g(n)$ $(n \geqslant 0)$ 的卷积记为 $f(n) * g(n)$,其定义为

$$f(n) * g(n) = \sum_{k=0}^n f(n-k)g(k) = \sum_{k=0}^\infty f(n-k)g(k) \qquad (2.6.22)$$

或

$$f(n) * g(n) = \sum_{k=0}^n g(n-k)f(k) = \sum_{k=0}^\infty g(n-k)f(k) \qquad (2.6.23)$$

若 $Z[f(n)] = F(z)$,$Z[g(n)] = G(z)$,则

$$Z[f(n) * g(n)] = F(z)G(z) \qquad (2.6.24)$$

该定理表明,在时间域中两个时间序列(或采样信号)的卷积,对应于 Z 域中两个时间序列相应 Z 变换的乘积,即两个时间序列在时间域是卷积关系,则在 Z 域中就是乘积关系。

证明 由 Z 变换定义,

$$Z[f(n) * g(n)] = \sum_{n=0}^\infty \left[\sum_{k=0}^\infty f(k)g(n-k)\right]z^{-n}$$

$$= \sum_{k=0}^\infty f(k)\sum_{n=0}^\infty g(n-k)z^{-n} = \sum_{k=0}^\infty f(k)z^{-k}z^k\sum_{n=0}^\infty g(n-k)z^{-n}$$

$$= F(z)z^k Z[g(n-k)]$$

由位移延迟定理,$Z[g(n-k)] = z^{-k}G(z)$ 代入上式得

$$Z[f(n) * g(n)] = F(z)G(z)$$

11. 复域卷积定理

若 $Z[f(n)] = F(z)$,$Z[g(n)] = G(z)$,则时间序列 $f(n)$ 和 $g(n)$ 的乘积的 Z 变换为

$$Z[f(n)g(n)] = \frac{1}{2\pi\mathrm{j}}\oint_C F(p)G(p^{-1}z)p^{-1}\mathrm{d}p \qquad (2.6.25)$$

$$= \frac{1}{2\pi\mathrm{j}}\oint_C G(p)F(p^{-1}z)p^{-1}\mathrm{d}p \qquad (2.6.26)$$

证明 由 Z 变换定义,

$$Z[f(n)g(n)] = \sum_{n=0}^\infty f(n)g(n)z^{-n}$$

由 Z 反变换式(2.5.21),有

$$f(n) = \frac{1}{2\pi\mathrm{j}}\oint_C F(p)p^{n-1}\mathrm{d}p$$

代入上式

$$Z[f(n)g(n)] = \sum_{n=0}^\infty \frac{1}{2\pi\mathrm{j}}\oint_C F(p)p^{n-1}\mathrm{d}p\, g(n)z^{-n} = \frac{1}{2\pi\mathrm{j}}\oint_C \sum_{n=0}^\infty F(p)p^{n-1}g(n)z^{-n}\mathrm{d}p$$

$$= \frac{1}{2\pi \mathrm{j}} \oint_C F(p) \sum_{n=0}^{\infty} g(n)(p^{-1}z)^{-n} p^{-1} \mathrm{d}p = \frac{1}{2\pi \mathrm{j}} \oint_C F(p) G(p^{-1}z) p^{-1} \mathrm{d}p$$

其中，$G(p^{-1}z) = \sum_{n=0}^{\infty} g(n)(p^{-1}z)^{-n}$（由 Z 变换定义获得）。

式(2.6.25)或式(2.6.26)右端称为 $F(z)$ 和 $G(z)$ 的卷积。该定理表明，在时间域中两个时间序列的乘积，在"Z"域中对应于两个时间序列的 Z 变换的卷积。

12. 离散巴什瓦(Parseval)定理

若 $\sum_{n=0}^{\infty} f^2(n)$ 是有界的，则

$$\sum_{n=0}^{\infty} f^2(n) = \frac{1}{2\pi \mathrm{j}} \oint_C F(p) F(p^{-1}) p^{-1} \mathrm{d}p \tag{2.6.27}$$

式中，$F(p) = Z[f(n)]|_{z=p}$。

证明　令 $X(k) = \sum_{n=0}^{k} f^2(n)$，则

$$X(k-1) = \sum_{n=0}^{k-1} f^2(n)$$

于是

$$X(k) - X(k-1) = f^2(k)$$
$$(1 - z^{-1})X(z) = Z[f^2(k)]$$

由复域卷积定理，有

$$Z[f^2(k)] = \frac{1}{2\pi \mathrm{j}} \oint_C F(p) F(p^{-1}z) p^{-1} \mathrm{d}p$$

所以

$$X(z) = \frac{1}{1 - z^{-1}} Z[f^2(k)] = \frac{1}{1 - z^{-1}} \left[\frac{1}{2\pi \mathrm{j}} \oint_C F(p) F(p^{-1}z) p^{-1} \mathrm{d}p \right]$$

由 Z 变换终值定理，

$$\chi(\infty) = \sum_{n=0}^{\infty} f^2(n) = \lim_{z \to 1}(1 - z^{-1})X(z) = \lim_{z \to 1} \frac{1}{2\pi \mathrm{j}} \oint_C F(p) F(p^{-1}z) p^{-1} \mathrm{d}p$$

该定理表明，时间序列信号的总能量，可以用时间序列 Z 变换在复域中按式(2.6.27)计算得到。

2.6.2　Z 变换求法

由给定的时间函数 $f(t)$ 或像函数 $F(s)$ 求相应的采样函数 Z 变换的方法很多，归结起来，主要有如下方法：

1. 级数求和法

级数求和法就是直接按照 Z 变换的定义式(2.5.17)或式(2.5.18)来求。由于式(2.5.17)和式(2.5.18)是无穷项级数和的形式，应用很不方便，需要将它写成闭合分式形式。通常一些简单的典型函数如阶跃函数、指数函数等，都可采用该方法来求。下面举例说明之。

【例 2.6.2】　求单位阶跃函数 $u(t)$ 的采样函数 Z 变换。

解 按 Z 变换定义式(2.5.17),有

$$U(z) = Z[u(t)] = \sum_{n=0}^{\infty} z^{-n} = 1 + z^{-1} + z^{-2} + \cdots$$

这是一个无穷项等比级数,当公比 z^{-1} 满足 $|z^{-1}| < 1$,或 $|z| > 1$ 时,级数收敛,于是级数可写成闭合分式形式

$$U(z) = \frac{1}{1 - z^{-1}}$$

收敛半径 $R = 1$。

【例 2.6.3】 求指数函数 $e^{-at}(a > 0)$ 的采样函数 Z 变换。

解 按 Z 变换定义(2.5.17)式,有

$$E(z) = Z[e^{-at}] = \sum_{n=0}^{\infty} e^{-anT} z^{-n} = 1 + e^{-aT} z^{-1} + e^{-2aT} z^{-2} + \cdots$$

这是一个无穷项等比级数,当公比 $e^{-aT} z^{-1}$ 满足 $|e^{-aT} z^{-1}| < 1$,等价于 $|z| > e^{-aT}$ 时,级数收敛,于是级数可写成闭合分式形式:

$$E(z) = \frac{1}{1 - e^{-aT} z^{-1}}$$

收敛半径 $R = e^{-aT}$。

【例 2.6.4】 求指数序列 $f(n) = a^n (n \geqslant 0)$ 的 Z 变换。

解 按时间序列 Z 变换定义(2.5.18)式,有

$$F(z) = Z[a^n] = \sum_{n=0}^{\infty} a^n z^{-n} = \sum_{n=0}^{\infty} (az^{-1})^n$$

当公比 az^{-1} 满足 $|az^{-1}| < 1$,等价于 $z > a$ 时,级数收敛,于是级数可写成闭合分式形式:

$F(z) = \dfrac{1}{1 - az^{-1}}$,收敛半径 $R = a$。

【例 2.6.5】 求离散脉冲序列 $f(n) = \delta(n)$ 的 Z 变换。

离散脉冲函数 $\delta(n)$ 也称 Kronecker Delta 函数,其定义为

$$\delta(n) = \begin{cases} 1, & n = 0 \\ 0, & n \neq 0 \end{cases} \tag{2.6.28}$$

解 按时间序列 Z 变换定义(2.5.18)式

$$F(z) = Z[\delta(n)] = \sum_{n=0}^{\infty} \delta(n) z^{-n} = 1$$

需要说明一点,离散脉冲函数 $\delta(n)$ 应理解为脉冲函数 $\delta(t)$ 的采样序列值,即 $\delta(t)$ 的采样脉冲的强度。所以,$\delta(t)$ 的 Z 变换应为

$$Z[\delta(t)] = Z[\delta^*(t)] = \sum_{n=0}^{\infty} \delta(nT) z^{-n} = 1$$

2. 基于 Z 变换定理求法

对于较复杂的时间函数 $f(t)$ 或时间序列 $f(n)$ 按照 Z 变换定义式,用级数求和法求其 Z 变换,要得到闭合分式形式,推导过程都比较复杂,而且容易出错。所以一般都是应用前面给出的 Z 变换的某些定理来求,其推算过程可以大大简化。现举例予以说明。

【例 2.6.6】 求斜坡函数 $f(t) = t$ 的 Z 变换。

解 考虑到斜坡函数 $f(t) = t$ 可以看作是单位阶跃函数 $u(t)$ 与 t 的乘积,即 $f(t) = tu(t)$。因此,就可以应用 Z 变换复域微分定理,由已知的单位阶跃函数的 Z 变换 $U(z)$ 推得函数 $f(t) = t$ 的 Z 变换,即

$$F(z) = Z[t] = -Tz \frac{\mathrm{d}}{\mathrm{d}z} U(z)$$

其中,$U(z) = Z[u(t)] = \dfrac{1}{1 - z^{-1}}$ 为单位阶跃函数的 Z 变换,代入上式得

$$F(z) = -Tz \frac{\mathrm{d}}{\mathrm{d}z} \left(\frac{1}{1 - z^{-1}} \right) = \frac{Tz^{-1}}{(1 - z^{-1})^2} = \frac{Tz}{(z - 1)^2}$$

若求时间函数 $f(t) = t^2$ 的 Z 变换,同样可以应用复域微分定理,由斜坡函数 Z 变换推得

$$F(z) = Z[t^2] = -Tz \frac{\mathrm{d}}{\mathrm{d}z} Z[t] = -Tz \frac{\mathrm{d}}{\mathrm{d}z} \left[\frac{Tz}{(z - 1)^2} \right] = \frac{T^2 z(z + 1)}{(z - 1)^3}$$

【例 2.6.7】 求函数 $f(t) = t \mathrm{e}^{-a(t-2T)}$ 的 Z 变换。

解 已知单位阶跃函数 Z 变换 $U(z) = \dfrac{1}{1 - z^{-1}}$,设 $F_e(z) = Z[\mathrm{e}^{-at}] = Z[\mathrm{e}^{-at} u(t)]$,则由复位移定理,得

$$F_e(z) = U(\mathrm{e}^{aT} z) = \frac{1}{1 - \mathrm{e}^{-aT} z^{-1}}$$

再由位移延迟定理,有

$$Z[\mathrm{e}^{-a(t-2T)}] = z^{-2} F_e(z) = \frac{z^{-2}}{1 - \mathrm{e}^{-aT} z^{-1}}$$

最后应用复域微分定理,得

$$F(z) = Z[t \mathrm{e}^{-a(t-2T)}] = -Tz \frac{\mathrm{d}}{\mathrm{d}z} Z[\mathrm{e}^{-a(t-2T)}] = -Tz \frac{\mathrm{d}}{\mathrm{d}z} \left[\frac{z^{-2}}{1 - \mathrm{e}^{-aT} z^{-1}} \right]$$

$$= \frac{T(2 - \mathrm{e}^{-aT} z^{-1}) z^{-2}}{(1 - \mathrm{e}^{-aT} z^{-1})^2} = \frac{T(2z - \mathrm{e}^{-aT})}{z(z - \mathrm{e}^{-aT})^2}$$

3. 部分分式展开法

由给定的像函数 $F(s)$ 求相应的 Z 变换 $F(z)$,通常有三种基本方法:

(1) 原函数法,先由 $F(s)$ 通过拉氏反变换求出原函数 $f(t)$,再由 $f(t)$ 按照 Z 变换定义式或某些 Z 变换定理求得相应的 $F(z)$。该方法因需要进行拉氏反变换,其过程较为繁琐,所以很少被采用。

(2) 部分分式展开法。

(3) 留数计算法。

后面这两种方法都避免了拉氏反变换过程,所以相对简便,下面分别介绍后两种方法。

部分分式展开法,同求拉氏反变换的部分分式展开方法类似,先将像函数 $F(s)$ 展成简单部分分式之和,通常简单的部分分式是形如 $A_i/(s + p_i)$ 的一阶分式,它所对应的 Z 变换 $F_i(z)$ 的形式一般都很熟悉,为 $A_i/(1 - \mathrm{e}^{-p_i T} z^{-1})$,最后将所有部分分式分别用熟悉的结果或查 Z 变换表格(表 2.3)得到相应的 Z 变换 $F_i(z)$,函数 $F(s)$ 的 Z 变换 $F(z)$ 就是所有部分分式 Z 变换 $F_i(z)$ 之和。即

$$F(z) = Z[F(s)] = \sum_{i=1}^{n} F_i(z)$$

n 是 $F(s)$ 的分母阶数。

【例 2.6.8】 求像函数 $F(s) = \dfrac{1}{s(s+1)^2}$ 对应的 Z 变换 $F(z)$。

解 将 $F(s)$ 展成部分分式

$$F(s) = \frac{1}{s} - \frac{1}{s+1} - \frac{1}{(s+1)^2}$$

其中分式 $\dfrac{1}{s}$ 和 $\dfrac{1}{s+1}$ 对应的 Z 变换分别是常见的单位阶跃和指数函数的 Z 变换,分别为 $\dfrac{1}{1-z^{-1}}$ 和 $\dfrac{1}{1-e^{-T}z^{-1}}$;而分式 $\dfrac{1}{(s+1)^2}$ 的相应 Z 变换不常见,可以查表,查得为 $\dfrac{Te^{-T}z^{-1}}{(1-e^{-T}z^{-1})^2}$,最后得

$$
\begin{aligned}
F(z) = Z[F(s)] &= \frac{1}{1-z^{-1}} - \frac{1}{1-e^{-T}z^{-1}} - \frac{Te^{-T}z^{-1}}{(1-e^{-T}z^{-1})^2} \\
&= \frac{(1-e^{-T}-Te^{-T})z^{-1} + (e^{-T}+T-1)e^{-T}z^{-2}}{(1-z^{-1})(1-e^{-T}z^{-1})^2}
\end{aligned}
$$

4. 留数计算法

由 Z 变换定义,我们知道,$F(s)$ 的 Z 变换 $F(z)$ 实际上就是 $F(s)$ 对应的离散拉氏变换 $F^*(s)$ 用变量 z 替换其中的 e^{Ts} 的结果。因此,只要将 2.5 节中由 $F(s)$ 求 $F^*(s)$ 的留数公式(2.5.5)中的 e^{Ts} 改为 z,就成为由 $F(s)$ 直接求 $F(z)$ 的留数计算公式。

若像函数 $F(s)$ 为严格真有理分式,则 $F(s)$ 的 Z 变换 $F(z)$ 可直接由下式求得

$$
\begin{aligned}
F(z) = Z[F(s)] &= \sum_{i=1}^{n} \text{Res}\left[F(p) \frac{1}{1-e^{pT}z^{-1}} \right]_{p=p_i} \\
&= \sum_{i=1}^{n} \frac{1}{(m_i-1)!} \left(\frac{\mathrm{d}}{\mathrm{d}p}\right)^{m_i-1} \left[(p-p_i)^{m_i} F(p) \frac{1}{1-e^{pT}z^{-1}} \right]_{p=p_i} \quad (2.6.29)
\end{aligned}
$$

式中,"Res"是留数符号,n 是 $F(s)$ 的互异极点数,$p_i(i=1,2,\cdots,n)$ 为 $F(s)$ 的极点,m_i 为极点 p_i 的重数,T 为采样周期。

【例 2.6.9】 应用留数计算法求像函数 $F(s) = \dfrac{1}{s(s+1)^2}$ 对应的 Z 变换 $F(z)$。

解 因 $F(s)$ 分母阶次为 3,分子阶次为零,显然 $F(s)$ 是 s 的严格真有理分式,故可采用(2.6.29)留数公式求 $F(z)$。又知,$F(s)$ 有两个极点分别为 -1 和 0,其中极点 -1 为 2 重极点,按照(2.6.29)留数公式,有

$$
\begin{aligned}
F(z) = Z[F(s)] &= \text{Res}\left[F(p) \frac{1}{1-e^{pT}z^{-1}} \right]_{p=0} + \text{Res}\left[F(p) \frac{1}{1-e^{pT}z^{-1}} \right]_{p=-1} \\
&= \left[\frac{1}{(p+1)^2(1-e^{pT}z^{-1})} \right]_{p=0} + \frac{\mathrm{d}}{\mathrm{d}p}\left[\frac{1}{p(1-e^{pT}z^{-1})} \right]_{p=-1} \\
&= \frac{1}{1-z^{-1}} - \frac{1}{p^2(1-e^{pT}z^{-1})}\bigg|_{p=-1} - \frac{-pTe^{pT}z^{-1}}{p^2(1-e^{pT}z^{-1})^2}\bigg|_{p=-1}
\end{aligned}
$$

$$= \frac{1}{1 - z^{-1}} - \frac{1}{1 - e^{-T}z^{-1}} - \frac{Te^{-T}z^{-1}}{(1 - e^{-T}z^{-1})^2}$$

$$= \frac{(1 - e^T - Te^{-T})z^{-1} + (T + e^{-T} - 1)e^{-T}z^{-2}}{(1 - z^{-1})(1 - e^{-T}z^{-1})^2}$$

和例 2.6.8 中用部分分式展开法求得的结果是一致的。

【例 2.6.10】 求像函数 $G_{h_0}(s) = \dfrac{1 - e^{-Ts}}{s}$ 对应的 Z 变换 $G_{h_0}(z)$。

解　这里的 $G_{h_0}(s)$ 中含有指数函数 e^{-Ts}，显然不是 s 的有理分式，因此不能直接用留数计算法求相应的 Z 变换。$G_{h_0}(s)$ 中的 $(1 - e^{-Ts})$ 是 e^{Ts} 的函数，和离散拉氏变换的形式相同，可以看作离散拉氏变换，记为 $N_0{}^*(s) = (1 - e^{-Ts})$，于是 $G_{h_0}(s)$ 可以改写为

$$G_{h_0}(s) = N_0{}^*(s)\frac{1}{s}$$

由离散拉氏变换（即星号变换）性质(2.5.14)式，

$$G_{h_0}{}^*(s) = \left[N_0{}^*(s)\frac{1}{s}\right]^* = N_0{}^*(s)\left[\frac{1}{s}\right]^*$$

相应的 Z 变换

$$G_{h_0}(z) = Z[G_{h_0}{}^*(s)] = N_0{}^*(s)\big|_{z = e^{Ts}}Z\left[\frac{1}{s}\right]$$

$$= (1 - z^{-1})Z\left[\frac{1}{s}\right] = (1 - z^{-1})\frac{1}{1 - z^{-1}} = 1$$

今后凡是像函数 $F(s)$ 具有和 $G_{h_0}(s)$ 的类似形式，即 $F(s) = F_1{}^*(s)F_2(s)$，其中 $F_1{}^*(s)$ 是 e^{Ts} 的函数，$F_2(s)$ 是 s 的有理分式函数，那么 $F(s)$ 的 Z 变换为

$$F(z) = Z[F_1{}^*(s)F_2(s)] = F_1{}^*(s)\big|_{z = e^{Ts}} \cdot Z[F_2(s)] = F_1(z)F_2(z)$$

但是特别注意，当 $F(s) = F_1(s)F_2(s)$ 时，$F(s)$ 的 Z 变换不等于 $F_1(s)$ 和 $F_2(s)$ 各自 Z 变换的乘积，即

$$F(z) = Z[F_1(s)F_2(s)] \neq Z[F_1(s)] \cdot Z[F_1(s)] = F_1(z)F_2(z)$$

2.6.3　Z 反变换

与 Z 变换相反，Z 反变换是将 Z 域函数 $F(z)$ 变换为时间序列 $f(k)$ 或采样信号 $f^*(t)$。需要指出，Z 反变换直接求得的只是时间序列信号 $f(k)$，而不是采样信号 $f^*(t)$，更不是连续信号 $f(t)$。$F(z)$ 只是与采样序列 $f(k)$ 唯一相对应。当事先已知 $F(z)$ 对应的采样周期 T 时，就可以按照已知的采样周期 T 确定所求得的时间序列 $f(k)$ 的每个序列值出现的时间 kT，这样就可以获得相应的采样信号 $f^*(t)$，即 $f^*(t) = \sum\limits_{n=0}^{\infty} f(kT)\delta(t - kT)$。Z 变换和 Z 反变换用于计算机控制系统的分析和设计时，采样周期通常是事先给定的。

求 Z 反变换的方法很多，常用的基本方法有如下三种：幂级数展开法、部分分式展开法和反演积分法。下面逐一介绍。

1. 幂级数展开法

由 Z 变换的定义式(2.5.17)，有

$$F(z) = \sum_{k=0}^{\infty} f(k)z^{-k}$$

可知，$F(z)$ 对应的幂级数中的 z^{-k} 项系数 $f(k)$，就是与 $F(z)$ 唯一对应的时间序列值 $f(k)$ $(k=0,1,2,\cdots,\infty)$。这是由 Z 变换所特有的 Z 域与时域之间的直观对应关系所决定的。因此，我们只要用某种方法把要作 Z 反变换的 $F(z)$ 展成 z^{-1} 幂级数形式，即可获得与 $F(z)$ 唯一对应的时间序列 $f(k)$。

若 $F(z)$ 是 z^{-1} 或 z 的有理分式形式，即

$$F(z) = \frac{N(z)}{D(z)} = \frac{b_0 + b_1 z^{-1} + \cdots + b_n z^{-n}}{1 + a_1 z^{-1} + \cdots + a_n z^{-n}}$$

时，可以通过长除法将 $F(z)$ 展开成 z^{-1} 的幂级数。

【例 2.6.11】　$F(z) = \dfrac{-3 + z^{-1}}{1 - 2z^{-1} + z^{-2}}$，用长除法求其对应的时间序列 $f(k)$。

解　用 $F(z)$ 的分母长除 $F(z)$ 的分子，

$$
\begin{array}{r}
-3 - 5z^{-1} - 7z^{-2} - 9z^{-3} - 11z^{-4} - \\
1 - 2z^{-1} + z^{-2} \overline{)-3 + z^{-1}} \\
-)\ -3 + 6z^{-1} - 3z^{-2} \\
\hline
-5z^{-1} + 3z^{-2} \\
-)\ -5z^{-1} + 10z^{-2} - 5z^{-3} \\
\hline
-7z^{-2} + 5z^{-3} \\
-)\ -7z^{-2} + 14z^{-3} - 7z^{-4} \\
\hline
-9z^{-3} + 7z^{-4} \\
-)\ -9z^{-3} + 18z^{-4} - 9z^{-5} \\
\hline
-11z^{-4} + 9z^{-5} \\
\cdots\ \cdots
\end{array}
$$

于是，$F(z)$ 可展开成如下 z^{-1} 的幂级数：

$$F(z) = (-3) + (-5)z^{-1} + (-7)z^{-2} + (-9)z^{-3} + (-11)z^{-4} + \cdots$$

因此，$F(z)$ 对应的时间序列为

$$\{f(k)\} = \{-3,\quad -5,\quad -7,\quad -9,\quad \cdots\}$$

若给定 $F(z)$ 对应的采样周期 T，则 $F(z)$ 对应的采样信号为

$$f^*(t) = (-3)\delta(t) + (-5)\delta(t-T) + (-7)\delta(t-2T) + (-9)\delta(t-3) + \cdots$$

由此例可知，用该方法只能求得 $F(z)$ 对应时间序列 $f(k)$ 的初始若干项的序列值，很难求得时间序列 $f(k)$ 的闭合表示式，或一般项表示式，而且计算也比较繁琐。其优点是数学处理简单，尤其不需要对分母作因式分解。在工程分析时，若只需要了解 $F(z)$ 对应时间序列的初始若干项序列值变化的情况，采用该方法还是很合适的。

将有理分式 $F(z)$ 展开成 z^{-1} 幂级数时，也可以用下面导出的迭代算式直接计算 z^{-1} 幂级数的各项系数。

令

$$F(z) = \frac{b_0 + b_1 z^{-1} + \cdots + b_n z^{-n}}{1 + a_1 z^{-1} + \cdots + a_n z^{-n}} = f(0) + f(1)z^{-1} + f(2)z^{-2} + \cdots \quad (2.6.30)$$

其中幂级数各项系数是待定的。于是

$$b_0 + b_1 z^{-1} + \cdots + b_n z^{-n} = [f(0) + f(1)z^{-1} + f(2)z^{-2} + \cdots](1 + a_1 z^{-1} + \cdots + a_n z^{-n})$$

上式中,按照等式两边 z^{-1} 的同次项系数相等,可得

$$\begin{cases} b_0 = f(0) \\ b_1 = f(1) + f(0)a_1 \\ b_2 = f(2) + f(1)a_1 + f(0)a_2 \\ \qquad\qquad \vdots \\ b_n = f(n) + f(n-1)a_1 + \cdots + f(0)a_n \\ 0 = f(n+1) + f(n)a_1 + \cdots + f(1)a_n \\ \qquad\qquad \vdots \end{cases} \tag{2.6.31a}$$

由以上方程组可导出待定系数 $f(0),f(1),\cdots$ 的迭代算式

$$\begin{cases} f(0) = b_0 \\ f(1) = b_1 - a_1 f(0) \\ f(2) = b_2 - a_1 f(1) - a_2 f(0) \\ \qquad\qquad \vdots \\ f(k) = b_k - \sum_{i=1}^{k} a_i f(k-i), \quad 0 < k \leqslant n \\ f(k) = 0 - \sum_{i=1}^{n} a_i f(k-i), \quad k > n \\ \qquad\qquad \vdots \end{cases} \tag{2.6.31b}$$

按照迭代式(2.6.31b)编成算法程序,由计算机计算,则十分简便。

2. 部分分式展开法

这种方法和前面讲的由像函数 $F(s)$ 求相应的 $F(z)$ 所采用的部分分式展开法类似。就是将有理分式的 $F(z)$ 展开成简单的部分分式之和。再利用通常熟悉的典型时间序列与其 Z 变换之间的对应关系或查 Z 变换表来获得各个简单部分分式所对应的时间序列,进而获得 $F(z)$ 的 Z 反变换的结果。具体做法大致如下:

先将 $F(z)$ 写成如下 z 有理分式标准形式

$$F(z) = \frac{N(z)}{D(z)} = \frac{b_0 z^m + b_1 z^{m-1} + \cdots + b_m}{a_0 z^n + a_1 z^{n-1} + \cdots + a_n} \tag{2.6.32}$$

其中 $m \leqslant n$,系数 $b_i(i=0,1,2,\cdots,m)$ 和 $a_i(i=0,1,2,\cdots,n)$ 均为实常数。

对 $F(z)$ 的分母进行因式分解,即

$$D(z) = (z - p_1)(z - p_2)\cdots(z - p_n)$$

其中 $p_i(i=1,2,\cdots,n)$ 称为 $F(z)$ 的极点,它们是实数或共轭复数。

(1) 若所有极点是互不相同的单极点,且 $m = n$,便将 $F(z)$ 展开成

$$F(z) = A_0 + \frac{A_1}{z - p_1} + \frac{A_2}{z - p_2} + \cdots + \frac{A_n}{z - p_n}, \quad A_0 = b_0/a_0 \tag{2.6.33}$$

若 $m < n$,即 $F(z)$ 为 z 的严格真有理分式,便将 $F(z)$ 展开成

$$F(z) = \frac{A_1}{z - p_1} + \frac{A_2}{z - p_2} + \cdots + \frac{A_n}{z - p_n} \tag{2.6.34}$$

式(2.6.33)和(2.6.34)中各系数 $A_i(i=1,2,\cdots,n)$ 求法与拉氏变换式展开部分分式时的求法相同。两式中的各个分式所对应的时间序列为

$$f_i(k) = Z^{-1}\left[\frac{A_i}{z-p_i}\right] = A_i p_i^{k-1}, \quad k>0, \quad i=1,2,\cdots,n \tag{2.6.35}$$

其中,常数项 A_0 的 Z 反变换为

$$Z^{-1}[A_0] = A_0\delta(k), \quad k=0 \tag{2.6.36}$$

所以由式(2.6.33)求得相应 $F(z)$ 的 Z 反变换为

$$f(k) = Z^{-1}[F(z)] = A_0\delta(k) + \sum_{i=1}^{n}A_i p_i^{k-1} = \begin{cases} A_0, & k=0 \\ \sum_{i=1}^{n}A_i p_i^{k-1}, & k>0 \end{cases} \tag{2.6.37}$$

由式(2.6.34)求得相应 $F(z)$ 的 Z 反变换为

$$f(k) = Z^{-1}[F(z)] = \begin{cases} 0, & k=0 \\ \sum_{i=1}^{n}A_i p_i^{k-1}, & k>0 \end{cases} \tag{2.6.38}$$

(2) 若 $F(z)$ 有重极点,比如其中 p_1 为 2 重极点,其余极点 $p_3,p_4,\cdots,p_n$ 互不相同,且 $m=n$,便将 $F(z)$ 展开成

$$F(z) = A_0 + \frac{A_1}{(z-p_1)^2} + \frac{A_2}{(z-p_1)} + \frac{A_3}{(z-p_3)} + \cdots + \frac{A_n}{(z-p_n)} \tag{2.6.39}$$

若 $m<n$,便将 $F(z)$ 展开成

$$F(z) = \frac{A_1}{(z-p_1)^2} + \frac{A_2}{(z-p_1)} + \frac{A_3}{(z-p_3)} + \cdots + \frac{A_n}{(z-p_n)} \tag{2.6.40}$$

以上两式中的 $\dfrac{A_1}{(z-p_1)^2}$ 由查表得对应的时间序列为 $f_1(k) = A_1(k-1)p_1^{k-1},k>0$;其余各项对应的时间序列均为指数序列 $A_i p_i^{k},k>0,i=2,3,\cdots,n$。

由式(2.6.39)求得相应 $F(z)$ 的 Z 反变换的时间序列为

$$f(k) = Z^{-1}[F(z)] = A_0\delta(k) + A_1(k-1)p_1^{k-1} + A_2 p_1^{k-1} + \sum_{i=3}^{n}A_i p_i^{k-1}$$

$$= \begin{cases} A_0, & k=0 \\ A_1(k-1)p_1^{k-1} + A_2 p_1^{k-1} + \sum_{i=3}^{n}A_i p_i^{k-1}, & k>0 \end{cases} \tag{2.6.41}$$

由式(2.6.40)求得相应 $F(z)$ 的 Z 反变换的时间序列为

$$f(k) = Z^{-1}[F(z)] = \begin{cases} A_1(k-1)p_1^{k-1} + A_2 p_1^{k-1} + \sum_{i=3}^{n}A_i p_i^{k-1}, & k>0 \\ 0, & k=0 \end{cases}$$
$$\tag{2.6.42}$$

【例 2.6.12】 求 $F(z) = \dfrac{z}{z^3 - 4z^2 + 5z - 2}$ 的 Z 反变换。

解 对 $F(z)$ 的分母进行因式分解

$$F(z) = \frac{z}{(z-1)^2(z-2)}$$

$F(z)$ 在 $z=1$ 处为一两重极点, 在 $z=2$ 处为一单极点, 故将 $F(z)$ 展开成

$$F(z) = \frac{A_1}{(z-1)^2} + \frac{A_2}{z-1} + \frac{A_3}{z-2}$$

其中系数:

$$A_1 = (z-1)^2 F(z)\big|_{z=1} = -1$$

$$A_2 = \frac{\mathrm{d}}{\mathrm{d}z}\big[(z-1)^2 F(z)\big]_{z=1} = -2$$

$$A_3 = (z-2)F(z)\big|_{z=2} = 2$$

代入得

$$F(z) = -\frac{1}{(z-1)^2} - \frac{2}{z-1} + \frac{2}{z-2}$$

由式(2.6.42), 可得

$$f(k) = Z^{-1}[F(z)] = \begin{cases} 0, & k = 0 \\ -(k-1)\cdot 1^{k-1} - 2\cdot 1^{k-1} + 2\cdot 2^{k-1}, & k \geqslant 1 \end{cases}$$

或 $f(k) = 2^k - k - u(k), k \geqslant 0, u(k)$ 为单位阶跃序列。

3. 反演积分法

反演积分法是采用 2.5 节中的 Z 反变换定义式(2.5.21)求解 $F(z)$ 对应的时间序列 $f(k)$ 的。反演积分法是求 Z 反变换的最基本方法, 它可以求得 $F(z)$ 对应的时间序列的通项表示式。

反演积分定理:

$$f(k) = Z^{-1}[F(z)] = \frac{1}{2\pi \mathrm{j}} \int_C F(z) z^{k-1} \mathrm{d}z = \sum_{i=1}^{n} \mathrm{Res}\big[F(z) z^{k-1}\big]_{z=p_i}, \quad k \geqslant 0$$

$$(2.6.43)$$

式中, p_i 为 $F(z) z^{k-1}$ 第 i 个极点, n 为 $F(z) z^{k-1}$ 的极点数, Res 为留数符号, C 为 Z 平面上以原点为圆心, 半径充分大的圆。

证明 由 Z 变换定义, 有

$$F(z) = \sum_{n=0}^{\infty} f(n) z^{-n} = f(0) + f(1) z^{-1} + \cdots + f(k) z^{-k} + f(k+1) z^{-k-1} + \cdots$$

两边同乘以 z^{k-1}, 得

$$F(z) z^{k-1} = f(0) z^{k-1} + f(1) z^k + \cdots + f(k-1) + f(k) z^{-1} + f(k+1) z^{-2} + \cdots$$

两边作闭路积分, 积分路线取以 $z=0$ 为圆心包围 $F(z) z^{k-1}$ 全部极点的大圆 C, 即

$$\oint_C F(z) z^{k-1} \mathrm{d}z = \oint_C \big[f(0) z^{k-1} + \cdots + f(k-1) + f(k) z^{-1} + f(k+1) z^{-2} + \cdots\big] \mathrm{d}z$$

根据复变函数中的 Cauchy 定理, 上式右边闭路积分, 除 $f(k) z^{-1}$ 外, 其余各项积分全为零(这是因为 $f(0) z^{k-1}, \cdots, f(k-1)$ 各项在积分线 C 内全解析; 而且 $f(k+1) z^{-2}, f(k+2) z^{-3}, \cdots$ 所有项在积分线 C 内原点处均有 2 阶以上的重极点的缘故), 所以有

$$\oint_C F(z) z^{k-1} \mathrm{d}z = \oint_C f(k) z^{-1} \mathrm{d}z$$

由复函数广义积分可知

$$\oint_C f(k)z^{-1}\mathrm{d}z = f(k)\oint_C z^{-1}\mathrm{d}z = f(k)2\pi\mathrm{j}$$

代入上式整理便得

$$f(k) = \frac{1}{2\pi\mathrm{j}}\oint_C F(z)z^{k-1}\mathrm{d}z = \sum_{i=1}^{n} \mathrm{Res}\left[F(z)z^{k-1}\right]_{z=p_i}, \quad k \geqslant 0$$

需要指出,当 $F(z)$ 的 z 有理分式的分子中无 z 公因子时,用反演积分式(2.6.43)计算出 $F(z)$ 的对应时间序列通项表示式 $f(k)$,只适合 $k>0$ 的情况,而不能表示 $k=0$ 时刻序列值 $f(0)$。$f(0)$ 的值应由初值定理确定或令 $k=0$ 再用式(2.6.43)来计算。这是因为,对于这样的 $F(z)$,当 $k=0$ 时,式(2.6.43)中的被积函数为 $F(z)z^{-1}$,它比 $k>0$ 时的被积函数 $F(z)z^{k-1}$ 多一个 $z=0$ 的极点。所以 $f(0)$ 应和 $k>0$ 的通项 $f(k)$ 分别计算。

由初值定理可以推断,当 $F(z)$ 的分母次数 n 和分子次数 m 相等时,$F(z)$ 对应的初始序列值 $f(0) \neq 0$,应为一有界常数;当 $n-m=d>0$ 时,相应时间序列 $f(k)$ 的前 d 项均为零,即 $f(0) = f(1) = \cdots = f(d-1) = 0$。

综上所述,归结为

(1) $F(z)$ 分子中有 z 公因子时,按式(2.6.43)计算出的 $f(k)$ 可以表示 $k \geqslant 0$ 任何一项序列值;

(2) $F(z)$ 分子中无 z 公因子时,应改用下式分别计算 $f(0)$ 和 $k>0$ 时的通项 $f(k)$。

$$f(k) = \begin{cases} 0, & k=0 \quad (n>m) \\ \lim_{z \to \infty} F(z), & k=0 \quad (n=m) \\ \sum_{i=1}^{n} \mathrm{Res}\left[F(z)z^{k-1}\right]_{z=p_i}, & k>0 \end{cases} \qquad (2.6.44)$$

【例 2.6.13】 用反演积分法求 $F(z) = \dfrac{z}{(z-1)^2(z-2)}$ 的 Z 反变换。

解 $F(z)$ 有两个极点,分别为 1 和 2。1 为 2 重极点;$F(z)$ 分子中有 z 公因子,可按反演积分(2.6.43)式计算

$f(k) = \mathrm{Res}\left[F(z)z^{k-1}\right]_{z=1} + \mathrm{Res}\left[F(z)z^{k-1}\right]_{z=2}$

$$= \frac{\mathrm{d}}{\mathrm{d}z}\left[\frac{z^k}{z-2}\right]_{z=1} + \frac{z^k}{(z-1)^2}\bigg|_{z=2} = -k \cdot 1^{k-1} - 1^k + 2^k = 2^k - k - u(k), \quad k \geqslant 0$$

和前面用部分分式展开法求得结果是一致的。

若将题中的 $F(z)$ 改为 $F(z) = \dfrac{1}{(z-1)^2(z-2)}$,那么因为其分子中无 z 公因子,就应按照式(2.6.44)计算。

$$f(k) = \mathrm{Res}\left[F(z)z^{k-1}\right]_{z=1} + \mathrm{Res}\left[F(z)z^{k-1}\right]_{z=2}$$

$$= \frac{\mathrm{d}}{\mathrm{d}z}\left[\frac{z^{k-1}}{z-2}\right]_{z=1} + \frac{z^{k-1}}{(z-1)^2}\bigg|_{z=2}$$

$$= -(k-1) \cdot 1^{k-2} - 1^{k-1} + 2^{k-1} = 2^{k-1} - k, \quad k>0$$

$$f(0) = 0 \quad (因为 n>m)$$

2.7　修正 Z 变换

由 Z 变换定义可知,连续信号 $f(t)$ 的 Z 变换 $F(z)$ 与之对应的是 $f(t)$ 的按给定采样周期 T 采样的序列 $f^*(t)$,所以 $F(z)$ 只能反映连续信号 $f(t)$ 在各个采样时刻的变化情况,而不能反映 $f(t)$ 在采样时刻之间的任何变化信息。如果需要 Z 变换能够反映 $f(t)$ 在采样时刻之间的变化情况,可以人为地使连续信号 $f(t)$ 延迟 $\lambda T(\lambda < 1)$ 后再作 Z 变换,如图 2.19(a)所示。这样,延迟后的连续信号 $f(t-\lambda T)$ 的 Z 变换就与采样序列 $f^*(t-\lambda T)$ 相对应,采样序列 $f^*(t-\lambda T)$ 与 $f^*(t)$ 的关系如图 2.19(b)所示。由图可知,$f^*(t-\lambda T)$ 的各序列值正是 $f(t)$ 在采样信号 $f^*(t)$ 各采样时刻之间的数值。当 λ 由 1→0 变化,相应的 Z 变换 $Z[f(t-\lambda T)]$ 就能反映连续信号 $f(t)$ 在 $f^*(t)$ 的各采样时刻之间任一时刻的变化情况。通常称信号 $f(t)$ 延迟 λT 后的 $f(t-\lambda T)(\lambda < 1)$ 的 Z 变换 $Z[f(t-\lambda T)]$(将 $m=1-\lambda$ 作为参变数)为信号 $f(t)$ 的修正 Z 变换。修正 Z 变换并非新的概念,与前面讲的一般 Z 变换无本质区别,当参变数 m 或 λ 为一确定值时,修正 Z 变换就是一般 Z 变换。

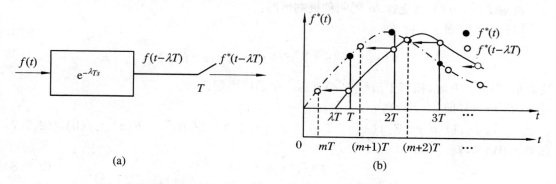

$$（a）\qquad\qquad\qquad（b）$$

图 2.19　$f^*(t)$ 与 $f^*(t-\lambda T)$ 的关系示意图

修正 Z 变换在计算机控制系统分析中很有用,可以用来计算计算机控制系统连续输出在采样时刻之间的任一时刻的数值,还可以用来处理被控对象带有非采样周期整数倍的延迟以及非同步采样和多速率采样的计算机控制系统的有关分析问题。

2.7.1　修正 Z 变换定义

修正 Z 变换常用符号 $Z_m[\cdot]$ 作为变换算子符,用 $F(z,m)$ 表示变换后的表示式。连续信号或函数 $f(t)$ 的修正 Z 变换数学定义为

$$F(z,m) = Z_m[f(t)] = Z[f(t-\lambda T)], \quad 0 < \lambda \leqslant 1 \qquad (2.7.1)$$

考虑到

$$Z[f(t - \lambda T)] = \sum_{k=0}^{\infty} f(kT - \lambda T)z^{-k}$$
$$= f(-\lambda T) + f(T - \lambda T)z^{-1} + f(2T - \lambda T)z^{-2} + \cdots$$
$$= f(T - \lambda T)z^{-1} + f(2T - \lambda T)z^{-2} + \cdots \quad (\text{因为} f(-t) = 0) \quad (2.7.2)$$

令 $m = 1 - \lambda$, 则

$$Z[f(t - \lambda T)] = f(mT)z^{-1} + f(T + mT)z^{-2} + f(2T + mT)z^{-3} + \cdots$$
$$= z^{-1}[f(mT) + f(T + mT)z^{-1} + f(2T + mT)z^{-2} + \cdots]$$
$$= z^{-1} \sum_{k=0}^{\infty} f(kT + mT)z^{-k} = z^{-1}Z[f(t + mT)] \quad (2.7.3)$$

于是可利用式(2.7.3), 将 $f(t)$ 修正 Z 变换表示为

$$F(z,m) = Z_m[f(t)] = z^{-1}Z[f(t + mT)] = z^{-1} \sum_{k=0}^{\infty} f(kT + mT)z^{-k} \quad (2.7.4)$$

式中, $m = 1 - \lambda, 0 \leqslant m < 1$ 为修正 Z 变换 $F(z,m)$ 的参变数。

对于用像函数 $F(s)$ 表示的连续信号的修正 Z 变换为

$$F(z,m) = Z_m[F(s)] = Z[F(s)e^{-\lambda Ts}] = Z[F(s)e^{-Ts + (T - \lambda T)s}] = z^{-1}Z[F(s)e^{mTs}] \quad (2.7.5)$$

式中, $m = 1 - \lambda, 0 \leqslant m < 1$ 为 $F(z,m)$ 的参变数。

考虑 $F(z,m)$ 的参变数 m 的两种极端情况:

(1) $m = 0$(即 $\lambda = 1$), 则

$$F(z,0) = z^{-1} \sum_{k=0}^{\infty} f(kT)z^{-k} = z^{-1}F(z) \quad (2.7.6)$$

这表示, 当 $m = 0$ 时, 相当于信号 $f(t)$ 延迟一个采样周期。

(2) $m = 1$(即 $\lambda = 0$), 则

$$F(z,1) = z^{-1}Z[f(kT + T)] = z^{-1}[zF(z) - zf(0)] = F(z) - f(0) \quad (2.7.7)$$

如果 $f(0) = 0$, 则

$$F(z,1) = F(z) \quad (2.7.8)$$

这意味着, 当 $m = 1$, 且 $f(0) = 0$ 时, $f(t)$ 的修正 Z 变换蜕变成一般的 Z 变换。

同 Z 反变换一样, 修正 Z 变换的 Z 反变换为

$$f(kT - T + mT) = f(kT - \lambda T) = \frac{1}{2\pi j} \oint_C F(z,m)z^{k-1}dz = \sum_i \text{Res}[F(z,m)z^{k-1}]\big|_{z = p_i} \quad (2.7.9)$$

式中, p_i 为 $F(z,m)z^{k-1}$ 的极点, C 为包围 $F(z,m)z^{k-1}$ 的全部极点的封闭线。

2.7.2　求修正 Z 变换的方法

由修正 Z 变换定义式(2.7.1)或(2.7.4)、(2.7.5)可知, 修正 Z 变换其实质就是求延迟时间小于一个采样周期 T 的时间函数 $f(t - \lambda T)$ 的 Z 变换。所以一般求 Z 变换 $F(z)$ 的方法都可以用来求时间函数 $f(t)$ 或像函数 $F(s)$ 的修正 Z 变换 $F(z,m)$, 比如用定义式(2.7.4)求 $F(z,m)$; 对于像函数 $F(s)$ 则常用留数法求 $F(z,m)$。若 $F(s)$ 是严格真有理分

式,则 $F(s)$ 的修正 Z 变换 $F(z,m)$ 可用如下留数公式求得,由式(2.7.5),有

$$F(z,m) = z^{-1}Z[F(s)\mathrm{e}^{mTs}] = z^{-1}\frac{1}{2\pi\mathrm{j}}\oint_C F(p)\frac{\mathrm{e}^{mTp}}{1-\mathrm{e}^{Tp}z^{-1}}\mathrm{d}p$$

$$= \frac{1}{2\pi\mathrm{j}}\oint_C F(p)\frac{\mathrm{e}^{mTp}}{z-\mathrm{e}^{Tp}}\mathrm{d}p = \sum_{i=1}^{n}\mathrm{Res}\left[F(p)\frac{\mathrm{e}^{mTp}}{z-\mathrm{e}^{Tp}}\right]_{p=p_i}$$

$$= \sum_{i=1}^{n}\frac{1}{(m_i-1)!}\frac{\mathrm{d}^{m_i-1}}{\mathrm{d}p^{m_i-1}}\left[(p-p_i)^{m_i}F(p)\frac{\mathrm{e}^{mTp}}{z-\mathrm{e}^{Tp}}\right]_{p=p_i} \qquad (2.7.10)$$

式中,n 为 $F(s)$ 的互异极点数,p_i 为 $F(s)$ 的极点;m_i 为极点 p_i 的重数。

下面给出几种典型函数的修正 Z 变换。

(1) $F(s) = \dfrac{1}{s}$(单位阶跃函数)

$$F(z,m) = Z_m\left[\frac{1}{s}\right] = \mathrm{Res}\left[\frac{1}{p}\frac{\mathrm{e}^{mTp}}{z-\mathrm{e}^{Tp}}\right] = \left[\frac{\mathrm{e}^{mTp}}{z-\mathrm{e}^{Tp}}\right]_{p=0} = \frac{1}{z-1}$$

应注意到,单位阶跃函数的修正 Z 变换与参变数 m 无关,并且

$$F(z,m) = \frac{1}{z-1} = \frac{z^{-1}z}{z-1} = z^{-1}F(z)$$

其中

$$F(z) = Z\left[\frac{1}{s}\right]$$

(2) $F(s) = \dfrac{1}{s^2}$(斜坡函数)

$$F(z,m) = Z_m\left[\frac{1}{s^2}\right] = \mathrm{Res}\left[\frac{1}{p^2}\frac{\mathrm{e}^{mTp}}{z-\mathrm{e}^{Tp}}\right] = \frac{\mathrm{d}}{\mathrm{d}p}\left[\frac{\mathrm{e}^{mTp}}{z-\mathrm{e}^{Tp}}\right]_{p=0} = \frac{mT(z-1)+T}{(z-1)^2}$$

当 $m=0$(即 $\lambda=1$)时,则

$$F(z,0) = \frac{T}{(z-1)^2} = \frac{z^{-1}Tz}{(z-1)^2} = z^{-1}F(z)$$

当 $m=1$(即 $\lambda=0$)时,则

$$F(z,1) = \frac{Tz}{(z-1)^2} = F(z) \quad (\text{因斜坡函数 } f(0)=0)$$

(3) $F(s) = \mathrm{e}^{-at}$(指数函数)

$$F(z,m) = Z_m[\mathrm{e}^{-at}] = z^{-1}Z[\mathrm{e}^{-a(t+mT)}] = z^{-1}\sum_{k=0}^{\infty}\mathrm{e}^{-a(kT+mT)}z^{-k}$$

$$= \mathrm{e}^{-amT}z^{-1}\sum_{k=0}^{\infty}\mathrm{e}^{-akT}z^{-k} = \frac{\mathrm{e}^{-amT}z^{-1}}{1-\mathrm{e}^{-aT}z^{-1}} = \frac{\mathrm{e}^{-amT}}{z-\mathrm{e}^{-aT}}$$

当 $m=0$(即 $\lambda=1$)时,则

$$F(z,0) = \frac{1}{z-\mathrm{e}^{-aT}} = \frac{z^{-1}z}{z-\mathrm{e}^{-aT}} = z^{-1}F(z)$$

其中

$$F(z) = Z[\mathrm{e}^{-at}]$$

当 $m=1$(即 $\lambda=0$)时,则

$$F(z,1) = \frac{e^{-aT}}{z - e^{-aT}} = \frac{z}{z - e^{-aT}} - 1 = F(z) - f(0)$$

对于指数函数 e^{-at}，$f(0) = 1$。

其他常用函数的修正 Z 变换在 Z 变换表中一并列出，以供查阅。

表 2.3 Z 变换和修正 Z 变换简表

序号	$X(s)$	$X(z)$	$X(z,m)$
1	1	1	0
2	e^{-kTs}	z^{-k}	z^{m-1-k}
3	$\dfrac{1}{s}$	$\dfrac{1}{1-z^{-1}}$	$\dfrac{z^{-1}}{1-z^{-1}}$
4	$\dfrac{1}{s^2}$	$\dfrac{Tz^{-1}}{(1-z^{-1})^2}$	$\dfrac{mTz^{-1}}{1-z^{-1}} + \dfrac{Tz^{-2}}{(1-z^{-1})^2}$
5	$\dfrac{1}{s^3}$	$\dfrac{T^2 z^{-1}(1+z^{-1})}{2(1-z^{-1})^3}$	$\dfrac{T^2}{2}\left[\dfrac{m^2 z^{-1}}{1-z^{-1}} + \dfrac{(2m+1)z^{-2}}{(1-z^{-1})^2} + \dfrac{2z^{-3}}{(1-z^{-1})^3}\right]$
6	$\dfrac{1}{s+a}$	$\dfrac{1}{1-e^{-aT}z^{-1}}$	$\dfrac{e^{-amT}z^{-1}}{1-e^{-aT}z^{-1}}$
7	$\dfrac{1}{(s+a)^2}$	$\dfrac{Te^{-aT}z^{-1}}{(1-e^{-aT}z^{-1})^2}$	$Te^{-amT}\left[\dfrac{mz^{-1}}{1-e^{-aT}z^{-1}} + \dfrac{e^{-aT}z^{-2}}{(1-e^{-aT}z^{-1})^2}\right]$
8	$\dfrac{a}{s(s+a)}$	$\dfrac{(1-e^{-aT})z^{-1}}{(1-z^{-1})(1-e^{-aT}z^{-1})}$	$\dfrac{z^{-1}}{1-z^{-1}} - \dfrac{e^{-amT}z^{-1}}{1-e^{-aT}z^{-1}}$
9	$\dfrac{a}{s^2(s+a)}$	$\dfrac{Tz^{-1}}{(1-z^{-1})^2} - \dfrac{(1-e^{-aT})z^{-1}}{a(1-z^{-1})(1-e^{-aT}z^{-1})}$	$\dfrac{Tz^{-2}}{(1-z^{-1})^2} + \dfrac{(mT-1/a)z^{-1}}{1-z^{-1}} + \dfrac{e^{-amT}z^{-1}}{a(1-e^{-aT}z^{-1})}$
10	$\dfrac{\omega}{s^2+\omega^2}$	$\dfrac{z^{-1}\sin\omega T}{1-2z^{-1}\cos\omega T + z^{-2}}$	$\dfrac{z^{-1}\left[\sin m\omega T + z^{-1}\sin(1-m)\omega T\right]}{1-2z^{-1}\cos\omega T + z^{-2}}$
11	$\dfrac{s}{s^2+\omega^2}$	$\dfrac{1-z^{-1}\cos\omega T}{1-2z^{-1}\cos\omega T + z^{-2}}$	$\dfrac{z^{-1}\left[\cos m\omega T - z^{-1}\cos(1-m)\omega T\right]}{1-2z^{-1}\cos\omega T + z^{-2}}$
12	$\dfrac{b-a}{(s+a)(s+b)}$	$\dfrac{1}{1-e^{-aT}z^{-1}} - \dfrac{1}{1-e^{-bT}z^{-1}}$	$\dfrac{e^{-amT}z^{-1}}{1-e^{-aT}z^{-1}} - \dfrac{e^{-bmT}z^{-1}}{1-e^{-bT}z^{-1}}$
13	$\dfrac{ab}{s(s+a)(s+b)}$	$\dfrac{1}{1-z^{-1}} + \dfrac{1}{a-b}\left(\dfrac{b}{1-e^{-aT}z^{-1}} - \dfrac{a}{1-e^{-bT}z^{-1}}\right)$	$\dfrac{z^{-1}}{1-z^{-1}} + \dfrac{1}{a-b}\left(\dfrac{be^{-amT}z^{-1}}{1-e^{-aT}z^{-1}} - \dfrac{ae^{-bmT}z^{-1}}{1-e^{-bT}z^{-1}}\right)$

习　　题

2.1　方波序列 $m_T(t)$ 如图 P2.1 所示，其表示式为

$$m_T(t) = \sum_{k=-\infty}^{\infty} \frac{1}{\tau}\left[u(t-kT) - u(t-kT-\tau)\right]$$

其中 $u(t)$ 为单位阶跃函数，T 为方波序列周期，τ 为方波宽度。

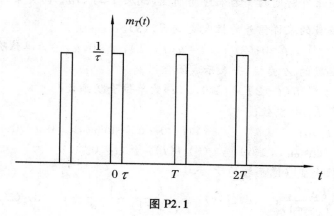

图 P2.1

（1）若将 $m_T(t)$ 表示成傅里叶级数 $m_T(t) = \sum\limits_{n=-\infty}^{\infty} C_n e^{jn\omega_s t}$，试求 C_n，式中 $\omega_s = 2\pi/T$ 为方波序列角频率；

（2）若用连续信号 $f(t)$ 对方波序列 $m_T(t)$ 调制，即 $f_m^*(t) = m_T(t)f(t)$，试求 $f_m^*(t)$ 的拉氏变换 $F_m^*(s)$；

（3）若 $f(t)$ 为有限带宽，最高角频率为 ω_m，$m_T(t)$ 频率为 $\omega_s \geqslant 2\omega_m$，试回答用理想低通滤波器能否由 $f_m^*(t)$ 精确恢复信号 $f(t)$？

（4）当 $\tau \to 0$ 时，试重新回答(1)、(2)、(3)。

2.2　已知信号由有用信号 $f_s(t)$ 和噪声 $n(t)$ 混合而成，即 $f(t) = f_s(t) + n(t)$，其相应频谱为 $F(\omega) = F_s(\omega) + N(\omega)$，如图 P2.2 所示。

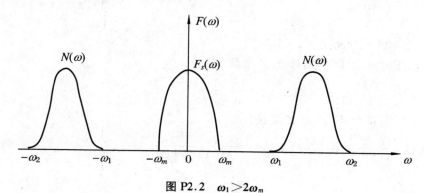

图 P2.2　$\omega_1 > 2\omega_m$

试回答能否用理想采样和理想低通滤波器单独完整取得 $F_s(\omega)$？如何选取采样频率 ω_s？

2.3　已知连续系统开环传递函数为 $G(s) = \dfrac{K(s+5)}{(s+4)(s^2+40s+1600)}$，若进行计算机控制，试确定采样周期上限值。

2.4　设连续系统的开环传递函数为 $W(s) = \dfrac{\omega_n^2}{s^2 + 2\xi\omega_n s + \omega_n^2}(0 < \xi < 1)$，若用计算机控

制,取系统阶跃响应上升时间的 $\frac{1}{3}$ 为采样周期 T,试求 T 与 ξ, ω_n 的关系。

2.5 求下列函数的采样信号的拉氏变换 $F_m^*(s)$。

(1) $f(t) = e^{-(t-2T)}, t \geq 0$;(2) $f(t) = u(t-T), t \geq 0, u(t)$ 为单位阶跃函数。

2.6 求下列函数的 Z 变换,并表示成闭合形式。

(1) $f(t) = e^{-(t-2T)} u(t-2T), t \geq 0, u(t)$ 为单位阶跃函数;

(2) $f(k) = a^k, k \geq 0$ 整数;

(3) $f(t) = t, t \geq 0$;   (4) $f(t) = e^{-at} \sin \omega t, a > 0, t \geq 0$;

(5) $f(t) = e^{-at} \cos \omega t, a > 0$;   (6) $f(t) = t^2, t \geq 0$。

2.7 求下列拉氏变换像函数的 Z 变换。

(1) $G(s) = \dfrac{k e^{-Ts}}{(T_1 s + 1)}$;   (2) $G(s) = \dfrac{k}{(T_1 s + 1)} \cdot \dfrac{1 - e^{-Ts}}{s}$;   (3) $G(s) = \dfrac{k e^{-2Ts}}{s(s+a)}$;

(4) $G(s) = \dfrac{s+1}{s(s^2+3)}$;   (5) $G(s) = \dfrac{k}{s(s^2+s+1)}$。

2.8 求下列 Z 变换函数 $F(z)$ 所对应的时间序列初值和终值。

(1) $F(z) = \dfrac{z}{z+1}$;   (2) $F(z) = \dfrac{z}{z^2 - 1.5z + 0.5}$;   (3) $F(z) = \dfrac{z}{(z-1)(z+a)}$;

(4) $F(z) = \dfrac{1}{1-2z^{-1}} - \dfrac{1.5z^{-1}}{1-2.5z^{-1}+z^{-2}}$。

2.9 求下列 Z 变化函数 $F(z)$ 的对应时间序列 $f(k)$。

(1) $F(z) = \dfrac{z^{-1}-3}{z^{-2}-2z^{-1}+1}$(用长除法);   (2) $F(z) = \dfrac{z(1-e^{-T})}{(z-1)(z-e^{-T})}$;

(3) $F(z) = \dfrac{z}{z+0.9}$;   (4) $F(z) = \dfrac{z(z+1)}{(z-1)(z^2-z+1)}$;

(5) $F(z) = \dfrac{z^2}{z^2 - 2r\cos b \cdot z + r^2}$。

2.10 求下列函数 $F(s)$ 的修正 Z 变换。

(1) $F(s) = \dfrac{1}{s(s+1)}$;   (2) $F(s) = \dfrac{1-e^{-2T}}{s+a}$。

2.11 求下列函数 $F(s)$ 的 Z 变换。

(1) $F(s) = \dfrac{e^{-0.3Ts}}{s(s+1)}$;   (2) $F(s) = \dfrac{s e^{-0.6Ts}}{(s+1)(s+2)}$。

第 3 章　计算机控制系统数学描述

第 2 章讲述了计算机控制系统中的离散信号在时间域和复数域中的描述形式（即数学表示式），并系统介绍了离散信号和离散系统描述与分析的数学工具——Z 变换。这章将在前一章的基础上，系统地讲述有关计算机控制系统的数学描述问题。计算机控制系统数学描述就是用某种数学形式对计算机控制系统的动态行为予以定量表征，由此得到可以表征计算机控制系统动态行为的数学模型。同连续控制系统理论一样，计算机控制系统性能分析和控制器设计也都是以系统的数学模型为基础的。实际计算机控制系统虽然是由纯离散系统的计算机和纯连续系统的被控对象而构成的混合系统，但是为了分析和设计方便，通常都是将其等效地化为离散系统来处理，因此，本章先讲述一般离散系统数学描述，而且仅限于线性离散系统，然后再讲述如何将计算机控制系统中的连续被控对象等效地化为离散系统的数学描述。

线性离散系统的数学描述形式和线性连续系统的数学描述形式是相对应的，通常有差分方程、Z 传递函数（又称脉冲传递函数）、单位脉冲响应序列（又称权序列）、离散状态空间表示式等四种数学描述形式。它们分别与连续系统的四种数学描述形式相对应，其对应关系如表 3.1 所示。

表 3.1　线性离散系统和线性连续系统数学描述形式对应关系

线性连续系统	线性离散系统
微分方程	差分方程
传递函数	Z 传递函数（脉冲传递函数）
单位脉冲响应函数（权函数）	单位脉冲响应序列（权序列）
状态空间表达式	离散状态空间表达式

线性离散系统的上述四种数学描述形式之间存在着密切的内在联系，并可以相互转换。这四种不同的数学描述形式的具体应用同进行系统建模，系统分析和系统设计时所采用的方法有关，一般是，不同的方法采用不同形式的数学描述。

3.1 离散系统与差分方程

3.1.1 离散系统有关定义

离散时间系统(简称离散系统),简单说就是其输入和输出信号均为离散信号的物理系统。在数学上,离散系统可以抽象为一种由系统的离散输入信号 $x(k)$ 到系统的离散输出信号 $y(k)(k=0,\pm1,\pm2,\cdots)$ 的数学变换或映射。若将这种变换或映射以符号 $T[\cdot]$ 表示,则离散系统可表示为

$$y(k) = T[x(k)] \tag{3.1.1}$$

也可用框图表示如图 3.1 所示。其中 $x(k)$ 和 $y(k)$ 分别表示系统的输入和输出在 kT 时刻的数值。

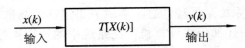

图 3.1　离散系统框图

线性离散系统:如果离散系统的输入信号到输出信号的变换关系满足比例叠加原理,即若离散系统的输入信号到输出信号变换关系为 $y(k) = T[x(k)]$,当输入信号为 $x(k) = ax_1(k) + bx_2(k)$ 时,其中 a,b 为任意常数,系统相应的输出信号可表示为

$$y(k) = T[x(k)] = aT[x_1(k)] + bT[x_2(k)]$$

那么该系统就称为线性离散系统。若不满足比例叠加原理,就是非线性离散系统。

时不变离散系统:是指由输入信号到输出信号之间的变换关系不随时间变化而变化的离散系统,即时不变离散系统应满足如下关系:

若系统输入信号为 $x(k)$,其相应输出信号为 $y(k) = T[x(k)]$,那么当系统输入信号为 $x(k-n)$ 时,其相应的输出信号为 $y(k-n) = T[x(k-n)]$,$n=0,\pm1,\pm2,\cdots$。时不变离散系统又称定常离散系统。

线性时不变离散系统:是指系统的输入信号到输出信号之间的变换关系既满足比例叠加原理,同时其变换关系又不随时间变化而变化的离散系统。工程中大多数计算机控制系统可以近似为线性时不变离散系统来处理。所以本书以后讲述的仅限于线性时不变离散系统。

3.1.2 差分方程

我们知道,线性时不变连续系统的基本数学描述是常系数线性微分方程,与之相应的,线性时不变离散系统的基本数学描述是常系数线性差分方程。常系数差分方程基本形式与

常系数微分方程类似,但差分方程有前向差分与后向差分之分。为了叙述简便,这里约定,今后凡是提到差分方程,若无特别说明,均指线性常系数差分方程;凡是提到离散系统,若无特别说明,均指线性时不变离散系统。

n 阶非齐次后向差分方程的基本形式为

$$\nabla^n y(k) + \alpha_1 \nabla^{n-1} y(k) + \cdots + \alpha_n y(k) = \beta_0 \nabla^n x(k) + \beta_1 \nabla^{n-1} x(k) + \cdots + \beta_n x(k)$$

$$(3.1.2)$$

式中,系数 $\alpha_1, \cdots, \alpha_n; \beta_0, \beta_1, \cdots, \beta_n$ 均为实常数。$y(k)$ 和 $x(k)$ 分别为系统在 kT 时刻的输出和输入量。若方程右边输入量 $x(k) = 0$,就是齐次方程。

由于方程(3.1.2)形式的应用和处理不方便,通常都是通过后向差分的定义即 $\nabla y(k) = y(k) - y(k-1), \cdots, \nabla^n y(k) = \nabla^{n-1} y(k) - \nabla^{n-1} y(k-1)$,将方程(3.1.2)化为非齐次差分方程标准形式

$$y(k) + a_1 y(k-1) + a_2 y(k-2) + \cdots + a_n y(k-n)$$
$$= b_0 x(k) + b_1 x(k-1) + \cdots + b_n x(k-n) \qquad (3.1.3)$$

式中,$a_1, \cdots, a_n; b_0, \cdots, b_n$ 均为实常数。这里 n 为方程阶次。对于 n 阶差分方程,$a_n \neq 0$,其余系数 $a_1, \cdots, a_{n-1}$ 都有可能为零。若 $a_n = 0$,就相当于方程的阶次降为 $n-1$ 阶。由向后差分方程(3.1.3)可以看出,用 n 阶后向差分方程描述的离散系统,在当前 kT 时刻的输出 $y(k)$ 是由当前时刻 kT 及 kT 以前各时刻的输入值 $x(k), x(k-1), \cdots, x(k-n)$ 以及 kT 时刻以前各时刻的输出值 $y(k-1), \cdots, y(k-n)$ 所决定的。若方程(3.1.3)中 $b_0 = 0$,则相应离散系统有一步(即一个采样周期 T)时延,即系统在 kT 时刻输出 $y(k)$ 只与 kT 以前各时刻输入值 $x(k-i), i = 1, 2, \cdots, n$ 有关,而与当前 kT 时刻输入值 $x(k)$ 无关。若 $b_0 = b_1 = \cdots = b_l = 0$,则相应离散系统存在 l 步延迟,即系统当前 kT 时刻输出 $y(k)$ 只与 $(k-l)T$ 及其以前时刻的输入值 $x(k-l), \cdots, x(k-l-n)$ 有关,而与 $(k-l)T$ 以后至 kT 时刻的输入值 $x(k-l+1), \cdots, x(k)$ 无关,或者说,在当前 kT 时刻的输入 $x(k)$ 只能影响未来 $(k+l)T$ 及其以后各时刻的输出值 $y(k+l), y(k+l+1), \cdots$。

与方程(3.1.2)类似,非齐次 n 阶前向差分方程基本形式为

$$\Delta^n y(k) + \alpha_1 \Delta^{n-1} y(k) + \cdots + \alpha_n y(k) = \beta_0 \Delta^m x(k) + \beta_1 \Delta^{m-1} x(k) + \cdots + \beta_m x(k)$$

$$(3.1.4)$$

由前向差分定义,即 $\Delta y(k) = y(k+1) - y(k), \cdots, \Delta^n y(k) = \Delta^{n-1} y(k+1) - \Delta^{n-1} y(k)$,可化为相应的标准形式,即

$$y(k+n) + a_1 y(k+n-1) + \cdots + a_n y(k)$$
$$= b_0 x(k+m) + b_1 x(k+m-1) + \cdots + b_m x(k) \qquad (3.1.5)$$

式中,系数 $a_1, a_2, \cdots, a_n; b_1, b_2, \cdots, b_m$ 均为实常数。对于 n 阶差分方程,$a_n \neq 0$,其余 $a_1, a_2, \cdots, a_{n-1}$ 都有可能为零;若 $a_n = 0, a_{n-1} \neq 0$,方程阶次便降为 $n-1$ 阶;对于有因果关系的物理系统,方程中总是 $m \leqslant n$。若 $m > n$,表明方程描述的离散系统输出信号超前于输入信号,即输入信号尚未作用于系统,其对应的输出信号就已出现,或者说系统在当前时刻的输出值 $y(k)$ 与未来时刻的输入值 $x(k+i), i > 0$ 有关。这种情况在现实的物理系统中是不可能出现的。当 $m < n$,表明相应的系统存在延迟,若 $n - m = l$,则相应离散系统的输出相对于输入有 l 步延迟。

工程上差分方程都是采用其标准形式如方程(3.1.3)和(3.1.5)形式,至于前向差分方程和后向差分方程,并无本质区别,前向差分方程多用于描述非零初始值的离散系统,而后向差分方程多用于描述全零初始值的离散系统。若不考虑系统初始值,就系统输入与输出关系而言,两者完全等价,可以相互转换。

3.1.3 差分方程求解

差分方程求解,就是在系统初始值(即系统输入、输出的初始值)和输入序列已知的条件下,求解方程描述的系统在任何时刻的输出序列值。差分方程解的形式与微分方程解相似。非齐次差分方程全解是由通解加特解组成的。通解表示方程描述的离散系统在输入为零情况下(即无外界作用)由系统非零初始值所引起的自由运动,它反映系统本身所固有的动态特性;特解表示方程描述的离散系统在外界输入作用下所产生的强迫运动,它既与系统本身的动态特性有关,又与外界输入作用有关,但与系统初始值无关。

【例 3.1.1】 设差分方程为

$$y(k+1) - ay(k) = b_0 x(k) \tag{3.1.6}$$

已知输出初始值 y_0 及输入序列 $x(k)$,求方程的解。

解 由方程(3.1.6)可以看出,方程中输出与输入关系是一种递推关系。因此,可以由系统初始值出发,通过逐步递推求得任何时刻的输出序列值。由方程(3.1.6)可得

当 $k=0$,得

$$y(1) = a_1 y(0) + b_0 x(0) = a_1 y_0 + b_0 x(0)$$

$k=1$,得

$$y(2) = a_1 y(1) + b_0 x(1) = a_1^2 y_0 + a_1 b_0 x(0) + b_0 x(1)$$

$k=2$,得

$$y(3) = a_1 y(2) + b_0 x(2) = a_1^3 y_0 + a_1^2 b_0 x(0) + a_1 b_0 x(1) + b_0 x(2)$$

……

我们将递推计算出的 $y(1), y(2), y(3), \cdots$ 表示式加以比较之后,很容易归纳出输出序列任意项的表示式为

$$y(k) = a_1^k y(0) + a_1^{k-1} b_0 x(0) + a_1^{k-2} b_0 x(1) + \cdots + a_1 b_0 x(k-2) + b_0 x(k-1)$$

$$= a_1^k y(0) + \sum_{i=0}^{k-1} a_1^i b_0 x(k-1-i), \quad k \geqslant 1 \tag{3.1.7}$$

式中,右边第一项 $a_1^k y(0)$ 就是方程(3.1.6)的通解,亦即方程(3.1.6)解的自由分量又称零输入响应,当输入 $x(i)=0 (i=0,1,2,\cdots)$ 时,则输出为 $y(k)=a_1^k y(0)$;右边第二项则是方程(3.1.6)的特解,是方程解的强迫分量又称零状态响应,当初始值 $y(0)=0$ 时,则输出为

$$y(k) = \sum_{i=0}^{k-1} a_1^i b_0 x(k-1-i)$$

差分方程的通解是由相应齐次方程的特征值和系统初始值决定的。n 阶非齐次差分方程(3.1.3)或(3.1.5),相应齐次方程的特征方程为

$$1 + a_1 \lambda^{-1} + a_2 \lambda^{-2} + \cdots + a_n \lambda^{-n} = 0 \tag{3.1.8}$$

或

$$\lambda^n + a_1\lambda^{n-1} + a_2\lambda^{n-2} + \cdots + a_n = 0 \tag{3.1.9}$$

上面两个方程左边的多项式称为相应差分方程的特征多项式,称特征方程(3.1.8)或(3.1.9)的根为差分方程的特征值或特征根。若特征值 $\lambda_i(i=1,2,\cdots,n)$ 两两互异,那么差分方程通解表示式为

$$y(k) = C_1\lambda_1^k + C_2\lambda_2^k + \cdots + C_n\lambda_n^k \tag{3.1.10}$$

若 n 个特征值中存在 m 个彼此相同的特征值,设 λ_1 为 m 重特征值,那么差分方程通解表示式为

$$y(k) = (C_1 k^{m-1} + C_2 k^{m-2} + \cdots + C_m)\lambda_1^k + C_{m+1}\lambda_2^k + \cdots + C_n\lambda_{n-m+1}^k \tag{3.1.11}$$

通解表示式中,各项系数 $C_i(i=1,2,\cdots,n)$ 是由系统初始值确定的常数(可能是实数也可能是复数);特征值 $\lambda_i(i=1,2,\cdots,n)$ 是由齐次差分方程的阶次和系数所确定的,它表征着系统自由运动的特征,也表征系统本身固有的特性,它对于系统的分析十分有用。

(1) λ_i 为实数时

- 若 $0<\lambda_i<1$,则 $C_i\lambda_i^k$ 单调递减;
- 若 $\lambda_i>1$,则 $C_i\lambda_i^k$ 单调递增;
- 若 $\lambda_i=1$,则 $C_i\lambda_i^k=C_i$ 保持不变;
- 若 $-1<\lambda_i<0$,则 $C_i\lambda_i^k$ 符号正负交替,幅值递减;
- 若 $\lambda_i=-1$,则 $C_i\lambda_i^k=\pm C_i$,幅值保持不变,符号正负交替变化;
- 若 $\lambda_i<-1$,则 $C_i\lambda_i^k$ 符号正负交替,幅值递增。

(2) λ_i 为复数或虚数时

当出现复数或虚数特征值时,总是成对出现,每对复数或虚数特征值所对应的自由运动分量呈现衰减振荡或发散振荡,或等幅振荡形式。

非齐次差分方程的特解,既与方程特征值有关,又与外界输入序列有关,通常可以用 Z 变换方法求得。差分方程求解方法工程上常用的有递推法和 Z 变换方法。

(1) 递推法

高阶差分方程不论前向差分方程(3.1.5)还是后向差分方程(3.1.3),都和一阶差分方程(3.1.6)一样,都是一种递推算式,这点和微分方程有很大区别。任何差分方程都可以用递推算法求解。现对一般 n 阶前向差分方程递推求解予以说明,为便于理解和计算,将 n 阶前向差分方程(3.1.5)改写为

$$y(k+n) = -a_1 y(k+n-1) - a_2 y(k+n-2) - \cdots - a_n y(k) + b_0 x(k+m) + \cdots + b_m x(k)$$
$$= -\sum_{i=1}^{n} a_i y(k+n-i) + \sum_{i=0}^{m} b_i x(k+m-i) \tag{3.1.12}$$

如以上方程表明,只要已知输出序列初始值 $y(0),y(1),\cdots,y(n-1)$ 和任何时刻的输入序列值 $x(i),i=1,2,\cdots$,那么系统任何时刻的输出序列值 $y(k),k\geqslant n$,都可以由方程(3.1.12)逐步递推计算出来。

当 $k=0$,得

$$y(n) = -\sum_{i=1}^{n} a_i y(n-i) + \sum_{i=}^{m} b_i x(m-i)$$

上式右边各项均为已知,所以输出序列在 nT 时刻的值 $y(n)$ 便可由上式计算获得。当 $y(n)$

计算出后,将离散时间序列号 k 加 1,并将 $y(n)$ 代入上式右边第一项中,又可以计算出 $y(n+1)$,依此逐步递推计算下去,就可以计算出任何时刻的输出序列值。后向差分方程递推求解算法与上述计算过程完全相同。差分方程递推求解算法可以编成计算程序用计算机实现。通常离散系统计算机仿真所用的算法其实就是这种递推方法。

【例 3.1.2】 设二阶差分方程为

$$y(k+2) - 1.2y(k+1) + 0.32y(k) = 1.2x(k+1) \tag{3.1.13}$$

已知输出初始值 $y(0)=1$,$y(1)=2.4$,输入序列 $x(k)$ 为单位阶跃序列,试用递推方法求解该差分方程。

解 令 $k=0$,由方程(3.1.13)得

$$y(2) = 1.2y(1) - 0.32y(0) + 1.2x(1) = 2.88 - 0.32 + 1.2 = 3.76$$

$$k=1, y(3) = 1.2y(2) - 0.32y(1) + 1.2x(2) = 4.512 - 0.768 + 1.2 = 4.944$$

$$k=2, y(4) = 1.2y(3) - 0.32y(2) + 1.2x(3) = 5.933 - 1.203 + 1.2 = 5.93$$

这样继续令 $k=3,4,\cdots$,就可以计算出任何时刻的输出序列值。

差分方程递推算法,虽然计算简单,不需要更多的数学知识,但它只能计算出有限个序列值,在一般情况下,得不到方程解的解析表示式,即系统输出序列的一般项表示式。当进行系统分析时,更有用的是方程解的解析表示式,由解的解析表示式就可以判断方程所描述的离散系统输出序列变化的动态和稳态特征。因此,我们还必须掌握求差分方程解析解的方法。Z 变换方法就是常用的求差分方程解析解的有效方法。

（2）Z 变换法

用 Z 变换方法解差分方程同用拉氏变换解微分方程类似,其步骤如下:

① 利用 Z 变换线性性质和位移定理对差分方程两边各项分别进行 Z 变换,将差分方程变换为以 z 为变量的代数方程;

② 代入系统初始值,通过同项合并、整理,得到输出 Z 变换 $Y(z)$ 的表达式;

③ 对已知的输入序列进行 Z 变换,并将其 Z 变换代入输出 Z 变换 $Y(z)$ 的表达式中,使 $Y(z)$ 成为确定的 z 的函数;

④ 对输出 Z 变换 $Y(z)$ 进行 Z 反变换,求得相应的输出序列 $y(k)$ 的表达式。

【例 3.1.3】 试用 Z 变换方法求解差分方程(3.1.13)。

$$y(k+2) - 1.2y(k+1) + 0.32y(k) = 1.2x(k+1) \tag{3.1.13}$$

已知 $y(0)=1$,$y(1)=2.4$,$x(0)=1$,$x(k)=1(k)$ 为单位阶跃序列。

解 对差分方程等号两边各项进行 Z 变换,得

$$z^2 Y(z) - z^2 y(0) - zy(1) - 1.2zY(z) + 1.2zy(0) + 0.32Y(z) = 1.2zX(z) - 1.2zx(0)$$

同类项合并、整理得

$$(z^2 - 1.2z + 0.32)Y(z) = 1.2zX(z) + (z^2 - 1.2z)y(0) + zy(1) - 1.2zx(0)$$

进而得

$$Y(z) = \frac{1.2z}{z^2 - 1.2z + 0.32}X(z) + \frac{(z^2 - 1.2z)y(0) + zy(1) - 1.2zx(0)}{z^2 - 1.2z + 0.32}$$

$$\tag{3.1.14}$$

上式右边第一项为差分方程的特解 Z 变换,表示系统在外界输入作用下的强迫运动;右边

第二项为差分方程的通解 Z 变换,表示系统由初始值引起的自由运动。显然,上式右边两项的分母多项式就是差分方程(3.1.13)的特征多项式,相应的特征方程为

$$z^2 - 1.2z + 0.32 = 0 \tag{3.1.15}$$

将初始值代入(3.1.14)式,得

$$Y(z) = \frac{1.2z}{z^2 - 1.2z + 0.32}X(z) + \frac{z^2}{z^2 - 1.2z + 0.32}$$

对输入 $x(k)=1(k)$ 进行 Z 变换得

$$X(z) = Z[1(k)] = \frac{z}{z-1}$$

将 $X(z)$ 代入 $Y(z)$ 表达式,便得到待求的输出序列 $y(k)$ 的 Z 变换表达式,

$$
\begin{aligned}
Y(z) &= \frac{1.2z^2}{(z^2 - 1.2z + 0.32)(z-1)} + \frac{z^2}{z^2 - 1.2z + 0.32} \\
&= \frac{z^3 + 0.2z^2}{(z - 0.8)(z - 0.4)(z - 1)}
\end{aligned}
\tag{3.1.16}
$$

对 $Y(z)$ 进行 Z 反变换。由(3.1.16)式看出,$Y(z)$ 有 3 个单极点,分别为 0.8,0.4,0.1。应用反演积分法求 $Y(z)$ 的 Z 反变换(当然也可用部分分式展开法)。

$$
\begin{aligned}
y(k) &= \sum_{i=1}^{3} \mathrm{Res}\left[Y(z)z^{k-1}\right]_{z=p_i} \\
&= \left.\frac{(z^2 + 0.2z)z^k}{(z - 0.4)(z - 1)}\right|_{z=0.8} + \left.\frac{(z^2 + 0.2z)z^k}{(z - 0.8)(z - 1)}\right|_{z=0.4} + \left.\frac{(z^2 + 0.2z)z^k}{(z - 0.8)(z - 0.4)}\right|_{z=1} \\
&= -10 \cdot 0.8^k + 0.4^k + 10 \cdot 1^k, \quad k \geqslant 0
\end{aligned}
\tag{3.1.17}
$$

这就是差分方程(3.1.13)解的通项表达式,可以验证,与前面递推法求得的结果是一致的。由上式可看出,差分方程(3.1.13)所描述的离散系统是在题中给定的初始值和输入序列作用下,其输出序列 $y(k)$ 是由三个分量组成的。前两个分量是单调衰减趋势,第三个分量为一常数。随时间变化,k 增长趋于无穷时,前两个分量将趋于零,第三个分量保持不变,由此可推断上式第三项就是序列的稳态值,即 $y(\infty) = \lim\limits_{k \to \infty} y(k) = 10$。这也可以用 Z 变换的终值定理检验,即 $y(\infty) = \lim\limits_{z \to 1}(z - 1)Y(z) = 10$。

　　再说明一点,可以看出上式右边前两项中的指数底 0.8 和 0.4 就是特征方程(3.1.15)的两个特征值(也是相应离散系统的极点)。上式表明,方程(3.1.13)所描述的离散系统输出序列 $y(k)$ 随时间变化的形态特征主要是由差分方程这两个特征值所决定的。这两个特征值都是实数且其模都小于 1,所以与其对应的输出序列的前两个分量都是单调衰减的形式。可以推想,若这两个特征值为一对共轭复数,那么相应的输出序列中就会含有振荡分量,振荡分量是衰减还是发散或是等幅值,取决于共轭特征值模长的大小。此例再次表明,差分方程的特征值是最能刻画差分方程及其相应离散系统本质特征的参数,这正是特征值的名称中"特征"的含义所在。特征值在系统分析和综合时十分有用。

3.2 Z 传递函数

我们知道,在连续系统理论中,通过拉氏变换引出的传递函数是一个十分重要的概念,用它描述连续系统输出与输入之间的动态关系,给连续系统分析和设计带来了极大的方便。可以说,连续系统理论中关于动态系统的一套有效的复域分析与设计方法都是以传递函数为基础的。将连续系统传递函数这一重要概念引入离散系统是顺理成章的事。为此我们仿效连续系统理论的思路,利用 Z 变换引出离散系统传递函数的概念,为后面进一步研究离散系统复域分析与设计方法奠定基础。

3.2.1 Z 传递函数定义

在连续系统理论中,传递函数定义为,连续系统在初始静止状态下(即系统初始值为零),系统的输出信号拉氏变换 $Y(s)$ 与对应的输入信号拉氏变换 $X(s)$ 之比,即

$$W(s) = \frac{Y(s)}{X(s)} \tag{3.2.1}$$

离散系统传递函数就概念而言,与连续系统传递函数相同,两者都是将系统输出与输入之间的动态关系表示为复函数的关系,两者的形式也基本相同,所不同的是连续系统传递函数是以 s 为变量的复函数,而离散系统传递函数是以 z 为变量的函数。为了避免两者混淆,通常称离散系统传递函数为 Z 传递函数,或称脉冲传递函数。Z 传递函数定义为,离散系统在初始静止状态下(即初始值为零),其输出序列的 Z 变换 $Y(z)$ 与相应输入序列的 Z 变换 $X(z)$ 之比,即

$$W(z) = \frac{Y(z)}{X(z)} \tag{3.2.2}$$

由 Z 传递函数的定义(3.2.2)式,离散系统的输出信号可以表示为系统的 Z 传递函数与输入信号 Z 变换的乘积,

$$Y(z) = W(z)X(z) \tag{3.2.3}$$

所以离散系统也可以采用连续系统常用的方框图直观表示形式,如图 3.2 所示。这给复杂离散系统简化提供了方便。

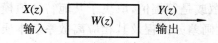

图 3.2 离散系统的方块图

应当指出,Z 传递函数是离散系统动态特性的一种数学描述形式,它只与离散系统本身特性有关,而与外部输入形式无关。此外,Z 传递函数和连续系统传递函数一样,仅适用于线性、时不变系统,而不适用于非线性和时变系统。

离散系统的 Z 传递函数可以由描述离散系统的差分方程和离散系统的单位脉冲响应序列通过 Z 变换获得。

3.2.2　Z 传递函数与差分方程相互转换

Z 传递函数是离散系统特性在 Z 域的描述形式,差分方程则是离散系统特性在时间域的描述形式,若不考虑系统初始值的作用,两者是相互对应的,可以相互转换。若给定系统的差分方程,只要令系统初始值为零,再对差分方程等号两边各项分别作 Z 变换,通过整理,便可获得相应的 Z 传递函数。设离散系统的差分方程为

$$y(k + n) + a_1 y(k + n - 1) + \cdots + a_n y(k)$$
$$= b_0 x(k + m) + b_1 x(k + m - 1) + \cdots + b_m x(k) \tag{3.2.4}$$

令系统初始值均为零,即 $y(i) = 0, i = 0, 1, 2, \cdots, n - 1; x(i) = 0, i = 0, 1, 2, \cdots, m - 1$,利用位移超前定理,分别对方程等号两边各项作 Z 变换,得

$$z^n Y(z) + a_1 z^{n-1} Y(z) + \cdots + a_n Y(z) = b_0 z^m X(z) + b_1 z^{m-1} X(z) + \cdots + b_m X(z) \tag{3.2.5}$$

整理后,便得到输出 Z 变换与输入 Z 变换之比,即 Z 传递函数为

$$W(z) = \frac{Y(z)}{X(z)} = \frac{b_0 z^m + b_1 z^{m-1} + \cdots + b_m}{z^n + a_1 z^{n-1} + \cdots + a_n} \tag{3.2.6}$$

对于后向差分方程,

$$y(k) + a_1 y(k - 1) + \cdots + a_n y(k - n)$$
$$= b_0 x(k) + b_1 x(k - 1) + \cdots + b_m x(k - m) \tag{3.2.7}$$

由于后向差分方程我们已经约定只描述初始值为零的系统,所以不必考虑初始值,直接利用位移延迟定理对方程中各项作 Z 变换,得

$$Y(z) + a_1 z^{-1} Y(z) + \cdots + a_n z^{-n} Y(z)$$
$$= b_0 X(z) + b_1 z^{-1} X(z) + \cdots + b_m z^{-m} X(z) \tag{3.2.8}$$

整理后,得相应的 Z 传递函数为

$$W(z) = \frac{Y(z)}{X(z)} = \frac{b_0 + b_1 z^{-1} + \cdots + b_m z^{-m}}{1 + a_1 z^{-1} + \cdots + a_n z^{-n}} \tag{3.2.9}$$

由上可以看出,Z 传递函数有两种形式:一种是(3.2.6)式的形式,为复变量 z 的有理分式形式;另一种则是(3.2.9)式的形式,为复变量 z^{-1} 的有理分式形式。这两种形式是等价的,可以相互转换,用 z^{-n} 同乘以(3.2.6)式中的分子和分母,就可以将 Z 传递函数(3.2.6)式化为(3.2.9)式的形式;反之,用 z^n 同乘以(3.2.9)式中的分子和分母,也可以将 Z 传递函数(3.2.9)式化为(3.2.6)式的形式。

如果需要,Z 传递函数也可以转换为相应的差分方程,假设给定的 Z 传递函数 $W(z)$ 形如(3.2.6)式,则首先化成如下方程,即

$$z^n Y(z) + a_1 z^{n-1} Y(z) + \cdots + a_n Y(z)$$
$$= b_0 z^m X(z) + b_1 z^{m-1} X(z) + \cdots + b_m X(z) \tag{3.2.5}$$

再利用零初始条件下输出、输入序列与其 Z 变换之间的对应关系,进一步得到相应的差分方程为

$$y(k + n) + a_1 y(k + n - 1) + \cdots + a_n y(k)$$
$$= b_0 x(k + m) + b_1 x(k + m - 1) + \cdots + b_m x(k) \tag{3.2.10}$$

若给定的 Z 传递函数 $W(z)$ 形如式(3.2.9),即是 z^{-1} 的有理分式形式,通过类似操作,同样可以转换为形如(3.2.7)式的后向差分方程。

3.2.3 Z 传递函数与单位脉冲响应序列的相互转换

离散系统的单位脉冲响应序列(也称权序列)是与连续系统的单位脉冲响应函数(又称权函数)相对应的一个重要概念。它是离散系统特性的又一种描述形式,在系统建模、系统分析和系统设计中十分有用。单位脉冲响应序列与 Z 传递函数可以相互转换。

离散系统的单位脉冲响应序列是指离散系统在初始静止状态下,在输入为离散单位脉冲 $\delta(k)$ 作用下所产生的输出序列,如图 3.3 所示。

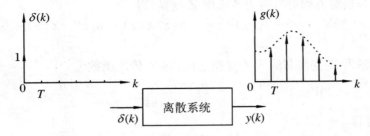

图 3.3　离散系统单位脉冲响应序列

由 Z 传递函数定义,离散系统输出 Z 变换可表示为(3.2.3)式的形式

$$Y(z) = W(z)X(z)$$

再由上述单位脉冲响应序列的定义,单位脉冲响应序列的 Z 变换应为

$$G(z) = W(z) \cdot Z[\delta(k)] = W(z) \tag{3.2.11}$$

其中,离散单位脉冲的 Z 变换 $Z[\delta(k)] = 1$。

相应的单位脉冲响应序列为

$$g(k) = Z^{-1}[G(z)] = Z^{-1}[W(z)] \tag{3.2.12}$$

(3.2.11)和(3.2.12)式表明,离散系统的单位脉冲响应序列和 Z 传递函数是一个 Z 变换对,$g(k) \Leftrightarrow W(z)$,即离散系统的单位脉冲响应序列 $g(k)$ 就是该系统的 Z 传递函数 $W(z)$ 的 Z 反变换;反之,单位脉冲响应序列 $g(k)$ 的 Z 变换就是相应系统的 Z 传递函数 $W(z)$。因此,当已知系统的 Z 传递函数 $W(z)$,而需要用系统单位脉冲响应序列 $g(k)$ 时,利用(3.2.12)式对 Z 传递函数 $W(z)$ 进行 Z 反变换就可以获得 $g(k)$;如果离散系统由于其运行机理复杂难以通过机理分析建立其差分方程,进而获得 Z 传递函数,只要系统是稳定的,那么就可以通过单位脉冲响应实验,来获得系统的单位脉冲响应序列,进而转换为 Z 传递函数。

单位脉冲响应实验,就是按照图 3.3 所示,在系统处于静止状态下,在输入端施加一个冲量为 1 的窄脉冲(即时间宽度为一个采样周期,幅值为 1 的脉冲)后,测得系统的输出序列,所测得的输出序列就是该系统的单位脉冲响应序列 $g(k)$,$k = 0, 1, 2, \cdots, l, g(i) \approx 0$,

$i>l$。将实验测得的单位脉冲响应序列 $g(k),k=0,1,2,\cdots$，进行 Z 变换，便得到系统的 Z 传递函数，即

$$W(z) = Z[g(k)] \tag{3.2.13}$$

由实验测得的单位脉冲响应序列 $g(k),k=0,1,2,\cdots$，一般很难写出它的通项表达式。由 (3.2.13) 式所得到的 Z 传递函数只能是 z^{-1} 幂级数形式，即

$$W(z) = Z[g(k)] = g(0) + g(1)z^{-1} + \cdots + g(l)z^{-l} \tag{3.2.14}$$

然而，这种幂级数形式的 Z 传递函数在有些场合应用很不方便，因此有时需要将其转换为形如 (3.2.9) 或 (3.2.6) 式有理分式形式。其转换方法如下：

设待求的有理分式 Z 传递函数形如 (3.2.9) 式，即

$$W(z) = \frac{Y(z)}{X(z)} = \frac{b_0 + b_1 z^{-1} + \cdots + b_n z^{-n}}{1 + a_1 z^{-1} + \cdots + a_n z^{-n}} \tag{3.2.9}$$

其中 $W(z)$ 的阶次 n 假设是已知的。$W(z)$ 对应的差分方程为

$$\begin{aligned} y(k) = &-a_1 y(k-1) - a_2 y(k-2) - \cdots - a_n y(k-n) \\ &+ b_0 x(k) + b_1 x(k-1) + \cdots + b_n x(k-n) \end{aligned} \tag{3.2.15}$$

由单位脉冲响应序列的定义知，当方程中初始值 $y(i)=x(i)=0,i<0$，且输入序列 $x(k) = \delta(k)$ 时，对应的输出序列便是单位脉冲响应序列 $g(k)$。因此有，

$$\begin{aligned} g(k) = &-a_1 g(k-1) - a_2 g(k-2) - \cdots - a_n g(k-n) \\ &+ b_0 \delta(k) + b_1 \delta(k-1) + \cdots + b_n \delta(k-n) \end{aligned} \tag{3.2.16}$$

式中，$g(k)(k=0,1,\cdots,l,l \geqslant 2n)$ 是已知的，共有 $2n+1$ 个系数 $a_1,a_2,\cdots,a_n,b_0,b_1,b_2,\cdots,b_n$ 是未知待求的。考虑到 $\delta(k-i)$ 的性质，即

$$\delta(k-i) = \begin{cases} 1, & k=i \\ 0, & k \neq i \end{cases}$$

由方程 (3.2.16)，通过逐步递推，可得 $2n+1$ 个方程：

$$\left.\begin{aligned} g(0) &= b_0 \\ g(1) &= -a_1 g(0) + b_1 \\ g(2) &= -a_1 g(1) - a_2 g(0) + b_2 \\ &\vdots \\ g(n) &= -a_1 g(n-1) - a_2 g(n-2) - \cdots - a_n g(0) + b_n \\ g(n+1) &= -a_1 g(n) - a_2 g(n-1) - \cdots - a_n g(1) \\ g(n+2) &= -a_1 g(n+1) - a_2 g(n) - \cdots - a_n g(2) \\ &\vdots \\ g(2n) &= -a_1 g(2n-1) - a_2 g(2n-2) - \cdots - a_n g(n) \end{aligned}\right\} \tag{3.2.17}$$

顺便指出，该方程组，其实同前一章 2.6 节中，用幂级数展开法求 Z 反变换时，通过长除法归纳出来的 z^{-1} 有理分式 $F(z)$ 的分母、分子多项式系数 a_i,b_i 与 z^{-1} 幂级数系数 $f(k),k=0,1,2,\cdots$ 之间的关系式 (2.6.31b) 是一致的。只不过那里的任务与这里的任务相反，是将 z^{-1} 有理分式转为 z^{-1} 幂级数，由已知的系数 a_i,b_i 求 z^{-1} 幂级数的系数 $f(k)$，而这里则是由 z^{-1} 幂级数的系数 $g(k)$ 求 z^{-1} 有理分式的分母、分子多项式系数 a_i,b_i。

为了便于求解，将方程组 (3.2.17) 分成三组，并写成矩阵形式

$$g(0) = b_0 \tag{3.2.18}$$

$$\begin{bmatrix} g(1) \\ g(2) \\ \vdots \\ g(n) \end{bmatrix} = - \begin{bmatrix} g(0) & & & 0 \\ g(1) & g(0) & & \\ \vdots & \vdots & \ddots & \\ g(n-1) & g(n-2) & \cdots & g(0) \end{bmatrix} \begin{bmatrix} a_1 \\ a_2 \\ \vdots \\ a_n \end{bmatrix} + \begin{bmatrix} b_1 \\ b_2 \\ \vdots \\ b_n \end{bmatrix} \tag{3.2.19}$$

$$\begin{bmatrix} g(n+1) \\ g(n+2) \\ \vdots \\ g(2n) \end{bmatrix} = - \begin{bmatrix} g(n) & g(n-1) & \cdots & g(1) \\ g(n+1) & g(n) & \cdots & g(2) \\ \vdots & \vdots & & \vdots \\ g(2n-1) & g(2n-2) & \cdots & g(n) \end{bmatrix} \begin{bmatrix} a_1 \\ a_2 \\ \vdots \\ a_n \end{bmatrix} \tag{3.2.20}$$

求解时,先由方程(3.2.20)解得系数 $a_i, i = 1, 2, \cdots, n$,即

$$\begin{bmatrix} a_1 \\ a_2 \\ \vdots \\ a_n \end{bmatrix} = - \begin{bmatrix} g(n) & g(n-1) & \cdots & g(1) \\ g(n+1) & g(n) & \cdots & g(2) \\ \vdots & \vdots & & \vdots \\ g(2n-1) & g(2n-2) & \cdots & g(n) \end{bmatrix}^{-1} \begin{bmatrix} g(n+1) \\ g(n+2) \\ \vdots \\ g(2n) \end{bmatrix} \tag{3.2.21}$$

再由方程(3.2.18)和(3.2.19)解得系数 $b_i, i = 0, 1, 2, \cdots, n$,即

$$b_0 = g(0) \tag{3.2.22}$$

$$\begin{bmatrix} b_1 \\ b_2 \\ \vdots \\ b_n \end{bmatrix} = \begin{bmatrix} g(1) \\ g(2) \\ \vdots \\ g(n) \end{bmatrix} + \begin{bmatrix} g(0) & & & 0 \\ g(1) & g(0) & & \\ \vdots & \vdots & \ddots & \\ g(n-1) & g(n-2) & \cdots & g(0) \end{bmatrix} \begin{bmatrix} a_1 \\ a_2 \\ \vdots \\ a_n \end{bmatrix} \tag{3.2.23}$$

上述方程求解用计算机实现很简单。

还应指出,上述算法是在系统阶次 n 事先已知的条件下推得的。如果系统阶次未知,就只能事先凭经验选取一个合适的阶次,但是当选取的阶次与系统的准确阶次相差较大时,由上述算法求得的 Z 传递函数 $W(z)$ 同实测的单位脉冲响应序列 $g(k)$ 构成的 z^{-1} 幂级数之间就会存在较大的拟合误差。为了减小拟合误差,提高所求的 Z 传递函数 $W(z)$ 的精度,通常是凭经验选取一组 m 个不同的阶次 n_i,并对每个阶次分别用上述算法求得相应的 Z 传递函数 $W_i(z), i = 1, 2, \cdots, m$,然后分别按照下式计算每个 Z 传递函数 $W_i(z)$ 的拟合误差指标

$$J_i = \sum_{k=0}^{q} [g(k) - \hat{g}_i(k)]^2, \quad q > l, \quad i = 1, 2, \cdots, m \tag{3.2.24}$$

式中,$g(k)$ 为已知的实测单位脉冲响应序列;$\hat{g}_i(k)$ 为由求得的阶次为 n_i 的 Z 传递函数 $W_i(z)$ 计算出的单位脉冲响应序列。

这里的拟合误差指标 J_i 就是实测序列 $g(k)$ 与由 Z 传递函数 $W_i(z)$ 计算出序列 $\hat{g}_i(k)$ 之差的平方和。J_i 值越小,相应的 Z 传递函数 $W_i(z)$ 的精度越高。最后选择其中拟合误差指标 J_i 值最小的 Z 传递函数 $W_i(z)$ 作为系统的 Z 传递函数 $W(z)$。

上述算法仅适用于开环稳定系统。

【**例 3.2.1**】 试将例 3.1.3 中的差分方程(3.1.13):

$$y(k+2) - 1.2y(k+1) + 0.32y(k) = 1.2x(k+1) \tag{3.1.13}$$

转换为相应的 Z 传递函数,并求得相应的离散系统单位脉冲响应序列。

解 令方程的初始值为零,即 $y(0) = y(1) = 0, x(0) = 0$。对方程(3.1.13)等号两边进行 Z 变换,得

$$(z^2 - 1.2z + 0.32)Y(z) = 1.2zX(z)$$

由 Z 传递函数的定义,得该差分方程对应的 Z 传递函数为

$$W(z) = \frac{1.2z}{z^2 - 1.2z + 0.32} = \frac{1.2z}{(z-0.8)(z-0.4)}$$

对 Z 传递函数 $W(z)$ 进行 Z 反变换,便得相应的单位脉冲响应序列,即

$$g(k) = Z^{-1}[W(z)]$$

将 $W(z)$ 展开成部分分式,得

$$W(z) = \frac{1.2z}{(z-0.8)(z-0.4)} = \frac{2.4}{z-0.8} - \frac{1.2}{z-0.4}$$

查表得 $W(z)$ 的 Z 反变换,即

$$g(k) = 2.4 \times 0.8^{k-1} - 1.2 \times 0.4^{k-1}, \quad k > 0$$

$g(0) = 0$(因 $W(z)$ 的分母与分子的阶次之差为1,表明系统输出滞后输入一步)。

3.3 离散系统的状态空间表示式

3.3.1 动态系统的状态空间描述

动态系统不论是连续系统还是离散系统,其传递函数描述都是通过在复数域中描述系统输入量与输出量之间的关系来表征动态系统的特性,它是动态系统特性的外部描述,而没有深入到系统内部。传递函数描述虽然给线性时不变系统在复数域中分析、综合设计带来很大方便,成为经典控制理论的基础,但是它在动态系统的特性表征方面还存在着一定局限性,对于某些动态系统的特性不能完全表征,而且它仅适用于线性时不变系统。

动态系统的状态空间描述是现代控制理论的基础,与传递函数描述相比,它对动态系统特性的表征,更深刻,更全面,更具普遍性。其主要特点有:

(1)采用时域法,用一阶微分或差分方程组来描述动态系统的运动状况。因此它也适用于描述时变、非线性,以及分布参数等复杂系统;并且便于以时域分析为基础的最优控制问题的综合与设计,也便于采用计算机进行系统辅助分析、设计和在线控制。

(2)采用向量-矩阵的表示方式,适宜于处理多输入多输出的多变量系统,不论变量的数目如何多,都能简捷地表示为相同形式的向量-矩阵方程。

(3)通过描述系统的输入、状态和输出三者之间的关系来表征动态系统的特性。它描述的是动态系统全部特性,因而它能更深刻地揭示出动态系统运动状况。

动态系统的状态空间描述与传递函数描述的根本区别在于,状态空间描述引进一组能够反映系统内部运动状况的状态变量,并将系统输入看作是外部对系统状态的作用力(控制或扰动),将系统输出看作是外部对系统状态的测量量。系统状态是指能够完全确定系统内部运动状态的一组数目最少的变量,通常记为 $x_1(t)$, $x_2(t)$, $\cdots$, $x_n(t)$,这组变量就称为系统的状态变量。由这组 n 个状态变量所组成的 n 维向量,即

$$X(t) = \begin{bmatrix} x_1(t) & x_2(t) & \cdots & x_n(t) \end{bmatrix}^{\mathrm{T}} \tag{3.3.1}$$

称为系统的状态向量,由状态向量所张成的 n 维空间 $\mathbf{R}^n$,则称为系统的状态空间,这里的 n 称为系统的维数或阶次,它是系统本身特性所决定的。对于一般情况,系统的输入和输出也用向量表示,即

输入向量

$$U(t) = \begin{bmatrix} u_1(t) & u_2(t) & \cdots & u_m(t) \end{bmatrix}^{\mathrm{T}} \tag{3.3.2}$$

输出向量

$$Y(t) = \begin{bmatrix} y_1(t) & y_2(t) & \cdots & y_p(t) \end{bmatrix}^{\mathrm{T}} \tag{3.3.3}$$

输入向量的维数 m 表示系统的输入量的数目;输出向量的维数 p 表示系统的输出量数目。由输入向量和输出向量张成的空间分别称输入空间和输出空间。

动态系统的状态空间描述就是通过对系统的输入、状态和输出三个空间之间关系的描述来表征系统的特性,如图3.4。动态系统的状态空间描述的表示式通常称作系统的状态空间表示式。线性时不变连续系统的状态空间表示式的一般形式为

$$\dot{X}(t) = FX(t) + GU(t) \tag{3.3.4}$$
$$Y(t) = CX(t) + DU(t) \tag{3.3.5}$$

式中,矩阵 F, G, C, D 均为常数矩阵。

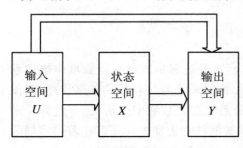

图3.4 状态空间描述示意图

第一个方程(3.3.4)叫状态方程或系统方程,这是一组 n 个一阶非齐次微分方程组,它描述了系统的状态与输入之间的动态关系;第二个方程(3.3.5)叫测量方程或输出方程,这是一组 p 个代数方程组,它描述了系统的输出与状态及输入之间的关系。

离散动态系统的状态空间描述与连续动态系统状态空间描述,概念相同,只是描述形式稍有区别。离散系统的状态空间表示式的一般形式为

$$X(k+1) = AX(k) + BU(k) \tag{3.3.6}$$
$$Y(k) = CX(k) + DU(k) \tag{3.3.7}$$

式中,状态方程 (3.3.6)为一组 n 个一阶差分方程组。

状态向量 $X(k)$,输入向量 $U(k)$ 和输出向量 $Y(k)$ 中的元素均为时间序列;矩阵 A, B, C, D 均为常数矩阵,并且

A 为 $n \times n$ 矩阵,称状态转移矩阵(或系统矩阵);

B 为 $n \times m$ 矩阵,称控制矩阵(或输入矩阵);

C 为 $p \times n$ 矩阵,称测量矩阵(或输出矩阵);

D 为 $p \times m$ 矩阵,称直传矩阵(或传输矩阵),如果系统输出滞后于输入,则 D 矩阵为零

矩阵。

　　n 为系统阶次，m 为输入量的数目，p 为输出量的数目。

　　与状态空间表示式(3.3.6)和(3.3.7)相对应的离散系统的状态空间结构图，如图 3.5 所示。

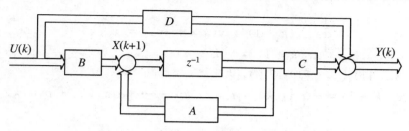

图 3.5　离散系统的状态空间结构图

　　动态系统的状态空间表示式通常由两个途径获得，一是直接从实际系统的物理结构出发，进行系统运行机理分析，选取合适的状态变量，并按照支配系统状态与输入和输出之间关系的物理、化学等自然定律，列写出系统的状态方程和输出方程；二是由系统已经建立的微分方程(或差分方程)和传递函数(或 Z 传递函数)，通过转换建立其相应的状态空间表示式。通常将这种转换称为微分方程(或差分方程)和传递函数(或 Z 传递函数)的状态实现。

3.3.2　由差分方程求离散系统状态空间表示式

　　下面仅限于讨论单输入单输出离散系统。对于已知的描述离散动态系统的差分方程，首先选取适当的状态变量，将给定的高阶差分方程化为一组一阶差分方程组，并列写出状态变量与系统输出之间关系的输出方程，然后用向量－矩阵形式表示之，即为系统的状态空间表示式。状态选取不是唯一的，状态变量选取不同，所得到的状态空间表示式的形式也将不同。

　　设已知的离散系统的差分方程为

$$y(k + n) + a_1 y(k + n - 1) + \cdots + a_n y(k)$$
$$= b_0 u(k + m) + b_1 u(k + m - 1) + \cdots + b_m u(k) \qquad (3.3.8)$$

为了便于叙述和理解，下面分两种情况讨论：

　　(1) $m = 0$，即输入序列 $u(k)$ 不含有高阶差分，或者说系统输出序列 $y(k)$ 滞后于输入序列 $u(k)n$ 步。在这种情况下，方程(3.3.8)就变为

$$y(k + n) + a_1 y(k + n - 1) + \cdots + a_n y(k) = b_0 u(k) \qquad (3.3.9)$$

由 3.1 节可知，只要已知方程(3.3.9)初始值 $y(0), y(1), \cdots, y(n - 1)$ 以及 $k \geqslant 0$ 时的输入序列 $u(k)$，那么，方程(3.3.9)的解是唯一的，亦即该方程所描述的离散系统在 $k \geqslant 0$ 时的运动状况是完全确定的。因此，我们选取 $y(k), y(k + 1), \cdots, y(k + n - 1)$ 为该系统的一组状态变量，显然这是一种合理的选取，即令

$$\begin{cases} x_1(k) = y(k) \\ x_2(k) = y(k + 1) \\ \quad\vdots \\ x_n(k) = y(k + n - 1) \end{cases} \qquad (3.3.10)$$

由式(3.3.10),可得

$$\begin{cases} x_1(k+1) = y(k+1) = x_2(k) \\ x_2(k+1) = y(k+2) = x_3(k) \\ \quad\vdots \\ x_{n-1}(k+1) = y(k+n-1) = x_n(k) \\ x_n(k+1) = y(k+n) \end{cases} \tag{3.3.11}$$

(3.3.10)和(3.3.11)代入方程(3.3.9),得

$$x_n(k+1) = -a_n x_1(k) - a_{n-1} x_2(k) - \cdots - a_1 x_n(k) + b_0 u(k) \tag{3.3.12}$$

并且

$$y(k) = x_1(k) \tag{3.3.13}$$

将式(3.3.12)代入式(3.3.11),并写成向量-矩阵形式,便得状态方程

$$\begin{bmatrix} x_1(k+1) \\ x_2(k+1) \\ \vdots \\ x_{n-1}(k+1) \\ x_n(k+1) \end{bmatrix} = \begin{bmatrix} 0 & 1 & 0 & \cdots & 0 \\ 0 & 0 & 1 & \cdots & 0 \\ \vdots & \vdots & 0 & \ddots & \\ 0 & 0 & 0 & \cdots & 1 \\ -a_n & -a_{n-1} & -a_{n-2} & \cdots & -a_1 \end{bmatrix} \begin{bmatrix} x_1(k) \\ x_2(k) \\ \vdots \\ x_{n-1}(k) \\ x_n(k) \end{bmatrix} + \begin{bmatrix} 0 \\ 0 \\ \vdots \\ 0 \\ b_0 \end{bmatrix} u(k)$$

$$\tag{3.3.14}$$

将输出方程(3.3.13)写成向量-矩阵形式,即

$$y(k) = \begin{bmatrix} 1 & 0 & \cdots & 0 \end{bmatrix} \begin{bmatrix} x_1(k) \\ x_2(k) \\ \vdots \\ x_n(k) \end{bmatrix} \tag{3.3.15}$$

再将式(3.3.14)和(3.3.15)用向量和矩阵符号写成离散系统状态空间表示式的一般形式,得

$$X(k+1) = AX(k) + Bu(k) \tag{3.3.16}$$

$$y(k) = CX(k) + Du(k) \tag{3.3.17}$$

式中,$X(k) = [x_1(k), x_2(k), \cdots, x_n(k)]^T$ 为状态向量。

状态转移矩阵

$$A = \begin{bmatrix} 0 & 1 & 0 & \cdots & 0 \\ 0 & 0 & 1 & \cdots & 0 \\ \vdots & \vdots & 0 & \ddots & \\ 0 & 0 & 0 & \cdots & 1 \\ -a_n & -a_{n-1} & -a_{n-2} & \cdots & -a_1 \end{bmatrix}_{n \times n}$$

输入矩阵

$$B = \begin{bmatrix} 0 & 0 & \cdots & 0 & b_0 \end{bmatrix}^T_{n \times 1}$$

输出矩阵

$$C = \begin{bmatrix} 1 & 0 & \cdots & 0 \end{bmatrix}_{1 \times n}$$

直传矩阵

$$D = [0]_{1\times 1}$$

对于单输入单输出系统 D 阵为一实数，所以后面均记为 d。

状态初值 $X(0)$ 可以由方程组(3.3.10)获得，即

$$x_i(0) = y(i - 1), \quad i = 1, 2, \cdots, n$$

按照状态空间表示式(3.3.16)和(3.3.17)可以绘出与之对应的系统状态信号流图，如图 3.6 所示。系统状态信号流图更加直观地表示出系统状态之间、状态与输入、状态与输出以及输入与输出之间的关系。图中 z^{-1} 看作时延算子，即 $z^{-1}x_i(k+1) = x_i(k)$ 或 $x_i(k+1) = zx_i(k)$。

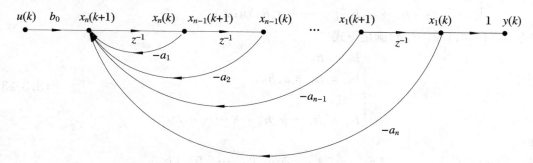

图 3.6　离散系统状态信号流图

(2) $m = n$（也适用于 $m < n$）

系统的差分方程为

$$y(k + n) + a_1 y(k + n - 1) + \cdots + a_n y(k)$$
$$= b_0 u(k + n) + b_1 u(k + n - 1) + \cdots + b_n u(k) \tag{3.3.18}$$

选取状态变量

$$\begin{cases} x_1(k) = y(k) - h_0 u(k) \\ x_2(k) = x_1(k + 1) - h_1 u(k) \\ \quad\vdots \\ x_n(k) = x_{n-1}(k + 1) - h_n u(k) \end{cases} \tag{3.3.19}$$

式中，$h_i, (i = 0, 1, \cdots, n)$ 为待定参数。

将上式改写为

$$\begin{cases} x_1(k) = y(k) - h_0 u(k) \\ x_2(k) = y(k + 1) - h_0 u(k + 1) - h_1 u(k) \\ \quad\vdots \\ x_n(k) = y(k + n - 1) - h_0 u(k + n - 1) - h_1 u(k + n - 2) - \cdots - h_{n-1} u(k) \end{cases}$$
$$\tag{3.3.20}$$

由上式的最后一式，可得

$$x_n(k + 1) - h_n u(k) = y(k + n) - h_0 u(k + n) - h_1 u(k + n - 1)$$
$$- \cdots - h_{n-1} u(k + 1) - h_n u(k) \tag{3.3.21}$$

将式(3.3.20)中的各等式依次分别乘以 $a_n, a_{n-1}, \cdots, a_1$ 后，再与式(3.3.21)相加，整理得

$$\begin{cases} x_n(k+1) + a_n x_1(k) + a_{n-1} x_2(k) + \cdots + a_1 x_n(k) - h_n u(k) \\ \quad = y(k+n) + a_1 y(k+n-1) + a_2 y(k+n-2) + \cdots + a_n y(k) \\ \qquad - h_0 u(k+n) \\ \qquad - (h_1 + a_1 h_0) u(k+n-1) \\ \qquad - (h_2 + a_1 h_1 + a_2 h_0) u(k+n-2) \\ \qquad \vdots \\ \qquad - (h_{n-1} + a_1 h_{n-2} + \cdots + a_{n-1} h_0) u(k+1) \\ \qquad - (h_n + a_1 h_{n-1} + \cdots + a_n h_0) u(k) \end{cases} \tag{3.3.22}$$

若令 $h_i (i = 0, 1, 2, \cdots, n)$ 满足下式

$$\begin{cases} b_0 = h_0 \\ b_1 = h_1 + a_1 h_0 \\ \quad \vdots \\ b_n = h_n + a_1 h_{n-1} + \cdots + a_n h_0 \end{cases} \tag{3.3.23}$$

即

$$\begin{bmatrix} b_0 \\ b_1 \\ b_2 \\ \vdots \\ b_n \end{bmatrix} = \begin{bmatrix} 1 & 0 & 0 & \cdots & 0 \\ a_1 & 1 & 0 & \cdots & 0 \\ a_2 & a_1 & 1 & & \\ \vdots & \vdots & \vdots & \ddots & \\ a_n & a_{n-1} & \cdots & a_1 & 1 \end{bmatrix} \begin{bmatrix} h_0 \\ h_1 \\ h_2 \\ \vdots \\ h_n \end{bmatrix} \tag{3.3.24}$$

则式(3.3.22)可改写成

$$\begin{aligned} & x_n(k+1) + a_n x_1(k) + a_{n-1} x_2(k) + \cdots + a_1 x_n(k) - h_n u(k) \\ & \quad = y(k+n) + a_1 y(k+n-1) + a_2 y(k+n-2) + \cdots + a_n y(k) \\ & \qquad - b_0 u(k+n) - b_1 u(k+n-1) - \cdots - b_n u(k) \\ & \quad = 0 \end{aligned} \tag{3.3.25}$$

所以

$$x_n(k+1) = -a_n x_1(k) - a_{n-1} x_2(k) - \cdots - a_1 x_n(k) + h_n u(k) \tag{3.3.26}$$

于是,将方程组(3.3.19)中的后面 $n-1$ 个方程改写,并与式(3.3.26)合并,便构成系统的 n 个状态变量的一阶差分方程组,即系统的状态方程

$$\begin{cases} x_1(k+1) = x_2(k) + h_1 u(k) \\ x_2(k+1) = x_3(k) + h_2 u(k) \\ \quad \vdots \\ x_{n-1}(k+1) = x_n(k) + h_{n-1} u(k) \\ x_n(k+1) = -a_n x_1(k) - a_{n-1} x_2(k) - \cdots - a_1 x_n(k) + h_n u(k) \end{cases} \tag{3.3.27}$$

方程组(3.3.19)中的第一个方程就是系统的输出方程,即

$$y(k) = x_1(k) + h_0 u(k) \tag{3.3.28}$$

将式(3.3.27)和(3.3.28)分别写成标准的向量 - 矩阵形式,便是差分方程(3.3.18)所描述的离散系统的一种状态空间表示式,即

$$\begin{cases} X(k+1) = A_0 X(k) + B_0 u(k) \\ y(k) = C_0 X(k) + d_0 u(k) \end{cases} \tag{3.3.29}$$

式中

状态转移矩阵 $A_0 = \begin{bmatrix} 0 & 1 & 0 & \cdots & 0 \\ 0 & 0 & 1 & \cdots & 0 \\ \vdots & \vdots & 0 & \ddots & \\ 0 & 0 & 0 & \cdots & 1 \\ -a_n & -a_{n-1} & -a_{n-2} & \cdots & -a_1 \end{bmatrix}_{n \times n}$

输入矩阵 $B_0 = \begin{bmatrix} h_1 \\ h_2 \\ \vdots \\ h_{n-1} \\ h_n \end{bmatrix}_{n \times 1}$

输出矩阵 $C_0 = \begin{bmatrix} 1 & 0 & \cdots & 0 \end{bmatrix}_{1 \times n}$

直传矩阵 $d_0 = h_0$

状态方程(3.3.27)中的状态初值 $x_i(0)$ 可以由差分方程(3.3.18)中的输出、输入初始值 $y(i),u(i),i = 0,1,\cdots,n-1$ 通过方程组(3.3.20)获得,即

$$\begin{cases} x_1(0) = y(0) - h_0 u(0) \\ x_2(0) = y(1) - h_0 u(1) - h_1 u(0) \\ \vdots \\ x_n(0) = y(n-1) - h_0 u(n-1) - h_1 u(n-2) - \cdots - h_{n-1} u(0) \end{cases} \tag{3.3.30}$$

状态方程(3.3.27)中的参数 $h_i,i = 0,1,2,\cdots,n$。可由式(3.3.23)或(3.3.24)求得。顺便说一句,其实,参数 h_i 所满足的与差分方程(3.3.18)系数 b_i、$a_j(i = 0,1,\cdots,n,j = 1,2,\cdots,n)$ 之间的关系式(3.3.23)同前面讲到的差分方程(3.2.15)系数 b_i、a_j 与相应系统的单位脉冲响应序列 $g(i)$ 之间的关系式(3.2.17)是相同的,由此可知,这里的参数 h_i 就是差分方程(3.3.18)所描述系统的单位脉冲响应序列 $g(i)$ 的前 $n+1$ 项序列值,即

$$h_i = g(i), \quad i = 0,1,\cdots,n \tag{3.3.31}$$

状态空间表示式(3.3.29)所对应的系统状态信号流图如图 3.7 所示。还应指出,对于一个给定的差分方程,与之对应的状态空间表示式有多种形式,选取的状态变量定义不同,相应状态空间表示式也不同。上述状态空间表示式(3.3.29)只是差分方程(3.3.18)的众多状态空间表示式的一种形式,通常称这种形式的状态空间表示式为能观规范型状态空间表示式,简记为 (A_0,B_0,C_0,d_0)。

【例 3.3.1】 已知系统的差分方程为

$$y(k+3) - 2y(k+2) + 0.5y(k+1) - 0.2y(k)$$
$$= 0.5u(k+3) - 0.4u(k+2) + 0.1u(k+1)$$

试求系统的状态空间表示式,并绘出相应的状态信号流图。

解 给定的差分方程的阶次 $n = 3$,方程系数分别为

$$a_1 = -2, \quad a_2 = 0.5, \quad a_3 = -0.2$$

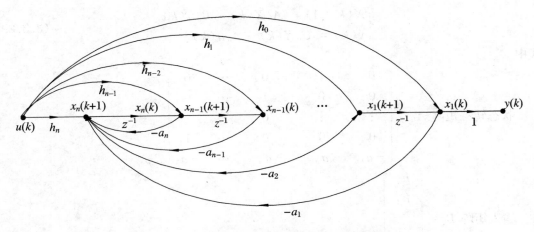

图 3.7   离散系统能观规范型状态信号流图

$$b_0 = 0.5, \quad b_1 = -0.4, \quad b_2 = 0.1, \quad b_3 = 0$$

由(3.3.23)式计算出待定参数 $h_i, i = 0,1,2,3$：

$$h_0 = b_0 = 0.5$$
$$h_1 = b_1 - a_1 h_0 = 0.6$$
$$h_2 = b_2 - a_1 h_1 - a_2 h_0 = 1.05$$
$$h_3 = b_3 - a_1 h_2 - a_2 h_1 - a_3 h_0 = 1.9$$

对照(3.3.29)式，得该差分方程相应的状态空间表示式如下：

$$X(k+1) = A_0 X(k) + B_0 u(k)$$
$$y(k) = C_0 X(k) + d_0 u(k)$$

式中，$A_0 = \begin{bmatrix} 0 & 1 & 0 \\ 0 & 0 & 1 \\ 0.2 & -0.5 & 2 \end{bmatrix}$，$B_0 = \begin{bmatrix} 0.6 \\ 1.05 \\ 1.9 \end{bmatrix}$，$C_0 = \begin{bmatrix} 1 & 0 & 0 \end{bmatrix}$，$d_0 = h_0 = 0.5$。

相应的状态信号流图如下图所示。

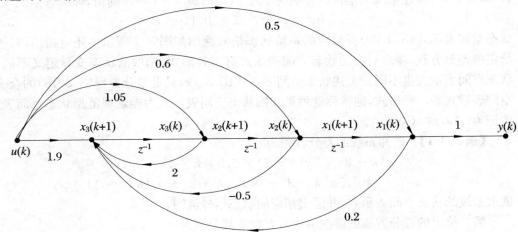

3.3.3　由 Z 传递函数求离散系统状态空间表示式

当系统的 Z 传递函数已知,而且拟将采用状态空间法进行系统分析和设计时,就要将系统的 Z 传递函数转换为相应的状态空间表示式。对于一个给定的 Z 传递函数,与之对应的状态空间表示式不是唯一的,而是有多种形式,最常用的几种形式状态空间表示式可分别通过直接实现法、嵌套实现法、并联实现法和串联实现法获得。现予以逐一介绍。

1. 直接实现法

设系统的 Z 传递函数为 z^{-1} 的有理分式

$$W(z) = \frac{b_0 + b_1 z^{-1} + \cdots + b_n z^{-n}}{1 + a_1 z^{-1} + \cdots + a_n z^{-n}}$$

$$= b_0 + \frac{c_1 z^{-1} + c_2 z^{-2} + \cdots + c_n z^{-n}}{1 + a_1 z^{-1} + \cdots + a_n z^{-n}} = b_0 + \hat{W}(z) \tag{3.3.32}$$

其中

$$\hat{W}(z) = \frac{\hat{Y}(z)}{U(z)} = \frac{c_1 z^{-1} + c_2 z^{-2} + \cdots + c_n z^{-n}}{1 + a_1 z^{-1} + \cdots + a_n z^{-n}}$$

$$c_i = b_i - a_i b_0, i = 1, 2, \cdots, n \tag{3.3.33}$$

由 $\hat{W}(z)$ 可得

$$\frac{\hat{Y}(z)}{c_1 z^{-1} + c_2 z^{-2} + \cdots + c_n z^{-n}} = \frac{U(z)}{1 + a_1 z^{-1} + \cdots + a_n z^{-n}} \triangleq Q(z)$$

进而可得

$$Q(z) = -a_1 z^{-1} Q(z) - a_2 z^{-2} Q(z) - \cdots - a_n z^{-n} Q(z) + U(z) \tag{3.3.34}$$

$$\hat{Y}(z) = c_1 z^{-1} Q(z) + c_2 z^{-2} Q(z) \cdots + c_n z^{-n} Q(z) \tag{3.3.35}$$

选取状态变量

$$\begin{cases} X_1(z) = z^{-1} Q(z) \\ X_2(z) = z^{-2} Q(z) = z^{-1} X_1(z) \\ X_3(z) = z^{-3} Q(z) = z^{-1} X_2(z) \\ \vdots \\ X_n(z) = z^{-n} Q(z) = z^{-1} X_{n-1}(z) \end{cases} \tag{3.3.36}$$

对上式进行 Z 反变换,得

$$\begin{cases} x_1(k+1) = q(k) = Z^{-1}[Q(z)] \\ x_2(k+1) = x_1(k) \\ x_3(k+1) = x_2(k) \\ \vdots \\ x_n(k+1) = x_{n-1}(k) \end{cases} \tag{3.3.37}$$

将(3.3.36)式代入(3.3.34)式,得

$$Q(z) = -a_1 X_1(z) - a_2 X_2(z) - \cdots - a_n X_n(z) + U(z) \tag{3.3.38}$$

对式(3.3.38)进行 Z 反变换,得

$$q(k) = Z^{-1}[Q(z)] = -a_1 x_1(k) - a_2 x_2(k) - \cdots - a_n x_n(k) + u(k) \quad (3.3.39)$$

将(3.3.39)式代入(3.3.37)式,得系统的状态方程组:

$$\begin{cases} x_1(k+1) = -a_1 x_1(k) - a_2 x_2(k) - \cdots - a_n x_n(k) + u(k) \\ x_2(k+1) = x_1(k) \\ x_3(k+1) = x_2(k) \\ \vdots \\ x_n(k+1) = x_{n-1}(k) \end{cases} \quad (3.3.40)$$

将(3.3.36)式代入(3.3.35)式,并进行 Z 反变换便得 Z 传递函数 $\hat{W}(z)$ 的相应输出

$$\hat{y}(k) = c_1 x_1(k) + c_2 x_2(k) + \cdots + c_n x_n(k)$$

由式(3.3.32)和(3.3.33)可知,$W(z)$ 的相应输出 $Y(z)$ 应为

$$Y(z) = b_0 U(z) + \hat{W}(z) U(z) = b_0 U(z) + \hat{Y}(z)$$

所以

$$\begin{aligned} y(k) = Z^{-1}[Y(z)] &= \hat{y}(k) + b_0 u(k) \\ &= c_1 x_1(k) + c_2 x_2(k) + \cdots + c_n x_n(k) + b_0 u(k) \end{aligned} \quad (3.3.41)$$

将状态方程组(3.3.40)和输出方程(3.3.41)分别写成向量-矩阵形式即得(3.3.32)式中 $W(z)$ 相应的一种状态空间表示式,即

$$\begin{cases} X(k+1) = A_{co} X(k) + B_{co} u(k) \\ y(k) = C_{co} X(k) + d_{co} u(k) \end{cases} \quad (3.3.42)$$

式中

$$A_{co} = \begin{bmatrix} -a_1 & -a_2 & \cdots & -a_{n-1} & -a_n \\ 1 & 0 & \cdots & 0 & 0 \\ 0 & 1 & \cdots & 0 & 0 \\ \vdots & \vdots & \ddots & \vdots & \vdots \\ 0 & 0 & \cdots & 1 & 0 \end{bmatrix}, \quad B_{co} = \begin{bmatrix} 1 \\ 0 \\ 0 \\ \vdots \\ 0 \end{bmatrix}, \quad C_{co} = \begin{bmatrix} c_1 & c_2 & c_3 & \cdots & c_n \end{bmatrix}$$

$$d_{co} = b_0, c_i = b_i - a_i b_0, \quad i = 1, 2, \cdots, n$$

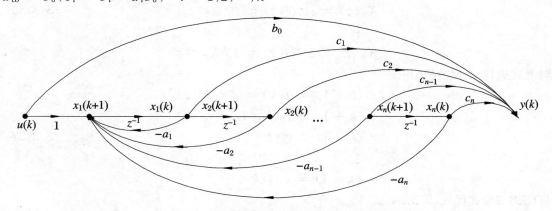

图 3.8 离散系统的控制器规范型状态信号流图

通常称这种形式的状态空间表示式为离散系统的控制器规范型状态空间表示式,简记为$(A_{co},B_{co},C_{co},d_{co})$。采用这种形式的状态空间表示式,用状态空间法设计状态反馈控制器十分方便。控制器规范型状态空间表示式(3.3.42)相应的状态信号流图如图3.8所示。

【**例3.3.2**】　已知系统的 Z 传递函数如下,试用直接实现法求 $W(z)$ 的相应状态空间表示式,并绘出相应的状态信号流图。

$$W(z) = \frac{0.5z^3 - 0.4z^2 + 0.1z}{z^3 - 2z^2 + 0.5z - 0.2}$$

解　先将 $W(z)$ 化成如下形式

$$W(z) = 0.5 + \frac{0.6z^2 - 0.15z + 0.1}{z^3 - 2z^2 + 0.5z - 0.2} = 0.5 + \frac{0.6z^{-1} - 0.15z^{-2} + 0.1z^{-3}}{1 - 2z^{-1} + 0.5z^{-2} - 0.2z^{-3}}$$

与(3.3.32)式中的 $W(z)$ 相比,可知 $n = 3$

$$a_1 = -2, a_2 = 0.5, a_3 = -0.2; b_0 = 0.5; c_1 = 0.6, c_2 = -0.15, c_3 = 0.1$$

将这些参数代入(3.3.42)式的状态方程和输出方程,即得该 Z 传递函数 $W(z)$ 相应的状态空间表示式如下

$$\begin{cases} \begin{bmatrix} x_1(k+1) \\ x_2(k+1) \\ x_3(k+1) \end{bmatrix} = \begin{bmatrix} 2 & -0.5 & 0.2 \\ 1 & 0 & 0 \\ 0 & 1 & 0 \end{bmatrix} \begin{bmatrix} x_1(k) \\ x_2(k) \\ x_3(k) \end{bmatrix} + \begin{bmatrix} 1 \\ 0 \\ 0 \end{bmatrix} u(k) \\ y(k) = \begin{bmatrix} 0.6 & -0.15 & 0.1 \end{bmatrix} \begin{bmatrix} x_1(k) \\ x_2(k) \\ x_3(k) \end{bmatrix} + 0.5u(k) \end{cases}$$

其相应的状态信号流图如下所示。

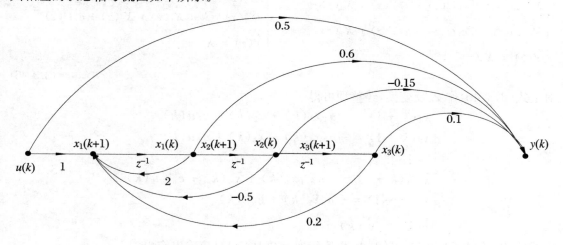

2. 嵌套实现法

设 Z 传递函数如下

$$W(z) = \frac{Y(z)}{U(z)} = \frac{b_0 + b_1 z^{-1} + \cdots + b_n z^{-n}}{1 + a_1 z^{-1} + \cdots + a_n z^{-n}}$$

$$= b_0 + \frac{c_1 z^{-1} + c_2 z^{-2} + \cdots + b_n z^{-n}}{1 + a_1 z^{-1} + \cdots + a_n z^{-n}} = b_0 + \hat{W}(z) \qquad (3.3.43)$$

其中

$$\hat{W}(z) = \frac{\hat{Y}(z)}{U(z)} = \frac{c_1 z^{-1} + c_2 z^{-2} + \cdots + c_n z^{-n}}{1 + a_1 z^{-1} + \cdots + a_n z^{-n}} \qquad (3.3.44)$$

上式两边交叉相乘,整理可得

$$\hat{Y}(z) = c_1 z^{-1} U(z) + c_2 z^{-2} U(z) + \cdots + c_n z^{-n} U(z)$$
$$- a_1 z^{-1} \hat{Y}(z) - a_2 z^{-2} \hat{Y}(z) - \cdots - a_n z^{-n} \hat{Y}(z)$$

上式右边同项合并,得

$$\hat{Y}(z) = z^{-1} [c_1 U(z) - a_1 \hat{Y}(z)] + z^{-2} [c_2 U(z) - a_2 \hat{Y}(z)]$$
$$+ \cdots + z^{-n} [c_n U(z) - a_n \hat{Y}(z)]$$

再将上式写成如下嵌套形式:

$$\hat{Y}(z) = z^{-1} \left\{ \begin{array}{l} c_1 U(z) - a_1 \hat{Y}(z) + z^{-1} [c_2 U(z) - a_2 \hat{Y}(z) \\ + \cdots + z^{-1} [c_n U(z) - a_n \hat{Y}(z)] \cdots] \end{array} \right\} \qquad (3.3.45)$$

选取状态变量,从嵌套最里层开始,令

$$\left\{ \begin{array}{l} X_n(z) = z^{-1} [c_n U(z) - a_n \hat{Y}(z)] \\ X_{n-1}(z) = z^{-1} [c_{n-1} U(z) - a_{n-1} \hat{Y}(z) + X_n(z)] \\ \quad \vdots \\ X_2(z) = z^{-1} [c_2 U(z) - a_2 \hat{Y}(z) + X_3(z)] \\ X_1(z) = z^{-1} [c_1 U(z) - a_1 \hat{Y}(z) + X_2(z)] \\ \hat{Y}(z) = X_1(z) \end{array} \right. \Rightarrow \left\{ \begin{array}{l} z X_n(z) = - a_n X_1(z) + c_n U(z) \\ z X_{n-1}(z) = - a_{n-1} X_1(z) + X_n(z) + c_{n-1} U(z) \\ \quad \vdots \\ z X_2(z) = - a_2 X_1(z) + X_3(z) + c_2 U(z) \\ z X_1(z) = - a_1 X_1(z) + X_2(z) + c_1 U(z) \\ \hat{Y}(z) = X_1(z) \end{array} \right.$$

$$(3.3.46)$$

对上式(3.3.46)作 Z 反变换,经整理可得

$$\left\{ \begin{array}{l} x_1(k+1) = - a_1 x_1(k) + x_2(k) + c_1 u(k) \\ x_2(k+1) = - a_2 x_1(k) + x_3(k) + c_2 u(k) \\ \quad \vdots \\ x_{n-1}(k+1) = - a_{n-1} x_1(k) + x_n(k) + c_{n-1} u(k) \\ x_n(k+1) = - a_n x_1(k) + c_n u(k) \\ \hat{y}(k) = x_1(k) \end{array} \right. \qquad (3.3.47)$$

由式(3.3.43)和(3.3.44)可知,上述 Z 传递函数 $W(z)$ 对应输出应为

$$y(k) = \hat{y}(k) + b_0 u(k) = x_1(k) + b_0 u(k) \qquad (3.3.48)$$

将式(3.3.47)的前面 n 个状态方程组和上式分别写成向量–矩阵的形式,即为(3.3.43)式 $W(z)$ 的一种状态空间表达式,即

$$\left\{ \begin{array}{l} X(k+1) = A_{ob} X(k) + B_{ob} u(k) \\ y(k) = C_{ob} X(k) + d_{ob} u(k) \end{array} \right. \qquad (3.3.49)$$

式中

$$A_{ob} = \begin{bmatrix} -a_1 & 1 & 0 & \cdots & 0 \\ -a_2 & 0 & 1 & \cdots & 0 \\ -a_3 & 0 & 0 & \ddots & 0 \\ \vdots & \vdots & \ddots & \vdots & 1 \\ -a_n & 0 & 0 & \cdots & 0 \end{bmatrix}, \quad B_{ob} = \begin{bmatrix} c_1 \\ c_2 \\ c_3 \\ \vdots \\ c_n \end{bmatrix}, \quad C_{ob} = \begin{bmatrix} 1 & 0 & 0 & \cdots & 0 \end{bmatrix}$$

$$d_{ob} = b_0, c_i = b_i - a_i b_0, \quad i = 1, 2, \cdots, n$$

通常称这种形式的状态空间表示式为离散系统的观测器规范型状态空间表示式,简记为 $(A_{ob}, B_{ob}, C_{ob}, d_{ob})$。采用它进行闭环观测器设计很方便。观测器规范型状态空间表示式(3.3.49)相应的状态信号流图如图 3.9 所示。

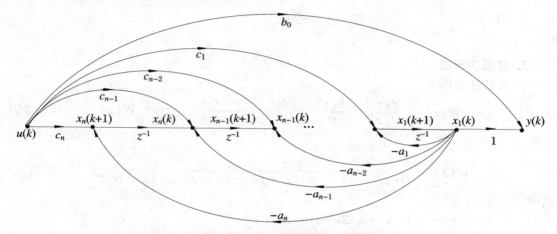

图 3.9　离散系统的观测器规范型状态信号流图

【**例 3.3.3**】　试用嵌套实现法求解例 3.3.2 中所给 Z 传递函数 $W(z)$ 的一种状态空间表示式,并绘出相应的状态信号流图。

解　例 3.3.2 中所给的 Z 传递函数为

$$W(z) = \frac{0.5z^3 - 0.4z^2 + 0.1z}{z^3 - 2z^2 + 0.5z - 0.2} = 0.5 + \frac{0.6z^{-1} - 0.15z^{-2} + 0.1z^{-3}}{1 - 2z^{-1} + 0.5z^{-2} - 0.2z^{-3}}$$

与(3.3.43)式中的 $W(z)$ 相比,可知:$n = 3$,

$$a_1 = -2, a_2 = 0.5, a_3 = -0.2, \quad b_0 = 0.5, c_1 = 0.6, c_2 = -0.15, c_3 = 0.1$$

将这些参数分别代入(3.3.49)式的状态方程和输出方程,即得传递函数 $W(z)$ 的一种状态空间表示式为

$$\begin{cases} \begin{bmatrix} x_1(k+1) \\ x_2(k+1) \\ x_3(k+1) \end{bmatrix} = \begin{bmatrix} 2 & 1 & 0 \\ -0.5 & 0 & 1 \\ 0.2 & 0 & 0 \end{bmatrix} \begin{bmatrix} x_1(k) \\ x_2(k) \\ x_3(k) \end{bmatrix} + \begin{bmatrix} 0.6 \\ -0.15 \\ 0.1 \end{bmatrix} u(k) \\ \\ y(k) = \begin{bmatrix} 1 & 0 & 0 \end{bmatrix} \begin{bmatrix} x_1(k) \\ x_2(k) \\ x_3(k) \end{bmatrix} + 0.5u(k) \end{cases}$$

相应的状态信号流图如下图所示。

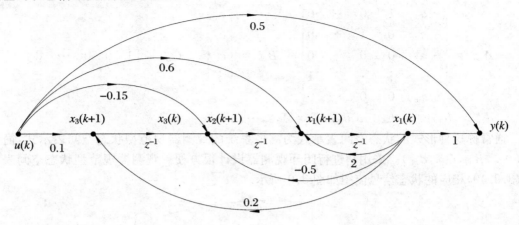

3. 并联实现法

设 Z 传递函数为

$$W(z) = \frac{Y(z)}{U(z)} = \frac{b_0 z^n + b_1 z^{n-1} + \cdots + b_n}{z^n + a_1 z^{n-1} + \cdots + a_n} = b_0 + \hat{W}(z) \qquad (3.3.50)$$

式中

$$\hat{W}(z) = \frac{\hat{Y}(z)}{U(z)} = \frac{c_1 z^{n-1} + c_2 z^{n-1} + \cdots + c_n}{(z - p_1)(z - p_2)\cdots(z - p_{n-m})(z - p_n)^m} \qquad (3.3.51)$$

其中

$$c_i = b_i - a_i b_0, i = 1, 2, \cdots, n$$

$$(z - p_1)(z - p_2)\cdots(z - p_{n-m})(z - p_n)^m = z^n + a_1 z^{n-1} + \cdots + a_n$$

这里设 p_n 为 $W(z)$ 的一个 m 重的极点，$p_1, \cdots, p_{n-m}$ 均为互异单极点。

将 $\hat{W}(z)$ 展开成部分分式，(即将 $\hat{W}(z)$ 化为 n 个一阶系统并联)

$$\hat{W}(z) = \frac{d_1}{z - p_1} + \frac{d_2}{z - p_2} + \cdots + \frac{d_{n-m}}{z - p_{n-m}}$$

$$+ \frac{e_1}{z - p_n} + \frac{e_2}{(z - p_n)^2} + \cdots + \frac{e_m}{(z - p_n)^m} \qquad (3.3.52)$$

Z 传递函数 $W(z)$ 的并联结构如图 3.10 所示。状态变量选取如图所示，即

$$X_i(z) = \frac{1}{z - p_i} U(z), \quad i = 1, 2, \cdots, n - m \qquad (3.3.53)$$

$$X_{n-m+j} = \frac{1}{(z - p_n)^j} U(z), \quad j = 1, 2, \cdots, m \qquad (3.3.54)$$

$\hat{W}(z)$ 的相应输出

$$\hat{Y}(z) = d_1 X_1(z) + \cdots + d_{n-m} X_{n-m}(z) + \cdots + e_1 X_{n-m+1}(z) + \cdots + e_m X_n(z)$$
$$\qquad (3.3.55)$$

对 (3.3.53) 式作 Z 反变换，可得

$$x_i(k + 1) = p_i x_i(k) + u(k), \quad i = 1, 2, \cdots, n - m \qquad (3.3.56)$$

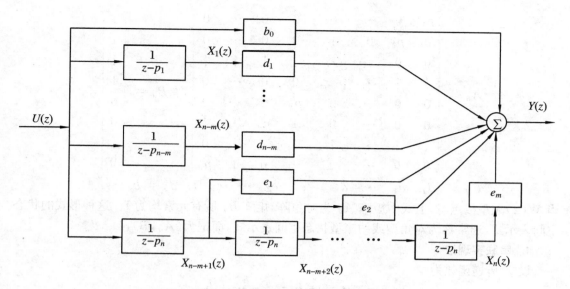

图 3.10　Z 传递函数并联结构框图

由(3.3.54)式,可知

$$\begin{cases} j = 1, & X_{n-m+1}(z) = \dfrac{1}{z - p_n}U(z) \\[3mm] 1 < j < m, & X_{n-m+j+1}(z) = \dfrac{1}{z - p_n}X_{n-m+j}(z) \end{cases} \qquad (3.3.57)$$

对上式作 Z 反变换,可得

$$\begin{cases} x_{n-m+1}(k+1) = p_n x_{n-m+1}(k) + u(k) \\ x_{n-m+j}(k+1) = p_n x_{n-m+j}(k) + x_{n-m+j-1}(k), & j = 2,3,\cdots,m \end{cases} \qquad (3.3.58)$$

对(3.3.55)式,作 Z 反变换,得

$$\hat{y}(k) = d_1 x_1(k) + d_2 x_2(k) + \cdots + d_{n-m}x_{n-m}(k) + e_1 x_{n-m+1}(k) + \cdots + e_m x_n(k)$$

由(3.3.50)式可知,$W(z)$ 的相应输出为

$$y(k) = \hat{y}(k) + b_0 u(k)$$

所以

$$\begin{aligned} y(k) = {} & d_1 x_1(k) + d_2 x_2(k) + \cdots + d_{n-m}x_{n-m}(k) \\ & + e_1 x_{n-m+1}(k) + \cdots + e_m x_n(k) + b_0 u(k) \end{aligned} \qquad (3.3.59)$$

将(3.3.56)式和(3.3.58)式合并,便构成状态方程组,再将合并后的状态方程组与输出方程(3.3.59)分别写成向量－矩阵形式,即得 $W(z)$ 的并联实现的状态空间表示式,即

$$\begin{cases} X(k+1) = A_d X(k) + B_d u(k) \\ y(k) = C_d X(k) + d_d u(k) \end{cases} \qquad (3.3.60)$$

式中

$$A_d = \begin{bmatrix} p_1 & 0 & \cdots & 0 & 0 & 0 & \cdots & 0 \\ 0 & p_2 & 0 & \vdots & 0 & 0 & \cdots & 0 \\ 0 & 0 & \ddots & \ddots & \vdots & \vdots & \vdots & \vdots \\ \vdots & \vdots & \ddots & p_{n-m} & 0 & 0 & \cdots & 0 \\ 0 & 0 & \cdots & 0 & p_n & 0 & \cdots & 0 \\ 0 & 0 & \cdots & 0 & 1 & p_n & \ddots & \vdots \\ \vdots & \vdots & \vdots & \vdots & \vdots & \ddots & \ddots & 0 \\ 0 & 0 & \cdots & 0 & \cdots & 0 & 1 & p_n \end{bmatrix}, \quad B_d = \begin{bmatrix} 1 \\ 1 \\ \vdots \\ 1 \\ 0 \\ 0 \\ \vdots \\ 0 \end{bmatrix},$$

$$C_d = \begin{bmatrix} d_1 & d_2 & \cdots & d_{n-m} & e_1 & e_2 & \cdots & e_m \end{bmatrix}, \quad d_0 = b_0$$

当 $W(z)$ 无重极点时,上式中矩阵 A_d 为对角阵,矩阵 B_d 所有元素均为1。这种形式的状态空间表示式,通常称为对角型或约当型状态空间表示式,简记为 (A_d, B_d, C_d, d_d)。

4. 串联实现法

设 Z 传递函数为

$$W(z) = \frac{Y(z)}{U(z)} = \frac{b_0 z^n + b_1 z^{n-1} + \cdots + b_n}{z^n + a_1 z^{n-1} + \cdots + a_n} = b_0 + \hat{W}(z)$$

$$= b_0 + \frac{d(z - z_1)(z - z_2)\cdots(z - z_{n-1})}{(z - p_1)(z - p_2)\cdots(z - p_n)} \tag{3.3.61}$$

式中

$$d(z - z_1)(z - z_2)\cdots(z - z_{n-1}) = c_1 z^{n-1} + c_2 z^{n-1} + \cdots + c_n$$

$$c_i = b_i - a_i b_0, i = 1, 2, \cdots, n$$

Z 传递函数 $W(z)$ 的串联结构如图3.12所示。

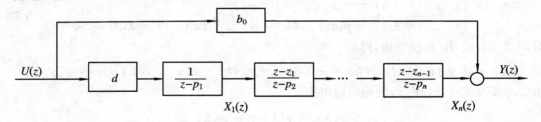

图 3.11 Z 传递函数串联结构框图

按图3.11所示选取状态变量,即

$$\begin{cases} X_1(z) = \dfrac{d}{z - p_1} U(z) \\ X_2(z) = \dfrac{z - z_1}{z - p_2} X_1(z) \\ \vdots \\ X_n(z) = \dfrac{z - z_{n-1}}{z - p_n} X_{n-1}(z) \end{cases} \tag{3.3.62}$$

(3.3.62)式作 Z 反变换,整理可得

$$\begin{cases} x_1(k+1) = p_1 x_1(k) + du(k) \\ x_2(k+1) = p_2 x_2(k) + x_1(k+1) - z_1 x_1(k) \\ \qquad\qquad = p_2 x_2(k) + p_1 x_1(k) - z_1 x_1(k) + du(k) \\ \qquad\qquad = (p_1 - z_1) x_1(k) + p_2 x_2(k) + du(k) \\ x_3(k+1) = (p_1 - z_1) x_1(k) + (p_2 - z_2) x_2(k) + p_3 x_3(k) + du(k) \\ \quad\vdots \\ x_n(k+1) = (p_1 - z_1) x_1(k) + (p_2 - z_2) x_2(k) + \cdots \\ \qquad\qquad + (p_{n-1} - z_{n-1}) x_{n-1}(k) + p_n x_n(k) + du(k) \end{cases}$$

$$(3.3.63)$$

由图 3.11 可知 $W(z)$ 的相应输出为

$$y(k) = x_n(k) + b_0 u(k) \tag{3.3.64}$$

将方程(3.3.63)和(3.3.64)分别写成向量 – 矩阵形式即为 $W(z)$ 的串联实现的一种状态空间表示式,通常称为三角型状态空间表示式,简记为 (A_s, B_s, C_s, d_s)。

$$\begin{cases} X(k+1) = A_s X(k) + B_s u(k) \\ y(k) = C_s X(k) + d_s u(k) \end{cases} \tag{3.3.65}$$

式中

$$A_s = \begin{bmatrix} p_1 & 0 & 0 & \cdots & 0 \\ p_1 - z_1 & p_2 & 0 & \cdots & 0 \\ p_1 - z_1 & p_2 - z_2 & p_3 & \cdots & 0 \\ \vdots & \vdots & & \ddots & \vdots \\ p_1 - z_1 & p_2 - z_2 & \cdots & p_{n-1} - z_{n-1} & p_n \end{bmatrix}, \quad B_s = \begin{bmatrix} d \\ d \\ d \\ \vdots \\ d \end{bmatrix}$$

$$C_s = \begin{bmatrix} 0 & 0 & 0 & \cdots & 1 \end{bmatrix}, \quad d_s = b_0$$

　　上述并联实现和串联实现法常用来将数字控制器的 Z 传递函数转换为相应的状态空间表示式(3.3.60)或(3.3.65),以作为计算机的在线控制算法方程。这是因为这两种实现方法所得到的控制算法方程(3.3.60)或(3.3.65)在计算机上执行时,因计算机字长有限而产生的控制算法参数存贮误差对控制系统动态特性影响为最小的缘故。

3.3.4　状态线性变换与状态空间表示式的规范型

　　理论上,一个给定的 n 阶 Z 传递函数或差分方程,通过状态实现建立的 n 维状态空间表示式,其形式不是唯一的,通过状态线性变换,可以有无穷多种不同的形式。前面已讲过,状态空间表示式的具体形式与其状态变量的选取定义有关,同一 Z 传递函数或差分方程在状态实现时,状态变量选取不同,其相应的状态空间表示式的形式也就不相同。从数学上讲,同一个系统按照不同方式选取的状态变量之间的关系实际上是某种线性变换关系。

　　设一已知的 n 阶 Z 传递函数 $W(z)$ 按照某种方式选取状态变量,其相应的 n 维状态向量为 $X(k)$,相应的状态空间表示式为

$$\begin{cases} X(k+1) = AX(k) + Bu(k) \\ y(k) = CX(k) + du(k) \end{cases} \tag{3.3.66}$$

现改用另一种方式选取新的状态变量,设新的 n 维状态向量 $\bar{X}(k)$ 为

$$\bar{X}(k) = PX(k) \tag{3.3.67}$$

式中,P 为 $n \times n$ 的可逆常数矩阵,在上式中作为变换矩阵。

这里新的状态向量 $\bar{X}(k)$ 是原状态向量 $X(k)$ 的一种线性变换。

由(3.3.67)式得

$$X(k) = P^{-1}\bar{X}(k) \tag{3.3.68}$$

将(3.3.68)式代入(3.3.66)式便得到由新的状态变量表示的另一种形式的状态空间表示式

$$\begin{cases} \bar{X}(k+1) = PAP^{-1}\bar{X}(k) + PBu(k) \\ y(k) = CP^{-1}\bar{X}(k) + du(k) \end{cases}$$

即

$$\begin{cases} \bar{X}(k+1) = \bar{A}\bar{X}(k) + \bar{B}u(k) \\ y(k) = \bar{C}\bar{X}(k) + du(k) \end{cases} \tag{3.3.69}$$

式中,$\bar{A} = PAP^{-1}$,$\bar{B} = PB$,$\bar{C} = CP^{-1}$。

由上式可以看出,变换矩阵 P 选取不同,相应的状态空间表示式也就不相同。然而,变换矩阵 P 在满足可逆性的条件下,有无穷多种不同选取,所以,相应的状态空间表示式也就有无穷多种不同的形式。

同一个给定的 Z 传递函数所对应的无穷多种不同的状态空间表示式,只是其形式不同,而它们对系统的动态特性表征是等价的。由它们可以分别导出相同的 Z 传递函数和相同的单位脉冲响应序列,而且它们所对应的单位脉冲响应序列一定与原给定的 Z 传递函数所对应的单位脉冲响应序列相等。

设状态空间表达式(3.3.66)是给定的 Z 传递函数 $W(z)$ 的任意一种状态空间表示式,现令式(3.3.66)中的状态初始值均为零,并对式中的两个方程同时进行 Z 变换,得

$$\begin{cases} zX(z) = AX(z) + BU(z) \\ Y(z) = CX(z) + dU(z) \end{cases} \tag{3.3.70}$$

进而可得

$$Y(z) = \left[C(zI - A)^{-1}B + d \right]U(z) = W_1(z)U(z) \tag{3.3.71}$$

由上式可知,式中 $W_1(z)$ 即为状态空间表示式(3.3.66)所对应的 Z 传递函数,即

$$W_1(z) = C(zI - A)^{-1}B + d \tag{3.3.72}$$

再将(3.3.72)式展开成幂级数,

$$\begin{aligned} W_1(z) &= C[I + Az^{-1} + A^2z^{-2} + \cdots]z^{-1}B + d \\ &= d + CBz^{-1} + CABz^{-2} + CA^2Bz^{-3} + \cdots \end{aligned} \tag{3.3.73}$$

式中,d 和 $CA^iB(i=0,1,2,\cdots)$ 称为(3.3.66)式所描述系统的马尔柯夫(Markov)参数,其实就是系统的单位脉冲响应序列,而且一定与给定 z 传递函数 $W(z)$ 所对应的单位脉冲响应序列 $h(k)(k=0,1,2,\cdots)$ 相等,即

$$d = h(0), \quad CA^{i-1}B = h(i), \quad i = 1,2,\cdots \tag{3.3.74}$$

对给定 $W(z)$ 的状态空间表示式(3.3.66)中的状态施行线性变换,即令 $\bar{X}(k) = PX(k)$,所获得的另一种形式的状态空间表示式为式(3.3.69),式中各系数矩阵为

$$\bar{A} = PAP^{-1}, \quad \bar{B} = PB, \quad \bar{C} = CP^{-1}, \quad \bar{d} = d$$

依照(3.3.71)式的推导,可得状态空间表示式(3.3.69)的 Z 传递函数为

$$W_2(z) = \bar{C}(zI - \bar{A})^{-1}\bar{B} + \bar{d} = CP^{-1}(zI - PAP^{-1})^{-1}PB + d$$

$$= C(zI - A)^{-1}B + d = W_1(z) \tag{3.3.75}$$

(3.3.69)式相应的马尔柯夫参数为

$$\bar{d} = d = h(0)$$

$$\bar{C}\bar{A}^{i-1}\bar{B} = CP^{-1}(PAP^{-1})^{i-1}PB = CA^{i-1}B = h(i), \quad i = 1,2,\cdots \tag{3.3.76}$$

式中,$h(i), i = 0,1,2,\cdots$ 为给定 Z 传递函数 $W(z)$ 所对应的单位脉冲响应序列。

式(3.3.75)和(3.3.76)表明,同一个 Z 传递函数 $W(z)$ 所对应的任意一种状态空间表达式都具有相同的 Z 传递函数和马尔柯夫参数,并且其马尔柯夫参数都与给定 Z 传递函数 $W(z)$ 所描述系统的单位脉冲响应序列分别相等。因此,可以利用式(3.3.74)或(3.3.76)来验证一个已知的状态空间表示式是否属于某给定 Z 传递函数 $W(z)$ 的一种状态空间表示式。如果已知的状态空间表示式中的马尔科夫参数满足式(3.3.74)或(3.3.76),则该状态空间表示式就是给定 $W(z)$ 的一种状态空间表示式,否则就不是给定 $W(z)$ 的状态空间表示式。

如果给定 Z 传递函数 $W(z)$ 的分子与其分母互质(即无公因式),那么,给定 $W(z)$ 所对应的任意一种状态空间表示式,不仅都具有相同的 Z 传递函数,而且其 Z 传递函数都等于原给定 Z 传递函数 $W(z)$。

一个 Z 传递函数或差分方程所对应的无穷多种不同形式的状态空间表示式中,在用于系统分析和设计时,应用最方便,最常用的是其中的几种规范型状态空间表示式。前面已经给出了其中的能观型 (A_o, B_o, C_o, d_o),控制器型 $(A_{co}, B_{co}, C_{co}, d_{co})$,观测器型 $(A_{ob}, B_{ob}, C_{ob}, d_{ob})$ 以及约当型 (A_d, B_d, C_d, d_d) 和三角型 (A_s, B_s, C_s, d_s) 等五种规范型状态空间表示式。此外,还有一种称为能控规范型,简记之为 (A_c, B_c, C_c, d_c)。其定义如下:

$$
\begin{cases}
A_c = \begin{bmatrix} 0 & 0 & \cdots & 0 & -a_n \\ 1 & 0 & \cdots & 0 & -a_{n-1} \\ 0 & 1 & \cdots & 0 & -a_{n-2} \\ \vdots & \vdots & \ddots & & \vdots \\ 0 & 0 & \cdots & 1 & -a_1 \end{bmatrix}, \quad B_c = \begin{bmatrix} 1 \\ 0 \\ 0 \\ \vdots \\ 0 \end{bmatrix} \\[20pt]
C_c = \begin{bmatrix} h_1 & h_2 & h_3 & \cdots & h_n \end{bmatrix}, \quad d_c = h_0
\end{cases} \tag{3.3.77}
$$

式中,参数 $a_i(i = 1,2,\cdots,n)$ 和 $h_i(i = 0,1,2,\cdots,n)$ 与能观规范型 (A_o, B_o, C_o, d_o) 中的相应参数定义相同。

一个 Z 传递函数或差分方程相应的任意一种形式的状态空间表示式都可以通过状态线性变换转换为需要的规范型状态空间表示式。下面不加证明,给出几种常用的化规范型状态空间表示式的算法。

设一给定的 n 阶 Z 传递函数或差分方程的任意一种 n 维状态空间表示式简记为 (A, B, C, D)。

1. 若矩阵

$$H_o = \begin{bmatrix} C \\ CA \\ \vdots \\ CA^{n-1} \end{bmatrix} \text{满秩,} \quad \text{即} \ H_o \ \text{的逆矩阵} H_o^{-1} \text{存在} \quad (3.3.78)$$

则

(1) 取变换矩阵 $P = H_o$,通过状态线性变换可将(A,B,C,D)化为能观规范型状态空间表示式(A_o,B_o,C_o,d_o),即 $A_o = H_o A H_o^{-1},B_o = H_o B,C_o = CH_o^{-1},d_o = d$。

(2) 取变换矩阵

$$P = \begin{bmatrix} A^{n-1} p_n & A^{n-2} p_n & \cdots & A p_n & p_n \end{bmatrix}^{-1} \triangleq H_{ob}^{-1} \quad (3.3.79)$$

其中

$$p_n = \begin{bmatrix} CA^{n-1} \\ CA^{n-2} \\ \vdots \\ CA \\ C \end{bmatrix}^{-1} \begin{bmatrix} 1 \\ 0 \\ 0 \\ \vdots \\ 0 \end{bmatrix}$$

通过状态线性变换可将(A,B,C,D)化为观测器规范型状态空间表示式$(A_{ob},B_{ob},C_{ob},d_{ob})$,即 $A_{ob} = H_{ob}^{-1} A H_{ob},B_{ob} = H_{ob}^{-1} B,C_{ob} = CH_{ob},d_{ob} = d$。

2. 若矩阵

$$H_c = \begin{bmatrix} B & AB & \cdots & A^{n-1}B \end{bmatrix} \text{满秩,} \quad \text{即} \ H_c \ \text{的逆矩阵} H_c^{-1} \text{存在} \quad (3.3.80)$$

则

(1) 取变换矩阵 $P = H_c^{-1}$,通过状态线性变换可将(A,B,C,D)化为能控规范型状态空间表示式(A_c,B_c,C_c,d_c),即 $A_c = H_c^{-1} A H_c,B_c = H_c^{-1} B,C_c = CH_c,d_c = d$。

(2) 取变换矩阵

$$P = \begin{bmatrix} p_n A^{n-1} \\ p_n A^{n-2} \\ \vdots \\ p_n A \\ p_n \end{bmatrix} \triangleq H_{co} \quad (3.3.81)$$

其中

$$p_n = \begin{bmatrix} 1 & 0 & \cdots & 0 & 0 \end{bmatrix} \begin{bmatrix} A^{n-1}B & A^{n-2}B & \cdots & AB & B \end{bmatrix}^{-1}$$

通过状态线性变换可将(A,B,C,D)化为控制器规范型状态空间表示式$(A_{co},B_{co},C_{co},d_{co})$,即 $A_{co} = H_{co} A H_{co}^{-1},B_{co} = H_{co} B,C_{co} = CH_{co}^{-1},d_{co} = d$。

从上述几种规范型状态空间表示式的各系数矩阵的结构可以看出,能观规范型(A_o,B_o,C_o,d_o)与能控规范型(A_c,B_c,C_c,d_c),观测器规范型$(A_{ob},B_{ob},C_{ob},d_{ob})$与控制器规范型$(A_{co},B_{co},C_{co},d_{co})$都是互为对偶关系,即

(1) $A_o = A_c^T,B_o = C_c^T,C_o = B_c^T,d_o = d_c$。

(2) $A_{ob} = A_{co}{}^{\mathrm{T}}$，$B_{ob} = C_{co}{}^{\mathrm{T}}$，$C_{ob} = B_{co}{}^{\mathrm{T}}$，$d_{ob} = d_{co}$。

3.3.5　离散状态方程的求解

离散状态空间表示式中的状态方程实际上是一阶差分方程组，所以，关于差分方程求解的方法都可用于离散状态方程的求解，常用的方法有递推法和 Z 变换方法。

1. 递推法

设离散系统的状态空间表示式为

$$\begin{cases} X(k+1) = AX(k) + Bu(k) \\ y(k) = CX(k) + du(k) \end{cases} \tag{3.3.82}$$

已知状态初始值 $X(0)$ 和输入序列 $u(k)$，$k \geqslant 0$，从 $k = 0$ 开始，按照状态方程逐步递推，就可得任意时刻的状态向量值：

$$X(1) = AX(0) + Bu(0)$$

$$X(2) = AX(1) + Bu(1) = A^2 X(0) + ABu(0) + Bu(1)$$

$$X(3) = AX(2) + Bu(2) = A^3 X(0) + A^2 Bu(0) + ABu(1) + Bu(2)$$

$$\vdots$$

$$X(k) = AX(k-1) + Bu(k-1) = A^k X(0) + \sum_{i=0}^{k-1} A^{k-1-i} Bu(i)$$

$$= A^k X(0) + \sum_{i=0}^{k-1} A^i Bu(k-1-i), \quad k \geqslant 0 \tag{3.3.83}$$

对应的输出序列为

$$y(k) = CX(k) + du(k) = CA^k X(0) + \sum_{i=0}^{k-1} CA^i Bu(k-1-i) + du(k)$$

$$= CA^k X(0) + \sum_{i=0}^{k} h_i u(k-i), \quad k \geqslant 0 \tag{3.3.84}$$

式中，$h_0 = d$，$h_i = CA^{i-1} B$，$(i > 0)$ 为相应离散系统的单位脉冲响应序列。上式第一项为由初始状态引发的自由运动，也称零输入响应；第二项为由外部输入引发的强迫运动，也称零状态响应。

2. Z 变换法

仍设离散系统的状态空间表示式为式(3.3.82)，对式(3.3.82)中的状态方程 $X(k+1) = AX(k) + Bu(k)$ 进行 Z 变换，得

$$zX(z) - zX(0) = AX(z) + BU(z)$$

整理，得

$$X(z) = (zI - A)^{-1} zX(0) + (zI - A)^{-1} BU(z) \tag{3.3.85}$$

式中，I 为单位矩阵。

对(3.3.85)式进 Z 反变换，即得状态向量序列

$$x(k) = Z^{-1} [X(z)] = Z^{-1} [(zI - A)^{-1} zx(0) + (zI - A)^{-1} BU(z)] \tag{3.3.86}$$

Z 变换求解计算，可分两步进行：

① 求 $(zI - A)^{-1}$ 和 $U(z)$，得 $X(z)$；

② 求 $X(z)$ 的 Z 反变换,得 $x(k)$。

若要求解输出序列,则在求得 $x(k)$ 后,再按输出方程 $y(k) = CX(k) + du(k)$ 便得输出序列 $y(k)$。

用 Z 变换法求解虽然复杂一些,但可以求得解析式的结果,可以获得所求序列的一般项的表示式。

3.3.6 离散系统的特征方程

一个 n 阶离散系统,用 n 阶差分方程描述,相应系统的特征方程为(3.1.8)式或(3.1.9)式,若用离散系统状态空间表示式(3.3.82)描述,则相应系统的特征方程为矩阵 $(\lambda I_n - A)$ 的行列式等于零,即

$$\det(\lambda I_n - A) = 0 \tag{3.3.87}$$

式中,λ 为系统的特征变量,I_n 为 n 阶单位矩阵,A 为状态空间表示式中的系统矩阵。离散系统特征方程(3.3.87)其实就是系统矩阵 A 的特征方程,此方程的根即为相应离散系统的特征根或极点,也是系统矩阵 A 的特征值。显然,离散系统稳定充要条件是系统的特征根(即系统矩阵 A 的特征值)的模均小于 1,即 $|\lambda_i| < 1, i = 1, 2, \cdots, n$。由此不难理解,特征方程是相应物理系统动态特性的又一种描述形式,而状态空间表示式中的系统矩阵 A 则是相应物理系统动态特性的具体表征。当对系统的状态向量作线性变换时,系统的特征方程是不变的,相应系统矩阵的特征值也是不会改变的。对于同一 n 阶离散系统而言,特征方程(3.3.87)式与(3.1.8)式或(3.1.9)式是完全相同的。

3.4 计算机控制系统连续部分的离散化状态空间表示式

如前所述,在绝大多数情况下,计算机控制系统中的被控对象是连续系统,如果采用状态空间方法进行计算机控制系统分析与设计时,就必须将连续被控对象的数学描述——传递函数或连续状态空间表示式通过等效离散化转为离散状态空间表示式。当连续被控对象用传递函数描述时,可先将连续被控对象的传递函数离散化为相应的 Z 传递函数(下节介绍),再按 3.3 节中讲的方法将离散化的 Z 传递函数转换为所需要的离散状态空间表示式;若连续被控对象用连续状态空间表示式描述时,可以采用本节介绍的方法,将连续状态空间表示式直接离散化为相应的离散状态空间表示式。下面介绍将连续状态空间表示式离散化为离散状态空间表示式的方法和步骤。

设连续被控对象的状态空间表示式为

$$\begin{cases} \dot{X}(t) = FX(t) + Gu(t) & (3.4.1) \\ y(t) = CX(t) + du(t) & (3.4.2) \end{cases}$$

连续状态方程式(3.4.1)的解为(证明从略)

$$X(t) = \mathrm{e}^{Ft}X(0) + \int_0^t \mathrm{e}^{F(t-\tau)}Gu(\tau)\mathrm{d}\tau \qquad (3.4.3)$$

对连续状态 $X(t)$ 离散化,要先由(3.4.3)式分别给出连续状态 $X(t)$ 在两个相邻采样时刻 kT 和 $(k+1)T$ 的表示式,由式(3.4.3)可得

$t = kT$ 时,

$$
\begin{aligned}
X(kT) &= \mathrm{e}^{FkT}X(0) + \int_0^{kT} \mathrm{e}^{F(kT-\tau)}Gu(\tau)\mathrm{d}\tau \\
&= \mathrm{e}^{FkT}X(0) + \mathrm{e}^{FkT}\int_0^{kT} \mathrm{e}^{-F\tau}Gu(\tau)\mathrm{d}\tau \qquad (3.4.4)
\end{aligned}
$$

$t = (k+1)T$ 时,

$$
\begin{aligned}
X[(k+1)T] &= \mathrm{e}^{F(k+1)T}X(0) + \mathrm{e}^{F(k+1)T}\int_0^{(k+1)T} \mathrm{e}^{-F\tau}Gu(\tau)\mathrm{d}\tau \\
&= \mathrm{e}^{FT}\mathrm{e}^{FkT}X(0) + \mathrm{e}^{FT}\mathrm{e}^{FkT}\left[\int_0^{kT} \mathrm{e}^{-F\tau}Gu(\tau)\mathrm{d}\tau + \int_{kT}^{(k+1)T} \mathrm{e}^{-F\tau}Gu(\tau)\mathrm{d}\tau\right] \\
&= \mathrm{e}^{FT}\left[\mathrm{e}^{FkT}X(0) + \mathrm{e}^{FkT}\int_0^{kT} \mathrm{e}^{-F\tau}Gu(\tau)\mathrm{d}\tau\right] + \mathrm{e}^{FT}\mathrm{e}^{FkT}\int_{kT}^{(k+1)T} \mathrm{e}^{-F\tau}Gu(\tau)\mathrm{d}\tau
\end{aligned}
$$

$$(3.4.5)$$

将(3.4.4)式代入(3.4.5)式,得

$$X[(k+1)T] = \mathrm{e}^{FT}X(kT) + \mathrm{e}^{F(k+1)T}\int_{kT}^{(k+1)T} \mathrm{e}^{-F\tau}Gu(\tau)\mathrm{d}\tau \qquad (3.4.6)$$

(3.4.6)式就是系统状态在两个相邻采样时刻之间的一步(即一个采样周期 T 的时间间隔)转移关系式,其实就是系统连续状态离散化后的状态方程。在计算机控制系统中,连续被控对象的输入信号 $u(t)$ 通常是由计算机输出的采样控制信号 $u^*(t)$ 通过零阶保持器变换成的阶梯形信号,如图 3.12 所示。阶梯形信号特征是在一个采样周期 T 内信号幅值不变,即

$$u(\tau) = u(kT), kT \leqslant \tau < (k+1)T, \quad k = 0,1,2,\cdots \qquad (3.4.7)$$

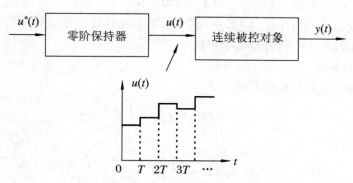

图 3.12　连续被控对象的阶梯形输入信号

由此可知,(3.4.6)式中的被控对象输入 $u(\tau)$ 在积分区间内为一常数,所以(3.4.6)式可改写为

$$X[(k+1)T] = \mathrm{e}^{FT}X(kT) + \mathrm{e}^{F(k+1)T}\int_{kT}^{(k+1)T} \mathrm{e}^{-F\tau}G\mathrm{d}\tau \cdot u(kT) \qquad (3.4.8)$$

令 $t = (k+1)T - \tau$,则有

$$e^{F(k+1)T} \int_{kT}^{(k+1)T} e^{-F\tau} G \mathrm{d}\tau = \int_{kT}^{(k+1)T} e^{F[(k+1)T-\tau]} G \mathrm{d}\tau = \int_0^T e^{Ft} G \mathrm{d}t \qquad (3.4.9)$$

将(3.4.9)式代入(3.4.8)式得

$$X[(k+1)T] = e^{FT}X(kT) + \int_0^T e^{Ft}G\mathrm{d}t \cdot u(kT) \qquad (3.4.10)$$

式中, e^{FT} 和 $\int_0^T e^{Ft}G\mathrm{d}t$ 均为与采样周期 T 有关的常数矩阵。

分别令

$$A = e^{FT} \qquad (3.4.11)$$

$$B = \int_0^T e^{Ft}G\mathrm{d}t = \left(\int_0^T e^{Ft}\mathrm{d}t\right)G \qquad (3.4.12)$$

将常数矩阵 A、B 代入(3.4.10)式,并省去式中各离散变量中的 T,则(3.4.10)式便可写成标准的离散状态方程形式,即

$$X(k+1) = AX(k) + Bu(k) \qquad (3.4.13)$$

与连续状态空间表示式的输出方程(3.4.2)式相对应的离散输出方程为

$$y(k) = CX(k) + du(k) \qquad (3.4.14)$$

式中矩阵 C 和 d 为常数矩阵,它们均与采样周期 T 无关。

(3.4.13)和(3.4.14)式合起来就是被控对象的连续状态空间表示式(3.4.1)和(3.4.2)在给定采样周期 T 和阶梯形输入信号条件下所对应的离散状态空间表示式。

关于常数矩阵 A 和 B 的计算方法:

(1) 拉氏变换法

可以证明,连续状态方程(3.4.1)式所对应的矩阵 e^{Ft}(通常称为指数矩阵,亦即连续系统的状态转移矩阵)为矩阵 $(sI - F)^{-1}$ 的拉氏反变换,即

$$e^{Ft} = L^{-1}[(sI - F)^{-1}] \qquad (3.4.15)$$

由(3.4.15)式,先求得 $(sI - F)$ 的逆矩阵,再取其拉氏反变换获得 e^{Ft},进而按照定义式(3.4.11)和(3.4.12)分别求得矩阵 A 和 B。

(2) 幂级数计算法

将指数矩阵 e^{Ft} 写成幂级数形式

$$e^{Ft} = I + Ft + \frac{F^2 t^2}{2!} + \frac{F^3 t^3}{3!} + \cdots \qquad (3.4.16)$$

令

$$H = \int_0^T e^{Ft}\mathrm{d}t = IT + \frac{FT^2}{2!} + \frac{F^2 T^3}{3!} + \frac{F^3 T^4}{4!} + \cdots \qquad (3.4.17)$$

于是

$$
\begin{aligned}
A = e^{FT} &= I + FT + \frac{F^2 T^2}{2!} + \frac{F^3 T^3}{3!} + \cdots \\
&= I + F\left(IT + \frac{FT^2}{2!} + \frac{F^2 T^3}{3!} + \cdots\right) \\
&= I + F\int_0^T e^{Ft}\mathrm{d}t = I + FH \qquad (3.4.18)
\end{aligned}
$$

$$B = \left(\int_0^T e^{Ft} dt\right) G = HG \tag{3.4.19}$$

由于式(3.4.17)右边的无穷幂级数是收敛的,所以计算矩阵 H 时,只截取该幂级数的前有限项之和作为矩阵 H 的近似,截取的项数可以按照要求的近似精度确定。用这种方法计算矩阵 A、B 时,一般都要按照上述算法编写出计算程序用计算机来计算。

【例 3.4.1】 已知计算机控制系统中的连续被控对象的状态空间表示式为

$$\dot{X}(t) = \begin{bmatrix} -1 & 0 \\ 1 & 0 \end{bmatrix} X(t) + \begin{bmatrix} 1 \\ 0 \end{bmatrix} u(t)$$

$$y(k) = \begin{bmatrix} 0 & 1 \end{bmatrix} X(k)$$

设被控对象输入 $u(t)$ 是由零阶保持器输出的阶梯形信号,试求该连续被控对象离散化状态空间表示式。

解　由(3.4.13)式知,该连续被控对象所对应的离散状态空间表示式为

$$X(k+1) = AX(k) + Bu(k)$$

$$y(k) = CX(k)$$

其中,$A = e^{FT}$,$B = \int_0^T e^{Ft} dt \cdot G$,$C = \begin{bmatrix} 0 & 1 \end{bmatrix}$,

$$F = \begin{bmatrix} -1 & 0 \\ 1 & 0 \end{bmatrix}, \quad G = \begin{bmatrix} 1 \\ 0 \end{bmatrix}$$

由于该系统为 2 阶系统,维数低,可采用拉氏变换法计算矩阵 A 和 B,即

$$(sI - F)^{-1} = \begin{bmatrix} s+1 & 0 \\ -1 & s \end{bmatrix}^{-1} = \frac{1}{s(s+1)} \begin{bmatrix} s & 0 \\ 1 & s+1 \end{bmatrix}$$

$$e^{Ft} = L^{-1} \begin{bmatrix} (s+1)^{-1} & 0 \\ [s(s+1)]^{-1} & s^{-1} \end{bmatrix}^{-1} = \begin{bmatrix} e^{-t} & 0 \\ 1 - e^{-t} & 1 \end{bmatrix}$$

于是

$$A = e^{FT} = \begin{bmatrix} e^{-T} & 0 \\ 1 - e^{-T} & 1 \end{bmatrix}$$

$$B = \int_0^T e^{Ft} dt \cdot G = \int_0^T \begin{bmatrix} e^{-t} & 0 \\ 1 - e^{-t} & 1 \end{bmatrix} dt \begin{bmatrix} 1 \\ 0 \end{bmatrix} = \begin{bmatrix} 1 - e^{-T} & 0 \\ T - 1 + e^{-T} & T \end{bmatrix} \begin{bmatrix} 1 \\ 0 \end{bmatrix} = \begin{bmatrix} 1 - e^{-T} \\ T - 1 + e^{-T} \end{bmatrix}$$

3.5　计算机控制系统的 Z 传递函数

计算机控制系统通常都是由数字部分和连续部分构成的混合系统,典型的计算机控制系统如图 3.13 所示,在系统闭合回路中既有离散(即采样)信号,也有连续信号。

如果采用 Z 传递函数研究计算机控制系统分析和设计问题,就必须将计算机控制系统中的各部分都统一地用 Z 传递函数来描述。下面分别研究数字部分和连续部分的 Z 传递函数描述有关问题。

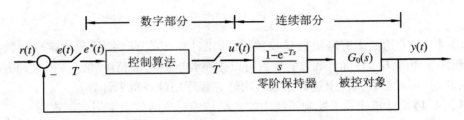

图 3.13　典型计算机控制系统的简化结构

3.5.1　数字部分的 Z 传递函数

在图 3.13 计算机控制系统中,数字部分就是在线执行控制算法程序的计算机,计算机在这里,将离散的误差信号 $e^*(t)$ 按照预先设计好的控制算法通过实时计算产生并输出相应的离散控制信号 $u^*(t)$。从系统观点来看,误差信号 $e^*(t)$ 为计算机的输入信号,控制信号 $u^*(t)$ 为计算机的输出信号,所以计算机在控制系统中实际上是一个对离散信号进行传递和变换的离散动态环节(或系统)。其输出与输入信号之间的动态关系是由计算机执行的控制算法决定的。计算机执行的各种各样的控制算法,都是事先设计好的,而且为了便于在线计算,通常都是化为差分方程形式,即

$$u(k) + a_1 u(k-1) + \cdots + a_n u(k-n)$$
$$= b_0 e(k) + b_1 e(k-1) + \cdots + b_m e(k-m) \tag{3.5.1}$$

$u(k)$ 为第 k 步输出的控制信号,$e(k)$ 为第 k 步的误差信号。

在计算机实现上述控制算法的程序中,通常又将(3.5.1)式改为如下递推公式进行计算,

$$u(k) = b_0 e(k) + b_1 e(k-1) + \cdots + b_m e(k-m) - a_1 u(k-1) - \cdots - a_n u(k-n) \tag{3.5.2}$$

上式即为计算机在线计算控制信号的算式。

将控制算法的差分方程(3.5.1)式通过在初始值为零条件下进行 Z 变换,便得到计算机控制系统中的数字部分,亦即计算机的 Z 传递函数,

$$D(z) = \frac{b_0 + b_1 z^{-1} + \cdots + b_m z^{-m}}{1 + a_1 z^{-1} + \cdots + a_n z^{-n}} \tag{3.5.3}$$

在 Z 域中设计出的计算机控制系统的控制算法(或数字控制器)通常都是以 Z 传递函数(3.5.3)形式给出的。编写计算机控制程序时,再将设计好的 Z 传递函数形式的控制算法化为相应的差分方程(3.5.1)式,进而导出控制信号 $u(k)$ 的递推计算式(3.5.2)并编入程序。数字部分的 Z 传递函数(3.5.3)与控制算法的差分方程(3.5.1)或控制信号 $u(k)$ 的递推计算式(3.5.2)之间是一一对应的。

3.5.2　连续部分的 Z 传递函数

计算机控制系统中的连续部分是由连续被控对象和保持器串联构成的。保持器的作用是滤除计算机输出的离散控制信号 $u^*(t)$ 的高频分量,获取其中有用的低频分量。计算机

控制系统通常都是采用易于实现的零阶保持器如图 3.13 所示，所以，连续部分的传递函数为

$$G(s) = \frac{1 - \mathrm{e}^{-Ts}}{s} G_0(s) \tag{3.5.4}$$

式中，$G_0(s)$ 为连续被控对象的传递函数。

由图 3.13 可以看出，连续部分的输入是计算机输出的离散控制信号 $u^*(t)$，其输出是被控对象的连续输出信号 $y(t)$。由于连续输出信号 $y(t)$ 要经过采样和 A/D 转换后反馈到计算机中，所以我们感兴趣的是 $y(t)$ 在采样时刻 $t = 0, T, 2T, \cdots$ 的值，即 $y(t)$ 的采样信号 $y^*(t)$。因此计算机控制系统中的连续部分可以当作一个离散环节（或系统）来处理，当然也可以用 Z 传递函数来描述它的输出采样信号 $y^*(t)$ 与离散输入信号 $u^*(t)$ 之间的动态关系。参见图 3.14。

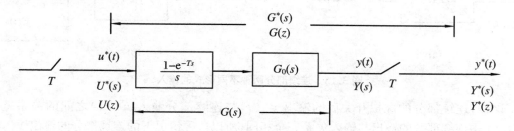

图 3.14　连续部分等效的 Z 传递函数

按照 Z 传递函数的定义(3.2.2)式，连续部分等效 Z 传递函数为

$$G(z) = \frac{Y(z)}{U(z)} \tag{3.5.5}$$

式中，$Y(z) = Z[y^*(t)]$，$U(z) = Z[u^*(t)]$。

由图 3.14 可知，连续输出 $y(t)$ 的拉氏变换为

$$Y(s) = G(s) U^*(s) \tag{3.5.6}$$

其中，$U^*(s) = L[u^*(t)]$。

输出采样信号 $y^*(t)$ 的拉氏变换 $Y^*(s)$，由离散拉氏变换性质(2.5.14)式应为

$$Y^*(s) = L[y^*(t)] = [G(s) U^*(s)]^* = G^*(s) U^*(s) \tag{3.5.7}$$

由(3.5.7)式以及离散拉氏变换与 Z 变换关系可得输出采样信号 $y^*(t)$ 的 Z 变换为

$$Y(z) = Y^*(s)\big|_{z=\mathrm{e}^{Ts}} = G^*(s) U^*(s)\big|_{z=\mathrm{e}^{Ts}} = G(z) U(z) \tag{3.5.8}$$

式中

$$G(z) = G^*(s)\big|_{z=\mathrm{e}^{Ts}} = Z[G(s)], \quad U(z) = U^*(s)\big|_{z=\mathrm{e}^{Ts}} = Z[U(s)]$$

将(3.5.8)式代入(3.5.5)式便得连续部分等效的 Z 传递函数为

$$\frac{Y(z)}{U(z)} = G(z) = Z[G(s)] = Z\left[\frac{1 - \mathrm{e}^{-Ts}}{s} G_0(s)\right] \tag{3.5.9}$$

应当强调指出，当连续部分的输入不是离散信号 $u^*(t)$ 而是连续信号 $u(t)$ 时，即使连续部分输出端有采样开关如图 3.15(a)所示，连续部分也不可等效为离散环节（或系统），当然也不能用 Z 传递函数来描述它的输出采样信号 $y^*(t)$ 与连续输入信号 $u(t)$ 之间的关系。这是因为在这种情况下，连续部分的输出采样信号 $y^*(t)$ 的 Z 变换为

$$Y(z) = Z[Y(s)] = Z[G(s)U(s)] = GU(z) \neq G(z)U(z) \qquad (3.5.10)$$

式中,符号 $GU(z) = Z[G(s)U(s)]$,表示拉氏变换 $G(s)$ 和 $U(s)$ 乘积的 Z 变换,它不等于两个拉氏变换式各自 Z 变换的乘积。

显然,连续部分的输入 $u(t)$ 的 Z 变换不能从输出 Z 变换 $Y(z)$ 表示式(3.5.10)中分离出来,所以这种情况下,虽然输出可以 Z 变换表示,但是不存在 Z 传递函数。而当连续部分的输入是离散信号 $u^*(t)$ 时,即使连续部分输出无采样开关,只要我们需要了解连续部分的输出 $y(t)$ 在采样时刻 $t = 0, T, 2T, \cdots$ 的值与输入 $u^*(t)$ 之间的动态关系,连续部分仍然可以等效为一个离散环节(或系统)。这种情况相当于在连续输出端置一个虚拟采样开关,如图 3.15(b)所示。

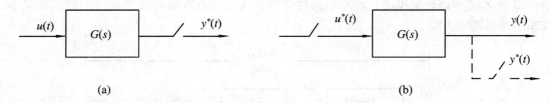

图 3.15　连续部分两种不同形式的输入

这样,连续部分的虚拟开关后的输出 $y^*(t)$ 与连续部分输入 $u^*(t)$ 之间的关系就同图 3.14 中连续部分的输出与输入关系完全相同,所以这种情况下的连续部分的输出 $y^*(t)$ 与输入 $u^*(t)$ 之间的动态关系也可以 Z 传递函数来描述。

将上述情况推而广之:一个连续环节或系统只要其输入是离散信号,则不论其输出端有无采样开关,都可以等效为一个离散环节或系统,而且其输出与输入之间的动态关系可以用 Z 传递函数来描述;若连续环节或系统的输入是连续信号,则不论其输出端有无采样开关,都不可等效为离散环节或系统,其输出与输入之间的动态关系也不可用 Z 传递函数描述,而且也不存在 Z 传递函数。

3.5.3　计算机控制系统的闭环 Z 传递函数

下面我们研究计算机控制系统的闭环 Z 传递函数推导计算问题。首先考虑图 3.13 中的典型单回路计算机控制系统,该系统等效传递函数框图如图 3.16 所示,图中反馈通道中连续环节 $H(s)$ 可以看作测量变送器或滤波器的传递函数。

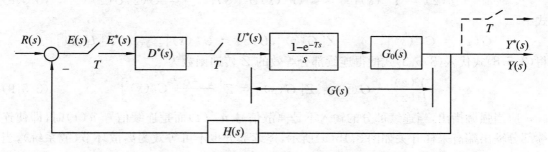

图 3.16　典型计算机控制系统传递函数框图

由图 3.16 可知

$$Y(s) = G(s)U^*(s) = G(s)D^*(s)E^*(s) \tag{3.5.11}$$

$$E(s) = R(s) - H(s)Y(s) = R(s) - H(s)G(s)D^*(s)E^*(s) \tag{3.5.12}$$

偏差信号 $E(s)$ 经采样变为离散信号 $E^*(s)$,所以有

$$
\begin{aligned}
E^*(s) &= \left[R(s) - H(s)G(s)D^*(s)E^*(s) \right]^* \\
&= R^*(s) - \left[H(s)G(s) \right]^* D^*(s)E^*(s) \\
&= R^*(s) - HG^*(s)D^*(s)E^*(s)
\end{aligned} \tag{3.5.13}
$$

解得

$$E^*(s) = \frac{R^*(s)}{1 + HG^*(s)D^*(s)} \tag{3.5.14}$$

由(3.5.19)式得输出 $Y(s)$ 的离散信号 $Y^*(s)$ 为

$$Y^*(s) = \left[G(s)D^*(s)E^*(s) \right]^* = G^*(s)D^*(s)E^*(s) \tag{3.5.15}$$

将(3.5.22)式代入上式得

$$Y^*(s) = \frac{G^*(s)D^*(s)}{1 + HG^*(s)D^*(s)} R^*(s) \tag{3.5.16}$$

$Y^*(s)$ 对应的 Z 变换为

$$Y(z) = \frac{G(z)D(z)}{1 + HG(z)D(z)} R(z) \tag{3.5.17}$$

由此得闭环系统的 Z 传递函数为

$$W(z) = \frac{Y(z)}{R(z)} = \frac{G(z)D(z)}{1 + HG(z)D(z)} \tag{3.5.18}$$

式中,$G(z) = Z\left[\dfrac{1 - \mathrm{e}^{-Ts}}{s} G_0(s) \right]$,$D(z) = D^*(s)\big|_{z = \mathrm{e}^{Ts}}$ 为计算机执行的数字控制器的 Z 传递函数,$HG(z) = Z\left[H(s)G(s) \right]$。

从上面给出的典型计算机控制系统方框图及其闭环 Z 传递函数推导过程可以看出,由于计算机控制系统方框图与连续控制系统相比有如下特点:

(1) 就信号而言,计算机控制系统中既有连续信号,又有采样信号,实为一种混合系统;

(2) 就组成环节而言,计算机控制系统中既有连续环节(如被控对象),又有离散环节(如计算机执行的数字控制器)。

因而使得连续控制系统利用方框图化简推导闭环传递函数的方法,不能直接照搬用于计算机控制系统闭环 Z 传递函数的推导。对于结构简单,类似以上典型计算机控制系统,可以仿照上述简单推导获得相应闭环 Z 传递函数。对于结构较为复杂,其中含有更多的组成环节,多个采样开关和多个反馈回路的计算机控制系统,一般可按照如下步骤来推导其闭环 Z 传递函数(设系统中所有采样开关同步且采样周期相同):

(1) 将系统方框图改绘成信流图,并将系统中每个采样开关的输入和输出端都作为信流图的节点;

(2) 在信流图中标出每个采样开关的输入量 $E_i(s)$ 和输出量 $E_i{}^*(s)$。

(3) 用每个采样开关的输出量 $E_i{}^*(s)$ 和系统输入 $R(s)$ 作为源,列写出各个采样开关输入量 $E_i(s)$ 和系统输出 $Y(s)$ 的方程式,即将各个采样开关输入 $E_i(s)$ 和系统输出 $Y(s)$

都用 $E_i{}^*(s)$ 和 $R(s)$ 表示出来；

（4）将各个采样开关输入 $E_i(s)$ 和系统输出 $Y(s)$ 的方程两边分别作星号变换（即打星号 *），并联立解出系统输出的星号变换 $Y^*(s)$，进而求得系统的闭环 Z 传递函数 $W(z)$ $=\dfrac{Y(z)}{R(z)}$。

【例 3.5.1】 一计算机控制系统结构如图 3.17(a)所示，试求该系统的闭环 Z 传递函数（设系统各采样开关采样周期相同，且动作同步）。

解 按照上述推导闭环 Z 传递函数步骤：

（1）将图 3.17(a)所示系统方框图改成相应信流图，如图 3.17(b)所示；

（2）标出系统中两个采样开关的输入量 $E_1(s)$、$E_2(s)$ 及其相应输出量 $E_1{}^*(s)$、$E_2{}^*(s)$；

（3）分别列写出系统输出 $Y(s)$ 和采样开关输入 $E_1(s)$ 的 $E_2(s)$ 的方程：

$$Y(s) = G_0(s)G_1(s)E_2{}^*(s)$$

$$E_1(s) = R(s) - Y(s) = R(s) - G_0(s)G_1(s)E_2{}^*(s)$$

$$E_2(s) = G_h(s)D^*(s)E_1{}^*(s) - H(s)G_1(s)E_2{}^*(s)$$

（4）分别对 $Y(s)$，$E_1(s)$ 和 $E_2(s)$ 的方程两边作星号变换

$$Y^*(s) = G_0G_1{}^*(s)E_2{}^*(s)$$

$$E_1{}^*(s) = R^*(s) - G_0G_1{}^*(s)E_2{}^*(s)$$

$$E_2{}^*(s) = G_h{}^*(s)D^*(s)E_1{}^*(s) - HG_1{}^*(s)E_2{}^*(s)$$

对以上三个方程联立求解，消去中间变量 $E_1{}^*(s)$ 和 $E_2{}^*(s)$，得

$$Y^*(s) = \frac{G_0G_1{}^*(s)G_h^*(s)D^*(s)}{1 + HG_1^*(s) + G_0G_1{}^*(s)G_h^*(s)D^*(s)}R^*(s)$$

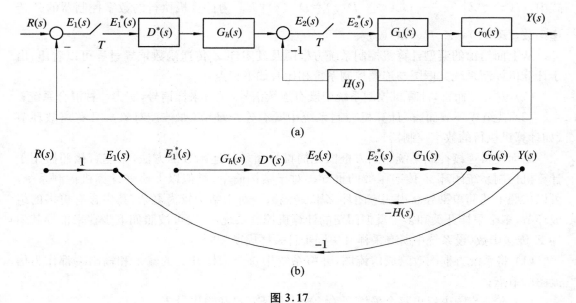

(a)

(b)

图 3.17

相应的输出 Z 变换为

$$Y(z) = \frac{G_0 G_1(z) G_h(z) D(z)}{1 + HG_1(z) + G_0 G_1(z) G_h(z) D(z)} R(z)$$

由此得该系统闭环 Z 传递函数为

$$W(z) = \frac{Y(z)}{R(z)} = \frac{G_0 G_1(z) G_h(z) D(z)}{1 + HG_1(z) + G_0 G_1(z) G_h(z) D(z)}$$

习　　题

3.1　分别用递推法和 Z 变化法求解下列差分方程,并求差分方程相应的 Z 传递函数。

(1) $y(k) + 0.9y(k-1) + 0.2y(k-2) = r(k) + 0.1r(k-1)$,已知 $y(k) = 0, k \leqslant 0$, $r(k) = 1, k \geqslant 0$;

(2) $y(k+2) + 3y(k+1) + 2y(k) = r(k)$,已知 $y(0) = 1, y(1) = -1, r(0) = 1, r(k) = 0, k \neq 0$。

3.2　求下列 Z 传递函数对应的差分方程,并分别用直接实现法和嵌套实现法求其对应的状态空间表示式,同时绘出相应的状态信流图。

(1) $G(z) = \dfrac{3z^2 - 2z + 2.5}{z^2 - 0.9z + 0.2}$;

(2) $G(z) = \dfrac{z^{-1} + z^{-2} - 3z^{-3} - 4}{1 - 2z^{-1} + 2z^{-2} - 5z^{-3} + 4z^{-4}}$。

3.3　已知离散系统的状态空间表示式为

$$\begin{cases} x(k+1) = Ax(k) + Br(k) \\ y(k) = Cx(k) + Dr(k) \end{cases}$$

其中 $A = \begin{bmatrix} -3 & 0 \\ 1 & 0 \end{bmatrix}, B = \begin{bmatrix} 1 \\ 0 \end{bmatrix}, C = \begin{bmatrix} 0 & 1 \end{bmatrix}, D = 0$。

(1) 求 $X(z), Y(z)$ 以及 $r(k)$ 到 $y(k)$ 的 Z 传递函数;

(2) 当 $r(k) = 0, x(0) = \begin{bmatrix} 1 & 0 \end{bmatrix}^T$,求 $y(k)$;

(3) 当 $r(k) = u(k), x(0) = \begin{bmatrix} 0 & 0 \end{bmatrix}$,求 $y(k)$。

3.4　已知离散系统的状态空间表示式为

$$\begin{cases} x(k+1) = Ax(k) + Bu(k) \\ y(k) = Cx(k) \end{cases}$$

其中 $A = \begin{bmatrix} 1 & 0 \\ 1 & 1 \end{bmatrix}, B = \begin{bmatrix} 1 \\ 0 \end{bmatrix}, C = \begin{bmatrix} 0 & 1 \end{bmatrix}$;已知 $y(1) = 0, y(2) = 1, u(1) = 1, u(2) = -1$,试求当 $k = 3$ 时的状态值 $x(3)$。

3.5　图 P3.5 所示系统,其中 $G_h(s)$ 为零阶保持器,$G(s) = \dfrac{e^{-Ts}}{(s+1)(s+2)}$。

(1) 分别求 $y(s)$ 和 $y(z)$;

（2）当 $r(k)=u(k)$（单位阶跃序列），求 $y(k)$。

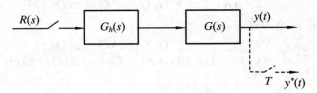

图 P3.5

3.6 试求图 P3.6 所示系统的 $y(s)$ 和 $y(z)$。

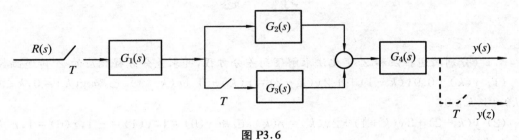

图 P3.6

3.7 已知连续被控对象的状态空间表示式为

$$\begin{cases} x(t) = Fx(t) + Gr(t) \\ y(t) = Cx(t) \end{cases}$$

其中，$F = \begin{bmatrix} 0 & 1 \\ -2 & -3 \end{bmatrix}$，$G = \begin{bmatrix} 0 \\ 1 \end{bmatrix}$，$C = [0 \quad 1]$，若用计算机控制并用零阶保持器恢复控制信号 $r(t)$，试求该被控对象的等效离散化状态空间表示式，及其 Z 传递函数 $G(z)$。

3.8 试求图 P3.8(a) 和图 P3.8(b) 所示计算机控制系统的闭环传递函数 $W(z)$。

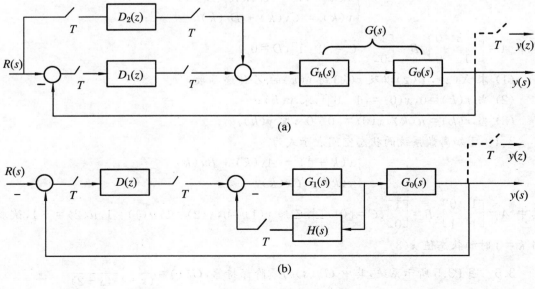

（a）

（b）

图 P3.8

第 4 章 计算机控制系统特性分析

前面两章我们介绍了研究计算机控制系统的理论基础、数学工具以及计算机控制系统的数学描述形式。本章主要研究计算机控制系统特性分析的问题。计算机控制系特性分析就是从给定的计算机控制系统数学模型出发,对计算机控制系统在稳定性、准确性、快速性三个方面的特性进行分析。通过分析,一是了解计算机控制系统在稳定性、准确性、快速性三个方面的技术性能,用以定量评价相应控制系统性能的优劣;更重要的是,建立计算机控制系统特性或性能指标与计算机控制系统数学模型的结构及其参数之间的定性和定量关系,用以指导计算机控制系统的设计。与模拟控制系统相同,计算机控制系统的设计也总是与系统分析密不可分的,一种好的系统设计方法和理论总是以有效的系统分析方法和理论为基础的。

计算机控制系统特性分析方法通常有 Z 域方法和时间域方法(或状态空间方法),具体采用哪种方法取决于所用的控制系统数学模型的形式和拟将采用的设计方法。本章将主要讲述 Z 域方法,时间域方法只作简要介绍。本章主要内容有:计算机控制系统稳定性分析,稳态误差与动态响应分析,异步采样和多速率采样控制系统分析。

4.1 计算机控制系统稳定性分析

与模拟控制系统相同,计算机控制系必须稳定,才有可能正常工作。稳定是计算机控制系统正常工作的必要条件,因此,稳定性分析是计算机控制系统特性分析的一项最为重要的内容。计算机控制系统稳定性分析,其实质就是离散系统稳定性分析问题。

4.1.1 离散系统稳定性及稳定条件

离散系统稳定性和连续系统稳定性含义相同。对于线性时不变系统而言,无论是连续系统还是离散系统,一个系统稳定是指,该系统在平衡状态下(其输出量为不随时间变化的常值或零),受到外部扰动作用而偏离其平衡状态,当扰动消失后,经过一段时间,系统能够回到原来的平衡状态(这种意义下的稳定通常称为渐近稳定)。如果系统不能回到原平衡状态,则该系统不稳定。线性系统的稳定性是由系统本身固有的特性所决定的,而与系统外部输入信号的有无和强弱无关。

由连续系统控制理论我们知道,线性时不变连续系统稳定的充要条件是,系统的特征方程的所有特征根,亦即系统传递函数 $W(s)$ 的所有极点都分布在 S 平面的左半平面,或者说,系统所有特征根具有负实部,$\sigma_i < 0$。S 平面的左半平面是系统特征根(或极点)分布的稳定域,S 平面虚轴是稳定边界,如图 4.1(a)所示。若系统有一个或一个以上的特征根分布于 S 平面的右半平面,则系统就不稳定;若有特征跟位于虚轴上,则系统为临界稳定,工程上也视为不稳定。按照第 2 章讲过的 S 平面与 Z 平面的映射关系可知,S 平面的左半平面在 Z 变换下映射到 Z 平面上,是 Z 平面的单位圆内部;S 平面的虚轴在 Z 变换下映射到 Z 平面上,是 Z 平面的单位圆周;S 平面的右半平面在 Z 变换下映射到 Z 平面上,是 Z 平面的单位圆外部。由此我们可以推断,线性时不变离散系统的稳定条件是:系统特征方程的所有根,亦即系统 Z 传递函数的所有极点都分布于单位圆内部,或者说系统所有特征根的模 $|p_i| < 1$。Z 平面的单位圆内部是离散系统特征根(或极点)分布的稳定域,单位圆周为稳定边界,如图 4.1(b)所示。若系统有一个或一个以上的特征根分布于单位圆外部,则系统就不稳定;若有特征跟位于单位圆周上,则系统为临界稳定,工程上也视为不稳定。

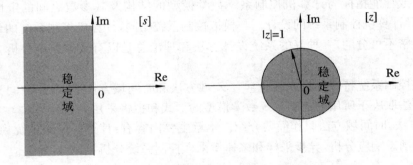

图 4.1 连续系统与离散系统极点分布稳定域

上述关于离散系统的稳定性充要条件的推断,我们可以用离散系统脉冲响应序列与系统 Z 传递函数极点分布之间的关系得到进一步的证实。

设离散系统 Z 传递函数为

$$G(z) = \frac{Y(z)}{R(z)} = \frac{b_0 z^m + b_1 z^{m-1} + \cdots + b_m}{z^n + a_1 z^{n-1} + \cdots + a_n}, \quad n \geqslant m \tag{4.1.1}$$

当输入为单位脉冲序列 $\delta(k)$,$R(z) = Z[\delta(k)] = 1$,则系统的输出 Z 变换为

$$Y(z) = G(z) = \frac{b_0 z^m + b_1 z^{m-1} + \cdots + b_m}{z^n + a_1 z^{n-1} + \cdots + a_n} \tag{4.1.2}$$

不失为一般性,设 Z 传递函数 $G(z)$ 的所有极点 $p_i(i = 1, 2, \cdots, n)$ 为互不相同的单极点,且 $m = n$,则由第 2 章中式(2.6.33)和式(2.6.37)可得系统单位脉冲响应序列为

$$y(k) = \sum_{i=1}^{n} A_i p_i^k, \quad k \geqslant 0 \tag{4.1.3}$$

式中,A_i 为 $G(z)$ 在极点 p_i 处的留数,为一实常数。

按照上述系统稳定的定义,如果系统单位脉冲响应序列 $y(k)$ 能够最终衰减为零(回到原平衡状态),即

$$\lim_{k \to \infty} y(k) = \lim_{k \to \infty} \sum_{i=1}^{n} A_i p_i^k = 0 \qquad (4.1.4)$$

则系统稳定,否则系统不稳定。

(4.1.4)式表明,当且仅当离散系统 Z 传递函数的所有极点(或特征根)的模 $|p_i| < 1$($i = 1, 2, \cdots, n$),离散系统单位脉冲响应序列才能够随着时间的增长($k \to \infty$)最终衰减为零,若其中一个或多个极点的模 $|p_i| \geqslant 1$,则系统单位脉冲响应序列就不能最终衰减为零,相应的,系统也就不稳定。由此可知,离散系统稳定的充要条件是,它的 Z 传递函数的所有极点(或特征根)的模 $|p_i| < 1$($i = 1, 2, \cdots, n$),亦即系统的所有极点位于 Z 平面单位圆内部。这同上面由连续系统稳定的充要条件,通过 S 平面到 Z 平面的映射关系所得的结论是一致的。

应当强调指出:

(1) 由上分析可知,计算机控制系统稳定性是由闭环系统 Z 传递函数的极点在 Z 平面的分布情况决定的。系统稳定的充要条件是,其闭环 Z 传递函数的所有极点都分布于 Z 平面单位圆内部,然而计算机控制系统因其控制对象是连续系统,它的等效离散化后的闭环 z 传递函数与采样周期的选取有关,显然,其闭环传递函数的极点分布也必然与采样周期的选取有关。因此采样周期的大小是影响计算机控制系统稳定性的一个重要因素。同一个计算机控制系统取某个采样周期,系统是稳定的,然而改换另一个采样周期,系统有可能变为不稳定;或者相反,取某个采样周期,系统不稳定,而改换另一个采样周期,系统可能变得稳定。

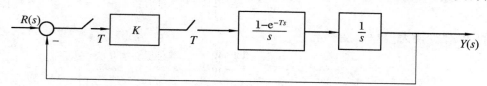

图 4.2　简单计算机控制系统

如图 4.2 所示简单计算机控制系统,其闭环 Z 传递函数为

$$W(z) = \frac{kT}{z - 1 + kT}$$

根据离散系统稳定的充要条件,该系统稳定,必须有 $|1 - kT| < 1$,当 k 为某一正值 k_1 时,若要使该系统稳定,就必须取采样周期 $T < 2/k_1$,若取 $T \geqslant 2/k_1$,系统便不稳定。一般情况下,增大采样周期不利于系统稳定性,而减小采样周期有利于系统稳定性。

(2) 计算机控制系统稳定性只是对其被控对象的采样输出 $y^*(k)$ 而言的,并不涉及其连续输出 $y(t)$ 在采样点之间的变化特性。因此有可能存在这样的现象,系统采样输出 $y^*(k)$ 是稳定的,而系统连续输出 $y(t)$ 在采样点之间却存在振荡,甚至发散振荡。图 4.3 所示采样系统的单位阶跃响应就是在采样点之间隐含有振荡的情形。这种

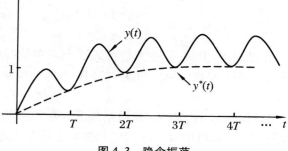

图 4.3　隐含振荡

情况虽然比较少见,但在分析计算机控制系统稳定性时,通常都应检验系统连续输出在采样点之间是否存在隐含振荡现象。检验方法将在 4.3.3 节介绍。

4.1.2 离散系统代数稳定性判据

由上分析可知,离散系统稳定性判别归结为判断系统特征方程的根,亦即系统的极点是否全部分布于 Z 平面单位圆内部,或单位圆外部是否有系统的极点。直接求解系统特征方程的根,虽然可以判别系统稳定性,但三阶以上的特征方程求解很麻烦。为此,人们通常都采用间接的方法来判别系统的稳定性。下面给出几种间接判别离散系统稳定性的代数判据。

1. W 变换与劳斯(Routh)稳定性判据

我们知道,在连续系统中,用 Routh 稳定判据,通过判断系统特征方程的根是否都在 S 平面虚轴左边来确定系统是否稳定,判别方法很简便。但是,因离散系统的稳定边界是 Z 平面的单位圆,而非虚轴,所以连续系统的 Routh 判据不能直接用于离散系统稳定性的判别,而需要引入 W 变换(又称双线性变换)。通过这种变换,把离散系统在 Z 平面上的稳定边界单位圆映射为新的 W 平面的虚轴;把离散系统 Z 平面上的稳定域——单位圆内部区域映射为新的 W 平面的左半平面,并且将离散系统原来以 Z 为变量的特征多项式化以 w 为变量的新特征多项式。W 变换定义如下:

$$w = \frac{z-1}{z+1} \tag{4.1.5}$$

相应的 W 反变换为

$$z = \frac{1+w}{1-w} \tag{4.1.6}$$

若令

$$z = x + \mathrm{j}y \tag{4.1.7}$$

则

$$w = \frac{z-1}{z+1} = \frac{x+\mathrm{j}y-1}{x+\mathrm{j}y+1} = \frac{(x^2+y^2)-1}{(x+1)^2+y^2} + \mathrm{j}\frac{2y}{(x+1)^2+y^2} = \sigma_w + \mathrm{j}\Omega_w$$

$$\tag{4.1.8}$$

式中,σ_w 为 W 变量的实部,Ω_w 为 w 变量的虚部。

当 $|z| = \sqrt{x^2+y^2} = 1$,有 $\sigma_w = 0$;

当 $|z| = \sqrt{x^2+y^2} < 1$,有 $\sigma_w < 0$;

当 $|z| = \sqrt{x^2+y^2} > 1$,有 $\sigma_w > 0$。

由此可见,W 变换确实是将 Z 平面的单位圆内、外区域分别变换为 W 平面的左、右半平面,并将 Z 平面的单位圆变换为 W 平面的虚轴。Z 平面到 W 平面的映射关系如图 4.4 所示。

这样,通过 W 变换将离散系统以 z 为变量的特征多项式 $F(z)$ 变换为以 w 为变量的新多项式 $F'(w)$,再用 Routh 稳定判据对新的多项式 $F'(w)$ 的根分布进行判别,就可以间接判别 $F(z)$ 对应的离散系统稳定性。

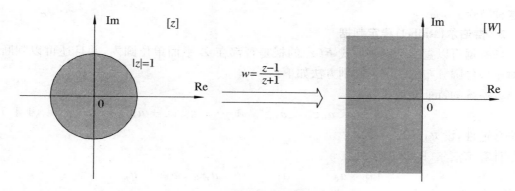

图 4.4　Z 平面与 W 平面的映射关系

需要说明一点，为何不利用 z 与 s 变量已有关系 $z = \mathrm{e}^{Ts}$，把特征多项式 $F(z)$ 化为 $F(\mathrm{e}^{Ts})$，把 Z 平面变回 S 平面，再用 Routh 稳定判据对 $F(\mathrm{e}^{Ts})$ 的根在 S 平面分布进行判别来间接判别 $F(z)$ 的稳定性，而要引入 W 变换？这是因为若用 $z = \mathrm{e}^{Ts}$ 将特征多项式 $F(z)$ 化为 s 的函数 $F(\mathrm{e}^{Ts})$，虽然能够把 Z 平面单位圆变为 S 平面的虚轴，但是，函数 $F(\mathrm{e}^{Ts})$ 却不是 s 的多项式，而是 s 的超越函数，其根的分布不能用劳斯稳定判据来判别。劳斯稳定判据只能判别多项式的根（亦即其零点）相对复平面虚轴的分布。采用上述 W 变换就不存在这样的问题，它不仅能把 Z 平面单位圆变换为 W 平面的虚轴，而且还能将原多项式变换成新的多项式 $F'(w)$。实际上，W 平面是 S 平面的一种近似平面。关于 W 平面与 S 平面关系下一章再作较详细的介绍。W 变换也可以采用如下定义式：

$$w = \frac{2}{T} \frac{z-1}{z+1}, \quad \text{反变换 } z = \frac{1 + \dfrac{T}{2} w}{1 - \dfrac{T}{2} w} \tag{4.1.9}$$

【例 4.1.1】　已知一离散系统闭环特征方程为

$$F(z) = z^3 - 1.03z^2 + 0.43z + 0.0054 = 0$$

试用劳斯稳定判据判别该系统的闭环稳定性。

解　作 W 变换，即将 $z = (1+w)/(1-w)$ 代入 $F(z)$，整理后得新的多项式为

$$F'(w) = 2.45w^3 + 3.62w^2 + 1.52w + 0.4 = 0$$

计算劳斯阵列（计算规则与用于连续系统相同）

w^3	2.45	1.52
w^2	3.62	0.4
w^1	1.25	0
w^0	0.4	

按照劳斯稳定判据给出系统的稳定条件，因多项式 $F'(w)$ 的各项系数均为正，并且劳斯阵列的第一列元素亦均为正，故该系统闭环稳定。

劳斯稳定判据，虽然学过连续系统控制理论的人都熟悉，但是要用 W 变换将多项式 $F(z)$ 变换为新多项式 $F'(w)$，计算比较繁琐，所以很自然地希望有一种不需要变换就可以直接判别多项式 $F(z)$ 的根是否都在单位圆内部的稳定性判据。下面介绍的两种判据都具

有这种特点。

2. 雷泊尔(Raibel)稳定判据

该判据可以直接判别多项式 $F(z)$ 的根是否都在 Z 平面单位圆内,并且还可以判断根相对于单位圆分布的情况。判别方法如下:

设系统的特征多项式为

$$F(z) = a_0 z^n + a_1 z^{n-1} + \cdots + a_{n-1} z + a_n \tag{4.1.10}$$

不失普遍性,设 $a_0 > 0$。

计算雷泊尔(Raibel)阵列:

$$
\begin{array}{c|ccccc}
z^n & a_0 & a_1 & \cdots & a_{n-2} & a_{n-1} & a_n \\
z^{n-1} & a_0^{(1)} & a_1^{(1)} & \cdots & a_{n-2}^{(1)} & a_{n-1}^{(1)} \\
z^{n-2} & a_0^{(2)} & a_1^{(2)} & \cdots & a_{n-2}^{(2)} \\
\vdots & \vdots & \vdots & \vdots & \ddots \\
z^1 & a_0^{(n-1)} & a_1^{(n-1)} \\
z^0 & a_0^{(n)}
\end{array}
$$

其中,$a_i^{(j)}$,$\cdots$ 的计算方法如下:

$$a_i^{(1)} = \frac{a_0 a_i - a_n a_{n-i}}{a_0}, \quad i = 0, 1, \cdots, n-1 \tag{4.1.11}$$

$$a_i^{(j+1)} = \frac{a_0^{(j)} a_i^{(j)} - a_{n-j}^{(j)} a_{n-j-i}^{(j)}}{a_0^{(j)}}, \quad \begin{array}{l} j = 1, 2, 3, \cdots, n \text{ 为阵列的行序号} \\ i = 0, 1, \cdots, n-j \text{ 为阵列的列序号} \end{array} \tag{4.1.12}$$

$F(z)$ 的根(即它的零点)都在 Z 平面单位圆内的充要条件是:雷泊尔阵列的第一列元素全大于零。

若第一列元素不全大于零,令大于零的元素数目为 n_p(除 a_0 外),小于零元素的数目为 n_N,则多项式 $F(z)$ 的根分布如下:

单位圆内根的数目 $= n_p$

单位圆外根的数目 $= n_N$

如果计算雷泊尔阵列各元素时,出现阵列某行的第一个元素为零,或某行元素全为零的特殊情况,这时可用 $(1 + i\varepsilon) z^i$ 取代 $F(z)$ 中的 $z^i (i = 1, 2, \cdots, n)$,其中 ε 为任意小的数,这样做,就相当于将单位圆摄动到 $1 + \varepsilon$。然后重新计算阵列各元素,计算时,元素分母中含有 ε 一次项和分子中含有 ε 平方项,一概舍去不计。计算出阵列元素之后,分别考察:

(1) 当 $\varepsilon > 0$ 时,阵列第一列元素(除 a_0 外)大于零的数目和小于零的数目,并分别记为 n_p^+ 和 n_N^+;

(2) 当 $\varepsilon < 0$ 时,阵列第一列元素(除 a_0 外)大于零的数目和小于零的数目,并分别记为 n_p^- 和 n_N^-;

那么,$F(z)$ 的根相对于单位圆的分布如下:

单位圆内根的数目 $= n_p^-$

单位圆外根的数目 $= n_N^+$

单位圆上根的数目 $= n_p^+ - n_p^- = n_N^- - n_N^+$

【例 4.1.2】 已知单位反馈计算机控制系统开环 Z 传递函数为

$$G(z) = \frac{2z^2 - 3z + 1}{8z^4 + 4z^3 + 7z - 1}$$

试判别其闭环系统稳定性。

解 该系统闭环特征方程为

$$1 + G(z) = 0$$

即

$$8z^4 + 4z^3 + 2z^2 + 4z = 0$$

显然,该方程中有一个根为零,因此该方程可以降阶,简化为

$$z^3 + 0.5z^2 + 0.25z + 0.5 = 0$$

用雷泊尔判据判别系统另外 3 个特征根是否全位于单位圆内部。

相应的雷泊尔阵列为

$$
\begin{array}{c|cccc}
z^3 & 1 & 0.5 & 0.25 & 0.5 \\
z^2 & 0.75 & 0.375 & 0 & \\
z^1 & 0.75 & 0.375 & & \\
z^0 & 0.563 & & &
\end{array}
$$

因阵列第一列元素全大于零,所以系统另外三个特征根也都在单位圆内,所以该系统闭环稳定。

【例 4.1.3】 已知多项式 $F(z) = z^3 + 3.3z^2 + 3z + 0.8$,试判断 $F(z)$ 的根相对于单位圆的分布。

解 作 $F(z)$ 的雷泊尔阵列为

$$
\begin{array}{c|cccc}
z^3 & 1 & 3.3 & 3 & 0.8 \\
z^2 & 0.36 & 0.9 & 0.36 & \\
z & 0 & 0 & &
\end{array}
$$

因阵列中对应 z 的一行元素全为零,所以应以 $(1 + i\varepsilon)z^i$ 取代 $F(z)$ 中的 z^i,整理得新的多项式为

$$F(z) = (1 + 3\varepsilon)z^3 + 3.3(1 + 2\varepsilon)z^2 + 3(1 + \varepsilon)z + 0.8$$

相应的雷泊尔阵列为

$$
\begin{array}{c|cccc}
z^3 & 1 + 3\varepsilon & 3.3(1 + 2\varepsilon) & 3(1 + \varepsilon) & 0.8 \\
z^2 & 0.36 + 6\varepsilon & 0.9 + 14.1\varepsilon & 0.36 + 6.72\varepsilon & \\
z^1 & -1.44\varepsilon & -1.8\varepsilon & & \\
z^0 & 0.81\varepsilon & & &
\end{array}
$$

考察,当 $\varepsilon > 0$ 时,$n_P^+ = 2, n_N^+ = 1$;

当 $\varepsilon < 0$ 时,$n_P^- = 2, n_N^- = 1$。

所以 $F(z)$ 根分布为,单位圆内根的数目 $n_P^- = 2$,单位圆外根的数目 $n_N^+ = 1$,单位圆上无根,$n_P^+ - n_P^- = 0$。

当系统的特征多项式 $F(z)$ 中的某个参数可变时,可以利用雷泊尔判据求出确保 $F(z)$ 的根全部位于单位圆内,该参数的取值范围;也可以判别 $F(z)$ 的根相对于 Z 平面上某个圆 $|z| = r_0$ 的相对位置。这时只要令 $z = r_0 q$,使 $F(z)$ 变成 $F(q)$,再对 $F(q)$ 用雷泊尔判据

判断即可。因为通过这种变换后，$F(q)$ 的根相对于单位圆 $|q|=1$ 的位置就等价于 $F(z)$ 的根相对于指定圆 $|z|=r_0$ 的位置。

3. 修正的舒尔-科恩(Schur-Cohn)判据

该判据简称 M-S-C 判据，和雷泊尔判据有些类似，但在某些情况下判别特别简便，其内容如下：

设待判别的系统特征多项式为

$$F(z) = a_0 z^n + a_1 z^{n-1} + \cdots + a_{n-1} z + a_n, \quad a_0 > 0 \tag{4.1.13}$$

特征多项式 $F(z)$ 的根全部位于 Z 平面单位圆内的充要条件是下列条件都成立。

$$\begin{cases} (1)\ F(1) > 0 \\ (2)\ (-1)^n F(-1) > 0 \\ (3)\ |\alpha_j| < 1, \quad j = 0, 1, \cdots, n-2 \end{cases} \tag{4.1.14}$$

其中，α_j 由 $F(z)$ 的雷泊尔阵列各行系数通过简单计算求得，

$$\alpha_0 = \frac{a_n}{a_0} \tag{4.1.15}$$

$$\alpha_j = \frac{a_{n-j}^{(j)}}{a_0^{(j)}}, \quad j = 1, 2, \cdots, n-2 \tag{4.1.16}$$

$a_i^{(j)}(j = 1, 2, \cdots, n-2; i = 0, 1, \cdots, n-j)$ 由式(4.1.11)和(4.1.12)来计算。

该判据最突出的优点是，它的判别条件(1)、(2)和(3)中的 α_0 都很容易计算，条件是否成立甚至可以直观地看出。所以在实际应用中，可先检验条件(1)、(2)和 α_0 是否成立，只要有一个条件不成立，就可以断定 $F(z)$ 的根不全位于 Z 平面单位圆内。例如，$F(z) = 2z^5 - z^4 + 4z + 3$，可以直观地看出它的根不全位于单位圆内，因 $|\alpha_0| = \left|\dfrac{3}{2}\right| > 1$，不满足条件(3)。

【例 4.1.4】 用 M-S-C 判据判断例 4.1.2 中系统的闭环稳定性。

解 由例 4.1.2 的解可知，该系统闭环稳定性判别归结为判别特征多项式 $F(z) = z^3 + 0.5z^2 + 0.25z + 0.5$ 的根是否全在单位圆内。

先检验条件(1)、(2)和 α_0：

(1) $F(1) = 2.25 > 0$，满足；

(2) $(-1)^n F(-1) = 0.25 > 0$，满足；

(3) $\alpha_0 = a_3/a_0 = 0.5 < 1$，满足。

再求 α_1，$\alpha_1 = \dfrac{a_{n-1}^{(1)}}{a_0^{(1)}}$。

由 (4.1.11) 式，可得

$$a_0^{(1)} = \frac{a_0^2 - a_n^2}{a_0} = \frac{1 - 0.25}{1} = 0.75$$

$$a_{n-1}^{(1)} = \frac{a_0 a_{n-1} - a_n a_1}{a_0} = \frac{0.25 - 0.25}{1} = 0$$

由上得，$\alpha_1 = \dfrac{0}{0.75} = 0$，$|\alpha_1| < 1$，条件(3)亦满足，所以该系统闭环稳定。

4.1.3　离散系统频率特性与奈氏(Nyquist)稳定性判据

离散系统频率特性与连续系统频率特性的概念相同,也是指系统在输入正弦信号作用下,其稳态输出的正弦信号幅值和相角与输入正弦信号的幅值和相角之间的函数关系。离散系统也可以用系统频率响应来分析系统特性。设稳定的离散系统 Z 传递函数为 $G(z)$,当系统输入信号为一单位幅值正弦序列时:

$$u(kT) = \sin(k\omega T) \tag{4.1.17}$$

可以推导出,系统稳态输出也是正弦序列,并可表示为

$$y(kT) = |G(e^{j\omega T})|\sin(k\omega T + \theta) \tag{4.1.18}$$

其中相角 $\theta = \theta(\omega) = \angle G(e^{j\omega T})$,为输出正弦序列相对于输入正弦序列的相移(即相位差),是输入信号频率 ω 的函数,即为系统的相频特性;$M(\omega) = |G(e^{j\omega T})|$,为系统对正弦输入信号的增益,也是频率 ω 的函数,即为系统的幅频特性。显然,$G(e^{j\omega T})$ 就是离散系统的频率特性。由此可见,只要将离散系统 Z 传递函数 $G(z)$ 中的变量 z 换为 $e^{j\omega T}$,即

$$G(e^{j\omega T}) = G(z)\big|_{z=e^{j\omega T}} \tag{4.1.19}$$

就是相应系统的频率特性。

由于

$$e^{j(\omega + n\omega_s)T} = e^{j\omega T}e^{2n\pi} = e^{j\omega T} \tag{4.1.20}$$

这里的 $\omega_s = 2\pi/T$ 为采样频率,所以 $G(e^{j\omega T})$ 是以 ω_s 为周期的周期函数,这是离散系统和连续系统频率特性的不同之处,离散系统只要采样频率 ω_s 选取合理,不出现混叠效应,系统特性就由主频区频段$(-\omega_s/2 \leqslant \omega \leqslant \omega_s/2)$内的频率特性所决定,所以在频域进行系统分析和设计时,通常只考虑主频区频段内的频率特性,即 $G(e^{j\omega T})$,$-\omega_s/2 \leqslant \omega \leqslant \omega_s/2$ 或 $-\pi \leqslant \omega T$ $\leqslant \pi$。此外,考虑到 $G(e^{j\omega T})$ 在 $-\omega_s/2 \leqslant \omega \leqslant 0$ 和 $0 \leqslant \omega \leqslant \omega_s/2$ 范围内总是对称于实轴,因而通常只需要计算和绘制 $G(e^{j\omega T})$ 在 $0 \leqslant \omega \leqslant \omega_s/2$ 或 $0 \leqslant \omega T \leqslant \pi$ 范围内的特性曲线。手工计算和绘制频率特性很麻烦,可以按照频率特性的计算方法,编好程序在计算机上进行,或直接用 MATLAB 软件由计算机绘制。

离散系统频率特性的另一种形式是虚拟频率特性。先用 W 变换将系统 Z 传递函数 $G(z)$ 变为复变量 w 的函数,即

$$G(w) = G(z)\big|_{z=\frac{1+w}{1-w}} \tag{4.1.21}$$

或

$$G(w) = G(z)\big|_{z=\frac{1+\frac{T}{2}w}{1-\frac{T}{2}w}} \tag{4.1.22}$$

再令 $w = j\Omega$,便得虚拟频特性表达式:

$$G(j\Omega) = G(w)\big|_{w=j\Omega} \tag{4.1.23}$$

这里 Ω 称为虚拟频率或伪频率。对于(4.1.21)式,虚拟频率 Ω 和实际频率 ω 的关系为 $\Omega = \tan\frac{\omega T}{2}$;对于(4.1.22)式,$\Omega = \frac{2}{T}\tan\frac{\omega T}{2}$。当 Ω 由 $-\infty$ 变到 ∞(即 w 顺时针沿 W 平面虚轴变化),得到的相应函数 $G(j\Omega)$ 曲线就是系统的虚拟频率特性。虚拟频率特性和连续系统频率特性一样可以在对数坐标中绘制相应的伯德(Bode)图。

连续系统控制理论中,奈氏稳定判据是系统频域分析和设计方法的理论基础,它不仅可以判别闭环系统稳定性,还可以用来指导控制系统校正设计。奈氏稳定判据同样可以用于离散系统,其基本原理相同,都是依据复变函数的幅角原理,利用系统开环频率特性来判别闭环系统的稳定性。

设离散系统开环 Z 传递函数为 $G(z) = \dfrac{M(z)}{N(z)}$,$M(z)$ 的阶次低于 $N(z)$ 的阶次,相应的单位反馈系统闭环 Z 传递函数为

$$W_c(z) = \frac{G(z)}{1 + G(z)} = \frac{M(z)}{M(z) + N(z)} = \frac{M(z)}{F(z)} \tag{4.1.24}$$

系统闭环特征方程为

$$D(z) = 1 + G(z) = \frac{M(z) + N(z)}{N(z)} = \frac{F(z)}{N(z)} = 0 \tag{4.1.25}$$

$D(z)$——系统回差函数;

$N(z)$——系统开环特征多项式,其零点为开环系统极点;

$F(z)$——系统闭环特征多项式,其零点为闭环系统极点。

闭环系统稳定的充要条件是 $F(z)$(或 $D(z)$)在 Z 平面单位圆外无零点。

取 Z 平面单位圆和半径无穷大的圆连成的封闭线作为奈氏围线,如图 4.5(a)所示,奈氏围线包围单位圆外全部区域,映射到 S 平面则是 S 平面主频区的虚轴和右边两条相距实轴 $\omega_s/2$ 的平行线以及距虚轴无穷远、平行于虚轴的线段连成的封闭线,包围主频区右半平面如图 4.5(b)所示。当 z 顺时针沿奈氏围线变化一周,函数 $G(z)$ 将在 $G(z)$ 平面上也形成一条对应的封闭线,称为奈氏图。如果 $G(z)$ 在单位圆上有极点,例如 $z = 1$,就将奈氏围线以无穷小半径的圆弧从极点右边绕过,如图 4.5(a)所示,这就将极点 $z = 1$ 视为在单位圆内。

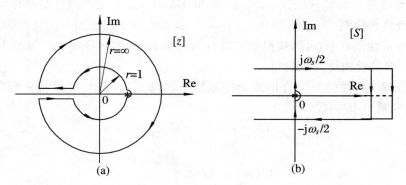

图 4.5 离散系统的奈氏围线

按照幅角原理,若函数 $D(z) = 1 + G(z)$ 在奈氏围线内(即单位圆外)有 N_Z 个零点(即闭环极点),N_p 个极点(即开环极点),则 $G(z)$ 的奈氏图顺时针绕(−1,j0)点的圈数 N 为

$$N = N_Z - N_p \tag{4.1.26}$$

若闭环稳定,必定 $N_Z = 0$,所以闭环系统稳定充要条件是 $G(z)$ 的奈氏图顺时针绕(−1,j0)点的圈数为 $-N_p$,即逆时针绕(−1,j0)点 N_p 圈;若开环系统稳定,即 $N_p = 0$,则闭环系统稳

定充要条件是，$G(z)$ 的奈氏图不包围 $(-1, j0)$ 点。若 $G(z)$ 的分子阶次低于分母阶次，则 $z \to \infty$，$G(z) \to 0$，于是可用系统开环频率特性 $G(e^{j\omega T})$，$-\pi \leqslant \omega T \leqslant \pi$（即单位圆所对应的奈氏图）作为 $G(z)$ 的奈氏图检验闭环系统的稳定性。因此离散系统奈氏判据就是：若开环系统不稳定，开环系统在单位圆外有 N_p 个极点，则闭环系统稳定的充要条件是，系统开环频率特性 $G(e^{j\omega T})$ 逆时针绕 $(-1, j0)$ 点 N_p 圈；若开环系统稳定，则闭环系统稳定充要条件是：系统开环频率特性 $G(e^{j\omega T})$ 不包围 $(-1, j0)$ 点。

【例 4.1.5】　设一单位反馈计算机控制系统的开环 Z 传递函数为

$$G(z) = \frac{0.368(z + 0.722)}{(z - 1)(z - 0.368)}$$

试用奈氏判据判别相应闭环系统稳定性。

解　计算、绘制开环频率特性

$$G(e^{j\omega T}) = \frac{0.368(e^{j\omega T} + 0.722)}{(e^{j\omega T} - 1)(e^{j\omega T} - 0.368)}, \quad 0 \leqslant \omega T \leqslant \pi$$

如图 4.6 实线所示。

$G(e^{j\omega T})$ 在 $-\pi \leqslant \omega T \leqslant 0$ 内的频率特性与在 $0 \leqslant \omega T \leqslant \pi$ 内的特性对称于实轴，如图 4.6 虚线所示。该系统在单位圆上有一开环极点 $z = 1$，将其视为稳定极点，奈氏围线以无穷小半径圆弧从该极点右边绕过，如图 4.5(a) 所示，这段无穷小半径圆弧所对应的奈氏图在 $G(z)$ 平面上为一半径无穷大的圆弧，并按顺时针方向将频率特性 $G(e^{j\omega T})$ 连接起来，如图 4.6 所示。由图可知，该系统频率特性不包围 $(-1, j0)$ 点，又因系统开环在单位圆外无极点，所以该系统闭环稳定。

奈氏判据也可以按照系统 $G(z)$ 的虚拟频率特性 $G(j\Omega)$ 来判别闭环系统稳定性，判别准则和按照频率特性 $G(e^{j\omega T})$ 的判别准则相同。

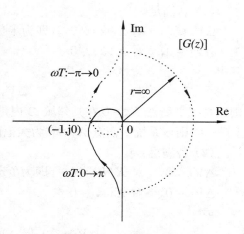

图 4.6　例 4.1.5 的开环频率特性

4.1.4　离散系统李亚普诺夫稳定性判据

用状态方程描述的系统也可以采用李亚普诺夫稳定性判据来分析判断系统的稳定性。李亚普诺夫稳定性判据，亦即李亚普诺夫研究系统稳定性的第二法（又称直接法），它具有普遍适用性，是研究系统稳定性的重要理论工具。它不仅适用于线性定常系统，而且也适用于线性时变系统和非线性系统。

李亚普诺夫稳定性判据是基于这样的事实，即一个系统若有一个渐近稳定的平衡状态，则系统在平衡状态附近作自由运动过程中，系统贮存的能量必将随时间变化而衰减，直至系统恢复平衡状态时达到最小值。由此出发，李亚普诺夫稳定性判据，引用一个与系统状态有关的正定标量函数 $V(X, t)$ 来表征系统的广义能量，进而通过判别随着系统状态运动时的函数 $V(X, t)$ 对时间变化率即 $\dot{V}(X, t)$ 的定号性来确定系统稳定与否。若 $\dot{V}(X, t) \leqslant 0$，则系统稳定,而且称函数 $V(X,t)$ 为李亚普诺夫函数或广义能量函数,简称李函数。因篇幅所限,这里对李亚普诺夫稳定性理论不作详细讨论,仅简要介绍其中有关离散系统的李亚普诺夫稳定性判据的内容。

离散系统的李亚普诺夫稳定性判据综述如下:

设离散系统的状态方程为

$$X(k+1) = f[X(k),k], \quad k \geqslant 0 \tag{4.1.27}$$

其中,$X(k)$ 为系统在 k 时刻的状态向量,$X(k+1)$ 是系统在 $k+1$ 时刻的状态向量,函数 $f[\cdot]$ 既可以是线性的也可以是非线性的;并且有 $f[0,k]=0$,即 $X(k)=0$ 为系统的一个平衡状态(即平衡点),记为 X_e。

假定在 $X_e=0$ 的某一邻域 Ω 内有一个正定标量函数 $V[X(k)]$,简记为 V_k,即

$$V_k > 0, \quad 对 X(k) \neq 0$$
$$V_k = 0, \quad 对 X(k) = 0$$

则有:

(1) 若满足

$$\Delta V_k \leqslant 0, \quad 对 X(k) \neq 0 \quad (即为半负定)$$
$$\Delta V_k = 0, \quad 对 X(k) = 0$$

其中

$$\Delta V_k = V_{k+1} - V_k$$

则该系统平衡点 $X_e=0$ 在其邻域 Ω 内是一致稳定的;若同时还满足:当 $\|X(k)\| \to \infty$ 时,$V_k \to \infty$,则该系统平衡点 $X_e=0$ 为大范围一致稳定;

(2) 若满足:

$$\Delta V_k < 0, \quad 对 X(k) \neq 0 \quad (即为负定);$$
$$\Delta V_k = 0, \quad 对 X(k) = 0$$

或

$$\Delta V_k \leqslant 0, 但 \Delta V_k 不恒等于 0, \quad 对 k > 0$$

则该系统平衡点 $X_e=0$ 在其邻域 Ω 内是一致渐近稳定的;

若同时还满足:当 $\|X(k)\| \to \infty$ 时,$V_k \to \infty$,则该系统平衡点 $X_e=0$ 为大范围一致渐近稳定。

(3) 若满足:

$$\Delta V_k > 0, \quad 对 X(k) \neq 0 \quad (即为正定)$$
$$\Delta V_k = 0, \quad 对 X(k) = 0$$

则该系统平衡点 $X_e=0$ 在其邻域 Ω 内是不稳定的。

若同时还满足:当 $\|X(k)\| \to \infty$ 时,$V_k \to \infty$,则该系统平衡点 $X_e=0$ 为大范围不稳定。

对于一致稳定系统,因为沿着系统状态运动轨线的 $\Delta V_k \leqslant 0$,这意味着系统有可能存在闭合的状态运动轨线,能满足 $\Delta V_k = 0$,在这种情况下,系统状态运动就不会收敛到平衡点 $X_e=0$,而是收敛于闭合轨线。在非线性系统中这种闭合轨线就称为极限环,相应的系统状态运动为等幅振荡形式。

　　在工程中,通常最关心的是系统是否大范围渐近稳定,对于线性系统而言,只要系统的平衡点 X_e 是渐近稳定的,则系统一定是大范围渐近稳定的。

　　由上可知,应用李亚普诺夫稳定性判据判别系统的稳定性,关键在于构造出李函数 $V[X(k)]$,若构造不出李函数就不能作出任何有关系统稳定性的结论。因此,以上稳定判据所给的条件实为充分性条件而非必要条件。

　　【例 4.1.6】　设一简单离散系统为

$$x(k+1) = -x^2(k), \quad x_e = 0$$

试判断该系统平衡点 $x_e = 0$ 的稳定性。

　　解　试取李函数为

$$V_k = x^2(k)$$

　　显然有

$$V[X(k)] > 0, \quad 对 X(k) \neq 0$$
$$V[X(k)] = 0, \quad 对 X(k) = 0$$

而

$$\Delta V_k = V_{k+1} - V_k = x^2(k+1) - x^2(k) = x^4(k) - x^2(k) = -x^2(k)[1 - x^2(k)]$$

显然当

$$|x(k)| < 1 时, \quad \Delta V_k < 0$$

所以,在 $|x(k)| < 1$ 的范围内,系统平衡点 $x_e = 0$ 是渐近稳定的。

　　线性定常系统的稳定性判别

　　设线性定常离散系统的状态方程为

$$X(k+1) = AX(k) \tag{4.1.28}$$

$X_e = 0$ 是系统的状态平衡点。A 为 $n \times n$ 型非奇异矩阵。现用李亚普诺夫稳定性判据分析判断系统的平衡点 X_e 的稳定性。试取李函数为

$$V_k = V[X(k)] = X^T(k)PX(k) \tag{4.1.29}$$

其中,P 是 $n \times n$ 正定的实对称常数矩阵。

　　显然有

$$V_k = V[X(k)] > 0, \quad 对 X(k) \neq 0$$
$$V_k = 0, \quad 对 X(k) = 0$$

所以,V_k 是一正定标量函数。

　　而 V_k 的差分为

$$\begin{aligned}
\Delta V_k &= V_{k+1} - V_k = X^T(k+1)PX(k+1) - X^T(k)PX(k) \\
&= [AX(k)]^T P[AX(k)] - X^T(k)PX(k) \\
&= X(k)^T A^T PAX(k) - X^T(k)PX(k) \\
&= X(k)^T[A^T PA - P]X(k) \\
&= -X^T(k)QX(k)
\end{aligned} \tag{4.1.30}$$

其中

$$-Q = A^T PA - P \tag{4.1.31}$$

显然,只要 Q 是正定的,则 $A^T PA - P$ 就是负定的,相应的 ΔV_k 也是负定的,因而系统平衡

点 $X_e = 0$ 则是渐近稳定的,当然也是大范围渐近稳定的。方程(4.1.31)通常称为李亚普诺夫方程。

用李亚普诺夫稳定性判据判别由(4.1.28)式描述的离散系统稳定性时,通常先给定一个正定实对称常阵 Q,然后由方程(4.1.31)求得 P 阵,并检验其正定性。如果 P 阵是正定的,则系统平衡点 $X_e = 0$ 一定是大范围渐近稳定。

【例 4.1.7】 已知离散系统的状态方程为

$$X(k+1) = \begin{bmatrix} 0 & 1 \\ -0.5 & -1 \end{bmatrix} X(k)$$

试判断该系统平衡点 $X_e = 0$ 的稳定性。

解 试取 $Q = I$,则李亚普诺夫方程为

$$A^{\mathrm{T}}PA - P = -Q$$

$$\begin{bmatrix} 0 & -0.5 \\ 1 & -1 \end{bmatrix} \begin{bmatrix} p_{11} & p_{12} \\ p_{21} & p_{22} \end{bmatrix} \begin{bmatrix} 0 & 1 \\ -0.5 & -1 \end{bmatrix} - \begin{bmatrix} p_{11} & p_{12} \\ p_{21} & p_{22} \end{bmatrix} = \begin{bmatrix} -1 & 0 \\ 0 & -1 \end{bmatrix}$$

因 P 为对称阵,所以 $p_{21} = p_{12}$。

于是,由李亚普诺夫方程可得如下三个方程:

$$\begin{cases} 0.25p_{22} - p_{11} = -1 \\ 0.5(-p_{12} + p_{22}) - p_{12} = 0 \\ p_{11} - 2p_{12} = -1 \end{cases}$$

解得,$p_{11} = \dfrac{11}{5}$,$p_{12} = \dfrac{8}{5}$,$p_{22} = \dfrac{24}{5}$

P 阵为

$$P = \begin{bmatrix} \dfrac{11}{5} & \dfrac{8}{5} \\ \dfrac{8}{5} & \dfrac{24}{5} \end{bmatrix}$$

$$p_{11} = \frac{11}{5} > 0, \quad \det P = 8 > 0$$

所以 P 是正定的,因而该系统平衡点 $X_e = 0$ 是大范围渐近稳定的。

4.2 计算机控制系统的稳态误差分析

计算机控制系统的稳态误差是指系统过渡过程结束到达稳态以后,系统输出采样值与参考输入采样值之间的偏差。稳态误差是衡量计算机控制系统准确性的一项重要性能指标。在工程实际中,通常都是希望系统的稳态误差越小越好,稳态误差愈小,表明系统稳态"复现"参考输入的能力越强,系统的控制稳态精确度就越高。所以稳态误差是计算机控制系统分析和设计时必须考虑的主要内容之一。

和连续控制系统一样,计算机控制系统的稳态误差也是既与控制系统本身特性有关又与参考输入形式有关。对于特定形式的参考输入,控制系统的稳态误差就由系统本身结构及参数来确定。在连续控制系统中,是用系统的误差系数来定量表示系统对常见典型参考输入的稳态复现能力,并将其作为控制系统的稳态准确性的一种定量指标。系统误差系数是由系统本身稳态特性所决定的。连续控制系统的误差系数概念完全可以推广到计算机控制系统中。

4.2.1 计算机控制系统的稳态误差与稳态误差系数

设计计算机单位反馈控制系统如图 4.7 所示,系统闭环稳定。不考虑干扰 $F(s)$ 的影响,系统闭环 Z 传递函数为

$$W_c(z) = \frac{Y(z)}{R(z)} = \frac{W_0(z)}{1 + W_0(z)}$$

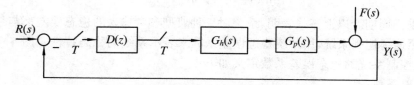

图 4.7 典型计算机控制系统

$W_0(z) = G(z)D(z)$ 为系统开环 Z 传递函数,$G(z) = z[G_h(s)G_p(s)]$。

系统误差 Z 变换为

$$E(z) = R(z) - Y(z) = [1 - W_c(z)]R(z) = \frac{1}{1 + W_0(z)}R(z) \quad (4.2.1)$$

通常称 $W_e(z) = \dfrac{E(z)}{R(z)} = 1 - W_c(z) = \dfrac{1}{1 + W_0(z)}$ 为系统闭环误差 Z 传递函数。

若 $E(s)$ 满足终值定理条件,则系统稳态误差可由终值定理求得

$$e_\infty = \lim_{k \to \infty} e(kT) = \lim_{z \to 1}(1 - z^{-1})E(z) = \lim_{z \to 1}(1 - z^{-1})\frac{1}{1 + W_0(z)}R(z) \quad (4.2.2)$$

在工程实际中,常见的参考输入是阶跃信号、速度信号和加速度信号以及它们的组合。这三种典型参考输入的 Z 变换如下:

$$\left. \begin{aligned}
&\text{单位阶跃输入}: R_1(z) = Z[u(t)] = \frac{1}{1 - z^{-1}} \\
&\text{单位速度输入}: R_2(z) = Z[t] = \frac{Tz^{-1}}{(1 - z^{-1})^2} \\
&\text{单位加速度输入}: R_3(z) = Z\left[\frac{t^2}{2}\right] = \frac{T^2 z^{-1}(1 + z^{-1})}{2(1 - z^{-1})^3}
\end{aligned} \right\} \quad (4.2.3)$$

由(4.2.2)式可得图 4.7 所示系统对上述三种典型参考输入的稳态误差:

对单位阶跃输入:

$$e_{p\infty} = \lim_{z \to 1}(1 - z^{-1})\frac{1}{1 + W_0(z)}R_1(z)$$

$$= \lim_{z \to 1} \frac{1 - z^{-1}}{1 + W_0(z)} \cdot \frac{1}{1 - z^{-1}} = \frac{1}{1 + \lim_{z \to 1} W_0(z)} \tag{4.2.4}$$

对单位速度输入:

$$e_{V\infty} = \lim_{z \to 1}(1 - z^{-1}) \frac{1}{1 + W_0(z)} R_2(z)$$

$$= \lim_{z \to 1} \frac{1 - z^{-1}}{1 + W_0(z)} \cdot \frac{Tz^{-1}}{(1 - z^{-1})^2} = \frac{T}{\lim_{z \to 1}(1 - z^{-1}) W_0(z)} \tag{4.2.5}$$

对加速度输入:

$$e_{a\infty} = \lim_{z \to 1}(1 - z^{-1}) \frac{1}{1 + W_0(z)} R_3(z)$$

$$= \lim_{z \to 1} \frac{1 - z^{-1}}{1 + W_0(z)} \frac{T^2 z^{-1}(1 + z^{-1})}{2(1 - z^{-1})^3}$$

$$= \frac{T^2}{\lim_{z \to 1}(1 - z^{-1})^2 W_0(z)} \tag{4.2.6}$$

式中,T 为采样周期。以上三式表明,系统对三种典型参考输入的稳态误差都与系统稳态特性有关,仿照连续控制系统,用系统稳态误差系数来表示系统的稳态特性。图 4.7 所示单位反馈计算机控制系统的稳态误差系数定义如下:

位置误差系数:

$$K_p = \lim_{z \to 1} W_0(z) \tag{4.2.7}$$

速度误差系数:

$$K_V = \lim_{z \to 1}(1 - z^{-1}) W_0(z) \tag{4.2.8}$$

加速度误差系数:

$$K_p = \lim_{z \to 1}(1 - z^{-1})^2 W_0(z) \tag{4.2.9}$$

将上述定义的系统稳态误差系数 K_p、K_V、K_a 分别代入(4.2.4),(4.2.5)和(4.2.6)式,得

$$\left. \begin{aligned} e_{p\infty} &= \frac{1}{1 + K_p} \\ e_{v\infty} &= \frac{T}{K_V} \\ e_{a\infty} &= \frac{T^2}{K_a} \end{aligned} \right\} \tag{4.2.10}$$

这就表明,系统对阶跃输入的稳态误差与系统位置误差系数 K_p 近似成反比;对速度输入和加速度输入的稳态误差分别与系统速度误差系数 K_V 和加速度误差系数 K_a 成反比。由此可见,系统稳态误差系数 K_p、K_V 和 K_a 可以定量表示控制系统分别对阶跃、速度以及加速度三种典型输入的稳态复现能力,它们的数值越大,控制系统对相应的典型输入的稳态复现能力就越强,相应的稳态误差也就越小,反之亦然。由上面的系统稳态误差系数定义式可知,稳态误差系数 K_p、K_V 和 K_a 都是由控制系统稳态特性所决定的,它们的数值大小都与控制系统本身结构和参数有关。

将控制系统开环 Z 传递函数写成如下形式:

$$W_o(z) = \frac{W_d(z)}{(1 - z^{-1})^q} \tag{4.2.11}$$

式中，$W_d(z)$ 的分母中无 $(1 - z^{-1})$ 因子，即 $W_d(z)$ 中无积分环节；q 为系统中的积分环节的阶次，称为系统的类型数。计算机控制系统和连续系统一样，也是按照系统中包含的积分环节的阶次 q 将系统分为若干类型。若系统开环 Z 传递函数 $W_o(z)$ 中的 $q = 0$，即系统中无积分环节，则系统为 0 型系统；若 $W_o(z)$ 中的 $q = 1$，即系统中含有一阶积分环节，则系统为 Ⅰ型系统；若 $W_o(z)$ 中的 $q = 2$，即系统中含有二阶积分环节，则系统为 Ⅱ型系统；依此类推，但工程中很少采用Ⅱ型以上的类型系统。

下面分别考察 0 型、Ⅰ型、Ⅱ型系统的稳态误差系数以及它们分别对单位阶跃、单位速度、单位加速度三种典型参考输入的稳态误差。

1. 0 型系统

按照控制系统稳态误差系数定义式 $(4.2.7)\sim(4.2.9)$，0 型系统的稳态误差系数分别为

$$\left.\begin{aligned} K_p &= \lim_{z \to 1} W_o(z) = W_d(1) = W_o(1) \\ K_V &= \lim_{z \to 1}(1 - z^{-1})W_o(z) = 0 \\ K_a &= \lim_{z \to 1}(1 - z^{-1})^2 W_o(z) = 0 \end{aligned}\right\} \tag{4.2.12}$$

式中，$W_o(1)$ 或 $W_d(1)$ 为系统开环稳态增益，为一非零的有限值。由 $(4.2.10)$ 式得，0 型系统对三种典型参考输入的稳态误差分别为

$$\left.\begin{aligned} \text{对单位阶跃输入：} & e_{p\infty} = \frac{1}{1 + K_p} = \frac{1}{1 + W_o(1)} \\ \text{对单位速度输入：} & e_{V\infty} = \frac{T}{K_V} = \infty \\ \text{对单位加速度输入：} & e_{a\infty} = \frac{T^2}{K_a} = \infty \end{aligned}\right\} \tag{4.2.13}$$

由 $(4.2.12)$ 式和 $(4.2.13)$ 式可知，0 型系统对阶跃输入（即位置式信号）有一定的复现能力，并且随着系统开环稳态增益 $W_o(1)$ 的增大而增强，相应稳态误差也随之减小。但因系统开环稳态增益的增大而受到系统稳定性的限制而不能无限增大，从而使得 0 型系统不可能完全消除对阶跃输入的稳态误差，总是有一定的稳态误差存在。0 型系统对速度和加速度输入均无稳态复现能力，对于它们的稳态误差均为无穷大，所以 0 型系统无法实现对速度和加速度输入信号的跟踪。

2. Ⅰ型系统

按照稳态误差系数的定义式 $(4.2.7)\sim(4.2.9)$，Ⅰ型系统的稳态误差系数分别为

$$\left.\begin{aligned} K_p &= \lim_{z \to 1} W_o(z) = \lim_{z \to 1}\frac{W_d(1)}{(1 - z^{-1})} = \infty \\ K_V &= \lim_{z \to 1}(1 - z^{-1})W_o(z) = \lim_{z \to 1} W_d(z) = W_d(1) \\ K_a &= \lim_{z \to 1}(1 - z^{-1})^2 W_o(z) = \lim_{z \to 1}(1 - z^{-1})W_d(z) = 0 \end{aligned}\right\} \tag{4.2.14}$$

由 $(4.2.10)$ 式得，Ⅰ型系统对三种典型参考输入的稳态误差分别为

$$对单位阶跃输入：e_{p\infty} = \frac{1}{1+K_p} = 0 \ \left. \right\}$$

$$对单位速度输入：e_{V\infty} = \frac{T}{K_V} = \frac{T}{W_d(1)} \qquad (4.2.15)$$

$$对单位加速度输入：e_{a\infty} = \frac{T^2}{K_a} = \infty$$

由(4.2.14)式和(4.2.15)式可知，Ⅰ型系统对参考输入的稳态复现能力比 0 型系统强，对阶跃输入具有极强的稳态复现能力，能够完全消除对阶跃输入的稳态误差；对速度输入也有一定的稳态复现能力，并且随着系统开环稳态增益 $W_d(1)$（注意：$W_d(1) \neq W_o(1)$，Ⅰ型系统 $W_o(1) = \infty$）的增大而增强，相应的稳态误差也随之减小。但因 $W_d(1)$ 的增大受到系统稳定性的限制不能无限增大，从而使得Ⅰ型系统不可能完全消除对速度输入的稳态误差；Ⅰ型系统没有对加速度输入的稳态复现能力，其相应的稳态误差为无穷大，所以Ⅰ型系统不能实现对加速度输入信号的跟踪。

3. Ⅱ型系统

同理，Ⅱ型系统的稳态误差系数为

$$K_p = \lim_{z \to 1} W_o(z) = \lim_{z \to 1} \frac{W_d(1)}{(1-z^{-1})^2} = \infty \ \left. \right\}$$

$$K_V = \lim_{z \to 1}(1-z^{-1})W_o(z) = \lim_{z \to 1}\frac{W_d(z)}{(1-z^{-1})} = \infty \qquad (4.2.16)$$

$$K_a = \lim_{z \to 1}(1-z^{-1})^2 W_o(z) = \lim_{z \to 1}W_d(z) = W_d(1)$$

Ⅱ型系统对三种典型参考输入的稳态误差分别为

$$对单位阶跃输入：e_{p\infty} = \frac{1}{1+K_p} = 0 \ \left. \right\}$$

$$对单位速度输入：e_{V\infty} = \frac{T}{K_V} = 0 \qquad (4.2.17)$$

$$对单位加速度输入：e_{a\infty} = \frac{T^2}{K_a} = \frac{T^2}{W_d(1)}$$

以上两式表明，Ⅱ型系统对参考输入的稳态复现能力比 0 型和Ⅰ型系统都强，它可以完全消除对阶跃输入和速度输入的稳态误差，并对加速度输入也有一定的稳态复现能力，其相应的稳态误差随系统开环稳态增益 $W_d(1)$ 的增大而减小，可以实现对加速度信号的跟踪，但不能完全消除对加速度输入的稳态误差。

为了便于比较，将以上三种类型系统的稳态误差系数和对三种典型参考输入的稳态误差系数整理成简表 4.1。

如果系统参考输入是三种典型输入的线性组合，即

$$R(z) = c_1 R_1(z) + c_2 R_2(z) + c_3 R_3(z) \qquad (4.2.18)$$

则系统稳态误差 e_∞ 只取决于系统的类型和加速度输入 $R_3(z)$。

表 4.1　三种类型系统的稳态误差系数及稳态误差

系统类型	K_p	K_V	K_a	$e_{p\infty}$	$e_{v\infty}$	$e_{a\infty}$
0	$W_o(1)$	0	0	$\dfrac{1}{1+W_o(1)}$	∞	∞
I	∞	$W_d(1)$	0	0	$\dfrac{T}{W_d(1)}$	∞
II	∞	∞	$W_d(1)$	0	0	$\dfrac{T^2}{W_d(1)}$

　　还应指出,由以上分析可知,控制系统对参考输入的稳态复现能力除了与系统开环稳态增益 $W_o(1)$ 或 $W_d(1)$ 有关外,还与系统中含有的积分环节阶次有关。积分环节阶次越高,系统的稳态复现能力就越强,这是因为积分环节的稳态增益为无穷大的缘故。由此看来,通过增加控制系统的积分环节阶次,可以增强系统的稳态复现能力,提高系统稳态控制精确度。但是增加积分环节阶次,会增加系统的相位滞后,使系统稳定性降低,动态性能恶化,给系统校正带来困难。因此,工程上通常较多地采用 I 型系统,很少采用 II 型系统。

4.2.2　计算机控制系统的误差级数与动态误差系数

　　稳态误差系数虽然可以表示系统的稳态复现能力,也可确定系统对于三种典型参考输入的稳态误差,但是不能确定系统对任意时间函数参考输入的稳态误差,更不能表示系统的稳态误差随时间变化的情况。为此,引入计算机控制系统误差级数和动态误差系数的概念。

　　由(4.2.1)式,典型计算机控制系统的误差 Z 变换为

$$E(z) = \frac{1}{1 + W_o(z)} R(z) = W_e(z) R(z)$$

根据 Z 变换终值定理,当 $k \to \infty$ 时的稳态误差取决于它的 Z 变换当 $z \to 1$ 时的状况,因此应该分析闭环误差 Z 传递函数 $W_e(z)$ 在 $z \to 1$ 时的状况。为此,将 $W_e(z)$ 在 $z = 1$ 邻域展开成 Taylor 级数,即

$$W_e(z) = W_e(1) + \dot{W}_e(1)(z-1) + \frac{\ddot{W}_e(1)}{2!}(z-1)^2 + \cdots \qquad (4.2.19)$$

式中

$$W_e(1) = W_e(z)\big|_{z=1}, \quad \dot{W}_e(1) = \frac{\mathrm{d}}{\mathrm{d}z} W_e(z)\big|_{z=1}, \quad \ddot{W}_e(1) = \frac{\mathrm{d}^2}{\mathrm{d}z^2} W_e(z)\bigg|_{z=1}, \quad \cdots$$

于是

$$E(z) = W_e(1)R(z) + \dot{W}_e(1)(z-1)R(z) + \frac{\ddot{W}_e(1)}{2!}(z-1)^2 R(z) + \cdots$$

$$(4.2.20)$$

　　对 $E(z)$ 进行 Z 反变换,并考虑 Z 变换前向差分定理以及 $r(0) = 0$ ($r(t)$ 为参考输入),可得系统误差表示式

$$e(kT) = W_e(1)r(kT) + \dot{W}_e(1)\Delta r(kT) + \frac{\ddot{W}_e(1)}{2!}\Delta^2 r(kT) + \cdots \quad (4.2.21)$$

式中，$r(kT)$ 为参考输入序列，Δ^i 为 i 阶前向差分符号，当 k 很大时，误差序列可表示为如下级数形式：

$$
\begin{aligned}
\lim_{k \to \infty} e(kT) &= \lim_{k \to \infty} \left\{ W_e(1)r(kT) + T\dot{W}_e(1)\frac{\Delta r(kT)}{T} + \frac{T^2 \ddot{W}_e(1)}{2!}\frac{\Delta^2 r(kT)}{T^2} + \cdots \right\} \\
&= \lim_{k \to \infty} \left\{ W_e(1)r(kT) + T\dot{W}_e(1)\dot{r}(t)|_{t=kT} + \frac{T^2 \ddot{W}_e(1)}{2!}\ddot{r}(t)|_{t=kT} + \cdots \right\} \\
&= \lim_{k \to \infty} \sum_{i=0}^{\infty} \frac{C_i}{i!} r^{(i)}(t)|_{t=kT} \quad\quad\quad\quad\quad\quad\quad\quad (4.2.22)
\end{aligned}
$$

式中，$C_i = \left(T\dfrac{\mathrm{d}}{\mathrm{d}z}\right)^i W_e(z)\Big|_{z=1}$，$i = 0, 1, 2, \cdots$ 称为系统的动态误差系数。

C_0, C_1, C_2 分别称为系统的动态位置、速度、加速度误差系数。

$r^{(i)}(t)|_{t=kT} = \left(\dfrac{\mathrm{d}}{\mathrm{d}t}\right)^i r(t)\Big|_{t=kT} \approx \left(\dfrac{\Delta}{T}\right)^i r(kT)$，为参考输入 $r(t)$ 在 $t = kT$ 时的 i 阶导数。

控制系统通过动态误差系数将系统误差表示成(4.2.22)式级数的形式，只要知道系统参考输入 $r(t)$ 的各阶导数，就能了解系统误差随时间趋于 0 或无穷大或非零有限值的变化情况。

【例 4.2.1】 已知一计算机控制系统的开环 Z 传递函数为

$$W_o(z) = \frac{0.368z + 0.264}{(z-1)(z-0.368)}, \quad 采样周期 T = 1 秒$$

(1) 试求系统的稳态误差系数 K_p、K_V、K_a 和系统对三种典型参考输入的稳态误差 $e_{p\infty}$、$e_{V\infty}$、$e_{a\infty}$；

(2) 设系统参考输入 $r(t) = 1 + 0.5t + 0.2t^2$，试求系统的误差级数。

解 (1) 按照系统稳态误差系数定义：

$$K_p = \lim_{z \to 1} W_o(z) = \lim_{z \to 1} \frac{0.368z + 0.264}{(z-1)(z-0.368)} = \infty$$

$$K_V = \lim_{z \to 1}(1 - z^{-1})W_o(z) = \lim_{z \to 1} \frac{(0.368z + 0.264)z^{-1}}{z - 0.368} = 1$$

$$K_a = \lim_{z \to 1}(1 - z^{-1})^2 W_o(z) = \lim_{z \to 1} \frac{(1 - z^{-1})z^{-1}0.368z + 0.264}{(z - 0.368)} = 0$$

系统对三种典型参考输入的稳态误差为

对单位阶跃输入

$$e_{p\infty} = \frac{1}{1 + K_p} = 0$$

对单位速度输入

$$e_{p\infty} = \frac{T}{K_V} = 1$$

对单位加速度输入

$$e_{p\infty} = \frac{T^2}{K_a} = \infty$$

（2）因为 $r(t)$ 是 t 的二次多项式，故 $r^{(3)}(t) = 0$，因此系统误差级数应由三项构成，即

$$\lim_{k \to \infty} e(kT) = \lim_{k \to \infty} \left\{ C_0 r(t) + C_1 \dot{r}(t) + \frac{C_2}{2} \ddot{r}(t) \right\}_{t = kT}$$

$$= \lim_{k \to \infty} \left\{ C_0 (1 + 0.5k + 0.2k^2) + C_1 (0.5 + 0.4k) + \frac{C_2}{2} 0.4 \right\}$$

动态误差系数为

$$C_0 = W_e(z)|_{z=1} = [1 - W_c(z)]_{z=1} = \left. \frac{z^2 - 1.368z + 0.368}{z^2 - z + 0.632} \right|_{z=1} = 0$$

$$C_1 = T \dot{W}_e(z)|_{z=1} = \left. \frac{2z - 1.368}{z^2 - z + 0.632} \right|_{z=1} - \left. \frac{(z^2 - 1.368z + 0.368)(2z - 1)}{(z^2 - z + 0.632)^2} \right|_{z=1} = 1$$

$$C_2 = T^2 \ddot{W}_e(z)|_{z=1} = T^2 \frac{\mathrm{d}}{\mathrm{d}z} \left[\frac{0.368z^2 + 0.528z - 0.497}{(z^2 - z + 0.632)^2} \right]_{z=1} = 0.00336$$

所以，系统误差级数为

$$\lim_{k \to \infty} e(k) = \lim_{k \to \infty} \{0.50067 + 0.4k\}$$

4.2.3　计算机控制系统对干扰输入的稳态误差

图 4.7 所示典型计算机单位反馈控制系统，若考虑系统干扰输入 $F(s)$ 的影响，系统输出为

$$Y(z) = \frac{W_o(z)}{1 + W_o(z)} R(z) + \frac{1}{1 + W_o(z)} F(z) \tag{4.2.23}$$

式中，$W_o(z) = G(z)D(z)$，为系统开环 Z 传递函数，$F(z) = Z[F(s)]$，为干扰输入的 Z 变换。系统误差 Z 变换为

$$E(z) = R(z) - Y(z) = \left(1 - \frac{W_o(z)}{1 + W_o(z)} \right) R(z) - \frac{1}{1 + W_o(z)} F(z)$$

$$= \frac{1}{1 + W_o(z)} R(z) - \frac{1}{1 + W_o(z)} F(z) \tag{4.2.24}$$

系统稳态误差为

$$e_\infty = \lim_{z \to 1} \frac{(1 - z^{-1})}{1 + W_o(z)} R(z) + \lim_{z \to 1} \frac{-(1 - z^{-1})}{1 + W_o(z)} F(z)$$

$$= e_{\infty r} + e_{\infty f} \tag{4.2.25}$$

式中，$e_{\infty r}$ 为参考输入引起的稳态误差，$e_{\infty f}$ 为干扰输入产生的稳态误差。

（4.2.25）式表明，系统稳态误差是由参考输入和干扰输入所产生的稳态误差的代数和；而且 $e_{\infty r}$ 和 $e_{\infty f}$ 与系统稳态增益 $W_o(1)$ 的关系是一致的。增大 $W_o(1)$ 不仅增强系统对参考输入的稳态复现能力，使 $e_{\infty r}$ 减小，而且也增强系统对干扰输入的抑制能力，使 $e_{\infty f}$ 减小。对于阶跃常值干扰，只要系统Ⅰ型的，系统就不仅可以完全消除对阶跃参考输入的稳态误差 $e_{\infty r}$，同时也可以完全消除干扰输入产生的稳态误差 $e_{\infty f}$。

4.3　计算机控制系统的暂态响应分析

所有控制系统除了要求系统具有稳定性和满意的稳态准确性,另外,还要求系统具有满意的快速性和满意的动态品质,而控制系统暂态响应正是反映了系统快速性和动态品质的优劣。本节将研究计算机控制系统的暂态响应分析和计算问题。计算机控制系统的暂态响应通常也是指系统对单位阶跃参考输入的输出响应的动态过程。图 4.8 中所示响应曲线就是计算机控制系统一种常见的阻尼振荡形式的暂态响应,其中图 4.8(a)为其连续输出,图4.8(b)为其离散输出。计算机控制系统的被控对象大多数是连续系统,其实际输出是连续信号,然而,被控对象被离散化以后,整个控制系统就化为离散系统,当在 Z 域分析时,所考虑的只是它的离散输出。

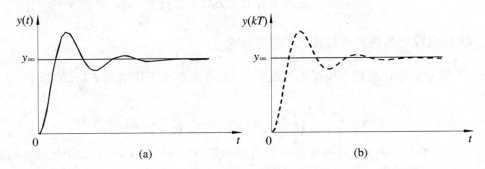

图 4.8　计算机控制系统的典型暂态响应

表征计算机控制系统暂态响应特性的主要参数是系统单位阶跃响应的调整时间 t_s(也称建立时间),最大超调量 σ_p 和峰值时间 t_p。其中调整时间 t_s 反映控制系统的快速性,最大超调量 σ_p 和峰值时间 t_p 反映系统阻尼特性和相对稳定性。参数 t_s、σ_p、t_p 的定义和连续控制系统相同。计算机控制系统暂态响应的形态特征也是由系统本身结构和参数所决定的,与系统闭环极点在 Z 平面上分布有关。

4.3.1　Z 平面上极点分布与暂态响应的关系

计算机控制系统的闭环极点在 Z 平面上分布不仅决定系统稳定与否,而且还决定系统的暂态响应特性。

设计算机控制系统闭环 Z 传递函数为两个以 z 为变量的多项式 $Q(z)$ 和 $P(z)$ 之比,即

$$W_c(z) = \frac{Y(z)}{R(z)} = K\frac{Q(z)}{P(z)} \tag{4.3.1}$$

式中,K 为常数;

$$Q(z) = (z - z_1)(z - z_2)\cdots(z - z_m) = \prod_{i=1}^{m}(z - z_i)$$

$$P(z) = (z - p_1)(z - p_2) \cdots (z - p_n) = \prod_{i=1}^{n} (z - p_i), \quad m \leqslant n$$

式中 z_i 为系统的闭环零点；p_i 为系统的闭环极点。

为使问题简化，设系统闭环极点都是互不相同的单极点，但可以是实极点或复极点，如果其中有复极点，一定以共轭对出现。

由式(4.3.1)得计算机控制系统的单位阶跃响应 Z 变换为

$$Y(z) = W_c(z)R(z) = K \frac{Q(z)}{P(z)} \cdot \frac{z}{z-1} \tag{4.3.2}$$

式中，$R(z) = \dfrac{z}{z-1}$ 为单位阶跃输入的 Z 变换。

应用留数法对输出 $Y(z)$ 进行 Z 反变换，即可获得计算机控制系统的暂态响应(即单位阶跃响应)序列 $y(k)$，即

$$y(k) = \frac{1}{2\pi j} \oint_c K \frac{Q(z)}{P(z)} \cdot \frac{z^k}{z-1} dz = \sum_{j=0}^{n} \mathrm{Res} \left[\frac{K \prod_{i=1}^{m} (z - z_i) z^k}{\prod_{i=0}^{n} (z - p_i)} \right]_{z = p_i}, \quad k \geqslant n - m$$

$$\tag{4.3.3}$$

其中，$p_0 = 1$ 为 $R(z)$ 的极点，$p_i (i = 1, 2, \cdots, n)$ 为 $P(z)$ 的零点，即闭环极点。由式(4.3.3)可得计算机控制系统暂态响应序列的一般表达式为

$$\left. \begin{aligned} y(k) &= K \frac{Q(1)}{P(1)} + \sum_{i=1}^{n_1} \frac{KQ(p_{ri})}{(p_{ri} - 1)\dot{P}(p_{ri})} (p_{ri})^k \\ &\quad + \sum_{i=1}^{n_2} 2 \left| \frac{KQ(p_{ci})}{(p_{ci} - 1)\dot{P}(p_{ci})} \right| |p_{ci}|^k \cos(k\theta_i + \phi_i), \quad k \geqslant n - m \\ y(k) &= 0, \quad k < n - m \end{aligned} \right\} \tag{4.3.4}$$

式中，n_1 为实极点个数，n_2 为复极点对数，$p_{ri} (i = 1, 2, \cdots,)$ 为实数极点，$p_{ci} = \alpha_i \pm j\beta_i = r_i e^{\pm j\theta_i} (i = 1, 2, \cdots)$ 为复数极点。

$$\dot{P}(p_{ri}) = \frac{dP(z)}{dz} \bigg|_{z = p_{ri}}$$

$$\dot{P}(p_{ci}) = \frac{dP(z)}{dz} \bigg|_{z = p_{ci}}$$

$$\theta_i = \arctan\left(\frac{\beta_i}{\alpha_i}\right), \quad r_i = \sqrt{\alpha_i^2 + \beta_i^2}$$

$$\phi_i = \angle Q(p_{ci}) - \angle \dot{P}(p_{ci}) - \angle(p_{ci} - 1)$$

(4.3.4)式表明，计算机控制系统暂态响应序列 $y(k)$ 一般是由(4.3.4)式右端三项组成的，即

(1) 第一项为常数，是系统暂态响应的稳态输出序列，其数值大小由系统闭环稳态增益 $W_c(1) = KQ(1)/P(1)$ 决定；

(2) 第二项为系统闭环各实极点的暂态响应分量之和；

（3）第三项为系统闭环各对复极点的暂态响应分量之和。

对于具体系统，其暂态响应离散输出序列有可能只由第一和第二项构成，或只由第一和第三项构成。系统暂态响应特性主要是由第二项和第三项各响应分量决定的，下面通过对第二和第三项中的各响应分量的简单分析，来说明系统闭环极点分布与系统暂态响应特征的关系。

（1）第二项，闭环实极点的暂态响应分量。

式（4.3.4）右端第二项可改写为

$$\sum_i \frac{KQ(p_{ri})}{(p_{ri}-1)\dot{P}(p_{ri})}(p_{ri})^k = \sum_i R_{ri}(p_{ri})^k, \quad k \geqslant n-m \qquad (4.3.5)$$

其中，$R_{ri} = \dfrac{KQ(p_{ri})}{(p_{ri}-1)\dot{P}(p_{ri})}$ 为（4.3.2）式复函数 $Y(z)$ 在极点 p_{ri} 处的留数，为一常数。

由式（4.3.5）可以看出，闭环各实极点的暂态响应分量为指数形式，按照极点 p_{ri} 在 Z 平面实轴上的不同分布，共有六种不同形式：

① $p_{ri}>1$（位于 Z 右半平面单位圆外），指数 $(p_{ri})^k$ 将随 k 增大而增大，相应的暂态响应分量为指数发散序列，系统不稳定；

② $p_{ri}=1$（位于 Z 右半平面单位圆上），$(P_{ri})^k$ 恒为 1，相应的暂态响应分量为等值序列；系统为临界稳定；

③ $0<P_{ri}<1$（位于 Z 右半平面单位圆内），指数 $(p_{ri})^k$ 将随 k 增大而减小，相应的暂态响应分量为指数衰减序列，极点越靠近原点，其暂态响应分量序列衰减速度越快；

④ $-1<p_{ri}<0$（位于 Z 左半平面单位圆内），指数 $(p_{ri})^k$ 是正负交替的，当 k 为奇数时，$(p_{ri})^k<0$；当 k 为偶数时，$(p_{ri})^k>0$。相应的暂态响应分量为正负交替的指数衰减序列；

⑤ $p_{ri}=-1$（位于 Z 左半平面单位圆上），$(p_{ri})^k=\pm 1$，相应的暂态响应分量为正负交替的等值序列；

⑥ $p_{ri}<-1$（位于 Z 左半平面单位圆外），相应的暂态响应分量为正负交替的指数发散序列。

以上六种不同位置的实极点的暂态响应分量序列如图 4.9（a）所示。

（2）第三项，闭环复极点的暂态响应分量。

式（4.3.4）右端第三项可改写为

$$\sum_i 2\left|\frac{KQ(p_{ci})}{(p_{ci}-1)\dot{P}(p_{ci})}\right||p_{ci}|^k\cos(k\theta_i+\Phi_i) = \sum_i R_{ci}|p_{ci}|^k\cos(k\theta_i+\Phi_i), \quad k \geqslant n-m$$

$$(4.3.6)$$

其中 ，$R_{ri} = 2\left|\dfrac{KQ(p_{ci})}{(p_{ci}-1)\dot{P}(p_{ci})}\right|$，与极点 p_{ci} 有关的常数。

由式（4.3.6）可以看出，闭环各复极点的暂态响应分量为振荡形式，而且与复极点 p_{ci} 的模长 $|p_{ci}|$ 和相角 θ_i 有关。按照复极点在 Z 平面上的不同分布，共有六种不同的振荡形式：

① $|p_{ci}|>1, \theta_i<\pi/2$（位于 Z 右半平面单位圆外），$|p_{ri}|^k$ 随 k 增大而增大，相应的暂态响应分量为发散振荡序列，系统不稳定；

② $|p_{ci}| = 1$，$\theta_i < \pi/2$（位于 Z 右半平面单位圆上），$|p_{ri}|^k$ 恒为 1，相应的暂态响应分量为等幅振荡序列；

③ $|p_{ci}| < 1$，$\theta_i < \pi/2$（位于 Z 右半平面单位圆内），$|p_{ri}|^k$ 随 k 增大而减小，相应的暂态响应分量为衰减振荡序列；复极点越靠近原点，其模 $|p_{ci}|$ 越小，相应的暂态响应分量序列衰减得越快；

④ 位于 Z 左半平面单位圆外、单位圆上和单位圆内的复极点，其暂态响应分量同上述位于 Z 右半平面上①、②、③类复杂极点的暂态响应分量形式类似，也分别为发散振荡、等幅振荡和衰减振荡三种形式。不过位于 Z 左半平面的复极点，因其相角 θ_i 均 $>\pi/2$，都大于 Z 右半平面复极点的相角，因此在相同的采样周期下，它们的暂态响应分量的振荡频率高于 Z 右半平面复极点的暂态响应分量的振荡频率。

如以上 Z 平面上六种典型不同位置的复极点及其暂态响应分量序列如图 4.9(b)所示。

注意到，式(4.3.6)中

$$\cos(k\theta_i + \Phi_i) = \cos(k\theta_i + 360° + \Phi_i) = \cos\left[\theta_i\left(k + \frac{360°}{\theta_i}\right) + \Phi_i\right] \quad (4.3.7)$$

上式表明，系统复极点的相角 θ_i 决定了复极点的暂态响应分量在其每个振荡周期内的采样次数为

$$n_i = 360°/\theta_i \quad (4.3.8)$$

复极点的暂态响应分量振荡周期和频率分别为

$$\left.\begin{array}{l} T_{ni} = n_i T = \dfrac{360°}{\theta_i} T（秒） \\[3mm] \omega_{ni} = \dfrac{\theta_i}{T}（弧度／秒） \end{array}\right\} \quad (4.3.9)$$

若系统暂态响应为衰减振荡形式，依据工程经验，应按照每个振荡周期采样 6～10 次的准则来选取采样周期。

由上分析可知，计算机控制系统闭环极点不论实极点还是复极点（均在单位圆内）愈靠近 Z 平面原点（其模长愈小），其暂态响应分量衰减就愈快。反之愈靠近单位圆，其暂态响应分量衰减愈缓慢。由此可以推想，对于有 2 个以上极点的高阶控制系统，如果系统有一对极点最靠近单位圆，而其余极点和零点均靠近原点，那么这样的系统暂态响应就主要由这对最靠近单位圆的极点的暂态响应分量所支配，其他极点的暂态响应分量因衰减相对很快，可以忽略不计，通常称这对最靠近单位圆的极点为主导极点。这样的高阶系统就可以近似为二阶系统，它的暂态响应特性可由它的主导极点在 Z 平面的位置大致估计出来。对于二阶离散系统，若系统的两个极点为 Z 平面单位圆内的一对共轭复极点，记为 $p_{1,2} = re^{\pm j\theta}$，$r$ 为其模长，θ 为其相角，且采样周期 T 足够小，那么按照 Z 平面与 S 平面之间的映射关系和暂态响应特性参数 t_p，δ_p 和 t_s 的定义，二阶离散系统的暂态响应特性参数与系统共轭复极点有如下关系：

峰值时间

$$t_p = \frac{\pi}{\theta} T \quad (4.3.10)$$

最大超调量

$$\delta_p = r^{\frac{\pi}{\theta}} \tag{4.3.11}$$

调整时间

$$t_s \cong \frac{4T}{-\ln r} \tag{4.3.12}$$

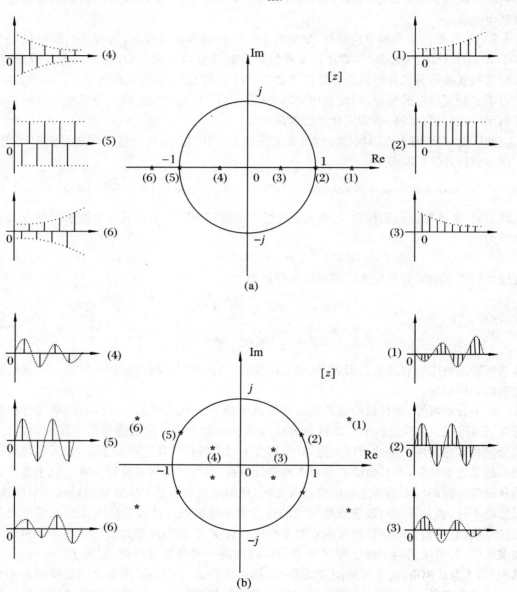

图 4.9 闭环极点分布与相应暂态响应分量

综上所述：① 计算机控制系统的暂态响应特性是由系统所有闭环极点对应的暂态响应分量之和决定的；② 为使计算机控制系统具有满意的动态品质，系统闭环极点不仅必须全部位于 Z 平面单位圆内，而且还应尽量不要位于 Z 平面单位圆的左部区域，尤其不要靠近负实轴。闭环极点最好全部位于 Z 平面单位圆内的右部区域,而且应尽可能地靠近原点。这样,相应的暂态响应衰减较快,因而控制系统就具有快速的控制性能。

还应说明一点,计算机控制系统的暂态响应特性也受闭环零点的影响,不过零点的分布对系统暂态响应特性的影响,规律性不明显。一般说来,闭环零点分布只影响系统暂态响应特性的强弱,而不会影响系统暂态响应的本质特征。

4.3.2　采样周期 T 对暂态响应特性的影响

在前面 4.1 节中已经讲过,采样周期是影响计算机控制系统稳定性的一个重要参数,而系统的暂态响应特性是与系统的稳定性密不可分的,系统暂态响应特性不仅直接反映了系统稳定与不稳定,而且还反映系统的相对稳定程度。由此可以判断,采样周期 T 的大小也是影响计算机控制系统暂态响应特性的重要参数。一般来说,采样周期大对系统稳定性不利,对系统动态品质影响也不利。下面以图 4.10 所示系统为例来具体考察一下采样周期 T 对计算机控制系统暂态响应特性的影响。

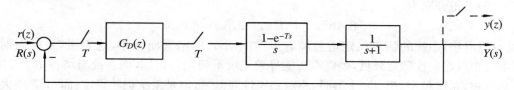

图 4.10　计算机控制系统

设图 4.10 所示系统中数字控制器为积分型,即

$$G_D(z) = \frac{K}{1 - z^{-1}} = K\frac{z}{z - 1}, \quad K \text{ 为待定增益}$$

被控对象 Z 传递函数为

$$G(z) = Z\left[\frac{(1 - \mathrm{e}^{Ts})}{s(s + 1)}\right] = (1 - z^{-1})Z\left[\frac{1}{s} - \frac{1}{s + 1}\right] = \frac{z - 1}{z}\left(\frac{z}{z - 1} - \frac{z}{z - \mathrm{e}^{-T}}\right) = \frac{1 - \mathrm{e}^{-T}}{z - \mathrm{e}^{-T}}$$

系统开环 Z 传递函数为

$$G_o(z) = G(z)G_D(z) = \frac{K(1 - \mathrm{e}^{-T})z}{(z - 1)(z - \mathrm{e}^{-T})} \tag{4.3.13}$$

系统闭环 Z 传递函数为

$$G_C(z) = \frac{G_o(z)}{1 + G_o(z)} = \frac{K(1 - \mathrm{e}^{-T})z}{z^2 - [1 + \mathrm{e}^{-T} - K(1 - \mathrm{e}^{-T})]z + \mathrm{e}^{-T}} \tag{4.3.14}$$

由系统闭环 Z 传递函数可以看出,该系统的行为特性(包括稳定性和暂态响应特性)都受系统增益 K 和采样周期 T 的影响。关于计算机控制系统增益 K 对系统行为特性的影响规律,基本上和连续控制系统相同,增益 K 增大,系统稳定性降低,暂态响应速度加快,系统动态品质恶化,这里不再赘述。下面只研究在给定增益 K 的情况下,采样周期 T 对系统行为特性的影响。为此,先检验采样周期 T 分别为 0.5、1、2、3 秒四种不同数值时,保持系统稳定所允许的增益 K 的临界值,以此说明采样周期 T 对系统相对稳定性的影响。

该系统的闭环特征方程为

$$F(z) = 1 + G_o(z) = z^2 - [1 + e^{-T} - K(1 - e^{-T})]z + e^{-T} = 0 \quad (4.3.15)$$

由修正的舒尔－科恩稳定判据,该系统稳定必满足:

① $F(1) = 1 - 1 - e^{-T} + K(1 - e^{-T}) + e^{-T} = K(1 - e^{-T}) > 0$;

② $(-1)^2 F(-1) = 1 + 1 + e^{-T} - K(1 - e^{-T}) + e^{-T} = 2(1 + e^{-T}) - K(1 - e^{-T}) > 0$;

③ $\alpha_0 = \dfrac{a_2}{a_0} = e^{-T} < 1$。

其中条件③对于 $T > 0$,总有 $\alpha_0 < 1$,故总是满足的。由以上条件①和②解得,保持系统稳定的允许增益 K 的取值范围为

$$0 < K < \frac{2(1 + e^{-T})}{1 - e^{-T}} = K_c \quad (4.3.16)$$

其中 $K_c = \dfrac{2(1 + e^{-T})}{1 - e^{-T}}$ 为系统的临界增益。可以验证,当增益 $K = K_c$ 时,系统有一闭环极点为–1,系统为临界稳定;当增益 $K > K_c$ 时,系统将有极点位于单位圆外,系统变为不稳定。

当采样周期 T 分别为 0.5 秒、1 秒、2 秒和 3 秒时,相对应的系统临界增益 K_c 由式(4.3.16)求得分别为

$$8.165, \quad 4.328, \quad 2.626, \quad 2.21$$

由此可以看出,系统的临界稳定增益随着采样周期 T 的增大而减小,这表明,采样周期增大,系统相对稳定性随之降低,最终有可能导致系统不稳定。比如,该系统当增益 $K = 3$ 时,$T = 0.5$ 秒,系统稳定,当 $T = 1$ 秒时,相对稳定性降低了,但是系统仍然稳定;而当 T 增大为 2 秒时,系统就变为不稳定。因为这时 $K > K_c = 2.626$。下面再分别考察 T 为上述四种不同数值时,系统的暂态响应特性。

(1) $T = 0.5$ 秒,$K = 2$ 时

系统闭环 Z 传递函数为

$$G_c(z) = \frac{0.787z}{z^2 - 0.8195z + 0.6065} = \frac{0.787z}{(z - p_1)(z - p_2)}$$

极点 p_1 和 p_2 为一共轭对,即 $p_{1,2} = 0.4098 \pm j0.6623 = 0.7788e^{\pm j58.25°}$ 系统输出单位阶跃响应 Z 变换为

$$Y(z) = G_c(z) \frac{z}{z - 1} = \frac{0.787z^2}{(z - p_1)(z - p_2)(z - 1)}$$

按照式(4.3.4)对 $Y(z)$ 作 Z 反变换,得系统输出的单位阶跃响应序列表示式:

$$y(k) = G_c(1) + \frac{0.787p_1}{(p_1 - p_2)(p_1 - 1)}(p_1)^k + \frac{0.787p_2}{(p_2 - p_1)(p_2 - 1)}(p_2)^k$$

$$= 1 + \frac{0.787 \cdot (0.7788e^{j58.25°})}{j2 \cdot (0.6623)(-0.5902 + j0.6623)}(p_1)^k$$

$$+ \frac{0.787 \cdot (0.7788e^{j58.25°})}{-j2 \cdot (0.6623)(-0.5902 - j0.6623)}(p_2)^k$$

$$= 1 + \frac{0.787 \cdot (0.7788)^{k+1}e^{j(k58.25° + 58.25°)}}{j2 \cdot (0.6623) \cdot 0.887e^{j131.7°}} - \frac{0.787 \cdot (0.7788)^{k+1}e^{-j(k58.25° + 58.25°)}}{j2 \cdot (0.6623) \cdot 0.887e^{-j131.7°}}$$

$$= 1 + 1.0433 \cdot (0.7788)^k \frac{1}{2j} [e^{j(k58.25° - 73.45°)} - e^{-j(k58.25° - 73.45°)}]$$

$$= 1 + 1.0433 \cdot (0.7788)^k \sin(k\,58.25° - 73.45°) \qquad (4.3.17)$$

由上式知,该系统在这组参数值下,其输出单位阶跃响应序列为衰减正弦振荡形式。在正弦振荡每个周期内的采样次数为 $n_i = \dfrac{360°}{58.25°} = 6.18$ 次。所以该系统的采样周期 T 取为 0.5 s,基本符合前述采样周期选取的经验准则。

由(4.3.17)式可求得系统输出单位阶跃响应序列为

$$y(k) = \{0,\ 0.787,\ 1.432,\ 1.483,\ 1.134,\ 0.817,\ 0.769,\ 0.922,\ 1.076,$$
$$1.11,\ 1.044,\ 0.969,\ 0.948,\ 0.976,\ 1.012,\ 1.042,\ 1.013,\ 0.996,\ \cdots\}$$

响应序列形式如图 4.11(a)所示。系统离散输出序列较好地反映了系统连续输出的变化情况。

(2) $T = 1$ 秒,$K = 2$ 时

系统闭环 Z 传递函数为

$$G_c(z) = \frac{1.2642z}{z^2 - 0.1037z + 0.368} = \frac{1.2642z}{(z - p_1)(z - p_2)}$$

极点 p_1 和 p_2 为一复共轭极点对,即

$$p_{1,2} = 0.0159 \pm \mathrm{j}0.6043 = 0.607\mathrm{e}^{\pm \mathrm{j}85.1°}$$

系统输出的单位阶跃响应序列表示式:

$$y(k) = G_c(1) + \frac{1.2642p_1}{(p_1 - p_2)(p_1 - 1)}(p_1)^k + \frac{1.2642p_2}{(p_2 - p_1)(p_2 - 1)}(p_2)^k$$
$$= 1 + 1.1295 \cdot (0.607)^k \frac{1}{2\mathrm{j}}\left[\mathrm{e}^{\mathrm{j}(k85.1° - 62.4°)} - \mathrm{e}^{-\mathrm{j}(k85.1° - 62.4°)}\right]$$
$$= 1 + 1.1295 \cdot (0.607)^k \sin(k\,85.1° - 62.4°) \qquad (4.3.18)$$

因采样周期 T 增大,系统共轭极点的相角也增大,相应的暂态响应每个振荡周期的采样次数明显减少,为 $n_i = \dfrac{360°}{85.1°} = 4.32$ 次,比经验规则要求的采样周期下限(6 次)还少。

由(4.3.18)式求得系统输出单位阶跃响应序列为

$$y(k) = \{0,\ 1.260,\ 1.4,\ 0.944,\ 0.85,\ 1.01,\ 1.06,\ 1.0,\ 0.98,\ \cdots\}$$

响应序列形式如图 4.11(b)所示。由图显见,系统离散输出序列已不能很好地反映系统连续输出的变化情况。

(3) $T = 2$ s,$K = 2$ 时

系统闭环 Z 传递函数为

$$G_c(z) = \frac{1.7293z}{z^2 + 0.594z + 0.1353} = \frac{1.7293z}{(z - p_1)(z - p_2)}$$

极点 p_1 和 p_2 为一复共轭极点对,即

$$p_{1,2} = 0.297 \pm \mathrm{j}0.217 = 0.368\mathrm{e}^{\pm \mathrm{j}143.85°}$$

系统输出的单位阶跃响应序列表示式:

$$y(k) = G_c(1) + \frac{1.7293p_1}{(p_1 - p_2)(p_1 - 1)}(p_1)^k + \frac{1.7293p_2}{(p_2 - p_1)(p_2 - 1)}(p_2)^k$$
$$= 1 + 2.23 \cdot (0.368)^k \sin(k\,143.85° - 26.65°) \qquad (4.3.19)$$

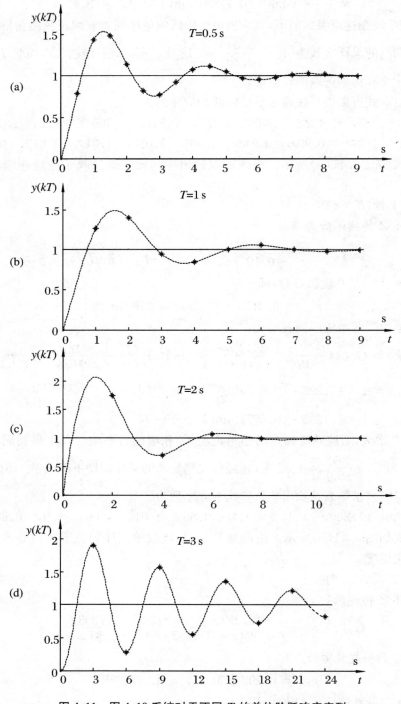

图 4.11 图 4.10 系统对于不同 T 的单位阶跃响应序列

暂态响应每个振荡周期的采样次数为 $n_i = \dfrac{360°}{143.85°} = 2.5$ 次,远少于经验规则要求的采样周期下限,这样的采样周期是不可接受的。

由(4.3.19)式求得系统输出单位阶跃响应序列为

$$y(k) = \{0,\ 1.73,\ 0.702,\ 1.078,\ 0.994,\ 0.993,\ 1.005,\ \cdots\}$$

响应序列形式如图 4.11(c)所示。系统的暂态响应特性明显恶化,超调增大,调整时间增长。

（4）$T = 3\,\text{s}, K = 2$ 时

系统闭环 Z 传递函数为

$$G_c(z) = \frac{1.9z}{z^2 + 0.85z + 0.05} = \frac{1.9z}{(z + 0.788)(z + 0.064)} = \frac{1.9z}{(z - p_1)(z - p_2)}$$

这种情况下,两个闭环极点均变为负的实极点,且其中一个（−0.788）靠近 −1 处。可以预见系统暂态响应会出现大幅度的振荡,振荡频率为采样频率的 1/2。通常称这种状况为振铃现象。凡是系统有负实极点,就有振铃现象出现。这种情况下的系统输出单位阶跃响应序列表示式为

$$y(k) = G_c(1) + \frac{1.9p_1}{(p_1 - p_2)(p_1 - 1)}(p_1)^k + \frac{1.9p_2}{(p_2 - p_1)(p_2 - 1)}(p_2)^k$$

$$= 1 - 1.157 \cdot (-0.788)^k + 0.158 \cdot (-0.064)^k \tag{4.3.20}$$

由上式求得系统输出单位阶跃响应序列为

$$y(k) = \{0,\ 1.902,\ 0.282,\ 1.566,\ 0.554,\ 1.352,\ 0.723,\ \cdots\}$$

响应序列形式如图 4.11(d)所示。显然,系统确实存在衰减较慢的大幅度振荡。

对上述系统在相同增益 K 下,对应于以上四种不同采样周期的系统临界增益、闭环极点和暂态响应特性进行比较,可以看出:① 采样周期 T 不仅影响计算机控制系统的稳定性,而且对系统的暂态响应特性有很大的影响;② 随着采样周期 T 增大,计算机控制系统的临界增益减小,相对稳定性降低、暂态响应特性变差,最终可能导致系统不稳定;当 T 增大到使系统暂态响应的每个振荡周期的采样次数少于 6 次以下,系统离散输出序列就不能完全反映相应连续输出的变化情况。因此,计算机控制系统,尤其在计算机快速跟踪系统设计时,采样周期应该按照 2.2 节所述原则和方法,根据被控对象特性,控制系统动态性能要求以及计算机资源等综合考虑,合理选择。在计算机资源许可条件下,采样周期 T 取得偏小一些为好。在完成系统初步设计以后,最好要检验系统暂态响应的每个周期的采样次数是否符合 6~10 次的要求。如果不满足要求,应修改采样周期 T 使之满足这一要求。

4.3.3 计算机控制系统的连续输出响应的计算

我们知道,计算机控制系统的被控对象绝大多数是连续系统,其实际输出是连续信号。系统分析时,采用上述 Z 变换和 Z 反变换方法得到的系统输出响应,只是计算机控制系统实际连续输出响应 $y(t)$ 的采样序列 $y^*(t)$ 或 $\{y(k)\}$。当采样周期 T 取得不是足够小,而是偏大或过大时,系统输出响应的采样序列 $y^*(t)$ 就不能反映系统实际连续输出 $y(t)$ 的变化细节甚至出现类似于图 4.3 所示那样,系统输出的采样序列 $y^*(t)$ 变化很平缓,而系统实际输出 $y(t)$ 却具有很强的振荡特性。因此,系统分析时,除了要了解系统采样输出的响应特性,往往还需要了解系统在采样输出的采样点之间的连续输出变化情况,亦即系统的连续输出响应特性。计算机控制系统的连续输出响应,可以通过在系统输出端加一虚拟延迟环

节 $e^{-\lambda Ts}$（$0<\lambda<1$），如图 4.12 所示，再用 2.7 节中的修正 Z 变换和 Z 反变换方法逐点计算来获得。具体计算方法如下：

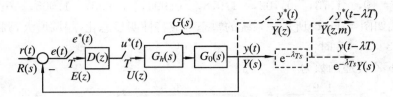

图 4.12　计算机控制系统输出端加一虚拟延迟环节

对于图 4.12 所示典型计算机控制系统，系统连续输出 $y(t)$ 经虚拟延迟环节 $e^{-\lambda Ts}$ 后的输出为 $y(t-\lambda T)$，其采样信号 $y^*(t-\lambda T)$ 的 Z 变换为系统输出 $y(t)$ 的修正 Z 变换，即

$$Z[y^*(t-\lambda T)] = Z[y(t-\lambda T)] = Z_m[y(t)] = Z_m[Y(s)] = Y(z,m) \tag{4.3.21}$$

由图 4.12 所示系统结构可以看出

$$Z[y(t-\lambda T)] = Z[e^{-\lambda Ts}Y(s)] = Z[e^{-\lambda Ts}G(s)U^*(s)] = Z[e^{-\lambda Ts}G(s)]U(z)$$
$$= Z_m[G(s)]U(z) = G(z,m)U(z) \tag{4.3.22}$$

式中，$G(z,m) = Z_m[G(s)] = Z[G(s)e^{-\lambda Ts}]$ 为系统中连续部分的修正 Z 传递函数。

由式(4.3.21)和(4.3.22)得系统输出 $y(t)$ 的修正 Z 变换为

$$Y(z,m) = G(z,m)U(z), \quad 0 < m < 1, m = 1-\lambda \tag{4.3.23}$$

由图 4.12 可知

$$U(z) = D(z)E(z), \quad E(z) = R(z) - Y(z), \quad Y(z) = G(z)U(z)$$

以上三式联立得闭环系统控制量为

$$U(z) = \frac{D(z)}{1+G(z)D(z)}R(z) \tag{4.3.24}$$

将式(4.3.24)代入式(4.3.23)得闭环系统输出修正 Z 变换为

$$Y(z,m) = \frac{G(z,m)D(z)}{1+G(z)D(z)}R(z), \quad m = 1-\lambda \tag{4.3.25}$$

对 $Y(z,m)$ 进行 Z 反变换，求得输出序列 $y(kT-T+mT)$，令参变数 m 从 0 变到 1，就可以获得系统在采样点 $(k-1)T$ 与 kT 之间的任何时刻的连续输出值。由此便可了解到系统连续输出响应的变化细节。

【例 4.3.1】 图 4.12 所示典型计算机控制系统中，设控制器 $D(z) = 1.5$，被控对象 $G_o(s) = \dfrac{1}{s+1}$，采样周期 $T=1$ 秒。若输入为单位阶跃函数，试计算该系统在采样点之间的连续输出响应。

解　连续被控对象的修正 Z 传递函数为

$$G(z,m) = Z_m[G(s)] = Z_m\left[\frac{1-e^{-Ts}}{s} \cdot \frac{1}{s+1}\right] = (1-z^{-1})Z_m\left[\frac{1}{s(s+1)}\right]$$

查 Z 变换表，且注意 $T=1$，得

$$G(z,m) = (1-z^{-1})\left(\frac{z^{-1}}{1-z^{-1}} - \frac{e^{-m}z^{-1}}{1-e^{-1}z^{-1}}\right) = \frac{z^{-1}[(1-e^{-m})+(e^{-m}-e^{-1})z^{-1}]}{1-e^{-1}z^{-1}}$$

连续被控对象的 Z 传递函数为

$$G(z) = Z\left[\frac{1 - \mathrm{e}^{-Ts}}{s} \cdot \frac{1}{s+1}\right] = (1 - z^{-1})Z\left[\frac{1}{s(s+1)}\right] = \frac{(1 - \mathrm{e}^{-1})z^{-1}}{1 - \mathrm{e}^{-1}z^{-1}}$$

由式(4.3.25)得系统闭环输出修正 Z 变换为

$$Y(z,m) = \frac{G(z,m)D(z)}{1 + G(z)D(z)}R(z) = \frac{1.5z^{-1}\left[(1 - \mathrm{e}^{-m})z + (\mathrm{e}^{-m} - \mathrm{e}^{-1})z^{-1}\right]}{1 - \mathrm{e}^{-1}z^{-1} + 1.5(1 - \mathrm{e}^{-1})z^{-1}}R(z)$$

$$= \frac{1.5z^{-1}\left[(1 - \mathrm{e}^{-m}) + (\mathrm{e}^{-m} - \mathrm{e}^{-1})z^{-1}\right]}{(1 + 0.58z^{-1})(1 - z^{-1})} = \frac{1.5\left[(1 - \mathrm{e}^{-m})z + (\mathrm{e}^{-m} - \mathrm{e}^{-1})\right]}{(z + 0.58)(z - 1)}$$

用留数法对 $Y(z,m)$ 作 Z 反变换便得输出序列

$$y(kT - T + mT) = \sum_{i=1}^{2}\mathrm{Res}\left[Y(z,m)z^{k-1}\right]_{z = p_i}$$

$$= \frac{1.5(1 - \mathrm{e}^{-1})}{1.58}(1)^{k-1}$$

$$+ \frac{1.5\left[(1 - \mathrm{e}^{-m})(-0.58) + (\mathrm{e}^{-m} - \mathrm{e}^{-1})\right]}{-1.58}(-0.58)^{k-1}$$

式中，$k \geqslant 1$，整理得

$$y(kT - T + mT) = 0.6 - 0.95(1.58\mathrm{e}^{-m} - 0.948)(-0.58)^{k-1}, \quad k \geqslant 1$$

当

$$k = 1, \quad y(mT) = 0.6 - 0.95(1.58\mathrm{e}^{-m} - 0.948)$$

$$k = 2, \quad y(T + mT) = 0.6 + 0.551(1.58\mathrm{e}^{-m} - 0.948)$$

$$k = 3, \quad y(2T + mT) = 0.6 - 0.32(1.58\mathrm{e}^{-m} - 0.948)$$

$$k = 4, \quad y(3T + mT) = 0.6 + 0.186(1.58\mathrm{e}^{-m} - 0.948)$$

$$k = 5, \quad y(4T + mT) = 0.6 - 0.108(1.58\mathrm{e}^{-m} - 0.948)$$

$$\vdots$$

以上各段输出均为 m 的函数，当 m 从 0 变到 1 时，便得系统连续输出响应如图 4.13 所示。

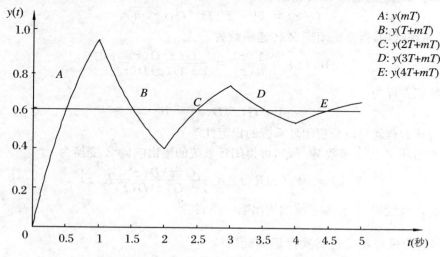

图 4.13　例 4.3.1 中系统的连续输出响应

4.3.4　含有延迟的计算机控制系统的输出响应

一般计算机控制系统都含有延迟,一是被控对象,尤其工业过程被控对象绝大多数都含有延迟;二是计算机执行控制程序和计算所需时间(即程序延迟)以及 A/D 转换时间等,都可以等效为延迟。对于这类含有延迟的计算机控制系统,可以应用修正 Z 变换在 Z 域进行分析,也可以计算它的输出响应。

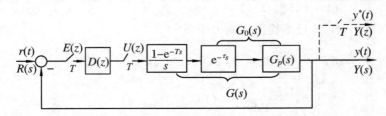

图 4.14　含有延迟的计算机控制系统

现考虑图 4.14 含有延迟的计算机控制系统,设被控对象的传递函数为

$$G_o(s) = G_p(s)e^{-\tau s}$$

其中,$G_p(s)$ 不含延迟,设延迟时间

$$\tau = NT + \lambda T, \quad 0 < \lambda < 1, \quad N \geqslant 1 \text{ 整数}$$

系统连续部分的 Z 传递函数为

$$G(z) = Z\left[\frac{1 - e^{-Ts}}{s}G_p(s)e^{-\tau s}\right] = (1 - z^{-1})z^{-N}Z\left[\frac{G_p(s)}{s}e^{-\lambda Ts}\right]$$

由修正 Z 变换定义,可知

$$Z\left[\frac{G_p(s)}{s}e^{-\lambda Ts}\right] = Z_m\left[\frac{G_p(s)}{s}\right] = G_1(z,m)\Big|_{m=1-\lambda}$$

代入上式,得系统连续部分 Z 传递函数为

$$G(z) = (1 - z^{-1})z^{-N}G_1(z,m)$$

由图 4.14 系统结构,得系统闭环 Z 传递函数为

$$W_c(z) = \frac{Y(z)}{R(z)} = \frac{G(z)D(z)}{1 + G(z)D(z)}$$

系统闭环特征方程为

$$1 + G(z)D(z) = 0$$

利用闭环特征方程就可以分析闭环系统的稳定性。

由系统闭环 Z 传递函数 $W_c(z)$,可得闭环系统的输出响应 Z 变换为

$$Y(z) = W_c(z)R(z) = \frac{G(z)D(z)}{1 + G(z)D(z)}R(z)$$

对 $Y(z)$ 作 Z 反变换,便得到系统的输出响应序列。

4.3.5　非同步采样和信号转换延迟的处理

在以上分析中,我们都认为计算机控制系统中的所有采样开关是同步运行的,实际上它

们一般都是不同步的。如果系统中有两个以上采样开关,只有当系统中各采样开关之间的运行时差 $\Delta T \ll$ 采样周期 T 时,按照同步处理来分析系统才比较合理,而当 ΔT 较大时,非同步问题就必须予以考虑,否则系统分析结果会严重偏离实际情况。

现以图 4.15(a)所示有两个非同步采样开关的简单系统为例,来说明非同步采样系统的处理方法。

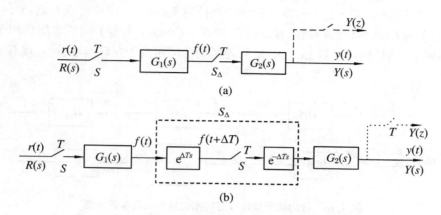

图 4.15　简单的非同步采样系统及其等效同步采样结构

图 4.15(a)中采样开关 S_Δ 和 S 的采样周期相同,均为 T 秒,若 S_Δ 比 S 滞后 ΔT 秒, $0 < \Delta < 1$,这样 S 在 kT 时刻采样,S_Δ 就在 $kT + \Delta T$ 时刻采样,采到函数值为 $f(kT + \Delta T)$。由 S_Δ 采得的作用于 $G_2(s)$ 的采样序列是 $\{f(kT + \Delta T)\}$。系统分析时,需要将非同步开关 S_Δ 作等效同步化处理,使非同步采样等效地变为同步采样,如图 4.15(b)所示。等效同步化就是将 S_Δ 改造成图 4.15(b)虚线框中的等效同步采样结构。由图可以看出,等效同步采样通过 $\mathrm{e}^{\Delta Ts}$ 使 $f(t)$ 变为 $f(t + \Delta T)$,由同步开关 S 对 $f(t + \Delta T)$ 采样,在 kT 时刻采到的是 $f(kT + \Delta T)$,再经 $\mathrm{e}^{-\Delta Ts}$ 延迟 ΔT 秒以后,在 $kT + \Delta T$ 时刻送出作用于 $G_2(s)$。因此作用于 $G_2(s)$ 的采样序列也是 $\{f(kT + \Delta T)\}$,与 S_Δ 非同步采样的结果完全相同。同步化处理后的等效同步采样系统可以利用修正 Z 变换法,求得系统输出响应 Z 变换表示式或系统的 Z 传递函数。由图 4.15(b)所示系统结构,系统输出可表示为

$$Y(s) = G_2(s)\mathrm{e}^{-\Delta Ts} [G_1(s)\mathrm{e}^{\Delta Ts}]^* R^*(s) \tag{4.3.26}$$

$$Y(z) = Z[G_2(s)\mathrm{e}^{-\Delta Ts}]z \cdot Z[G_1(s)\mathrm{e}^{-(1-\Delta)Ts}]R(z) = zG_2(z, 1-\Delta)G_1(z, \Delta)R(z) \tag{4.3.27}$$

其中,$G_1(z, \Delta) = Z_m[G_1(s)]_{m=\Delta}$,$G_2(z, 1-\Delta) = Z_m[G_2(s)]_{m=1-\Delta}$

计算机控制系统中的信号转换延迟包括控制器 $D(z)$ 程序延迟(即控制程序执行与计算时间)和 A/D 转换编码延迟。考虑到信号转换延迟因素,计算机控制开环系统中的信号转换与传递如图 4.16(a)所示。图中 S 为连续偏差信号 $e(t)$ 的采样开关,S_{Δ_1} 为 A/D 转换等效开关(实际不存在),S_{Δ_1} 比 S 滞后 $\Delta_1 T$ 秒,$0 < \Delta_1 < 1$;$S_{\Delta_1 + \Delta_2}$ 是控制器 $D(z)$ 输出等效开关(实际也不存在),$S_{\Delta_1 + \Delta_2}$ 比 S_{Δ_1} 滞后 $\Delta_2 T$ 秒,比 S 滞后 $(\Delta_1 + \Delta_2)T$ 秒,$0 < \Delta_1 + \Delta_2 < 1$,$\Delta_1 T$ 为 A/D 转换编码时间,$\Delta_2 T$ 为 $D(z)$ 程序延迟时间。

通过分析可知,上述两种信号转换延迟 $\Delta_1 T$ 和 $\Delta_2 T$ 都可以等效为被控对象 $G(s)$ 的输

入延迟环节,即 $e^{-(\Delta_1+\Delta_2)Ts}$ 如图 4.16(b)所示。在图 4.16(a)中,我们注意到,S 为采样开关,S_{Δ_1} 和 $S_{\Delta_1+\Delta_2}$ 虽然与 S 不同步,但它们不是非同步采样开关,它们只是等效表示数字信号的传递。设 S 在 kT 时刻采样,采到的信号值是 $e(kT)$,因 A/D 转换编码延迟,S 采到的信号值 $e(kT)$ 在 $kT+\Delta_1T$ 时刻才由 S_{Δ_1} 输出给 $D(z)$,$D(z)$ 在 $kT+\Delta_1T$ 时刻,在输入 $e(kT)$ 的作用下产生相应的控制信号 $u(k)$,因程序延迟 Δ_2T,$D(z)$ 在 $kT+\Delta_1T$ 时刻产生的控制信号 $u(kT)$ 要在 $kT+\Delta_1T+\Delta_2T$ 时刻才输出给被控对象 $G(s)$。由此可以看出,S 在 kT 时刻采到的信号 $e(kT)$ 其相应的控制信号 $u(kT)$ 要在 $kT+\Delta_1T+\Delta_2T$ 时刻才能作用于被控对象,这就意味着,信号转换延迟 Δ_1T 和 Δ_2T 的影响作用相当于在 $G(s)$ 的输入端有一延迟环节 $e^{-(\Delta_1+\Delta_2)Ts}$。

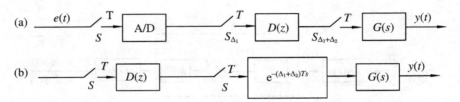

图 4.16　考虑信号转换延迟的系统结构及其等效框图

4.4　双速率采样控制系统分析

在工程中,有一类计算机控制系统,一个系统中有两种不同的采样周期(或采样频率),而且两种采样周期具有整数倍的关系,通常称这类系统为双速率采样系统。双速率采样系统分析和非同步采样系统分析有些类似,事先要对系统作适当处理,将双速率采样等效地化为单一速率采样,然后再用 Z 域或时域方法对等效的单一速率采样系统进行分析。本节将讨论这类双速率采样系统的两种基本分析处理方法,即开关分解 Z 域分析法和时域分析方法。

4.4.1　开关分解 Z 域分析法

为了讨论简便,现仅考虑一个简单的双速率采样开环系统,如图 4.17(a)所示,系统中低速开关 S_0 的采样周期为 T,高速开关 S 的采样周期为 T/n,n 为正整数,即 S_0 的采样周期为 S 的采样周期的 n 倍。设 $n=3$,高速开关 S 采得的序列 $f^*(t)$ 如图 4.17(b)所示。

由图 4.17(b)所示高速开关以 $T/3$ 为周期采得的序列 $f^*(t)$,不难看出,若改用三路并联低速开关 S_0,S_1,S_2,以 T 为周期作非同步采样,所采得的序列将与图 4.17(b)所示高速开关采得的序列完全相同。在 0 时刻由 S_0 采样,采得序列值 $f(0)$;在 $T/3$ 时,由 S_1 采样,采得序列值 $f(T/3)$,S_1 比 S_0 滞后 $T/3$;在 $2T/3$ 时,由 S_2 采样,采得序列值 $f(2T/3)$,S_2 比 S_1 滞后 $T/3$;在 T 时,再由 S_0 采样,采得序列值 $f(T)$,……按此顺序,三路低速开关以

T 为周期循环采样,所得采样序列为

$$f^*(t) = \{f(0),\quad f(T/3),\quad f(2T/3),\quad f(T),\quad f(4T/3),\quad \cdots\}$$

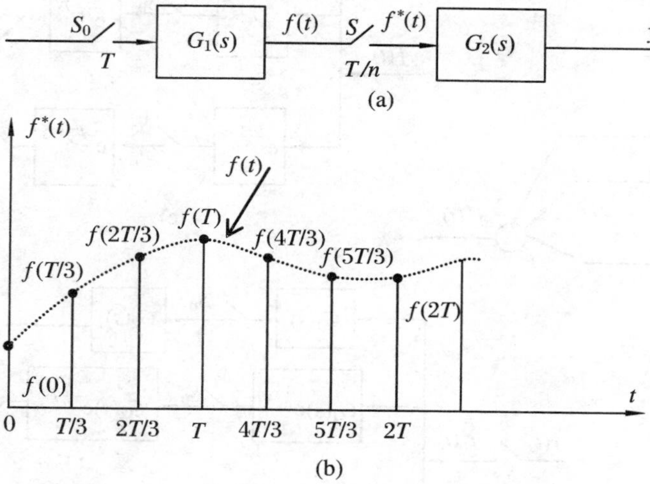

图 4.17　双速率采样开环系统及高速采样序列

显然和图 4.17(b)所示高速开关采得 $f^*(t)$ 完全相同。这就意味着,以 T/n 为周期的高速采样如图 4.18(a)所示,可以等效分解为以 T 为周期的 n 路并联的低速非同步采样如图 4.18(b)所示。至于非同步采样可以按照上节讲的同步化方法处理,将其等效变为同步采样,如图 4.18(c)所示。这样,图 4.17(a)所示双速采样系统就化为等效的同速同步采样系统,如图 4.18(d)所示。等效的同速同步采样系统便可以应用修正 Z 变换求得系统输出 Z 变换或系统的 Z 传递函数。图 4.18(d)所示等效同速同步采样系统的输出拉氏变换为

$$Y(s) = \left\{ G_1(s)^* G_2(s) + \sum_{i=1}^{n-1} \left[G_1(s) \mathrm{e}^{\frac{i}{n}Ts} \right]^* G_2(s) \mathrm{e}^{-\frac{i}{n}Ts} \right\} R^*(s) \qquad (4.4.1)$$

系统输出 Z 变换为

$$Y(z) = \left\{ G_1(z) G_2(z) + \sum_{i=1}^{n-1} z G_1\left(z, \frac{i}{n}\right) G_2\left(z, 1 - \frac{i}{n}\right) \right\} R(z) \qquad (4.4.2)$$

式中

$$z G_1\left(z, \frac{i}{n}\right) = Z\left[G_1(s) \mathrm{e}^{\frac{i}{n}Ts} \right] = z Z\left[G_1(s) \mathrm{e}^{-\left(1 - \frac{i}{n}\right)Ts} \right] = z Z_m \left[G_1(s) \right]_{m = \frac{i}{n}}$$

$$G_2\left(z, 1 - \frac{i}{n}\right) = Z\left[G_2(s) \mathrm{e}^{-\frac{i}{n}Ts} \right] = Z_m \left[G_2(s) \right]_{m = 1 - \frac{i}{n}}$$

系统 Z 传递函数为

$$G(z) = \frac{Y(z)}{R(z)} = G_1(z) G_2(z) + \sum_{i=1}^{n-1} z G_1\left(z, \frac{i}{n}\right) G_2\left(z, 1 - \frac{i}{n}\right) \qquad (4.4.3)$$

由(4.4.2)式,对系统输出 $Y(z)$ 作 Z 反变换可求得系统以 T 为周期的输出序列 $y^*(t)$。利用系统 Z 传递函数(4.4.3)式,可以在 Z 域对系统稳定性、稳态及暂态特性进行分析。

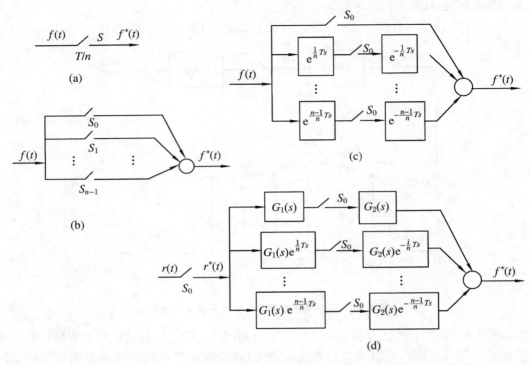

图 4.18　双速采样系统等效同速同步处理

4.4.2　串级双速率采样控制系统时域分析法

串级控制系统是控制工程中的一种常见控制结构,在工程中,尤其在工业过程控制中应用十分广泛。它是由主、副控制器与主、副被控对象构成内、外两个反馈回路。典型的计算机串级控制系统如图 4.19 所示,其中 $D_1(z)$ 为主控制器,$D_2(z)$ 为副控制器,$G_1(s)$ 和 $G_2(s)$ 分别为主、副被控对象,$w_{o1}(s)$、$w_{o2}(s)$ 分别为主、副回路零阶保持器。串级控制系统主要通过副控制器与副被控对象构成的内反馈回路来提高系统对干扰的抑制能力和改善系统的动态性能。用计算机实现串级控制时,考虑到副被控对象的动态时滞一般比主被控对象的动态时滞小得多,所以通常内回路采用高速采样,而外回路采用低速采样,而且取外回路采样周期 T 为内回路采样周期 τ 的整数倍,因此计算机串级控制系统绝大多数都是双速率采样控制系统。对这类串级双速率采样系统进行分析,采用时域方法比用开关分解 Z 域方法方便。

现在研究图 4.19 所示计算机串级双速率采样控制系统的时域分析方法。设系统为单输入单输出系统,系统中内回路高速采样周期为 τ,外回路低速采样周期为 T,且 $T=l\tau,l\geqslant1$ 整数;所有高、低速采样均同步。系统时域分析方法具体步骤如下:

(1) 求得内回路输入 $v(k)$ 到系统输出 $y(k)$ 的 Z 传递函数 $W_{c1}(z)$。

由系统结构可得

$$W_{c1}(z) = \frac{Y(z)}{V(z)} = \frac{G_1 G_2 W_{o2}(z) D_2(z)}{1 + G_2 W_{o2}(z) D_2(z)} \tag{4.4.4}$$

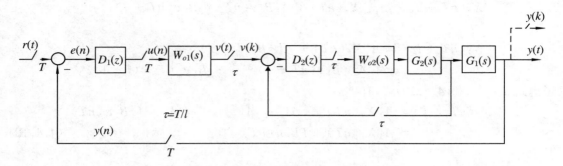

图 4.19　计算机串级双速率采样控制系统的结构图

式中

$$G_1 G_2 W_{o2}(z) = Z[G_1(s) G_2(s) W_{o2}(s)]$$
$$G_2 W_{o2}(z) = Z[G_2(s) W_{o2}(s)]$$

（2）分别写出 Z 传递函数 $W_{c1}(z)$ 和 $D_1(z)$ 的状态空间表达式以及外回路比较环节和零阶保持器 $W_{o1}(s)$ 的方程式。

· 设 $W_{c1}(z)$ 的状态空间表达式为

$$\begin{cases} X_1(k\tau + \tau) = A_1 X_1(k\tau) + B_1 v(k\tau) & (4.4.5) \\ y(k\tau) = C_1 X_1(k\tau) & (4.4.6) \end{cases}$$

式中，$X_1(k\tau)$ 为 N 维状态向量，$y(k\tau)$ 为系统输出，$v(k\tau)$ 为内回路输入，A_1 为 $N \times N$ 矩阵，B_1 为 $N \times 1$ 矩阵，C_1 为 $1 \times N$ 矩阵。这里设直传矩阵 $D_1 = 0$，这是考虑到大多数连续系统离散化后至少有一步延迟的缘故。

· $D_1(z)$ 的状态空间表达式为

$$\begin{cases} X_2(nT + T) = A_2 X_2(nT) + B_2 e(nT) & (4.4.7) \\ u(nT) = C_2 X_2(nT) + D_2 e(nT) & (4.4.8) \end{cases}$$

式中，$X_2(nT)$ 为 p 维状态向量，$u(nT)$ 为控制器 $D_1(z)$ 的输出，A_2 为 $p \times p$ 矩阵，B_2 为 $p \times 1$ 矩阵，C_2 为 $1 \times p$ 矩阵，D_2 为直传矩阵。

· 外回路比较环节方程为

$$e(nT) = r(nT) - y(nT) \qquad (4.4.9)$$

· 外回路零阶保持器 $w_{o1}(s)$ 的输入与采样输出之间的方程。

由于 $w_{o1}(s)$ 的保持周期 T 为高速采样周期 τ 的 l 倍，所以保持器 $w_{o1}(s)$ 的输入 $u(nT)$ 与采样输出之间有如下关系：

$$v(nT) = v(nT + \tau) = v(nT + 2\tau) = \cdots = v[nT + (l-1)\tau] = u(nT)$$

$$(4.4.10)$$

（3）将内回路状态空间表示式中的离散时间坐标和状态转移的时间间隔与 $D_1(z)$ 的状态空间表示式统一起来。

由于 T 是 τ 的整数倍，且高低速采样同步，所以（4.4.5）式可改写为

$$X_1(nT + \tau) = A_1 X_1(nT) + B_1 v(nT) \qquad (4.4.11)$$

由式（4.4.11）可得

$$X_1(nT + 2\tau) = A_1^2 X_1(nT) + A_1 B_1 v(nT) + B_1 v(nT + \tau)$$
$$\vdots$$
$$X_1(nT + l\tau) = A_1^l X_1(nT) + A_1^{l-1} B_1 v(nT)$$
$$+ A_1^{l-2} B_1 v(nT + \tau) + \cdots + B_1 v[nT + (l-1)\tau]$$

考虑到 $T = l\tau$,和(4.4.10)式,有

$$X_1(nT + T) = A_1^l X_1(nT) + (A_1^{l-1} + A_1^{l-2} + \cdots + A_1 + I)B_1 u(nT)$$
$$= A_1^l X_1(nT) + PB_1 u(nT) \tag{4.4.12}$$

其中

$$P = A_1^{l-1} + A_1^{l-2} + \cdots + A_1 + I$$

同样,输出方程(4.4.6)也改写为

$$y(nT) = C_1 X_1(nT) \tag{4.4.13}$$

(4) 将时间坐标与状态转移的时间间隔都相同的两个状态空间表示式联立成闭环系统增广状态空间表示式。

方程(4.4.12)、(4.4.13)和(4.4.7)、(4.4.8)以及(4.4.9)联立得

$$\left.\begin{array}{l} X_1(nT + T) = A_1^l X_1(nT) + PB_1 u(nT) \\ y(nT) = C_1 X_1(nT) \\ X_2(nT + T) = A_2 X_2(nT) + B_2 e(nT) \\ u(nT) = C_2 X_2(nT) + D_2 e(nT) \\ e(nT) = r(nT) - y(nT) = r(nT) - C_1 X_1(nT) \end{array}\right\} \tag{4.4.14}$$

消去(4.4.14)式中间变量 $e(nT)$ 和 $u(nT)$ 便得闭环系统增广状态空间表示式为

$$\left.\begin{array}{l} X_1(nT + T) = (A^l - PB_1 D_2 C_1)X_1(nT) + PB_1 C_2 X_2(nT) + PB_1 D_2 r(nT) \\ X_2(nT + T) = -B_2 C_1 X_1(nT) + A_2 X_2(nT) + B_2 r(nT) \\ y(nT) = C_1 X_1(nT) \end{array}\right\}$$

$$\tag{4.4.15}$$

将(4.4.15)式写成状态空间表示式的标准形式,并省去"T",即

$$X(n+1) = AX(n) + Br(n) \tag{4.4.16}$$
$$y(n) = CX(n) \tag{4.4.17}$$

式中 $X(n) = \begin{bmatrix} X_1(n) \\ \cdots \\ X_2(n) \end{bmatrix}$ 为 $(N+p)$ 维增广状态向量,$A = \begin{bmatrix} A_1^l - PB_1 D_2 C_1 & PB_1 C_2 \\ -B_2 C_1 & A_2 \end{bmatrix}$ 为 $(N+$

$p) \times (N+p)$ 维系统增广状态转移矩阵,$B = \begin{bmatrix} PB_1 D_2 \\ B_2 \end{bmatrix}$ 为 $(N+p) \times 1$ 维系统增广控制矩

阵,$C = [C_1 \quad 0]$ 为 $1 \times (N+p)$ 维系统增广输出矩阵,$r(n)$ 和 $y(n)$ 分别为以 T 为周期的系统输入和输出序列。

(5) 依据闭环系统的增广状态转移矩阵 A 的特征值判断闭环系统的稳定性;并由增广状态空间表示式(4.4.16)和(4.4.17)求得系统对各种典型输入 $r(nT)$ 的状态序列 $X(nT)$ 和输出响应序列 $y(nT)$。

由求出的以 T 为周期的动态响应序列 $X(nT)$ 和 $y(nT)(n \geqslant 0)$,可按照如下(4.4.18)求得系统以 τ 为周期的动态响应序列 $X_1(k\tau)$ 和 $y(k\tau),k \geqslant 0$

$$
\begin{cases}
X_1(nT + i\tau) = (A_1^i - P_iB_1D_2C_1)X_1(nT) + P_iB_1C_2X_2(nT) + P_iB_1D_2r(nT) \\
\qquad\qquad = A_1^iX_1(nT) + P_iB_1\big[C_2X_2(nT) - D_2C_1X_1(nT) + D_2r(nT)\big] \\
y(nT + i\tau) = C_1X_1(nT + i\tau)
\end{cases}
$$

$$(4.4.18)$$

式中

$$i = 1,2,\cdots,l-1$$
$$n = 0,1,2,\cdots$$
$$P_i = A_1^{i-1} + A_1^{i-2} + \cdots + A_1 + I$$

考虑到 $T = l\tau$,并令 $k = nl + i, i = 0,1,2,\cdots,l-1$,则有

$$X_1(nT + i\tau) = X_1\big[(nl + i)\tau\big] = X_1(k\tau), \quad n \geqslant 0, \quad k \geqslant 0$$
$$y(nT + i\tau) = y\big[(nl + i)\tau\big] = y(k\tau), \quad n \geqslant 0, \quad k \geqslant 0$$

习　　题

4.1　设计算机控制系统结构如图所示。

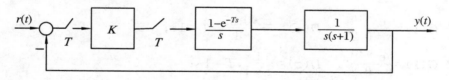

图 P4.1

试用 W 变换及 Routh 稳定性判据分别确定在(1) $T = 0.1\,\text{s}$;(2) $T = 1\,\text{s}$ 情况下,使闭环系统稳定的 K 值允许范围。

4.2　试确定下列关于 Z 的特征方程的根相对于 Z 平面上单位圆的分布。

(1) $z^3 - 1.5z^2 - 2z + 0.5 = 0$;　　(2) $z^4 - 2z^3 + z^2 - 2z + 1 = 0$;

(3) $z^3 + 5z^2 + 3z + 0.1 = 0$;　　　(4) $z^3 - 1.7z^2 + 1.7z - 0.7 = 0$。

4.3　下列 $G(z)$ 是计算机单位反馈控制系统的开环 Z 传递函数,试求保证闭环系统稳定的其中参数 K 值允许范围。

(1) $G(z) = \dfrac{K(z^2 + 1.5z - 1)}{z^3 - 1}$;　　(2) $G(z) = \dfrac{K(z - 0.5)^2}{z(z-1)(z+0.5)}$。

4.4　已知离散系统的状态方程为 $x(k+1) = Ax(k)$,其中

(1) $A = \begin{bmatrix} 0 & 1 \\ -4.8 & 1.4 \end{bmatrix}$;(2) $A = \begin{bmatrix} -1.5 & 0 \\ 0 & -0.5 \end{bmatrix}$,试用李亚普诺夫稳定性判据分别判断系统在(1)和(2)两种情况下的稳定性。

4.5 已知计算机控制系统框图如图 P4.5 所示，

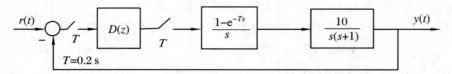

图 P4.5

(1) 当 $D(z)=1$ 求该系统稳态误差系数 K_p,K_V,K_a，并按下列输入求系统稳态误差。

① $r(t)=1$；　② $r(t)=1+2t$。

(2) 当 $D(z)=1.5-0.5z^{-1}$，重复(1)的要求。

4.6 设稳定离散系统 Z 传递函数为 $H(Z)$，输入信号为 $u(k)=\cos k\omega T$，$k\geqslant0$ 整数，T 为采样周期，试证明系统稳态输出序列为 $y(k)=M\cos(k\omega T+\theta)$，其中 $M=|H(\mathrm{e}^{\mathrm{j}\omega T})|$，$\theta=\angle H(\mathrm{e}^{\mathrm{j}\omega T})$。

4.7 已知计算机控制系统框图如图 P4.7 所示。

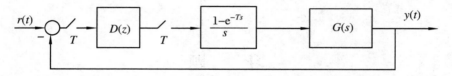

图 P4.7

试求如下(1)、(2)、(3)三种情况下的该系统闭环 Z 传递函数和输出单位阶跃响应序列。

(1) $G(s)=\dfrac{\mathrm{e}^{-0.4Ts}}{s+0.25}$，　$D(z)=\dfrac{z-0.85}{z-1}$，$T=1\,\mathrm{s}$；

(2) $G(s)=\dfrac{\mathrm{e}^{-0.4Ts}}{s+0.25}$，　$D(z)=\dfrac{1}{z-1}$，$T=1\,\mathrm{s}$；

(3) $G(s)=\dfrac{\mathrm{e}^{-2.4Ts}}{s+0.25}$，　$D(z)=\dfrac{z-0.85}{z-1}$，$T=1\,\mathrm{s}$。

4.8 单位反馈采样系统如图 P4.8 所示。

其中，$T=1\,\mathrm{s}$，$n=2$，(1) 当 $G_1(s)=\dfrac{1}{s+0.2}$，$G_2(k)=\dfrac{1}{s}$ 时，试求该系统闭环 Z 传递函数 $W(z)$ 和输出单位阶跃响应序列 $y(kT)$；(2) 当 $G_1(s)=\dfrac{1}{s}$，$G_2(k)=\dfrac{1}{s+0.2}$，重复(1)的要求。

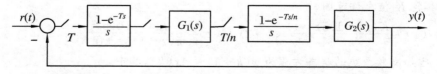

图 P4.8

第 5 章　计算机控制系统基于
输入输出模型设计法

　　前面几章我们介绍了有关计算机控制系统数学描述和分析的基本理论和方法,为计算机控制系统工程设计建立了理论基础。从本章开始到第 7 章,我们将系统地介绍典型单输入单输出计算机控制系统的一些常用的基本设计方法和新近发展的一类计算机模型预测控制算法及其设计。计算机控制系统设计通常是指,在已经确定的反馈控制系统结构情况下,按照控制任务要求的控制系统性能指标和被控对象特性和数学模型,设计出数字控制器使控制系统达到预先要求的性能指标。计算机控制系统的数字控制器就是由计算机在线执行的数字控制算法,也称数字控制律。

　　计算机具有很强的记忆和数字计算以及逻辑判断功能,由计算机可以实现模拟控制器难以实现的多种复杂的先进反馈控制策略,因此计算机控制系统的设计方法也是多种多样的。按照各种设计方法所采用的理论和系统模型的形式,可以大致分为:连续化设计法、离散化设计法(或 Z 域设计法)和状态空间设计法。前两种设计方法都是以系统输入输出模型为基础,设计理论属于经典控制理论范畴,这是本章要讲述的主要内容;状态空间设计法,是以系统状态空间模型为基础,设计理论属于现代控制理论范畴,将在下一章介绍;除此还有一类是近二十年来新发展的以系统非参数化模型(即系统的单位脉冲或阶跃响应)为基础的计算机模型预测控制算法,将在第 7 章介绍。

　　应当强调指出,我们这里(和其他类似教科书中)所讲的计算机控制系统设计,实际上是指数字控制器的设计,而并不涉及计算机控制系统的全部工程设计内容。一个计算机控制系统,不论其如何简单,它的全部工程设计除此还应包括:控制任务分析与控制系统性能指标的拟定;被控对象特性测试及其模型的建立;控制系统结构与控制计算机硬件系统(包括输入、输出通道设备)结构设计和论证;测量装置与驱动执行装置的选型;数字控制器的程序实现与控制及操作软件的设计及编写等各项工作。数字控制器的设计虽然是其中一项十分重要的工作,对控制系统性能有很大影响,但不是决定系统性能的唯一因素。在工程实践中,数字控制器的设计应该与其他各项设计工作紧密结合,全面综合考虑与其他各项设计工作的协调配合以及影响系统性能的其他有关因素。比如,如果通过测试所建立的系统模型精度很低,那么在控制系统结构和数字控制器设计时就应充分考虑对系统的鲁棒性的要求(指系统结构和参数在一定范围内变化时,系统性能仍满足指标的要求),必要时要降低对系统控制精度的要求,而提高对系统鲁棒性的要求。又如,若所选的执行装置有较严重的非线性,那么数字控制器的设计就必须考虑非线性特性对系统的影响,采取适当的非线性补偿措施来降低非线性对系统性能的影响,或者重新选用线性度较好的执行器。数字控制器设计结果还需要通过仿真实验(包括纯数字系统仿真和半实物系统仿真)来检验是否达到设计目标,否则还应修改设计结果直至获得满意的设计结果为止。

在本章中我们将介绍连续化设计和模拟控制器离散化,数字 PID 控制,根轨迹和伯德图设计法,极点配置设计法,快速无纹波控制系统设计,控制系统最优化设计和自校正控制器的设计。

5.1 连续化设计和模拟控制器离散化

我们在第 1 章已讲过,计算机控制系统是一种混合系统,它既可以按照离散系统形式进行离散化设计,也可以按照连续系统形式进行连续化设计。连续化设计方法的设计流程如图 5.1 所示。首先,按第 2 章给出的原则选择采样周期。为了减小计算机控制系统中 D/A 转换器所包含的信号保持器的相位滞后特性对控制系统性能的有害影响,需要将保持器的动态特性归并到被控对象模型中,以构成用于设计的连续被控对象的修正模型。进而依据给定的控制系统性能指标,按照连续控制系统理论设计出模拟(即连续的)控制器 $D(s)$。再将设计出的模拟控制器通过离散化,转换成相应的等效数字控制器 $D(z)$。最后由 $D(z)$ 写出相应的差分方程或状态空间表示式形式的数字控制算法。该算法编成软件由计算机在线执行产生数字控制信号。

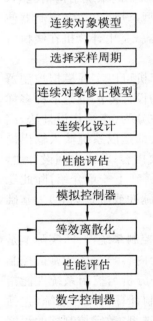

**图 5.1 计算机控制系统
连续化设计流程**

连续化设计方法,虽如第 1 章所说,有较大局限性,所设计的计算机控制系统的性能指标往往不如所设计出的连续控制系统,但是它最大好处是,它是基于连续控制系统理论和较少的关于连续系统离散化的知识,而无需系统的离散控制系统理论。这对于多数只熟悉连续控制系统理论尚未系统掌握计算机控制系统理论的控制工程人员来说,相对简单,易于掌握应用,所以在实际工程中易于推广。它特别适用于,要将已运行的连续控制系统改成计算机控制系统的场合。这种情况下,若系统性能要求不高,甚至可以不作系统再设计,直接将现有的模拟控制器离散化为数字控制器,十分简便。

5.1.1 连续化设计

连续化设计时,需要考虑两个问题:① 设计出的模拟控制器用计算机等效实现时,系统中保持器的动态特性对控制系统性能的影响;② 模拟控制器 $D(s)$ 如何等效离散化为数字控制器 $D(z)$。下面分别讨论这两个问题的处理方法。

　　为了便于说明对问题①的处理,不妨设模拟控制器为比例控制,即 $D(s) = K_p$,设计出的模拟控制系统结构如图 5.2(a)所示,与之对应的由计算机实现的等效数字控制系统结构如图 5.2(b)所示。由图可知,

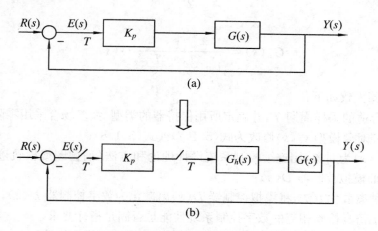

图 5.2　模拟控制系统的等效数字化

模拟控制系统的开环传递函数为

$$G_a(s) = G(s)K_p \tag{5.1.1}$$

等效数字控制系统的开环输出为

$$Y(s) = G(s)G_h(s)K_pE^*(s) = \frac{1}{T}G_h(s)G(s)K_p \sum_{n=-\infty}^{\infty} E(s - \mathrm{j}n\omega_s) \tag{5.1.2}$$

式中,$G_h(s)$ 为保持器的传递函数,ω_s 为采样角频率。

　　因保持器 $G_h(s)$ 具有低通特性,被控对象 $G(s)$ 一般也都具低通滤波特性,并设采样周期 T 取得很小(即采样频率 ω_s 远大于 $G(s)$ 的带宽 ω_b),则(5.1.2)式可近似为

$$Y(s) \approx \frac{1}{T}G_h(s)G(s)K_pE(s) \tag{5.1.3}$$

因而,等效数字控制系统的开环传递函数可近似为

$$G_d(s) = \frac{1}{T}G_h(s)G(s)K_p = \frac{1}{T}G_h(s)G_a(s) \tag{5.1.4}$$

可以看出,等效数字控制系统的开环传递函数 $G_d(s)$ 明显不同于相应的模拟控制系统的开环传递函数 $G_a(s)$。在 $G_d(s)$ 中增加了保持器的传递函数 $G_h(s)$ 和比例因子 $1/T$,因而,等效数字控制系统的闭环特性也一定不同于相应的模拟控制系统。这样,等效数字控制系统也就称不上"等效"了。为了避免这种情况的出现,在进行模拟控制器设计时,应该先把被控对象模型改为

$$G_o(s) = \frac{1}{T}G_h(s)G(s) \tag{5.1.5}$$

若保持器选用零阶保持器,则

$$\frac{1}{T}G_h(s) = \frac{1 - \mathrm{e}^{-Ts}}{Ts} = \frac{\mathrm{e}^{\frac{Ts}{2}} - \mathrm{e}^{-\frac{Ts}{2}}}{Ts \cdot \mathrm{e}^{\frac{Ts}{2}}} \approx \frac{1}{1 + \frac{Ts}{2} + \frac{T^2s^2}{8} + \cdots} \tag{5.1.6}$$

为了便于设计,通常取一次项或二次项近似。这样,被控对象修正模型便取为

$$G_o(s) = \frac{1}{\frac{Ts}{2} + 1} G(s) \tag{5.1.7}$$

或

$$G_o(s) = \frac{1}{1 + \frac{Ts}{2} + \frac{T^2}{8}s^2} G(s) \tag{5.1.8}$$

连续化设计步骤大致如下:

(1) 选取合适的采样周期 T,并确定所用保持器的类型(大多场合采用零阶保持器);

(2) 将被控对象模型 $G(s)$ 修改为式(5.1.7)或式(5.1.8);

(3) 以 $G_o(s)$ 为对象,用连续控制系统设计理论和方法(伯德图或根轨迹)设计出满足系统性能指标的模拟控制器 $D(s)$;

(4) 取一种离散化方法,将模拟控制器 $D(s)$ 离散化为数字控制器 $D(z)$;

(5) 用数字仿真检验相应的数字控制系统性能是否满足指标要求。

将 $D(z)$ 化为差分方程或状态空间表示式,作为计算机在线数值算法。

如果需要把现有性能指标满意的模拟控制系统直接改造为性能相当的计算机控制系统,就不必按照上面的连续化设计步骤进行。模拟控制器 $D(s)$ 可以不用重新设计,直接采用后面讲的某种离散化方法将现有的模拟控制器离散化为数字控制器 $D(z)$ 即可。但是采样周期 T 应该尽可能取得小一些,以确保计算机控制系统中的零阶保持器在系统工作频段内产生的负相移 $\theta_b = \arctan\left(\frac{\omega_b T}{2}\right)$ 足够小(通常取 $\omega_s \geqslant 10\omega_b$,$\omega_b$ 为系统的带宽),不至于改造后的计算机控制系统的相角稳定裕量下降过大。

5.1.2　模拟控制器的离散化

我们现在讨论连续化设计中的模拟控制器如何离散化的问题。模拟控制器的离散化,就是利用某种离散化方法由模拟控制器 $D(s)$ 求出相应的数字控制器 $D(z)$,数字控制器 $D(z)$ 的动态特性应近似于 $D(s)$ 的动态特性。从数学上说,模拟控制器的离散化就是将描述模拟控制器输入与输出关系的微分方程化为差分方程,以实现数值计算。因此计算数学中的有关微分方程的各种数值计算方法,例如龙格—库塔法、阿当姆斯法等都可应用于模拟控制器的离散化。这里将介绍一些更为实用的工程近似离散化方法。这些方法同样可用于将模拟滤波器离散化为相应的数字滤波器。

1. 脉冲不变(Z 变换)法

脉冲不变法就是使模拟控制器 $D(s)$ 离散化后得到的数字控制器 $D(z)$ 的单位离散脉冲响应序列 $d(nT)$ 和模拟控制器 $D(s)$ 的单位脉冲响应序列 $d_a(nT)$ 相等。

模拟控制器 $D(s)$ 的单位脉冲响应序列 $d_a(nT)$ 的 Z 变换为

$$D_a(z) = Z[d_a(nT)] = Z[D(s)] \tag{5.1.9}$$

而相应的数字控制器 $D(z)$ 的单位离散脉冲响应序列 $d(nT)$ 的 Z 变换为

$$D_d(z) = Z[d(nT)] = D(z) \tag{5.1.10}$$

要求，$d(nT) = d_a(nT)$，即 $D_d(z) = D_a(z)$。所以

$$D(z) = Z[D(s)] \qquad (5.1.11)$$

由此可知，脉冲不变法就是 Z 变换法，即离散化的数字控制器的 Z 传递函数 $D(z)$ 直接由模拟控制器传递函数 $D(s)$ 的 Z 变换获得。

用脉冲不变法获得的数字控制器 $D(z)$ 和原模拟控制器 $D(s)$ 对于其他形式输入，两者输出响应序列是不相等的。模拟控制器对于其他形式输入的输出响应序列的 Z 变换为

$$Y_a(z) = Z[D(s)R(s)] = DR(z) \qquad (5.1.12)$$

$R(s)$ 为输入信号的拉氏变换，$R(s) \neq 1$（即输入信号不是单位脉冲）；数字控制器 $D(z)$ 对于其他形式输入的输出响应序列的 Z 变换为

$$Y_d(z) = Z[D(z)R(s)] = D(z)R(z) \neq DR(z) = Y_a(z) \qquad (5.1.13)$$

$R(z)$ 为输入信号的 Z 变换，$R(z) \neq 1$（即输入信号不是单位离散脉冲）。

用脉冲不变法获得的数字控制器 $D(z)$ 的频率特性同原模拟控制器 $D(s)$ 的频率特性有较大的差别。

$D(s)$ 的频率特性为 $D(j\omega)$，亦即 $D(s)$ 的单位脉冲响应 $d_a(t)$ 的频率特性，假设如图 5.3(a) 所示。相应 $D(z)$ 的频率特性为 $D(e^{j\omega T}) = D(z)|_{z=e^{j\omega T}}$，亦即 $D(s)$ 的单位脉冲响应 $d_a(t)$ 的采样序列 $d_a^*(t)$ 的频率特性，所以有

$$D(e^{j\omega T}) = D^*(j\omega) = \frac{1}{T} \sum_{n=-\infty}^{+\infty} D(j\omega - jn\omega_s) \qquad (5.1.14)$$

$D^*(j\omega)$ 为 $d_a^*(t)$ 的频率特性，$D(e^{j\omega t})$ 如图 5.3(b) 所示。

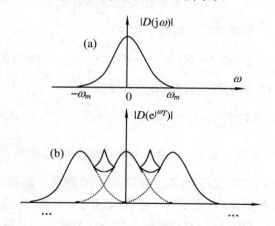

图 5.3　由脉冲不变法离散化的数字控制器频率特性

由 (5.1.14) 式和图 5.3 可以看出，这样得到的数字控制器的频率特性 $D(e^{j\omega T})$ 同原模拟控制器的频率特性 $D(j\omega)$ 有很大的差别，只有将采样频率 ω_s 取得很高（应取 $\omega_s \geqslant 10\omega_m$），使数字控制器频率特性 $D(e^{j\omega T})$ 的各个分频谱在频率轴上拉开较大的距离，才能使得 $D(e^{j\omega T})$ 在低频段（即模拟控制器的工作频段）与 $D(j\omega)$ 近似或相等。由于 $D(e^{j\omega T})$ 中的所有旁频谱中的高频分量会因 $D(z)$ 后面的保持器低通滤波作用而大大衰减，对系统影响很小。因此，这种情况下，通过 Z 变换得到的数字控制器 $D(z)$ 的动态特性，对控制系统而言，就能

和原模拟控制器 $D(s)$ 的动态特性很接近；否则，如果 ω_s 取得较低，$D(z)$ 和 $D(s)$ 的动态特性就会有很大差别。

如果进行模拟系统设计时，已经考虑了零阶保持器动态特性的影响（即控制对象取式(5.1.7)或式(5.1.8)），脉冲不变法改用下式求数字控制器

$$D(z) = TZ[D(s)] \qquad (5.1.15)$$

脉冲不变法可以归纳如下特点：

(1) $D(z)$ 和 $D(s)$ 有相同的单位脉冲响应序列；

(2) 若 $D(s)$ 稳定，则 $D(z)$ 也稳定；

(3) $D(z)$ 和 $D(s)$ 的频率特性不相同，容易出现混叠现象，需适当提高采样频率（ω_s 应至少大于 $D(s)$ 带宽的 10 倍），以避免混叠现象；

(4) 该方法特别适用于频率特性为锐截止型的模拟控制器的离散化。

2. 加虚拟保持器 Z 变换法

这种离散化方法的思想是先将模拟控制器 $D(s)$ 近似为图 5.4(b) 所示系统，再将该系统用 Z 变换方法离散化为数字控制器 $D(z)$。

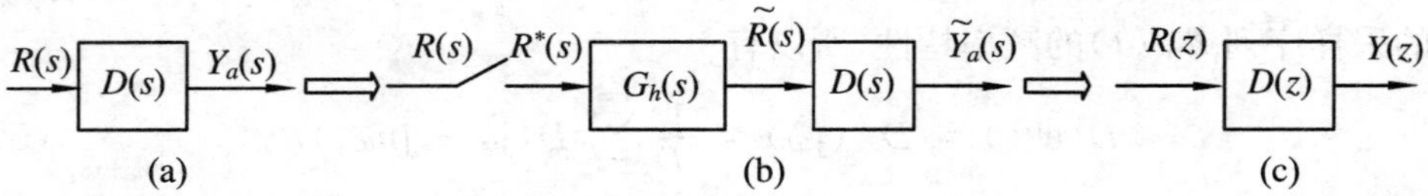

图 5.4　加虚拟保持器的离散化

如果采用零阶保持器，则数字控制器由下式求得

$$D(z) = Z[G_{ho}(s)D(s)] = Z\left[\frac{1-\mathrm{e}^{-Ts}}{s}D(s)\right] = (1-z^{-1})Z\left[\frac{D(s)}{s}\right] \qquad (5.1.16)$$

这样获得的数字控制器 $D(z)$ 的单位阶跃响应 Z 变换为

$$Y_d(z) = D(z)R(z) = (1-z^{-1})Z\left[\frac{D(s)}{s}\right]\frac{1}{1-z^{-1}} = Z\left[\frac{D(s)}{s}\right] \qquad (5.1.17)$$

其中，$Z\left[\dfrac{D(s)}{s}\right]$ 就是原模拟控制器 $D(s)$ 的单位阶跃响应的 Z 变换。

上式表明，采用加虚拟零阶保持器 Z 变换法获得的数字控制器 $D(z)$ 与原模拟控制器 $D(s)$ 有相同的阶跃响应序列，所以该方法又称阶跃响应不变法。

对于其他形式的输入，$D(z)$ 和 $D(s)$ 的输出响应序列虽然不精确相等，但有近似相等的关系。因图 5.4(b) 系统中的保持器 $G_h(s)$ 具有近似理想低通滤波特性，所以保持器输出 $\widetilde{R}(s)$ 应近似于连续输入 $R(s)$，因而图 5.4(b) 系统输出 $\widetilde{Y}_a(s)$ 同样也近似于 $D(s)$ 的输出，即

$$\widetilde{Y}_a(s) = D(s)G_h(s)R^*(s) = D(s)\widetilde{R}(s) \cong D(s)R(s) \qquad (5.1.18)$$

对上式两边作 Z 变换，得

$$Z[G_h(s)D(s)]R(z) = D(z)R(z) \cong DR(z) \qquad (5.1.19)$$

其中，$D(z) = Z[G_h(s)D(s)]$ 为离散化后的数字控制器；$DR(z) = Z[D(s)R(s)]$ 为模拟

控制器 $D(s)$ 对任意连续输入的响应序列 Z 变换。保持器 $G_h(s)$，通常都用零阶保持器，但也可以用一阶保持器或其他类型的保持器。

加虚拟零保持器 Z 变换法（或阶跃不变法）的主要特点是：

(1) 若 $D(s)$ 稳定，则相应 $D(z)$ 也稳定；

(2) $D(z)$ 和 $D(s)$ 的阶跃响应序列相同；

(3) $D(z)$ 和 $D(s)$ 对于其他类型输入的响应序列以及频率响应不相同，只有近似关系。

3. 后向差分变换法（或 Fowler 代换）

我们知道，在 Z 变换中，z 变量定义为

$$z^{-1} = \mathrm{e}^{-Ts} = 1 - Ts + \frac{(Ts)^2}{2!} + \cdots$$

显然 z 不是 s 的有理函数，不便处理，为此取级数前两项作为 z 与 s 的近似关系，即

$$z^{-1} \triangleq 1 - Ts \tag{5.1.20}$$

由此得

$$s = \frac{1 - z^{-1}}{T}, \quad T \text{ 为采样周期} \tag{5.1.21}$$

后向差分变换法就是利用(5.1.21)式将模拟控制器 $D(s)$ 中的 s 变量变换为 z 变量，从而得到离散化的数字控制器 $D(z)$，即

$$D(z) = D(s)\big|_{s = \frac{1-z^{-1}}{T}} \tag{5.1.22}$$

这种离散化方法，在时域中，就是用一阶后向差分近似一阶微分，用在一个采样周期内的平均导数近似瞬时导数，也等价于数值积分的后向矩形法，即

$$\frac{\mathrm{d}f(t)}{\mathrm{d}t} \cong \frac{\nabla f(kT)}{T} = \frac{1}{T}\big[f(kT) - f(kT - T)\big]$$

在复域中：

$$sF(s) \rightarrow \frac{1 - z^{-1}}{T}F(z)$$

所以有

$$s = \frac{1 - z^{-1}}{T}$$

【例 5.1.1】 已知模拟控制器 $D(s) = \dfrac{s+b}{s+a}$，a, b 均为大于零的常数，试用后向差分变换法将 $D(s)$ 离散化为数字控制器 $D(z)$。

解 由后向差分变换法，通过对 $D(s)$ 进行变量代换得数字控制器 Z 传递函数为

$$D(z) = D(s)\big|_{s=\frac{1-z^{-1}}{T}} = \frac{\dfrac{1-z^{-1}}{T} + b}{\dfrac{1-z^{-1}}{T} + a} = \frac{1 - z^{-1} + Tb}{1 - z^{-1} + Ta} = \frac{1 + Tb - z^{-1}}{1 + Ta - z^{-1}}$$

$D(z)$ 的相应差分方程为

$$u(kT) = \frac{1}{1 + Ta}u(kT - T) - \frac{1}{1 + Ta}e(kT - T) + \frac{1 + Tb}{1 + Ta}e(kT)$$

$u(kT)$ 和 $e(kT)$ 分别为 kT 时刻 $D(z)$ 的输出控制量和输入偏差量。

由式(5.1.20)定义的 z 与 s 的关系是一种一对一的映射关系,令 $s = \sigma + j\omega$,将 s 代入 (5.1.20)式,可得

$$\left(\frac{1}{T} - \sigma\right)^2 + \omega^2 = \frac{1}{T^2 \mid z \mid^2} \tag{5.1.23}$$

上式表明,Z 平面上单位圆,即 $\mid z \mid = 1$,对应的是 s 右半平面的以 $\left(\frac{1}{T}, j0\right)$ 为圆心,以 $\frac{1}{T}$ 为半径的圆;Z 平面上单位圆外部,即 $\mid z \mid > 1$,对应于这个圆的内部;而 Z 平面上单位圆内部,即 $\mid z \mid < 1$,对应于这个圆的外部。$D(z)$ 和 $D(s)$ 的稳定区域映射关系如图 5.5 中阴影部分所示。

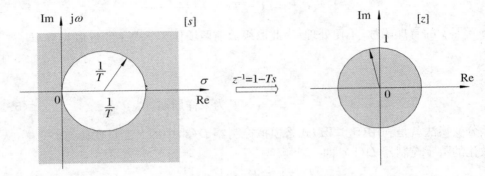

图 5.5 后向差分变换的 z 与 s 的映射关系

后向差分变换法的主要特点是:

(1) 变换计算简单,不需要对 $D(s)$ 进行 Z 变换;

(2) 若 $D(s)$ 稳定,相应的 $D(z)$ 也稳定;若 $D(s)$ 不稳定,只要其极点不在图 5.5 中 s 右半平面上的小圆内,相应的 $D(z)$ 仍然稳定;

(3) 相应 $D(z)$ 不能保持和 $D(s)$ 相同的频率响应。

4. 前向差分变换法(或 Euler 代换法)

该变换法与后向差分变换法类似,取 z 变量级数表示式 $z = e^{Ts} = 1 + Ts + \frac{(Ts)^2}{2!} + \cdots$ 中的前两项作为 z 与 s 的近似关系式,即

$$z = 1 + Ts \tag{5.1.24}$$

或

$$s = \frac{z - 1}{T}, \quad T \text{ 为采样周期} \tag{5.1.25}$$

前向差分变换法,就是将 $D(s)$ 中的 s 变量用(5.1.25)式代换为 z 变量,即

$$D(z) = D(s) \big|_{s = \frac{z-1}{T}} \tag{5.1.26}$$

前向差分变换法,在时域中,就是用一阶前向差分近似一阶微分,用平均导数近似瞬时导数(也等价于数值积分的前向矩形法),即

$$\frac{\mathrm{d}f(t)}{\mathrm{d}t} \simeq \frac{\Delta f(kT)}{T} = \frac{1}{T}\big[f(kT + T) - f(kT)\big]$$

对于复域,有

$$s = \frac{z-1}{T}$$

在这种变换下, z 与 s 也是一对一的映射关系。令 $s = \sigma + \mathrm{j}\omega$ 代入(5.1.24)式,可得

$$\left(\frac{1}{T} + \sigma\right)^2 + \omega^2 = \frac{|z|^2}{T^2} \tag{5.1.27}$$

由(5.1.27)式可知, z 与 s 之间的映射关系如图 5.6 所示, Z 平面上单位圆,即 $|z| = 1$, 对应于 S 左半平面上的以 $\left(-\dfrac{1}{T}, \mathrm{j}0\right)$ 为圆心,以 $\dfrac{1}{T}$ 为半径的圆; Z 平面上单位圆内部,即 $|z| < 1$,对应于该圆的内部; Z 平面上单位圆外部,即 $|z| > 1$,对应于该圆的外部。 $D(z)$ 和 $D(s)$ 的稳定区映射关系如图 5.6 中阴影部分所示。

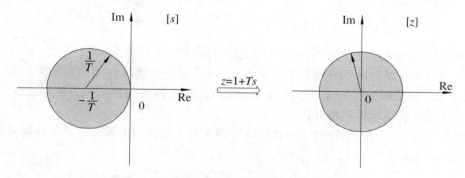

图 5.6　前向差分变换的 z 与 s 映射关系

由图 5.6 所示 z 与 s 之间的映射关系可以看出,前向差分变换法与后向差分变换法的重要区别是, $D(s)$ 稳定,由前向差分变换求得的 $D(z)$ 不一定稳定,只有 $D(s)$ 的极点都位于图 5.6 中 S 左半平面上圆的内部,所求得的 $D(z)$ 才是稳定的,否则即使 $D(s)$ 的极点都位于 S 左半平面,求得的 $D(z)$ 也是不稳定的。

5. 双线性变换法(或 Tustin 代换)

按照 Z 变换中 z 变量的定义

$$z = \mathrm{e}^{Ts} = \frac{\mathrm{e}^{\frac{Ts}{2}}}{\mathrm{e}^{-\frac{Ts}{2}}}$$

将其中 $\mathrm{e}^{\frac{Ts}{2}}$ 和 $\mathrm{e}^{-\frac{Ts}{2}}$ 展成 Taylor 级数,并取前两项近似,即

$$\mathrm{e}^{\frac{Ts}{2}} \approx 1 + \frac{T}{2}s, \quad \mathrm{e}^{-\frac{Ts}{2}} \approx 1 - \frac{T}{2}s$$

于是取

$$z = \frac{1 + \dfrac{Ts}{2}}{1 - \dfrac{Ts}{2}} = \frac{\dfrac{2}{T} + s}{\dfrac{2}{T} - s} \tag{5.1.28}$$

进而得

$$s = \frac{2}{T} \cdot \frac{1 - z^{-1}}{1 + z^{-1}} \tag{5.1.29}$$

式(5.1.28)或式(5.1.29)通常称为双线性变换(或 Tustin 代换)。双线性变换法就是利用

(5.1.29)式直接将模拟控制器 $D(s)$ 通过变量代换转为相应的数字控制器,即

$$D(z) = D(s)\big|_{s=\frac{2}{T}\cdot\frac{1-z^{-1}}{1+z^{-1}}} \tag{5.1.30}$$

利用(5.1.28)式也可将 $D(z)$ 转换为相应的模拟控制器 $D(s)$。

【例 5.1.2】 用双线性变换方法,将模拟积分控制器 $D(s) = \dfrac{1}{s}$ 离散化为数字控制器 $D(z)$,并给出相应的差分方程。

解 由(5.1.30)式,得数字控制器的 Z 传递函数为

$$D(z) = \frac{U(z)}{E(z)} = D(s)\big|_{s=\frac{2}{T}\cdot\frac{1-z^{-1}}{1+z^{-1}}} = \frac{T}{2}\cdot\frac{1+z^{-1}}{1-z^{-1}}$$

$D(z)$ 相应的差分方程为

$$u(kT) = u(kT - T) + \frac{T}{2}[e(kT) + e(kT - T)] \tag{5.1.31}$$

$u(kT)$ 和 $e(kT)$ 分别为 kT 时刻 $D(z)$ 的输出控制量和输入偏差量。

(5.1.31)式就是数值积分梯形法的计算式,其实质是将连续时间函数积分近似为有限个梯形面积之和,如图 5.7 所示。例 5.1.2 表明双线性变换法与数值积分梯形法是等价的,所以双线性变换法也称梯形积分法。

双线性变换(5.1.28)或(5.1.29)式所决定的 s 与 z 之间的关系是一对一映射关系。

令 $s = \sigma + \mathrm{j}\Omega$ 代入(5.1.28)式,得

$$z = \frac{\dfrac{2}{T} + \sigma + \mathrm{j}\Omega}{\dfrac{2}{T} - \sigma - \mathrm{j}\Omega}, \quad |z| = \frac{\sqrt{\left(\dfrac{2}{T} + \sigma\right)^2 + \Omega^2}}{\sqrt{\left(\dfrac{2}{T} - \sigma\right)^2 + \Omega^2}}$$

对于 $\sigma = 0$,即 S 平面的虚轴,与之对应的是 $|z| = 1$,即 Z 平面单位圆;对于 $\sigma < 0$,即 S 平面的左半平面,与之对应的是 $|z| < 1$,即 Z 平面单位圆内部。由此可见,双线性变换所决定的 S 平面与 Z 平面之间映射关系和 4.9 节讲的 W 变换所决定的 W 平面与 Z 平面之间映射关系相同。

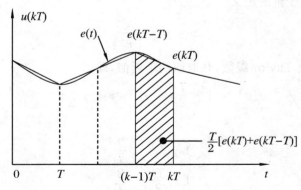

图 5.7 梯形法数值积分图解

双线性变换法的主要特点有:

① 离散化精度高于差分变换法;

② 将 S 平面虚轴变换为 Z 平面的单位圆,将 S 左半平面变换为 Z 平面的单位圆内部区

域,而且是一对一映射关系;

③ 如果 $D(s)$ 稳定,则相应的 $D(z)$ 也稳定;$D(s)$ 不稳定,相应的 $D(z)$ 也不稳定;

④ 所得 $D(z)$ 的频率响应在低频段与 $D(s)$ 的频率响应相近,而在高频段相对于 $D(s)$ 的频率响应有严重畸变。

6. 频率预畸变双线性变换法

双线性变换所确定的 z 与 s 的关系是单值函数关系,它是将 S 平面的整个虚轴一对一地变换为 Z 平面的单位圆,这样虽然使 $D(z)$ 不会产生混叠现象,但是使得模拟信号频率 Ω 和离散信号频率 ω 的标度之间存在高度非线性。用 $s = \mathrm{j}\Omega$,$z = \mathrm{e}^{\mathrm{j}\omega T}$ 代入(5.1.29)式,得

$$\mathrm{j}\Omega = \frac{2}{T} \cdot \frac{1 - \mathrm{e}^{-\mathrm{j}\omega T}}{1 + \mathrm{e}^{-\mathrm{j}\omega T}} = \frac{2}{T} \cdot \frac{\mathrm{e}^{\mathrm{j}\frac{\omega T}{2}} - \mathrm{e}^{-\mathrm{j}\frac{\omega T}{2}}}{\mathrm{e}^{\mathrm{j}\frac{\omega T}{2}} + \mathrm{e}^{-\mathrm{j}\frac{\omega T}{2}}} = \mathrm{j}\frac{2}{T}\tan\frac{\omega T}{2} \tag{5.1.32}$$

由此可得

$$\Omega = \frac{2}{T}\tan\frac{\omega T}{2} \tag{5.1.33}$$

上式表明,只有当 $\omega T \ll \pi$ 或 $\omega \ll \dfrac{\omega_s}{2}$ 时,才有 $\omega \approx \Omega$,随着 Ω 增大,非线性越强。(5.1.33)式所示非线性关系如图 5.8 所示。

这种频率标度之间非线性,使得双线性变换所得数字控制器 $D(z)$ 的频率响应产生畸变,并随着频率增大,畸变越严重,如图 5.8 所示。为了减小双线性变换所得数字控制器 $D(z)$ 的频率响应畸变,除了提高采样频率 ω_s 以外,还可以用频率预畸变法进行补偿,即采用频率预畸变双线性变换法,这种变换方法可以分三步进行:① 将模拟控制器 $D(s)$ 中的极点和零

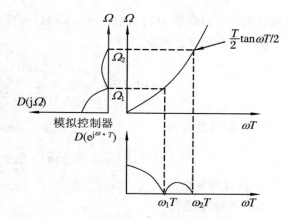

图 5.8 双线性变换引起的频率响应畸变

点(即 $D(s)$ 的转折频率)a_i 换成 $a'_i = \dfrac{2}{T}\tan\dfrac{a_i T}{2}$,即

$$s + a_i \rightarrow s + a'_i \big|_{a'_i = \frac{2}{T}\tan\frac{a_i T}{2}} \tag{5.1.34}$$

于是,$D(s) \rightarrow D(s,a')$。

如果 $D(s)$ 中有二阶因子 $(s^2 + a_1 s + b)$,则化成标准形式 $\left(\dfrac{s}{a}\right)^2 + 2\xi\left(\dfrac{s}{a}\right) + 1$,并将 a 换成 $a' = \dfrac{2}{T}\tan\dfrac{aT}{2}$。

② 作双线性变换

$$D'(z) = D(s,a')\big|_{s = \frac{2}{T}\frac{1-z^{-1}}{1+z^{-1}}}$$

③ 计算待定增益 K 使得 $D(z)$ 和 $D(s)$ 的直流增益或高频增益相等。

若要求 $D(s)$ 为低通特性,应使 $D(z)$ 和 $D(s)$ 的直流增益相等,即

$$D(z)\big|_{z=1} = KD'(1) = D(s)\big|_{s=0}$$

则

$$K = \frac{D(s)\big|_{s=0}}{D'(1)} \tag{5.1.35}$$

$$D(z) = KD'(z) \tag{5.1.36}$$

若要求 $D(s)$ 为高通特性，应使 $D(z)$ 和 $D(s)$ 的高频增益相等，即

$$D(z)\big|_{z=-1} = KD'(-1) = D(s)\big|_{s=\infty}$$

则

$$K = \frac{D(s)\big|_{s=\infty}}{D'(-1)} \tag{5.1.37}$$

$$D(z) = KD'(z)$$

频率预畸变双线性变换法，其主要改进在于使得 $D(z)$ 和 $D(s)$ 对各转折频率和零频率或高频的响应得以匹配。

【例 5.1.3】 已知模拟控制器 $D(s) = \dfrac{s+1}{0.1s+1}$，试用频率预畸变双线性变换法将 $D(s)$ 离散化为数字控制器 $D(z)$，取 $T = 0.05$ 秒，按低通特性要求。

解 ①作频率预畸变

$$D(s,a') = \frac{s + \dfrac{2}{T}\tan\dfrac{T}{2}}{0.1\left(s + \dfrac{2}{T}\tan\dfrac{10T}{2}\right)} = 10\,\frac{s+1}{s+10.214}$$

② 作双线性变换

$$D'(z) = 10\,\frac{s+1}{s+10.214}\bigg|_{s=\frac{2}{T}\frac{1-z^{-1}}{1+z^{-1}}} = 8.165\,\frac{1-0.951z^{-1}}{1-0.593z^{-1}}$$

③ 计算待定增益

按低通特性要求

$$K = \frac{D(s)\big|_{s=0}}{D'(1)} = \frac{1}{0.983} = 1.017$$

所以

$$D(z) = KD'(z) = 8.306\,\frac{1-0.951z^{-1}}{1-0.593z^{-1}}$$

7. 零极点匹配法

零极点匹配法是利用 Z 变换定义的 s 与 z 之间的映射关系 $z = \mathrm{e}^{Ts}$，将模拟控制器 $D(s)$ 的极点和零点变换为数字控制器 $D(z)$ 的极点和零点，并使得 $D(z)$ 和 $D(s)$ 的直流增益或高频增益得以匹配。$D(z)$ 和 $D(s)$ 的零、极点映射关系如下：

$$
\begin{array}{lcl}
D(s) & & D'(z) \\
\text{极点或零点因子:}\, s+a & \Rightarrow & z-\mathrm{e}^{-aT} \\
s & \Rightarrow & z-1 \\
\text{复极点或复零点因子:}\,(s+a-\mathrm{j}b)(s+a+\mathrm{j}b) & \Rightarrow & z^2 - 2\mathrm{e}^{-aT}z\cos bT + \mathrm{e}^{-2aT} \\
\text{无穷远零点} & \Rightarrow & z+1
\end{array}
$$

$$\tag{5.1.38}$$

T 为采样周期。

　　增益匹配，如果要求 $D(s)$ 为低通特性，则应使

$$D(z)\big|_{z=1} = KD'(z)\big|_{z=1} = D(s)\big|_{s=0}$$

$$K = \frac{D(s)\big|_{s=0}}{D'(1)} \tag{5.1.39}$$

如果要求 $D(s)$ 为高通特性，则应使

$$D(z)\big|_{z=-1} = KD'(z)\big|_{z=-1} = D(s)\big|_{s=\infty}$$

$$K = \frac{D(s)\big|_{s=\infty}}{D'(-1)} \tag{5.1.40}$$

$$D(z) = KD'(z) \tag{5.1.41}$$

【例 5.1.4】　对例 5.1.3 中的模拟控制器 $D(s) = \dfrac{s+1}{0.1s+1}$，试用零极点匹配法求数字控制器 $D(z)$，取 $T = 0.05$ 秒，并按低通特性要求。

　　解　按式 (5.1.38) 所示的映射关系，

$$D(z) = KD'(z) = K \cdot 10 \cdot \frac{z - \mathrm{e}^{-T}}{z - \mathrm{e}^{-10T}} = K \cdot 10 \cdot \frac{z - 0.951}{z - 0.607}$$

按低通特性要求，

$$K = \frac{D(s)\big|_{s=0}}{D'(1)} = \frac{1}{1.247} = 0.802$$

所以

$$D(z) = KD'(z) = 8.02 \cdot \frac{z - 0.951}{z - 0.607}$$

5.2　数字 PID 控制

　　PID 控制是指一类由反馈系统偏差的比例（P）、积分（I）和微分（D）的线性组合构成的反馈控制律。它具有原理简单，直观易懂，易于工程实现，鲁棒性强，适用面广等一系列优点，多年以来它一直是工业过程控制中应用最广泛的一类基本控制律。在计算机应用于工业过程控制以前，工业过程控制采用的是由气动或液动、电动硬件仪表实现的模拟 PID 控制器，自 20 世纪 70 年代以来，随着计算机技术飞速发展和应用普及，由计算机实现的数字 PID 控制正逐渐取代模拟 PID 控制器。由计算机实现的数字 PID 控制不仅简单地将 PID 控制规律数字化，而且可以进一步利用计算机的逻辑判断功能，开发出多种不同形式的 PID 控制算法，使得 PID 控制的功能和适用性更强，更能满足工业过程提出的各种各样的控制要求。PID 控制虽然是属于经典控制，但是至今仍然在工业过程控制中发挥着重要的作用，今后随着计算机技术的发展和进步，数字 PID 控制一定还会有新的发展和进步。

5.2.1 理想 PID 控制

典型单回路 PID 控制系统如图 5.9 所示。

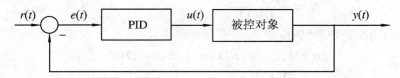

图 5.9 典型单回路 PID 控制系统

理想模拟 PID 控制器输出方程式为

$$u(t) = K_p \left[e(t) + \frac{1}{T_i} \int_0^t e(\tau) \mathrm{d}\tau + T_d \frac{\mathrm{d}e(t)}{\mathrm{d}t} \right] \tag{5.2.1}$$

式中，K_p 为比例系数，K_p 与比例带 δ 互为倒数关系，即 $K_p = \frac{1}{\delta}$；T_i 为积分时间，T_d 为微分时间；$u(t)$ 为 PID 控制器的输出控制量；$e(t)$ 为 PID 控制器输入的系统偏差量。

对 (5.2.1) 式作拉氏变换，可得理想模拟 PID 控制器的传递函数：

$$D(s) = \frac{U(s)}{E(s)} = K_p \left(1 + \frac{1}{T_i s} + T_d s \right) = K_p + K_i \frac{1}{s} + K_d s \tag{5.2.2}$$

式中，$K_i = \frac{K_p}{T_i}$ 为积分系数；$K_d = K_p T_d$ 为微分系数。

由 (5.2.1) 式和 (5.2.2) 式可知，PID 控制器输出是由三项组成的，第一项为比例控制，第二项为积分控制，第三项为微分控制，所以 PID 控制器有时也称三项控制器。PID 控制器中的三项控制作用是互相独立的。比例控制的作用，通过加大 K_p 可以增加系统动态响应速度，减小系统稳态响应偏差。但是如果被控对象不含积分作用（即自平衡系统），比例控制不能完全消除系统稳态偏差；积分控制作用可以完全消除系统稳态偏差，只要系统存在偏差，积分控制项输出的控制量就会不断增大，直至偏差消除为零时，积分作用停止，相应输出的控制量才会保持不变为一常值，但积分控制作用会产生负相移，降低闭环系统稳定性，如果积分系数 K_i 过大，可能导致闭环系统不稳定。微分控制作用，是与偏差变化速度成比例，能够预测偏差的变化，产生超前控制作用，以阻止偏差的变化，因而能够改善系统动态性能。工程应用时，可以根据被控对象特性和负荷扰动情况以及控制性能要求，对 PID 三项控制作用进行组合，构成所需要的控制律，比如：比例（P）控制、比例积分（PI）控制、比例微分（PD）控制以及三项（PID）控制。

理想 PID 控制即 (5.2.1) 或 (5.2.2) 式，因其中包含的理想微分，用模拟控制器难以实现，所以称之为"理想"PID 控制。而用数字控制器可以通过差分数值运算近似理想微分。用前一节讲的模拟控制器离散化方法，就可以将理想模拟 PID 控制器 $D(s)$ 离散化为相应的理想数字 PID 控制器。现采用其中后向差分变换法，将 $D(s)$ 即 (5.2.2) 式离散化，所得理想数字 PID 控制器 Z 传递函数为

$$D(z) = D(s) \big|_{s = \frac{1 - z^{-1}}{T}} = K_p \left[1 + \frac{T}{T_i} \cdot \frac{1}{1 - z^{-1}} + \frac{T_d}{T} (1 - z^{-1}) \right]$$

$$= K_p + K_I \cdot \frac{1}{1 - z^{-1}} + K_D(1 - z^{-1}) \tag{5.2.3}$$

式中，K_p，T_I，T_d 定义如前；T 为采样周期；$K_I = K_p \dfrac{T}{T_i}$ 和 $K_D = K_p \dfrac{T_d}{T}$ 分别为积分和微分系数。

将(5.2.3)式化为差分方程，即为理想数字 PID 控制算法，

$$u(k) = K_p e(k) + K_I \sum_{i=0}^{k} e(i) + K_D[e(k) - e(k-1)] \tag{5.2.4}$$

因控制算法(5.2.4)式中包含的数字积分项，需要存储过去全部偏差量，而且累加运算编程不太方便，计算量也较大，所以在应用中，通常都是将(5.2.4)式改为递推算法。对(5.2.4)式两边同时取一阶后向差分，得

$$\begin{aligned}
\nabla u(k) &= k_p \nabla e(k) + K_I \sum_{i=0}^{k} \nabla e(i) + K_D[\nabla e(k) - \nabla e(k-1)] \\
&= K_p[e(k) - e(k-1)] + K_I e(k) \\
&\quad + K_D[e(k) - 2e(k-1) + e(k-2)]
\end{aligned} \tag{5.2.5}$$

由一阶后向差分的定义，便得到理想数字 PID 控制的递推算法，即

$$\begin{aligned}
u(k) &= u(k-1) + \nabla u(k) \\
&= u(k-1) + K_p[e(k) - e(k-1)] \\
&\quad + K_I e(k) + K_D[e(k) - 2e(k-1) + e(k-2)] \\
&= u(k-1) + (K_p + K_I + K_D)e(k) \\
&\quad - (K_p + 2K_D)e(k-1) + K_D e(k-2)
\end{aligned} \tag{5.2.6}$$

PID 递推算法(5.2.6)式不仅需要的存储量和计算量都小于(5.2.4)式，而且当系统由手动操作转到自动控制时，易于实现无扰动切换。

由(5.2.6)式或(5.2.4)式计算出的控制量 $u(k)$ 决定着执行机构(如调节阀)的位置，所以称(5.2.6)式或(5.2.4)式为数字 PID 位置式算法。数字 PID 控制也可以只按(5.2.5)式计算每步控制增量 $\nabla u(k)$，并将增量 $\nabla u(k)$ 转成相应的驱动脉冲，驱动具有累加功能的执行机构(如步进电机)的位置作相应的增量变化。由(5.2.5)式计算出的控制增量 $\nabla u(k)$ 只决定执行机构位置的改变量，故称(5.2.5)式为数字 PID 控制增量算法。数字 PID 增量式和位置式算法，本质相同，只是形式不同而已，对系统的控制作用，两者完全相同，但是，采用增量式算法(5.2.5)式，系统工作会更安全。一旦计算机出现故障，使控制信号 $\nabla u(k)$ 为零时，执行机构(或阀门)的位置仍能保持前一步的位置 $u(k-1)$，因而对系统安全不会有大的影响。

5.2.2　实际 PID 控制

理想 PID 控制的实际控制效果并不理想，其主要原因是，其中的理想微分控制作用对于幅值变化快的强扰动反应过快，而工业执行机构的动作速度相对比较缓慢(即其频带很有限)，不能及时响应微分控制作用，因而使得理想微分控制不能有效发挥抑制扰动，改善系统动态性能的作用。此外理想微分控制对偏差信号 $e(t)$ 中夹杂的噪声干扰十分敏感，即使噪

声干扰的幅值很小,只要它的频率较高,经理想微分后,就会产生较大的噪声输出,使 PID 控制器输出的信噪比大大降低,最终影响控制精度,同时还会使执行机构增加磨损,因此在实际应用中,要在理想微分项或整个理想 PID 控制器前面或后面串接一个低通滤波环节,构成实际 PID 控制律,以克服理想微分的严重缺陷。实际 PID 控制通常有三种形式,其相应的模拟控制器传递函数分别为

$$D_1(s) = \frac{U(s)}{E(s)} = K_p \left(1 + \frac{1}{T_i s} + \frac{T_d s}{1 + \frac{T_d s}{K_d}} \right) \tag{5.2.7}$$

$$D_2(s) = \frac{U(s)}{E(s)} = \frac{1}{1 + \frac{T_d s}{K_d}} K_p \left(1 + \frac{1}{T_i s} + T_d s \right) \tag{5.2.8}$$

$$D_3(s) = \frac{U(s)}{E(s)} = \frac{1 + T_d s}{1 + \frac{T_d s}{K_d}} K_p \left(1 + \frac{1}{T_i s} \right) \tag{5.2.9}$$

其中,K_p,T_i,T_d 的定义与(5.2.1)式相同,K_d 为微分增益。相应的传递函数框图如图 5.10所示。

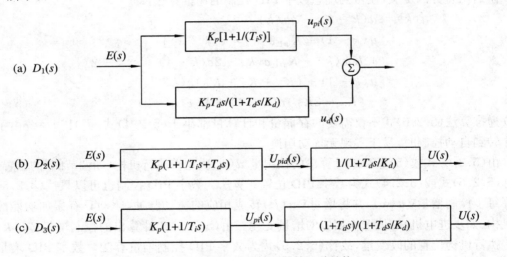

图 5.10　实际 PID 控制器的三种结构

将 $D_1(s)$,$D_2(s)$,$D_3(s)$ 分别离散化,便得到相应的三种实际数字 PID 控制算法。现采用后向差分法,分别对其进行离散化。为了编程和计算方便,离散化时,可以按它们的结构(如图 5.10 所示),分别对其中每个方框环节进行离散化,形成联立方程组。离散化后所得三种实际数字 PID 控制算法如下:

① 第一种实际数字 PID 控制算法(由如下方程构成)

比例、积分项输出增量

$$\nabla u_{pi}(k) = K_p [e(k) - e(k-1)] + \frac{K_p T}{T_i} e(k)$$
$$= (K_p + K_I) e(k) - K_p e(k-1) \tag{5.2.10}$$

实际微分项输出增量

$$\nabla u_d(k) = \frac{T_d}{K_dT + T_d}\{\nabla u_d(k-1) + K_pK_d[e(k) - 2e(k-1) + e(k-2)]\}$$

(5.2.11)

总控制增量

$$\nabla u(k) = \nabla u_{pi}(k) + \nabla u_d(k)$$

(5.2.12)

总控制量

$$u(k) = u(k-1) + \nabla u(k)$$

(5.2.13)

以上式中，$K_I = \dfrac{K_pT}{T_i}$ 为积分系数，T 为采样周期。

这种实际 PID 控制是在理想微分项后串接一低通滤波环节，用以抑制高频噪声，减缓理想微分控制作用对于偏差变化的响应速度，使之与执行机构动作速度相适应。由式(5.2.7)可以看出，参数 K_d 增大，滤波作用减弱，微分作用增强；反之，参数 K_d 减小，滤波作用增强，微分作用减弱。K_d 可作为算法的可调参数之一，在现场根据系统控制效果进行调整。

② 第二种实际数字 PID 控制算法

理想 PID 输出增量

$$\nabla u_{pid}(k) = (K_p + K_I + K_D)e(k) - (K_p + 2K_D)e(k-1) + K_De(k-2)$$

(5.2.14)

其中，$K_D = \dfrac{K_pT_d}{T}$ 为微分系数。

输出控制增量

$$\nabla u(k) = \frac{T_d}{K_dT + T_d}\nabla u(k-1) + \frac{K_dT}{K_dT + T_d}\nabla u_{pid}(k)$$

(5.2.15)

输出控制量

$$u(k) = u(k-1) + \nabla u(k)$$

(5.2.16)

③ 第三种实际数字 PID 控制算法

比例积分项输出

$$u_{pi}(k) = K_pe(k) + K_I\sum_{i=0}^{k} e(i) = u_{pi}(k-1) + (K_p + K_I)e(k) - K_pe(k-1)$$

(5.2.17)

实际微分项输出控制量

$$u(k) = a_1u(k-1) + a_2u_{pi}(k) + a_3u_{pi}(k-1)$$

(5.2.18)

式中，$a_1 = \dfrac{T_d}{K_dT + T_d}$，$a_2 = \dfrac{K_d(T_d + T)}{K_dT + T_d}$，$a_3 = \dfrac{-K_dT_d}{K_dT + T_d}$

控制增量

$$\nabla u(k) = u(k) - u(k-1)$$

(5.2.19)

5.2.3　数字 PID 控制改进算法

上述几种数字 PID 控制算法，在应用中还可以按照对象特性和控制要求，利用计算机逻辑功能,作进一步的改进,使性能更完善,适用性更强。这里介绍几种常用的数字 PID 控制改进算法。

1. 积分分离 PID 控制算法

在 PID 控制中,积分作用可以消除控制系统稳态偏差(即残差),提高控制的稳态精度,但是积分作用因产生负相移,将使控制系统稳定裕度下降,系统动态性能变差。当系统在强扰动作用下,或给定输入作阶跃变化时,系统输出往往产生较大的超调和长时间的振荡。采用积分分离方法,既可以发挥积分作用消除系统残差的功能,又能有效地降低积分作用对系统动态性能的有害影响。积分分离 PID 控制,就是在偏差 $e(k)$ 较大时,取消积分作用,只用 PD 控制;只有当偏差 $e(k)$ 较小时,才引入积分作用,采用 PID 控制。

积分分离 PID 算法为:

设置积分分离的偏差阈值 e_0,并按照如下规则计算控制量:

当 $|e(k)|>e_0$ 时,取消积分作用,执行 PD 控制算法;

当 $|e(k)|\leqslant e_0$ 时,引入积分作用,执行 PID 控制算法。

积分分离 PID 的偏差阈值 e_0 作为控制算法中的一个可调参数,并根据被控对象特性及控制要求来确定,既不能过大,也不能过小。若 e_0 过大,则达不到积分分离的目的;若 e_0 过小,系统由 PD 控制,系统偏差 $e(k)$ 就有可能无法进入积分区,始终不能引入积分作用,因而系统将会出现较大残差。积分分离 PID 控制的效果大致如图 5.11 所示。

由图可见,采用积分分离 PID 控制,系统动态性能得到了明显的改善,减小了超调量,缩短了过渡过程时间。

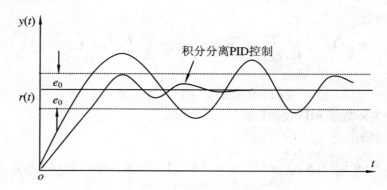

图 5.11　积分分离 PID 控制的效果

2. 梯形积分 PID 控制算法

该算法采用双线性变换离散化方法将 PID 控制中的模拟积分项离散化为梯形数值积分算法(如例 5.2.1),即

$$\left.\frac{K_p}{T_i s}\right|_{s=\frac{2}{T}\cdot\frac{1-z^{-1}}{1+z^{-1}}} = \frac{K_p T}{2T_i}\cdot\frac{1+z^{-1}}{1-z^{-1}}$$

与之相应的数字积分增量输出方程为

$$\nabla u_i(k) = \frac{K_p T}{2T_i}[e(k)+e(k-1)] = K_I\frac{1}{2}[e(k)+e(k-1)] \tag{5.2.20}$$

比例、微分项算法不变。

该算法有较高的积分运算精度,因此可以进一步减小系统残差,提高稳态控制精度。此外为了保证积分运算精度,还应将计算机运算字长取得足够长。

3. 抗积分饱和 PID 控制算法

采用一般 PID 控制(理想或实际的),当系统由扰动或给定输入阶跃变化引起较大偏差时,控制量 $u(k)$ 有可能很快增大(或减小)到使执行机构处于极限位置(阀全开或全关),而系统偏差仍未消除,因而积分作用控制量将继续增大(或减小),但执行机构因已处于极限位置而无相应动作,从而导致被控量出现较大超调和长时间的波动。通常称这种现象为积分饱和。防止积分饱和的方法之一是对 PID 控制器输出的控制量加以限幅,设上限为 U_{ma},下限为 U_{mi},它们分别对应于执行机构的最大位置(阀全开)和最小位置(阀全关)。按 PID 算法计算出控制量 $u(k)$ 后,再执行如下操作:

当 $u(k) > U_{ma}$ 时,则取 $u(k) = U_{ma}$,并取消积分作用;

当 $u(k) < U_{mi}$ 时,则取 $u(k) = U_{mi}$,并取消积分作用;

只有当 $U_{mi} \leqslant u(k) \leqslant U_{ma}$ 时,才执行积分运算,并输出计算值 $u(k)$。

4. 微分先行 PID 控制算法

一般 PID 控制器都位于系统前向通道,其输入为偏差信号。这种情况下,当给定输入作阶跃变化时,因微分作用控制量将大幅度变化,因而严重影响系统操作运行的平稳性。采用微分先行 PID 控制可以避免这种情况的出现。微分先行 PID 控制,是将其中的微分控制置于反馈通道,如图 5.12 所示,即对被控量微分而不对给定输入微分。

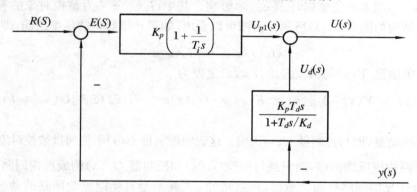

图 5.12　微分先行 PID 控制器结构

由图 5.12,并参照方程(5.2.7)~(5.2.10)可得微分先行 PID 控制算法如下:

PI 项增量输出方程:

$$\nabla u_{pi}(k) = K_p[e(k) - e(k-1)] + K_I e(k)$$
$$= (K_p + K_I)e(k) - K_p e(k-1) \tag{5.2.21}$$

D 项增量输出为

$$\nabla u_d(k) = \frac{T_d}{K_d T + T_d}\{\nabla u_d(k-1) - K_p K_d[y(k) - 2y(k-1) + y(k-2)]\}$$

$$\tag{5.2.22}$$

控制量方程:

$$u(k) = u(k-1) + \nabla u_{pi}(k) + \nabla u_d(k) \tag{5.2.23}$$

5. 带死区 PID 控制算法

对于控制精度要求不高的系统,采用带死区的 PID 控制算法,可以减少执行机构的频繁动作,增强系统运行的平稳性。带死区的 PID 控制算法就是将输入的偏差信号设置一个适当范围的死区,

当$|e(k)|<e_0$时,取$\nabla u(k)=0$,$u(k)=u(k-1)$,即控制量保持不变;

当$|e(k)|>e_0$时,按 PID 控制算法计算并输出控制量 $u(k)$。

e_0为死区的阈值,依据系统控制精度的要求来确定。

5.2.4 Smith 预估补偿 PID 控制

用 PID 控制具有延迟特性(即纯滞后)对象 $G_0(s)e^{-\tau s}$,尤其难控度 τ/T_0(T_0为主导时间常数)>0.5 的对象(常称大纯滞后对象),一般很难获得较满意的控制性能。其原因,简单来说因为其中延迟环节 $e^{-\tau s}$ 产生负相移 $\varphi(\omega)=-\tau\omega$,且与频率成正比,而其幅频特性与频率无关,其幅值总是 1。这就必然使控制回路稳定裕量减小,稳定度下降。为了保持控制回路稳定且有一定稳定度,控制器就只能取很小的比例系数和很大的积分时间。这样的系统其控制性能必然很差,动态偏差很大,调节过程缓慢,抑制扰动能力很弱。

用 Smith 预估补偿 PID 控制具有延迟特性对象 $G_0(s)e^{-\tau s}$,可以克服其中延迟环节 $e^{-\tau s}$ 对控制系统稳定性的有害影响。它在系统中增加一个补偿环节,称为 Smith 预估补偿器,即 $\hat{G}_0(s)(1-e^{-\hat{\tau}s})$用来补偿延迟环节 $e^{-\tau s}$ 的影响。其中 $\hat{G}_0(s)e^{-\hat{\tau}s}$ 为被控对象的模型。整个控制系统的结构如图 5.13(a)所示。由图可以看出,如果补偿器中的模型精确,即

$$\hat{G}_0(s)e^{-\hat{\tau}s} = G_0(s)e^{-\tau s}$$

那么被控对象输出 $Y(s)$与模型输出 $Y_m(s)$之差为

$$Y_e(s) = Y(s)-Y_m(s) = F(s)+[G_0(s)e^{-\tau s}-\hat{G}_0(s)e^{-\hat{\tau}s}]U(s) = F(s)$$

$$(5.2.24)$$

即等于外界扰动量,而与控制量 $U(s)$无关。这表明控制量 $U(s)$不能通过被控对象 $G_0(s)e^{-\tau s}$由 $Y_e(s)$通路构成反馈回路,而只通过模型 $\hat{G}_0(s)$和控制器 $G_c(s)$构成反馈回路,被控对象 $G_0(s)e^{-\tau s}$处于反馈回路外面。所以,延迟特性 $e^{-\tau s}$ 就不会对反馈控制回路的动态特性产生影响,而外界扰动 $F(s)$仍然可以经由 $Y_e(s)$通路作用到控制回路上,由控制回路加以抑制。由于通过补偿器获得的系统反馈信号 $Y_f(s)=Y'_m(s)+Y_e(s)=Y'_m(s)+F(s)$,就是系统输出 $Y(s)$在未来 τ 时间的预测估计值$\hat{y}(t+\tau)$,故而称补偿器为预估补偿器。

由图 5.13(a)可得控制系统输出 $Y(s)$对于输入 $R(s)$的传递函数

$$W(s) = \frac{Y(s)}{R(s)} = \frac{G_c(s)G_0(s)e^{-\tau s}}{1+G_c(s)\hat{G}_0(s)+G_c(s)[G_0(s)e^{-\tau s}-\hat{G}_0(s)e^{-\hat{\tau}s}]}$$

$$(5.2.25)$$

若模型精确,即

$$\hat{G}_0(s)e^{-\hat{\tau}s} = G_0(s)e^{-\tau s}$$

则

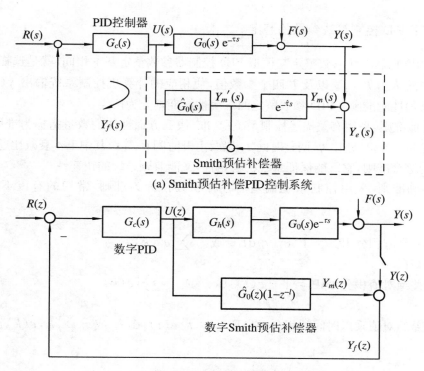

(a) Smith预估补偿PID控制系统

(b) 数字Smith预估补偿PID控制系统

图 5.13　Smith 预估补偿 PID 控制系统框图

$$W(s) = \frac{G_c(s)\,G_0(s)\mathrm{e}^{-\tau s}}{1 + G_c(s)\,\hat{G}_0(s)} \tag{5.2.26}$$

可以看出，$W(s)$ 的分母亦即控制回路的回差传递函数 $1 + G_c(s)\hat{G}_0(s)$ 中不含 $\mathrm{e}^{-\tau s}$，这就表明延迟特性确实不会影响控制回路的动态特性。因此，PID 控制器参数只需按照被控对象中 $G_0(s)$ 的特性进行整定，而不必考虑 $\mathrm{e}^{-\tau s}$ 的影响。

　　Smith 预估补偿 PID 控制策略用计算机实现更为方便。用计算机实现的数字 Smith 预估补偿 PID 控制的系统框图如图 5.13(b)所示。$G_h(s)$ 为零阶保持器传递函数；$\hat{G}_0(z)(1 - z^{-l})$ 是数字 Smith 预估补偿器的 Z 传递函数，它是由模拟 Smith 预估补偿器 $\hat{G}_0(s)(1 - \mathrm{e}^{-\hat{\tau}s})$ 通过等效离散化获得的，即 $\hat{G}_0(z)(1 - z^{-l}) = Z[G_h(s)\hat{G}_0(s)(1 - \mathrm{e}^{-\hat{\tau}s})]$，其中 $l = \hat{\tau}/T$，T 为采样周期。数字 Smith 预估补偿器和数字 PID 控制器一样，也是由计算机在线通过数值计算来实现的。在线控制时先由数字 Smith 预估补偿器相应的差分方程计算出反馈量 $y_f(k)$，再由数字 PID 控制算法计算出控制量 $u(k)$。

　　应当指出，Smith 预估 PID 控制的系统性能对所用对象模型的误差，尤其延迟时间的误差 $\tau - \hat{\tau}$ 较敏感，随着模型误差增大，系统性能下降。所以，采用这种控制策略，应该事先尽可能获得较精确的对象模型。具有延迟特性的被控对象除此还可用大林控制和模型预测控制策略进行控制（这些将在后续章节讲述）。

5.2.5　数字 PID 控制算法参数的整定

数字 PID 控制算法参数整定与模拟 PID 控制器参数整定基本相同,就是选择数字 PID 控制算法中的 K_p,T_i,T_d 以及 T 四个参数值,使相应的计算机控制系统输出 $y(t)$ 的动态响应满足某种性能准则。PID 参数整定的系统性能准则分为两类:

(1) 近似准则,采用有关描述控制系统稳、准、快三方面性能的数量指标为准则,如输出响应的超调量 $\sigma\%$,衰减比 η,调整时间 t_s 以及上升时间 t_r 等。其中 1/4 衰减比通常被认为是"最好"的综合准则,它既能保证系统的稳定性,又能兼顾系统的快速性;

(2) 精确准则,采用控制系统偏差的各种积分指标为准则,常用的有以下几种积分指标:

$$\left.\begin{aligned}
\text{偏差平方积分 ISE} &= \int_0^\infty e^2(t)\mathrm{d}t \quad\text{或}\quad \sum_{k=0}^\infty e^2(k) \\
\text{偏差绝对值积分 IAE} &= \int_0^\infty |e(t)|\mathrm{d}t \quad\text{或}\quad \sum_{k=0}^\infty |e(k)| \\
\text{偏差绝对值乘以时间的积分 ITAE} &= \int_0^\infty t|e(t)|\mathrm{d}t \quad\text{或}\quad \sum_{k=0}^\infty k|e(k)|
\end{aligned}\right\}$$

$$(5.2.27)$$

系统在确定的输入下,其偏差的某种积分指标越小,系统性能就越好。如果所选择的一组 PID 算法参数(K_p,T_i,T_d,T)能使系统在确定输入(如阶跃输入)下,系统偏差的某种积分指标最小,则这组参数为"最佳参数"。采用不同的积分指标,整定所得的"最佳参数"也不同,系统特性也不同。通常应用最多的是 ITAE 积分指标,按此指标整定好的系统,其阶跃响应超调量小,调整时间短。

PID 算法参数整定方法通常有三类:

(1) 理论分析计算法。根据被控对象模型和控制系统性能指标要求,按照理论来计算 PID 参数组。在工程中,该方法很少采用,其主要原因是,被控对象模型不准确,且计算较复杂,计算出的参数可靠性较差;

(2) 工程整定法。通过实际系统的动态实验,获取被控对象的某些基本动态特性参数,然后按照经验近似公式由这些基本动态特性参数计算出 PID 参数组,或直接查阅由实践经验总结出的 PID 参数表来获得 PID 参数组,并在系统投入运行后,根据系统控制效果再作适当调整。工程整定法简便实用,在工程中广泛采用。

(3) 自整定法(或自校正法)。

这种方法也有多种,大致有两类:一类是由计算机在线估算出被控对象的模型参数或某些动态特性参数,再按照某种控制性能指标以及控制性能指标与 PID 参数之间的关系,在线计算出 PID 参数值;另一类是由计算机按照某种控制性能指标如(5.2.27)式中某种积分指标,用某种优化方法(如单纯形、梯度下降法等)在线寻找 PID 参数值的"最佳"值,使控制系统性能"最优"(如积分指标最小)。PID 控制自整定是计算机控制发展方向之一,现已有不少自整定方法,但都不够完善,多少还存在一些缺陷,所以成功应用仍然很少。今后随着计算机技术和控制工程方法(包括智能控制)的发展,PID 控制的自整定方法一定会得到进一步的完善和发展,并将获得广泛的应用。因自整定理论和方法属于自适应控制内容,这里不再详细讨论。

下面来介绍几种较为流行的数字 PID 参数的工程整定方法。

(1) 扩充临界比例法。这是一种基于系统系统临界振荡参数的闭环整定方法。这种方法其实是模拟 PID 整定参数的临界比例法的推广。具体步骤如下:

① 选择足够小的采样周期 T,一般说来,T 小于对象纯延迟时间 τ 的 1/10;

② 用选择的采样周期 T,并将控制算法置于比例控制,形成闭环,给定输入作阶跃变化,并逐渐增大比例系数 K_p(即减小比例带 δ),使系统出现等幅振荡,记下此时的比例系数 K_{cr} 和振荡周期 T_{cr}。K_{cr},T_r 分别称为临界比例系数和临界振荡周期。

③ 选择控制度 Q。控制度是用来定量衡量同一个系统采用数字控制相对于采用模拟控制的效果。控制效果的评价函数通常用偏差平方积分,即

$$Q = \frac{\left[\int_0^\infty e^2(t)\mathrm{d}t\right]_{\text{数字控制}}}{\left[\int_0^\infty e^2(t)\mathrm{d}t\right]_{\text{模拟控制}}} \tag{5.2.28}$$

因为数字控制系统是断续控制,而模拟控制系统是连续控制,所以对同一个系统,采用相同的控制律,数字控制系统的品质总是低于模拟控制系统的品质,控制度总是大于 1。控制度越大,相应的数字控制系统的品质越差。如控制度为 1.05 时,表示数字控制系统与模拟控制系统效果相当。从提高数字 PID 控制系统品质出发,控制度可以选得小一些,但就系统稳定性而言,控制度宜选大一些。

④ 根据选定的控制度,查表 5.1 并计算出参数 K_p,T_i,T_d 和 T 的值。

⑤ 在 PID 控制算法中设定所求的参数值,将系统投入运行,并观察控制效果。如果控制效果不够好(如出现振荡现象),可适当加大控制度,重复④,直到获得满意的控制效果。

表 5.1　扩充临界比例法 PID 参数计算表

控制度	控制规律	$\dfrac{T}{T_{cr}}$	$\dfrac{K_p}{K_{cr}}$	$\dfrac{T_i}{T_{cr}}$	$\dfrac{T_d}{T_{cr}}$
1.05	PI	0.03	0.55	0.88	—
	PID	0.14	0.63	0.49	0.14
1.20	PI	0.05	0.49	0.91	—
	PID	0.043	0.47	0.47	0.16
1.50	PI	0.14	0.42	0.99	—
	PID	0.09	0.34	0.43	0.20
2.0	PI	0.22	0.36	1.05	—
	PID	0.16	0.27	0.40	0.22
模拟控制	PI	—	0.57	0.83	—
	PID	—	0.70	0.50	0.13

(2) 扩充响应曲线法。该方法是模拟 PID 参数的响应曲线整定方法的推广。应用该方

法时,要预先通过实验测得系统的阶跃响应曲线,并由阶跃响应曲线确定被控对象的等效纯延迟时间 τ_e 和等效的时间常数 T_e,如图 5.14 所示。

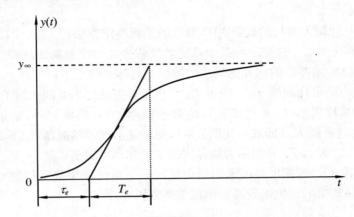

图 5.14　被控对象阶跃响应曲线

选择合适的控制度,根据阶跃响应曲线参数 τ_e,T_e 查表 5.2 即可求得 PID 控制算法参数 K_p,T_i,T_d 和 T。表中的等效延迟时间 τ 应取

$$\tau = \tau_e + \frac{T}{2} \tag{5.2.29}$$

其中 $T/2$ 是考虑到数字控制系统中 D/A 后面的零阶保持器产生的负相移。

表 5.2　扩充响应曲线法 PID 参数计算表

控制度	控制规律	$\dfrac{T}{\tau}$	$\dfrac{K_p}{\dfrac{T_e}{\tau}}$	$\dfrac{T_i}{\tau}$	$\dfrac{T_d}{\tau}$
1.05	PI	0.10	0.84	3.40	—
	PID	0.05	1.15	2.00	0.45
1.20	PI	0.20	0.73	3.60	—
	PID	0.16	1.00	1.90	0.55
1.50	PI	0.50	0.68	3.90	—
	PID	0.34	0.85	1.62	0.65
2.0	PI	0.80	0.57	4.20	—
	PID	0.60	0.60	1.50	0.82
模拟控制	PI	—	0.90	3.30	—
	PID	—	1.20	2.00	0.40

(3) 归一参数整定法。为了减少 PID 在线整定参数的数目,P. D. Roberts 提出一种简化扩充临界比例法,又称 PID 归一参数整定法。该方法,以扩充临界比例法为基础,人为规定以下约束条件:

$$T = 0.1T_{cr}$$
$$T_i = 0.5T_{cr} \left.\begin{array}{r}\\ \\ \\\end{array}\right\}$$
$$T_d = 0.125T_{cr}$$

$$\tag{5.2.30}$$

T_{cr} 为临界振荡周期。将以上约束条件代入理想数字 PID 控制增量式算法(5.2.5)式,可得

$$\nabla u(k) = (K_p + K_I + K_D)e(k) - (K_p + 2K_D)e(k-1) + K_D e(k-2)$$

$$= K_p\left(1 + \frac{T}{T_i} + \frac{T_d}{T}\right)e(k) - K_p\left(1 + 2\frac{T_d}{T}\right)e(k-1) + K_p\frac{T_d}{T}e(k-2)$$

$$= K_p[2.45e(k) - 3.5e(k-1) + 1.25e(k-2)]$$

$$\tag{5.2.31}$$

这样,四个参数整定就简化为一个参数 K_p 的整定。在线调整 K_p,观察控制效果,直至满意为止。

5.3　根轨迹和伯德(Bode)图设计法

设计模拟控制器(即补偿器)的根轨迹法和伯德图法都可以用来设计计算机控制系统的数字控制器,这两种方法直观易懂,为控制工程师所熟悉,虽然设计过程需要试凑,有些繁琐,但现在可以应用 MATLAB 软件进行计算机辅助设计,使得设计过程变得也很简单。本节仅对这两种方法用于数字控制器设计作一简要说明。

5.3.1　根轨迹设计法

考虑图 5.15 所示典型计算机控制系统,设被控对象 Z 传递函数 $G(z) = Z[G(s)]$,$G(s) = G_p(s)(1 - e^{-Ts})/s$ 数字控制器 Z 传递函数为 $D(z)$,系统闭环特征方程为

$$1 + KG(z)D(z) = 0 \tag{5.3.1}$$

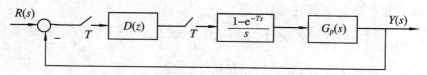

图 5.15　典型计算机控制系统

其中,$K \geqslant 0$ 为待定增益,随着 K 由零连续增大,特征方程(5.3.1)的根(即闭环系统极点)在 Z 平面上连续变化的轨线,就是相应离散系统的根轨迹。方程(5.3.1)可以改写为两个方程

$$|G(z)D(z)| = \frac{1}{K}(\text{幅值条件}) \tag{5.3.2}$$

$$\angle G(z)D(z) = \pm(2l+1)180°(\text{幅角条件}), \quad l \geqslant 0 \text{ 的整数} \tag{5.3.3}$$

在 Z 平面上,凡是满足方程(5.3.2)和(5.3.3)的点都是系统根轨迹上的点。由于增益 K 可以从 0 到 ∞ 任意变化,方程(5.3.2)总能满足,所以 Z 平面上的点只要满足幅角条件(5.3.3)式,就一定是系统根轨迹上的点。因此,方程(5.3.3)就是根轨迹的方程。

由方程(5.3.3)和(5.3.2)可以看出,离散系统根轨迹绘制规则和模拟系统根轨迹绘制完全相同。离散系统根轨迹设计方法及步骤也与模拟系统根轨迹设计基本相同,这里不再讨论。

5.3.2 伯德图设计法

数字控制器伯德图设计方法和模拟控制器伯德图设计方法基本相同,所不同的是:① 数字控制器伯德图设计需要事先对被控对象 Z 传递函数作 W 变换,将其化为 W 传递函数 $G(w)$,再用虚拟频特性 $G(jv)$ 进行伯德图设计。这是因为离散系统频率特性 $G(e^{j\omega T})$ 是 $e^{j\omega T}$ 的有理函数,而不是频率 $j\omega$ 的有理函数,用 $G(e^{j\omega T})$ 无法进行伯德图设计;② 用伯德图法设计的控制器是 W 的传递函数 $D(w)$,需要作 W 反变换,将其化为 Z 传递函数 $D(z)$。数字控制器伯德图设计法的步骤大致如下:

(1) 选择适当的采样周期 T,并求被控对象的 Z 传递函数 $G_o(z)$,即校正前开环 Z 传递函数;

(2) 对 $G_o(z)$ 作 W 变换,即 $G_o(w) = G_o(z) \big|_{z = \frac{1+w}{1-w} 或 \frac{1+wT/2}{1-wT/2}}$;

(3) 令 $w = jv$,绘制 $G_o(jv)$ 的伯德图,即 $G_o(jv)$ 的对数幅频特性 $L_o(v)$ 和相频特性 $\Phi_o(v)$;

(4) 根据伯德图,分析未补偿系统的性能指标;

(5) 根据要求的性能指标,用模拟系统相同的设计方法,作出期望的对数幅频特性 $L(v)$,并由 $L_o(v)$ 和 $L(v)$ 确定控制器 W 传递函数 $D(w)$;

(6) 对 $D(w)$ 作 W 反变换,求得 $D(z)$,即 $D(z) = D(w) \big|_{w = \frac{z-1}{z+1} 或 \frac{2}{T} \frac{z-1}{z+1}}$;

(7) 将 $D(z)$ 化成计算机控制算法,并进行数字仿真,检验所设计的控制系统性能。

【例 5.3.1】 一计算机控制系统如图 5.15 所示,其中被控对象传递函数 $G_p(s) = \dfrac{K}{s(s+1)}$,试用伯德图法设计数字控制器 $D(z)$,使得控制系统的相角裕量 $\geqslant 45°$,稳态速度误差系数 $K_v \geqslant 3$,取采样周期 $T = 2\,\text{s}$。

解 (1) 求被控对象 Z 传递函数为

$$G_o(z) = Z\left[\frac{K(1 - e^{-Ts})}{s^2(s+1)}\right] = K(1 - z^{-1})Z\left[\frac{1}{s^2} - \frac{1}{s} + \frac{1}{s+1}\right] = \frac{K(1.135z + 0.595)}{(z-1)(z-0.135)}$$

$$K_v = \lim_{z \to 1}(z-1)G_o(z) = \lim_{z \to 1}\frac{K(1.135z + 0.595)}{z - 0.135}$$

得 $K_v = 2K \geqslant 3$,待定 $K \geqslant 1.5$,为留有裕量,取 $K = 2$,则

$$G_o(z) = \frac{2(1.135z + 0.595)}{(z-1)(z-0.135)}$$

(2) 作 W 变换

令 $z = \dfrac{1+w}{1-w}$,代入 $G_o(z)$ 得

$$G_o(w) = \frac{2(1-w)(1+0.312w)}{w(1.312w + 1)} = \frac{2(1-w)(1 + w/3.205)}{w(1 + w/0.762)}$$

(3) 令 $w = jv$,得

$$G_o(\mathrm{j}v) = \frac{2(1 - \mathrm{j}v)(1 + \mathrm{j}v/3.205)}{\mathrm{j}v(1 + \mathrm{j}v/0.762)}$$

作 $G_o(\mathrm{j}v)$ 的伯德图,如图 5.16 所示。$L_o(v)$ 为 $G_o(\mathrm{j}v)$ 的对数幅频特性,$\Phi_o(v)$ 为对数相频特性。

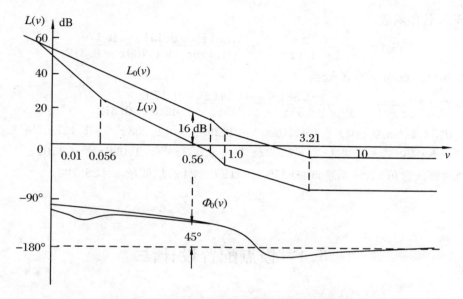

图 5.16　例 5.3.1 中系统的对数虚拟频率特性

(4) 未补偿系统分析,由图中的 $L_o(v)$ 和 $\Phi_o(v)$ 可以看出,未补偿系统相角裕量为负,所以相应闭环系统不稳定,必须补偿;

(5) 确定补偿器 $D(w)$(即控制器的 W 传递函数)。

为了使系统满足设计要求的 45° 相角裕量,应将特性 $L_o(v)$ 在 $v = 0.56$ 处的幅值衰减 16 dB,并使其高频和低频段特性基本不变。为此,选用滞后补偿,即

$$D(w) = \frac{1 + \alpha\tau w}{1 + \tau w}, \quad \alpha < 1$$

考虑到要使 $L_o(v)$ 在 $v = 0.56$ 处衰减 16 dB,应有 $20\lg\alpha = -16$ dB,由此得

$$\alpha = 10^{-0.8} = 0.158$$

为了尽量减小补偿器 $D(w)$ 的相移对原系统相频特性 $\Phi_o(v)$ 的影响,选择 $\dfrac{1}{\alpha\tau} = \dfrac{0.56}{10} =$

$0.056/\mathrm{s}$(0.56 为校正后系统剪切频率),于是,$\dfrac{1}{\tau} = 0.009/\mathrm{s}$。由此得,补偿器 W 传递函数

$$D(w) = \frac{1 + w/0.056}{1 + w/0.009} = \frac{1 + 17.86w}{1 + 111.1w}$$

(6) 作 W 反变换,求数字控制器 Z 传递函数

$$D(z) = D(w)\big|_{w = \frac{z-1}{z+1}} = \frac{0.168(z - 0.894)}{z - 0.982}$$

(7) 检验系统性能

加控制器后,系统开环 Z 传递函数

$$G(z) = G_o(z)D(z) = \frac{0.336(1.135z + 0.595)(z - 0.894)}{(z - 1)(z - 0.135)(z - 0.982)}$$

$$K_v = \lim_{z \to 1}(z - 1)G(z) = 3.96 > 3$$

满足要求。

闭环 Z 传递函数：

$$G_c(z) = \frac{G(z)}{1 + G(z)} = \frac{0.381z^2 - 0.141z - 0.179}{z^3 - 1.736z^2 + 1.109z - 0.312}$$

闭环系统单位阶跃响应的 Z 变换

$$Y(z) = G_c(z)\frac{z}{z - 1} = \frac{0.381z^3 - 0.141z^2 - 0.179z}{z^4 - 2.736z^3 + 2.845z^2 - 1.421z - 0.312}$$

$$= 0.381z^{-1} + 0.901z^{-2} + 1.202z^{-3} + 1.267z^{-4} + 1.208z^{-5} + 1.127z^{-6} + 1.071z^{-7}$$

$$+ 1.046z^{-8} + 1.039z^{-9} + 1.037z^{-10} + 1.033z^{-11} + 1.026z^{-12} + 1.01z^{-13} + \cdots$$

由 $Y(z)$ 的幂级数可知，该系统调整时间 $t_s \approx 12T = 24$ s，超调量 $\sigma = 26.7\%$。

5.4 极点配置设计法

由系统分析可知，系统的动态行为特征主要是由系统的极点决定的。极点配置设计法的基本思想，就是按照控制系统的性能要求和被控对象模型的某些特征，先确定控制系统的期望闭环极点，再设计出控制器使得控制系统的闭环极点与期望闭环极点相同。这种设计方法易于理解和掌握，设计过程中，容易按照控制要求引入各种限制，而且主要是通过代数运算求解进行，基本上不需要试凑，因此它成为计算机控制系统的一类常用的设计方法。它既可以基于系统输入输出模型 Z 传递函数进行设计，也可以基于系统状态空间模型进行设计。本节要讲述的是基于系统 Z 传递函数的极点配置设计法，关于基于系统状态空间模型的极点配置设计法，将在下一章介绍。

5.4.1 单位反馈控制系统的极点配置设计

我们首先讨论图 5.17 所示典型计算机单位反馈控制系统的极点配置设计方法。设被控对象 Z 传递函数为

$$G(z) = Z[G_h(s)G_p(s)] = z^{-d}\frac{M(z)}{N(z)} \tag{5.4.1}$$

其中，$M(z)$ 和 $N(z)$ 均为关于 z^{-1} 的多项式，$M(z)$ 与 $N(z)$ 互质，d 为 $G(z)$ 的延迟步数。

设按照控制系统性能要求所确定的期望闭环极点为 $\lambda_i(i = 1,2,\cdots,n)$，相应的期望闭环特征多项式为

$$A(z) = (1 - \lambda_1 z^{-1})(1 - \lambda_2 z^{-1})\cdots(1 - \lambda_n z^{-1}) = 1 + a_1 z^{-1} + \cdots + a_n z^{-n}$$

$$\tag{5.4.2}$$

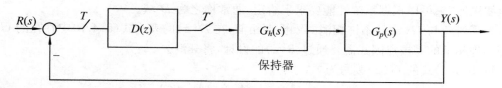

图 5.17 典型计算机反馈控制系统

极点配置设计的目标就是设计出满足如下要求的控制器 $D(z)$:

(1) 设计出的闭环系统 Z 传递函数应为如下形式:

$$W_m(z) = z^{-l} \frac{B(z)}{A(z)} \tag{5.4.3}$$

其中,$l \geqslant 0$,即闭环系统应为因果系统;$A(z)$ 为期望闭环特征多项式;$B(z) = b_0 + b_1 z^{-1} + \cdots + b_m z^{-m}$ 为待定的 z^{-1} 多项式,且与 $A(z)$ 互质。

(2) 设计出的闭环系统稳态增益应为

$$W_m(1) = 1, \quad \text{即} \quad B(1) = A(1) \tag{5.4.4}$$

即保证闭环系统对阶跃给定输入无稳态误差,这是反馈系统的一般要求。

(3) 控制器 $D(z)$ 应为因果系统(即其输出不应超前输入),且尽量简单;

由图 5.17 所示系统结构和上述要求(1),待设计系统的闭环 Z 传递函数应为

$$W(z) = \frac{G(z)D(z)}{1 + G(z)D(z)} = z^{-l} \frac{B(z)}{A(z)} = W_m(z) \tag{5.4.5}$$

于是待设计的 $D(z)$ 可表示为

$$D(z) = \frac{W_m(z)}{G(z)[1 - W_m(z)]} = \frac{z^{-l}B(z)}{G(z)[A(z) - z^{-l}B(z)]} \tag{5.4.6}$$

该式表明:

① $D(z)$ 的设计归结为确定 $W_m(z)$ 中的 l 和 $B(z)$;

② $D(z)$ 中含有被控对象模型 $G(z)$ 的逆,$G(z)$ 的零点和极点分别成为 $D(z)$ 的极点和零点。

由(5.4.5)式可以看出,$D(z)$ 中的有关 $G(z)$ 的零点和极点,在闭环 Z 传递函数 $W(z)$ 中将与 $G(z)$ 的相应极点和零点分别相消。但是,如果 $G(z)$ 有不稳定的零、极点,那么由于模型 $G(z)$ 与真实系统 $G_0(z)$ 之间的偏差而不能精确相消时,就必然导致实际闭环系统不稳定。因此,在系统设计时,为确保实际闭环系统稳定,就不能用 $D(z)$ 的零、极点抵消 $G(z)$ 中的不稳定零、极点(即位于单位圆外和单位圆上的零、极点),实际上,为了使系统具有满意的性能,甚至不许抵消 $G(z)$ 中的那些位于单位圆内但靠近单位圆周的零极点(这些零极点的阻尼特性差),而只许抵消那些稳定的且阻尼特性较好的零极点。在 Z 平面上可以相消的零极点区域如图 5.18 所

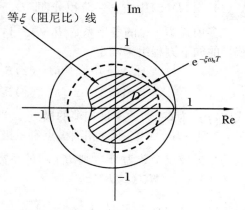

图 5.18 允许相消零极点区域

示斜线区域,它可以根据系统性能要求来给定,通常称之为 D 域。

为了避免与 $G(z)$ 的不许相消的零极点相消,在 $D(z)$ 的表示式(5.4.6)中存在的 $G(z)$ 全部不许相消的零极点因式需要通过 $B(z)$ 的设计,将其消去。

将(5.4.1)式的 $G(z)$ 改写为

$$G(z) = Kz^{-d}\frac{M^-(z)M^+(z)}{N^-(z)N^+(z)} \tag{5.4.7}$$

式中,$N^-(z)$,$M^-(z)$ 分别为 $G(z)$ 的不许相消的极点和零点因式,其阶次分别为 n^- 和 m^-,$N^+(z)$,$M^+(z)$ 分别为 $G(z)$ 的可相消的极点和零点因式,K 为实常数。

将(5.4.7)式代入(5.4.6)式,得

$$D(z) = \frac{z^{d-l}B(z)N^-(z)N^+(z)}{[A(z) - z^{-l}B(z)]KM^-(z)M^+(z)} \tag{5.4.8}$$

从此式出发,按照对 $D(z)$ 的三点设计要求,就可以确定待定的 l 和 $B(z)$。

① 为使 $D(z)$ 为因果系统,应该 $d-l\leqslant0$,即 $l\geqslant d$,取最小值,$l=d$,这意味着最终设计成的闭环系统 $W(z)$ 的延迟不得小于被控对象 $G(z)$ 的延迟,最小只能等于 $G(z)$ 的延迟,否则 $D(z)$ 就是超前的非因果系统。

② 为避免 $D(z)$ 与 $G(z)$ 的不许相消的零、极点相消,$B(z)$ 应包含 $G(z)$ 的不许相消的零点因式 $M^-(z)$,即

$$B(z) = M^-(z)B'(z) \tag{5.4.9}$$

并且,$A(z) - z^{-l}B(z) = A(z) - z^{-d}M^-(z)B'(z)$ 中应包含 $G(z)$ 的不许相消的极点因式 $N^-(z)$,即

$$A(z) - z^{-d}M^-(z)B'(z) = N^-(z)\beta(z) \tag{5.4.10}$$

这样,$D(z)$ 表示式(5.4.8)中的 $N^-(z)$ 和 $M^-(z)$ 事先就被消去,因此在控制系统中 $G(z)$ 中的 $N^-(z)$ 和 $M^-(z)$ 因式就不会被 $D(z)$ 相消。

要满足(5.4.10)式的要求,多项式 $B'(z) = b_0' + b_1'z^{-1} + \cdots + b_{\hat{n}}'z^{-\hat{n}}$ 的阶次 $\hat{n}$ 按照 $G(z)$ 的类型数 q(即 $G(z)$ 中含有积分的阶数)确定。

① $G(z)$ 的 $q\geqslant1$ 时,取 $\hat{n} = n^- - 1$,n^- 为不许相消极点个数。

② $G(z)$ 的 $q=0$ 时,(即 $G(z)$ 中无积分),取 $\hat{n} = n^-$。因为这种情况下,要使闭环 $W(1)=1$,$D(z)$ 中应含一阶积分,即 $D(z)$ 的分母应有 $(1-z^{-1})$ 因子的缘故。

多项式 $B'(z)$ 的各项系数 $b_i'(i=1,2,\cdots,\hat{n})$,由方程 $A(1) - B(1) = 0$ 和(5.4.10)式获得的如下方程组来确定:

$$\begin{cases} [A(z) - z^{-d}M^-(z)B'(z)]_{z=1} = 0 \\ [A(z) - z^{-d}M^-(z)B'(z)]_{z=p_i^-} = 0, \quad i = 1,2,\cdots,n^- \end{cases} \tag{5.4.11}$$

式中,p_i^- 为 $G(z)$ 的不许相消的极点。当 $G(z)$ 的 $q\geqslant1$ 时,上式中第二式包含第一式。

对于 $G(z)$ 中的不许相消极点有重极点的情况,设 p_i^- 为 m_i 重不许相消的极点;不许相消的互异极点个数为 $\hat{n}^-$,则 $B'(z)$ 的系数由如下方程组确定:

$$\begin{cases} [A(z) - z^{-d}M^-(z)B'(z)]_{z=1} = 0 \\ \left(\dfrac{\mathrm{d}}{\mathrm{d}z}\right)^j [A(z) - z^{-d}M^-(z)B'(z)]_{z=p_i^-} = 0, \quad i = 1,2,\cdots,\hat{n}^-; \quad j = 0,1,2,\cdots,m_i - 1 \end{cases}$$

$$\tag{5.4.12}$$

求出 $B'(z)$ 后,由(5.4.10)式即可求得 $\beta(z)$,再将(5.4.9)式和(5.4.10)式代入(5.4.8)式,并考虑 $l = d$,便得到 $D(z)$ 的最后表示式,即

$$D(z) = \frac{M^-(z)B'(z)N^-(z)N^+(z)}{N^-(z)\beta(z)KM^-(z)M^+(z)} = \frac{B'(z)N^+(z)}{\beta(z)KM^+(z)} \tag{5.4.13}$$

由上式可看出,$G(z)$ 中的可相消的零、极点因式仍保留在 $D(z)$ 的表示式中。

【例 5.4.1】　一系统如图 5.17 所示,已知被控对象传递函数 $G_p(s) = \dfrac{1}{s(10s + 1)}$,取采样周期 $T = 1$ s,要求闭环极点为 $\lambda_{1,2} = 0.393 \pm j0.4621$,试用极点配置法设计反馈数字控制器。

解　求被控对象 Z 传递函数

$$G(z) = Z\left[\frac{1 - e^{-Ts}}{s} \cdot \frac{1}{s(10s + 1)}\right] = \frac{0.048z^{-1}(1 + 0.967z^{-1})}{(1 - z^{-1})(1 - 0.905z^{-1})}$$

$G(z)$ 中延迟 $d = 1$,有一零点 $z_1 = -0.967$;二极点 $p_1 = 1,p_2 = 0.905,K = 0.048,q = 1$。

期望闭环特征多项式为

$$A(z) = (1 - \lambda_1 z^{-1})(1 - \lambda_2 z^{-1}) = 1 - 0.786z^{-1} + 0.368z^{-2}$$

考虑两种限制情况,分别进行设计:

① 设零点 z_1 和极点 p_2 为可相消零极点,即

$$M^-(z) = 1, \quad M^+(z) = 1 + 0.967z^{-1};$$

$$N^-(z) = 1 - z^{-1}, \quad N^+(z) = 1 - 0.905z^{-1}; \quad n^- = 1$$

考虑到 $G(z)$ 为一型系统,即 $q = 1$,故 $B'(z)$ 阶次 $\deg B'(z) = n^- - 1 = 0$,所以,$B'(z) = b_0'$,$B(z) = M^-(z)B'(z) = b_0'$。

由方程

$$[A(z) - z^{-d}B(z)]_{z=1} = (1 - 0.786z^{-1} + 0.368z^{-2} - z^{-1}b_0')_{z=1} = 0$$

解得

$$b_0' = 0.582$$

于是

$$A(z) - z^{-d}B(z) = 1 - 0.786z^{-1} + 0.368z^{-2} - 0.582z^{-1}$$

$$= 1 - 1.368z^{-1} + 0.368z^{-2} = (1 - z^{-1})(1 - 0.368z^{-1})$$

$\beta(z) = (1 - 0.368z^{-1})$,代入 $D(z)$ 的表示式,得反馈控制器

$$D(z) = \frac{B'(z)N^+(z)}{\beta(z)KM^+(z)} = \frac{0.582(1 - 0.905z^{-1})}{0.048(1 - 0.368z^{-1})(1 + 0.967z^{-1})}$$

$$= \frac{12.125(1 - 0.905z^{-1})}{(1 - 0.368z^{-1})(1 + 0.967z^{-1})}$$

由 $D(z)$ 的设计结果可以看出,$G(z)$ 的可相消的零点 z_1 成了 $D(z)$ 的极点,而可相消的极点 p_2 成了 $D(z)$ 的零点,它们在系统闭环 Z 传递函数 $W(z)$ 中都将被抵消掉。

② 设零点 z_1 和极点 p_2 以及 p_1 均为不许相消零极点。实际上,这个限制要求是合理的。z_1 和 p_2 虽然都是在单位圆内,是稳定的零、极点,但是它们都靠近单位圆周,阻尼特性差,如果像上面那样允许相消,那么所设计的控制系统实际运行时,由于模型精度不够而不能实现完全相消,这样,实际系统的性能就必将因这些阻尼特性差的零、极点的影响,比期望

闭环系统 $W(z)$ 的性能差得多。

按照上述限制要求，

$$M^-(z) = 1 + 0.967z^{-1}, \quad M^+(z) = 1,$$
$$N^-(z) = (1 - z^{-1})(1 - 0.905z^{-1}), \quad N^+(z) = 1, \quad n^- = 2$$

因此

$$B(z) = (1 + 0.967z^{-1})B'(z), \quad \deg B'(z) = n^- - 1 = 1, \quad B'(z) = b_0' + b_1'z^{-1}$$

并由如下方程组确定：

$$\begin{cases} [A(z) - z^{-d}M^-(z)B'(z)]_{z=1} = [A(z) - z^{-1}(1 + 0.967z^{-1})(b_0' + b_1'z^{-1})]_{z=1} = 0 \\ [A(z) - z^{-d}M^-(z)B'(z)]_{z=p_2} = [A(z) - z^{-1}(1 + 0.967z^{-1})(b_0' + b_1'z^{-1})]_{z=p_2} = 0 \end{cases}$$

由方程组解得，$b_0' = 0.6938, b_1' = -0.3979$；因而，$B'(z) = 0.6938 - 0.3979z^{-1}$，于是

$$A(z) - z^{-d}B(z) = 1 - 0.786z^{-1} + 0.368z^{-2} - z^{-1}(1 + 0.967z^{-1})(0.6938 - 0.3979z^{-1})$$
$$= 1 - 1.4798z^{-1} + 0.095z^{-2} + 0.3848z^{-3}$$
$$= (1 - z^{-1})(1 - 0.905z^{-1})(1 + 0.4252z^{-1})$$

由此得 $\beta(z) = 1 + 0.4252z^{-1}$，代入 $D(z)$ 的表示式，得到反馈控制器

$$D(z) = \frac{B'(z)N^+(z)}{\beta(z)KM^+(z)} = \frac{0.6938 - 0.3979z^{-1}}{0.048(1 + 0.4252z^{-1})}$$
$$= \frac{14.45(1 - 0.5735z^{-1})}{1 + 0.4252z^{-1}}$$

5.4.2 复合控制系统的极点配置设计

计算机复合控制系统是由前馈和反馈控制器构成的，其结构如图 5.19 所示。

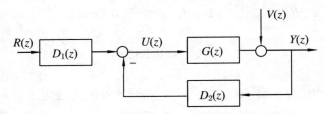

图 5.19 计算机复合控制系统的结构

其中

$$G(z) = k\frac{M(z)}{N(z)} = k\frac{M^+(z)M^-(z)}{N(z)} \tag{5.4.14}$$

为被控对象 Z 传递函数，$N(z), M(z), M^+(z), M^-(z)$ 均为首一的关于 z 的多项式，$M^-(z)$ 为不可相消零点因式，$M^+(z)$ 为可相消零点因式；$M(z)$ 与 $N(z)$ 互质，设 $\deg N(z) - \deg M(z) = d$ 即 $G(z)$ 有 d 步延迟，$d \geqslant 0$，$v(z)$ 为系统外部干扰。$D_1(z)$ 和 $D_2(z)$ 分别为前馈和反馈控制器。

$$D_1(z) = \frac{T(z)}{Q(z)}, \quad \deg Q(z) \geqslant \deg T(z) \tag{5.4.15}$$

$$D_2(z) = \frac{S(z)}{Q(z)}, \quad \deg Q(z) \geqslant \deg S(z) \tag{5.4.16}$$

其中，$Q(z)$，$T(z)$，$S(z)$ 均为关于 z 的多项式，并且互质，$Q(z)$ 是首一多项式。

复合控制系统是一种更具一般性的控制系统结构。系统中引入的参考输入 $r(k)$ 的前馈控制器 $D_1(z)$，可以用来进一步改善系统的跟踪性能，所以对跟踪性能要求较高的随动系统，一般都采用这种控制结构。当系统中前馈控制器 $D_1(z) = D_2(z)$ 时，系统就变为图 5.17 所示按偏差控制的典型反馈控制系统的结构。

1. 设计目标

复合控制系统的极点配置设计目标，与前面典型反馈控制系统极点配置设计目标类似，即要求设计出满足如下要求的前馈控制器 $D_1(z)$ 和反馈控制器 $D_2(z)$。

(1) 设计出的闭环系统 Z 传递函数应为如下形式

$$W_m(z) = \frac{Y(z)}{R(z)} = \frac{B(z)}{A(z)} \tag{5.4.17}$$

其中，$B(z)$ 为待定的关于 z 的多项式，并与 $A(z)$ 互质；$A(z) = z^n + a_1 z^{n-1} + \cdots + a_n$ 为按照控制系统性能要求所确定的期望闭环特征多项式（即闭环极点因式），它是首一的关于 z 的多项式，并且

$$\deg A(z) - \deg B(z) \geqslant d \tag{5.4.18}$$

即闭环系统延迟要大于等于被控对象延迟。

期望闭环特征多项式通常有如下三种形式：

① 要求闭环系统具有有限拍的响应特性时，可取

$$A(z) = z^{d+m}, \quad m = \deg B(z) \tag{5.4.19}$$

② 要求闭环系统具有一阶系统的响应特性时，可取

$$A(z) = z^{d+m-1}(z - a_1) \tag{5.4.20}$$

式中，a_1 为要求的一阶系统的主导极点，这里可取

$$a_1 = e^{-\frac{T}{T_m}} \tag{5.4.21}$$

其中，T 为采样周期，T_m 为要求的一阶系统的时间常数。

③ 要求闭环系统具有二阶系统的响应特性时，可取

$$A(z) = z^{d+m-2}(z^2 + a_1 z + a_2) \tag{5.4.22}$$

其中

$$\begin{cases} a_1 = -2e^{-\xi \omega_n T} \cos \sqrt{1 - \xi^2}\, \omega_n T \\ a_2 = e^{-2\xi \omega_n T} \end{cases} \tag{5.4.23}$$

ξ 和 ω_n 分别为二阶系统阻尼系数和自然振荡频率。

(2) 设计出的闭环系统稳态增益应为 $W(1) = 1$，即 $A(1) = B(1)$。

(3) 控制器 $D_1(z)$ 和 $D_2(z)$ 都应具有因果性（即满足(5.4.15)式和(5.4.16)式）并且尽量简单。

2. 设计方法

根据图 5.19 所示系统结构，可得系统闭环 Z 传递函数为

$$W(z) = \frac{Y(z)}{R(z)} = \frac{D_1(z)G(z)}{1 + D_2(z)G(z)} = \frac{kT(z)M(z)}{N(z)Q(z) + kM(z)S(z)} \tag{5.4.24}$$

按照设计目标要求

$$W(z) = \frac{kT(z)M(z)}{N(z)Q(z) + kM(z)S(z)} = \frac{B(z)}{A(z)} = W_m(z) \qquad (5.4.25)$$

由此可知,设计问题就归结为按照设计目标的要求确定多项式 $B(z)$,$Q(z)$,$T(z)$ 和 $S(z)$。要使闭环 Z 传递函数具有给定的期望闭环特征多项式 $A(z)$,就有可能在系统闭环 Z 传递函数 $W(z)$ 中存在 $G(z)$ 和控制器的零极点相消现象。为了确保实际闭环系统稳定和具有满意的控制性能,只能抵消位于 D 域中的可相消零极点,而在 D 域外部的不许相消零极点应该避免相消。因此 $G(z)$ 中的不许相消零点因式 $M^-(z)$ 不能在 $W(z)$ 中相消,应保留在 $W(z)$ 中,所以待定的多项式 $B(z)$ 应为

$$B(z) = kM^-(z)B'(z) \qquad (5.4.26)$$

即 $G(z)$ 的不许相消零点应保留作为闭环零点。式中,$B'(z)$ 为待定多项式。

而 $T(z)$ 多项式通常取为

$$T(z) = A_0(z)B'(z) \qquad (5.4.27)$$

这里,$A_0(z)$ 是一个关于 z 的稳定多项式,其实是状态观测器的特征多项式,关于状态观测器及其特征多项式,将在下一章介绍。确定 $A_0(z)$ 的一种最简单的方法,可取

$$A_0(z) = z^{r_0} \qquad (5.4.28)$$

即观测器的极点均选在原点,$A_0(z)$ 阶次 r_0 由后面给出的(5.4.45)式来确定。

$B'(z)$ 可根据对闭环系统的零点和稳态精度的三种要求来选定[10]。

于是,(5.4.25)式中

$$kT(z)M(z) = kA_0(z)B'(z)M^-(z)M^+(z) = A_0(z)B(z)M^+(z) \qquad (5.4.29)$$

(1) 若要求闭环系统对于阶跃输入无稳态误差,则取

$$B'(z) = b_0' \qquad (5.4.30)$$

并使得

$$W_m(z)\big|_{z=1} = 1 \qquad (5.4.31)$$

(2) 若要求闭环系统对于阶跃输入无稳态误差,并且对速度误差系数 K_v 有要求,则可取

$$B'(z) = b_0'z + b_1' \qquad (5.4.32)$$

并使得

$$\begin{cases} W_m(z)\big|_{z=1} = 1 \\ \dfrac{1}{TK_v} = -\dfrac{\mathrm{d}}{\mathrm{d}z}W_m(z)\Big|_{z=1} \end{cases} \qquad (5.4.33)$$

由此可确定 b_0' 和 b_1',其中 T 为采样周期。

(3) 若要求闭环系统对于等速度输入无稳态误差(即要求 $K_v = \infty$),则选

$$B'(z) = b_0'z + b_1' \qquad (5.4.34)$$

并使得

$$\begin{cases} W_m(z)\big|_{z=1} = 1 \\ \dfrac{\mathrm{d}}{\mathrm{d}z}W_m(z)\Big|_{z=1} = 0 \end{cases} \qquad (5.4.35)$$

由此可确定 b_0' 和 b_1'。

由(5.4.29)式

$$kT(z)M(z) = A_0(z)M^+(z)B(z)$$

不难看出,要使(5.4.25)式成立,闭环 Z 传递函数 $W(z)$ 的分母必含有因式 $A_0(z)$ 和 $M^+(z)$,与其分子 $kT(z)M(z)$ 中的 $A_0(z)$ 及 $M^+(z)$ 相消,所以 $W(z)$ 的分母 $N(z)Q(z)$ $+ kM(z)S(z)$ 应为

$$N(z)Q(z) + kM(z)S(z) = A_0(z)M^+(z)A(z) \tag{5.4.36}$$

由此可知,$Q(z)$ 应包含 $M^+(z)$,即

$$Q(z) = M^+(z)Q_1(z) \tag{5.4.37}$$

由系统结构图 5.19 可得系统输出为

$$Y(z) = \frac{D_1(z)G(z)}{1 + G(z)D_2(z)}R(z) + \frac{1}{1 + G(z)D_2(z)}V(z) \tag{5.4.38}$$

从上式可知,为了提高系统稳态精度和增强系统对干扰 $V(z)$ 的抑制能力,控制器应该具有足够高的低频增益,为此通常需要在控制器中引入适当的积分环节,所以控制器的分母多项式 $Q(z)$ 一般应为如下形式

$$Q(z) = M^+(z)(z-1)^r Q_1(z) \tag{5.4.39}$$

其中 r 为引入积分环节的次数。一般情况下,取 $r = 1$,若被控对象 $G(z)$ 已有积分,可取 $r = 0$。

这样,(5.4.36)式可以简化为

$$(z-1)^r N(z)Q_1(z) + kM^-(z)S(z) = A_0(z)A(z) \tag{5.4.40}$$

当多项式 $A_0(z)$ 确定后,方程(5.4.40)就是一个丢藩蒂(Diophantine)方程。因此多项式 $Q_1(z)$ 和 $S(z)$ 的确定就归结为(Diophantine)方程求解问题。

关于 Diophantine 方程求解有如下定理:

① 设 Diophantine 方程为

$$AX + BY = C \tag{5.4.41}$$

其中 A,B,C 都是实系数任意已知 z 的多项式,X 和 Y 为待求的未知多项式。该方程有解的充要条件是:A 和 B 的最大公因式能整除 C,或 A 和 B 互质;

② 该方程若有解,则其解有无穷多组。例如,若 X_0 和 Y_0 是一组解,则 $X = X_0 + PB$ 和 $Y = Y_0 - PA$ 也是一组解,其中 P 为任意多项式;

③ 该方程若满足如下条件之一

$$\deg X < \deg B \tag{5.4.42}$$
$$\deg Y < \deg A \tag{5.4.43}$$

则方程有唯一最小阶解。

因被控对象 $G(z)$ 中 $N(z)$ 与 $M(z)$ 总是互质的,所以方程(5.4.40)中 $(z-1)^r N(z)$ 与 $M^-(z)$ 总是互质的,因此方程(5.4.40)总是有解的。

可以证明上述极点配置设计要获得唯一因果解(即满足式(5.4.15)和(5.4.16))就必须满足:

$$\deg A - \deg B \geqslant \deg N - \deg M \tag{5.4.44}$$
$$\deg A_0 \geqslant 2\deg N - \deg A - \deg M^+ + r - 1 \tag{5.4.45}$$

以上多项式 A_0, A, N, M, M^+ 均省略 "(z)",后面也是如此。

证明 因

$$\begin{cases} \deg Q \geqslant \deg S \\ \deg N \geqslant \deg M \end{cases} \tag{5.4.46}$$

所以由(5.4.36)式，$N(z)Q(z) + kM(z)S(z) = M^+(z)A_0(z)A(z)$ 可得

$$\deg NQ = \deg(NQ + kMS) = \deg M^+ A_0 A \tag{5.4.47}$$

从而有

$$\deg Q = \deg M^+ + \deg A_0 + \deg A - \deg N \tag{5.4.48}$$

由式(5.4.27)，得

$$\deg T = \deg A_0 + \deg B' \tag{5.4.49}$$

因 $\deg Q \geqslant \deg T$，所以

$$\deg M^+ + \deg A_0 + \deg A - \deg N \geqslant \deg A_0 + \deg B' \tag{5.4.50}$$

因此

$$\deg A - \deg B' \geqslant \deg N - \deg M^+ \tag{5.4.51}$$

上式两边同减 $\deg M^-$，便得到(5.4.44)式。

根据 Diophantine 方程有唯一最小阶解的条件，方程(5.4.40)有唯一最小阶解，应满足条件

$$\deg S < \deg N + r \tag{5.4.52}$$

我们选取

$$\deg S = \deg N + r - 1 \tag{5.4.53}$$

因 $\deg Q \geqslant \deg S$，考虑到(5.4.48)式，便得

$$\deg M^+ + \deg A_0 + \deg A - \deg N \geqslant \deg S = \deg N + r - 1 \tag{5.4.54}$$

整理即得

$$\deg A_0 \geqslant 2\deg N - \deg A - \deg M^+ + r - 1$$

证毕。

通常为了简单，上式都取等式，这样方程(5.4.40)中的观测器特征多项式 $A_0(z)$ 便可由式(5.4.45)和式(5.4.28)完全确定。

多项式 $Q_1(z)$ 的阶次 $\deg Q_1$ 由式(5.4.39)和式(5.4.48)可知应为

$$\begin{aligned} \deg Q_1 &= \deg Q - \deg M^+ - r \\ &= \deg A_0 + \deg A - \deg N - r \end{aligned} \tag{5.4.55}$$

$Q(z)$ 和 $Q_1(z)$ 均为首一多项式。

$Q_1(z)$ 和 $S(z)$ 阶次确定以后，其系数可由方程(5.4.40)两边同次项系数相等而建立的方程组解得。

3. 设计步骤和设计举例

综上所述，复合控制系统极点配置法设计步骤归纳为如下：

① 求 $G(z)$，确定可相消零点域 D，并将 $G(z)$ 分子分解为 $M(z) = kM^-(z)M^+(z)$；

② 按控制性能要求确定 $A(z)$，并按式(5.4.30)或式(5.4.32)确定 $B'(z)$ 的阶次和形式；

③ 按方程(5.4.30)或式(5.4.32)或式(5.4.34)解得 $B'(z)$ 的各项系数，进而确定 $B(z)$

$= k M^- (z) B'(z)$；

④ 根据 $G(z)$ 有无积分确定 r，并按 $(5.4.45)$ 和 $(5.4.28)$ 式确定 $A_0(z)$；

⑤ 分别按 $(5.4.53)$ 和 $(5.4.55)$ 式确定 $\deg S$ 和 $\deg Q_1$，并解方程 $(z-1)^r N Q_1 + k M^- S = A_0 A$ 求得 $Q_1(z)$ 和 $S(z)$；

⑥ 整理结果：$Q(z) = (z-1)^r M^+(z) Q_1(z)$，$T(z) = A_0(z) B'(z)$，$S(z)$。

下面举例说明上述设计方法的具体应用。

【例 5.4.2】 设被控对象传递函数 $G_p(s) = \dfrac{1}{s(10s+1)}$，期望闭环系统具有相应于 $\xi = 0.5, \omega_n = 1$ 和 $K_v \geqslant 1$ 的二阶系统的响应特性，现取采样周期 $T = 1\,\mathrm{s}$，按图 5.19 所示的前馈、反馈控制系统结构，用极点配置法设计出前馈和反馈数字控制器 $D_1(z)$ 和 $D_2(z)$。

解 求得被控对象的 Z 传递函数为

$$G(z) = Z[G_h(s) G_p(s)] = \frac{0.048(z + 0.967)}{(z-1)(z-0.905)}$$

由 $G(z)$ 可知，$k = 0.048$，$G(z)$ 有延迟 $d = 1$，有一零点 $z_1 = -0.967$，虽在单位圆内，是稳定零点，但是它靠近单位圆周，阻尼特性差，应列为不许相消零点，所以

$$M = k M^- M^+$$

其中 $M^+ = 1$，$M^- = z + 0.967$。

为了满足对 K_v 的要求，按照 $(5.4.32)$ 式，$B'(z)$ 取为

$$B'(z) = b_0' z + b_1'$$

因此

$$B(z) = k M^-(z) B'(z) = 0.048(z + 0.967)(b_0' z + b_1')$$

$$\deg B = m = 2$$

题意要求闭环系统具有二阶系统响应特性，所以期望闭环系统特征多项式取 $(5.4.22)$ 式的形式，即

$$A(z) = z^{d+m-2}(z^2 + a_1 z + a_2) = z(z^2 + a_1 z + a_2)$$

其中

$$a_1 = -2\mathrm{e}^{-\xi \omega_n T} \cos \sqrt{1 - \xi^2}\, \omega_n T = -0.786$$

$$a_2 = \mathrm{e}^{-2\xi \omega_n T} = 0.368$$

于是，期望闭环 Z 传递函数为

$$W_m(z) = \frac{0.048(z + 0.967)(b_0' z + b_1')}{z(z^2 - 0.786z + 0.368)}$$

题中要求 $K_v \geqslant 1$，这里取 $K_v = 1$，并由 $(5.4.33)$ 式获得关于 b_0' 和 b_1' 的方程组

$$\begin{cases} b_0' + b_1' = 6.164 \\ 1.806 b_0' + 2.951 b_1' = 7.06 \end{cases}$$

解得

$$b_0' = 9.72, b_1' = -3.556, B'(z) = 9.72z - 3.556$$

因而

$$W_m(z) = \frac{0.048(z + 0.967)(9.72z - 3.556)}{z(z^2 - 0.768z + 0.368)}$$

因 $G(z)$ 中已有积分,所以控制器中不再引入积分,取 $r=0$,按(5.4.45)式取

$$\deg A_0 = 2\deg N - \deg A - \deg M^+ + r - 1$$
$$= 4 - 3 - 0 + 0 - 1 = 0$$

故选

$$A_0(z) = 1$$

由(5.4.53)式,取

$$\deg S = \deg N + r - 1 = 2 + 0 - 1 = 1$$

所以

$$S(z) = s_0 z + s_1$$

由(5.4.55)式,取

$$\deg Q_1 = \deg A_0 + \deg A - \deg N - r = 0 + 3 - 2 - 0 = 1$$

所以

$$Q_1(z) = z + q_1$$

将 $A_0(z), A(z), N(z), k, M^-(z), S(z), Q_1(z)$ 代入方程(5.4.40),得

$$(z-1)(z-0.905)(z+q_1) + 0.048(z+0.967)(s_0 z + s_1) = z^3 - 0.786z^2 + 0.368z$$

令方程中 $z = -0.967$,得

$$(-1.967)(-1.872)(-0.967+q_1) = -1.995$$

解得

$$q_1 = 0.4252$$

再分别令 $z=1$ 和 $z=0.905$,得关于 s_0 和 s_1 的方程组

$$\begin{cases} 0.048(1.967)(s_0 + s_1) = 0.582 \\ 0.048(1.872)(0.905 s_0 + s_1) = 0.4305 \end{cases}$$

解得 $s_0 = 14.4542, s_1 = -8.29$。

相应的控制器各个多项式为

$$\begin{cases} Q(z) = M^+(z)(z-1)^r Q_1(z) = z + 0.4252 \\ S(z) = 14.454z - 8.29 \\ T(z) = A_0(z)B'(z) = 9.72z - 3.556 \end{cases}$$

最后所得控制器为

$$\begin{cases} D_1(z) = \dfrac{T(z)}{Q(z)} = \dfrac{9.72z - 3.556}{z + 0.4252} & \text{前馈控制器} \\ D_2(z) = \dfrac{S(z)}{Q(z)} = \dfrac{14.454z - 8.29}{z + 0.4252} & \text{反馈控制器} \end{cases}$$

4. 设计分析

为了加深对上述极点配置法设计复合控制系统的认识,有必要对这种前馈与反馈控制器的内在机理作进一步的分析。

由图 5.19 所示系统结构可知,系统控制量为

$$u = \frac{T}{Q}R - \frac{S}{Q}Y \tag{5.4.56}$$

为书写简便,上式中各函数均省略自变量 z,后面也是如此。将系统闭环 Z 传递函数

(5.4.25)式改写成

$$\frac{T}{Q} \cdot \frac{kM}{N + kMS/Q} = \frac{B}{A} \tag{5.4.57}$$

于是可得

$$\frac{T}{Q} = \frac{(N + kMS/Q)B}{kMA} = \frac{(NQ + kMS)B}{kMQA} = \frac{NB}{kMA} + \frac{SB}{QA} \tag{5.4.58}$$

将上式代入(5.4.56)式,得

$$u = \Big(\frac{NB}{kMA} + \frac{SB}{QA}\Big)R - \frac{S}{Q}Y = \frac{NB}{kMA}R + \frac{S}{Q}\Big(\frac{B}{A}R - Y\Big)$$

$$= \frac{NB}{kMA}R + \frac{S}{Q}(Y_m - Y) \tag{5.4.59}$$

式中

$$y_m = \frac{B}{A}R = W_m R \tag{5.4.60}$$

为期望闭环系统输出。

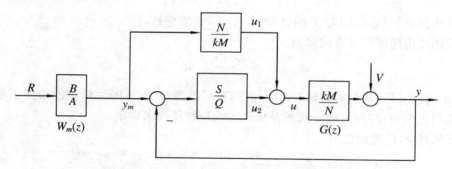

图 5.20　极点配置设计的复合控制等价结构图

　　按照式(5.4.59)所示控制律,可将图 5.19 所示系统结构改为图 5.20 所示结构。由 (5.4.59)式和图 5.20 可以看出,控制量 u 由两部分组成:

　　第一部分,$u_1 = \dfrac{NB}{kMA}R$ 是由外界参考输入 R 直接生成的前馈控制量。这部分控制量在理论上可使输出 $y = y_m$(y_m 为期望闭环输出);

　　第二部分,$u_2 = \dfrac{S}{Q}(y_m - y)$是由期望输出 y_m 与实际输出 y 的偏差产生的反馈控制项。在理想情况下(即模型精确匹配且无干扰)$y = y_m$,反馈控制项不起作用。但当模型存在误差或出现干扰时(实际系统总是如此),实际输出 y 偏离期望输出 y_m,这时反馈控制项将会减小或消除这种偏差,从而使系统具有较强的鲁棒性。由此可知,用上述极点配置法设计的前馈反馈控制律,其前馈控制项的主要作用使系统输出具有满意的跟踪性能;其反馈控制项的主要作用使系统具有抗干扰和降低模型误差有害影响的鲁棒性能。由于两项控制作用的结合,从而易于获得满意的控制性能。若只用偏差 $e = r - y$ 进行反馈控制,往往难以兼顾跟踪性能和鲁棒性能的要求。这就是极点配置法设计的这种控制律的最突出的优点。

5.4.3 大林(Dahlin)控制器设计

上述数字控制器极点配置设计法,其实质是基于控制器与对象实现零极点相消的一种设计思想。1968 年 Dahlin 提出大林控制也是基于这种设计思想。大林控制器设计与极点配置设计不同的是,不是先按控制系统动态性能要求确定期望闭环极点,进而确定期闭环 Z 传递函数,而是先按控制系统性能要求直接确定期望的闭环模拟传递函数 $W_m(s)$,进而再对 $W_m(s)$ 进行离散化变为期望闭环 Z 传递函数 $W_m(z)$。最后和极点配置设计一样,将 $W_m(z)$ 代入单位反馈控制器表示式(5.4.6)中,即可求得大林控制器的 Z 传递函数。

大林控制常用来控制具有延迟特性的一阶或二阶工业过程对象,在工业过程控制中有较广泛的应用。但因它用控制器完全抵消对象的零极点,故不能用于含有不可相消零极点的对象。关于大林控制器设计简述如下:

设被控对象为

$$G_p(s) = \frac{k\mathrm{e}^{-\theta s}}{T_1 s + 1}, \text{或} \quad \frac{k\mathrm{e}^{-\theta s}}{(T_1 s + 1)(T_2 s + 1)}, \quad \theta = \mathrm{d}T \tag{5.4.61}$$

T 为采样周期,设延迟时间为 T 的整数倍,即 $d > 0$ 的整数。

期望闭环传递函数通常均取为

$$W_m(s) = \frac{\mathrm{e}^{-\mathrm{d}Ts}}{\tau s + 1}, \quad \mathrm{d}T = \theta \tag{5.4.62}$$

其中,延迟时间 $\mathrm{d}T = \theta$ 与对象延迟时间相等;其稳态增益 $W_m(0) = 1$,这就确保了系统对阶跃输入无稳态偏差;时间常数 τ 按照系统动态响应性能要求确定。

期望闭环 Z 传递函数为

$$W_m(z) = Z\left[\frac{1 - \mathrm{e}^{-Ts}}{s} \cdot \frac{\mathrm{e}^{-\mathrm{d}Ts}}{\tau s + 1}\right] = \frac{(1 - \mathrm{e}^{-T/\tau}) z^{-(d+1)}}{1 - \mathrm{e}^{-T/\tau} z^{-1}} \tag{5.4.63}$$

对象 Z 传递函数为

$$G_p(z) = Z\left[\frac{1 - \mathrm{e}^{-Ts}}{s} G_p(s)\right] \tag{5.4.64}$$

将 $W_m(z)$ 和 $G_p(z)$ 代入单位反馈控制器表示式(5.4.6),即得大林控制器

$$D(z) = \frac{W_m(z)}{G_p(z)[1 - W_m(z)]} = \frac{(1 - \mathrm{e}^{-T/\tau}) z^{-(d+1)}}{G_p(z)[(1 - \mathrm{e}^{-T/\tau} z^{-1}) - (1 - \mathrm{e}^{-T/\tau}) z^{-(d+1)}]}$$

$$\tag{5.4.65}$$

因式中

$$\begin{aligned}
& 1 - \mathrm{e}^{-T/\tau} z^{-1} - (1 - \mathrm{e}^{-T/\tau}) z^{-(d+1)} \\
&= 1 - \mathrm{e}^{-T/\tau} z^{-1} + \mathrm{e}^{-T/\tau} z^{-(d+1)} - z^{-1} + z^{-1} - z^{-(d+1)} \\
&= (1 - z^{-1}) + (1 - \mathrm{e}^{-T/\tau})[z^{-1} - z^{-(d+1)}] \\
&= (1 - z^{-1})[1 + (1 - \mathrm{e}^{-T/\tau})(z^{-1} + z^{-2} + \cdots + z^{-d})]
\end{aligned} \tag{5.4.66}$$

所以最后得到大林控制器为

$$D(z) = \frac{(1 - \mathrm{e}^{-T/\tau}) z^{-(d+1)}}{G_p(z)(1 - z^{-1})[1 + (1 - \mathrm{e}^{-T/\tau})(z^{-1} + z^{-2} + \cdots + z^{-d})]} \tag{5.4.67}$$

可见,大林控制器总有一阶积分作用,因此保证了闭环稳态精度要求。

应该指出:

(1) 式(5.4.67)大林控制器在线控制时,输出的控制量往往会出现以 $2T$ 为周期大幅度上下摆动现象,通常称之为振铃现象。振铃现象是由控制器 $D(z)$ 中靠近 -1 的负极点引起的,极点越靠近 -1,振铃现象越严重,摆动的幅度越大。振铃虽然不影响系统输出,但严重的振铃会加快执行器磨损,所以应当避免出现。其办法是消去控制器 $D(z)$ 中靠近 -1 的负极点,令其相应因子 $1 + az^{-1}$ 中的 $z = 1$,这样既消去了负极点,又不改变 $D(z)$ 的稳态增益 $D(1)$。

(2) 期望闭环传递函数 $W_m(s)$ 中的时间常数 τ 是大林控制器中的设计参数,它决定闭环系统动态响应快慢,τ 值大,闭环响应慢,反之,闭环响应快。同时 τ 也与系统鲁棒性(即系统性能对模型误差的敏感度)有关,τ 增大,鲁棒性增强,反之鲁棒性减弱。由于对象模型总是有误差的,所以 τ 的选取不仅只考虑系统动态响应的要求,还应兼顾系统鲁棒性的要求,需要适当折中。

【例 5.4.3】　设对象为 $G_p(s) = \dfrac{10\mathrm{e}^{-2s}}{5s + 1}$,取采样周期 $T = 2$,闭环时间常数 $\tau = 2$,试设计大林控制器。

解　因 $\theta = 2, T = 2$,故 $d = 1$,将 τ 和 d 代入式(5.4.63)得期望闭环 Z 传递函数

$$W_m(z) = \frac{(1 - \mathrm{e}^{-1})z^{-2}}{1 - \mathrm{e}^{-1}z^{-1}} = \frac{0.632z^{-2}}{1 - 0.368z^{-1}}$$

对象 Z 传递函数由式(5.4.64)得

$$G_p(z) = \frac{10(1 - \mathrm{e}^{-0.4})z^{-2}}{1 - \mathrm{e}^{-0.4}z^{-1}} = \frac{3.3z^{-2}}{1 - 0.67z^{-1}}$$

将 $W_m(z)$ 和 $G_p(z)$ 代入(5.4.67)式得

$$D(z) = \frac{(1 - 0.67z^{-1})0.632z^{-2}}{3.3z^{-2}(1 - z^{-1})(1 + 0.632z^{-1})}$$

$D(z)$ 中有一离 -1 较近的负极点 -0.632 应消去,故将其中 $1 + 0.632z^{-1}$ 改为 1.632,则得大林控制器为

$$D(z) = \frac{0.117(1 - 0.67z^{-1})}{1 - z^{-1}}$$

5.5　最少拍控制系统的设计

最少拍系统是指一类计算机快速跟踪系统或快速响应系统。这种系统对于特定的典型输入(阶跃、等速度或等加速度信号)具有最快的响应速度。最少拍系统有两种响应特性,一种是系统在特定典型输入作用下,经过若干拍(即采样周期)后,系统输出序列(即采样值)就与输入序列保持一致,即系统稳态误差序列为零。这种系统的输出序列在稳态时能无差跟踪输入序列,但是系统连续输出在各相邻采样点之间存在相对于连续输入的上、下波动的纹

波,所以通常称这种系统为最少拍有纹波系统或最少拍系统。另一种是,系统在特定典型输入作用下,经最少若干拍后,输出序列不仅能无差跟踪输入序列,而且系统连续输出在各相邻采样点之间也不存在纹波。这种系统通常称最少拍无纹波系统。系统输出存在纹波是有害的,工程上应尽可能避免纹波出现。本节先讨论一般最少拍系统的设计,暂不考虑纹波问题,然后再讨论最少拍无纹波系统的设计。

5.5.1　最少拍控制系统的设计

设控制系统结构如图 5.21 所示,为一典型的计算机单位反馈控制系统。图中,$G_p(s)$ 为被控对象,$G_h(s)$ 为零阶保持器。

被控对象的 Z 传递函数为

$$G(z) = Z\big[G_h(s)G_p(s)\big] = kz^{-d}\frac{M(z)}{N(z)} = kz^{-d}\frac{M^-(z)M^+(z)}{N^-(z)N^+(z)} \tag{5.5.1}$$

其中,$M(z)$ 和 $N(z)$ 均为关于 z^{-1} 的多项式,$N(z)$ 为首一多项式,$M(z)$ 与 $N(z)$ 互质;$M^-(z)$,$M^+(z)$,$N^-(z)$,$N^+(z)$ 定义同前。

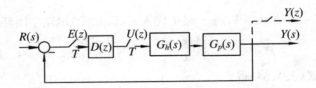

图 5.21　单位反馈最少拍控制系统

图 5.21 所示系统结构,系统闭环 Z 传递函数 $W(z)$ 与控制器 $D(z)$ 有如下关系:

$$W(z) = \frac{Y(z)}{R(z)} = \frac{G(z)D(z)}{1 + G(z)D(z)} \tag{5.5.2}$$

$$D(z) = \frac{U(z)}{E(z)} = \frac{W(z)}{G(z)[1-W(z)]} = \frac{1-W_e(z)}{G(z)W_e(z)}$$

$$= \frac{N(z)W(z)}{kz^{-d}M(z)W_e(z)} = \frac{N(z)[1-W_e(z)]}{kz^{-d}M(z)W_e(z)} \tag{5.5.3}$$

其中

$$W_e(z) = \frac{E(z)}{R(z)} = 1 - W(z) \tag{5.5.4}$$

为系统闭环误差 Z 传递函数。

式(5.5.3)表明:

① $D(z)$ 设计的关键是如何确定闭环 Z 传递函数 $W(z)$ 或 $W_e(z)$,一旦确定了 $W(z)$ 或 $W_e(z)$,$D(z)$ 就可以由(5.5.3)式求得;

② $D(z)$ 的表示式(5.5.3)与上节单位反馈控制系统极点配置设计的控制器表示式(5.4.6)相同,其中存在被控对象模型 $G(z)$ 的逆。所以控制器 $D(z)$ 与被控对象之间也一定存在零、极点相消现象;

③ 上节关于单位反馈控制系统的极点配置设计方法和原则都适用于最少拍控制系统的设计。最少拍控制系统中 $D(z)$ 的设计可以看作是一般单位反馈控制系统极点配置设计

的特例。所不同的是,这里的系统闭环 Z 传递函数 $W(z)$ 的确定除了要考虑 $G(z)$ 的结构外,还要满足最少拍控制系统特有的性能要求。

1. 闭环 Z 传递函数 $W(z)$ 确定与 $D(z)$ 的设计

最少拍控制系统的性能要求有:

① 稳定性:闭环系统应是稳定的;

② 准确性:控制系统对特定的典型输入(阶跃、等速度或等加速度信号),其输出序列应无稳态误差,即稳态时,输出序列与输入序列一致;

③ 快速性:系统的暂态响应过程时间为有限拍,且拍数尽可能少;

④ 因果性:控制器 $D(z)$ 应是因果系统。

最少拍控制系统的闭环 Z 传递函数 $W(z)$ 或 $W_e(z)$ 应按照上述性能要求来确定。

(1) 按照准确性要求确定 $W(z)$

对于图 5.21 所示的单位反馈控制系统,系统误差 Z 变换为

$$E(z) = W_e(z)R(z) = [1 - W(z)]R(z) \tag{5.5.5}$$

根据 Z 变换终值定理,系统的稳态误差序列为

$$e(\infty) = \lim_{z \to 1}(1 - z^{-1})E(z) = \lim_{z \to 1}(1 - z^{-1})W_e(z)R(z) \tag{5.5.6}$$

式中,$R(z)$ 为输入信号的 Z 变换,对于时间 t 的幂函数的典型输入信号

$$r_l(t) = r_1 + r_2 t + \frac{r_3}{2!}t^2 + \cdots + \frac{r_l}{(l-1)!}t^{l-1} \tag{5.5.7}$$

其 Z 变换为

$$R_l(z) = Z[r_l(t)] = \frac{B_l(z)}{(1 - z^{-1})^l} \tag{5.5.8}$$

式中,$B_l(z)$ 是其中不含 $(1 - z^{-1})$ 因子的关于 z^{-1} 的多项式,l 通常称为输入类型数,对阶跃、等速度、等加速度输入,l 分别等于 1,2,3。

由 (5.5.6) 和 (5.5.7) 式可知,要使系统稳态误差序列 $e(\infty)$ 为零,系统闭环误差 Z 传递函数 $W_e(z)$ 中就必须至少含 $(1 - z^{-1})^l$ 因子,即

$$W_e(z) = 1 - W(z) = (1 - z^{-1})^p F_e(z) \tag{5.5.9}$$

式中,$p \geqslant l$,$F_e(z)$ 为待定的关于 z^{-1} 的多项式。为了使系统误差序列的暂态响应尽快结束,$W_e(z)$ 应是最少项关于 z^{-1} 的多项式,项数越多,意味着暂态响应过程时间越长,所以上式中应取 $p = l$。因而系统闭环误差 Z 传递函数应为

$$W_e(z) = (1 - z^{-1})^l F_e(z) \tag{5.5.10}$$

相应的系统闭环 Z 传递函数应为

$$W(z) = 1 - W_e(z) = 1 - (1 - z^{-1})^l F_e(z) \tag{5.5.11}$$

(2) 按照因果性要求确定 $W(z)$

由 (5.5.3) 式可知,如果被控对象 $G(z)$ 如 (5.5.1) 式所示有 d 步延迟,那么要确保 $D(z)$ 不出现超前现象,即 $D(z)$ 的分子关于 z^{-1} 多项式的最低幂次不小于分母关于 z^{-1} 多项式的最低幂次,闭环 Z 传递函数应为如下形式

$$W(z) = z^{-r}F(z) \tag{5.5.12}$$

其中 $r \geqslant d$,$F(z)$ 为待定的关于 z^{-1} 的多项式。(5.5.12) 式表明,闭环系统的延迟步数最少

不得少于 $G(z)$ 的延迟步数。设计时,通常为使闭环系统延迟最少,取 $r=d$,这点和极点配置设计要求相同。

(3) 按照快速性要求确定 $W(z)$

要保证闭环系统暂态响应的快速性,系统闭环 Z 传递函数的全部极点应位于原点,而且极点个数应最少,即

$$W(z) = \frac{F^*(z)}{z^{d+r}} = z^{-d}F(z) = z^{-d}(f_0 + f_1 z^{-1} + \cdots + f_r z^{-r}) \qquad (5.5.13)$$

式中,$F^*(z) = f_0 z^r + f_1 z^{r-1} + \cdots + f_r$ 为 r 阶关于 z 的多项式,即 $F(z)$ 的互反多项式。$r = \deg F = \deg F^*$,r 应为最小。这就是说,为满足最少拍系统的快速性要求,系统闭环 Z 传递函数 $W(z)$ 应为关于 z^{-1} 的多项式,如(5.5.13)式的形式,而且项数应尽可能地少。

(4) 按照稳定性要求确定 $W(z)$

和上节单位反馈控制系统的极点配置法设计一样,为了确保实际闭环系统稳定,最少拍控制系统的控制器 $D(z)$ 也决不可与被控对象 $G(z)$ 之间存在不稳定的零、极点相消。为了使实际闭环系统有更好的性能,甚至 $G(z)$ 中的虽然稳定,但是阻尼特性差的零、极点(指位于单位圆内,但靠近单位圆周的零、极点)也不应该相消。因此,$G(z)$ 的不许相消零、极点因式 $M^-(z)$ 和 $N^-(z)$ 应该通过确定 $W(z)$ 设法将它们在 $D(z)$ 的表示式中消去。为此,$W(z)$ 应为如下形式:

$$W(z) = z^{-d}M^-(z)F(z) \qquad (5.5.14)$$

式中,$M^-(z) = \sum_{i=1}^{m^-}(1 - z_i^- z^{-1})$,$z_i^-$ 为 $G(z)$ 中的不许相消零点;$F(z)$ 为待定的关于 z^{-1} 的多项式。

与此同时相应的闭环误差 Z 传递函数 $W_e(z)$ 应为如下形式:

$$W_e(z) = (1 - z^{-1})^l N_1^-(z)F_e(z) \qquad (5.5.15)$$

式中,$F_e(z)$ 为待定的关于 z^{-1} 的多项式,$N_1^-(z)$ 为 $N^-(z)$ 的全部或部分极点因式。

设 $N^-(z) = (1 - z^{-1})^q \prod_{i=1}^{n_1^-}(1 - p_i^- z^{-1})$ 为 $G(z)$ 中的不许相消极点因式,p_i^- 是模长 $|p_i| \neq 1$ 的不许相消极点,q 为 $G(z)$ 的类型数(即 $G(z)$ 中的积分次数),n_1^- 为极点 p_i^- 的个数。

当 $q \leqslant l$ 时, $N_1^-(z) = \prod_{i=1}^{n_1^-}(1 - p_i^- z^{-1})$, $\deg N_1^- = n_1^-$ \qquad (5.5.16)

当 $q > l$ 时, $N_1^-(z) = (1 - z^{-1})^{q-l} \prod_{i=1}^{n_1^-}(1 - p_i^- z^{-1})$, $\deg N_1^- = n_1^- + q - l$

$$\qquad (5.5.17)$$

$N_1^-(z)$ 与 $N^-(z)$ 的区别,是因 $N^-(z)$ 中的因子 $(1 - z^{-1})^q$ 与 $W_e(z)$ 中的因子 $(1 - z^{-1})^l$ 相重的缘故。

由(5.5.15)式可得 $W(z)$,即

$$W(z) = 1 - W_e(z) = 1 - (1 - z^{-1})^l N_1^-(z)F_e(z) = z^{-d}M^-(z)F(z)$$

$$\qquad (5.5.18)$$

由该式可得如下一组方程

$$W(z)\big|_{z=1} = W(1) = 1$$

$$\left[\left(\frac{\mathrm{d}}{\mathrm{d}z}\right)^i W(z)\right]_{z=1} = W^{(i)}(1) = 0, \quad i = 1,2,\cdots,(l-1) \text{ 或 } q-1 \Bigg\}$$

$$W(z)\big|_{z=p_i^-} = W(p_i^-) = 1, \quad i = 1,2,\cdots,n_1^- \qquad (5.5.19)$$

(如果 p_i^- 中有重极点,则以上方程组第三式有所不同,请读者自己思考。)

这组方程共有 $l + n_1^-$ 或 $q + n_1^-$(当 $q > l$ 时)个方程。由这组方程可以确定 $W(z)$ 中的待定多项式 $F(z)$ 的前 $l + n_1^-$(或 $q + n_1^-$)个系数,因此多项式 $F(z)$ 最少应为 $l + n_1^- - 1$(或 $q + n_1^- - 1$)阶,即

$$F(z) = f_0 + f_1 z^{-1} + \cdots + f_r z^{-r} \qquad (5.5.20)$$

$$r = \deg F = l + n_1^- - 1 \quad \text{或} \quad q + n_1^- - 1, \quad q > l \text{ 时}$$

$F(z)$ 的系数 $f_i(i=0,1,2,\cdots,r)$ 可由方程式组(5.5.19)解得,进而就可求得闭环 Z 传递函数即 $W(z) = z^{-d}M^-(z)F(z)$,将 $W(z)$ 代入(5.5.3)式即得待设计的 $D(z)$,即

$$D(z) = \frac{z^{-d}M^-(z)F(z)}{G(z)\left[1 - z^{-d}M^-(z)F(z)\right]} \qquad (5.5.21)$$

同样,由(5.5.18)式也可以获得如下方程组:

$$\left[\left(\frac{\mathrm{d}}{\mathrm{d}z^{-1}}\right)^j W(z)\right]_{z^{-1}=0} = 0, \quad j = 0,1,\cdots,(d-1) \Bigg\}$$

$$W(z)\big|_{z=z_i^-} = 0, \quad i = 1,2,\cdots,m_i^- \qquad (5.5.22)$$

式中,z_i^- 为 $G(z)$ 的不许相消零点,$m^- = \deg M^-$ 为不许相消零点个数。这组方程式共有 $d + m^-$ 个方程,由这组方程可以确定 $W_e(z)$ 中的待定多项式 $F_e(z)$ 的前 $d + m^-$ 个系数。因此待定多项式 $F_e(z)$ 最少应为 $d + m^- - 1$ 阶,即

$$F_e(z) = f_0{}' + f_1{}' z^{-1} + \cdots + f_j{}' z^{-j} \qquad (5.5.23)$$

其中,$j = \deg F_e = d + m^- - 1$。

由方程组(5.5.22)可求得多项式 $F_e(z)$ 的全部系数,进而就可求得闭环误差 Z 传递函数 $W_e(z) = (1 - z^{-1})^l N_1^-(z)F_e(z)$,将其代入(5.5.3)式即得待设计的 $D(z)$。

$$D(z) = \frac{1 - W_e(z)}{G(z)W_e(z)} = \frac{N(z)\left[1 - (1 - z^{-1})^l N_1^-(z)F_e(z)\right]}{kz^{-d}M(z)(1 - z^{-1})^l N_1^-(z)F_e(z)} \qquad (5.5.24)$$

由上分析可知,既可以用方程式组(5.5.19)求得待定多项式 $F(z)$,进而确定 $W(z)$ 和 $W_e(z)$,最终求得 $D(z)$;也可以用方程式组(5.5.22)求得待定多项式 $F_e(z)$,进而确定 $W_e(z)$ 和 $W(z) = 1 - W_e(z)$,最终求得 $D(z)$。两种方式所得的结果是一致的。如果求得的 $D(z)$ 分子与分母需要以因式分解形式给出,则应分别通过方程组(5.5.19)和(5.5.22)求得多项式 $F(z)$ 和 $F_e(z)$,最后求得的 $D(z)$ 的形式为

$$D(z) = \frac{W(z)}{G(z)W_e(z)} = \frac{N(z)z^{-d}M^-(z)F(z)}{kz^{-d}M(z)(1 - z^{-1})^l N_1^-(z)F_e(z)}$$

$$= \frac{N^+(z)F(z)}{kM^+(z)(1 - z^{-1})^{l-q}F_e(z)}(l \geqslant q) \qquad (5.5.25)$$

式(5.5.18),(5.5.20)及(5.5.23)表明,最少拍控制系统的 $W(z)$ 和 $W_e(z)$ 关于 z^{-1} 的阶次为

$$\deg W = \deg W_e = \begin{cases} d + m^- + l + n_1^- - 1, & l \geqslant q \\ d + m^- + q + n_1^- - 1, & l < q \end{cases} \tag{5.5.26}$$

其闭环系统输出和误差序列的暂态响应的调整时间为

$$t_s = (d + m^- + l + n_1^- - 1)T \text{ 或} (d + m^- + q + n_1^- - 1)T \tag{5.5.27}$$

上式表明,系统的暂态响应调整时间 t_s 取决于 $G(z)$ 的延迟 d,$G(z)$ 中的不许相消零、极点数 m^- 和 n_1^- 以及输入信号的类型数 l,这些数越大,t_s 的拍数越多,时间越长。

2. 设计步骤与设计举例

综上所述,最少拍控制系统的设计步骤可归纳如下。

(1) 求被控对象的传递函数 $G(z)$,确定不许相消的零、极点,并将 $G(z)$ 写成如下形式:

$$G(z) = kz^{-d}M^-(z)M^+(z)/N^-(z)N^+(z)$$

(2) 按照针对的典型输入的类型 l 以及 $G(z)$,确定 $W(z)$ 和 $W_e(z)$,即

$$W(z) = z^{-d}M^-(z)F(z)$$
$$W_e(z) = (1 - z^{-1})^l M_1^-(z)F_e(z)$$

其中

$$\deg F = \begin{cases} l + n_1^- - 1, & l \geqslant q \\ q + n_1^- - 1, & l < q \end{cases}$$

$$\deg F_e = d + m^- - 1$$

通过方程组(5.5.19)求得 $F(z)$ 或通过方程组(5.5.22)求得 $F_e(z)$。

(3) 由(5.5.3)式求得 $D(z)$。

设计举例如下。

【例 5.5.1】 如图 5.21 所示单位反馈计算机控制系统,已知其中被控对象传递函数 $G_p(s) = \dfrac{1}{s(10s + 1)}$,取采样周期 $T = 1\,\mathrm{s}$,试针对单位等速度输入设计最少拍系统的控制器 $D(z)$。

解 连续被控对象 Z 传递函数为

$$G(z) = (1 - z^{-1})Z\left[\frac{1}{s} \cdot \frac{1}{s(10s + 1)}\right] = \frac{0.048z^{-1}(1 + 0.967z^{-1})}{(1 - z^{-1})(1 - 0.905z^{-1})}$$

由 $G(z)$ 知,$k = 0.048$,延迟 $d = 1$,$q = 1$;

有零点 $z_1 = -0.967$;二极点 $p_1 = 1$,$p_2 = 0.905$,其中 p_1 属于不稳定极点,不许抵消。零点 z_1 和极点 p_2 虽然稳定但是靠近单位圆,和例 5.4.1 一样根据系统主要指标和模型精度,分两种情况进行设计。

(1) 如果系统的快速性是主要指标,模型又较精确,可以将零点 z_1 和极点 p_2 作可消零极点处理。这样,$G(z)$ 中,

$$M^-(z) = 1, M^+(z) = 1 + 0.967z^{-1}$$

$$N^-(z) = 1 - z^{-1}, \quad N_1^-(z) = 1, \quad N^+(z) = 1 - 0.905z^{-1}$$

输入类型 $l = 2$。

按照最少拍控制系统设计原则,系统闭环 Z 传递函数应为

$$W(z) = z^{-d}M^-(z)F(z) = z^{-1}F(z)$$
$$\deg F = l + n_1^- - 1 = 2 + 0 - 1 = 1$$
$$F(z) = f_0 + f_1 z^{-1}$$

或

$$W_e(z) = (1 - z^{-1})^l N_1^-(z)F_e(z) = (1 - z^{-1})^2 F_e(z)$$
$$\deg F_e = d + m^- - 1 = 1 + 0 - 1 = 0$$
$$F_e(z) = f_0'$$

由方程组(5.5.19)可得

$$\begin{cases} W(z)\big|_{z=1} = z^{-1}(f_0 + f_1 z^{-1})\big|_{z=1} = f_0 + f_1 = 1 \\ \left[\dfrac{\mathrm{d}}{\mathrm{d}z}W(z)\right]_{z=1} = -f_0 - 2f_1 = 0 \end{cases}$$

解得,$f_0 = 2, f_1 = -1$,即 $F(z) = 2 - z^{-1}$。

进而得

$$W(z) = z^{-1}F(z) = 2z^{-1} - z^{-2}$$
$$W_e(z) = 1 - W(z) = 1 - 2z^{-1} + z^{-2} = (1 - z^{-1})^2$$

代入(5.5.3)式即得待设计的控制器

$$D(z) = \frac{N(z)W(z)}{kz^{-d}M(z)W_e(z)} = \frac{20.83(1 - 0.905z^{-1})(2 - z^{-1})}{(1 - z^{-1})(1 + 0.967z^{-1})}$$

也可以由方程组(5.5.22)求得 $F_e(z)$,进而求得 $W_e(z)$和 $D(z)$。

由方程组(5.5.22)得

$$\left[\frac{\mathrm{d}^{d-1}}{\mathrm{d}z^{-1}}W(z)\right]_{z^{-1}=0} = \left[1 - (1 - z^{-1})^2 f_0'\right]_{z^{-1}=0} = 1 - f_0' = 0$$

即 $f_0' = 1$

进而有

$$W_e(z) = (1 - z^{-1})^2$$
$$W(z) = 1 - W_e(z) = z^{-1}(2 - z^{-1}) = 2z^{-1} - z^{-2}$$

所得 $W_e(z)$和 $W(z)$与前面所得结果相同,显然相应的 $D(z)$也是相同的。

(2) 如果模型不精确,为避免阻尼特性差的零、极点因不完全相消而导致实际闭环系统性能恶化,该例中的零点 z_1 和极点 p_2 最好作为不许相消零极点处理。这样

$$M^-(z) = 1 + 0.967z^{-1}, \quad M^+(z) = 1$$

$$N^-(z) = (1 - z^{-1})(1 - 0.905z^{-1}), \quad N_1^-(z) = (1 - 0.905z^{-1}), \quad N^+(z) = 1$$

其他参数与(1)中相同。

于是

$$W(z) = z^{-d}M^-(z)F(z) = z^{-1}(1 + 0.967z^{-1})F(z)$$
$$\deg F = l + n_1^- - 1 = 2 + 1 - 1 = 2$$
$$F(z) = f_0 + f_1 z^{-1} + f_2 z^{-2}$$

或

$$W_e(z) = (1 - z^{-1})^l N_1^-(z)F_e(z) = (1 - z^{-1})^2(1 - 0.905z^{-1})F_e(z)$$

$$\deg F_e = d + m^- - 1 = 1 + 1 - 1 = 1$$

$$F_e(z) = f_0' + f_1'z^{-1}$$

考虑到 $F_e(z)$ 比 $F(z)$ 低一次，故由方程组(5.522)求 $F_e(z)$，由此得

$$\begin{cases} W(z)\big|_{z^{-1}=0} = [1 - W_e(z)]_{z^{-1}=0} = 1 - f_0' = 0 \\ W(z)\big|_{z=z_i^-} = [1 - W_e(z)]_{z=z_i^-} = 1 - 8.01f_0' + 8.283f_1' = 0 \end{cases}$$

解得 $f_0' = 1, f_1' = 0.846$。

进而有

$$W_e(z) = (1 - z^{-1})^2(1 - 0.905z^{-1})(1 + 0.846z^{-1})$$

$$W(z) = 1 - W_e(z) = z^{-1}(1 + 0.967z^{-1})(2.059 - 2.343z^{-1} + 0.793z^{-2})$$

$$D(z) = \frac{N(z)W(z)}{kz^{-d}M(z)W_e(z)} = \frac{20.83(2.059 - 2.343z^{-1} + 0.793z^{-2})}{(1 - z^{-1})(1 + 0.846z^{-1})}$$

由以上设计结果可以看出：

① 在两种情况下，设计出的 $D(z)$ 都是因果的，可物理实现的；

② 设计出的 $D(z)$ 中都包含一阶积分环节。这是因设计要求系统对 $R_2(z)$ 输入无稳态误差，系统中必须有二阶积分作用，而 $G(z)$ 中只含有一阶积分，所以 $D(z)$ 一定含有一阶积分。这是按这种方法设计的必然结果；

③ 当将 $G(z)$ 的 z_1 和 p_2 作为可消零、极点处理时，系统的 $W(z)$ 为 2 项 z^{-1} 的多项式。系统暂态响应的调整时间为 2 拍；当将 z_1 和 p_2 作为不许相消零、极点处理时，系统的 $W(z)$ 为 4 项 z^{-1} 的多项式，比前者增加 2 项，相应的暂态响应的调整时间为 4 拍，比前者增加两拍。

3. 最少拍控制系统的暂态响应特性

下面我们来考察例 5.5.1 中按情况(1)所设计的最少拍控制系统的暂态响应。

该系统的闭环 Z 传递函数为

$$W(z) = 2z^{-1} - z^{-2} \tag{5.5.28}$$

误差闭环 Z 传递函数为

$$W_e(z) = (1 - z^{-1})^2 \tag{5.5.29}$$

系统的控制量闭环 Z 传递函数为

$$W_u(z) = \frac{U(z)}{R(z)} = \frac{D(z)}{1 + G(z)D(z)} = W_e(z)D(z) = \frac{W(z)}{G(z)}$$

$$= \frac{(1 - z^{-1})(1 - 0.905z^{-1})(2 - z^{-1})}{k(1 + 0.967z^{-1})} \tag{5.5.30}$$

(1) 对于单位阶跃输入 $R_1(z) = \dfrac{1}{1 - z^{-1}}$。

系统输出为

$$Y(z) = W(z)R_1(z) = \frac{2z^{-1} - z^{-2}}{1 - z^{-1}} = 2z^{-1} + z^{-2} + z^{-3} + \cdots \tag{5.5.31}$$

系统误差为

$$E(z) = W_e(z)R_1(z) = (1 - z^{-1})^2\frac{1}{1 - z^{-1}} = 1 - z^{-1} \tag{5.5.32}$$

（2）对于单位等速度输入 $R_2(z) = \dfrac{Tz^{-1}}{(1-z^{-1})^2} = \dfrac{z^{-1}}{(1-z^{-1})^2}\,(T=1)$

系统输出为

$$Y(z) = W(z)R_2(z) = \frac{z^{-1}(2z^{-1} - z^{-2})}{(1-z^{-1})^2} = 2z^{-2} + 3z^{-3} + 4z^{-4} + 5z^{-5} + \cdots$$

$$(5.5.33)$$

系统误差为

$$E(z) = W_e(z)R_2(z) = (1-z^{-1})^2 \frac{z^{-1}}{(1-z^{-1})^2} = z^{-1} \qquad (5.5.34)$$

（3）对于单位等加速度输入 $R_3(z) = \dfrac{T^2 z^{-1}(1+z^{-1})}{2(1-z^{-1})^3} = \dfrac{z^{-1}(1+z^{-1})}{2(1-z^{-1})^3}\,(T=1)$

系统输出为

$$Y(z) = W(z)R_3(z) = \frac{z^{-1}(1+z^{-1})(2z^{-1} - z^{-2})}{2(1-z^{-1})^2}$$

$$= z^{-2} + 3.5z^{-3} + 7z^{-4} + 11.5z^{-5} + \cdots \qquad (5.5.35)$$

系统误差为

$$E(z) = W_e(z)R_3(z) = (1-z^{-1})^2 \frac{z^{-1}(1+z^{-1})}{2(1-z^{-1})^3} = \frac{z^{-1}(1+z^{-1})}{2(1-z^{-1})}$$

$$= 0.5z^{-1} + z^{-2} + z^{-3} + z^{-4} + \cdots \qquad (5.5.36)$$

由(5.5.31)～(5.5.36)式可知，该系统分别在单位阶跃、单位等速度和单位等加速度输入作用下，其输出和误差响应序列分别如图 5.22(a)，(b)，(c)所示。

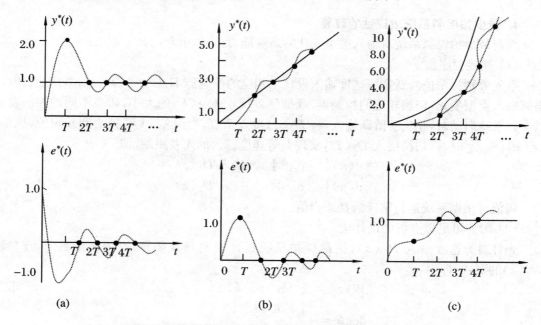

图 5.22　最少拍控制系统对典型输入的输出和误差响应

由(5.5.31)～(5.5.36)式和图 5.22 可以看出：

① 该系统对三种典型输入的暂态响应调整时间均为 2 拍,反映该系统的快速性。

② 该系统是针对等速度输入设计的最少拍系统,对等速度输入,系统输出序列经 2 拍后就能实现对输入序列的无差跟踪,既快速又准确,性能很理想。然而对阶跃输入,虽然在两拍之后,系统输出序列也能无差跟踪输入序列,但超调很大,达 100%;对等加速度输入,2 拍后,系统输出序列虽然能跟踪输入序列,但存在非零的常值稳态误差,反映系统对输入类型变化的适应性较差。

③ 由(5.5.30)式可看出,该系统的控制量 $u(k)$ 闭环 Z 传递函数 $W_u(z)$ 是关于 z^{-1} 的有理分式,而不是像 $W(z)$ 和 $W_e(z)$ 那样的是关于 z^{-1} 的有限项多项式。由此可以推断,由于 $W_u(z)$ 不是关于 z^{-1} 的有限项多项式,系统控制量对输入的暂态响应过程就不会像输出和误差序列那样经有限拍后便结束,而是长期间地持续变化。这样,系统的连续输出将在持续不断变化的控制量作用下,必然随之产生相应的波动,从而在采样点之间形成如图 5.22 所示的纹波。

通过对该最少拍控制系统的暂态响应特性分析可知,最少拍控制系统有两个严重的缺陷需进一步加以改进和克服:

① 系统连续输出有纹波,平滑性差。

② 对典型输入类型变化适应性差。最少拍控制系统只对设计时所针对的特定典型输入,在快速性、准确性方面有理想的性能,而对其他典型输入,系统性能明显变差。一般说来,按高阶典型输入设计的最少拍控制系统对于低阶典型输入,会产生过大超调;按低阶典型输入设计的最少拍系统,对于高阶典型输入,不是存在稳态误差,就是不能实现对输入的跟踪。

4. 最少拍控制系统适应性的改善

改善最少拍控制系统对输入类型变化的适应能力,工程上常用如下方法:

(1) 换接程序法

事先分别按单位阶跃和等速度输入设计出相应的控制器 $D_1(z)$ 和 $D_2(z)$,系统运行时,根据输入类型变化,切换相应的控制器,或按照系统误差 $e(k)$ 的大小,切换不同的控制器。通常当系统启动时,相当于阶跃输入,将 $D_1(z)$ 接入系统,当误差 $e(k)$ 减小到预定值,比如 $|e(k)| \leqslant e_m$ 时,再切换接入 $D_2(z)$,实现对等速度输入的无差跟踪,即

$$|e(k)| > e_m \text{ 时}, \quad \text{接入 } D_1(z)$$

$$|e(k)| \leqslant e_m \text{ 时}, \quad \text{接入 } D_2(z)$$

阈值可根据系统运行情况选择适当值。

(2) 附加阻尼极点折中设计法

先针对等速度输入 $R_2(z)$,按最少拍系统设计原则确定闭环 Z 传递函数 $W(z)$ 或 $W_e(z)$ 的形式,即

$$W(z) = z^{-d}M^-(z)F(z) \tag{5.5.37}$$

$$\deg F = \begin{cases} l + n_1^- - 1, & l \geqslant q \\ q + n_1^- - 1, & l < q \end{cases}$$

$$W_e(z) = (1 - z^{-1})^l N_1^-(z)F_e(z), \quad \deg F_e = d + m^- - 1 \tag{5.5.38}$$

在此基础上,给 $W(z)$ 附加一阻尼极点 α,$0 < \alpha < 1$,即取

$$W(z) = \frac{z^{-d}M^-(z)F(z)}{1 - \alpha z^{-1}} \tag{5.5.39}$$

或

$$W_e(z) = \frac{(1 - z^{-1})^l N_1^-(z)F_e(z)}{1 - \alpha z^{-1}} \tag{5.5.40}$$

通过附加极点,增加系统暂态响应的阻尼特性,以减小系统对 $R_1(z)$ 响应的过大超调。这样做的代价是牺牲了系统的快速性,使系统暂态响应过程不能在有限拍内结束。通常,极点 α 值越大,阻尼特性越强,相应的系统暂态响应调整时间就越长。

α 值的确定,较简单的方法就是用折中试凑法。将 α 作参变数,按照方程组(5.5.19)求得(5.5.39)式中的 $F(z)$;或按方程组(5.5.22)求得(5.5.40)式中的 $F_e(z)$。显然,求得的 $F(z)$ 和 $F_e(z)$ 的各项系数 f_i(或 f_i')均为 α 的函数,为此将 $F(z)$ 和 $F_e(z)$ 分别记为 $F(z,\alpha)$ 和 $F_e(z,\alpha)$,将 $W(z)$ 记为 $W(z,\alpha)$。于是

$$W(z,\alpha) = \frac{z^{-d}M^-(z)F(z,\alpha)}{1 - \alpha z^{-1}} \tag{5.5.41}$$

或

$$W(z,\alpha) = \frac{1 - \alpha z^{-1} - (1 - z^{-1})^2 N_1^-(z)F_e(z,\alpha)}{1 - \alpha z^{-1}} \tag{5.5.42}$$

然后,凭经验试凑选取一个 α 值记为 α_1,用 $W(z,\alpha_1)$ 分别计算并检验系统对 $R_1(z)$ 和 $R_2(z)$ 的输出响应是否满足要求。若不满足要求,就按照 α 对系统暂态响应影响的定性关系,增大或减小 α 值,记为 α_2。再用 $W(z,\alpha_2)$ 分别计算并检验系统对 $R_1(z)$ 和 $R_2(z)$ 的输出响应,如此往复试凑直至满足性能要求为止。由最后确定的 α 值就得到待求的附加阻尼极点的闭环 Z 传递函数。进而获得待设计的控制器

$$D(z) = \frac{W(z,\alpha)}{G(z)[1 - W(z,\alpha)]} \tag{5.5.43}$$

下面以例 5.5.1 中的系统为例,来进一步说明该方法对改善最少拍控制系统适应性的效果。为此将系统改用该方法进行设计,并将系统中的零点 z_1 和极点 p_2 作为可相消零极点处理。按照(5.5.40)式,附加阻尼极点的误差闭环 Z 传递函数为

$$W_e(z) = \frac{(1 - z^{-1})^2 N_1^-(z)F_e(z)}{1 - \alpha z^{-1}} = \frac{(1 - z^{-1})^2 f_0'}{1 - \alpha z^{-1}} \tag{5.5.44}$$

由方程组(5.5.22)得

$$W(z)\big|_{z^{-1}=0} = [1 - W_e(z)]_{z^{-1}=0} = \frac{1 - \alpha z^{-1} - (1 - z^{-1})^2 f_0'}{1 - \alpha z^{-1}} = 1 - f_0' = 0 \tag{5.5.45}$$

即 $f_0' = 1$,代入(5.5.44)式得

$$W_e(z,\alpha) = \frac{(1 - z^{-1})^2}{1 - \alpha z^{-1}} \tag{5.5.46}$$

$$W(z,\alpha) = 1 - W_e(z,\alpha) = \frac{(2 - \alpha)z^{-1} - z^{-2}}{1 - \alpha z^{-1}} \tag{5.5.47}$$

试选 $\alpha_1 = 0.4$,则

$$W_e(z, \alpha_1) = \frac{(1-z^{-1})^2}{1-0.4z^{-1}}$$

$$W(z, \alpha_1) = 1 - W_e(z, \alpha_1) = \frac{1.6z^{-1} - z^{-2}}{1-0.4z^{-1}}$$

对于 $R_2(z)$，系统误差序列 Z 变换的幂级数为

$$E(z) = W_e(z, \alpha_1) R_2(z) = \frac{(1-z^{-1})^2}{1-0.4z^{-1}} \cdot \frac{Tz^{-1}}{(1-z^{-1})^2}$$

$$= \frac{z^{-1}}{1-0.4z^{-1}} = z^{-1} + 0.4z^{-2} + 0.16z^{-3} + 0.064z^{-4} + 0.0262z^{-5} + \cdots \quad (5.5.48)$$

对于 $R_1(z)$，系统误差序列 Z 变换的幂级数为

$$E(z) = W_e(z, \alpha_1) R_1(z) = \frac{(1-z^{-1})^2}{1-0.4z^{-1}} \cdot \frac{1}{1-z^{-1}} = \frac{1-z^{-1}}{1-0.4z^{-1}}$$

$$= 1 - 0.6z^{-1} - 0.24z^{-2} - 0.096z^{-3} - 0.038z^{-4} - 0.015z^{-5} + \cdots \quad (5.5.49)$$

由(5.5.48)式和(5.5.49)式可知，用该方法设计，并取阻尼极点为 0.4，系统对输入 $R_2(z)$ 和 $R_1(z)$ 的暂态响应调整时间虽然都增加了约 3 拍，但对于输入 $R_1(z)$，系统响应最大超调由 100% 减小到 60%，对于输入 $R_2(z)$，系统响应最大误差仍不变。如果对该响应特性仍不够满意，可以在响应速度许可下继续增大 α 值，以进一步减小系统对输入 $R_1(z)$ 时的最大超调，直至获得满意的性能为止。

5.5.2 最少拍无纹波控制系统的设计

如前所述，最少拍控制系统在暂态响应结束后的稳态过程中，系统连续输出 $y(t)$ 在采样点之间存在纹波，使得输出 $y(t)$ 与输入 $r(t)$ 之间仍存在偏差，即 $e(t) = r(t) - y(t) \neq 0$。纹波的存在不仅造成输出偏差而且也消耗功率，浪费能量，增加机械磨损，甚至在某些应用场合是不容许的，因此应该设法予以消除。

1. 纹波产生的根源和无纹波的条件

前面讨论的最少拍控制系统，是将整个系统化作纯离散系统来处理的，设计时，只考虑系统输出序列对输入序列实现最少拍无差跟踪的要求，而实际系统中的被控对象是连续系统 $G_p(s)$，系统反馈，只反馈 $G_p(s)$ 的输出采样值 $y(k)$，在采样点之间，系统实际上是处于开环状态的。当最少拍控制系统在典型输入作用下，系统输出响应序列 $y(k)$ 进入稳态过程后，如果系统中的控制器输出的控制序列 $u(k)$ 还仍然持续的变化，即其增量 $\nabla u(k) = u(k) - u(k-1) \neq 0$，如图 5.23(a)所示，那么，持续变化的控制序列 $u(k)$ 经零阶保持器作用将形成如图 5.23(b)所示的幅值变化的方波 $u_0(t)$。而在采样点之间处于开环状态的被控对象 $G_p(s)$ 在这些幅值不断变化的方波驱动下，其连续输出必定一直处于暂态响应过程之中，其幅值也一定随着输入方波幅值的变化而变化。因而形成连续输出 $y(t)$ 相对于连续参考输入 $r(t)$ 上下波动的纹波如图 5.23(c)所示。

由上分析可知，要使最少拍控制系统不产生纹波，系统在其输出进入稳态过程后，系统控制量 $u(k)$ 必须为恒定不变的常值或零，即

$$\nabla u(k) = u(k) - u(k-1) = 0, \quad k \geqslant k_{mi} \quad (5.5.50)$$

k_{mi} 是由被控对象 $G(z)$ 的结构和典型输入的类型所决定的最少拍数。

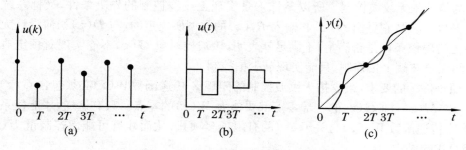

图 5.23 最少拍系统控制量与暂态响应

由(5.5.50)式,可得

$$\nabla U(z) = Z[\nabla u(k)] = (1 - z^{-1})U(z)$$

$$= q_0 + q_1 z^{-1} + \cdots + q_{k_{mi}} z^{-k_{mi}}, \quad q_i = 0, \quad i > k_{mi} \qquad (5.5.51)$$

令 $Q(z) = q_0 + q_1 z^{-1} + \cdots + q_{k_{mi}} z^{-k_{mi}}$ 为一 k_{mi} 阶的关于 z^{-1} 的多项式。由上式得,控制量必须为如下形式:

$$U(z) = \frac{Q(z)}{1 - z^{-1}} \quad \text{或} \quad U(z) = \hat{Q}(z) \qquad (5.5.52)$$

其中,$\hat{Q}(z^{-1})$ 为形如 $Q(z)$ 的 k_{mi} 阶关于 z^{-1} 的多项式,该式是最少拍无纹波控制系统必须满足的 Z 域附加要求,与时域要求(5.5.50)式等价。

由最少拍控制系统结构图 5.21,可得闭环系统控制量 Z 域表示式

$$U(z) = W_u(z)R_l(z) = \frac{W(z)}{G(z)}R_l(z) \qquad (5.5.53)$$

这里,$W_u(z) = \dfrac{W(z)}{G(z)}$ 为控制量闭环 Z 传递函数。设

$$G(z) = kz^{-d} \frac{M(z)}{(1 - z^{-1})^q N_1(z)} \qquad (5.5.54)$$

$$R_l(z) = \frac{B_l(z)}{(1 - z^{-1})^l}$$

为 l 型输入。按最少拍控制系统设计要求,系统误差闭环 Z 传递函数应如(5.5.15)式,即

$$W_e(z) = (1 - z^{-1})^l N_1^-(z)F_e(z)$$

与之对应,$W(z) = 1 - W_e(z) = 1 - (1 - z^{-1})^l N_1^-(z)F_e(z)$。将 $W(z)$,$G(z)$ 和 $R_l(z)$ 的表达式代入(5.5.53)式,得

$$U(z) = \frac{z^d[1 - (1 - z^{-1})^l N_1^-(z)F_e(z)](1 - z^{-1})^{q-l+1} N_1(z)B_l(z)}{kM(z)(1 - z^{-1})} \qquad (5.5.55)$$

将该式与(5.5.52)式相比,可以看出,最少拍控制系统只有满足如下条件时

$$\left.\begin{array}{l} ① \ q - l + 1 \geqslant 0, \quad \text{即} \quad q \geqslant l - 1 \\[2mm] ② \ 1 - (1 - z^{-1})^l N_1^-(z)F_e(z) = z^{-d}M(z)F(z) \end{array}\right\} \qquad (5.5.56)$$

$U(z)$ 表示式(5.5.55)才具有(5.5.52)式的形式。

按照条件①的要求,如果针对输入 $R_l(z)$,设计最少拍无纹波控制系统,那么被控对象 $G(z)$ 必须是 $q \geqslant l - 1$ 类型的系统,即 $G(z)$ 中至少应有 $l - 1$ 阶积分,否则就不能实现对

$R_l(z)$ 的最少拍无纹波控制。所以条件①是实现无纹波控制的先决条件，又称系统无纹波的可解条件，显然，它是由 $G(z)$ 和输入 $R_l(z)$ 的类型所决定的，与 $D(z)$ 如何设计无关。设计时应先检验该条件是否满足，不满足就表明，该被控对象 $G(z)$ 不能实现对预定典型输入 $R_l(z)$ 的无纹波最少拍控制，只能实现最少拍控制。

按照条件②的要求，最少拍无纹波控制的闭环 Z 传递函数 $W(z)$ 必须包含 $G(z)$ 的分子多项式 $z^{-d}M(z)$，即 $G(z)$ 的全部零点都要作为 $W(z)$ 的零点。只有这样，才能使系统控制量闭环 Z 传递函数 $W_u(z)$ 为关于 z^{-1} 的有限项多项式，从而才有可能使控制量 $U(z)$ 具有 (5.5.52) 式的形式。

2. 最少拍无纹波控制系统设计

按照 (5.5.56) 式的要求条件，最少拍无纹波控制系统设计步骤归纳如下：

① 确定针对设计的典型输入 $R_l(z)$，并求被控对象 Z 传递函数 $G(z)$；

② 检验先决条件①，如果条件不满足，则只能对 $R_l(z)$ 实现最少拍控制（有纹波），或者在条件许可下，在连续被控对象 $G_p(s)$ 前串一个模拟积分环节，以提高 $G(z)$ 的类型数 q，使条件①满足；

③ 按照 (5.5.56) 式中的条件②确定闭环系统的 $W(z)$ 或 $W_e(z)$ 的形式，即

$$\left.\begin{array}{l} W(z) = z^{-d}M(z)F(z) \\ W_e(z) = (1-z^{-1})^l N_1^-(z)F_e(z) \end{array}\right\} \qquad (5.5.57)$$

其中

$$\deg F = \begin{cases} l + n_1^- - 1, & l \geqslant q \\ q + n_1^- - 1, & l < q \end{cases}$$

$$F(z) = f_0 + f_1 z^{-1} + \cdots + f_j z^{-j}, \quad j = \deg F$$

$$\deg F_e = d + m - 1, \quad m = \deg M$$

$$F_e(z) = f_0' + f_1' z^{-1} + \cdots + f_j' z^{-j}, \quad j = \deg F_e$$

④ 由方程组 (5.5.19) 解得 $F(z)$ 的各项系数，或由方程组 (5.5.22) 解得 $F_e(z)$ 的各项系数；

⑤ 将求得的 $W(z)$ 或 $W_e(z)$ 代入 $D(z)$ 表示式，整理后便得最少拍无纹波控制器

$$D(z) = \begin{cases} \dfrac{F(z)N^+(z)}{k(1-z^{-1})^{l-q}F_e(z)}, & l \geqslant q \\[3mm] \dfrac{F(z)N^+(z)}{kF_e(z)}, & l < q \end{cases} \qquad (5.5.58)$$

【例 5.5.2】 系统结构如图 5.21 所示，已知被控对象传递函数 $G_p(s) = \dfrac{10}{s(s+1)}$，取采样周期 $T = 1\,\text{s}$，试按照单位等速度输入 $R_2(z)$ 设计最小拍无纹波系统的控制器 $D(z)$。

解 连续被控对象 Z 传递函数为

$$G(z) = (1-z^{-1})Z\left[\frac{1}{s} \cdot \frac{10}{s(s+1)}\right] = \frac{3.68z^{-1}(1+0.718z^{-1})}{(1-z^{-1})(1-0.368z^{-1})}$$

由 $G(z)$ 知，$k = 3.68$，延迟 $d = 1$，$M(z) = 1 + 0.718z^{-1}$；$N^+(z) = 1 - 0.368z^{-1}$，$N_1^-(z) = 1$，$q = 1$，输入类型 $l = 2$。

检验无纹波可解条件：

$q - l + 1 = 0$，条件满足，$G(z)$ 可以对 $R_2(z)$ 实现最少拍无纹波控制。

按照最少拍无纹波控制系统必须满足的条件②，

$$W(z) = z^{-d}M(z)F(z) = z^{-1}(1 + 0.718z^{-1})F(z)$$

$$W_e(z) = (1 - z^{-1})^2 N_1^-(z)F_e(z) = (1 - z^{-1})^2 F_e(z), l > q$$

$$\deg F = l + n_1^- - 1 = 2 + 0 - 1 = 1, F(z) = f_0 + f_1 z^{-1}$$

$$\deg F_e = d + m - 1 = 2 - 1 = 1, F_e(z) = f_0{}' + f_1{}' z^{-1}$$

由方程组(5.5.19)，得

$$\begin{cases} W(z)\big|_{z=1} = z^{-1}(1 + 0.718z^{-1})(f_0 + f_1 z^{-1})\big|_{z=1} = 1.718(f_0 + f_1) = 1 \\ \left[\dfrac{\mathrm{d}}{\mathrm{d}z}W(z)\right]_{z=1} = \dfrac{\mathrm{d}}{\mathrm{d}z}\left[(z^{-1} + 0.718z^{-2})(f_0 + f_1 z^{-1})\right]_{z=1} = 2.436(f_0 + f_1) + 1.718f_1 = 0 \end{cases}$$

解得，$f_0 = 1.407, f_1 = -0.825$，即 $F(z) = 1.407 - 0.825z^{-1}$。

进而得

$$W(z) = z^{-1}(1 + 0.718z^{-1})(1.407 - 0.825z^{-1})$$
$$= 1.407z^{-1}(1 + 0.718z^{-1})(1 - 0.586z^{-1})$$
$$W_e(z) = 1 - W(z) = (1 - z^{-1})^2(1 + 0.593z^{-1})$$

也可由方程组(5.5.22)求得 $F_e(z)$，进而求得 $W_e(z)$。

将 $W(z)$ 和 $W_e(z)$ 代入 $D(z)$ 的表示式(5.5.3)，得

$$D(z) = \frac{0.382(1 - 0.368z^{-1})(1 - 0.586z^{-1})}{(1 - z^{-1})(1 + 0.592z^{-1})}$$

3. 最少拍无纹波控制系统的暂态响应特性

下面我们以例 5.5.2 所设计的系统为例，考察最少拍无纹波控制系统的暂态响应特性。

由该系统的闭环 Z 传递函数 $W(z)$ 可得系统的控制量闭环 Z 传递函数 $W_u(z)$ 为

$$W_u(z) = W(z)/G(z)$$
$$= 0.382(1 - z^{-1})(1 - 0.368z^{-1})(1 - 0.586z^{-1}) \tag{5.5.59}$$

显然，$W_u(z)$ 是关于 z^{-1} 的有限项多项式，所以 $u(k)$ 的暂态响应过程是有限拍的，这里是 3 拍。

对单位等速度输入 $R_2(z)$，控制量 $U(z)$ 为

$$U(z) = W_u(z)\frac{Tz^{-1}}{(1 - z^{-1})^2} = \frac{0.382z^{-1}(1 - 0.368z^{-1})(1 - 0.586z^{-1})}{1 - z^{-1}}$$
$$= 0.382z^{-1} + 0.022z^{-2} + 0.104z^{-3} + 0.104z^{-4} + \cdots$$

由该式可知，控制量 $u(k)$ 在 3 拍后为一常数序列，即 $u(k) = 0.104, k > 3$，所以该系统对于输入 $R_2(z)$，其输出是无纹波的。

对于单位阶跃输入 $R_1(z)$，控制量 $U(z)$ 为

$$U(z) = W_u(z)\frac{1}{(1 - z^{-1})} = 0.382(1 - 0.368z^{-1})(1 - 0.586z^{-1})$$
$$= 0.382 - 0.364z^{-1} + 0.152z^{-2}$$

该式表明，控制量 $u(k)$ 在 3 拍后恒为零，即 $u(k) = 0, k \geqslant 3$，由此可知，该系统对于输入 $R_1(z)$，其输出也是无纹波的。

对于单位等加速度输入 $R_3(z)$，其控制量 $u(k)$ 为

$$U(z) = W_u(z)\frac{T^2 z^{-1}(1 + z^{-1})}{2(1 - z^{-1})^3} = \frac{0.382 z^{-1}(1 + z^{-1})(1 - 0.368 z^{-1})(1 - 0.586 z^{-1})}{2(1 - z^{-1})^2}$$

$$= 0.191 z^{-1} + 0.391 z^{-2} + 0.485 z^{-3} + 0.655 z^{-4} + 0.825 z^{-5} + 0.995 z^{-6} + \cdots$$

上式表明,控制量 $u(k)$ 在 3 拍后呈线性增加,即 $\nabla u(k) = 0.17,k \geqslant 4$,因此,该系统对输入 $R_3(z)$,其输出是有纹波的。这是因为该系统 $G(z)$ 为 I 型系统,$q = 1,R_3(z)$ 的类型数 $l = 3$,无纹波条件①($q - l + 1 \geqslant 0$)不满足的缘故。

该系统分别对于输入 $R_1(z),R_2(z)$ 和 $R_3(z)$ 的输出响应如下:

对于 $R_1(z)$

$$Y(z) = W(z)\frac{1}{1 - z^{-1}} = 1.407 z^{-1} + 1.593 z^{-2} + z^{-3} + z^{-4} + \cdots \quad (5.5.60)$$

对于 $R_2(z)$

$$Y(z) = W(z)\frac{T z^{-1}}{(1 - z^{-1})^2} = 1.407 z^{-2} + 3 z^{-3} + 4 z^{-4} + 5 z^{-5} \cdots \quad (5.5.61)$$

对于 $R_3(z)$

$$Y(z) = W(z)\frac{T^2 z^{-1}(1 + z^{-1})}{2(1 - z^{-1})^3} = 0.704 z^{-2} + 2.907 z^{-3} + 6.407 z^{-4} + 10.907 z^{-5} + \cdots$$

$$(5.5.62)$$

系统以上三种输出响应分别如图 5.24(a),(b),(c)所示。

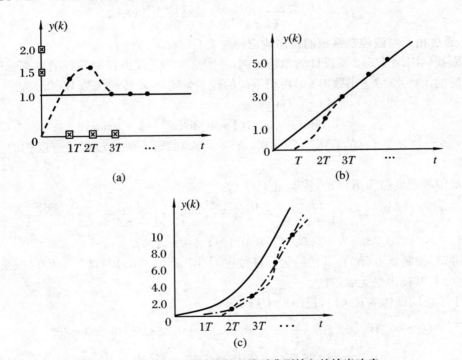

图 5.24 最少拍无纹波控制系统对典型输入的输出响应

由以上分析和图 5.24 可知,① 该系统的控制量闭环 Z 传递函数 $W_u(z)$(5.5.59)式为关于 z^{-1} 的三项多项式,系统对于输入 $R_1(z)$ 和 $R_2(z)$,在稳态后,控制量 $u(k)$ 分别为零和不变的常值 0.104，相应系统输出 $y(t)$ 无纹波；而对输入 $R_3(z)$，在稳态后，控制量继续线性增长，相应输出 $y(t)$ 仍然有纹波。这就再次表明，最少拍无纹波控制系统的 $W_u(z)$ 一定也是关于 z^{-1} 有限项多项式，而且系统输出在稳态后若无纹波，其对应控制量经若干拍后一定是不变的常值或零，否则输出仍有纹波；② 该系统暂态响应过程为 3 拍，比有纹波最少拍控制系统增加一拍，这是因为按无纹波设计要求，系统 $W(z)$ 中必须包含 $G(z)$ 的全部零点（包括稳定零点）所引起的。一般而言，同一被控对象 $G(z)$ 的无纹波最少拍控制系统的暂态响应过程一般比有纹波最少拍控制系统增加若干拍；③ 该系统是针对输入 $R_2(z)$ 设计的最少拍无纹波控制系统，对于单位阶跃输入 $R_1(z)$，系统暂态响应超调 $\sigma\% \approx 60\%$，比最少拍控制系统(有纹波)减小约 40%，这表明，最少拍无纹波控制系统对输入类型变化的适应能力比最少拍控制系统有所增强。

4. 执行器饱和特性对最少拍控制系统快速性的限制

按照典型输入设计的最少拍控制系统，无论是有纹波还是无纹波，控制系统的暂态响应调整时间一般只有几拍的时间。在理论上，如果无限地缩短采样周期，系统暂态响应调整时间将趋近于零，很显然，这在实际中是不可能实现的。通常闭环动态系统的暂态响应调整时间越短，相应的控制量幅值就越大。若调整时间趋近于零，那么相应的控制量幅值必将趋于无穷大。而实际系统的执行器总是具有饱和特性，其线性工作区总是有限的，一旦最少拍控制系统在暂态响应过程中，因调整时间过短，导致控制器输出的控制量的幅值过大，超出执行器的线性工作区，系统的原有快速性就会下降，系统也就不再具有最少拍控制系统的特性。因此，最少拍控制系统设计时，还应考虑到执行器的饱和特性对控制量幅值的限制，应该确保设计出的最少拍控制系统(不论是有纹波还是无纹波)，对于针对设计的典型输入，在其可能出现的最大幅值情况下，系统暂态响应过程中的控制量幅值不得超出执行器的线性工作区。

为了避免最少拍控制系统暂态响应过程中，控制量幅值不至于过大，而超出执行器的线性工作区，可以通过如下途径适当增加暂态响应的调整时间，降低响应速度。

(1) 在其他条件许可下，适当地增大采样周期 T，T 增大，有的被控对象 $G(z)$ 中的常系数 k 可能会相应地增大。由系统控制量闭环 Z 传递函数 $W_u(z)$ 表示式(5.5.30)可知，控制量与 k 成反比，k 增大，控制量会相应减小。

(2) 适当增加系统 $W_u(z)$ 的关于 z^{-1} 的多项式的项数，亦即增加系统闭环暂态响应的拍数。增加 $W_u(z)$ 的项数可以通过试凑法来确定。设计时，每当按要求求得系统闭环 Z 传递函数 $W(z)$ 后，应验算系统在针对设计的典型输入可能出现的最大幅值情况下，其暂态响应过程中的控制量幅值是否会超出执行器的线性工作区。如果超出线性工作区，在可能情况下，再增加 $W(z)$ 的项数，直至系统可能出现的控制量最大幅值不超出执行器的线性工作区为止。

5.5.3 最少拍无纹波复合控制系统的设计

前面讨论的最少拍控制系统和最少拍无纹波控制系统是基于单位反馈控制系统结构，最少拍控制系统或最少拍无纹波控制系统也可以采用 5.4 节中的复合控制系统结构。复合控制系统不仅可以获得满意的最少拍无纹波跟踪性能，而且可以同时获得满意的抑制干扰和模型失配影响的鲁棒性能。在系统外部干扰较强,系统模型精度不高的场合,应尽可能采用复合控制系统结构。复合控制系统结构如图 5.19 所示,其等价结构如图 5.20 所示。最少拍无纹波复合控制系统的设计,是将以上最少拍无纹波控制系统的设计方法同复合控制系统极点配置设计方法结合起来进行的。先针对特定的典型输入 $R_1(z)$,按照最少拍无纹波控制系统设计原则和方法,确定复合控制系统的期望闭环 Z 传递函数,即

$$W(z) = z^{-d}M(z)F(z) \tag{5.5.63}$$

$$W_e(z) = (1 - z^{-1})^l F_e(z) \tag{5.5.64}$$

其中,$d,l,M(z)$ 定义同前。这里 $W(z)$ 的形式和以上最少拍无纹波控制系统(单位反馈结构)的 $W(z)$ 形式完全相同;但这里 $W_e(z)$ 中不必含有 $N_1^-(z)$,这是因为复合控制系统的反馈回路中一般不会存在 $G(z)$ 的极点必然相消现象。$F(z)$ 和 $F_e(z)$ 都为待定的关于 z^{-1} 的多项式,

$$\deg F = l - 1, \quad \deg F_e = d + m - 1, \quad , m = \deg M$$

由方程组(5.5.19),求得 $F(z)$ 各项待定系数,进而完全确定 $W(z)$;或由方程组(5.5.22),求得 $F_e(z)$ 各项待定系数,进而完全确定 $W(z) = 1 - (1 - z^{-1})^l F_e(z)$。

当系统期望闭环 Z 传递函数 $W(z)$ 确定后,再将其转换为关于 z 的有理分式,即

$$W'(z) = \frac{M'(z)F'(z)}{z^{d+m+l-1}} \tag{5.5.65}$$

其中,$M'(z)$ 和 $F'(z)$ 分别是与 $M(z)$ 和 $F(z)$ 对应的关于 z 的多项式,即

若

$$M(z) = 1 + b_1 z^{-1} + \cdots + b_m z^{-m}; \quad F(z) = f_0 + f_1 z^{-1} + \cdots + f_{l-1} z^{-l+1}$$

则

$$M'(z) = z^m + b_1 z^{m-1} + \cdots + b_m; \quad F(z) = f_0 z^{l-1} + f_1 z^{l-2} + \cdots + f_{l-1}$$

然后,由(5.5.65)式确定的期望闭环 Z 传递函数 $W'(z)$ 出发,按照 5.4 节讲的复合控制系统极点配置设计方法求得前馈和反馈控制器中的 $Q(z)$,$T(z)$ 和 $S(z)$ 多项式,进而求得前馈和反馈控制器 $D_1(z)$ 和 $D_2(z)$。下面举例具体说明最少拍无纹波复合控制系统的设计方法与步骤。

【例 5.5.3】 已知被控对象传递函数 $G(z) = \dfrac{0.048z^{-1}(1 + 0.967z^{-1})}{(1 - z^{-1})(1 - 0.905z^{-1})}$,试针对单位等速度输入 $R_2(z)$,设计出最少拍无纹波复合控制系统的前馈控制器 $D_1(z)$ 和反馈控制器 $D_2(z)$。

解 由输入 $R_2(z)$ 和被控对象 $G(z)$ 知,无纹波可解条件 $q \geqslant l - 1$ 满足;按无纹波控制条件②,最少拍无纹波控制系统的闭环 Z 传递函数应为

$$W(z) = z^{-d}M(z)F(z) = z^{-1}(1 + 0.967z^{-1})F(z)$$

$$\deg F = l - 1 = 2 - 1 = 1$$

$$F(z) = f_0 + f_1 z^{-1}$$

由方程(5.5.19)得

$$\begin{cases} W(z)\big|_{z=1} = 1.967(f_0 + f_1) = 1 \\ \left[\dfrac{\mathrm{d}}{\mathrm{d}z}W(z)\right]_{z=1} = (1 + 1.934)f_0 + (2 + 2.901)f_1 = 0 \end{cases}$$

由上方程解得

$$f_0 = 1.267, \quad f_1 = -0.76$$

因而

$$W(z) = z^{-1}(1 + 0.967z^{-1})(1.267 - 0.76z^{-1})$$

将 $W(z)$ 化为关于 z 的有理分式的形式，即

$$W'(z) = \frac{M'(z)F'(z)}{z^{d+m+l-1}} = \frac{(z+0.967)(1.267z-0.76)}{z^3} = \frac{B(z)}{A(z)}$$

这里，$A(z) = z^3$，$B(z) = (z+0.967)(1.267z-0.76)$，$M'(z) = z + 0.967$ 是 $G(z)$ 的零点多项式，为使输出无纹波，$G(z)$ 的全部零点不许相消，应保留作为闭环零点，故可相消零点因式 $M^+(z) = 1$。

将 $B(z)$ 与(5.4.26)式中的 $B(z)$ 相比较，可知

$$B'(z) = B(z)/kM'(z) = (1.267z - 0.76)/k = 26.396z - 15.833$$

其中，$k = 0.048$ 为 $G(z)$ 分子中的常系数。

再按照 5.4 节中的复合控制系统极点配置设计法的步骤④、⑤、⑥求得前馈和反馈控制器中的多项式 $Q(z)$，$T(z)$ 和 $S(z)$。

考虑到 $G(z)$ 为 Ⅰ 型系统，控制器可以不引入积分，故取 $r = 0$，即取，$Q(z) = Q_1(z)$

由(5.4.46)式得观测器特征多项式 $A_0(z)$ 的阶次

$$\deg A_0 = 2\deg N - \deg A - \deg M^+ + r - 1 = 4 - 3 - 0 + 0 - 1 = 0$$

取 $A_0(z) = 1$。

由(5.4.54)式确定多项式 $S(z)$ 的阶次

$$\deg S = \deg N + r - 1 = 2 + 0 - 1 = 1$$

所以，$S(z) = s_0 z + s_1$

由(5.4.56)式，确定多项式 $Q_1(z)$ 的阶次

$$\deg Q_1 = \deg A_0 + \deg A - \deg N - r = 0 + 3 - 2 - 0 = 1$$

所以，$Q_1(z) = z + q_1$，由(5.4.40)式得 $Q(z) = M^+(z)(z-1)^r Q_1(z) = z + q_1$

与(5.4.37)式对应的系统闭环特征方程为

$$N(z)Q(z) + kM(z)S(z) = A_0(z)M^+(Z)A(z)$$

即

$$(z-1)(z-0.905)(z+q_1) + 0.048(z+0.967)(s_0 z + s_1) = z^3$$

式中 $N(z)$ 和 $M(z)$ 分别为 $G(z)$ 的分母和分子关于 z 的多项式，即 $N(z) = (z-1)(z-0.905)$，$M(z) = z + 0.967$。

解以上方程，令 $z = -0.967$，得

$$(-1.967)(-1.872)(-0.967 + q_1) = (-0.967)^3$$

解得，$q_1 = 0.721$，即 $Q_1(z) = z + 0.721$。

令特征方程中，$z = 1$，得

$$0.048(1.967)(s_0 + s_1) = 1$$

令特征方程中，$z = 0.905$，得

$$0.048(1.872)(0.905s_0 + s_1) = 0.905^3$$

以上两个方程联立解得

$$s_0 = 24.643, \quad s_1 = -14.053$$

因而，$S(z) = 24.463z - 14.053$

$$Q(z) = Q_1(z) = z + 0.721$$

$$T(z) = A_0(z)B'(z) = 26.396z - 15.833$$

于是得，前馈控制器

$$D_1(z) = \frac{T(z)}{Q(z)} = \frac{26.396z - 15.833}{z + 0.721}$$

反馈控制器

$$D_2(z) = \frac{S(z)}{Q(z)} = \frac{24.643z - 14.053}{z + 0.721}$$

可以验证，对于所设计的 $D_1(z)$ 和 $D_2(z)$，相应的复合控制系统闭环 Z 传递函数等于最少拍无纹波控制系统所要求的闭环 Z 传递函数 $W'(z)$。

由图 5.19 可得复合控制系统闭环 Z 传递函数为

$$
\begin{aligned}
W(z) &= \frac{D_1(z)G(z)}{1 + G(z)D_2(z)} = \frac{\dfrac{T(z)}{Q(z)} \cdot \dfrac{kM(z)}{N(z)}}{1 + \dfrac{kM(z)}{N(z)} \cdot \dfrac{S(z)}{Q(z)}} = \frac{kT(z)M(z)}{N(z)Q(z) + kM(z)S(z)} \\
&= \frac{0.048(26.396z - 15.833)(z + 0.967)}{(z-1)(z-0.905)(z+0.721) + 0.048(z+0.967)(24.643z - 14.053)} \\
&= \frac{(1.267z - 0.76)(z + 0.967)}{z^3} = W'(z) \quad\quad (5.5.66)
\end{aligned}
$$

$$1 - W(z) = 1 - \frac{(1.267z - 0.76)(z + 0.967)}{z^3} = \frac{(z-1)^2(z - 0.733)}{z^3} \quad\quad (5.5.67)$$

同样由图 5.19 可得复合控系统的控制量为

$$
\begin{aligned}
U(z) &= \frac{D_1(z)R_2(z)}{1 + G(z)D_2(z)} = \frac{T(z)/Q(z)}{1 + kM(z)S(z)/N(z)Q(z)} \cdot R_2(z) \\
&= \frac{N(z)T(z)}{N(z)Q(z) + kM(z)S(z)} \cdot R_2(z) = \frac{N(z)T(z)}{A_0(z)A(z)} \cdot R_2(z) \\
&= \frac{(z-1)(z-0.905)(26.396z - 15.833)}{z^3} \cdot \frac{Tz^{-1}}{(1-z^{-1})^2} \\
&= \frac{Tz^{-1}(1 - 0.905z^{-1})(26.396 - 15.833z^{-1})}{1 - z^{-1}} \quad\quad (5.5.68)
\end{aligned}
$$

以上由设计出的 $D_1(z)$ 和 $D_2(z)$ 导出的复合控制系统的 $W(z)$，$W_e(z)$ 以及 $U(z)$ 表示式 (5.5.66)、(5.5.67) 和 (5.5.68) 表明，该系统确实完全满足对输入 $R_2(z)$ 的最少拍无纹波控制的全部设计要求。

5.5.4 卡尔曼(Kalman)控制器设计

如果被控对象 Z 传递函数中没有不可相消极点，则可采用卡尔曼控制算法对其针对阶跃输入实现单位反馈最少拍无纹波控制。卡尔曼控制器设计比前面讲的最少拍无纹波控制器设计更简便。它是直接取对象 Z 传递函数的分子多项式为系统的期望闭环 Z 传递函数，取对象 Z 传递函数的分母多项式作为控制量的期望闭环 Z 传递函数。关于卡尔曼控制器设计现简述如下：

设被控对象 Z 传递函数为

$$G(z) = \frac{kM(z)}{N(z)} \qquad (5.5.69)$$

式中，$M(z) = z^{-d}(b_0 + b_1 z^{-1} + \cdots + b_m z^{-m})$；$N(z) = 1 + a_1 z^{-1} + \cdots + a_n z^{-n}$；$d$ 为延迟步数。

令期望闭环 Z 传递函数为

$$W_m(z) = M(z)/M(1) = z^{-d}(q_0 + q_1 z^{-1} + \cdots + q_m z^{-m}) \qquad (5.5.70)$$

其中

$$M(1) = \sum_{i=0}^{m} b_i,$$

$$q_i = b_i/M(1), \quad i = 0, 1, \cdots, m$$

$$W_m(1) = W_m(z)\big|_{z=1} = \sum_{i=0}^{m} q_i = 1$$

上式表明，这样的 $W_m(z)$ 满足对阶跃输入实现最少拍无纹波控制的条件。$W_m(z)$ 有与对象 $G(z)$ 相同的延迟，又是 z^{-1} 的有限项多项式，并且包含了对象 $G(z)$ 的全部零点，同时其稳态增益 $W_m(1) = 1$。

将 $G(z)$ 和 $W_m(z)$ 代入单位反馈控制器表示式(5.4.6)便得卡尔曼控制器，即

$$D(z) = \frac{W_m(z)}{G(z)[1 - W_m(z)]} = \frac{N(z)}{k[M(1) - M(z)]} \qquad (5.5.71)$$

由单位反馈系统结构，可得关于控制量的闭环 Z 传递函数为

$$W_u(z) = \frac{U(z)}{R(z)} = \frac{W_m(z)}{G(z)} = \frac{N(z)}{kM(1)} \qquad (5.5.72)$$

表明 $W_u(z)$ 也是 z^{-1} 的有限项多项式，因此系统控制过程输出不会出现纹波。

【例 5.5.4】 设对象为 $G(s) = \dfrac{e^{-2s}}{(s+1)(0.8s+1)}$，取采样周期 $T = 1$，试设计卡尔曼控制器。

解 由等效离散化得对象 Z 传递函数

$$G(z) = Z\left[\frac{1 - e^{-Ts}}{s} G(s)\right] = \frac{0.3065 z^{-3}(1 + 0.47 z^{-1})}{(1 - 0.2865 z^{-1})(1 - 0.368 z^{-1})}$$

这里

$$k = 0.3065, \quad M(z) = z^{-3}(1 + 0.47 z^{-1}), \quad M(1) = 1 + 0.47 = 1.47$$

$$N(z) = (1 - 0.2865 z^{-1})(1 - 0.368 z^{-1}) = 1 - 0.6545 z^{-1} + 0.1054 z^{-2}$$

代入卡尔曼控制器表示式(5.5.71)，得

$$D(z) = \frac{N(z)}{k[M(1) - M(z)]} = \frac{1 - 0.6545 z^{-1} + 0.1054 z^{-2}}{0.3065(1.47 - z^{-3} - 0.47 z^{-4})}$$

$$= \frac{2.22(1 - 0.6545 z^{-1} + 0.1054 z^{-2})}{1 - 0.68 z^{-3} - 0.32 z^{-4}}$$

不难看出，$D(z)$ 的稳态增益 $D(1) = \infty$，即 $D(z)$ 含有一阶积分，从而保证了系统对阶跃输入无稳态偏差。

5.6 计算机控制系统的最优化设计

前面各节讨论的计算机控制系统几种设计方法，在其设计过程中都没有特别考虑系统中存在的随机干扰的影响，实际上是按照确定性系统（即系统的模型和全部输入信号都是确定的）来设计的。在实际控制系统尤其工业过程控制系统中，总是存在着随机干扰，要想建立高性能的控制系统，就必须按照随机系统（即输入为随机不确定的信号）采用最优化方法进行设计。所谓控制系统最优化设计，简单说，就是指获取或求解能够使控制系统在随机干扰作用下具有最优的控制性能的控制器或控制律的过程和方法。控制系统最优化设计是现代控制理论中的核心内容。最优化设计方法分为基于输入输出模型设计法和基于状态空间模型设计法。本节将讨论计算机控制系统基于输入输出模型最优化设计方法，基于状态空间模型的最优化设计方法将在下一章讨论。

本节要讨论的最优化设计都是按照图 5.25 中的复合系统进行的。

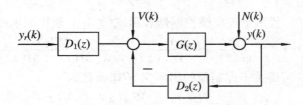

图 5.25 存在随机干扰的复合控制系统

图中 $G(z)$ 为被控对象的 Z 传递函数，是已知的；$V(k)$ 和 $N(k)$ 均为随机干扰序列，$V(k)$ 称为过程噪声序列，$N(k)$ 称为测量噪声序列。$V(k)$ 和 $N(k)$ 在各采样时刻的准确值是无法知道的，但是可以通过观测数据获得它们的统计特性，所以设计时，它们的统计特性通常都是给定的，并且假设它们都是弱平稳随机过程。简言之，它们的统计特性是确定的。$D_1(z)$ 和 $D_2(z)$ 分别为待设计的前馈和反馈数字控制器。

计算机控制系统基于输入输出模型的最优化设计，采用的控制性能指标（又称目标函数或代价函数）是控制系统的输出方差，即

$$J_1 = E\left[y(k) - y_r(k)\right]^2 \tag{5.6.1}$$

或是控制系统的偏差和控制量的二次型函数，即

$$J_2 = E\left[e^2(k) + \lambda u^2(k)\right] \tag{5.6.2}$$

式中，

$e(k) = y(k) - y_r(k)$，为系统输出相对于给定输入的偏差，$y_r(k)$ 为给定输入。

$u(k)$ 为控制量，$\lambda > 0$ 为实数，称为控制量的加权系数。

$E[\cdot]$为数学期望或取平均值的符号。

系统的性能指标 J_1 或 J_2 越小,系统控制性能就越好。计算机控制系统基于输入输出模型的最优化设计任务,就是按照图 5.25 所示系统结构,在已知被控对象模型 $G(z)$ 和随机干扰序列 $v(k)$ 和 $N(k)$ 的统计特性的条件下,设计出具有因果性的、物理可实现的数字控制器 $D_1(z)$ 和 $D_2(z)$,使得闭环系统的性能指标 J_1(式 5.6.1)或 J_2(式 5.6.2)为最小。可实现性能指标 J_1 为最小的系统称为最小方差控制系统;可实现性能指标 J_2 为最小的系统称为广义最小方差控制系统。如何获取或求解最小方差和广义最小方差控制系统的控制器是本节要讨论的主要内容。

5.6.1　随机干扰模型

在讨论最优化设计前,先解决随机干扰序列的数学描述问题,即如何由已知的随机干扰序列的统计特性建立它的数学模型。为此首先考察图 5.26(a)所示线性稳定离散系统在平稳随机序列作用下,其输出的统计特性。

图中 $G(z)$ 为一线性渐近稳定离散系统,设采样周期为 1,$v(k)$ 为一平稳随机序列,其统计特性已知,即均值 $E[v(k)]=m_v$ 为一常数。

自协方差函数

$$R_v(\tau) = E\{[v(k+\tau) - m_v][v(k) - m_v]\}$$

谱密度 $\Phi_v(\omega) = \sum\limits_{k=-\infty}^{+\infty} R_v(k)\mathrm{e}^{-\mathrm{j}k\omega}$,即 $R_v(\tau)$ 的 Fourier 变换。

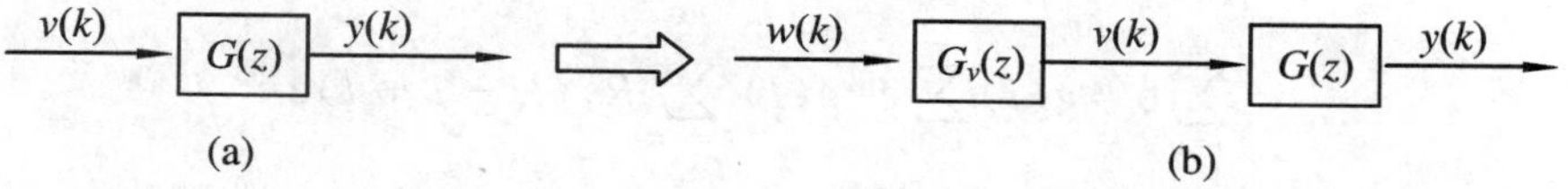

图 5.26　稳定系统对平稳随机序列的滤波及平稳随机序列的白噪声表示

可以证明,图 5.26(a)所示系统输出序列 $y(k)$ 也是平稳随机序列,其均值 m_y、谱密度 $\Phi_y(\omega)$ 和互谱密度 $\Phi_{yv}(\omega)$ 分别为

(1) $m_y = G(1)m_v$;　　　　　　　　　　　　　　　　　　　　　(5.6.3)

(2) $\Phi_y(\omega) = G(\mathrm{e}^{\mathrm{j}\omega})G(\mathrm{e}^{-\mathrm{j}\omega})\Phi_v(\omega) = |G(\mathrm{e}^{\mathrm{j}\omega})|^2\Phi_v(\omega)$;　　　(5.6.4)

(3) $\Phi_{yv}(\omega) = G(\mathrm{e}^{\mathrm{j}\omega})\Phi_v(\omega)$。　　　　　　　　　　　　　　　(5.6.5)

这就是平稳随机序列的滤波定理。

证明

(1) 设系统的单位脉冲响应序列为 $g(k)$,输入为一平稳随机序列 $v(k)$,则系统输出为

$$y(k) = \sum_{i=0}^{\infty} g(i)v(k-i) \tag{5.6.6}$$

上式两边同时取均值,得

$$m_y = E[y(k)] = \sum_{i=0}^{\infty} g(i)E[v(k-i)] = G(1)m_v$$

式中，$G(1) = \sum\limits_{i=0}^{\infty} g(i)$ 为系统的稳态增益。

当 k 很大时，即稳态情况，$E[v(k-i)] = m_v$ 即为 $v(k)$ 的均值；

(2) 因输出 $y(k)$ 的自协方差函数为

$$R_y(\tau) = E\{[y(k+\tau) - m_y][y(k) - m_y]\}$$

$$= E\left\{\left[\sum_{i=0}^{\infty} g(i)v(k+\tau-i) - m_y\right]\left[\sum_{l=0}^{\infty} g(l)v(k-l) - m_y\right]\right\}$$

$$= E\left\{\left[\sum_{i=0}^{\infty} g(i)v(k+\tau-i) - \sum_{i=0}^{\infty} g(i)m_v\right]\left[\sum_{l=0}^{\infty} g(l)v(k-l) - \sum_{l=0}^{\infty} g(l)m_v\right]\right\}$$

$$= E\left\{\left[\sum_{i=0}^{\infty} g(i)(v(k+\tau-i) - m_v)\right]\left[\sum_{l=0}^{\infty} g(l)(v(k-l) - m_v)\right]\right\}$$

$$= \sum_{i=0}^{\infty} \sum_{l=0}^{\infty} g(i)g(l)E\{[v(k+\tau-i) - m_v][v(k-l) - m_v]\}$$

$$= \sum_{i=0}^{\infty} \sum_{l=0}^{\infty} g(i)g(l)R_v(\tau-i+l) \tag{5.6.7}$$

所以 $y(k)$ 的谱密度为

$$\Phi_y(\omega) = \sum_{k=-\infty}^{+\infty} R_y(k)e^{-jk\omega}$$

$$= \sum_{k=-\infty}^{+\infty} e^{-jk\omega} \sum_{i=0}^{\infty} \sum_{l=0}^{\infty} g(i)g(l)R_v(k-i+l)$$

$$= \sum_{i=0}^{\infty} e^{-ji\omega}g(i) \sum_{l=0}^{\infty} e^{jl\omega}g(l) \sum_{k=-\infty}^{+\infty} R_v(k-i+l)e^{-j(k-i+l)\omega}$$

$$= G(e^{j\omega})G(e^{-j\omega})\Phi_v(\omega)$$

(3) 因系统输出 $y(k)$ 与 $v(k)$ 的互协方差函数为

$$R_{yv}(\tau) = E\{[y(k+\tau) - m_y][v(k) - m_v]\}$$

$$= E\left\{\sum_{i=0}^{\infty} g(i)[v(k+\tau-i) - m_v][v(k) - m_v]\right\}$$

$$= \sum_{i=0}^{\infty} g(i)E\{[v(k+\tau-i) - m_v][v(k) - m_v]\}$$

$$= \sum_{i=0}^{\infty} g(i)R_v(\tau-i) \tag{5.6.8}$$

所以 $y(k)$ 与 $v(k)$ 的互谱密度为

$$\Phi_{yv}(\omega) = \sum_{k=-\infty}^{+\infty} R_{yv}(k)e^{-jk\omega}$$

$$= \sum_{k=-\infty}^{+\infty} e^{-jk\omega} \sum_{i=0}^{\infty} g(i)R_v(k-i)$$

$$= \sum_{i=0}^{\infty} e^{-ji\omega}g(i) \sum_{k=-\infty}^{+\infty} R_v(k-i)e^{-j(k-i)\omega}$$

$$= G(e^{j\omega}) \Phi_v(\omega)$$

由(5.6.4)和(5.6.5)式可以看出,当系统 $G(z)$ 输入的随机干扰序列 $v(k)$ 是白噪声序列 $w(k)$ 时,因 $w(k)$ 的谱密度为一常数,即

$$\Phi_w(\omega) = a \qquad (5.6.9)$$

$a > 0$ 为实常值。

则 $G(z)$ 输出 $y(k)$ 的谱密度和和互谱密度分别为

$$\Phi_y(\omega) = aG(e^{j\omega}) G(e^{-j\omega}) \qquad (5.6.10)$$

$$\Phi_{yw}(\omega) = aG(e^{j\omega}) \qquad (5.6.11)$$

式(5.6.11)表明,当单位谱密度的白噪声序列作用于线性稳定系统输入端,则只要由系统输入和输出数据计算出系统输出与输入的互谱密度 $\Phi_{yw}(\omega)$,就可获得系统的频率特性 $G(e^{j\omega})$ 进而获得 $G(z)$。这就是系统相关辨识的理论依据。式(5.6.10)表明,凡是平稳随机序列 $v(k)$ 都可以由白噪声序列 $w(k)$ 驱动一个相应的线性稳定系统来生成。不同的平稳随机序列,对应于不同的线性稳定系统 $G_v(z)$,通常称此线性稳定系统 $G_v(z)$ 为随机序列的成型滤波器。这就是平稳随机序列的白噪声表示的概念(也称平稳有色噪声白化)。利用这一概念,我们就可以把作用于控制系统的平稳随机干扰等效地化为白噪声通过成型滤波器 $G_v(z)$ 作用于系统的干扰,如图5.26(b)所示。这样,就为在随机干扰作用下的控制系统分析和设计带来很大的方便。

关于如何实现一个已知其谱密度的平稳随机序列的白噪声表示,这就是下面谱分解定理的内容,即一个平稳随机序列 $v(k)$,若已知其谱密度 $\Phi_v(\omega)$,它是 $\cos\omega$ 的有理函数,且非负有界,则一定存在 z 的有理函数 $G_v(z)$,其极点全部位于单位圆内,零点位于单位圆内或圆上,并且满足

$$\Phi_v(\omega) = aG_v(e^{j\omega}) G_v(e^{-j\omega}) = a \mid G_v(e^{j\omega}) \mid^2 \qquad (5.6.12)$$

$G_v(z)$ 即为 $v(k)$ 的成型滤波器 z 传递函数,并可按照如下方法求得。

先将 $\Phi_v(\omega)$ 写成如下标准形式:

$$\Phi_v(\omega) = a \frac{\displaystyle\prod_{i=1}^{m}(z_i - \cos\omega)}{\displaystyle\prod_{i=1}^{n}(p_i - \cos\omega)} \qquad (5.6.13)$$

其中 a 为正实数,z_i 或 p_i 若是复数,则必定各自成对出现;若 p_i 是实数,必定 $\mid p_i \mid > 1$,否则 $\Phi_v(\omega)$ 无界,与事实不符;若 z_i 为实数,则可能 $\mid z_i \mid \geq 1$,也可能 $\mid z_i \mid < 1$;若 $\mid z_i \mid < 1$,则必为偶重因子 $(z_i - \cos\omega)^2$,否则 $\Phi_v(\omega)$ 将出现负值,也与事实不符。与 $\Phi_v(\omega)$ 的 (5.6.13)式对应的成型滤波器 $G_v(z)$ 为如下形式:

$$G_v(z) = k \frac{\displaystyle\prod_{i=1}^{m}(z - \beta_i)}{\displaystyle\prod_{i=1}^{n}(z - \alpha_i)} = \frac{B_v(z)}{A_v(z)} \qquad (5.6.14)$$

再按如下方法,由 $\Phi_v(\omega)$ 中的因子 $(z_i - \cos\omega)$ 和 $(p_i - \cos\omega)$ 确定 $G_v(z)$ 中的对应零点因子 $(z - \beta_i)$ 和极点因子 $(z - \alpha_i)$:

(1) 对每个实数 $p_i(\mid p_i \mid > 1)$,相应地在 $G_v(z)$ 中置一个极点 $(z - \alpha_i)$;对每个实数

z_i，$|z_i| \geqslant 1$，在 $G_v(z)$ 中置一个零点 $(z - \beta_i)$，其中

$$\alpha_i = p_i \pm \sqrt{p_i{}^2 - 1}, \quad \text{取} |\alpha_i| < 1 \tag{5.6.15}$$

$$\beta_i = z_i \pm \sqrt{z_i{}^2 - 1}, \quad \text{取} |\beta_i| \leqslant 1 \tag{5.6.16}$$

(2) 对于 $|z_i| < 1$ 的实数 z_i，则对应于 $\Phi_v(\omega)$ 中的偶重因子 $(z_i - \cos\omega)^2$，在 $G_v(z)$ 中置一对共轭零点 $(z - e^{j\theta_i})(z - e^{-j\theta_i})$，其中 θ_i 为

$$\theta_i = \cos^{-1} z_i \tag{5.6.17}$$

(3) 对于复数的 p_i 和 z_i，对每一对 $p_i, p_i{}^*$，相应地在 $G_v(z)$ 中置一对共轭极点 $(z - \alpha_i)(z - \alpha_i{}^*)$，对每一对 $z_i, z_i{}^*$，相应在 $G_v(z)$ 中置一对共轭零点 $(z - \beta_i)(z - \beta_i{}^*)$。$\alpha_i$ 和 $\alpha_i{}^*$ 可利用方程 $\left[p_i - \frac{1}{2}(z + z^{-1}) \right] = \lambda(\alpha_i - z)(\alpha_i - z^{-1})$ 等式两边同次项系数相等关系求得（求 $\alpha_i{}^*$ 时将方程中 p_i 和 α_i 分别换成 $p_i{}^*$ 和 $\alpha_i{}^*$），β_i 和 $\beta_i{}^*$ 同样也可按此方法求得。

(4) 最后确定 $G_v(z)$ 的常系数 k。这要首先规定驱动 $G_v(z)$ 的白噪声 $w(k)$ 的方差 $\sigma_w{}^2$ 即 $w(k)$ 的谱密度 $\Phi_w(\omega)$，再取某一频率 ω 值，通常可取 $\omega = 0$（即 $z = 1$），由如下等式，便可求得 k 值

$$\Phi_v(\omega) = G_v(e^{j\omega}) G_v(e^{-j\omega}) \sigma_w{}^2 \tag{5.6.18}$$

【**例 5.6.1**】 已知一平稳随机序列 $v(k)$，其谱密度为 $\Phi_v(\omega) = \dfrac{1.04 + 0.4\cos\omega}{1.25 + \cos\omega}$，求单位方差白噪声驱动的成型滤波器 $G_v(z)$。

解 将 $\Phi_v(\omega)$ 化为标准形式：

$$\Phi_v(\omega) = 0.4 \frac{-2.60 - \cos\omega}{-1.25 - \cos\omega}$$

由此知，$p_1 = -1.25, z_1 = -2.6$，均为实数，且其模均大于 1，所以 $G_v(z)$ 的形式为

$$G_v(z) = k \frac{z - \beta_1}{z - \alpha_1}$$

其中，α_1 和 β_1 分别由 (5.6.15) 和 (5.6.16) 式求得

$$\alpha_1 = -0.5, \quad \beta_1 = -0.2$$

于是，$G_v(z) = k \dfrac{z + 0.2}{z + 0.5}$，题中指定 $\sigma_w{}^2 = 1$，取 $\omega = 0$，由 $\Phi_v(\omega)|_{\omega=0} = G(z)G(z^{-1})|_{z=1}$ 得

$$\left. \frac{1.04 + 0.4\cos\omega}{1.25 + \cos\omega} \right|_{\omega=0} = k^2 \frac{z + 0.2}{z + 0.5} \cdot \left. \frac{z^{-1} + 0.2}{z^{-1} + 0.5} \right|_{z=1}$$

即

$$\frac{1.44}{2.25} = k^2 \frac{1.2^2}{1.5^2}$$

解得 $k = 1$。

所以单位方差白噪声驱动的成型滤波器 $G_v(z) = \dfrac{z + 0.2}{z + 0.5}$。

通过上述讨论，我们解决了控制系统中的随机干扰特性的数学描述问题，亦即建立随机干扰模型问题。作用于控制系统的随机干扰 $v(k)$，只要它是平稳随机序列，其统计特性谱密度 $\Phi_w(\omega)$ 或协方差函数 $R_v(\tau)$ 已知，它就可以表示为

$$v(k) = G_v(z)w(k) = \frac{B_v(z)}{A_v(z)}w(k) = \frac{B_v^*(z^{-1})}{A_v^*(z^{-1})}w(k) \tag{5.6.19}$$

式中，$w(k)$ 为零均值白噪声序列；$G_v(z)$ 为由 $\Phi_v(\omega)$ 求得的成型滤波器，$B_v^*(z^{-1})$ 和 $A_v^*(z^{-1})$ 分别为 $B_v(z)$ 和 $A_v(z)$ 的关于 z^{-1} 的互反多项式（这里设 $\deg B_v = \deg A_v$），即

若 $A_v(z) = z^n + a_1 z^{n-1} + \cdots + a_n$，

则

$$A_v^*(z^{-1}) = 1 + a_1 z^{-1} + \cdots + a_n z^{-n} \tag{5.6.20}$$

若 $B_v(z) = b_0 z^n + b_1 z^{n-1} + \cdots + b_n$，

则

$$B_v^*(z^{-1}) = b_0 + b_1 z^{-1} + \cdots + b_n z^{-n} \tag{5.6.21}$$

这里和下面，都将 z 看作时间前向平移算子，z^{-1} 看成时间后向平移算子。

式(5.6.19)就是平稳随机干扰 $v(k)$ 的模型，它对应的差分方程为

$$v(k) + a_1 v(k-1) + \cdots + a_n v(k-n)$$
$$= b_0 w(k) + b_1 w(k-1) + \cdots + b_n w(k-n) \tag{5.6.22}$$

具有这种模型的随机序列 $v(k)$ 称为自回归平移平均过程，简称 ARMA 过程。

若 $B_v^*(z^{-1}) = 1$，对应的差分方程为

$$v(k) + a_1 v(k-1) + \cdots + a_n v(k-n) = w(k) \tag{5.6.23}$$

则称 $v(k)$ 为自回归过程，简称 AR 过程。

若 $A_v^*(z^{-1}) = 1$，对应的差分方程为

$$v(k) = b_0 w(k) + b_1 w(k-1) + \cdots + b_n w(k-n) \tag{5.6.24}$$

则称 $v(k)$ 为平移平均过程，简称 MA 过程。

图 5.25 系统中的平稳随机序列 $v(k)$ 和 $N(k)$，为了系统分析和设计时处理方便，可以按照线性系统叠加原理，将两者合并为一个作用于系统输出端的平稳随机干扰 $d(k)$，并利用以上讨论的平稳随机干扰建模方法，建立相应的形如(5.6.19)式的随机干扰模型。于是被控对象的输入输出模型可表示为

$$y(k) = G(z)u(k) + G_d(z)w(k) \tag{5.6.25}$$

式中，$G(z)$ 和 $G_d(z)$ 分别是控制通道和干扰通道的模型，它们都是 z（或 z^{-1}）的有理分式；$u(k)$ 为控制输入；$w(k)$ 为零均值、方差为 σ_w^2 的白噪声序列。

为了使用方便，通常将系统模型(5.6.25)式化为如下标准形式：

$$y(k) = \frac{B(z)}{A(z)}u(k) + \frac{C(z)}{A(z)}w(k) \tag{5.6.26}$$

或

$$y(k) = \frac{z^{-d}B^*(z^{-1})}{A^*(z^{-1})}u(k) + \frac{C^*(z^{-1})}{A^*(z^{-1})}w(k) \tag{5.6.27}$$

式中，$\dfrac{z^{-d}B^*(z^{-1})}{A^*(z^{-1})} = \dfrac{B(z)}{A(z)} = G(z)$，$\dfrac{C^*(z^{-1})}{A^*(z^{-1})} = \dfrac{C(z)}{A(z)} = G_d(z)$

相应的控制系统结构如图 5.27 所示。系统标准化模型(5.6.26)或(5.6.27)通常称为被控自回归平移平均模型，简称 CARMA 模型（Controlled Auto-Regressive Moving Average）。下面讨论的基于输入输出模型的最优化设计都是从此模型出发。

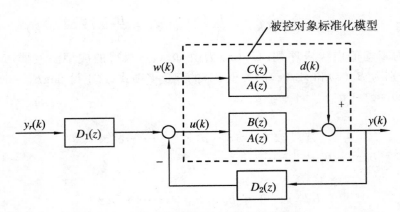

图 5.27　随机干扰系统的标准化模型

5.6.2　最小方差控制

现在讨论使系统控制性能指标 J_1 (5.6.1)式为最小的最小方差控制的设计问题。讨论前为了使问题简化和设计推导的严谨性,对系统模型(5.6.26)再作几点假设和说明:

(1) $A(z)$ 和 $C(z)$ 均为首一多项式,$C(z)$ 若不是首一的,可以将其最高次项系数归于 $w(k)$ 的方差中;

(2) $\deg A > \deg B$,$\deg A - \deg B = d \geqslant 1$,即被控对象控制通道 $G(z)$ 有一定的延迟;

(3) $\deg C = \deg A$,若 $p = \deg A - \deg C > 0$,则用 $z^p C(z)$ 代替原 $C(z)$。这是因为其输入为白噪声 $w(k)$,所以 $z^p C(z) w(k)$ 与 $C(z) w(k)$ 具有相同的相关特性,因而它们具有相同的谱密度;

(4) $C(z)$ 的零点均在单位圆内。如果 $C(z)$ 有单位圆外的零点,可先将其分解成

$$C(z) = C^+(z) C^-(z) \tag{5.6.28}$$

其中 $C^-(z)$ 是 $C(z)$ 中全部单位圆外零点的因式。然后取 $C^-(z)$ 的互反多项式 $C^{-*}(z)$,$C^{-*}(z)$ 的零点一定均在单位圆内。最后取新的 $C(z)$ 为

$$C(z) = C^+(z) C^{-*}(z) \tag{5.6.29}$$

这样就使新的 $C(z)$ 的所有零点均在单位圆内。这样做并没有改变系统随机干扰的谱密度。

例如,$C(z) = (z + 0.7)(0.5z + 1)$,显然 $C^+(z) = z + 0.7$,$C^-(z) = 0.5z + 1$,其零点为 -2 在单位圆外,故 $C(z)$ 需要改造。

$C^-(z)$ 的互反多项式为 $C^{-*}(z) = z + 0.5$,其零点为 -0.5 在单位圆内,于是取新的 $C(z) = C^+(z) C^{-*}(z) = (z + 0.7)(z + 0.5)$,显然新的 $C(z)$ 的零点均在单位圆内。

设被控系统的 CARMA 模型为式(5.6.27)的形式,但是为了书写方便,下面均用 A,B,C 分别表示(5.6.27)式中的关于 z^{-1} 的多项式 $A^*(z^{-1})$,$B^*(z^{-1})$,$C^*(z^{-1})$,即

$$y(k) = \frac{z^{-d} B}{A} u(k) + \frac{C}{A} w(k) \tag{5.6.30}$$

式中

$$\left. \begin{aligned} A &= 1 + a_1 z^{-1} + \cdots + a_n z^{-n} \\ B &= b_0 + b_1 z^{-1} + \cdots + b_m z^{-m} \\ C &= 1 + c_1 z^{-1} + \cdots + c_n z^{-n} \end{aligned} \right\} \tag{5.6.31}$$

$w(k)$ 是均值为零,方差为 $\sigma_w{}^2$ 的白噪声序列,$u(k)$ 为控制量,d 为延迟步数。

现在的任务就是由系统模型(5.6.30)出发,推导出使系统性能指标 J_1(5.6.1)式为最小的控制量 $u(k)$ 的表示式,即控制律(或控制器)。

由式(5.6.30)知,系统有 d 步延迟,这就意味着当前 k 时刻控制量 $u(k)$ 只能影响未来 d 步以后的输出变化,所以决定当前控制量 $u(k)$ 应该依据未来 d 步输出 $y(k+d)$ 的数值。然而 $y(k+d)$ 是未来输出,无法测量,只能进行预测。所谓预测就是利用当前时刻已知的输入和输出数据按照系统模型(5.6.30)计算出系统未来输出。通常将当前 k 时刻的未来 d 步预测输出记为 $y(k+d\,|\,k)$。为此我们先讨论最优预测问题。

1. d 步最优预测

由系统 CARMA 模型式(5.6.30)可得,系统未来 d 步输出 $y(k+d)$ 可表示为

$$y(k+d) = \frac{B}{A}u(k) + \frac{C}{A}w(k+d) \tag{5.6.32}$$

将式中 $\dfrac{C}{A}$ 通过长除表示为

$$\frac{C}{A} = F + \frac{z^{-d}Q}{A} \tag{5.6.33}$$

或

$$C = FA + z^{-d}Q \tag{5.6.34}$$

式中,$\deg F = d-1$,$F = 1 + f_1 z^{-1} + \cdots + f_{d-1}z^{-d+1}$ 为商式;$\deg Q = n-1$,$Q = q_0 + q_1 z^{-1} + \cdots + q_{n-1}z^{-n+1}$,$z^{-d}Q$ 为余式。

将式(5.6.33)代入式(5.6.32),得

$$y(k+d) = \frac{B}{A}u(k) + Fw(k+d) + \frac{Q}{A}w(k) \tag{5.6.35}$$

由系统模型(5.6.30),并注意到 C 的零点均在单位圆内,可得

$$w(k) = \frac{A}{C}y(k) - \frac{z^{-d}B}{C}u(k) \tag{5.6.36}$$

将上式代入(5.6.35)式,得

$$\begin{aligned}
y(k+d) &= Fw(k+d) + \frac{Q}{C}y(k) + \left(\frac{B}{A} - \frac{z^{-d}QB}{CA}\right)u(k) \\
&= Fw(k+d) + \frac{Q}{C}y(k) + \frac{B}{C}\left(\frac{C}{A} - \frac{z^{-d}Q}{A}\right)u(k) \\
&= Fw(k+d) + \frac{Q}{C}y(k) + \frac{B}{C}Fu(k)
\end{aligned} \tag{5.6.37}$$

上式右边的第二、三项是确定的,可以计算,而第一项是随机干扰项,是不确定的。这是因为

$$Fw(k+d) = w(k+d) + f_1 w(k+d-1) + \cdots + f_{d-1}w(k+1) \tag{5.6.38}$$

依赖于 $w(k+1) \sim w(k+d)$ 未来的白噪声序列,它们的确切值事先无法知道,而且无法人为改变,所以 $y(k+d)$ 的准确值也是无法事先准确计算,只能作出近似估计。因而,系统未来 d 步预测输出 $y(k+d\,|\,k)$ 也只能是 $y(k+d)$ 的真实值的近似估计。未来 d 步最优预测输出是指能够使预测误差的方差

$$J_p = E\left[y(k+d) - y(k+d\,|\,k)\right]^2 \tag{5.6.39}$$

为最小的 d 步预测输出,记为 $y^*(k+d|_k)$。

将(5.6.37)式代入 J_p(5.6.39)式,得

$$J_p = E\left[Fw(k+d) + \frac{Q}{C}y(k) + \frac{BF}{C}u(k) - y(k+d|_k)\right]^2$$

考虑到上式右边第一项 $Fw(k+d)$ 与后面三项统计不相关,所以上式可写成

$$J_p = E[Fw(k+d)]^2 + E\left[\frac{Q}{C}y(k) + \frac{BF}{C}u(k) - y(k+d|_k)\right]^2 \tag{5.6.40}$$

如前所述,上式右边第一项不可预测,要使 J_p 最小,应使第二项为零,由此便得 $y(k+d)$ 的最优估计 $y^*(k+d|_k)$,即系统未来 d 步最优预测输出,为

$$y^*(k+d|_k) = \frac{Q}{C}y(k) + \frac{BF}{C}u(k) \tag{5.6.41}$$

该式也称 d 步最优预测器,它适用于 $d \geqslant 1$ 未来任意步最优预测输出,将(5.6.41)式代入(5.6.37)式,未来 d 步输出 $y(k+d)$ 可表示为

$$y(k+d) = Fw(k+d) + y^*(k+d|_k) \tag{5.6.42}$$

再由(5.6.40)式得 d 步最优预测输出 $y^*(k+d|_k)$ 所对应的最小预测误差的方差为

$$J_{pmi} = E[Fw(k+d)]^2 = E[w(k+d) + f_1 w(k+d-1) + \cdots + f_{d-1} w(k+1)]^2$$

因 $w(k+d), w(k+d-1), \cdots, w(k+1)$ 之间互不相关,故有

$$J_{pmi} = E[w(k+d)]^2 + \sum_{i=1}^{d-1} f_i^2 E[w(k+d-i)]^2 = \left(1 + \sum_{i=1}^{d-1} f_i^2\right)\sigma_w^2 \tag{5.6.43}$$

2. 最小方差控制

对于 CARMA 模型(5.6.30)式描述的系统,实现最小方差控制,系统控制律(或控制器)应使系统控制性能指标

$$J_1 = E[y(k+d) - y_r(k+d)]^2 \tag{5.6.44}$$

为最小。

式中,d 为系统延迟步数,$y_r(k+d)$ 为未来 d 步期望输出或参考输入。对闭环稳定系统,这里指标 J_1 与(5.6.1)式的 J_1 是相同的。

将式(5.6.42)代入式(5.6.44),得

$$J_1 = E[Fw(k+d) + y^*(k+d|_k) - y_r(k+d)]^2$$
$$= E[Fw(k+d)]^2 + E[y^*(k+d|_k) - y_r(k+d)]^2 \tag{5.6.45}$$

上式成立是因为式中 $Fw(k+d)$ 与其后面二项统计无关,所以它们相乘项的均值为零。将(5.6.41)式代入(5.6.45)式,得

$$J_1 = E[Fw(k+d)]^2 + E\left[\frac{Q}{C}y(k) + \frac{BF}{C}u(k) - y_r(k+d)\right]^2 \tag{5.6.46}$$

要使 J_1 最小,就必须通过改变 $u(k)$ 使上式右边第二项为零,即

$$\frac{Q}{C}y(k) + \frac{BF}{C}u(k) - y_r(k+d) = 0$$

由此便得系统(5.6.30)式的最小方差控制律为

$$u(k) = -\frac{Q}{BF}y(k) + \frac{C}{BF}y_r(k+d) \tag{5.6.47}$$

上式右边第一项为反馈控制作用,第二项为前馈控制作用,相应的控制器为

前馈控制器

$$D_1(z^{-1}) = \frac{C(z^{-1})}{B(z^{-1})F(z^{-1})} \tag{5.6.48}$$

反馈控制器

$$D_2(z^{-1}) = \frac{-Q(z^{-1})}{B(z^{-1})F(z^{-1})} \tag{5.6.49}$$

式中,F,Q 由式(5.6.33)求得。

由式(5.6.46)和(5.6.47)可以看出,最小方差控制系统的输出方差为

$$J_{1mi} = E\left[Fw(k+d)\right]^2 \tag{5.6.50}$$

对于调节系统,可令 $y_r(k)=0$,则最小方差反馈控制律简化为

$$u(k) = -\frac{Q}{BF}y(k) \tag{5.6.51}$$

反馈控制器仍为式(5.6.49)。

由式(5.6.50)可知,最小方差控制系统的最小输出方差以及最优预测误差的方差(5.6.43)式是相同的,即

$$J_{1mi} = E\left[Fw(k+d)\right]^2 = \left(1 + \sum_{i=1}^{d-1} f_i^2\right)\sigma_w^2 \tag{5.6.52}$$

将控制律(5.6.47)式代入系统模型方程(5.6.30)式,整理后,便得最小方差控制系统的闭环输出和闭环控制量分别为

$$y(k) = \frac{z^{-d}C}{AF + z^{-d}Q}y_r(k+d) + \frac{FC}{AF + z^{-d}Q}w(k) = y_r(k) + Fw(k) \tag{5.6.53}$$

$$u(k) = \frac{AC}{B(AF + z^{-d}Q)}y_r(k+d) - \frac{QC}{B(AF + z^{-d}Q)}w(k)$$

$$= \frac{A}{B}y_r(k+d) - \frac{Q}{B}w(k) \tag{5.6.54}$$

由式(5.6.48)或(5.6.49)可以看出,最小方差控制器 $D_2(z)$ 和 $D_1(z)$ 的分母都包含被控对象 $G(z)$ 的分子多项式 $B(z)$,这就使得控制器与 $G(z)$ 之间存在零、极点相消现象。若 $B(z)$ 中有单位圆外零点,就必然导致闭环系统内部不稳定,式(5.6.53)和(5.6.54)清楚表明,在这种情况下,即使闭环系统输出有界稳定,而闭环控制量 $u(k)$ 将是发散的,一旦控制量 $u(k)$ 超出执行器线性区,系统输出必将随之恶化。由此可知,上述最小方差控制律只适用于$B(z)$的零点全在单位圆内的系统即逆稳定系统,而不能用于逆不稳定系统,这是上述最小方差控制律的一个严重局限性。

【例 5.6.2】 已知被控对象 CARMA 模型如(5.6.30)式,其中

$$\begin{cases} A = 1 - 1.7z^{-1} + 0.7z^{-2} \\ B = 1 + 0.5z^{-1} \\ C = 1 - 1.5z^{-1} + 0.6z^{-2} \end{cases}$$

$E\left[w(k)\right]^2 = \sigma_w^2$,试按系统延迟 $d=1$ 和 2,分别设计最小方差控制器,并计算相应控制系统的输出方差。

解 （1）对于 $d=1$ 的情况

先按式(5.6.33)进行多项式长除运算求多项式 F 和 Q，其中 $\deg F = d - 1 = 0$，即

$$\frac{C}{A} = \frac{1 - 1.5z^{-1} + 0.6z^{-2}}{1 - 1.7z^{-1} + 0.7z^{-2}} = 1 + \frac{z^{-1}(0.2 - 0.1z^{-1})}{1 - 1.7z^{-1} + 0.7z^{-2}}$$

从而求得，$F = 1, Q = 0.2 - 0.1z^{-1}$。

进而得控制器：

$$D_1(z) = \frac{C}{BF} = \frac{1 - 1.5z^{-1} + 0.6z^{-2}}{1 + 0.5z^{-1}}$$

$$D_2(z) = -\frac{Q}{BF} = \frac{-(0.2 - 0.1z^{-1})}{1 + 0.5z^{-1}}$$

根据(5.6.50)式，得最小输出方差为

$$J_{1mi} = E\left[Fw(k+d)\right]^2 = \sigma_w{}^2$$

（2）对于 $d=2$ 的情况

按式(5.6.33)进行多项式长除运算，求多项式 F 和 Q，其中 $\deg F = d - 1 = 1$，即

$$\frac{C}{A} = \frac{1 - 1.5z^{-1} + 0.6z^{-2}}{1 - 1.7z^{-1} + 0.7z^{-2}} = 1 + 0.2z^{-1} + \frac{z^{-2}(0.24 - 0.14z^{-1})}{1 - 1.7z^{-1} + 0.7z^{-2}}$$

从而求得，$F = 1 + 0.2z^{-1}, Q = 0.24 - 0.14z^{-1}$。

进而得控制器：

前馈控制器

$$D_1(z^{-1}) = \frac{C(z^{-1})}{B(z^{-1})F(z^{-1})} = \frac{1 - 1.5z^{-1} + 0.6z^{-2}}{(1 + 0.5z^{-1})(1 + 0.2z^{-1})}$$

反馈控制器

$$D_2(z^{-1}) = \frac{-Q(z^{-1})}{B(z^{-1})F(z^{-1})} = \frac{-(0.24 - 0.14z^{-1})}{(1 + 0.5z^{-1})(1 + 0.2z^{-1})}$$

最小输出方差为

$$J_{1mi} = (1 + f_1{}^2)\sigma_w{}^2 = 1.04\sigma_w{}^2$$

由此可见，系统延迟步数增加，相应控制系统的输出方差增大。

3. 逆不稳定系统的平移平均控制

由上分析可知，逆不稳定系统即有单位圆外和单位圆上零点的系统，不能直接采用上述最小方差控制律，但若将上述最小方差控制律稍作修改变为平移平均控制律，就可用于逆不稳定系统，构成平移平均调节系统。平移平均控制的性质与最小方差控制相似。调节系统平移平均控制器设计方法如下：

（1）将系统模型(5.6.30)中多项式 $B(z^{-1})$ 分解成

$$B(z^{-1}) = B^+(z^{-1})B^-(z^{-1}) \tag{5.6.55}$$

式中 $B^+(z^{-1})$ 包含系统所有单位圆内的零点，并为首一多项式；$B^-(z^{-1})$ 包含系统所有单位圆外和单位圆上的零点。

（2）解如下方程（可通过令方程两边同次项系数相等来求解）

$$C(z^{-1}) = A(z^{-1})F_1(z^{-1}) + z^{-d}B^-(z^{-1})Q(z^{-1}) \tag{5.6.56}$$

求得多项式 $F_1(z^{-1})$ 和 $Q(z^{-1})$。

式中，$F_1(z^{-1})$ 为首一多项式，其阶次 $\deg F_1 = d + m - \deg B^+ - 1$，$\deg Q(z^{-1}) = n - 1$，$m$ 为 $B(z^{-1})$ 的次数，n 为 $A(z^{-1})$ 的次数；

（3）由求得的多项式 $F_1(z^{-1})$ 和 $Q(z^{-1})$ 构成调节系统反馈控制律

$$u(k) = \frac{-Q(z^{-1})}{B^+(z^{-1})F_1(z^{-1})}y(k) \tag{5.6.57}$$

相应的反馈控制器为

$$D(z) = -\frac{Q(z^{-1})}{B^+(z^{-1})F_1(z^{-1})} \tag{5.6.58}$$

由控制律(5.6.57)式和模型(5.6.30)式可推得系统闭环输出量

$$y(k) = \frac{-z^{-d}B(z^{-1})Q(z^{-1})}{A(z^{-1})B^+(z^{-1})F_1(z^{-1})}y(k) + \frac{C(z^{-1})}{A(z^{-1})}w(k)$$

$$= \frac{-z^{-d}B^-(z^{-1})Q(z^{-1})}{A(z^{-1})F_1(z^{-1})}y(k) + \frac{C(z^{-1})}{A(z^{-1})}w(k) \tag{5.6.59}$$

由上式得系统闭环输出为

$$y(k) = \frac{C(z^{-1})F_1(z^{-1})}{A(z^{-1})F_1(z^{-1}) + z^{-d}B^-(z^{-1})Q(z^{-1})}w(k) = F_1(z^{-1})w(k) \tag{5.6.60}$$

相应闭环控制量为

$$u(k) = -\frac{Q(z^{-1})}{B^+(z^{-1})F_1(z^{-1})}y(k) = \frac{-Q(z^{-1})}{B^+(z^{-1})F_1(z^{-1})}F_1(z^{-1})w^-(k)$$

$$= -\frac{Q(z^{-1})}{B^+(z^{-1})}w(k) \tag{5.6.61}$$

由式(5.6.60)和(5.6.61)可看出，系统闭环内、外稳定，系统输出为平移平均过程，其方差为

$$E[y(k)]^2 = E[F_1(z^{-1})w(k)]^2 = \left(1 + \sum_{i=1}^{\deg F_1 - 1} f_i^2\right)\sigma_w^2 \tag{5.6.62}$$

【例 5.6.3】　已知被控对象 CARMA 模型为

$$(1 - 1.7z^{-1} + 0.7z^{-2})y(k) = z^{-1}(0.9 + z^{-1})u(k) + (1 - 0.7z^{-1})w(k)$$

考虑到其中有不稳定零点 $z_1 = -1/0.9$，试设计调节系统的平移平均反馈控制律。

解　由给定的系统模型知

$$A(z^{-1}) = 1 - 1.7z^{-1} + 0.7z^{-2} = (1 - z^{-1})(1 - 0.7z^{-1})$$

$$B(z^{-1}) = 0.9 + z^{-1}, \quad C(z^{-1}) = 1 - 0.7z^{-1}$$

$$d = 1, \quad \deg A = 2, \quad \deg B = 1$$

显然，$B^+(z^{-1}) = 1$，　$B^-(z^{-1}) = 0.9 + z^{-1}$。

由方程(5.6.56)求 $F_1(z^{-1})$ 和 $Q(z)$

$$\deg F_1 = d + m - \deg B^+ - 1 = 1 + 1 - 1 = 1$$

所以 $F_1(z^{-1}) = 1 + f_1 z^{-1}$；

$$\deg Q = n - 1 = 2 - 1 = 1$$

所以 $Q(z^{-1}) = q_0 + q_1 z^{-1}$。

将待定的 $F_1(z^{-1})$ 和 $Q(z)$ 代入式(5.6.56)有

$$1 - 0.7z^{-1} = (1 - z^{-1})(1 - 0.7z^{-1})(1 + f_1z^{-1}) + z^{-1}(q_0 + q_1z^{-1})(0.9 + z^{-1})$$

令 $z^{-1} = -0.9$,得

$$1 = 1.9(1 - 0.9f_1)$$

令 $z^{-1} = 1$,得

$$0.3 = 1.9(q_0 + q_1)$$

令 $z^{-1} = 1/0.7$,得

$$0 = q_0 + \frac{1}{0.7}q_1$$

由以上三式解得

$$f_1 = 0.5263, \quad q_0 = 0.5265, \quad q_1 = -0.3687$$

因而

$$F_1(z^{-1}) = 1 + 0.5263z^{-1}, \quad Q(z^-) = 0.5265 - 0.3687z^{-1}$$

将 $F_1(z^{-1})$、$B^+(z^{-1})$ 和 $Q(z^{-1})$ 代入(5.6.58b)式,即得调节系统平移平均反馈控制律

$$u(k) = -\frac{Q(z^{-1})}{B^+(z^{-1})F_1(z^{-1})}y(k) = -\frac{0.5265 - 0.3687z^{-1}}{1 + 0.5263z^{-1}}y(k)$$

5.6.3 广义最小方差控制

前面讨论的最小方差控制不仅因为控制器与被控对象之间存在零、极点相消,从而导致不能用于逆不稳定系统,而且,也使系统在控制过程中,往往产生过大幅度的控制量,因此严重限制了最小方差控制的工程应用范围。最小方差控制存在的这两问题都是因为它采用的性能指标 J_1(5.6.1)式中没有对控制量加任何限制而造成的。所以改进最小方差控制,一种简单方法就是在性能指标中增加一项对控制量幅值的限制,亦即采用 $J_2 = E[e^2(k) + \lambda u^2(k)]$即式(5.6.2)作为系统的性能指标。对控制量幅值限制的强度,可以通过改变加权系数 $\lambda > 0$ 来调整,λ 值取大,限制增强,实际控制量幅值相应减小,反之对控制量幅值限制减弱,实际控制量幅值相应增大;当 $\lambda = 0$ 时,系统就退化为最小方差控制。基于 J_2 极小化准则推得的最优控制律就是前面述及的广义最小方差控制律。广义最小方差控制不仅能用于逆不稳定系统,而且也不会发生控制量幅值过大的问题,此外它仍保留了最小方差控制算法的简易性。所以它的应用范围更为广泛。下面给出广义最小方差控制器的设计方法。

设系统模型仍为式(5.6.30),其中各个多项式定义同前。

取系统性能指标为

$$J_2 = E[e^2(k) + \lambda u^2(k)] = E[e^2(k)] + E[\lambda u^2(k)]$$
$$e(k) = y(k) - y_r(k) \tag{5.6.63}$$

对闭环稳定系统,J_2 也可以表示为

$$J_2 = E[y(k + d) - y_r(k + d)]^2 + E[\lambda u^2(k)] \tag{5.6.64}$$

由式(5.6.37)知,系统在 k 时刻的未来 d 步输出为

$$y(k + d) = Fw(k + d) + \frac{Q}{C}y(k) + \frac{BF}{C}u(k)$$

其中,关于 z^{-1} 的多项式 F 和 Q 由方程(5.6.33)求得。

将 $y(k+d)$ 代入 J_2(5.6.64)式中,得

$$J_2 = E\left[Fw(k+d) + \frac{Q}{C}y(k) + \frac{BF}{C}u(k) - y_r(k+d)\right]^2 + E[\lambda u(k)]^2$$

$$= E[Fw(k+d)]^2 + E\left[\frac{Q}{C}y(k) + \frac{BF}{C}u(k) - y_r(k+d)\right]^2 + \lambda E[u(k)]^2$$

$$= \left(1 + \sum_{i=1}^{d-1} f_i^2\right)\sigma_w^2 + E\left[\frac{Q}{C}y(k) + \frac{BF}{C}u(k) - y_r(k+d)\right]^2 + \lambda E[u(k)]^2$$

$$(5.6.65)$$

J_2 对于控制量 $u(k)$ 取极小值,必定满足

$$\frac{\partial J_2}{\partial u(k)} = 2E\left\{\left[\frac{Q}{C}y(k) + \frac{BF}{C}u(k) - y_r(k+d)\right]b_0 + \lambda u(k)\right\} = 0 \quad (5.6.66)$$

其中 b_0 是 $B(z^{-1})$ 的首项系数,即 $B(z^{-1}) = b_0 + b_1 z^{-1} + \cdots + b_m z^{-m}$

考虑到 F 和 C 均为关于 z^{-1} 的首一多项式,所以,上式中隐含有

$$\frac{\partial}{\partial u(k)}\left[\frac{BF}{C}u(k)\right] = b_0$$

由式(5.6.66)即可求得使 J_2 取极小值的控制量 $u(k)$ 为

$$u(k) = \frac{C}{BF + \frac{\lambda}{b_0}C}y_r(k+d) - \frac{Q}{BF + \frac{\lambda}{b_0}C}y(k) \quad (5.6.67)$$

上式即为广义最小方差控制律,其中第一项为前馈控制项,第二项为反馈控制项。相应的前馈和反馈控制器分别为

$$D_1(z^{-1}) = \frac{C}{BF + \frac{\lambda}{b_0}C} \quad (5.6.68)$$

$$D_2(z^{-1}) = -\frac{Q}{BF + \frac{\lambda}{b_0}C} \quad (5.6.69)$$

由控制律(5.6.67)式和系统模型(5.6.30)式,可得广义最小方差控制系统的闭环输出和控制量分别为

$$y(k) = \frac{B}{B + \rho A}y_r(k) + \frac{BF + \rho C}{B + \rho A}w(k) \quad (5.6.70)$$

$$u(k) = \frac{A}{B + \rho A}y_r(k+d) - \frac{Q}{B + \rho A}w(k) \quad (5.6.71)$$

式中

$$\rho = \lambda / b_0$$

系统闭环特征方程为

$$B + \rho A = 0 \quad (5.6.72)$$

由上可知,广义最小方差控制器与被控对象间不存在零、极点相消,所以广义最小方差控制可以用于逆不稳定系统。广义最小方差控制律(或控制律)的设计和计算跟最小方差控制基本相同,也十分简单。按照给定的系统模型(5.6.30)式由方程(5.6.33)求得多项式 F

和 Q，并代入(5.6.67)式即得广义最小方差控制律(或控制器)。不过这里有个加权系数 λ 值的选取问题。λ 值的大小对系统性能有很大影响，工程应用时，可将它作为控制器的可调参数，在现场试凑整定。λ 对系统性能影响，定性的说，λ 值增大，系统控制量幅值将减小，而系统调节速度减缓，输出方差将增大，反之亦然。所以一般要兼顾系统输出方差(或调节速度)和控制量幅值两个方面要求，予以折中选取。此外，从系统闭环特征方程(5.6.72)可知，λ 直接影响系统闭极点分布，λ 可以看作影响闭环根轨迹的参变量，显然，当 $\lambda = 0 \to \infty$ 时，闭环极点将由 B 的零点趋向于 A 的零点，所以 λ 也可以按照根轨迹设计方法来选取，或按照某种代数稳定判据来选取，以确保系统稳定。

【例 5.6.4】 已知被控对象 CARMA 模型中各多项式分别为

$$A(z^{-1}) = 1 - 0.95z^{-1}$$
$$B(z^{-1}) = 1 + 2z^{-1}$$
$$C(z^{-1}) = 1 - 0.7z^{-1}, \quad d = 1$$

试按照调节系统设计，求广义最小方差反馈调节器，并计算系统输出方差。已知 $E[w(k)]^2 = \sigma_w^2$。

解 由方程(5.6.33)知，$\deg F = d - 1 = 0$。由方程(5.6.33)式有

$$\frac{C}{A} = F + \frac{z^{-1}Q}{A} = 1 + \frac{z^{-1}0.25}{A},$$

由此得，$F = 1$，$Q = 0.25$。

由 B 知，$b_0 = 1$，将 F, Q 和 b_0 代入式(5.6.70)，即得广义最小方差反馈调节器 Z 传递函数

$$D_2(z^{-1}) = \frac{Q}{BF + \lambda/b_0 \cdot C} = \frac{0.25}{(1 + 2z^{-1}) + \lambda(1 - 0.7z^{-1})}$$

其中加权系数 λ 应确保闭环系统稳定，由广义最小方差控制系统闭环特征方程(5.6.73)知，该系统闭环特征方程为

$$B + \rho A = 1 + 2z^{-1} + \lambda(1 - 0.95z^{-1}) = 0$$

闭环特征根为

$$p_1 = -\frac{2 - 0.95\lambda}{1 + \lambda}$$

闭环系统稳定，必须 $\left| \dfrac{2 - 0.95\lambda}{1 + \lambda} \right| < 1$，考虑到 $\lambda > 0$，解得 $\lambda > 0.5128$，现取 $\lambda = 1$。

于是

$$D_2(z^{-1}) = \frac{0.25}{1 + 2z^{-1} + 1 - 0.7z^{-1}} = \frac{0.25}{2 + 1.3z^{-1}}$$

对于调节器系统，$y_r(k) = 0$，由式(5.6.71)得调节系统闭环输出为

$$y(k) = \frac{BF + \rho C}{B + \rho A}w(k) = \frac{1 + 2z^{-1} + 1 - 0.72z^{-1}}{1 + 2z^{-1} + 1 - 0.95z^{-1}}w(k)$$

$$= \frac{2 + 1.3z^{-1}}{2 + 1.05z^{-1}}w(k) = \frac{1 + 0.65z^{-1}}{1 + 0.525z^{-1}}w(k)$$

令 $H(z) = \dfrac{z + 0.65}{z + 0.525}$，并设 $H(z)$ 的单位脉冲响应序列为 $g(n)$，$n = 0, 1, 2, \cdots$。

则系统输出为方差为

$$E[y(k)]^2 = \left(\sum_{n=0}^{\infty} g(n)w(k-n)\right)^2 = \left(\sum_{n=0}^{\infty} g^2(n)\right)\sigma_w^2$$

由 Parseval 定理，

$$\sum_{n=0}^{\infty} g^2(n) = \frac{1}{2\pi j}\oint_C H(z)H(z^{-1})z^{-1}dz$$

上式复函数封闭积分可用留数计算法求得，令

$$R(z) = H(z)H(z^{-1})z^{-1} = \frac{z+0.65}{z+0.525}\cdot\frac{z^{-1}+0.65}{z^{-1}+0.525}z^{-1}$$

$$= \frac{(z+0.65)(1+0.65z)}{z(z+0.525)(1+0.525z)}$$

$R(z)$ 在单位圆内有两个极点，即 $p_1 = 0, p_2 = -0.525$。

用留数计算法，得

$$\sum_{n=0}^{\infty} g^2(n) = \text{Res}\left[R(z)\right]_{z=0} + \text{Res}\left[R(z)\right]_{z=-0.525} = 1.2381 - 0.2165 = 1.0216$$

所以，该广义最小方差调节系统的输出方差为

$$E[y(k)]^2 = \left(\sum_{n=0}^{\infty} g^2(n)\right)\sigma_w^2 = 1.0216\sigma_w^2$$

5.7　自校正控制器的设计

本节讨论自校正控制器的基本算法及其设计问题。自校正控制器，顾名思义，即是对控制器的参数具有自动整定功能的一类控制器或控制律。自校正控制系统是一类非常实用的自适应控制系统，也是计算机控制的一个重要发展方向，其应用前景十分广阔。

自校正控制器通常是由①估计系统参数的辨识算法和②计算控制量的控制算法所组成的。它与前几节讨论的按照给定被控对象模型设计的各种固定参数控制器相比，其最大特点是，它不需要先给定被控对象的确切模型。对象模型参数，是由辨识算法，利用系统运行过程中的被控对象的输入和输出数据，通过在线估计获得的。而控制器的参数则按照在线估计出的对象模型参数进行相应的调整。这样，就克服了固定参数控制器因被控对象模型不准确或控制过程中被控对象特性变化，而导致控制系统性能恶化的致命弱点，因此自校正控制器与固定参数控制器相比，具有较强的鲁棒性和适应能力。

自校正控制器按照所采用的控制律的不同，分为多种不同类型的自校正控制器，如最小方差、广义最小方差、PID、极点配置等控制器都有相应的自校正控制器。因篇幅所限，本节仅讨论最为典型的最小方差自校正控制器的基本算法，其中包括系统参数辨识的最小二乘法。

5.7.1 系统参数辨识的最小二乘法

最小二乘法是系统参数辨识常用的基本方法,现简要介绍如下:

1. 最小二乘一次性算法

设被辨识的系统模型为如下形式

$$A(z^{-1})y(k) = B(z^{-1})u(k) + w(k) \tag{5.7.1}$$

其中

$$A(z^{-1}) = 1 + a_1 z^{-1} + \cdots + a_n z^{-n}$$
$$B(z^{-1}) = b_1 z^{-1} + \cdots + b_m z^{-m}$$

z^{-1} 为时间后向平移算子,$y(k)$,$u(k)$ 为系统输出和输入,假设模型阶次 n,m 均已知,模型中系数 a_i,b_i 均未知,为待辨识的模型参数,$w(k)$ 为零均值的白噪声序列。模型(5.7.1)式即是 CARMA 模型中 $C(z^{-1}) = 1$ 的形式。式(5.7.1)对应的差分方程为

$$y(k) = -a_1 y(k-1) - a_2 y(k-2) - \cdots - a_n y(k-n)$$
$$+ b_1 u(k-1) + \cdots + b_m u(k-m) + w(k) \tag{5.7.2}$$

上式可以改写成

$$y(k) = \varphi^{\mathrm{T}}(k)\theta + w(k) \tag{5.7.3}$$

式中

$$\varphi^{\mathrm{T}}(k) = [-y(k-1) \ -y(k-2) \cdots -y(k-n) \ u(k-1) \cdots u(k-m)] \tag{5.7.4}$$
$$\theta = [a_1 \quad a_2 \quad \cdots \quad a_n \quad b_1 \quad \cdots \quad b_m]^{\mathrm{T}} \tag{5.7.5}$$

$\varphi(k)$ 为输入输出观测数据向量,θ 为系统未知参数向量,其估计值记为 $\hat{\theta}$,系统实际输出观测值 $y(k)$ 与估计模型输出 $y_m(k) = \varphi^{\mathrm{T}}(k)\hat{\theta}$ 之差为

$$e(k) = y(k) - \varphi^{\mathrm{T}}(k)\hat{\theta} = \varphi^{\mathrm{T}}(k)(\theta - \hat{\theta}) + w(k) \tag{5.7.6}$$

称之为残差。$e(k)$ 取决于参数估计误差 $(\theta - \hat{\theta})$ 和噪声 $w(k)$。

系统参数的最小二乘辨识就是取辨识准则函数

$$J(\hat{\theta}) = \sum_{k=1}^{N} e^2(k) = \sum_{k=1}^{N} [y(k) - \varphi^{\mathrm{T}}(k)\hat{\theta}]^2 \tag{5.7.7}$$

并求解使准则函数 $J(\hat{\theta})$ 取极小值的参数估计值 $\hat{\theta}$。将求得的解记为 $\hat{\theta}_L$,称之为系统参数最小二乘估计值。$J(\hat{\theta})$ 中的 N 称为数据长度,N 充分大,$N \gg n+m+1$。

对于方程(5.7.3),当 $k = 1,2,\cdots,N$,可构成如下线性方程组:

$$\begin{cases} y(1) = \varphi^{\mathrm{T}}(1)\theta + w(1) \\ y(2) = \varphi^{\mathrm{T}}(2)\theta + w(2) \\ \quad\vdots \\ y(N) = \varphi^{\mathrm{T}}(N)\theta + w(N) \end{cases} \tag{5.7.8}$$

其向量矩阵形式为

$$Y_N = \Phi_N \theta + W_N \tag{5.7.9}$$

式中

$$Y_N \triangleq \begin{bmatrix} y(1) & y(2) & \cdots & y(N) \end{bmatrix}^{\mathrm{T}}$$

$$W_N \triangleq \begin{bmatrix} w(1) & w(2) & \cdots & w(N) \end{bmatrix}^{\mathrm{T}}$$

$$\Phi_N \triangleq \begin{bmatrix} \varphi^{\mathrm{T}}(1) \\ \varphi^{\mathrm{T}}(2) \\ \vdots \\ \varphi^{\mathrm{T}}(N) \end{bmatrix} = \begin{bmatrix} -y(0) & -y(-1) & \cdots & -y(1-n) & u(0) & \cdots & u(1-m) \\ -y(1) & -y(0) & \cdots & -y(2-n) & u(1) & \cdots & u(2-m) \\ \vdots & \vdots & \vdots & \vdots & \vdots & & \vdots \\ -y(N-1) & -y(N-2) & \cdots & -y(N-n) & u(N-1) & \cdots & u(N-m) \end{bmatrix}$$

$$(5.7.10)$$

利用方程组(5.7.9)可将辨识准则函数 $J(\hat{\theta})$ 改写成二次型的形式,即

$$J(\hat{\theta}) = (Y_N - \Phi_N \hat{\theta})^{\mathrm{T}} (Y_N - \Phi_N \hat{\theta}) \tag{5.7.11}$$

使准则函数 $J(\hat{\theta})$ 取极小的参数最小二乘估计 $\hat{\theta}_L$ 必满足

$$\frac{\partial J(\hat{\theta})}{\partial \hat{\theta}}\bigg|_{\hat{\theta}=\hat{\theta}_L} = \frac{\partial}{\partial \hat{\theta}} \big[(Y_N - \Phi_N \hat{\theta})^{\mathrm{T}} (Y_N - \Phi_N \hat{\theta}) \big]_{\hat{\theta}=\hat{\theta}_L} = 0 \tag{5.7.12}$$

由此得

$$\Phi_N^{\mathrm{T}} \Phi_N \hat{\theta}_L - \Phi_N^{\mathrm{T}} Y_N = 0 \tag{5.7.13}$$

如果矩阵 $\Phi_N^{\mathrm{T}} \Phi_N$ 非奇异,则由上式可得

$$\hat{\theta}_L = (\Phi_N^{\mathrm{T}} \Phi_N)^{-1} \Phi_N^{\mathrm{T}} Y_N \tag{5.7.14}$$

另外

$$\frac{\partial^2 J(\hat{\theta})}{\partial \hat{\theta}^2}\bigg|_{\hat{\theta}=\hat{\theta}_L} = 2\Phi_N^{\mathrm{T}} \Phi_N \tag{5.7.15}$$

若 $\Phi_N^{\mathrm{T}} \Phi_N$ 非奇异,则它必正定,即

$$\frac{\partial^2 J(\hat{\theta})}{\partial \hat{\theta}^2}\bigg|_{\hat{\theta}=\hat{\theta}_L} > 0$$

因此,由(5.7.14)式解得的 $\hat{\theta}_L$ 一定使 $J(\hat{\theta})|_{\hat{\theta}=\hat{\theta}_L} = \min$(极小值)。所以式(5.7.14)就是系统参数辨识的最小二乘一次性算法。当获得足够多的一批观测数据之后,用(5.7.14)式即可一次求得相应的系统参数的最小二乘估计值。

将式(5.7.9)代入式(5.7.14),得

$$\hat{\theta}_L = (\Phi_N^{\mathrm{T}} \Phi_N)^{-1} \Phi_N^{\mathrm{T}} Y_N = (\Phi_N^{\mathrm{T}} \Phi_N)^{-1} \Phi_N^{\mathrm{T}} [\Phi_N \theta + W_N]$$
$$= \theta + (\Phi_N^{\mathrm{T}} \Phi_N)^{-1} \Phi_N^{\mathrm{T}} W_N \tag{5.7.16}$$

由此可知,系统参数最小二乘估计 $\hat{\theta}_L$ 与噪声序列向量 W_N 有关,显然 $\hat{\theta}_L$ 也是一随机向量,它并不等于参数真值 θ,它与真值之差,即参数估计的误差为

$$\hat{\theta}_L - \theta = (\Phi_N^{\mathrm{T}} \Phi_N)^{-1} \Phi_N^{\mathrm{T}} W_N \tag{5.7.17a}$$

由(5.7.6)式可得最小二乘估计的残差向量为

$$\varepsilon_N = \begin{bmatrix} e(1) & e(2) & \cdots & e(N) \end{bmatrix}^{\mathrm{T}} = \big[I - \Phi_N (\Phi_N^{\mathrm{T}} \Phi_N)^{-1} \Phi_N^{\mathrm{T}} \big] W_N \tag{5.7.17b}$$

在系统模型(5.7.1)式假设下,可以证明,由式(5.7.14)给出的参数最小二乘估计 $\hat{\theta}_L$ 有如下性质:

（1）

$$E[\hat{\theta}_L] = E[\theta] + E[(\Phi_N^{\mathrm{T}}\Phi_N)^{-1}\Phi_N^{\mathrm{T}}W_N] = \theta \tag{5.7.18}$$

表明，最小二乘估计 $\hat{\theta}_L$ 是无偏的，其均值即为参数估计的真值。

（2）估计误差的协方差矩阵为

$$\Psi = E[(\hat{\theta}_L - \theta)(\hat{\theta}_L - \theta)^{\mathrm{T}}] = E[(\Phi_N^{\mathrm{T}}\Phi_N)^{-1}\Phi_N^{\mathrm{T}}(W_N W_N^{\mathrm{T}})\Phi_N(\Phi_N^{\mathrm{T}}\Phi_N)^{-1}]$$

$$= \sigma^2(\Phi_N^{\mathrm{T}}\Phi_N)^{-1} \tag{5.7.19}$$

σ^2 为白噪声 $w(k)$ 的方差，$E[w_N w_N^{\mathrm{T}}] = \sigma^2 I_N$。

估计误差的协方差阵的主对角元素代表了相应参数与其估计值的均方差，可作为估计精度的度量。(5.7.19)式表明，估计精度与矩阵 $\Phi_N^{\mathrm{T}}\Phi_N$ 有关，为了保证估计精度，矩阵 $\Phi_N^{\mathrm{T}}\Phi_N$ 不仅必须非奇异，而仅应有较大的行列式值 $\det\Phi_N^{\mathrm{T}}\Phi_N$。从 Φ_N 的结构(5.7.10)式看，要使 $\Phi_N^{\mathrm{T}}\Phi_N$ 满足如此要求，不仅数据长度 N 要取得充分大，而且输入 $u(k)$ 应是变化快、幅度大，能对系统产生充分激励的信号，最好采用伪随机信号。

（3）

$$\lim_{N\to\infty}\Psi = \lim_{N\to\infty}\frac{\sigma^2}{N}\left(\frac{1}{N}\Phi_N^{\mathrm{T}}\Phi_N\right)^{-1} = 0 \tag{5.7.20}$$

式中，$\frac{1}{N}\Phi_N^{\mathrm{T}}\Phi_N$ 将按概率为 1 收敛于正定矩阵，σ^2 是有界的，因此上式成立。(5.7.20)式表明，随着 $N\to\infty$，最小二乘估计 $\hat{\theta}_L$ 将一致收敛于真值 θ，即 $\lim_{N\to\infty}\hat{\theta}_L = \theta$。

（4）

$$E[\varepsilon_N] = 0, E[\varepsilon_N \varepsilon_N^{\mathrm{T}}] = \sigma^2[I - \Phi_N(\Phi_N^{\mathrm{T}}\Phi_N)^{-1}\Phi_N^{\mathrm{T}}] \tag{5.7.21}$$

2. 最小二乘递推算法

最小二乘一次性算法(5.7.14)式，虽然直观简明，但是算法需要矩阵求逆运算和存储全部观测数据，随着 N 增大，相应的计算量和存储空间将迅速增加，因此一次性算法不适宜用于在线辨识。为了解决最小二乘在线辨识问题，必须将一次性算法(5.7.14)式转化为最小二乘递推算法。最小二乘递推算法，无需矩阵求逆运算和存贮全部观测数据，它所需的计算量和存贮空间都很小，一般都能在一个采样周期内完成一次估计。所以它能用于在线辨识。

最小二乘递推算法的基本思想是，每增加一组新的观测数据后，在原来估计值 $\hat{\theta}_L(N)$ 的基础上，根据新的数据 $\{y(N+1), \varphi^{\mathrm{T}}(N+1)\}$ 所提供的新信息进行修正，进而获得新的估计值 $\hat{\theta}_L(N+1)$。递推算法的思想也可以定性表示为

$$\text{新的估计值 } \hat{\theta}_L(N+1) = \text{老的估计值 } \hat{\theta}_L(N) + \text{修正项} \tag{5.7.22}$$

记 $\hat{\theta}_L(N)$ 为基于观测数据 Y_N 和 Φ_N 所获得的参数最小二乘估计值，根据最小二乘一次性算法(5.7.14)式，$\hat{\theta}_L(N)$ 可表示为

$$\hat{\theta}_L(N) = (\Phi_N^{\mathrm{T}}\Phi_N)^{-1}\Phi_N^{\mathrm{T}}Y_N = P(N)\Phi_N^{\mathrm{T}}Y_N \tag{5.7.23}$$

式中

$$P(N) \triangleq (\Phi_N^{\mathrm{T}}\Phi_N)^{-1} \tag{5.7.24}$$

现在增加一组新的观测数据 $y(N+1)$ 和 $\varphi^{\mathrm{T}}(N+1)$，方程组(5.7.9)便将增加一个新的方

程。于是新的方程组可写成

$$\begin{bmatrix} Y_N \\ y(N+1) \end{bmatrix} = \begin{bmatrix} \Phi_N \\ \varphi^{\mathrm{T}}(N+1) \end{bmatrix} \theta + \begin{bmatrix} W_N \\ w(k+1) \end{bmatrix} \tag{5.7.25}$$

令

$$Y_{N+1} = \begin{bmatrix} Y_N \\ y(N+1) \end{bmatrix}, \quad \Phi_{N+1} = \begin{bmatrix} \Phi_N \\ \varphi^{\mathrm{T}}(N+1) \end{bmatrix}, \quad W_{N+1} = \begin{bmatrix} W_N \\ w(k+1) \end{bmatrix}$$

则新方程组(5.7.25)可写成

$$Y_{N+1} = \Phi_{N+1}\theta + W_{N+1} \tag{5.7.26}$$

同样根据算法(5.7.14)式可得基于观测数据 Y_{N+1} 和 Φ_{N+1} 的最小二乘参数估计 $\hat{\theta}_L(N+1)$ 为

$$\begin{aligned} \hat{\theta}_L(N+1) &= P(N+1)\Phi_{N+1}^{\mathrm{T}} Y_{N+1} \\ &= P(N+1)[\Phi_N^{\mathrm{T}} Y_N + \varphi(N+1)y(N+1)] \end{aligned} \tag{5.7.27}$$

式中

$$P(N+1) = (\Phi_{N+1}^{\mathrm{T}}\Phi_{N+1})^{-1} = [\Phi_N^{\mathrm{T}}\Phi_N + \varphi(N+1)\varphi^{\mathrm{T}}(N+1)]^{-1} \tag{5.7.28}$$

对照矩阵求逆公式

$$(A + BCD)^{-1} = A^{-1} - A^{-1}B(C^{-1} + DA^{-1}B)^{-1}DA^{-1} \tag{5.7.29}$$

可将(5.7.28)式变为

$$\begin{aligned} P(N+1) &= P(N) - P(N)\varphi(N+1)[1 + \varphi^{\mathrm{T}}(N+1)P(N)\varphi(N+1)]^{-1}\varphi^{\mathrm{T}}(N+1)P(N) \\ &= P(N) - \frac{P(N)\varphi(N+1)\varphi^{\mathrm{T}}(N+1)P(N)}{1 + \varphi^{\mathrm{T}}(N+1)P(N)\varphi(N+1)} \end{aligned} \tag{5.7.30}$$

令

$$K(N+1) = \frac{P(N)\varphi(N+1)}{1 + \varphi^{\mathrm{T}}(N+1)P(N)\varphi(N+1)} \tag{5.7.31}$$

则(5.7.30)式可改写为

$$P(N+1) = [I - K(N+1)\varphi^{\mathrm{T}}(N+1)]P(N) \tag{5.7.32}$$

将(5.7.32)式代入(5.7.27)式可得 $\hat{\theta}_L(N+1)$ 的递推形式

$$\begin{aligned} \hat{\theta}_L(N+1) &= [I - K(N+1)\varphi^{\mathrm{T}}(N+1)]P(N)\Phi_N^{\mathrm{T}} Y_N + P(N+1)\varphi(N+1)y(N+1) \\ &= [I - K(N+1)\varphi^{\mathrm{T}}(N+1)]\hat{\theta}_L(N) + P(N+1)\varphi(N+1)y(N+1) \\ &= \hat{\theta}_L(N) - K(N+1)\varphi^{\mathrm{T}}(N+1)\hat{\theta}_L(N) + P(N+1)\varphi(N+1)y(N+1) \end{aligned}$$
$$\tag{5.7.33}$$

将(5.7.30)式两边都同右乘向量 $\varphi(N+1)$,并对等号右边两项通分,整理后即得

$$P(N+1)\varphi(N+1) = K(N+1) \tag{5.7.34}$$

将此式代入(5.7.33)式便得 $\hat{\theta}_L(N+1)$ 的递推表示式,即

$$\hat{\theta}_L(N+1) = \hat{\theta}_L(N) + K(N+1)[y(N+1) - \varphi^{\mathrm{T}}(N+1)\hat{\theta}_L(N)] \tag{5.7.35}$$

该式清楚表示,右端的第一项是前一步的估计值;第二项中 $[y(N+1) - \varphi^{\mathrm{T}}(N+1)\hat{\theta}_L(N)]$ 是新的观测数据 $\{y(N+1), \varphi(N+1)\}$ 所提供的新信息,亦即系统当前 $N+1$ 步的输出观测

值与由前一步的参数估计值 $\hat{\theta}_L(N)$ 所计算出的模型输出之间的差值,可以检验前一步估计值 $\hat{\theta}_L(N)$ 的准确性,差值越小,表明 $\hat{\theta}_L(N)$ 越接近其真值 θ;其中 $K(N+1)$ 是当前 $N+1$ 步的用新信息进行修正的增益矩阵。

系统参数辨识的最小二乘递推算法就是由(5.7.31)、(5.7.32)和(5.7.35)三个方程构成的。现将三个方程式中的时间序号 $N+1$ 改为惯用的 k,令 $N+1=k$,则最小二乘递推算法即为

$$
\begin{cases}
\hat{\theta}_L(k) = \hat{\theta}_L(k-1) + K(k)\left[y(k) - \varphi^{\mathrm{T}}(k)\hat{\theta}_L(k-1)\right] \\
K(k) = \dfrac{P(k-1)\varphi(k)}{1 + \varphi^{\mathrm{T}}(k)P(k-1)\varphi(k)} \\
P(k) = \left[I - K(k)\varphi^{\mathrm{T}}(k)\right]P(k-1)
\end{cases}
\tag{5.7.36}
$$

执行递推算法时,还必须先给定 $\hat{\theta}_L$ 和 P 的初始值。通常用两种方法,一种方法是,首先获得一批 N 组观测数据 $\{Y_N, \Phi_N\}$,然后按照一次性算法,计算出 $P(N)$ 和 $\hat{\theta}_L(N)$,即

$$
P(N) = (\Phi_N^{\mathrm{T}}\Phi_N)^{-1}
$$

$$
\hat{\theta}_L(N) = P(N)\Phi_N^{\mathrm{T}}Y_N
$$

于是将 $P(N)$ 和 $\hat{\theta}_L(N)$ 用作递推的初始值,再按照 $k=N, N+1, \cdots$ 顺序,应用(5.7.36)式进行递推估计。

另一种方法是取

$$
\begin{cases}
P(0) = \alpha I, & \alpha \text{ 为充分大的正实数} \\
\hat{\theta}_l(0) = \varepsilon, & \varepsilon \text{ 为充分小的实向量,或取 } \hat{\theta}_l(0) = 0
\end{cases}
\tag{5.7.37}
$$

作为初始值,再按照 $k=0, 1, 2, \cdots$ 的顺序,应用(5.7.36)式进行递推估计。这种方法很简便也足够精确,所以是一种最常用的方法。

最小二乘递推算法计算步骤:

(1) 输入系统阶次 n, m 和初始值 $P(0)$ 和 $\hat{\theta}_L(0)$,以及初始数据 $u(i), y(i), i=0, 1, \cdots, n$;

(2) 令 $k=n, \hat{\theta}_L(n) = \hat{\theta}_L(0), P(n) = P(0)$;

(3) $k=k+1$,输入当前新数据 $y(k)$ 和 $u(k)$ 组成向量 $\varphi(k) = [-y(k-1) \quad \cdots \quad -y(k-n) \quad u(k-1) \quad \cdots \quad u(k-m)]^{\mathrm{T}}$;

(4) 按(5.7.36)式计算 $K(k), \hat{\theta}_L(k)$ 和 $P(k)$;

(5) 返回(3),直至参数估计 $\hat{\theta}_L(k)$ 收敛或满足要求为止。

3. 带遗忘因子的最小二乘递推算法

上述最小二乘一次性算法和递推算法,都没有区别早期观测的老数据和近期观测的新数据对参数估计的影响,而是认为新、老观测数据对参数估计是同等重要的,很显然,这是不合理的。当系统参数随时间变化时,当然是新数据比老数据更能反映参数变化的状况,因此要使参数估计能够适应系统参数的时变特性,就需要用指数加权的方法来逐渐削弱或"遗忘"老数据的影响。为此将最小二乘估计准则函数(5.7.11)式改写为

$$J(\hat{\theta}) = (Y_N - \Phi_N\hat{\theta})^{\mathrm{T}} Q_N (Y_N - \Phi_N\hat{\theta}) \tag{5.7.38}$$

式中，Q_N 为指数加权矩阵，定义为

$$Q_N \triangleq \begin{bmatrix} \lambda^{N-1} & 0 & \cdots & 0 & 0 \\ 0 & \lambda^{N-2} & & 0 & 0 \\ \vdots & \vdots & \ddots & & \vdots \\ 0 & 0 & & \lambda & 0 \\ 0 & 0 & \cdots & 0 & 1 \end{bmatrix} = \begin{bmatrix} \lambda Q_{N-1} & 0 \\ 0 & 1 \end{bmatrix} \tag{5.7.39}$$

$0 < \lambda \leqslant 1$ 称为"遗忘因子"，其值越小，对老数据就遗忘得越快。当 $\lambda = 1$ 时，式(5.7.38)就退化为(5.7.11)式的准则函数。根据准则函数(5.7.38)式，按照上述最小二乘一次性算法和递推算法的推导步骤（请读者自行推导），即可得指数加权（或带遗忘因子）最小二乘递推算法。

$$\begin{cases} \hat{\theta}_L(k) = \hat{\theta}_L(k-1) + K(k)[y(k) - \varphi^{\mathrm{T}}(k)\hat{\theta}_L(k-1)] \\[2mm] K(k) = \dfrac{P(k-1)\varphi(k)}{\lambda + \varphi^{\mathrm{T}}(k)P(k-1)\varphi(k)} \\[2mm] P(k) = \dfrac{1}{\lambda}[I - K(k)\varphi^{\mathrm{T}}(k)]P(k-1) \end{cases} \tag{5.7.40}$$

4. 增广最小二乘递推算法

被辨识系统的模型为 CARMA 形式，且其 $C(z^{-1}) \neq 1$，即

$$A(z^{-1})y(k) = B(z^{-1})u(k) + C(z^{-1})w(k) \tag{5.7.41}$$

其中，$A(z^{-1})$ 和 $B(z^{-1})$ 多项式都与模型(5.7.1)式中的相同，

$$C(z^{-1}) = 1 + c_1 z^{-1} + \cdots + c_n z^{-n}$$

$w(k)$ 是零均值白噪声序列，设模型阶次 n, m 已知，而多项式 $C(z^{-1})$ 的各项系数也均未知，需要辨识。这类模型参数的辨识可采用增广最小二乘法来获得模型未知参数的无偏估计。

先将 CARMA 模型(5.7.41)式化为最小二乘格式，即

$$y(k) = \varphi^{\mathrm{T}}(k)\theta + w(k) \tag{5.7.42}$$

式中，$\theta = [a_1 \ \cdots \ a_n \ b_1 \ \cdots \ b_m \ c_1 \ \cdots \ c_n]^{\mathrm{T}}$ 为系统参数向量：

$$\varphi^{\mathrm{T}}(k) = [-y(k-1) \ \cdots \ -y(k-n) \ u(k-1) \ \cdots$$
$$u(k-m) \ w(k-1) \ \cdots \ w(k-n)]$$

因(5.7.42)式中的噪声 $w(k)$ 是白噪声，所以可用最小二乘法获得参数 θ 的无偏估计。但是，数据向量 $\varphi^{\mathrm{T}}(k)$ 中包含着不可测的噪声量 $w(k), \cdots, w(k-n)$，因而不能直接用上述最小二乘算法进行辨识。为此需要将 $\varphi^{\mathrm{T}}(k)$ 中的数据 $w(k-i), i = 1, 2, \cdots, n$ 用其估计值 $\hat{w}(k-i)$ 来代替，将 $\varphi^{\mathrm{T}}(k)$ 改为

$$\hat{\varphi}^{\mathrm{T}}(k) = [-y(k-1) \ \cdots \ -y(k-n) \ u(k-1) \ \cdots \ u(k-m)$$
$$\hat{w}(k-1) \ \cdots \ \hat{w}(k-n)] \tag{5.7.43}$$

其中，$\hat{w}(k) = 0, k \leqslant 0$；当 $k > 0$ 时，按下式计算：

$$\hat{w}(k) = y(k) - \hat{\varphi}^{\mathrm{T}}(k)\hat{\theta}_L(k-1) \tag{5.7.44}$$

或

$$\hat{w}(k) = y(k) - \hat{\varphi}^{\mathrm{T}}(k)\hat{\theta}_L(k) \tag{5.7.45}$$

这样,根据上述最小二乘递推算法(5.7.36)式即可得用于式(5.7.41)模型参数估计的增广最小二乘递推算法

$$\begin{cases} \hat{\theta}_L(k) = \hat{\theta}_L(k-1) + K(k)\left[y(k) - \hat{\varphi}^{\mathrm{T}}(k)\hat{\theta}_L(k-1)\right] \\ K(k) = \dfrac{P(k-1)\hat{\varphi}(k)}{1 + \hat{\varphi}^{\mathrm{T}}(k)P(k-1)\hat{\varphi}(k)} \\ P(k) = \left[I - K(k)\hat{\varphi}^{\mathrm{T}}(k)\right]P(k-1) \end{cases} \tag{5.7.46}$$

由上可知,增广最小二乘法是最小二乘法的一种简单推广,它不仅能获得系统控制通道模型的参数估计,还能获得噪声通道模型的参数估计,其算法和最小二乘法基本相同,所不同的只是这里的参数向量 θ 和数据向量 $\varphi(k)$ 的维数扩充了,每次估计都需要计算一次噪声估计值 $\hat{w}(k)$。增广最小二乘递推算法计算步骤可归纳如下:

(1) 输入系统阶次 n, m 和初始值 $P(0)$ 和 $\hat{\theta}_L(0)$,并输入初始数据 $u(i), y(i), i = 0, 1, \cdots, n, \hat{w}(i) = 0$;

(2) 读入当前输入和输出 $u(k)$ 和 $y(k)$,并按式(5.7.44)或(5.7.45)计算 $\hat{w}(k)$,组成数据向量 $\hat{\varphi}(k)$;

(3) 按(5.7.46)式计算 $K(k)$,$\hat{\theta}_L(k)$ 和 $P(k)$;

(4) 返回(2),直至参数估计 $\hat{\theta}_L(k)$ 收敛或满足要求为止。

增广最小二乘算法,也可以用带遗忘因子的最小二乘递推的形式。

5. 广义最小二乘递推算法

被辨识系统的模型为如下形式:

$$A(z^{-1})y(k) = B(z^{-1})u(k) + \frac{1}{C(z^{-1})}w(k) \tag{5.7.47}$$

其中,$A(z^{-1})$ 和 $B(z^{-1})$ 多项式都与模型(5.7.1)式中的相同,

$$C(z^{-1}) = 1 + c_1 z^{-1} + \cdots + c_l z^{-l}$$

$w(k)$ 是零均值白噪声序列,设模型阶次 n, m 和 l 已知,模型参数 a_i, b_i 和 c_i 均为待辨识的未知参数。

这类模型参数辨识可用广义最小二乘法获得参数无偏估计。

令

$$\begin{cases} y_f(k) = C(z^{-1})y(k) \\ u_f(k) = C(z^{-1})u(k) \end{cases} \tag{5.7.48}$$

以及

$$\begin{cases} \varphi_f^{\mathrm{T}}(k) = \begin{bmatrix} -y_f(k-1) & \cdots & -y_f(k-n) & u_f(k-1) & \cdots & u_f(k-m) \end{bmatrix} \\ \theta = \begin{bmatrix} a_1 & a_2 & \cdots & a_n & b_1 & b_2 & \cdots & b_m \end{bmatrix}^{\mathrm{T}} \end{cases}$$

于是,模型(5.7.47)式可以写成最小二乘格式,即

$$y_f(k) = \varphi_f^{\mathrm{T}}(k)\theta + w(k) \tag{5.7.49}$$

因上式中的噪声项 $w(k)$ 是白噪声,所以利用最小二乘法可获得参数 θ 的无偏估计。但是,数据向量 $\varphi_f^{\mathrm{T}}(k)$ 中的数据不是观测数据,而是需要按(5.7.48)式计算获得,然而(5.7.48)式中的 $C(z^{-1})$ 是未知的。为此需要用迭代方法来估计 $C(z^{-1})$ 的各项系数。令

$$v(k) = \frac{1}{C(z^{-1})} w(k) \tag{5.7.50}$$

并置

$$\varphi_v^{\mathrm{T}}(k) = \begin{bmatrix} -v(k-1) & -v(k-2) & \cdots & -v(k-l) \end{bmatrix}$$
$$\theta_v(k) = \begin{bmatrix} c_1 & c_2 & \cdots & c_l \end{bmatrix}^{\mathrm{T}}$$

于是(5.7.50)式也可写成最小二乘格式

$$v(k) = \varphi_v^{\mathrm{T}}(k)\theta_v + w(k) \tag{5.7.51}$$

因上式中的噪声项是白噪声,也可利用最小二乘法可获得参数 θ_v 的无偏估计。但数据向量 $\varphi_v^{\mathrm{T}}(k)$ 中的噪声量 $v(k-1), \cdots, v(k-l)$ 不可测,因此也要改用相应的估计值代替。为此将向量 $\varphi_v^{\mathrm{T}}(k)$ 改写为

$$\hat{\varphi}_v^{\mathrm{T}}(k) = \begin{bmatrix} -\hat{v}(k-1) & -\hat{v}(k-2) & \cdots & -\hat{v}(k-l) \end{bmatrix} \tag{5.7.52}$$

其中,$\hat{v}(k) = 0, k \leqslant 0$;当 $k > 0$ 时,按下式计算:

$$\hat{v}(k) = y(k) - \varphi^{\mathrm{T}}(k)\hat{\theta}_L(k-1) \tag{5.7.53}$$

式中,$\varphi^{\mathrm{T}}(k) = \begin{bmatrix} -y(k-1) & -y(k-2) & \cdots & -y(k-n) & u(k-1) & \cdots & u(k-m) \end{bmatrix}$。

$\hat{\theta}_L(k)$ 为 θ 的 k 时刻最小二乘估计值。

综上分析,根据最小二乘法的基本原理及其递推算法的形式,广义最小二乘递推算法可归纳为

$$\begin{cases} \hat{\theta}_L(k) = \hat{\theta}_L(k-1) + K_f(k)\begin{bmatrix} y_f(k) - \varphi_f^{\mathrm{T}}(k)\hat{\theta}_L(k-1) \end{bmatrix} \\ K_f(k) = \dfrac{P_f(k-1)\varphi_f(k)}{1 + \varphi_f^{\mathrm{T}}(k)P_f(k-1)\varphi_f(k)} \\ P_f(k) = \begin{bmatrix} I - K_f(k)\varphi_f^{\mathrm{T}}(k) \end{bmatrix}P_f(k-1) \end{cases} \tag{5.7.54}$$

$$\begin{cases} \hat{\theta}_v(k) = \hat{\theta}_v(k-1) + K_v(k)\begin{bmatrix} \hat{v}(k) - \hat{\varphi}_v^{\mathrm{T}}(k)\hat{\theta}_v(k-1) \end{bmatrix} \\ K_v(k) = \dfrac{P_v(k-1)\hat{\varphi}_v(k)}{1 + \hat{\varphi}_v^{\mathrm{T}}(k)P_v(k-1)\hat{\varphi}_v(k)} \\ P_v(k) = \begin{bmatrix} I - K_v(k)\hat{\varphi}_v^{\mathrm{T}}(k) \end{bmatrix}P_v(k-1) \end{cases} \tag{5.7.55}$$

算法执行时还应包括(5.7.48)式 $y_f(k)$ 和 $u_f(k)$ 以及(5.7.53)式 $\hat{v}(k)$ 的计算。

广义最小二乘递推算法计算步骤可归纳如下:

(1) 输入系统阶次 n, m,设置初始值 $\hat{\theta}_L(0), P_f(0), \hat{\theta}_v(0)$ 和 $P_v(0)$,并输入初始数据;

(2) 采样当前输入和输出 $u(k)$ 和 $y(k)$,并按(5.7.48)式计算 $y_f(k)$ 和 $u_f(k)$,再构造向量 $\varphi_f(k)$ 和 $\varphi(k)$;

(3) 按(5.7.54)式计算 $K_f(k), \hat{\theta}_L(k)$ 和 $P_f(k)$;

(4) 按(5.7.53)式计算 $\hat{v}(k)$ 并构造 $\hat{\varphi}_v(k)$;

(5) 按(5.7.55)式计算 $K_v(k), \hat{\theta}_v(k)$ 和 $P_v(k)$;

(6) 返回(2),直至获得满足辨识结果。

5.7.2　最小方差自校正控制器的设计

现在讨论最小方差自校正控制器的设计。最小方差自校正控制器是由系统参数辨识的最小二乘递推算法和最小方差控制算法所构成的。这种控制器的算法有两种形式,一种是如前所述,首先辨识系统模型参数,然后再由系统模型设计出控制器的参数,最后由控制器计算出控制量,这种形式的算法称为显式算法;另一种是不直接辨识系统模型参数,而是直接辨识控制器(或控制律)的参数,进而按照控制器计算出控制量,这种形式的算法称为隐式算法。很显然,隐式算法的在线计算量小于显式的。我们这里采用隐式算法。

1. 最小方差自校正调节器的算法

先来讨论最小方差自校正调节器的算法。设被控系统模型为(5.6.30)式的形式,模型中的延迟 d 和多项式 A,B,C 的阶次 n,m 均已知,各多项式的系数均未知。由 5.6 节知,最小方差调节器的反馈控制律为(5.6.51)式,即

$$u(k) = -\frac{Q}{BF}y(k)$$

式中,$Q = q_0 + q_1 z^{-1} + \cdots + q_{n-1} z^{-(n-1)}$,$F = f_0 + f_1 z^{-1} + \cdots + f_{d-1} z^{-d+1}$。

记

$$\beta = \beta_0 + \beta_1 z^{-1} + \cdots + \beta_{m+d-1} z^{-(m+d-1)} \triangleq BF \tag{5.7.56}$$

因 F 为关于 z^{-1} 的首一多项式,所以这里 $\beta_0 = b_0$,即为 B 的首项系数。于是控制律 (5.6.51)式可改写为

$$u(k) = -\frac{Q}{\beta}y(k) \tag{5.7.57}$$

由此看来,最小方差自校正调节器设计的关键就是如何获得多项式 Q 和 β 的参数最小二乘估计。

当系统模型(5.6.30)式中的 $C(z^{-1}) = 1$ 时,由(5.6.37)式得

$$\begin{aligned}
y(k+d) &= Qy(k) + BFu(k) + Fw(k+d) \\
&= Qy(k) + \beta u(k) + Fw(k+d) \\
&= \varphi^{\mathrm{T}}(k)\theta + \beta_0 u(k) + v(k+d)
\end{aligned} \tag{5.7.58}$$

式中,$\theta = [q_0 \quad q_1 \quad \cdots \quad q_{n-1} \quad \beta_1 \quad \beta_2 \quad \cdots \quad \beta_{m+d-1}]^{\mathrm{T}}$ 为参数向量;

$\varphi^{\mathrm{T}}(k) = [y(k) \quad y(k-1) \quad \cdots \quad y(k-n+1) \quad u(k-1) \quad \cdots \quad u(k-m-d+1)]$ 为数据向量。

$$\begin{aligned}
v(k+d) &= Fw(k+d) \\
&= w(k+d) + f_1 w(k+d-1) + \cdots + f_{d-1} w(k+1)
\end{aligned} \tag{5.7.59}$$

应当指出,执行自校正控制时,系统参数辨识是在闭环下进行的,为确保闭环系统的可辨识性(即估计参数有唯一解),β_0(即 b_0)需预先人为确定,不参加估计,所以(5.7.58)式中

的 β_0 没有作为辨识参数放进 θ 中。在 b_0 未知的情况下,可凭先验知识和经验折中确定一适当 b_0 值,b_0 值偏大,控制过程收敛速度慢,而控制量幅值小,反之,收敛速度快,而控制量幅值大。在模型中的 $C(z^{-1})=1$,且采样周期又取得偏小的情况下,可利用模型参数的近似关系:$1+\sum_{i=1}^{n}a_i - \sum_{i=1}^{m}b_i \approx 0$(即 $A(1)\approx B(1)$),由方程 $B(z^{-1})=A(z^{-1})\beta(z^{-1})+z^{-d}B(z^{-1})Q(z^{-1})$ 得,$\beta(1)+Q(1)=1$,因此这种情况下也可取

$$\beta_0 = 1 - \sum_{i=0}^{n-1}\hat{q}_i - \sum_{i=1}^{m+d-1}\hat{\beta}_i$$

因(5.7.58)式中的噪声 $v(k+d)$ 虽不是白噪声,但它与数据向量 λ 中的元素都是统计不相关的,所以可用最小二乘法获得参数 θ 的无偏估计。

当系统模型(5.6.30)式中的 $C(z^{-1})\neq 1$ 时,考虑到

$$\frac{1}{C(z^{-1})} = 1 + c'_1 z^{-1} + c'_2 z^{-2} + \cdots$$

由(5.6.37)式可得

$$\begin{aligned}y(k+d) &= Qy(k) + \beta u(k) + c'_1[Qy(k-1)+\beta u(k-1)]\\ &\quad + c'_2[Qy(k-2)+\beta u(k-2)] + \cdots + Fw(k+d)\end{aligned}$$

若估计参数收敛于真值,则在采用最小方差控制律(5.7.57)式条件下,上式右边所有方括号中的项都将为零,其效果等同于 $C(z^{-1})=1$。因此,不论多项式 $C(z^{-1})$ 取何种形式,式(5.7.58)都可作为隐式算法的参数估计模型。

由(5.7.58)式可得系统在 k 步时的输出 $y(k)$ 的最小二乘格式,

$$y(k) = \beta_0 u(k-d) + \varphi^{\mathrm{T}}(k-d)\theta + v(k) \tag{5.7.60}$$

式中

$$\begin{aligned}\varphi^{\mathrm{T}}(k-d) = [&y(k-d)\quad y(k-d-1)\quad \cdots\quad y(k-n-d+1)\\ &u(k-d-1)\quad \cdots\quad u(k-m-2d+1)]\end{aligned}$$

于是,由(5.7.60)式即可写出 θ 的带遗忘因子最小二乘递推算法表示式,即

$$\begin{cases}\hat{\theta}_L(k) = \hat{\theta}_L(k-1) + K(k)[y(k) - \beta_0 u(k-d) - \varphi^{\mathrm{T}}(k-d)\hat{\theta}_L(k-1)]\\[2mm] K(k) = \dfrac{P(k-1)\varphi(k-1)}{\lambda + \varphi^{\mathrm{T}}(k-1)P(k-1)\varphi(k-1)}\\[3mm] P(k) = \dfrac{1}{\lambda}[I - K(k)\varphi^{\mathrm{T}}(k-1)]P(k-1)\end{cases}$$

$$\tag{5.7.61}$$

将(5.7.61)式给出 θ 的 k 步最小二乘估计 $\hat{\theta}_L(k)$ 代入最小方差控制律(5.7.57)式,可得

$$\begin{aligned}[\beta_0 + \hat{\beta}_1(k)z^{-1} &+ \cdots + \hat{\beta}_{m+d-1}(k)z^{-(m+d-1)}]u(k)\\ &= -[\hat{q}_0(k) + \hat{q}_1(k)z^{-1} + \cdots + \hat{q}_{n-1}(k)z^{-(n-1)}]y(k)\end{aligned}$$

于是由上式即得最小方差自校正调节器的控制律为

$$u(k) = -\frac{1}{\beta_0}[y(k)\quad y(k-1)\quad \cdots\quad y(k-n+1)\quad u(k-1)\quad \cdots\quad u(k-m-d+1)]\,\hat{\theta}_L(k)$$

$$= -\frac{1}{b_0}\varphi^T(k)\hat{\theta}_L(k) \tag{5.7.62}$$

最小方差自校正调节器的在线算法可归纳为如下步骤：

已知 n,m,d,b_0 和给定 λ 值。

(1) 设置初始值 $P(0)$ 和 $\hat{\theta}_L(0)$，输入初始数据，计算 $u(0)$；

(2) 读取当前输出采样值 $y(k)$；

(3) 组成向量 $\varphi(k)$ 和 $\varphi(k-d)$；

(4) 用最小二乘递推算法(5.7.61)式计算参数估计 $K(k)$，$\hat{\theta}_L(k)$ 和 $P(k)$；

(5) 用(5.7.62)式计算控制量 $u(k)$，并输出 $u(k)$；

(6) 返回(2)。

理论上可以证明，若参数收敛值使 $\hat{\beta}(z^{-1})$ 和 $\hat{Q}(z^{-1})$ 互质，则最小方差自校正调节器(5.7.62)式将收敛于最小方差调节器。

2. 最小方差自校正控制器的算法

最小方差自校正控制器的算法和自校正调节器的算法基本相同。自校正控制器算法，需要考虑跟踪参考输入，并需要估计多项式 $C(z^{-1})$ 的系数。设被控系统模型仍为(5.6.30)式，延迟 d 和阶次 n,m 均已知，考虑到(5.7.56)式，(5.6.37)式可写成

$$y(k+d) = \frac{Q}{C}y(k) + \frac{\beta}{C}u(k) + Fw(k+d) \tag{5.7.63}$$

由(5.6.41)式可知，系统未来 d 步最优预测输出为

$$y^*(k+d\,|\,k) = \frac{Q}{C}y(k) + \frac{\beta}{C}u(k) \tag{5.7.64}$$

即

$$y^*(k+d\,|\,k) = Qy(k) + \beta u(k) + (1-C)y^*(k+d\,|\,k) = \varphi^T(k)\theta + \beta_0 u(k) \tag{5.7.65}$$

式中，$1-C = -c_1 z^{-1} - c_2 z^{-2} - \cdots - c_n z^{-n}$。

$$\begin{cases} \theta = [q_0 \cdots q_n \ \beta_1 \cdots \beta_{m+d-1} \ c_1 \cdots c_n]^T \\ \varphi^T(k) = [y(k),y(k-1),\cdots,y(k-n+1),u(k-1),\cdots,u(k-m-d+1), \\ \quad -y^*(k+d-1)|_{k-1}),\cdots,-y^*(k+d-n|_{k-n})]^T \end{cases} \tag{5.7.66}$$

于是，(5.7.63)式可写成最小二乘格式

$$y(k+d) = y^*(k+d\,|\,k) + v(k+d) = \varphi^T(k)\theta + \beta_0 u(k) + v(k+d) \tag{5.7.67}$$

式中，$v(k+d) = Fw(k+d)$。

由式(5.6.66)可看出，$\varphi^T(k)$ 中 d 步最优预测输出 $y^*(k+d-i\,|\,k-i)$，$i=1,2,\cdots,n$ 都是未知的，只能用它们的估计值 $\hat{y}^*(k+d-i\,|\,k-i)$ 分别代替，而最优预测输出的估计值又

要用参数估计值 $\hat{\theta}_L$ 按(5.7.65)式计算。因此这里的参数 θ 辨识需要用增广最小二乘递推算法来获得 θ 的最小二乘估计值。为此将(5.7.67)式改写为

$$y(k) = \varphi^{\mathrm{T}}(k - d)\theta + \beta_0 u(k - d) + v(k) \tag{5.7.68}$$

式中的参数向量 θ 由如下带遗忘因子的增广最小二乘法进行在线估计。

$$\begin{cases} \hat{\theta}_L(k) = \hat{\theta}_L(k - 1) + K(k)\big[y(k) - \beta_0 u(k - d) - \hat{\varphi}^{\mathrm{T}}(k - d)\hat{\theta}_L(k - 1)\big] \\[2mm] K(k) = \dfrac{P(k - 1)\hat{\varphi}(k - 1)}{\lambda + \hat{\varphi}^{\mathrm{T}}(k - 1)P(k - 1)\hat{\varphi}(k - 1)} \\[3mm] P(k) = \dfrac{1}{\lambda}\big[I - K(k)\hat{\varphi}^{\mathrm{T}}(k - 1)\big]P(k - 1) \end{cases} \tag{5.7.69}$$

$$\begin{cases} \hat{\varphi}^{\mathrm{T}}(k) = \big[y(k), y(k - 1), \cdots, y(k - n + 1), u(k - 1), \cdots, u(k - m - d + 1), \\[2mm] \qquad - \hat{y}^*(k + d - 1|_{k-1}), \cdots, - \hat{y}^*(k + d - n)|_{k-n}\big]^{\mathrm{T}} \\[2mm] \hat{y}^*(k|_{k-d}) = \hat{\varphi}^{\mathrm{T}}(k - d)\hat{\theta}_L(k - d) \end{cases}$$

$$\tag{5.7.70}$$

由式(5.6.46)可知,最小方差控制器的控制律应满足方程(5.6.47),即

$$\frac{Q}{C}y(k) + \frac{BF}{C}u(k) - y_r(k + d) = 0$$

亦即

$$y_r(k + d) = \frac{Q}{C}y(k) + \frac{BF}{C}u(k) = y^*(k + d|_k) = \varphi^{\mathrm{T}}(k)\theta + \beta_0 u(k)$$

$$\tag{5.7.71}$$

由式(5.7.71)得最小方差控制器的控制律又一种表示形式,即

$$u(k) = \frac{1}{\beta_0}\big[y_r(k + d) - \varphi^{\mathrm{T}}(k)\theta\big] \tag{5.7.72}$$

将式中的 θ 和 $\varphi(k)$ 分别用其估计值 $\hat{\theta}_L(k)$ 和 $\hat{\varphi}(k)$ 代替即得最小方差自校正控制器在线控制律,即

$$\begin{aligned} u(k) &= \frac{1}{\hat{\beta}_0(k)}\big[y_r(k + d) - \hat{\varphi}^{\mathrm{T}}(k)\hat{\theta}_L(k)\big] \\[2mm] &= \frac{1}{\hat{\beta}_0(k)}\Big[y_r(k + d) - \sum_{i=0}^{n-1}\hat{q}_i(k)y(k - i) - \sum_{i=1}^{m+d-1}\hat{\beta}_i(k)u(k - i) \\[2mm] &\quad + \sum_{i=1}^{n}\hat{c}_i\hat{y}^*(k + d - i|_{k-i})\Big] \end{aligned} \tag{5.7.73}$$

式中 $\hat{\beta}_0(k)$ 也是依据模型参数的近似关系 $A(1) \approx B(1)$ 和方程 $BC = A\beta + z^{-d}BQ$ 得到的关系式 $\beta(1) + Q(1) = C(1)$。

取

$$\hat{\beta}_0(k) = 1 + \sum_{i=1}^{n}\hat{c}_i(k) - \sum_{i=0}^{n-1}\hat{q}_i(k) - \sum_{i=1}^{m+d-1}\hat{\beta}_i(k) \tag{5.7.74}$$

综上所述,最小方差自校正控制器的算法就是由算式(5.7.69)、(5.7.70)、(5.7.73)和(5.7.74)组成,算法步骤如下:

已知 n,m,d,b_0 和给定 λ 值。

(1) 设置初始值 $P(0)$ 和 $\hat{\theta}_L(0)$,输入初始数据,计算 $u(0)$;

(2) 读取当前输出采样值 $y(k)$;

(3) 按式(5.7.70)组成数据向量 $\varphi(k)$ 和 $\varphi(k-d)$;

(4) 用增广最小二乘递推算法(5.7.69)式计算参数估计 $\hat{\theta}_L(k)$ 和矩阵 $P(k)$;

(5) 用(5.7.73)式和(5.7.74)式计算自校正控制量 $u(k)$,并输出 $u(k)$;

(6) 返回(2)。

最小方差自校正控制器算法简单,计算量较小,实时性好,易于计算机实现。但是如前所述,它不能用于逆不稳定系统。若逆不稳定系统采用自校正控制器,就要用广义最小方差自校正控制或平移平均自校正控制或极点配置自校正控制,这些自校正控制的具体算法虽然都比最小方差自校正控制要复杂一些,但是他们的基本思路和算法结构都与最小方差自校正控制类似,其实它们都是在最小方差自校正控制的基础上发展起来的。

习　　题

5.1　分别用后向差分法和阶跃响应不变法求下列模拟控制器 $G_c(s)$ 的等效数字控制器 $D(z)$。

(1) $G_c(s) = \dfrac{0.2s+1}{s+1}$;　(2) $G_c(s) = \dfrac{0.8s+1}{s(s+1)}$;　(3) $G_c(s) = \dfrac{s+1}{0.5s+1}$。

5.2　分别用双线性变换法和零极点匹配法(按低通特性要求)求下列模拟控制器 $G_c(s)$ 的等效数字控制器 $D(z)$。

(1) $G_c(s) = K\left(1 + \dfrac{1}{T_i s}\right)$;　(2) $G_c(s) = \dfrac{1}{s(s+2)}$;　(3) $G_c(s) = \dfrac{2s+1}{s+1}$。

5.3　已知模拟控制器 $G_c(s) = \dfrac{s+2}{s+4}$。

(1) 用前向差分变换法求 $G_c(s)$ 的等效数字控制器 $D(z)$,并给出确保 $D(z)$ 稳定的采样周期 T 取值范围。

(2) 用频率预畸变双线性变换法按高通特性要求,求 $G_c(s)$ 的等效数字控制器 $D(z)$,取 $T = 0.5\,\text{s}$。

5.4　计算机控制系统如图 P5.7 所示,设其中 $D(z)$ 为数字 PI 控制器。

(1) 当被控对象 $G(s) = \dfrac{1}{(20s+1)(5s+1)}$,试用扩充动态响应法通过数字仿真实验和查表确定数字 PI 控制器 $D(z)$ 的比例系数 K_p,积分时间 T_i 和采样时间 T,并给出用 $D(z)$ 控制的系统输出单位阶跃响应仿真曲线;

(2) 当 $G(s) = \dfrac{e^{-10s}}{(20s+1)(5s+1)}$ 时,重复(1)的要求,并比较分析两者控制性能。

5.5　已知计算机控制系统开环 Z 传递函数为 $G(s) = \dfrac{0.368z + 0.264}{z^2 - 1.368z + 0.368}$,试用双线性变换作出该系统开环伯德图。

5.6　计算机控制系统结构如图 P5.6 所示。

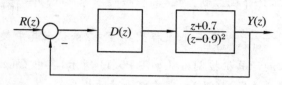

图 P5.6

(1) 试设计控制器 $D(z)$,使系统闭环特征多项式为 $z^2 - 1.5z + 0.7$。

① 设计时将极点 0.9 视为可相消极点。② 设计时将极点 0.9 视为不可相消极点。

(2) 要求系统闭环极点都为零,重复(1)的设计。

5.7　计算机控制系统如图 P5.7 所示。其中,$G(s) = \dfrac{1}{s^2}$,$T = 1\,\mathrm{s}$,试设计控制器 $D(z)$,

(1) 使系统闭环极点 $P_1 = 0.4, P_2 = 0.6$;

(2) 使系统闭环极点 $P_1 = P_2 = 0$。

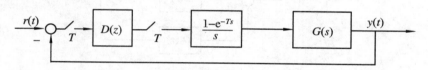

图 P5.7

5.8　计算机控制系统结构如图 P5.8 所示,其中被控对象 Z 传递函数为 $G(z) = \dfrac{0.1(z + 0.85)}{(z-1)(z-0.7)}$,$T = 0.2\,\mathrm{s}$,试分别按假设(1)和(2)设计前馈及反馈控制器 $D_1(z)$ 和 $D_2(z)$,使控制系统 $R(z)$ 到 $Y(z)$ 的 Z 传递函数极点为 $P_1 = 0.2, P_2 = 0.5$,假设(1)$G(z)$ 中的零点 -0.85 为可相消零点,(2)$G(z)$ 中的零点 -0.85 为不可相消零点。

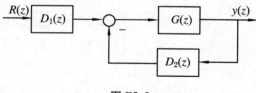

图 P5.8

5.9　计算机控制系统如图 P5.7 所示,其中被控对象传递函数为

(1) $G(s) = \dfrac{10e^{-0.1s}}{s+2}$,$T = 0.1\,\mathrm{s}$。

① 试分别按阶跃输入和等速度输入设计最少拍系统控制器 $D(z)$,并计算出所设计的系统分别对阶跃输入和等速度输入的输出响应序列 $y(k)$。

② 按阶跃输入设计最少拍无纹波系统控制器 $D(z)$,并计算出所设计的系统分别对阶跃输入和等速度输入的输出响应序列。

③ 试判断该系统能否按等速度和等加速度输入设计最少拍无纹波系统。

(2) 当 $G(s) = \dfrac{1}{s(s+1)}$,$T = 1\,\text{s}$,重复(1)的要求。

5.10 图 P5.7 所示计算机控制系统,其中被控对象 $G(s) = \dfrac{2\mathrm{e}^{-4s}}{10s+1}$,若取期望闭环 Z 传递函数为 $H(z) = Z\left[\dfrac{(1-\mathrm{e}^{-Ts})\mathrm{e}^{-4s}}{s(4s+1)}\right]$,采样周期 $T = 2\,\text{s}$,试求其中数字控制器 $D(z)$。

5.11 有干扰输入的计算机控制系统如图 P5.11 所示,其中 $G(z) = Z[G_h(s)G(s)]$,$G_h(s)$ 为零阶保持器传递函数,$V(k)$ 为零均值平稳随机序列,其谱密度为 $S_v(\omega)$。

(1) $G(s) = \dfrac{\mathrm{e}^{-0.4s}}{s+1}$,$T = 0.4\,\text{s}$,$S_v(\omega) = \dfrac{6.8 + 6\cos\omega}{1.45 + \cos\omega}$。

① $y_r(k) = 0$,试设计最小方差控制器 $D_2(z)$,并计算控制系统输出最小方差;

② $y_r(k) = 2$,试设计最小方差控制器 $D_2(z)$ 和 $D_1(z)$。

(2) 当 $G(s) = \dfrac{1}{s(s+1)}$,$T = 1\,\text{s}$,$S_v(\omega) = \dfrac{2.6 + \cos\omega}{1.25 + \cos\omega}$,重复(1)的要求。

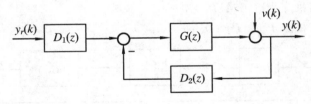

图 P5.11

5.12 已知系统模型 $y(k) = \dfrac{2(1 - 1.4z^{-1} + 0.5)}{1 - 1.2z^{-1} + 0.4}\,w(k)$,其中,$z^{-1}$ 为时延算子,$w(k)$ 为零均值和单位方差的白噪音序列,试求 m 步最优预测输出 $\hat{y}^*(k+m)$ 和预测误差的方差,$m = 1, 2, 3$。

第6章　计算机控制系统的状态空间设计法

本章讲述计算机控制系统的状态空间设计法。控制系统的状态空间设计法及其理论是现代控制理论的基本组成部分。控制系统状态空间设计法是一类以系统状态空间模型(即状态空间表示式)为基础的分析设计方法,在设计过程中基本上不需要凭经验试凑。状态空间设计法的主要优点还在于它能较方便地处理多输入多输出系统(即多变量系统)以及时变系统和非线性系统。但是我们这里只介绍线性定常单输入单输出系统设计。

状态空间设计法的思路不同于传统的基于传递函数模型的设计法。它的着眼点是系统的内部特性和系统状态的行为;它的控制策略是通过状态反馈控制状态行为来实现控制目标的;其设计任务,简单说,就是确定控制目标和求解可实现控制目标的状态反馈控制律。由于实现状态反馈时,需要系统状态量,然而系统状态在一般情况下是不能够全部测量的,所以需要利用系统状态空间模型建立状态观测器由系统输入量和输出量来确定状态量。因而状态空间设计还包括状态观测器的设计任务。状态空间设计的基本方法按照控制目标的不同,主要有两类:一类是极点配置设计法,另一类是基于控制性能二次型指标的最优化设计方法。

本章的主要内容有:系统的能控性和能观性;状态反馈极点配置设计法;状态观测器及其设计;基于控制性能二次型指标的最优化设计方法。

6.1　系统的能控性和能观性

系统的能控性和能观性是状态空间设计法中所涉及的两个重要的基本概念。状态空间设计法如前所述,它是通过状态反馈控制系统状态行为来实现控制目标的。但是这样设计有一个前提,即系统状态的行为应能受控制作用的任意控制,否则不能达到设计目标。然而,一个系统的状态行为能否受控制作用的任意控制呢? 这就涉及系统能控性问题。

系统能控性,简单说,就是指系统控制作用对系统状态行为控制影响的可能性。状态反馈的另一个问题是,因系统状态不能全部测量,反馈的状态量需要用可以直接测量的输出量通过观测器来确定,那么问题是,系统的状态量能否完全由系统输出来确定呢? 这就涉及系统能观性问题。

系统能观性,就是指由系统输出量能否完全确定系统状态的可能性。其实,系统的能控性和能观性都是系统的一种内在特性。它们分别反映系统控制作用和输出量与系统状态之间的特征关系,它们都是由系统本身结构和参数所决定的。

6.1.1 系统的能控性及其判别

设单输入单输出被控对象或系统的离散状态空间表示式为

$$\begin{cases} X(K+1) = AX(k) + Bu(k) \\ y(k) = CX(k) \end{cases} \tag{6.1.1}$$

其中,$X(k)$ 为 n 维状态向量,$u(k)$ 和 $y(k)$ 分别为系统的控制输入和系统输出,A、B、C 分别为 $n \times n$、$n \times 1$ 和 $1 \times n$ 矩阵。

1. 能控性定义

对于(6.1.1)系统,若在有限时间 $[0,n]$ 内,存在一控制序列 $u(i)(i=0,1,\cdots,n-1)$,能够使系统任意初始状态 $X(0)$ 转移到零状态,即使 $X(0) \to X(n) = 0$,则称系统是状态完全能控的,简称系统是能控的或能控。

与能控性密切相关的能达性定义为,对于式(6.1.1)系统,若在有限时间 $[0,n]$ 内,存在一控制序列 $u(i)(i=0,1,\cdots,n-1)$,能够使系统任意初始状态 $X(0)$ 转移到任意指定的状态 $X(n)$,则称系统是状态完全能达的,简称系统是能达的或能达。系统能达性与能控性是非常相近的概念,但略有区别,由它们的定义可知,系统的能控性其实是能达性的特例,所以系统若能达,则能控;但是反之,系统若能控却不一定能达。例如,系统(6.1.1)中的 A 阵若是幂零矩阵即 $A^n = 0$,则该系统的 n 步零输入响应 $A^n X(0) = 0$,显然,这表明该系统能控,但并不表明一定能达。如果系统的系统矩阵 A 可逆,则系统的能控性和能达性便是相同、一致的,即系统能控亦必能达。还应指出,计算机控制系统通常都是连续系统经采样离散化而获得的离散化系统,其系统矩阵 $A = e^{FT}$,(其中 F 为相应连续系统的系统矩阵,T 为采样周期)由于 $\det(e^{FT}) = e^{tr(FT)} > 0$,所以计算机控制系统中的 A 阵通常总是可逆的。因此,后面为了简便起见,将不再区别系统的能控性和能达性,而习惯地统称为系统的能控性,若无特别说明,系统能控亦即能达。

2. 能控性判别

关于系统能控性的判别,有许多等价定理,这里给出一种常用的基本判别定理如下:

定理 6.1 式(6.1.1)系统能控的充要条件是,系统的能控性矩阵 H_C 的秩为 n,即

$$\text{rank} H_C = \text{rank}[B \quad AB \quad A^2B \quad \cdots \quad A^{n-1}B] = n \tag{6.1.2}$$

这里的 $H_C = [B \quad AB \quad A^2B \quad \cdots \quad A^{n-1}B]$ 称为系统(6.1.1)的能控性矩阵。

对于单输入单输出系统,H_C 为 $n \times n$ 方阵。

证明 设系统初始状态为 $X(0)$,由式(6.1.1)系统的状态方程可解得

$$X(n) = A^n X(0) + \sum_{i=0}^{n-1} A^{n-1-i} Bu(i)$$

$$= A^n X(0) + [B \quad AB \quad \cdots \quad A^{n-1}B][u(n-1) \quad u(n-2) \quad \cdots \quad u(0)]^T$$

$$= A^n X(0) + H_C U(k-1) \tag{6.1.3}$$

式中,向量 $U(k-1) = [u(n-1) \quad u(n-2) \quad \cdots \quad u(0)]^T$ 为 n 步控制序列。

当 $X(n)=0$ 时,则有

$$H_C U(n-1) = -A^n X(0) \qquad (6.1.4)$$

显然,方程(6.1.4)对控制序列 $U(n-1)$ 有解的充要条件是,矩阵 H_C 满秩,即

$$\mathrm{rank} H_C = \mathrm{rank}[B \quad AB \quad A^2 B \quad \cdots \quad A^{n-1}B] = n$$

或者说,H_C 应有 n 个线性无关的列向量。由此定理得证。

【例 6.1.1】 已知两离散系统的状态空间表示式①和②分别如下:

① $\begin{cases} X(k+1) = \begin{bmatrix} -1 & -3 \\ 0 & 2 \end{bmatrix} X(k) + \begin{bmatrix} 0 \\ 1 \end{bmatrix} u(k) \\ y(k) = \begin{bmatrix} 1 & 1 \end{bmatrix} X(k) \end{cases}$

② $\begin{cases} X(k+1) = \begin{bmatrix} 2 & 1 \\ 0 & -1 \end{bmatrix} X(k) + \begin{bmatrix} 1 \\ -3 \end{bmatrix} u(k) \\ y(k) = \begin{bmatrix} 1 & 0 \end{bmatrix} X(k) \end{cases}$

试分别判断系统①和②的能控性。

解　对于系统①,有

$$\mathrm{rank} H_C = \mathrm{rank}[B \quad AB] = \mathrm{rank}\begin{bmatrix} 0 & -3 \\ 1 & 2 \end{bmatrix} = 2 = n = 2$$

所以系统①是能控的。

对于系统②,有

$$\mathrm{rank} H_C = \mathrm{rank}[B \quad AB] = \mathrm{rank}\begin{bmatrix} 1 & -1 \\ -3 & 3 \end{bmatrix} = 1 < n = 2$$

所以系统②不是能控的。

6.1.2　系统的能观性及其判别

1. 能观性定义

对于式(6.1.1)系统,在控制输入为零的情况下,利用有限时间 $[0, n-1]$ 内的输出序列 $y(i)(i=0,1,\cdots,n-1)$,如果能够唯一确定系统的任一初始状态 $X(0)$,则称系统是状态完全能观的,简称系统是能观的。

与能观性密切相关的能构性定义为,对于式(6.1.1)系统,在控制输入为零的情况下,利用有限时间 $[0, k](k=n-1)$ 内的输出序列 $y(i)(i=0,1,\cdots,k)$,如果能够唯一确定系统在 n 步时的任一状态 $X(n)$,则称系统是状态完全能构的,简称系统是能构的。系统能观性与能构性是非常相近的概念,但略有区别,系统能构性与能观性的关系和系统能控性与能达性的关系是相对应的,即系统能构不一定能观,但系统能观一定能构。若系统中的系统矩阵 A 是非奇异的,则系统的能观性与能构性是等价的,即能构必能观。后面为了方便也将不加以区别地统称为系统的能观性。

2. 能观性判别

基本判别定理如下:

定理 6.2　式(6.1.1)系统能观的充要条件是,系统的能观性矩阵 H_{ob} 的秩为 n,即

$$\text{rank} H_{ob} = \text{rank} \begin{bmatrix} C \\ CA \\ \vdots \\ CA^{n-1} \end{bmatrix} = n \tag{6.1.5}$$

这里的 $H_{ob} = \begin{bmatrix} C^{\text{T}} & A^{\text{T}} C^{\text{T}} & (A^{\text{T}})^2 C^{\text{T}} & \cdots & (A^{\text{T}})^{n-1} C^{\text{T}} \end{bmatrix}^{\text{T}}$ 称为系统(6.1.1)的能观性矩阵。

证明 设系统未知的初始状态为 $X(0)$,并设控制输入 $u(k) = 0$,那么由状态空间表达式(6.1.1)可得如下方程组:

$$y(0) = CX(0)$$
$$y(1) = CX(1) = CAX(0)$$
$$\vdots$$
$$y(n-1) = CX(n-1) = CA^{n-1}X(0)$$

将上式写成向量形式:

$$\begin{bmatrix} C \\ CA \\ \vdots \\ CA^{n-1} \end{bmatrix} X(0) = \begin{bmatrix} y(0) \\ y(1) \\ \vdots \\ y(n-1) \end{bmatrix} \tag{6.1.6}$$

式中,输出序列 $Y = \begin{bmatrix} y(0) & y(1) & \cdots & y(n-1) \end{bmatrix}^{\text{T}}$ 是已知的。

显然方程组(6.1.6)对初始状态向量 $X(0)$ 有解的充要条件是系统能观性矩阵的秩等于 n,即

$$\text{rank} H_{ob} = \text{rank} \begin{bmatrix} C \\ CA \\ \vdots \\ CA^{n-1} \end{bmatrix} = n$$

由此定理得证。

【例 6.1.2】 试分别判别例 6.1.1 中的系统①和②的能观性。

解 对于系统①,其能观性矩阵为

$$\text{rank} H_{ob} = \text{rank} \begin{bmatrix} C \\ CA \end{bmatrix} = \text{rank} \begin{bmatrix} 1 & 1 \\ -1 & -1 \end{bmatrix} = 1 < n = 2$$

所以系统①是不能观的。由上可知,该系统是能控而不能观的。

对于系统②,其能观性矩阵为

$$\text{rank} H_{ob} = \text{rank} \begin{bmatrix} C \\ CA \end{bmatrix} = \text{rank} \begin{bmatrix} 1 & 0 \\ 2 & 1 \end{bmatrix} = 2 = n = 2$$

所以系统②是能观的。由上可知,该系统能观但不能控。

应当指出,系统的能控性和能观性是由系统的结构和参数决定的,而与系统的状态变量选取无关。系统经过非奇异线性变换,系统的能控性和能观性不会改变;然而,由于计算机控制系统,通常都是由连续系统通过采样获得的离散化系统,其系统矩阵 A 和控制矩阵 B 都是采样周期 T 的函数,所以计算机控制系统的能控性和能观性都与采样周期 T 选取有

关。也因此有可能使计算机控制系统的能控性和能观性与原连续系统不相同,为此在采用状态空间设计法进行控制系统设计前,应先检验所设计系统的能控性和能观性。

系统如果按照能控性和能观性进行分类,可分为四类,即 $S_{c o}$ 为既能控又能观系统,$S_{\bar{c}o}$ 为能观不能控系统,$S_{c\bar{o}}$ 为能控不能观系统,$S_{\bar{c}\bar{o}}$ 为既不能控又不能观系统。一般系统通过适当的线性变换进行结构分解(即卡尔曼分解),可分解为如上四类中的若干类子系统,就是说,一般系统是由如上四种类型中的若干类子系统所构成的。

以上有关系统的能控性和能观性的定义、判别及其论述均适用于多输入多输出系统。

还要说明一点,用 Z 传递函数描述的单输入单输出系统,如果 Z 传递函数的分子与分母无公因子,则系统一定是既能控又能观的;反之,如果 Z 传递函数的分子与分母存在公因子,则系统必定是或不能控或不能观或既不能控也不能观的。换句话说,如果系统或不能控或不能观或既不能控也不能观,则系统的 Z 传递函数的分子与分母必存在公因子。例如,例 6.1.1 中的系统①是能控不能观的,它的 Z 传递函数为

$$G(z) = \frac{Y(z)}{U(z)} = C(zI - A)^{-1}B = \begin{bmatrix} 1 & 1 \end{bmatrix} \begin{bmatrix} z+1 & 3 \\ 0 & z-2 \end{bmatrix}^{-1} \begin{bmatrix} 0 \\ 1 \end{bmatrix}$$

$$= \frac{1}{(z-2)(z+1)} \begin{bmatrix} 1 & 1 \end{bmatrix} \begin{bmatrix} z-2 & -3 \\ 0 & z+1 \end{bmatrix} \begin{bmatrix} 0 \\ 1 \end{bmatrix} = \frac{z-2}{(z-2)(z+1)} = \frac{1}{z+1}$$

可见其 Z 传递函数中存在一公因子 $(z-2)$。其实该公因子所对应的系统状态分量是不能观的,并且也是不稳定的。然而,用传递函数处理系统时,都是将公因子消去,因为消去公因子后并不影响系统的输入输出关系,同时就数学意义而言,消去公因子和不消去公因子的传递函数是等价的。由此可见,传递函数只是描述系统中的由既能控又能观的状态分量所构成的子系统特性,而那些不能控和不能观的状态分量的特性(比如不稳定)则就不会在传递函数中有所体现。这就是传递函数模型不如状态空间模型描述系统全面深刻的局限性。

6.2　状态反馈极点配置设计法

众所周知,闭环系统的极点分布与控制系统的动态性能之间有着密切的关系,根据这一事实发展起来的极点配置设计法已成为控制系统设计的一类基本方法。前一章我们已经讲了基于系统 Z 传递函数模型的极点配置设计法,它是通过设计适当的输出反馈控制器来实现闭环极点的任意配置的。这里我们要讨论的是基于系统状态空间模型的极点配置设计法,该方法的设计目标和设计思想与前一章讲的极点配置设计法基本相同,所不同的是该方法是通过设计适当的状态反馈控制律(或控制器)来实现系统闭环极点的配置的,所以我们这里称为状态反馈极点配置设计法以示区别。这种方法适用于调节系统控制器设计,即使被控制系统动态特性满足一定要求,这里不涉稳态问题。

在讨论该设计法之前,首先强调指出,理论已经证明,用状态反馈实现闭环极点任意配置的充要条件是被控系统是能控的(即状态完全能控),若被控系统不能控,用状态反馈是无

法实现闭环极点任意配置的。这点一定要切记。

6.2.1 状态反馈律设计

设被控系统离散状态方程为

$$X(k + 1) = AX(k) + Bu(k) \tag{6.2.1}$$

其中,$X(k)$ 为 n 维状态向量,A 为 $n \times n$ 矩阵,B 为 $n \times 1$ 矩阵,$u(k)$ 为控制输入,为一标量。若是多输入系统,由 B 为 $n \times m$ 矩阵,$U(k)$ 为 m 维向量。

极点配置设计目标是,设计一适当的状态反馈律使系统(6.2.1)的相应闭环系统具有控制系统动态性能所需要的极点配置,从而使得闭环系统具有期望的动态特性。为此取线性状态反馈律为

$$u(k) = - LX(k) \tag{6.2.2}$$

式中,$L = \begin{bmatrix} l_1 & l_2 & \cdots & l_n \end{bmatrix}$ 为反馈增益阵。对于单输入系统,L 为 $1 \times n$ 矩阵,对于多输入系统,L 为 $m \times n$ 矩阵。

这里的状态 $X(k)$ 先假设其状态分量均可测量。状态反馈律(6.2.2)式中的系统输入 $u(k)$ 是 $X(k)$ 的各个状态分量的线性组合,且仅与 $X(k)$ 有关,而与外界给定输入无关,这就隐含着假设系统给定输入 $y_r = 0$,即仅考虑系统的调节问题。因为 y_r 是否为零都不影响系统的极点。由状态反馈律(6.2.2)构成的反馈系统结构如图6.1所示。这是一种零状态调节系统,状态平衡点为原点,状态反馈律实为状态调节器。当系统初始状态 $X(0)$ 偏离平衡点,或系统状态在外界冲激干扰作用下偏离平衡点时,都将在反馈作用下,以一定衰减速度回归平衡点。衰减速度取决于系统闭环极点配置。

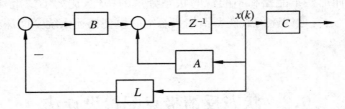

图6.1　状态反馈系统结构

将(6.2.2)式代入(6.2.1)式,得闭环系统状态方程为

$$X(k + 1) = (A - BL)X(k) \tag{6.2.3}$$

相应的闭环系统特征多项式为

$$\det(zI - A + BL) \tag{6.2.4}$$

显然,闭环系统的极点(亦即矩阵 $A - BL$ 的特征值)只取决于反馈增益阵 L。极点配置的设计任务就是,求解状态反馈增益阵 L 使得闭环系统特征多项式(6.2.4)等于期望的闭环极点配置所对应的期望闭环特征多项式。设计时,和基于 Z 传递函数模型极点配置设计一样,首先根据系统控制性能的要求,确定期望的闭环系统极点 $\lambda_i (i = 1, 2, \cdots, n)$ 和相应的期望闭环特征多项式

$$P(z) = (z - \lambda_1)(z - \lambda_2) \cdots (z - \lambda_n) = z^n + p_1 z^{n-1} + \cdots + p_n \tag{6.2.5}$$

按照闭环系统的极点配置要求,状态反馈增益矩阵 L 应满足如下方程:

$$\det(zI - A + BL) = P(z) \tag{6.2.6}$$

因此,设计最后就归结为通过求解方程(6.2.6)来确定待定的 L。对于单输入系统,一般情况下由方程(6.2.6)可获得 L 的唯一解;而对多输入系统,一般情况下,L 的解不唯一,设计计算较复杂。下面重点讨论单输入系统的设计,对多输入系统的设计只简要介绍其中两种较简便的方法。

1. 单输入系统状态反馈律设计

对于单输入系统,反馈增益阵 L 为 $1 \times n$ 的行向量,共有 n 个未知数 $l_i (i = 1, 2, \cdots, n)$。方程(6.2.6)左边的行列式是关于 z 的 n 阶首一多项式,其各项系数与 l_i 有关,因此由方程(6.2.6)两边的同次项系数相等,可获得 n 个关于 l_i 的代数方程,解此方程组即可求得 L 阵的元素 l_i,这种方法原理简明,易于掌握,对于低阶系统,计算量不很大,较为实用。现举一例说明之。

【例 6.2.1】 已知被控对象为一双积分系统其连续状态方程为

$$\dot{X}(t) = FX(t) + Gu(t) \tag{6.2.7}$$

其中

$$F = \begin{bmatrix} 0 & 1 \\ 0 & 0 \end{bmatrix}, \quad G = \begin{bmatrix} 0 \\ 1 \end{bmatrix}$$

它相应的离散状态方程为

其中,$A = \mathrm{e}^{FT} = \begin{bmatrix} 1 & T \\ 0 & 1 \end{bmatrix}$,$B = \left[\int_0^T \mathrm{e}^{Ft} \mathrm{d}t \right] G = \begin{bmatrix} T^2/2 \\ T \end{bmatrix}$,$T$ 为采样周期。

要求闭环系统特征多项式为 $P(z) = z^2 + p_1 z + p_2$,试设计离散状态反馈增益矩阵 L。

解　先检验系统能控性。该系统能控性矩阵为

$$H_C = \begin{bmatrix} B & AB \end{bmatrix} = \begin{bmatrix} T^2/2 & 3T^2/2 \\ T & T \end{bmatrix}$$

显然 $\mathrm{rank} H_C = 2 = n$,$T > 0$,所以该系统是能控的,可以由状态反馈实现闭环极点任意配置。

取线性状态反馈律为

$$u(k) = -LX(k) = -l_1 x_1(k) - l_2 x_2(k)$$

相应闭环系统状态方程为

$$X(k+1) = (A - BL)X(k)$$

闭环系统特征多项式为

$$\det[zI - A + BL] = \begin{vmatrix} z - 1 + l_1 T^2/2 & -T + l_2 T^2/2 \\ l_1 T & z - 1 + l_2 T \end{vmatrix}$$

$$= z^2 + \left(\frac{l_1 T^2}{2} + l_2 T - 2 \right) z + \left(\frac{l_1 T^2}{2} - l_2 T + 1 \right)$$

按设计要求,实现状态反馈后的闭环系统的特征多项式应等于所要求的特征多项式 $P(z)$,即

$$z^2 + \left(\frac{l_1 T^2}{2} + l_2 T - 2 \right) z + \left(\frac{l_1 T^2}{2} - l_2 T + 1 \right) = z^2 + p_1 z + p_2$$

令方程两边同次项系数相等,得两个关于 l_1 和 l_2 的方程如下:

$$\begin{cases} \dfrac{l_1 T^2}{2} + l_2 T - 2 = p_1 \\ \dfrac{l_1 T^2}{2} - l_2 T + 1 = p_2 \end{cases}$$

解得

$$\begin{cases} l_1 = \dfrac{1}{T^2}(1 + p_1 + p_2) \\ l_2 = \dfrac{1}{2T}(3 + p_1 - p_2) \end{cases}, \quad L = \begin{bmatrix} l_1 & l_2 \end{bmatrix}$$

若要求闭环极点均为零,即 $P(z) = z^2$,则 $L = \begin{bmatrix} 1/T^2 & 3/2T \end{bmatrix}$,相应的闭环系统则为最少拍系统。显然,这种情况下,L 仅与采样周期 T 有关,并且反馈增益 l_i 随着 T 减小而增大。如果 T 取得过小,l_i 将变得很大,相应系统在运行过程中,控制量 $u(k)$ 的幅值必定很大。一旦控制量幅值大到进入执行器的饱和区,实际闭环系统的特性就不再具有最少拍系统的特性。本例再次表明,设计最少拍系统一定要注意采样周期的合理选取。对非最少拍系统而言,反馈增益 l_i 受采样周期 T 的影响不明显,主要是受所配置的闭环极点的位置的影响。一般情况下,配置的闭环极点距原点越近,反馈增益 l_i 越大。所以在设计中,确定期望闭环极点应在调节速度和控制量幅值之间作适当的折中。

阿克曼公式

上述求解 L 的方法用于高阶系统计算较繁琐,而且还不便于计算机运算求解(因其中涉及多项式矩阵行列式展开的运算)。为此下面给出更为一般的求解 L 的算法,即阿克曼公式。算法推导如下:

先将被控对象的状态方程(6.2.1)式,通过非奇异线性变换

$$\begin{cases} \bar{X}(k) = HX(k) \\ X(k) = H^{-1}\bar{X}(k) \end{cases} \tag{6.2.8}$$

变为如下控制器标准型,即

$$\bar{X}(k+1) = A_C\bar{X}(k) + B_C u(k) \tag{6.2.9}$$

其中

$$\begin{cases} A_C = HAH^{-1} = \begin{bmatrix} 0 & 1 & 0 & \cdots & 0 \\ 0 & 0 & 1 & \cdots & 0 \\ \vdots & & & \ddots & \\ 0 & 0 & & \cdots & 1 \\ -a_n & -a_{n-1} & & \cdots & -a_1 \end{bmatrix} \tag{6.2.10} \\ B_C = HB = \begin{bmatrix} 0 & 0 & \cdots & 0 & 1 \end{bmatrix}^T \tag{6.2.11} \end{cases}$$

将状态反馈律(6.2.2)式中的状态 $X(k)$ 换成新的状态 $\bar{X}(k)$,即

$$u(k) = -LX(k) = -LH^{-1}\bar{X}(k) = -\bar{L}\bar{X}(k) \tag{6.2.12}$$

其中,$\bar{L} = LH^{-1}$ 对于新状态 $\bar{X}(k)$ 的反馈增益阵。 $\tag{6.2.13}$

将(6.2.12)式代入(6.2.9)式,得闭环系统新的状态方程

$$\bar{X}(k+1) = (A_C - B_C\bar{L})\bar{X}(k) \tag{6.2.14}$$

$$A_C - B_C\overline{L} = \begin{bmatrix} 0 & 1 & 0 & \cdots & 0 \\ 0 & 0 & 1 & \cdots & 0 \\ \vdots & & & \ddots & \\ 0 & 0 & & \cdots & 1 \\ -a_n & -a_{n-1} & & \cdots & -a_1 \end{bmatrix} - \begin{bmatrix} 0 \\ 0 \\ \vdots \\ 0 \\ 1 \end{bmatrix} \begin{bmatrix} \overline{l}_1 & \overline{l}_2 & \overline{l}_3 & \cdots & \overline{l}_n \end{bmatrix}$$

$$= \begin{bmatrix} 0 & 1 & 0 & \cdots & 0 \\ 0 & 0 & 1 & \cdots & 0 \\ \vdots & & & \ddots & \\ 0 & 0 & & \cdots & 1 \\ -(a_n + \overline{l}_1) & -(a_{n-1} + \overline{l}_2) & & \cdots & -(a_1 + \overline{l}_n) \end{bmatrix} \tag{6.2.15}$$

根据上式,可写出闭环系统的特征多项式

$$\det[zI - A_C + B_C\overline{L}] = z^n + (a_1 + \overline{l}_n)z^{n-1} + \cdots + (a_n + \overline{l}_1) \tag{6.2.16}$$

设期望闭环特征多项式为(6.2.5)式,因此有

$$z^n + (a_1 + \overline{l}_n)z^{n-1} + \cdots + (a_n + \overline{l}_1) = z^n + p_1 z^{n-1} + \cdots + p_n \tag{6.2.17}$$

由方程两边同次项系数相等,解得

$$\begin{cases} \overline{l}_1 = p_n - a_n \\ \overline{l}_2 = p_{n-1} - a_{n-1} \\ \quad\vdots \\ \overline{l}_n = p_1 - a_1 \end{cases} \tag{6.2.18}$$

于是,$\overline{L}$ 可写成如下形式:

$$\overline{L} = \begin{bmatrix} p_n & p_{n-1} & \cdots & p_1 \end{bmatrix} - \begin{bmatrix} a_n & a_{n-1} & \cdots & a_1 \end{bmatrix} \tag{6.2.19}$$

由式(6.2.13)可得待设计的反馈增益阵为

$$L = \overline{L}H = \begin{bmatrix} p_n & p_{n-1} & \cdots & p_1 \end{bmatrix}H - \begin{bmatrix} a_n & a_{n-1} & \cdots & a_1 \end{bmatrix}H$$
$$= \begin{bmatrix} p_n & p_{n-1} & \cdots & p_1 \end{bmatrix}H + \begin{bmatrix} 0 & \cdots & 0 & 1 \end{bmatrix}A_C H \tag{6.2.20}$$

式中,变换矩阵 H 是未知的,矩阵 A_C 的元素 $a_i(i=1,2,\cdots,n)$ 也是未知的,但它们都与 H 有关,所以求得 L 阵的关键是先求得 H 阵。令

$$H = \begin{bmatrix} h_1 \\ h_2 \\ \vdots \\ h_n \end{bmatrix} \tag{6.2.21}$$

其中,$h_i(i=1,2,\cdots,n)$ 是 H 阵的第 i 个行向量。由式(6.2.10)可得

$$HA = A_C H \tag{6.2.22}$$

也可写成

$$\begin{bmatrix} h_1 A \\ h_2 A \\ h_3 A \\ \vdots \\ h_n A \end{bmatrix} = \begin{bmatrix} 0 & 1 & 0 & \cdots & 0 \\ 0 & 0 & 1 & \cdots & 0 \\ \vdots & & & \ddots & \\ 0 & 0 & & \cdots & 1 \\ -a_n & -a_{n-1} & & \cdots & -a_1 \end{bmatrix} \begin{bmatrix} h_1 \\ h_2 \\ h_3 \\ \vdots \\ h_n \end{bmatrix} \quad (6.2.23)$$

将上式展开,有

$$\begin{cases} h_1 A = h_2 \\ h_2 A = h_3 = h_1 A^2 \\ \quad \vdots \\ h_{n-1} A = h_n = h_1 A^{n-1} \end{cases} \quad (6.2.24)$$

将上式代入(6.2.21)得

$$H = \begin{bmatrix} h_1 \\ h_2 \\ h_3 \\ \vdots \\ h_n \end{bmatrix} = \begin{bmatrix} h_1 \\ h_1 A \\ h_1 A^2 \\ \vdots \\ h_1 A^{n-1} \end{bmatrix} \quad (6.2.25)$$

将上式代入式(6.2.11),得

$$B_C = HB = \begin{bmatrix} h_1 B \\ h_1 AB \\ \vdots \\ h_1 A^{n-1} B \end{bmatrix} = \begin{bmatrix} 0 \\ \vdots \\ 0 \\ 1 \end{bmatrix} \quad (6.2.26)$$

上式两边同时转置,得

$$h_1 \begin{bmatrix} B & AB & \cdots & A^{n-1} B \end{bmatrix} = \begin{bmatrix} 0 & \cdots & 0 & 1 \end{bmatrix} \quad (6.2.27)$$

式中

$$\begin{bmatrix} B & AB & \cdots & A^{n-1} B \end{bmatrix} = H_c \quad (6.2.28)$$

H_C 为系统(6.2.1)的能控性矩阵,系统能控,H_c 必定非奇异,所以由(6.2.27)可得

$$h_1 = \begin{bmatrix} 0 & \cdots & 0 & 1 \end{bmatrix} H_C^{-1} = d H_C^{-1} \quad (6.2.29)$$

式中,$d = \begin{bmatrix} 0 & \cdots & 0 & 1 \end{bmatrix}$。

将式(6.2.29)代入(6.2.25)式,得

$$H = \begin{bmatrix} d H_C^{-1} \\ d H_C^{-1} A \\ d H_C^{-1} A^2 \\ \vdots \\ d H_C^{-1} A^{n-1} \end{bmatrix} \quad (6.2.30)$$

将式(6.2.30)代入式(6.2.20),得

$$L = \begin{bmatrix} p_n & p_{n-1} & \cdots & p_1 \end{bmatrix} \begin{bmatrix} dH_C^{-1} \\ dH_C^{-1}A \\ dH_C^{-1}A^2 \\ \vdots \\ dH_C^{-1}A^{n-1} \end{bmatrix} + \begin{bmatrix} 0 & \cdots & 0 & 1 \end{bmatrix} A_C H$$

$$= p_n dH_C^{-1} + p_{n-1} dH_C^{-1}A + \cdots + p_1 dH_C^{-1}A^{n-1} + \begin{bmatrix} 0 & \cdots & 0 & 1 \end{bmatrix} HAH^{-1}H$$

$$= dH_C^{-1}[p_n I + p_{n-1} A + \cdots + p_1 A^{n-1}] + \begin{bmatrix} 0 & \cdots & 0 & 1 \end{bmatrix} \begin{bmatrix} dH_C^{-1} \\ dH_C^{-1}A \\ dH_C^{-1}A^2 \\ \vdots \\ dH_C^{-1}A^{n-1} \end{bmatrix} A$$

$$= dH_C^{-1}[p_n I + p_{n-1} A + \cdots + p_1 A^{n-1}] + dH_C^{-1}A^n$$

$$= dH_C^{-1}[p_n I + p_{n-1} A + \cdots + p_1 A^{n-1} + A^n] = dH_C^{-1}P(A) \tag{6.2.31}$$

式中

$$P(A) = p_n I + p_{n-1} A + \cdots + p_1 A^{n-1} + A^n \tag{6.2.32}$$

$P(A)$为矩阵多项式,其结构形式与期望闭环特征多项式$P(z)$相同。只要用矩阵A替换$P(z)$中的z,即可得$P(A)$。

将式(6.2.31)展开即为

$$L = \begin{bmatrix} 0 & \cdots & 0 & 1 \end{bmatrix} \begin{bmatrix} B & AB & \cdots & A^{n-1}B \end{bmatrix}^{-1} P(A) \tag{6.2.33}$$

该式是极点配置设计时计算状态反馈增益阵L的一种常用算法,又称阿克曼(Ackerman)公式。

【例6.2.2】　被控对象为例6.2.1中的双积分系统(6.2.7),设计要求闭环系统的动态特性相当于阻尼系数$\xi = 0.5$,自然振荡频率$\omega_n = 3.6$的二阶连续系统。试用极点配置法设计,并用阿克曼公式计算状态反馈增益阵L。

解　按经验准则,采样周期T取为阻尼振荡周期的$\frac{1}{6} \sim \frac{1}{10}$,现取为$\frac{1}{10}$,即

$$T = \frac{1}{10} \frac{2\pi}{\omega_n \sqrt{1 - \xi^2}} \approx 0.2(\mathrm{s})$$

于是被控对象的离散状态方程中的系统矩阵和输入矩阵分别为

$$A = \mathrm{e}^{FT} = \begin{bmatrix} 1 & T \\ 0 & 1 \end{bmatrix} = \begin{bmatrix} 1 & 0.2 \\ 0 & 1 \end{bmatrix}, \quad B = \left[\int_0^T \mathrm{e}^{Ft} \mathrm{d}t \right] G = \begin{bmatrix} T^2/2 \\ T \end{bmatrix} = \begin{bmatrix} 0.02 \\ 0.2 \end{bmatrix}$$

在例6.2.1中已经检验,只要$T > 0$,该系统就是能控的,所以可按极点配置法设计状态反馈控制律。

按照对闭环系统动态特性要求的ξ和ω_n值可确定期望闭环特征多项式$P(z)$,其系数分别为

$$p_1 = -2\mathrm{e}^{-\xi\omega_n T}\cos(\omega_n T\sqrt{1 - \xi^2}) = -1.13$$

$$p_2 = \mathrm{e}^{-2\xi\omega_n T} = 0.487$$

于是

$$P(z) = z^2 - 1.13z + 0.487$$

取线性状态反馈律为

$$u(k) = -LX(k) = -l_1 x_1(k) - l_2 x_2(k)$$

按照阿克曼公式(6.2.33),有

$$L = [0 \quad 1] [B \quad AB]^{-1} P(A)$$

其中

$$[B \quad AB]^{-1} = \begin{bmatrix} 0.02 & 0.06 \\ 0.2 & 0.2 \end{bmatrix}^{-1} = \begin{bmatrix} -25 & 7.5 \\ 25 & -2.5 \end{bmatrix}$$

$$P(A) = A^2 - 1.13A + 0.487I = \begin{bmatrix} 0.357 & 0.174 \\ 0 & 0.357 \end{bmatrix}$$

所以

$$L = [0 \quad 1][B \quad AB]^{-1}P(A) = [0 \quad 1]\begin{bmatrix} -25 & 7.5 \\ 25 & -2.5 \end{bmatrix}\begin{bmatrix} 0.357 & 0.174 \\ 0 & 0.357 \end{bmatrix} = [8.925 \quad 3.457]$$

可以验证,用例 6.2.1 中的解方程组的方法可以得到与此相同结果,即

$$\begin{cases} l_1 = \dfrac{1}{T^2}(1 + p_1 + p_2) = \dfrac{1}{0.04}(1 - 1.13 + 0.487) = 8.925 \\ l_2 = \dfrac{1}{2T}(3 + p_1 - p_2) = \dfrac{1}{0.4}(3 - 1.13 - 0.487) = 3.457 \end{cases}$$

2. 干扰模型已知系统的状态反馈律设计

对于存在干扰,而且干扰模型已知的系统,采用如下极点配置法设计状态反馈控制律,既可以实现闭环极点配置目标,又可有效减小干扰对系统的影响。

考虑到干扰对系统状态的影响,系统的状态方程为

$$X(k + 1) = AX(k) + Bu(k) + B_v v(k) \tag{6.2.34}$$

其中 $v(k)$ 为干扰序列,它是由以下模型表征

$$\begin{cases} \xi(k + 1) = A_v \xi(k) \\ v(k) = C_v \xi(k) \end{cases} \tag{6.2.35}$$

取状态反馈控制律

$$u(k) = -LX(k) - L_v \xi(k) \tag{6.2.36}$$

相应闭环系统状态方程为

$$X(k + 1) = (A - BL)X(k) + (B_v C_v - BL_v)\xi(k) \tag{6.2.37}$$

上式表明,系统可以通过 L 的设计使闭环系统具有期望的极点,从而实现闭环极点配置目标。同时还可以通过干扰状态反馈增益 L_v 的设计使得系统状态受干扰的影响减到最小,即可令

$$B_v C_v - BL_v = 0 \quad 或 \quad B_v C_v = BL_v \tag{6.2.38}$$

一般情况下,上式无精确解。但可以求得它的最小二乘解,即

$$L_v = (B^T B)^{-1} B^T B_v C_v \tag{6.2.39}$$

因此，通过状态反馈(6.2.36)式，虽然不能完全消除干扰对系统的影响，但可以使其影响减到最小。

(6.2.36)式中的干扰状态 $\xi(k)$ 通常是不能测量的，不过只要干扰模型(6.2.35)是能观的，且干扰 $v(k)$ 可测量，它就可以用观测器进行重构，反馈时用其重构值代替。

3. 多输入系统状态反馈律设计

对于多输入系统，系统的状态方程(6.2.1)中的输入量 $U(k)$ 为一 m 维向量，即 $U(k) = [u_1(k) \quad u_2(k) \quad \cdots \quad u_{m1}(k)]^{\mathrm{T}}$，$m > 1$，相应的线性状态反馈律(6.2.2)式中的反馈增益 L 为 $m \times n$ 矩阵，共有 $m \times n$ 个待求的反馈增益 $l_{ij}(i = 1, \cdots, m; j = 1, \cdots, n)$，这里 n 为系统状态维数，亦即系统的阶次。一般情况下，多输入系统极点配置设计要比单输入系统复杂得多，但其基本思路及作法和单输入情况是相同的。多输入系统极点配置设计任务也是归结为求解状态反馈增益阵 L 使其满足如下方程：

$$\det(zI - A + BL) = P(z) = z^n + p_1 z^{n-1} + \cdots + p_n \tag{6.2.40}$$

该方程形式上和单输入情况下的方程(6.2.6)相同，但这里的 B 为 $n \times m$ 矩阵，L 为 $m \times n$ 矩阵。比较该方程两边同次项系数可获得 n 个关于 L 的元素 l_{ij} 的方程。这 n 个方程中含有 $m \times n$ 个未知的 l_{ij}，显然关于 L 没有唯一解，而是有无穷多解。这就给求解 L 带来很大的自由度和灵活性，有两种较实用做法介绍如下：

(1) 等效单输入模型设计法

这种方法首先将多个输入量 $u_i(k)$ 用某种相互确定关系加以约束使其等效变为一个单输入量，比如取 $u_1(k)$ 为基准，令其余输入 $u_i(k) = \beta_i u_1(k)$，$i \neq 1$，这样，m 维输入向量可表示为

$$U(k) = \begin{bmatrix} u_1(k) \\ u_2(k) \\ \vdots \\ u_m(k) \end{bmatrix} = \begin{bmatrix} u_1(k) \\ \beta_2 u_1(k) \\ \vdots \\ \beta_m u_1(k) \end{bmatrix} = \begin{bmatrix} 1 \\ \beta_2 \\ \vdots \\ \beta_m \end{bmatrix} u_1(k) = \beta u_1(k) \tag{6.2.41}$$

其中，$\beta = [\beta_1 \quad \beta_2 \quad \cdots \quad \beta_m]^{\mathrm{T}}$，$\beta_1 = 1$。

于是原多输入系统的状态方程可写成

$$X(k+1) = AX(k) + BU(k) = AX(k) + B\beta u_1(k) = AX(k) + B^* u_1(k) \tag{6.2.42}$$

式中，$B^* = B\beta$ 为 $n \times 1$ 矩阵。

这样，原有的多输入系统就等效化为一个单输入系统，β_i 的选取应使系统的能控性不变。若原系统 (A, B) 是能控的(否则不能实现闭环极点任意配置)，那么 β_i 的选取应使相应等效系统 (A, B^*) 也是能控的。

对系统(6.2.42)取状态反馈律为

$$u_1(k) = -L^* X(k) \tag{6.2.43}$$

关于 L^* 的求解可直接套用阿克曼公式，即

$$L^* = [0 \quad \cdots \quad 0 \quad 1] H_C^{*-1} P(A)$$

式中，$H_C^* = [B^* \quad AB^* \quad \cdots \quad A^{n-1}B^*]$；$P(A)$ 为期望闭环特征多项式所对应的矩阵多项

式如式(6.2.32)。

将式(6.2.43)代入式(6.2.41)即得原多输入系统的状态反馈控制律,即
$$U(k) = \beta u_1(k) = -\beta L^* X(k) = -LX(k) \tag{6.2.44}$$
式中
$$L = \beta L^* \tag{6.2.45}$$

【例6.2.3】 已知系统状态方程中,$A = \begin{bmatrix} 0 & 1 \\ -1 & -2 \end{bmatrix}$, $B = \begin{bmatrix} 1 & 0 \\ 0 & 1 \end{bmatrix}$,期望闭环系统特征多项式为:$P(z) = z^2 - 0.3z + 0.02$,试用等效单输入模型极点配置法求状态反馈增益矩阵 L。

解 先检验系统能控制性。
$$\mathrm{rank}H_C = \mathrm{rank}\begin{bmatrix} B & AB \end{bmatrix} = \mathrm{rank}\begin{bmatrix} 1 & 0 & 0 & 1 \\ 0 & 1 & -1 & -2 \end{bmatrix} = 2 = n$$

所以原系统 (A, B) 是能控的,可实现闭环极点任意配置。

令
$$\beta = \begin{bmatrix} \beta_1 & \beta_2 \end{bmatrix}^{\mathrm{T}}$$
则
$$B^* = B\beta = \begin{bmatrix} 1 & 0 \\ 0 & 1 \end{bmatrix}\begin{bmatrix} \beta_1 \\ \beta_2 \end{bmatrix} = \begin{bmatrix} \beta_1 \\ \beta_2 \end{bmatrix}$$

等效系统 (A, B^*) 能控性矩阵为
$$H_C^* = \begin{bmatrix} B^* & AB^* \end{bmatrix} = \mathrm{rank}\begin{bmatrix} \beta_1 & \beta_2 \\ \beta_2 & -\beta_1 - 2\beta_2 \end{bmatrix}$$
$$\det H_C^* = \det\begin{bmatrix} \beta_1 & \beta_2 \\ \beta_2 & -\beta_1 - 2\beta_2 \end{bmatrix} = -(\beta_1 + \beta_2)^2$$

显然,只要 $\beta_1 \neq -\beta_2$,则 $\det H_C^* \neq 0$,等效系统 (A, B^*) 就是能控的。

现取 $\beta_1 = \beta_2 = 1$,即 $\beta = \begin{bmatrix} 1 & 1 \end{bmatrix}^{\mathrm{T}}$,于是 $B^* = B\beta = \begin{bmatrix} 1 & 1 \end{bmatrix}^{\mathrm{T}}$。由阿克曼公式,得
$$L^* = (0 \quad 1)H_C^{*-1}P(A) = (0 \quad 1)\begin{bmatrix} B^* & AB^* \end{bmatrix}^{-1}P(A)$$
$$= (0 \quad 1)\begin{bmatrix} 1 & 1 \\ 1 & -3 \end{bmatrix}^{-1}(A^2 - 0.3A + 0.02I)$$
$$= (-0.82 \quad -1.48)$$
则
$$L = \beta L^* = \begin{bmatrix} 1 \\ 1 \end{bmatrix}\begin{bmatrix} -0.82 & -1.48 \end{bmatrix} = \begin{bmatrix} -0.82 & -1.48 \\ -0.82 & -1.48 \end{bmatrix}$$

可以验证,L 满足如下方程
$$\det(zI - A + BL) = P(z) = z^2 - 0.3z + 0.02$$

(2) 不完全状态反馈设计法

前面已述及,多输入系统进行极点配置设计时,因反馈增益阵 L 没有唯一解,而是有无穷多个解,所以设计时,可以令 L 中的某些元素为零,如果我们令 L 中某些列的元素全为零,也可以实现闭环极点任意配置,那就意味着,L 中那些全为零的列向量所对应的反馈状态分量可以不参与反馈,也可以实现闭环极点配置,这就是说系统状态可以不用全部反馈,

只需反馈部分状态就可实现闭环极点配置。这样做既可以满足设计要求，又能减轻状态反馈律的在线计算和状态测量或重构的任务。

6.2.2　给定输入不为零系统的控制律设计

实际控制系统的给定输入 y_r 总是不为零的，这种情况下的控制系统不仅要求系统具有期望的动态特性，而且还要求具有期望的稳态性能，一般都要求系统输出对于给定输入无稳态偏差即要求系统输出 $y(k)$ 能精确跟踪输入 y_r。然而，前面讨论的状态反馈虽能配置期望的闭环极点，能使系统具有期望的动态特性，但是它不能使系统具有期望的输出与外给定输入之间的稳态关系。因此，为了使实际控制系统（$y_r \neq 0$）既能满足动态性能的要求又能满足稳态性能的要求，通常需要在状态反馈的基础上引入给定输入的前馈或引入系统偏差积分的控制作用构成组合控制律。具体控制律及其设计介绍如下。

1. 引入给定输入前馈的状态反馈控制律

其表示式为

$$u(k) = -LX(k) + L_r y_r \tag{6.2.46}$$

式中，y_r 为给定输入，对于调节系统而言，y_r 为非零常数；L_r 为前馈增益。

对于单输入系统，L_r 为标量；对于多输入系统，L_r 为 $m \times p$ 矩阵。矩阵 L 按照前面讨论的极点配置法设计，系统通过状态反馈获得期望动态性能，通过前馈项的作用使系统具有要求的稳态性能。

将控制律(6.2.46)式代入系统状态方程(6.2.1)，得

$$X(k+1) = (A - BL)X(k) + BL_r y_r \tag{6.2.47}$$

设系统的输出方程为

$$y(k) = CX(k) \tag{6.2.48}$$

其中，C 为 $1 \times n$ 输出矩阵，$y(k)$ 为输出，设为标量。

分别对方程(6.2.47)和(6.2.48)两边同时作 Z 变换，并将变换后的两式联立，可得系统闭环 Z 传递函数

$$W_C(z) = \frac{Y(z)}{Y_r(z)} = C(zI - A + BL)^{-1}BL_r \tag{6.2.49}$$

为了确保闭环系统无稳态偏差，闭环系统的稳态增益应等于 1，即

$$W_C(z)\big|_{z=1} = C(I - A + BL)^{-1}BL_r = 1 \tag{6.2.50}$$

所以前馈增益

$$L_r = \left[C(I - A + BL)^{-1}B\right]^{-1} \tag{6.2.51}$$

采用这种控制律的控制系统框图如图 6.2 所示。但是这种控制律仅适用于调节系统，并且要求系统模型要十分精确。如果系统模型有误差，即 A，B 矩阵与实际系统对应矩阵不等，则无法实现闭环稳态增益为 1 的要求，从而将使系统输出存在稳态偏差。

2. 引入系统偏差积分的状态反馈控制律

为了消除系统稳态偏差和增强系统抗干扰能力，可在状态反馈律中引入系统偏差积分作用。引入偏差积分的一种方法是将系统偏差的积分定义为一个新的状态分量，即

$$x_i(k+1) = x_i(k) + y_r(k) - y(k) = x_i(k) + y_r(k) - CX(k) \tag{6.2.52}$$

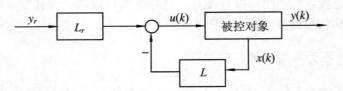

图6.2　引入给定输入前馈的状态反馈控制系统

将方程(6.2.52)式与被控系统状态方程(6.2.1)合并组成增广系统,其状态方程为

$$\begin{bmatrix} X(k+1) \\ x_i(k+1) \end{bmatrix} = \begin{bmatrix} A & 0 \\ -C & 1 \end{bmatrix} \begin{bmatrix} X(k) \\ x_i(k) \end{bmatrix} + \begin{bmatrix} B \\ 0 \end{bmatrix} u(k) + \begin{bmatrix} 0 \\ 1 \end{bmatrix} y_r(k) \qquad (6.2.53)$$

令 $\quad \bar{X}(k) = \begin{bmatrix} X(k) \\ x_i(k) \end{bmatrix}, \quad \bar{A} = \begin{bmatrix} A & 0 \\ -C & 1 \end{bmatrix}, \quad \bar{B} = \begin{bmatrix} B \\ 0 \end{bmatrix}, \quad B_r = \begin{bmatrix} 0 \\ 1 \end{bmatrix}$

则增广系统状态方程(6.2.53)式可改写为

$$\bar{X}(k+1) = \bar{A}\bar{X}(k) + \bar{B}u(k) + B_r y_r(k) \qquad (6.2.54)$$

只要增广系统$(\bar{A}, \bar{B})$是能控的,增广系统就可通过状态反馈实现闭环极点任意配置。状态反馈律为

$$u(k) = -L\bar{X}(k) = -L_1 X(k) - l_i x_i(k) \qquad (6.2.55)$$

反馈增益阵 L 仍可用前述极点配置法进行设计。系统结构如图6.3所示。

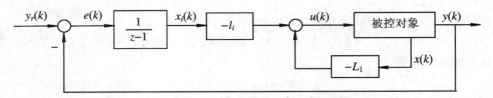

图6.3　引入偏差积分的状态反馈控制系统

该系统在给定输入 $y_r(k)$ 为常值的情况下,只要系统通过增广状态反馈律(6.2.55)配置的闭环系统极点都是稳定的,那么增广系统状态 $\bar{X}(k)$ 在给定输入 y_r 作用下将趋于恒定的稳态值$\bar{x}(\infty)$,当然,其中偏差积分状态分量 $x_i(k)$ 也将趋于恒定的稳定值 $x_i(\infty)$。由式(6.2.52)可得

$$x_i(\infty) = x_i(\infty) + y_r - y(\infty) \qquad (6.2.56)$$

所以稳态偏差

$$y_r - y(\infty) = 0$$

由上讨论可知,引入系统偏差积分的状态反馈控制律,不仅可使系统具有期望的动态性能,而且有很好的稳态性能。用于调节系统时能够有效地消除稳态偏差,并且在系统模型存在一定误差的情况下,也能使系统无稳态偏差。

【**例6.2.4**】 已知被控系统

$$\begin{cases} x(k+1) = 2x(k) + 0.5u(k) \\ y(k) = x(k) \end{cases}$$

系统参考输入 y_r 为阶跃信号,要求闭环系统输出无稳态偏差。试设计带输出偏差积分的状态反馈控制律,期望闭环极点 $p_1 = p_2 = 0.5$。

解　由题知,该系统 $A = 2, B = 0.5, C = 1$。期望闭环极点多项式为

$$P(z) = (z - 0.5)^2 = z^2 - z + 0.25$$

带偏差积分的增广系统状态方程为

$$\bar{X}(k + 1) = \begin{bmatrix} x(k + 1) \\ x_i(k + 1) \end{bmatrix} = \begin{bmatrix} A & 0 \\ -C & 1 \end{bmatrix} \bar{X}(k) + \begin{bmatrix} B \\ 0 \end{bmatrix} u(k) + \begin{bmatrix} 0 \\ 1 \end{bmatrix} y_r(k)$$

$$= \begin{bmatrix} 2 & 0 \\ -1 & 1 \end{bmatrix} \bar{X}(k) + \begin{bmatrix} 0.5 \\ 0 \end{bmatrix} u(k) + \begin{bmatrix} 0 \\ 1 \end{bmatrix} y_r(k)$$

$$= \bar{A}\bar{X}(k) + \bar{B}u(k) + B_r y_r(k)$$

检验 $(\bar{A}, \bar{B})$ 的能控性

$$\bar{H}_C = \begin{bmatrix} \bar{B} & \bar{A}\bar{B} \end{bmatrix} = \begin{bmatrix} 0.5 & 1 \\ 0 & -0.5 \end{bmatrix}, \quad \text{rank}\bar{H}_C = 2$$

所以 $(\bar{A}, \bar{B})$ 能控,因而增广系统可以实现闭环极点任意配置。

由阿克曼公式,增广系统实现期望闭环极点配置的反馈增益阵为

$$L = \begin{bmatrix} l_1 & l_2 \end{bmatrix} = \begin{bmatrix} 0 & 1 \end{bmatrix} \bar{H}_C^{-1} P(\bar{A}) = \begin{bmatrix} 0 & 1 \end{bmatrix} \begin{bmatrix} 0.5 & 1 \\ 0 & -0.5 \end{bmatrix}^{-1} P(\bar{A}) = \begin{bmatrix} 0 & 1 \end{bmatrix} \begin{bmatrix} 2 & 4 \\ 0 & -2 \end{bmatrix} P(\bar{A})$$

其中

$$P(\bar{A}) = \bar{A}^2 - \bar{A} + 0.25I = \begin{bmatrix} 2 & 0 \\ -1 & 1 \end{bmatrix}^2 - \begin{bmatrix} 2 & 0 \\ -1 & 1 \end{bmatrix} + \begin{bmatrix} 0.25 & 0 \\ 0 & 0.25 \end{bmatrix} = \begin{bmatrix} 2.25 & 0 \\ -2 & 0.25 \end{bmatrix}$$

于是得

$$L = \begin{bmatrix} 0 & 1 \end{bmatrix} \begin{bmatrix} 2 & 4 \\ 0 & -2 \end{bmatrix} \begin{bmatrix} 2.25 & 0 \\ -2 & 0.25 \end{bmatrix} = \begin{bmatrix} 4 & -0.5 \end{bmatrix}$$

即 $l_1 = 4, l_2 = -0.5$ 为偏差积分增益。

控制输入

$$u(k) = -L\bar{X}(k) = -4x(k) + 0.5x_i(k)$$

增广系统闭环 Z 传递函数为

$$W_C(z) = \frac{Y(z)}{Y_r(z)} = C\begin{bmatrix} zI - \bar{A} + \bar{B}L \end{bmatrix}^{-1} B_r$$

$$= \begin{bmatrix} 1 & 0 \end{bmatrix} \begin{bmatrix} z & -0.25 \\ 1 & z - 1 \end{bmatrix}^{-1} \begin{bmatrix} 0 \\ 1 \end{bmatrix} = \frac{1}{\Delta(z)} \begin{bmatrix} 1 & 0 \end{bmatrix} \begin{bmatrix} z - 1 & 0.25 \\ -1 & z \end{bmatrix} \begin{bmatrix} 0 \\ 1 \end{bmatrix}$$

$$= \frac{0.25}{\Delta(z)} = \frac{0.25}{z(z - 1) + 0.25} = \frac{0.25}{(z - 0.5)^2}$$

由 W_C 可知,闭环极点 $p_1 = p_2 = 0.5$,实现了期望闭环极点配置。

闭环稳态增益

$$W_C(z)\big|_{z=1} = \frac{0.25}{(z - 0.5)^2}\bigg|_{z=1} = 1$$

可见闭环系统对阶跃参考输入 y_r 是无稳态误差的。

6.2.3 重构状态反馈控制系统闭环分析

我们在前面讨论按极点配置法设计状态反馈律时,是假设系统全部状态分量都是可以测量的,能够直接用于反馈,然而实际系统的状态往往不是全部可测量的。因此为了实现状态反馈控制律,就必须通过状态观测器,根据系统可以直接测量的输出量 $y(k)$ 来计算出系统状态的估计值 $\hat{X}(k)$(通常把这样获得的真实状态的估计值称为重构状态),用以代替系统真实状态 $X(k)$,因而实际状态反馈用的是重构状态 $\hat{X}(k)$,而不是真实状态 $X(k)$。即

$$u(k) = -L\hat{X}(k) \tag{6.2.57}$$

其中,$\hat{X}(k)$ 是由观测器计算出的重构状态。

状态观测器其实就是根据系统状态空间模型提供的一个由系统输入和输出量计算重构状态的方程式。观测器有多种形式,关于观测器各种形式及其设计将在下一节中详细讨论。最常用的一种观测器方程为

$$\hat{X}(k+1) = A\hat{X}(k) + Bu(k) + K[y(k) - C\hat{X}(k)]$$
$$= (A - KC)\hat{X}(k) + Bu(k) + Ky(k) \tag{6.2.58}$$

其中,矩阵 A,B,C 为原系统状态空间模型中的相应矩阵。$y(k)$ 和 $u(k)$ 分别为原系统的输出及输入量;$\hat{X}(k)$ 为重构状态。可以证明,只要矩阵 $(A-KC)$ 的所有特征值(即观测器的极点)都是稳定的,观测器(6.2.58)式给出的重构状态 $\hat{X}(k)$ 就一定趋近于真实状态,即 $\hat{X}(k) \to X(k)$,趋近速度取决于 $(A-KC)$ 的特征值。其中 K 为待设计的观测器的反馈增益矩阵。

很显然,实际状态反馈控制器是由状态反馈律和状态观测器两个环节组成的。控制器与闭环系统结构如图 6.4 所示。其中状态反馈律原本是按照真实状态反馈来实现期望闭环极点配置的,而实际反馈的状态是观测器重构的状态 $\hat{X}(k)$。

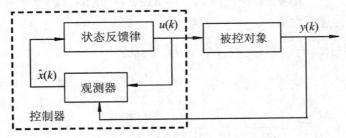

图 6.4 状态反馈控制系统结构

由式(6.2.58)可知,观测器也是一个动态环节,它重构的状态 $\hat{X}(k)$ 并不能总是与真实状态 $X(k)$ 完全一致,那么观测器的动态特性对已配置的期望闭环极点以及整个闭环系统动态特性有何影响呢?换句话说,将原来设计的真实状态反馈律换成重构状态反馈律后,原有配置期望极点的闭环系统的动态特性有无变化?原有配置期望闭环极点能否保持不变呢?这一问题,应当通过对重构状态反馈闭环系统动态特性分析搞清楚,用以指导状态反馈

律和观测器的设计。

设被控系统的状态空间表示式为

$$\begin{cases} X(k+1) = AX(k) + Bu(k) & (6.2.59) \\ y(k) = CX(k) & (6.2.60) \end{cases}$$

状态观测器方程为(6.2.58)式,状态反馈控制律为(6.2.57)式。将(6.2.57)式代入(6.2.59)式,得重构状态反馈闭环系统状态方程为

$$X(k+1) = AX(k) - BL\hat{X}(k) \qquad (6.2.61)$$

将(6.2.57)式代入观测器方程(6.2.58)式,得

$$\hat{X}(k+1) = A\hat{X}(k) - BL\hat{X}(k) + KC[X(k) - \hat{X}(k)] \qquad (6.2.62)$$

重构状态反馈的闭环系统动态特性显然是由方程(6.2.61)和(6.2.62)联立描述的。为了便于分析,引入重构状态误差,

$$\tilde{X}(k) = X(k) - \hat{X}(k) \qquad (6.2.63)$$

重构误差就是重构状态与真实状态之差。

将式(6.2.63)代入式(6.2.61),并且用式(6.2.61)减去式(6.2.62)便获得如下闭环系统状态联立方程组

$$\begin{cases} X(k+1) = (A - BL)X(k) + BL\tilde{X}(k) \\ \tilde{X}(k+1) = (A - KC)\tilde{X}(k) \end{cases} \qquad (6.2.64)$$

将此方程组写成增广系统状态方程的形式

$$\begin{bmatrix} X(k+1) \\ \tilde{X}(k+1) \end{bmatrix} = \begin{bmatrix} A - BL & BL \\ 0 & A - KC \end{bmatrix} \begin{bmatrix} X(k) \\ \tilde{X}(k) \end{bmatrix} \qquad (6.2.65)$$

由此状态方程可得闭环系统特征多项式为

$$\det\left\{ zI - \begin{bmatrix} A - BL & BL \\ 0 & A - KC \end{bmatrix} \right\} = \det[zI - A + BL]\det[zI - A + KC]$$

$$(6.2.66)$$

该式表明:

(1) 重构状态反馈闭环系统为 $2n$ 阶系统,系统共有 $2n$ 个极点,其中 n 个极点为矩阵 $(A - BL)$ 的特征值,即状态反馈律(6.2.57)所决定的极点;另外 n 个极点为矩阵 $(A - KC)$ 的特征值,即状态观测器(6.2.58)的极点。因此,状态反馈律和观测器可以分开独立地按照极点配置法进行设计。这就是著名的分离原理,是状态反馈律和观测器可以分开设计的理论依据。

(2) 将真实状态反馈律换成重构状态反馈律(即在系统反馈通道中插入观测器)后,闭环系统只是增加 n 个观测器的极点,而原状态反馈律所配置的闭环极点不受影响,保持不变。

重构状态反馈系统虽然因插入观测器,使闭环系统极点比真实状态反馈系统增加了 n 个观测器的极点,但是,重构状态反馈系统的输入到输出的 Z 传递函数极点仍然是状态反馈律所配置的 n 个闭环极点。观测器的 n 个极点并不在闭环系统传递函数中出现。这就是

说,重构状态反馈系统和真实状态反馈系统具有相同的闭环 Z 传递函数,亦即具有相同的外部动态特性。闭环 Z 传递函数的极点是由状态反馈律所决定的,与观测器无关。

需用说明一点,以上结论只是在系统模型没有误差的理想情况下才能成立。如果系统模型有误差,重构状态反馈系统中的状态反馈律配置的闭环极点与观测器配置的极点将相互影响,使得实际闭环系统极点跟期望的闭环系统极点不同。这点在工程设计时应该考虑到。

为了考察重构状态反馈系统的输入与输出关系,设给定输入 $y_r \neq 0$,取状态反馈律为

$$u(k) = -L\hat{X}(k) + y_r \tag{6.2.67}$$

将该式代入系统状态方程(6.2.59),得

$$X(k+1) = AX(k) - BL\hat{X}(k) + By_r \tag{6.2.68}$$

将(6.2.67)式代入观测器方程(6.2.58),得

$$\hat{X}(k+1) = A\hat{X}(k) - BL\hat{X}(k) + By_r + KC[X(k) - \hat{X}(k)] \tag{6.2.69}$$

将重构误差 $\tilde{X}(k)$ 定义式(6.2.63)代入式(6.2.68),并且用式(6.2.68)减去式(6.2.69)便得 $y_r \neq 0$ 时重构状态反馈闭环系统的状态方程

$$\begin{cases} X(k+1) = (A - BL)X(k) + BL\tilde{X}(k) + By_r \\ \tilde{X}(k+1) = (A - KC)\tilde{X}(k) \end{cases} \tag{6.2.70}$$

将方程(6.2.70)写成向量形式,即

$$\begin{bmatrix} X(k+1) \\ \tilde{X}(k+1) \end{bmatrix} = \begin{bmatrix} A - BL & BL \\ 0 & A - KC \end{bmatrix} \begin{bmatrix} X(k) \\ \tilde{X}(k) \end{bmatrix} + \begin{bmatrix} B \\ 0 \end{bmatrix} y_r \tag{6.2.71}$$

系统输出方程仍为(6.2.60)式,将其改写为

$$y(k) = CX(k) = \begin{bmatrix} C & 0 \end{bmatrix} \begin{bmatrix} X(k) \\ \tilde{X}(k) \end{bmatrix} \tag{6.2.72}$$

对方程(6.2.71)和(6.2.72)式同时作 Z 变换,并消去中间变量 $\begin{bmatrix} X(z) & \tilde{X}(z) \end{bmatrix}^{\mathrm{T}}$,便得重构状态反馈闭环系统 Z 传递函数,即

$$W_C(z) = \frac{Y(z)}{Y_r(z)} = \begin{bmatrix} C & 0 \end{bmatrix} \left[zI - \begin{pmatrix} A - BL & BL \\ 0 & A - Kc \end{pmatrix} \right]^{-1} \begin{bmatrix} B \\ 0 \end{bmatrix}$$

$$= \begin{bmatrix} C & 0 \end{bmatrix} \begin{bmatrix} zI - A + BL & -BL \\ 0 & zI - A + Kc \end{bmatrix}^{-1} \begin{bmatrix} B \\ 0 \end{bmatrix} \tag{6.2.73}$$

利用三角分块矩阵求逆公式(假设对角块可逆)

$$\begin{bmatrix} A_{11} & A_{12} \\ 0 & A_{22} \end{bmatrix}^{-1} = \begin{bmatrix} A_{11}^{-1} & -A_{11}^{-1}A_{12}A_{22}^{-1} \\ 0 & A_{22}^{-1} \end{bmatrix} \tag{6.2.74}$$

(6.2.73)式闭环传递函数可化为

$$W_C(z) = \begin{bmatrix} C & 0 \end{bmatrix} \begin{bmatrix} zI - A + BL & -BL \\ 0 & zI - A + Kc \end{bmatrix}^{-1} \begin{bmatrix} B \\ 0 \end{bmatrix}$$

$$= \begin{bmatrix} C & 0 \end{bmatrix} \begin{bmatrix} (zI - A + BL)^{-1} & (zI - A + BL)^{-1}BL \ (zI - A + Kc)^{-1} \\ 0 & (zI - A + Kc)^{-1} \end{bmatrix} \begin{bmatrix} B \\ 0 \end{bmatrix}$$

$$= C (zI - A + BL)^{-1} B \tag{6.2.75}$$

由此可见,上述关于重构状态反馈系统闭环传递函数及其极点的论述是正确的。观测器的极点虽是闭环系统的极点,但它们并没有在闭环传递函数 $W_c(z)$ 中出现,这是因为观测器的极点是闭环 Z 传递函数中相消的零、极点的缘故。这也表明重构状态误差 $\widetilde{X}(k)$ 对系统输入而言是不能控的。

最后还要说明一点,若将重构状态反馈控制律(6.2.57)式代入观测器方程(6.2.58)式,可得

$$\hat{X}(k + 1) = (A - KC - BL)\hat{X}(k) + Ky(k) \tag{6.2.76}$$

进而可得

$$\hat{X}(z) = (zI - A + KC + BL)^{-1} KY(z)$$

再由重构状态反馈控制律(6.2.57)式可得系统输出 $y(k)$ 到输入 $u(k)$ 的 Z 传递函数为

$$G_f(z) = \frac{U(z)}{Y(z)} = - L (zI - A + KC + BL)^{-1} K \tag{6.2.77}$$

这表明,重构状态反馈控制器也可以看作是一种动态输出反馈控制器,$G_f(z)$ 即是重构状态反馈控制器的等价输出反馈控制器的 Z 传递函数。

6.3　状态观测器设计

由前节讨论的分离原理可知,状态反馈控制系统中的状态观测器可以与状态反馈控制律分开独立进行设计。理论已证明,凡是被控系统是能观的(即系统状态完全能观),系统状态就可以通过观测器进行重构。状态观测器有多种形式,常用的观测器有:预报观测器、现时观测器、降阶观测器以及最优观测器(即卡尔曼滤波器)。其中除了降阶观测器以外,其余几种观测器都是全阶观测器,即其阶次与系统阶次相等的观测器,对系统全部状态进行重构;而降阶观测器的阶次总是低于系统阶次,它只对系统不可测的状态分量进行重构。下面来分别讨论这几种观测器的算法及其有关设计问题。

6.3.1　全阶观测器及其设计

这里先讨论预报和现时两种全阶观测器,最优观测器在本节最后讨论。

1. 预报观测器

设被控系统的状态方程和输出方程分别为(6.2.62)和(6.2.63)式,即

$$\begin{cases} X(k + 1) = AX(k) + Bu(k) \\ y(k) = CX(k) \end{cases}$$

与之对应的全阶预报观测器方程为上节讨论过的(6.2.61)式,即

$$\hat{X}(k+1) = A\hat{X}(k) + Bu(k) + K[y(k) - C\hat{X}(k)]$$
$$= (A - KC)\hat{X}(k) + Bu(k) + Ky(k)$$

式中,$\hat{X}(k)$为 k 时刻的重构状态,其维数与真实状态 $X(k)$ 相同;K 为 $n \times 1$ 的反馈增益矩阵,是待设计的;其中

$$K[y(k) - C\hat{X}(k)] = KC[X(k) - \hat{X}(k)] = KC\widetilde{X}(k)$$

与重构误差成线性比例关系,是用来修正 $k+1$ 时刻的重构状态 $\hat{X}(k+1)$ 的估计,使其减小重构误差 $\widetilde{X}(k+1) = X(k+1) - \hat{X}(k+1)$。因方程(6.2.61)用现时刻的测量输出 $y(k)$ 来估计未来 $k+1$ 时刻的重构状态 $\hat{X}(k+1)$,故称方程(6.2.61)为预报观测器。由全阶观测器(6.2.61)所构成的状态反馈控制系统的结构如图 6.5(a)所示。图中虚线方框为全阶预报观测器的结构图,与方程(6.2.61)是对应的。

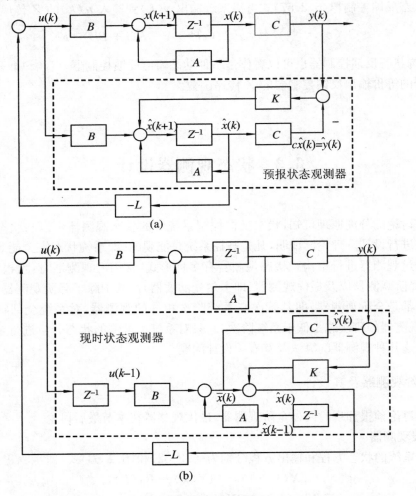

图 6.5 全阶状态观测器构成的状态反馈系统的结构图

结构图和方程(6.2.61)都表明,预报观测器是一个闭环反馈动态环节,其反馈增益为矩阵 K。上述其余几种观测器也都具有与此类似的闭环反馈环节。正是因为观测器采用这种闭环反馈结构才能使得重构状态 $\hat{X}(k)$ 跟随真实状态 $X(k)$ 的变化。

将(6.2.62)式减(6.2.61)式可得重构误差 $\tilde{X}(k)$ 的动态方程,

$$\tilde{X}(k+1) = X(k+1) - \hat{X}(k+1) = (A - KC)\tilde{X}(k) \tag{6.3.1}$$

显然,状态重构误差 $\tilde{X}(k)$ 的动态特性取决于矩阵 $A - KC$,只要该矩阵的所有特征值是稳定的(即观测器的极点全部位于单位圆内),那么重构误差 $\tilde{X}(k)$ 将趋近于零,这就是说,重构状态 $\hat{X}(k)$ 将趋近于真实状态 $X(k)$。稳态时,$\hat{X}(k) = X(k)$。由此可知,只要适当地选择反馈增益矩阵 K,使矩阵 $A - KC$ 的特征值具有期望的配置,便可得相应期望的状态重构性能(即 $\tilde{X}(k)$ 的动态特性)。因此观测器的设计归结为如何确定矩阵 K 使矩阵 $A - KC$ 的特征值配置能够满足状态重构性能的要求。不难理解,矩阵 K 的确定和状态反馈矩阵 L 的确定是同一个数学问题,即矩阵特征值的任意配置问题。所以矩阵 K 同样可以采用前述的极点配置法来求解。

由方程(6.3.1)可获状态重构误差的特征方程(亦即观测器的特征方程)为

$$\det(zI - A + KC) = 0 \tag{6.3.2}$$

特征方程(6.3.2)的根分布决定了状态重构的性能。设按照状态重构的性能要求,给出了观测器期望极点 $z_i(i = 1, 2, \cdots, n)$,由此可得与之对应的观测器的期望特征方程为

$$Q(z) = (z - z_1)(z - z_2) \cdots (z - z_n) = z^n + q_1 z^{n-1} + \cdots + q_n = 0 \tag{6.3.3}$$

为了获得所要求的状态重构性能,观测器的特征多项式应满足如下方程:

$$\det(zI - A + KC) = Q(z) \tag{6.3.4}$$

对于低阶单输入单输出系统,通过比较式(6.3.4)两边 z 的同次项系数,就可求得矩阵 K 中的全部 n 个未知元素。K 阵同样也可采用阿克曼公式求得。因矩阵转置后其行列式不变,故式(6.3.4)可改写成

$$\det(zI - A^{\mathrm{T}} + C^{\mathrm{T}} K^{\mathrm{T}}) = Q(z) \tag{6.3.5}$$

方程(6.3.5)与状态反馈阵 L 所满足的方程(6.2.6)的形式完全相同,比较这两个方程可得如下对应关系:

方程(6.2.6)　　A　　B　　L　　$P(z)$

方程(6.3.5)　　A^{T}　　C^{T}　　K^{T}　　$Q(z)$

于是按照求解状态反馈阵 L 的阿克曼公式(6.2.33),可得

$$K^{\mathrm{T}} = \begin{bmatrix} 0 & \cdots & 0 & 1 \end{bmatrix} \begin{bmatrix} C^{\mathrm{T}} & A^{\mathrm{T}}C^{\mathrm{T}} & \cdots & (A^{\mathrm{T}})^{n-1}C^{\mathrm{T}} \end{bmatrix}^{-1} Q(A^{\mathrm{T}}) \tag{6.3.6}$$

两边同时转置即得计算 K 阵的阿克曼公式

$$K = Q(A) \begin{bmatrix} C \\ CA \\ \vdots \\ CA^{n-1} \end{bmatrix}^{-1} \begin{bmatrix} 0 \\ \vdots \\ 0 \\ 1 \end{bmatrix} = Q(A) H_{ob}^{-1} \begin{bmatrix} 0 \\ \vdots \\ 0 \\ 1 \end{bmatrix} \tag{6.3.7}$$

式中，$H_{ob} = \begin{bmatrix} C \\ CA \\ \vdots \\ CA^{n-1} \end{bmatrix}$ 为系统的能观性矩阵，由此可知，观测器的反馈增益阵 K 具有唯一解

的充要条件是，$\mathrm{rank}\,H_{ob} = n$，即系统是能观的。观测器的极点配置应使状态重构具有较快的跟踪速度。如果系统测量输出无大的测量误差或噪声，则可以考虑将观测器极点都配置在原点。如果测量输出含有大的测量误差或噪声，则应考虑按观测器极点所对应的状态重构误差衰减速度比状态反馈控制极点所对应的衰减速度快 4～5 倍的要求来配置观测器的极点。

采用预报观测器进行状态反馈的计算机在线控制算法流程如下：

(1) 测取 $y(k)$，并送出 $u(k)$；

(2) 计算 $\hat{X}(k+1) = \Delta(k) + Ky(k)$；

(3) 计算 $u(k+1) = -L\hat{X}(k+1)$；

(4) 计算 $\Delta(k+1) = (A - KC)\hat{X}(k+1) + Bu(k+1)$，返回(1)。

【例 6.3.1】 已知被控系统状态空间表示式为

$$\begin{cases} X(k+1) = \begin{bmatrix} 1 & 0.1 \\ 0 & 1 \end{bmatrix} X(k) + \begin{bmatrix} 0.005 \\ 0.1 \end{bmatrix} u(k) \\ y(k) = \begin{bmatrix} 1 & 0 \end{bmatrix} X(k) \end{cases}$$

试求该系统预报观测器的反馈增益矩阵 K，设观测器期望极点为 $\lambda_{1,2} = 0.5 \pm \mathrm{j}0.1$；又设状态反馈增益矩阵 $L = \begin{bmatrix} 8 & 5.6 \end{bmatrix}$，试求重构状态反馈控制器的等价输出反馈控制器的 Z 传递函数。

解 按照观测器期望极点，观测器的期望特征多项式为

$$Q(z) = (z - 0.5 - \mathrm{j}0.1)(z - 0.5 + \mathrm{j}0.1) = z^2 - z + 0.26$$

所以

$$Q(A) = A^2 - A + 0.26I$$
$$= \begin{bmatrix} 1 & 0.1 \\ 0 & 1 \end{bmatrix}^2 - \begin{bmatrix} 1 & 0.1 \\ 0 & 1 \end{bmatrix} + 0.26\begin{bmatrix} 1 & 0 \\ 0 & 1 \end{bmatrix} = \begin{bmatrix} 0.26 & 0.1 \\ 0 & 0.26 \end{bmatrix}$$

而

$$H_{ob}^{-1} = \begin{bmatrix} C \\ CA \end{bmatrix}^{-1} = \begin{bmatrix} 1 & 0 \\ 1 & 0.1 \end{bmatrix}^{-1} = \begin{bmatrix} 1 & 0 \\ -10 & 10 \end{bmatrix}$$

于是

$$K = Q(A)H_{ob}^{-1}\begin{bmatrix} 0 & \cdots & 0 & 1 \end{bmatrix}^{\mathrm{T}}$$
$$= \begin{bmatrix} 0.26 & 0.1 \\ 0 & 0.26 \end{bmatrix}\begin{bmatrix} 1 & 0 \\ -10 & 10 \end{bmatrix}\begin{bmatrix} 0 \\ 1 \end{bmatrix} = \begin{bmatrix} 1 \\ 2.6 \end{bmatrix}$$

由式(6.2.77)知，重构状态反馈控制器等价的输出反馈控制器 Z 传递函数为

$$G_f(z) = -L(zI - A + KC + BL)^{-1}K$$

$$= -\begin{bmatrix} 8 & 5.6 \end{bmatrix}\left(\begin{bmatrix} z-1 & -0.1 \\ 0 & z-1 \end{bmatrix}+\begin{bmatrix} 1 & 0 \\ 2.6 & 0 \end{bmatrix}+\begin{bmatrix} 0.04 & 0.028 \\ 0.8 & 0.56 \end{bmatrix}\right)^{-1}\begin{bmatrix} 1 \\ 2.6 \end{bmatrix}$$

$$= -\begin{bmatrix} 8 & 5.6 \end{bmatrix}\begin{bmatrix} z+0.04 & -0.072 \\ 3.4 & z-0.44 \end{bmatrix}^{-1}\begin{bmatrix} 1 \\ 2.6 \end{bmatrix}$$

$$= -\frac{1}{z^2-0.4z+0.228}\begin{bmatrix} 8 & 5.6 \end{bmatrix}\begin{bmatrix} z-0.44 & 0.072 \\ -3.4 & z+0.04 \end{bmatrix}\begin{bmatrix} 1 \\ 2.6 \end{bmatrix}$$

$$= -\frac{22.56(z-0.908)}{z^2-0.4z+0.228}$$

2. 现时观测器

采用上述预报观测器时，现时重构状态 $\hat{X}(k)$ 只用了前一时刻的测量输出 $y(k-1)$，使得现时的反馈控制量 $u(k)$ 也只与前一时刻的测量输出 $y(k-1)$ 有关，这样就使得 $u(k)$ 相对输出而言，滞后一拍。当采样周期取得较长时，这种控制方式将会影响系统的控制性能。为此可改用现时观测器，现时观测器方程为

$$\begin{cases} \bar{X}(k) = A\hat{X}(k-1) + Bu(k-1) \\ \hat{X}(k) = \bar{X}(k) + K[y(k) - C\bar{X}(k)] \end{cases} \tag{6.3.8}$$

将方程组(6.3.8)两个方程合并，得

$$\hat{X}(k) = A\hat{X}(k-1) + Bu(k-1) - KC[A\hat{X}(k-1) + Bu(k-1)] + Ky(k)$$

$$= (A - KCA)\hat{X}(k-1) + (B - KCB)u(k-1) + Ky(k) \tag{6.3.9}$$

由于用现时刻 k 的测量输出 $y(k)$ 估计现时刻的重构状态 $\hat{X}(k)$，故称方程(6.3.8)为现时观测器。采用全阶现时观测器的状态反馈系统结构如图 6.5(b)所示。图中虚线方框为全阶现时观测器的结构图，与方程(6.3.8)相对应。

由被控系统状态方程(6.2.62)和方程(6.3.8)可得现时观测器的重构误差方程为

$$\tilde{X}(k) = X(k) - \hat{X}(k) = AX(k-1) + Bu(k-1) - \{\bar{X}(k) + KC[X(k) - \bar{X}(k)]\}$$

$$= AX(k-1) + Bu(k-1) - \{A\hat{X}(k-1) + Bu(k-1) + KCA[X(k-1) - \hat{X}(k-1)]\}$$

$$= (A - KCA)[X(k-1) - \hat{X}(k-1)] = (A - KCA)\tilde{X}(k-1) \tag{6.3.10}$$

从而得现时观测器的特征方程为

$$\det[zI - A + KCA] = 0 \tag{6.3.11}$$

将该方程与预报观测器特征方程(6.3.2)比较可知，两者形式相同，只是将方程(6.3.2)中的 C 换成了 CA。因此可以套用预报观测器按极点配置法求解反馈阵 K 的公式(6.3.7)来求解现时观测器的增益矩阵 K。设现时观测器的期望特征多项式为 $Q(z)$，则现时观测器的反馈增益阵 K 为

$$K = Q(A)\begin{bmatrix} CA \\ CA^2 \\ \vdots \\ CA^n \end{bmatrix}^{-1}\begin{bmatrix} 0 \\ \vdots \\ 0 \\ 1 \end{bmatrix} = Q(A)A^{-1}\begin{bmatrix} C \\ CA \\ \vdots \\ CA^{n-1} \end{bmatrix}^{-1}\begin{bmatrix} 0 \\ \vdots \\ 0 \\ 1 \end{bmatrix}$$

$$= Q(A)A^{-1}H_{ob}^{-1} \begin{bmatrix} 0 & \cdots & 0 & 1 \end{bmatrix}^{\mathrm{T}} \tag{6.3.12}$$

式中，H_{ob} 为系统的能观性矩阵。显然，只有系统能观，即 H_{ob} 可逆，且 A 可逆，现时观测器的反馈增益阵 K 才能有唯一解。如果被控系统动态响应较慢，采样周期取得较长，应采用现时观测器为好。

采用现时观测器进行状态反馈的计算机在线控制算法流程如下：

(1) 测取 $y(k)$；

(2) 计算 $\hat{X}(k) = \Delta(k-1) + Ky(k)$；

(3) 计算 $u(k) = -L\hat{X}(k)$；

(4) 并送出 $u(k)$；

(5) 计算 $\Delta(k) = (A - KC)\hat{X}(k) + (B - KCB)u(k)$，返回(1)。

6.3.2 降阶观测器及其设计

在实际中，有很多系统的部分状态分量是可以直接测量的，比如很多系统的输出量就是系统的状态分量，对于这样的系统，实施状态反馈时就不必用全阶观测器重构系统的全部状态，而只需用降阶观测器重构其中不可直接测量的状态。可直接测量的状态则直接用于反馈，不可直接测量的状态则用其重构状态进行反馈。这样，既可降低观测器的阶次，减少计算量，又可避免可直接测量的状态因重构产生的重构误差，从而使系统控制性能有所改善。下面讨论降阶观测器方程及其反馈增益阵 K 的设计和求解。

将被控系统状态向量分解成两部分，即

$$X(k) = \begin{bmatrix} X_1(k) \\ X_2(k) \end{bmatrix} \tag{6.3.13}$$

其中，$X_1(k)$ 为 n_1 维可直接测量的部分状态向量；$X_2(k)$ 为 n_2 维不可直接测量的部分状态向量；$n_1 + n_2 = n$。于是被控系统状态方程可以写成分块形式

$$X(k+1) = \begin{bmatrix} X_1(k+1) \\ X_2(k+1) \end{bmatrix} = \begin{bmatrix} A_{11} & A_{12} \\ A_{21} & A_{22} \end{bmatrix} \begin{bmatrix} X_1(k) \\ X_2(k) \end{bmatrix} + \begin{bmatrix} B_1 \\ B_2 \end{bmatrix} u(k) \tag{6.3.14}$$

再将上式展开写成两个方程

$$\begin{cases} X_2(k+1) = A_{22}X_2(k) + [A_{21}X_1(k) + B_2u(k)] \\ X_1(k+1) - A_{11}X_1(k) - B_1u(k) = A_{12}X_2(k) \end{cases} \tag{6.3.15}$$

方程(6.3.15)可看作一个状态空间表示式，其中第一个方程视为状态方程，第二个方程视为测量方程(或输出方程)；将它们分别与系统标准状态方程(6.2.62)和输出方程(6.2.63)比较，可得如下对应关系：

方程(6.2.62)和(6.2.63)		方程(6.3.15)
$X(k)$	$\longrightarrow$	$X_2(k)$
A	$\longrightarrow$	A_{22}
$Bu(k)$	$\longrightarrow$	$A_{21}X_1(k) + B_2u(k)$
C	$\longrightarrow$	A_{12}
$y(k)$	$\longrightarrow$	$X_1(k+1) - A_{11}X_1(k) - B_1u(k)$

于是,利用上述对应关系并套用预报观测器方程(6.2.61),便可写出关于不可直接测量的部分状态 $X_2(k)$ 的观测器方程,亦即降阶观测器方程为

$$\hat{X}_2(k+1) = A_{22}\hat{X}_2(k) + [A_{21}X_1(k) + B_2u(k)]$$
$$+ K[X_1(k+1) - A_{11}X_1(k) - B_1u(k) - A_{12}\hat{X}_2(k)]$$
$$= (A_{22} - KA_{12})\hat{X}_2(k) + (A_{21} - KA_{11})X_1(k)$$
$$+ (B_2 - KB_1)u(k) + KX_1(k+1) \qquad (6.3.16)$$

方程(6.3.16)表明,降阶观测器不仅阶次低于系统阶次,而且用系统可直接测量的部分状态(不仅是输出量)来重构不可直接测量的部分状态。

由方程(6.3.15)和(6.3.16)可得降阶观测器的状态重构误差方程为

$$\tilde{X}_2(k+1) = X_2(k+1) - \hat{X}_2(k+1)$$
$$= (A_{22} - KA_{12})[X_2(k) - \hat{X}_2(k)]$$
$$= (A_{22} - KA_{12})[\tilde{X}_2(k)] \qquad (6.3.17)$$

由此可得降阶观测器的特征方程为

$$\det(zI - A_{22} + KA_{12}) = 0 \qquad (6.3.18)$$

将该方程同预报观测器特征方程(6.3.2)比较可知,两者形式相同,只是将方程(6.3.2)中的 C 换成了 A_{12}。因此,同样可以按照极点配置法,利用阿克曼公式(6.3.7)来设计和求解降阶观测器的反馈增益阵 K。设降阶观测器的期望特征多项式为 $Q(z)$,则 K 阵为

$$K = Q(A_{22})\begin{bmatrix} A_{22} \\ A_{12}A_{22} \\ \vdots \\ A_{12}A_{22}^{n_2-1} \end{bmatrix}^{-1}\begin{bmatrix} 0 \\ \vdots \\ 0 \\ 1 \end{bmatrix} \qquad (6.3.19)$$

采用降阶观测器进行状态反馈的计算机在线控制算法流程如下:

(1) 测取 $X_1(k)$;

(2) 计算 $\hat{X}_2(k) = \Delta(k-1) + KX_1(k)$;

(3) 计算 $u(k) = -L_1X_1(k) - L_2\hat{X}_2(k)$;并送出 $u(k)$;

(4) 计算 $\Delta(k) = (A_{22} - KA_{12})\hat{X}_2(k) + (A_{21} - KA_{11})X_1(k) + (B_1 - KB_1)u(k)$,返回(1)。

说明一点,降阶观测器虽然参照预报观测器方程,但是得到的是现时观测器的形式,因为它是利用 k 时刻的可直接测量状态 $X_1(k)$ 来重构 k 时刻的不可直接测量状态 $\hat{X}_2(k)$ 的。

6.3.3 最优观测器——Kalman 滤波器

上面讨论的各种状态观测器都没有考虑实际系统存在的随机干扰对状态重构性能的影响,只是根据系统对状态重构性能的要求,按照极点配置法来设计和求解观测器的反馈增益阵 K 的,而最优观测器亦即 Kalman 滤波器,则是考虑到系统存在着随机干扰影响,并按照

状态重构误差 $\widetilde{X}(k)$ 的方差为最小准则来设计和求解观测器的反馈增益阵 K。Kalman 滤波器就是在系统存在随机干扰的情况下,能够使系统状态重构误差 $\widetilde{X}(k)$ 的方差为最小的现时(或预报)观测器。Kalman 滤波器方程的形式与现时(或预报)观测器相同,所不同的是它的反馈增益阵 K 及其设计方法。

考虑存在随机干扰的被控系统,其状态空间表示式为

$$X(k+1) = AX(k) + Bu(k) + \Gamma v(k) \tag{6.3.20}$$

$$y(k) = CX(k) + w(k) \tag{6.3.21}$$

式中,$v(k)$ 和 $w(k)$ 均为随机干扰序列,其中 $v(k)$ 称为过程(或系统)噪声,$w(k)$ 称为测量噪声。被控系统的状态空间模型结构如图 6.6 所示。

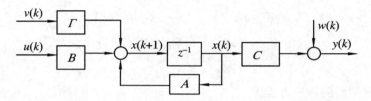

图 6.6 考虑随机干扰影响的系统状态空间模型结构

假设:

(1) 过程噪声 $v(k)$ 和测量噪声 $w(k)$ 均为零均值白噪声,即

$$E[v(k)] = 0 \tag{6.3.22}$$

$$E[w(k)] = 0 \tag{6.3.23}$$

它们的自协方差阵分别为

$$E[v(k)v^{\mathrm{T}}(k)] = Q \tag{6.3.24}$$

$$E[w(k)w^{\mathrm{T}}(k)] = R \tag{6.3.25}$$

$Q>0$ 或 $Q\geqslant0$,$R>0$,均为对称阵。

对于单输入系统,$v(k)$ 和 $w(k)$ 为标量,Q 和 R 分别为 $v(k)$ 和 $w(k)$ 的方差。

(2) $v(k)$ 与 $w(k)$ 统计无关,即它们的互协方差阵,

$$E[v(k)w^{\mathrm{T}}(k)] = 0 \tag{6.3.26}$$

(3) 系统初始状态 $X(0)$ 也是随机的,其均值 $E[X(0)]$ 为已知,然而 $X(0)$ 与噪声 $v(k)$ 和 $w(k)$ 都是统计无关。

现取观测器方程为

$$\overline{X}(k) = A\hat{X}(k-1) + Bu(k-1) \tag{6.3.27}$$

$$\hat{X}(k) = \overline{X}(k) + K(k)[y(k) - C\overline{X}(k)] \tag{6.3.28}$$

并取重构状态初始值

$$\hat{X}(0) = E[X(0)] \tag{6.3.29}$$

观测器方程(6.3.27)称为预报方程;方程(6.3.28)称为修正方程,其中 $K(k)$ 为时变反馈增益矩阵。取观测器的重构性能指标为状态重构误差 $\widetilde{X}(k)$ 的方差,即

$$J = E[\widetilde{X}^{\mathrm{T}}(k)\widetilde{X}(k)] = \sum_{i=1}^{n} E[\widetilde{x}_i^2(k)] \tag{6.3.30}$$

其中 $\widetilde{X}(k) = X(k) - \hat{X}(k)$ 为重构误差。

若记重构误差 $\widetilde{X}(k)$ 的协方差矩阵为

$$P(k) = E[\widetilde{X}(k)\widetilde{X}^{\mathrm{T}}(k)]$$

$$= E\begin{bmatrix} \widetilde{x}_1^2(k) & \widetilde{x}_1(k)\widetilde{x}_2(k) & \cdots & \widetilde{x}_1(k)\widetilde{x}_n(k) \\ \widetilde{x}_2(k)\widetilde{x}_1(k) & \widetilde{x}_2^2(k) & \cdots & \widetilde{x}_2(k)\widetilde{x}_n(k) \\ \vdots & \vdots & & \vdots \\ \widetilde{x}_n(k)\widetilde{x}_1(k) & \widetilde{x}_n(k)\widetilde{x}_2(k) & \cdots & \widetilde{x}_n^2(k) \end{bmatrix} \tag{6.3.31}$$

则重构性能指标可以表示为矩阵 $P(k)$ 的迹,即

$$J = \mathrm{tr}P(k) \tag{6.3.32}$$

最优观测器设计就是求解反馈增益阵 $K(k)$ 使得观测器的重构性能指标(6.3.30)或(6.3.32)取最小值。

令状态预报误差为

$$\widetilde{X}_p(k) = X(k) - \bar{X}(k) \tag{6.3.33}$$

则由系统状态方程(6.3.20)和预报方程(6.3.27)可得预报误差为

$$\widetilde{X}_p(k) = AX(k-1) + Bu(k-1) + \Gamma v(k-1) - A\hat{X}(k-1) - Bu(k-1)$$

$$= A\widetilde{X}(k-1) + \Gamma v(k-1) \tag{6.3.34}$$

由方程(6.3.20)和修正方程(6.3.28)可得重构误差为

$$\widetilde{X}(k) = AX(k-1) + Bu(k-1) + \Gamma v(k-1) - A\hat{X}(k-1)$$

$$- Bu(k-1) - K(k)C\widetilde{X}_p(k) - K(k)w(k)$$

$$= A\widetilde{X}(k-1) + \Gamma v(k-1) - K(k)C\widetilde{X}_p(k) - K(k)w(k)$$

$$= \widetilde{X}_p(k) - K(k)C\widetilde{X}_p(k) - K(k)w(k)$$

$$= [I - K(k)C]\widetilde{X}_p(k) - K(k)w(k) \tag{6.3.35}$$

考虑到 $\widetilde{X}_p(k)$ 与 $w(k)$ 统计无关,由此得 $\widetilde{X}(k)$ 的协方差矩阵为

$$P(k) = E[\widetilde{X}(k)\widetilde{X}^{\mathrm{T}}(k)]$$

$$= E\{[(I - K(k)C)\widetilde{X}_p(k) - K(k)w(k)][(I - K(k)C)\widetilde{X}_p(k) - K(k)w(k)]^{\mathrm{T}}\}$$

$$= (I - K(k)C)E[\widetilde{X}_p(k)\widetilde{X}_p^{\mathrm{T}}(k)](I - K(k)C)^{\mathrm{T}} + K(k)E[w(k)w^{\mathrm{T}}(k)]K^{\mathrm{T}}(k)$$

$$= (I - K(k)C)M(k)(I - K(k)C)^{\mathrm{T}} + K(k)RK^{\mathrm{T}}(k) \tag{6.3.36}$$

式中

$$M(k) = E[\widetilde{X}_p(k)\widetilde{X}_p^{\mathrm{T}}(k)]$$

$$= E\{[A\tilde{X}(k-1) + \Gamma v(k-1)][A\tilde{X}(k-1) + \Gamma v(k-1)]^{\mathrm{T}}\} \quad (6.3.37)$$

为状态预报误差 $\tilde{X}_p(k)$ 的协方差矩阵。考虑到 $\tilde{X}(k-1)$ 与 $v(k-1)$ 统计无关，$M(k)$ 有如下形式：

$$M(k) = E[A\tilde{X}(k-1)\tilde{X}^{\mathrm{T}}(k-1)A^{\mathrm{T}}] + E[\Gamma v(k-1)v^{\mathrm{T}}(k-1)\Gamma^{\mathrm{T}}]$$
$$= AP(k-1)A^{\mathrm{T}} + \Gamma Q\Gamma^{\mathrm{T}} \quad (6.3.38)$$

由式(6.3.36)，得

$$P(k) = M(k) - M(k)C^{\mathrm{T}}K^{\mathrm{T}}(k) - K(k)CM(k) + K(k)(CM(k)C^{\mathrm{T}} + R)K^{\mathrm{T}}(k)$$

为了书写简便，将上式中各矩阵带有的"(k)"暂省略，并令 $D = (CMC^{\mathrm{T}} + R)$，对上式通过配项，并考虑到 M 和 D 均为对称阵，则上式可写为

$$P = M + KDK^{\mathrm{T}} - KDD^{-1}CM - MC^{\mathrm{T}}K^{\mathrm{T}} + MC^{\mathrm{T}}D^{-1}CM - MC^{\mathrm{T}}D^{-1}CM$$
$$= M + KD(K^{\mathrm{T}} - D^{-1}CM) - MC^{\mathrm{T}}(K^{\mathrm{T}} - D^{-1}CM) - MC^{\mathrm{T}}D^{-1}CM$$
$$= M + KD(K - MC^{\mathrm{T}}D^{-1})^{\mathrm{T}} - MC^{\mathrm{T}}(K - MC^{\mathrm{T}}D^{-1})^{\mathrm{T}} - MC^{\mathrm{T}}D^{-1}CM$$
$$= M + (KD - MC^{\mathrm{T}})(K - MC^{\mathrm{T}}D^{-1})^{\mathrm{T}} - MC^{\mathrm{T}}D^{-1}CM$$
$$= M + (K - MC^{\mathrm{T}}D^{-1})D(K - MC^{\mathrm{T}}D^{-1})^{\mathrm{T}} - MC^{\mathrm{T}}D^{-1}CM \quad (6.3.39)$$

因矩阵 $D = CMC^{\mathrm{T}} + R$ 是正定的，所以上式右边第二项是非负的。为了使重构性能指标 $\mathrm{tr}P(k)$ 为最小，增益矩阵 K 取值应使第二项为零，即

$$K - MC^{\mathrm{T}}D^{-1} = 0 \quad (6.3.40a)$$

由此便得最优的反馈增益矩阵 $K^*(k)$，记为 $K^*(k)$，

$$K^*(k) = M(k)C^{\mathrm{T}}[CM(k)C^{\mathrm{T}} + R]^{-1} \quad (6.3.40b)$$

$K^*(k)$ 又称 Kalman 增益矩阵。当 $K(k)$ 取 $K^*(k)$ 时，由(6.3.39)式，得

$$P(k) = M(k) - M(k)C^{\mathrm{T}}[CM(k)C^{\mathrm{T}} + R]^{-1}CM(k) \quad (6.3.41)$$

或

$$P(k) = M(k) - K^*(k)CM(k) \quad (6.3.42)$$

Kalman 滤波器就是由方程(6.3.27)、(6.3.28)、(6.3.40b)、(6.3.38)和(6.3.42)构成的一组递推公式，即

$$\begin{cases} \bar{X}(k) = A\hat{X}(k) + Bu(k-1) & (6.3.43a) \\ \hat{X}(k) = \bar{X}(k) + K^*(k)[y(k) - C\bar{X}(k)] & (6.3.43b) \\ K^*(k) = M(k)C^{\mathrm{T}}[CM(k)C^{\mathrm{T}} + R]^{-1} & (6.3.43c) \\ M(k) = AP(k-1)A^{\mathrm{T}} + \Gamma Q\Gamma^{\mathrm{T}} & (6.3.43d) \\ P(k) = M(k) - K^*(k)CM(k) & (6.3.43e) \end{cases}$$

$\hat{X}(0)$ 和 $P(0)$ 给定，$k = 1,2,\cdots$。

应当指出：

（1）Kalman 滤波器增益矩阵 $K^*(k)$ 是时变的，不是按照极点配置法求得，因而有一个能否确保观测器稳定的问题。Kalman 定理已证明，若被控系统是既能控的又能观的，则 Kalman 滤波器是大范围渐近稳定的，而且当 Q 和 R 为常值时，对于不同的初值 $P(0)$，只要 $P(0) \geqslant 0$，则矩阵 $P(k)$ 必定按指数衰减到稳态值 P，相应 $M(k)$ 和 $K^*(k)$ 也将分别衰减到

它们的稳态值,它们的稳态值与 $P(0)$ 大小无关($P(0) \geqslant 0$)。因此,实际应用时,为了减少在线递推计算量,可以事先离线计算出稳态的 Kalman 滤波器增益矩阵 K^*,并以 K^* 代替 $K^*(k)$,构成固定增益阵的状态观测器。通常称这种观测器为次优 Kalman 滤波器或稳态 Kalman 滤波器。

离线迭代计算稳态的 Kalman 滤波器增益矩阵 K^* 的算法流程如下:

① 输入原始参数 $A, C, Q, R, P(0)$,总的迭代次数 N;

② 按(6.3.43d)式计算 $M(k)$;

③ 按(6.3.43c)式计算 $K(k)$;

④ 按(6.3.43e)式计算 $P(k)$;

⑤ 若 $k = N$,则转⑦;否则转⑥;

⑥ $k = k + 1$,转②;

⑦ 输出 $K(k)$,即为 K^*。

初值 $P(0)$ 可取 $P(0) = 0$ 或 $P(0) = I$。

(2) 无论采取递推 Kalman 滤波还是采用稳态 Kalman 滤波都需要事先给定协方差矩阵 Q 和 R,然而在实际中要通过统计准确获得 Q 和 R 往往很困难,所以在实际应用中,当 Q 和 R 未知时,可将 Q 和 R 作为可调参数,在离线计算 K^* 阵时,可预先定性地按照系统中过程噪声 $v(k)$ 和测量噪声 $w(k)$ 强弱取若干组不同的 Q 和 R,然后计算出相应的若干个 K^* 阵,实时控制中分别试用,从中选出一个具有最好滤波效果的增益阵作为稳态 Kalman 增益阵 K^*。这是工程中应用 Kalman 滤波器的一种常用方法。

(3) 从 Kalman 滤波增益 $K(k)$ 表示式(6.3.43c)以及(6.3.43d)可以看出,$K(k)$ 近似与 Q 成正比,与 R 成反比关系,因此 Kalman 滤波器可以简单理解为,是按照系统中过程噪声 $v(k)$ 和测量噪声 $w(k)$ 的强度即 Q 和 R 的大小,通过最合理地调整观测器中修正项的校正作用来实现的。这在实际意义上也很好理解,因为当 Q 较大,R 较小时,系统真实状态 $X(k)$ 受 $v(k)$ 影响较大,输出量 $y(k)$ 受 $w(k)$ 影响较小,$y(k)$ 中的主要成分是受噪声影响较大的真实状态 $X(k)$,这种情况下,要使重构状态 $\hat{X}(k)$ 接近真实状态 $X(k)$,显然应该加大 $K(k)$,使修正项的校正作用加强;而当 Q 较小,R 较大时,系统真实状态 $X(k)$ 受 $v(k)$ 影响较小,输出量 $y(k)$ 受 $w(k)$ 影响较大,$y(k)$ 中的噪声成分主要是 $w(k)$,要减小 $y(k)$ 中含的 $w(k)$ 对重构状态 $\hat{X}(k)$ 的影响,显然应该减小 $K(k)$,使修正项的校正作用减弱。

(4) Kalman 滤波器也可以采用预报观测器的形式,即用现时输出 $y(k)$ 重构下一步状态 $\hat{X}(k+1)$。采用预报观测器形式的 Kalman 滤波器的递推方程组如下:

$$\begin{cases} \hat{X}(k+1) = A\hat{X}(k) + Bu(k) + K^*(k)\left[y(k) - C\hat{X}(k)\right] & (6.3.44a) \\ K^*(k) = AP(k)C^{\mathrm{T}}\left[R + CP(k)C^{\mathrm{T}}\right]^{-1} & (6.3.44b) \\ P(k+1) = AP(k)A^{\mathrm{T}} + \Gamma Q\Gamma^{\mathrm{T}} - K^*(k)CP(k)A^{\mathrm{T}} & (6.3.44c) \end{cases}$$

$\hat{X}(0)$ 和 $P(0)$ 给定。

同样可以采用稳态 Kalman 滤波器,Kalman 增益 K^* 由式(6.3.44b)和(6.3.44c)通过离线迭代计算获得。将获得的 K^* 阵代入方程(6.3.44a),便构成预报型稳态 Kalman 滤波器。

6.4 基于二次型性能指标状态反馈最优化设计

前面我们讨论的状态反馈极点配置设计法,是按期望闭环极点配置来设计状态反馈控制律的。控制系统的性能指标是以期望闭环极点配置的形式给出的,这种性能指标是一种间接性能指标,不能定量和较全面地表达控制系统的实际性能要求。本节将讨论基于二次型性能指标函数状态反馈最优化设计法,亦即现代控制理论中的线性二次型最优控制问题,简称 LQ 问题。这里的控制系统性能指标是取系统状态量和控制量的二次型函数,它能够直接地定量和较全面地表达控制系统的实际性能要求,而且在数学上能够使最优控制问题具有可解性。按照这种性能指标函数最优化准则设计出的状态反馈控制律可使控制系统具有最优的二次型性能指标。

6.4.1 二次型性能指标函数及其最优化控制问题

设被控系统为

$$X(k + 1) = AX(k) + Bu(k) \tag{6.4.1}$$

$$y(k) = CX(k) \tag{6.4.2}$$

式中,$X(k)$ 为 n 维状态向量;$u(k)$,$y(k)$ 分别是系统的控制量和输出量。

被控系统在控制序列 $\{u(0), \ u(1), \ \cdots, \ u(N)\}$ 作用下,从初始状态 $X(0)$ 转移到终点状态 $X(N)$ 的控制过程示意图如图 6.7 所示。

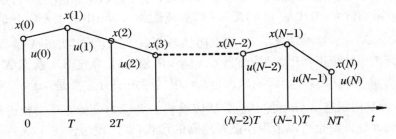

图 6.7 控制过程示意图

描述这样控制过程的二次型性能指标函数也称代价函数,其形式为

$$J_N = \sum_{k=0}^{N} \{[X_d - X(k)]^{\mathrm{T}} Q [X_d - X(k)] + u^{\mathrm{T}}(k) Ru(k)\} \tag{6.4.3}$$

其中,$X_d(k)$ 是期望状态,$X_d(k) - X(k)$ 是实际状态与期望状态之间的偏差。Q 为状态加权矩阵,是对称非负定的;R 为控制加权矩阵,是对称正定的。它们可以取为时变矩阵,用以表示控制过程中不同时段的性能要求的区别,但为了简化最优控制问题的推导和计算,通常都取为常数对角矩阵。

可以看出，J_N 由两大项构成，其中第一项 $\sum_{k=0}^{N} [X_d - X(k)]^{\mathrm{T}} Q [X_d - X(k)]$ 是偏差状态 $X_d(k) - X(k)$ 的各个分量加权平方和的积分，相当于偏差平方积分指标，可以定量描述整个控制过程的实际控制效果，其值越小控制效果越好，反之控制效果越差；J_N 中的第二项 $\sum_{k=0}^{N} u^{\mathrm{T}}(k) R u(k)$ 是整个控制过程的控制量的加权平方和，可以定量描述整个控制过程中消耗的能量（因控制信号通常正比于控制力或力矩或物料流量），反映控制的代价。这一项值越小，控制代价就越小，反之控制代价越大。在 J_N 中增加这一项，相当于对整个控制过程中的控制序列 $u(k)$ 加了一定的限制，使其避免出现过大的幅值，以便于物理实现。控制效果与控制代价之间的权衡可以通过选取加权阵 Q 和 R 来实现。若控制性能强调控制效果（即控制精度），较少计较控制代价，则应取较大的 Q，较小的 R；反之若强调控制代价，较少计较控制效果，则应取较小的 Q，较大的 R。

对于调节系统，二次型性能指标函数(6.4.3)中的期望状态 $X_d(k)$ 是固定的常向量，为了处理方便，可以通过坐标原点的转移，将性能指标函数(6.4.1)式改为如下形式：

$$J_N = \sum_{k=0}^{N} \{ X^{\mathrm{T}}(k) Q X(k) + u^{\mathrm{T}}(k) R u(k) \} \tag{6.4.4}$$

其中，状态 $X(k)$ 应仍理解为期望状态与实际状态之间的偏差。通常研究最优调节问题，都采用式(6.4.4)形式的二次型性能指标函数。我们这里主要研究线性二次型最优调节问题。基于二次型性能指标函数最优调节问题就是，对于给定的线性系统(6.4.1)和初始状态 $X(0)$，如何确定最优控制序列 $\{u(0), u(1), \cdots, u(N)\}$ 使式(6.4.4)二次型性能指标函数 J_N 为最小。这个问题在数学上，就是求解二次型性能指标函数 J_N 在方程(6.4.1)约束条件下的极小值问题。

6.4.2　线性二次型最优调节问题的求解

线性二次型最优调节问题求解方法通常有变分法和基于最优原理的递推寻优法（即动态规划法），前者数学比较抽象，不易理解，后者比较直观，易于理解，为此我们这里讨论采用递推寻优法求解上述线性二次型最优调节问题。

由式(6.4.4)和图 6.7 可知，图 6.7 所示 N 级控制过程的二次型性能指标函数 J_N 是 $X(0), u(0), u(1), \cdots, u(N)$ 的函数，即 J_N 是一个多元函数。所以若用通常的微分求函数极值方法求解上述二次型最优调节问题，则需要解具有约束条件(6.4.1)式的 N 个代数方程。当 N 很大时，求解很困难，当 $N \rightarrow \infty$ 时，就无法解决。然而，利用贝尔曼(R. Bellman)最优原理便可以将此 N 级控制过程寻优问题转化为 N 个单级控制过程寻优问题，使问题大为简化。

对于图 6.7 所示 N 级控制过程按二次型指标函数 J_N 寻优问题，最优原理可表示为，如果控制序列 $\{u(k)\}$ 在 $0 \leqslant k \leqslant N$ 时区内是最优的（即 J_N 为最小），则在任何 $m \leqslant k \leqslant N$ 时区内也是最优的（即使 $J_N - J_m$ 为最小），其中 $0 \leqslant m \leqslant N$。由此，我们便可以将上述 N 级控制过程寻优问题转化为 N 个单级寻优问题。考虑到控制量 $u(k)$ 只影响未来状态 $X(k+i)$，$i \geqslant 1$，而不会影响过去和现时状态 $X(k-i)$，$i \geqslant 0$。因此寻优可以从控制过程终点 N 开始按反时间方向,向起点 0 逐级递推依次求得最优控制序列 $\{u(N), u(N-1), \cdots, u(1), u(0)\}$。

按照上述最优原理可以推得各级寻优递推关系。若令

$$f[X(k), u(k)] = X^{\mathrm{T}}(k)QX(k) + u^{\mathrm{T}}(k)Ru(k) \tag{6.4.5}$$

则(6.4.4)式性能指标函数 J_N 可简记为

$$J_N = \sum_{k=0}^{N} f[X(k), u(k)] \tag{6.4.6}$$

定义 $V[X(k)]$ 为 $k \sim N$ 控制过程的最小代价(即最优性能指标),即

$$V[X(k)] = \min_{u(k) \sim u(N)} \left\{ \sum_{j=k}^{N} f[X(j), u(j)] \right\} \tag{6.4.7}$$

这里 $X(k)$ 是第 k 步到终点 N 的控制过程的初始状态,当最优控制序列 $u(k) \sim u(N)$ 确定后,这段控制过程的最小代价就是 $X(k)$ 的函数。

由最优原理,(6.4.7)式可表示为

$$V[X(k)] = \min_{u(k) \sim u(N)} \left\{ f[X(k), u(k)] + \sum_{j=k+1}^{N} f[X(j), u(j)] \right\}$$

$$= \min_{u(k)} \left\{ \min_{u(k+1) \sim u(N)} f[X(k), u(k)] + \sum_{j=k+1}^{N} f[X(j), u(j)] \right\} \tag{6.4.8}$$

因 $f[X(k), u(k)]$ 与 $u(k+1) \sim u(N)$ 无关,所以

$$\min_{u(k+1) \sim u(N)} f[X(k), u(k)] = f[X(k), u(k)] \tag{6.4.9}$$

按照 $V[X(k)]$ 的定义,有

$$\min_{u(k+1) \sim u(N)} \left\{ \sum_{j=k+1}^{N} f[X(j), u(j)] \right\} = V[X(k+1)] \tag{6.4.10}$$

于是,式(6.4.8)可写成

$$V[X(k)] = \min_{u(k)} \{ f[X(k), u(k)] + V[X(k+1)] \} \tag{6.4.11}$$

这就是关于各级寻优的逆递推方程,称之为贝尔曼方程。由此方程显见,$k \sim N$ 多级控制过程的寻优问题可以变为在 $(k+1) \sim N$ 的控制过程寻优基础上的单级寻优问题。

考虑系统状态方程(6.4.1),贝尔曼方程(6.4.11)可改写为

$$V[X(k)] = \min_{u(k)} \{ f[X(k), u(k)] + V[AX(k) + Bu(k)] \} \tag{6.4.12}$$

于是由方程

$$\frac{\partial}{\partial u(k)} \{ f[X(k), u(k)] + V[AX(k) + Bu(k)] \} = 0 \tag{6.4.13}$$

可解得第 k 步的最优控制量 $u(k), k = N-1, N-2, \cdots, 0$。

贝尔曼方程(6.4.11)的递推初值为

$$V[X(N)] = \min_{u(N)} \{ f[X(N), u(N)] \} = \min_{u(N)} \{ X^{\mathrm{T}}(N)QX(N) + u^{\mathrm{T}}(N)Ru(N) \} \tag{6.4.14}$$

由方程

$$\frac{\partial}{\partial u(k)} \{ X^{\mathrm{T}}(N)QX(N) + u^{\mathrm{T}}(N)Ru(N) \} = 2Ru(N) = 0 \tag{6.4.15}$$

解得，$u(N) = 0$（终点控制量 $u(N)$ 总是等于零的），代入 $V[X(N)]$，得

$$V[X(N)] = f[X(N)] \tag{6.4.16}$$

以 $V[X(N)]$ 为初值，利用方程 $(6.4.11)$、$(6.4.1)$、$(6.4.7)$ 以及 $(6.4.13)$，就可逆向递推求得最优控制量 $u(N-1), u(N-2), \cdots, u(0)$，递推到最后得到的 $V[X(0)]$ 就是 $0 \sim N$ 全部控制过程的二次型性能指标最优值，即 $V[X(0)] = J_{N\min}$。

【例 6.4.1】　设一阶系统状态方程为

$$x(k+1) = 2x(k) + u(k)$$

取二次型性能指标函数为

$$J_3 = \sum_{k=0}^{3} [x^2(k) + u^2(k)]$$

无其他约束，试用递推寻优法求最优控制序列 $u(0), u(1)$ 和 $u(2)$。

解　这里 $f[X(k), u(k)] = x^2(k) + u^2(k)$，贝尔曼方程为

$$V[X(k)] = \min_{u(k)}\{x^2(k) + u^2(k) + V[X(k+1)]\}$$

初值为

$$V[X(N)] = V[x(3)] = \min_{u(3)}\{x^2(3) + u^2(3)\}$$

显然，$u(3) = 0$，通常总有 $u(N) = 0$。

所以

$$V[X(3)] = f[x(3)] = x^2(3) = [2x(2) + u(2)]^2$$

于是

$$
\begin{aligned}
V[X(2)] &= \min_{u(2)}\{x^2(2) + u^2(2) + V[X(3)]\} \\
&= \min_{u(2)}\{x^2(2) + u^2(2) + [2x(2) + u(2)]^2\} \\
&= \min_{u(2)}\{5x^2(2) + 4x(2)u(2) + 2u^2(2)\}
\end{aligned}
$$

$$\frac{\partial}{\partial u(2)}\{5x^2(2) + 4x(2)u(2) + 2u^2(2)\} = 4x(2) + 4u(2) = 0$$

得

$$u(2) = -x(2), \quad V[x(2)] = 3x^2(2) = 3[2x(1) + u(1)]^2$$

$$
\begin{aligned}
V[X(1)] &= \min_{u(1)}\{x^2(1) + u^2(1) + V[X(2)]\} \\
&= \min_{u(1)}\{x^2(1) + u^2(1) + 3[2x(1) + u(1)]^2\} \\
&= \min_{u(1)}\{13x^2(1) + 12x(1)u(1) + 4u^2(1)\}
\end{aligned}
$$

$$\frac{\partial}{\partial u(1)}\{13x^2(1) + 12x(1)u(1) + 4u^2(1)\} = 12x(1) + 8u(1) = 0$$

得

$$u(1) = -1.5x(1), V[x(1)] = 4x^2(1) = 4[2x(0) + u(0)]^2$$

$$
\begin{aligned}
V[X(0)] &= \min_{u(0)}\{x^2(0) + u^2(0) + V[X(1)]\} \\
&= \min_{u(0)}\{x^2(0) + u^2(0) + 4[2x(0) + u(0)]^2\}
\end{aligned}
$$

$$= \min_{u(0)}\{17x^2(0) + 16x(0)u(0) + 5u^2(0)\}$$

$$\frac{\partial}{\partial u(0)}\{17x^2(0) + 16x(0)u(0) + 5u^2(0)\} = 16x(0) + 10u(0) = 0$$

得

$$u(0) = -1.6x(0), \quad V[x(0)] = 4.2x^2(0)$$

由上递推求得最优控制量为

$$u(0) = -1.6x(0), \quad u(1) = -1.5x(1), \quad u(2) = -x(2), \quad u(3) = 0$$

各步相应的反馈增益为

$$l(0) = 1.6, \quad l(1) = 1.5, \quad l(2) = 1, \quad l(N) = l(3) = 0$$

J_3 的最小值为

$$V[x(0)] = 4.2x^2(0)$$

由此例可以看出,按照二次型性能指标最优化解得的各级最优控制量 $u(k)$, $k = 0,1,2$ $\cdots N-1$ 都是相应各级状态 $X(k)$ 的线性函数。由此可知,基于二次型性能指标最优控制也是通过状态反馈实现,不过其状态反馈增益阵是时变的。通常称使系统二次型性能指标为最优的状态反馈律为最优状态反馈律。由贝尔曼方程(6.4.11)不仅可以递推解得最优控制序列 $\{u(k)\}$,而且通过进一步的推导,还可以获得最优状态反馈增益阵 $L(k)$ 的递推解法。

由最小代价函数 $V[X(k)]$ 的定义式(6.4.7)和上例不难理解,它总是状态 $X(k)$ 的二次型函数。假设其形式为

$$V[X(k)] = X^T(k)P(k)X(k) \tag{6.4.17}$$

其中,$P(k)$ 为 $n \times n$ 非负定的对称矩阵。于是有

$$V[X(k+1)] = X^T(k+1)P(k+1)X(k+1)$$
$$= [AX(k) + Bu(k)]^T P(k+1)[AX(k) + Bu(k)] \tag{6.4.18}$$

将该式与(6.4.5)式一并代入贝尔曼方程(6.4.11),得

$$V[X(k)] = \min_{u(k)}\{X^T(k)QX(k) + u^T(k)Ru(k)$$
$$+ [AX(k) + Bu(k)]^T P(k+1)[AX(k) + Bu(k)]\} \tag{6.4.19}$$

式中 $u(k)$ 应满足方程

$$\frac{\partial}{\partial u(k)}\{X^T(k)QX(k) + u^T(k)Ru(k)$$
$$+ [AX(k) + Bu(k)]^T P(k+1)[AX(k) + Bu(k)]\}$$
$$= 2[Ru(k) + B^T P(k+1)AX(k) + B^T P(k+1)Bu(k)] = 0 \tag{6.4.20}$$

由此可解得

$$u(k) = -[R + B^T P(k+1)B]^{-1} B^T P(k+1)AX(k) \tag{6.4.21}$$

式中,矩阵 $[R + B^T P(k+1)B]$,由于其中 R 是正定矩阵,$B^T P(k+1)B$ 是非负定矩阵,所以它是正定的,也是非奇异的,因而 $u(k)$ 一定有解。又因(6.4.19)式中的函数 $\{\cdot\}$ 对 $u(k)$ 的二阶偏导为

$$\frac{\partial^2}{\partial u^2(k)}\{\cdot\} = \frac{\partial}{\partial u(k)}\frac{\partial}{\partial u(k)}\{\cdot\} = R + B^T P(k+1)B > 0 \tag{6.4.22}$$

所以方程(6.4.20)不仅是(6.4.19)式中函数 $\{\cdot\}$ 取极小值的必要条件而且也是充分条件,

因此由方程(6.4.20)解得的 $u(k)$ 一定是满足(6.4.19)式的最优控制量。

由上分析可知,式(6.4.21)就是所求的最优状态反馈律,将其改写为

$$u(k) = -L(k)X(k) \tag{6.4.23}$$

其中

$$L(k) = [R + B^{\mathrm{T}}P(k+1)B]^{-1}B^{\mathrm{T}}P(k+1)A \tag{6.4.24}$$

即为最优状态反馈增益矩阵。将最优控制量 $u(k)$ 表示式(6.4.23)代入(6.4.19)式,得

$$V[X(k)] = X^{\mathrm{T}}(k)\{Q + L^{\mathrm{T}}(k)RL(k)$$
$$+ [A - BL(k)]^{\mathrm{T}}P(k+1)[A - BL(k)]\}X(k) \tag{6.4.25}$$

将该式与(6.4.17)式比较,可得方程

$$P(k) = Q + L^{\mathrm{T}}(k)RL(k) + [A - BL(k)]^{\mathrm{T}}P(k+1)[A - BL(k)] \tag{6.4.26}$$

该方程称为 Riccati(黎卡提)方程。Riccati 方程也可表示为如下几种形式:

$$P(k) = Q + A^{\mathrm{T}}P(k+1)A - L^{\mathrm{T}}(k)[R + B^{\mathrm{T}}P(k+1)B]L(k) \tag{6.4.27}$$

和

$$P(k) = Q + A^{\mathrm{T}}P(k+1)A - A^{\mathrm{T}}P(k+1)BL(k) \tag{6.4.28}$$

$$P(k) = Q + A^{\mathrm{T}}P(k+1)[A - BL(k)] \tag{6.4.29}$$

将 Riccati 方程(6.4.26)与(6.4.24)联立,通过逆向递推便可解得各步控制的状态反馈增益阵 $L(k)$ 以及矩阵 $P(k)(k = N-1, N-2, \cdots, 0)$,$L(N)$ 总是等于零的。递推的初值可由边界条件

$$V[X(N)] = X^{\mathrm{T}}(N)P(N)X(N) = X^{\mathrm{T}}(N)QX(N) \tag{6.4.30}$$

获得,即

$$P(N) = Q \tag{6.4.31}$$

【例 6.4.2】　对于例 6.4.1 中的系统

$$x(k+1) = 2x(k) + u(k)$$

仍取

$$J_3 = \sum_{k=0}^{3}[x^2(k) + u^2(k)]$$

试用 Riccati 方程和式(6.4.24)以及(6.4.29)递推计算最优状态反馈增益 $l(k)$,$k = 0, 1, 2$。

解　由题知,该系统及其二次型性能指标函数的参数分别为

$$A = 2, \quad B = 1, \quad Q = 1, \quad R = 1, \quad N = 3$$

由式(6.4.31),黎卡提方程初值,

$$P(N) = P(3) = Q = 1, \quad l(N) = l(3) = 0$$

由方程(6.4.24),得

$$L(N-1) = l(2) = [R + B^{\mathrm{T}}P(3)B]^{-1}B^{\mathrm{T}}P(3)A = [1+1]^{-1}1 \cdot 1 \cdot 2 = 1$$

由方程(6.4.29),得

$$P(2) = Q + A^{\mathrm{T}}P(3)[A - BL(2)] = 1 + 2 \cdot 1 \cdot [2 - 1 \cdot 1] = 3$$

由方程(6.4.24),得

$$l(1) = [R + B^{\mathrm{T}}P(2)B]^{-1}B^{\mathrm{T}}P(2)A = [1 + 1 \cdot 3 \cdot 1]^{-1}1 \cdot 3 \cdot 2 = 1.5$$

由方程(6.4.29),得

$$P(1) = Q + A^{\mathrm{T}}P(2)[A - Bl(1)] = 1 + 2 \cdot 3 \cdot [2 - 1 \cdot 1.5] = 4$$

由方程(6.4.24),得

$$l(0) = [R + B^{\mathrm{T}}P(1)B]^{-1}B^{\mathrm{T}}P(1)A = [1 + 1 \cdot 4 \cdot 1]^{-1}1 \cdot 4 \cdot 2 = 1.6$$

由方程(6.4.29),得

$$P(0) = Q + A^{\mathrm{T}}P(1)[A - Bl(0)] = 1 + 2 \cdot 4 \cdot [2 - 1 \cdot 1.6] = 4.2$$

J_3 的最小值为

$$V[x(0)] = 4.2x^2(0)$$

可以看出,以上计算出的各步最优状态反馈增益 $l(k)$, $k = N-1, N-2, \cdots, 0$ 和例 6.4.1 按贝尔曼方程递推计算结果完全一致。

【例 6.4.3】 已知被控系统的状态方程为

$$X(k+1) = AX(k) + Bu(k)$$

其中

$$A = \begin{bmatrix} 1.0 & 0.0952 \\ 0 & 0.905 \end{bmatrix}, \quad B = \begin{bmatrix} 0.00484 \\ 0.0952 \end{bmatrix}$$

取性能指标函数为

$$J_N = \sum_{k=0}^{N} [X^{\mathrm{T}}(k)QX(k) + Ru^2(k)]$$

其中 $Q = \begin{bmatrix} 1 & 0 \\ 0 & 1 \end{bmatrix}$, $R = 1$, $N = 2$。

试用黎卡提方程(6.4.29)和最优状态反馈阵表示式(6.4.24)递推计算最优状态反馈增益阵 $L(k)$, $k = N-1, \cdots, 0$。

解 黎卡提方程递推初值, $P(N) = P(2) = Q = \begin{bmatrix} 1 & 0 \\ 0 & 1 \end{bmatrix}$

由 $P(N)$ 出发递推计算如下:

$$L(N-1) = L(1) = [R + B^{\mathrm{T}}P(2)B]^{-1}B^{\mathrm{T}}P(2)A = [0.00484 \quad 0.000461]$$

$$P(1) = Q + A^{\mathrm{T}}P(2)[A - BL(1)] = \begin{bmatrix} 2.0 & 0.0952 \\ 0.0952 & 0.00906 \end{bmatrix}$$

$$L(0) = [R + B^{\mathrm{T}}P(1)B]^{-1}B^{\mathrm{T}}P(1)A = [0.0187 \quad 0.00298]$$

$$P(0) = Q + A^{\mathrm{T}}P(1)[A - BL(0)] = \begin{bmatrix} 3.0 & 0.276 \\ 0.276 & 0.0419 \end{bmatrix}$$

利用黎卡提方程(6.4.29)和最优状态反馈阵表示式(6.4.24)递推计算最优状态反馈增益阵序列 $\{L(k)\}$ 只有 2 阶以下系统和 N 很小时,才能用于手工计算;一般都要用计算机来计算。用计算机实现基于二次型性能指标最优控制时,通常都是先由计算机离线计算出各步最优状态反馈阵 $L(k)$,并储存在计算机内存中,实时控制时,调用事先计算出的各步反馈阵 $L(k)$,按最优状态反馈控制律(6.4.23)式实时计算出的各步反馈最优控制量 $u(k)$。若系统状态 $X(k)$ 不能测量,则用观测器重构状态 $\hat{X}(k)$ 代替式中的真实状态 $X(k)$ 进行计算。

将例 6.4.3 中的性能指标函数中的参数改为

$$N = 51, \quad Q = \begin{bmatrix} 1 & 0 \\ 0 & 0 \end{bmatrix}$$

并且 R 分别取为 $R = 1, R = 0.1$ 和 $R = 0.03$，由计算机分别计算出对应于三种不同 R 值的最优反馈增益序列 $l_1(k)$ 和 $l_2(k)$，如图 6.8(a) 所示。该系统在 $R = 1$ 和 $R = 0.03$ 的两种情况下，系统状态分量 $x_1(k)$ 对应的连续量 $x_1(t)$ 对于初始状态 $X(0) = \begin{bmatrix} 1 \\ 0 \end{bmatrix}$ 的控制响应曲线分别如图 6.8(b) 所示。Q 结构表明，该系统对 x_2 的控制没有要求，故不考虑对 x_2 的控制效果。

图 6.8 表明：

(1) 最优状态反馈增益 $l_i(k)(i = 1, 2, \cdots, n)$ 总是从终点 N 开始由 0 逆时间方向逐渐增大，当 $k \ll N$ 时，$l_i(k)$ 几乎不再变化，近似为一常数；

(2) 在相同条件下，控制加权 R 减小，最优状态反馈增益 $l_i(k)$ 相应地增大；系统状态响应速度加快，控制效果变好，但最优控制量 $u(k)$ 幅值也会相应增大。

这两点结论具有普遍性，对于所有基于线性二次型性能指标的最优控制系统也都适用。

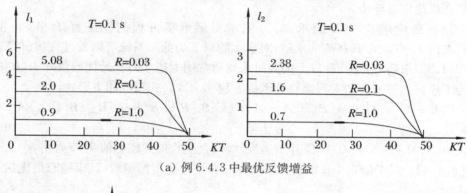

(a) 例 6.4.3 中最优反馈增益

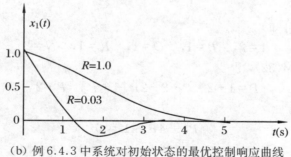

(b) 例 6.4.3 中系统对初始状态的最优控制响应曲线

图 6.8

6.4.3 线性二次型稳态最优控制

上面我们讨论的线性二次型最优控制，最优状态反馈增益阵 $L(k)$ 是时变的，然而从例 6.4.3 可以看出，在控制过程步数 N 较大的情况下，由黎卡提方程递推求得的最优 $L(k)$ 阵总是从终点 N 开始向起点 0 逆时间方向逐渐增大，并渐近趋于常数矩阵。其实，理论上已证明，如果被控系统是能控的，则系统的黎卡提方程 (6.4.27) 关于矩阵 $P(k)$ 的解渐近收敛

于一常数阵,记为 P,矩阵 P 满足如下代数方程

$$P = Q + A^{T}PA - A^{T}PB\left[R + B^{T}PB\right]^{-1}B^{T}PA \qquad (6.4.32)$$

或

$$P = Q + L^{T}RL + (A - BL)^{T}P(A - BL) \qquad (6.4.33)$$

其中

$$L = \left[R + B^{T}PB\right]^{-1}B^{T}PA$$

方程(6.4.32)或(6.4.33)称为稳态黎卡提方程,常数矩阵 P 称为黎卡提方程的稳态解,与 $P(k)$ 阵对应的最优增益阵 $L(k)$ 也收敛于一常数阵 L,即

$$L = \left[R + B^{T}PB\right]^{-1}B^{T}PA \qquad (6.4.34)$$

由此方程得到的常数阵 L 称为稳态最优状态反馈增益阵。

在实际应用中,大多数系统都采用稳态最优增益阵 L 代替时变最优增益阵 $L(k)$,最优状态反馈控制律取为

$$u(k) = -LX(k) \qquad (6.4.35)$$

这样,实际控制时,就不必要事先计算和存储控制过程中的每步最优增益阵 $L(k)$,而只需存储一个稳态最优增益阵 L。

关于稳态最优增益阵 L 的求解,可先求得黎卡提方程的稳态解 P 阵,再由方程(6.4.33)求得 L 阵。关于 P 阵的求解,对于 2 阶以下的低阶系统可以通过直接解稳态黎卡提方程(6.4.32)求得,对于 3 阶以上的高阶系统通常用上述求时变最优增益阵 $L(k)$ 的递推算法。为了递推计算方便通常习惯将黎卡提方程(6.4.27)式写成如下形式:

$$P(k + 1) = Q + A^{T}P(k)A - A^{T}P(k)B\left[R + B^{T}P(k)B\right]^{-1}B^{T}P(k)A$$

$$(6.4.36)$$

用计算机由 $P(0) = 0$ 或 $P(0) = Q$ 开始递推计算,直至收敛到稳态值 P 阵为止。

【例 6.4.4】 对于例 6.4.2 的被控系统和二次型性能指标函数,试求稳态最优状态反馈增益阵 l。

解 由例 6.4.2 可知

$$A = 2, \quad B = 1, \quad Q = 1, \quad R = 1, \quad N = 3$$

由稳态黎卡提方程(6.4.32),得

$$P = 1 + 2 \cdot P \cdot 2 - 2P\left[1 + P\right]^{-1} \cdot P \cdot 2$$

即

$$P^{2} - 4P - 1 = 0$$

解得

$$P = 2 \pm \sqrt{5} = 2 \pm 2.236$$

其中,$P = -0.236$ 显然不合理,因 P 阵总是非负的。所以,$P = 4.236$,是该例黎卡提方程的稳态解,对应的稳态最优状态反馈增益为

$$L = \left[R + B^{T}PB\right]^{-1}B^{T}PA = \left[1 + 4.236\right]^{-1} \times 8.472 = 1.618$$

在例 6.4.2 中,经过 3 步递推得到的 $l(0) = 1.6$ 已十分接近其稳态值 l,这表明该例黎卡提方程的解收敛很快。

应该强调指出,采用稳态最优状态反馈控制律(6.4.35)构成的最优闭环控制系统能否

稳定？这是一个重要的理论问题，还必须予以回答。

定理　对于线性时不变 n 阶系统

$$X(k+1) = AX(k) + Bu(k) \tag{6.4.37}$$

基于二次型性能指标

$$J_\infty = \sum_{k=0}^{\infty} \left[X^{\mathrm{T}}(k)QX(k) + u^{\mathrm{T}}(k)Ru(k) \right] \tag{6.4.38}$$

的稳态最优控制闭环系统渐近稳定的充分条件是，系统对 (A,D) 是能观的，其中 D 是 n 阶方阵，为 Q 的一种分解，即

$$D^{\mathrm{T}}D = Q \tag{6.4.39}$$

证明　取李亚普诺夫函数为

$$V[X(k)] = X^{\mathrm{T}}(k)PX(k) \tag{6.4.40}$$

其中 P 为正定矩阵，$X(k)$ 为稳态最优控制闭环系统状态。

因而

$$
\begin{aligned}
\Delta V[X(k)] &= X^{\mathrm{T}}(k+1)PX(k+1) - X^{\mathrm{T}}(k)PX(k) \\
&= [AX(k) - BLX(k)]^{\mathrm{T}}P[AX(k) - BLX(k)] - X^{\mathrm{T}}(k)PX(k) \\
&= X^{\mathrm{T}}(k)[(A-BL)^{\mathrm{T}}P(A-BL) - P]X(k)
\end{aligned} \tag{6.4.41}
$$

由方程(6.4.33)得

$$(A-BL)^{\mathrm{T}}P(A-BL)^{\mathrm{T}} - P = -(Q + L^{\mathrm{T}}RL) \tag{6.4.42}$$

代入(6.4.41)式，得

$$\Delta V[X(k)] = -X^{\mathrm{T}}(k)(Q + L^{\mathrm{T}}RL)X(k) \tag{6.4.43}$$

式中，R 是 m 阶正定阵（m 为输入 $u(k)$ 的维数），L 的秩 rank $\leqslant m$，所以 $L^{\mathrm{T}}RL \geqslant 0$；又因 $Q \geqslant 0$，因而

$$Q + L^{\mathrm{T}}RL \geqslant 0 \tag{6.4.44}$$

所以

$$\Delta V[X(k)] \leqslant 0 \tag{6.4.45}$$

还可证明，若 (A,D) 是能观的，则对于 $X(k)$ 不恒等于 0 轨线有

$$X^{\mathrm{T}}(k)QX(k) \neq 0 \tag{6.4.46}$$

因而对于 $X(k)$ 不恒等于 0 轨线有

$$\Delta V[X(k)] \neq 0 \tag{6.4.47}$$

所以，由(6.4.45)和(6.4.47)式依据李亚普诺夫稳定性定理即可断定，上述稳态最优控制闭环系统是渐近稳定的。

6.4.4　线性随机系统二次型最优控制

存在过程噪声和测量噪声的线性随机系统，即

$$\begin{cases} X(k+1) = AX(k) + Bu(k) + \Gamma v(k) \\ y(k) = CX(k) + w(k) \end{cases} \tag{6.4.48}$$

$v(k)$ 和 $w(k)$ 分别为互不相关的白噪声序列。

这种线性随机系统的二次型最优控制问题，简称 LQG 问题（即线性二次型高斯最优控

制问题)。由于随机系统(6.4.48)的状态是随机变量,所以随机系统的二次型性能指标函数是取状态 $X(k)$ 和控制量 $u(k)$ 的二次型函数的均值,即

$$J_N = E\left\{\sum_{k=0}^{N}\left[X^{\mathrm{T}}(k)QX(k) + u^{\mathrm{T}}(k)Ru(k)\right]\right\} \tag{6.4.49}$$

随机系统线性二次型最优控制问题的提法和上述确定性系统线性二次型最优控制问题提法相同,亦即确定最优控制序列 $\{u(0),u(1),\cdots,u(N)\}$ 使性能指标函数 J_N(6.4.49)取极小值,进而确定最优状态反馈增益阵 $L(k)$ 或其稳态常阵 L。

按照 6.2 节讨论的分离原理,线性系统状态反馈控制律和状态观测器可以分开独立进行设计。对于线性随机系统(6.4.48)分离原理仍然适用,因此线性随机系统二次型最优控制器设计可以分解为,最优状态反馈律的设计和最优状态观测器(即 Kalman 滤波器)的设计。最优状态反馈律的设计则按前面讨论的确定性系统(即不考虑系统中 $w(k)$ 和 $v(k)$ 的作用)线性二次型最优反馈控制律设计方法进行;最优状态观测器的设计则按随机系统 Kalman 滤波器设计方法进行。线性随机系统的二次型最优控制器总是由最优状态反馈控制律和最优状态观测器构成的,控制系统结构如图 6.4 或图 6.5 所示,其形式和一般状态反馈控制系统没有什么区别,所不同的是,线性二次型最优控制系统的状态反馈增益阵 L 和状态观测器反馈增益阵 K 都是按照最优化方法设计的。

最后说明一点,不论是确定性系统还是随机系统的线性二次型最优控制都可以通过引入系统输出量 $y(k)$ 与参考输入 y_r 之间的偏差积分来提高系统的稳态控制精度,具体做法可以采用极点配置设计法中引入偏差积分的相同做法,即将系统偏差定义为系统一个状态分量,并将偏差积分方程与系统原状态空间模型合并构成增广状态空间模型。

确定性系统的增广状态实间模型的形式为

$$\begin{cases} \bar{X}(k+1) = \begin{bmatrix} A & 0 \\ -C & 1 \end{bmatrix}\bar{X}(k) + \begin{bmatrix} B \\ 0 \end{bmatrix}u(k) + \begin{bmatrix} 0 \\ 1 \end{bmatrix}y_r \\ y(k) = \begin{bmatrix} C & 0 \end{bmatrix}\bar{X}(k) \end{cases} \tag{6.4.50}$$

随机系统的增广状态空间模型的形式为

$$\begin{cases} \bar{X}(k+1) = \begin{bmatrix} A & 0 \\ -C & 1 \end{bmatrix}\bar{X}(k) + \begin{bmatrix} B \\ 0 \end{bmatrix}u(k) + \begin{bmatrix} 0 \\ 1 \end{bmatrix}y_r + \begin{bmatrix} \Gamma \\ 0 \end{bmatrix}v(k) \\ y(k) = \begin{bmatrix} C & 0 \end{bmatrix}\bar{X}(k) + w(k) \end{cases} \tag{6.4.51}$$

以上式中,$\bar{X} = \begin{bmatrix} X(k) & x_i(k) \end{bmatrix}^{\mathrm{T}}$ 为增广状态向量,$x_i(k) = y_r - y(k)$ 为系统偏差。

然后,按照系统的增广状态空间模型(6.4.50)或(6.4.51)来设计二次型最优状态反馈控制律和最优状态观测器,用最优状态观测器与最优状态反馈控制律构成最优状态反馈控制器。

习　　题

6.1　(1) 试判断如下离散系统状态的能控性和能观性。

$$\begin{cases} x(k+1) = \begin{bmatrix} 0.5 & -0.5 \\ 0 & 0.25 \end{bmatrix} x(k) + \begin{bmatrix} 6 \\ 4 \end{bmatrix} u(k) \\ y(k) = \begin{bmatrix} 2 & -4 \end{bmatrix} x(k) \end{cases}$$

(2) 当输出方程 $y(k) = \begin{bmatrix} 2 & -2 \end{bmatrix}$ 时,试判断该系统能观性。

6.2　已知离散系统状态方程为 $x(k+1) = \begin{bmatrix} 1 & 0 \\ 0 & 0.5 \end{bmatrix} x(k) + \begin{bmatrix} 1 & 1 \\ 1 & 0 \end{bmatrix} u(k)$

(1) 试判断该系统能控性。

(2) 当 $u(k) = \begin{bmatrix} 1 \\ -1 \end{bmatrix} v(k)$,试判断该系统对输入 $v(k)$ 的能控性。

6.3　已知系统 $x(k+1) = \begin{bmatrix} 0 & 1 & 2 \\ 0 & 0 & 2 \\ 0 & 0 & 0 \end{bmatrix} x(k) + \begin{bmatrix} 0 \\ 0 \\ 1 \end{bmatrix} u(k)$。

(1) 求一 n 步控制序列 $u(k)$,使系统初始状态 $x^T(0) = \begin{bmatrix} 0 & 1 & 2 \end{bmatrix}$ 转移到状态空间原点。

(2) 试求一控制序列 $u(k)$,使系统状态从原点即 $x(0) = 0$ 转移到 $x^T(n) = \begin{bmatrix} 0 & 1 & 2 \end{bmatrix}$。

(3) 试证明 n 阶离散系统(线性时不变的)若状态完全能控,则其任意初始状态 $x(0)$ 经 n 拍控制可以转移到原点即 $x(n) = 0$。

6.4　已知被控系统为 $\begin{cases} x(k+1) = \begin{bmatrix} 1.0 & 0.1 \\ 0.5 & 0.1 \end{bmatrix} x(k) + \begin{bmatrix} 1 \\ 0 \end{bmatrix} u(k) \\ y(k) = \begin{bmatrix} 1 & 1 \end{bmatrix} x(k) \end{cases}$,试设计状态反馈律 $u(k) = -Lx(k)$,使系统闭环极点位于 0.1 和 0.25 处。

6.5　已知被控系统为 $\begin{cases} x(k+1) = 0.8x(k) + u(k) \\ y(k) = x(k) \end{cases}$,系统参考输入 $y_r = 1$,试设计带输出偏差积分的状态反馈控制律,要求系统闭环特征多项式为 $P(z) = (z-0.6)^2$;并计算闭环 Z 传递函数检验系统稳态误差是否为零。

6.6　已知被控系统为 $\begin{cases} x(k+1) = 1.2x(k) + 0.5u(k) + 0.3v(k) \\ y(k) = x(k) \end{cases}$,其中 $v(k)$ 为可测量干扰,参考输入 $y_r = 0$,试设计可消除干扰 $v(k)$ 影响的状态反馈控制律,即 $u(k) = -l_1 x(k) - l_2 v(k)$,要求系统闭环极点 $p_1 = 0.5$。

6.7　已知被控系统为 $\begin{cases} x(k+1) = \begin{bmatrix} 1 & 1 \\ 0 & 1 \end{bmatrix} x(k) + \begin{bmatrix} 0.5 \\ 1 \end{bmatrix} u(k) \\ y(k) = \begin{bmatrix} 1 & 0 \end{bmatrix} x(k) \end{cases}$,采用重构状态反馈控制律,设参考输入 $y_r = 0$,系统期望闭环极点为 $p_1 = 0.6, p_2 = 0.5$,闭环观测器期望极点为 $q_1 = 0.2, q_2 = 0.1$。

(1) 试按极点配置法求状态反馈增益阵 L;

(2) 试按极点配置法求预报闭环观测器的反馈增益 K;

(3) 试求系统 y_r 到输出 $y(k)$ 的闭环 Z 传递函数;

(4) 试求重构状态反馈控制器(即 $y(k)$ 到 $u(k)$)的 Z 传递函数;

(5) $y(k) = x_1(k)$ 可测量,试设计重构 $x_2(k)$ 的降阶预报观测器,观测器期望闭环极点 $q_1 = 0.1$。

6.8 已知被控系统状态空间表达式为 $\begin{cases} x(k+1) = \begin{bmatrix} 1 & 1 \\ 0 & 1 \end{bmatrix} x(k) + \begin{bmatrix} 0.5 \\ 1 \end{bmatrix} u(k) + \begin{bmatrix} 0 \\ 1 \end{bmatrix} v(k) \\ y(k) = \begin{bmatrix} 1 & 0 \end{bmatrix} x(k) + w(k) \end{cases}$,

其中 $v(k)$ 和 $w(k)$ 分别为系统的过程和测量噪声,它们都是白噪声,其方差分别为 $\sigma_w^2 = 0.04, \sigma_v^2 = 0.09$;$w(k), v(k)$ 及 $x(0)$ 三者统计无关。

(1) 写出 Kalman 滤波器的增益阵计算公式。

(2) 设重构误差的协方差阵初值 $P(0) = 0$,试计算 Kalman 滤波器增益阵 $K^*(k)$,$K = 0,1,2,3$。

(3) 用计算机计算 Kalman 滤波器稳态增益阵 K^*,取 $P(0) = 10$。

6.9 已知被控系统状态方程为 $x(k+1) = \begin{bmatrix} 0.8 & 1.0 \\ 0 & 0.5 \end{bmatrix} x(k) + \begin{bmatrix} 1.0 \\ 0.5 \end{bmatrix} u(k)$,试按二次

型性能指标函数 $J = \sum_{k=0}^{4} [x^T(u)Qx(k) + Ru^2(k)]$ 最小,求最优状态反馈增益阵 $L(k)$ 和

最优控制序列 $u(k), k = 4,3,2,1,0$;设初始状态为 $x(0) = 100, Q = \begin{bmatrix} 1 & 0 \\ 0 & 1 \end{bmatrix}, R = 1$。

6.10 已知被控系统状态方程为 $x(k+1) = \begin{bmatrix} 0 & 1 \\ -1 & 1 \end{bmatrix} x(k) + \begin{bmatrix} 0 \\ 1 \end{bmatrix} u(k)$,取 $Q = \begin{bmatrix} 2 & 0 \\ 0 & 0 \end{bmatrix}, R = 2$,试用计算机计算稳态最优状态反馈增益阵。

第 7 章　模型预测控制算法及设计

模型预测控制简称 MPC(Model Predictive Control)是 20 世纪 70 年代末发展起来的一类新型计算机控制算法(或策略)。经过二十多年的理论研究和应用实践,MPC 在算法改进和理论分析方面都有很大发展,现已日趋成熟,并且在石油、化工、冶金、机械等多个工业部门都得到了成功的应用。与此同时,不少国外仪表及软件公司已经推出了多种各具特色的 MPC 商业化应用软件。现在人们已普遍认为 MPC 是一类最具实用性,有着广泛应用前景的先进控制策略。本章将系统扼要地介绍模型预测控制的基本原理、基本控制算法及其设计、控制算法分析、几种改进的控制算法和多变量系统控制算法以及基于拉盖尔(Laguerre)函数的预测控制算法等。

7.1　概　　述

以状态空间方法为基础,以最优控制为目标的现代控制理论从 20 世纪 60 年代以来发展很快,日益完善成熟,并在航空、航天等领域获得了成功的应用。20 世纪 70 年代微处理器出现以后,计算机硬件、软件技术飞速发展,计算机性能价格比大大提高,为计算机的工业应用提供了技术基础。于是工业界很自然地想到将先进的现代控制理论应用于工业控制,以取代传统的 PID 控制。但是,人们的应用实践证明,直接将现代控制理论搬来应用于工业控制很难获得满意的控制效果,更谈不上实现所谓的最优控制性能。其主要原因是,工业对象的结构、参数、环境都具有很大的不确定性,很难建立起工业对象的精确模型。而基于现代控制理论设计出来的控制策略(或算法)都是建立在被控对象精确数学模型的基础之上的。模型不精确,按现代控制理论设计出的控制策略在执行时不但不能得到预期的最优控制效果,有时甚至会产生更差的控制性能。因此人们一方面开展工业对象建模、参数辨识与自适应控制以及鲁棒控制理论方面的研究,同时开始打破传统和现代控制理论的框架,针对工业对象控制的特点,寻找以数值计算为主和不过分依赖系统精确模型的新的控制方法。模型预测控制就是在这种背景下产生和发展起来的一类新型的计算机优化控制算法,简称 MPC。

MPC 的典型算法有三种:

（1）模型算法控制，简称 MAC(Model Algorithmic Control)，是 1978 年法国 J. Richalet 首先提出的。MAC 算法采用被控对象的单位脉冲响应序列作为预测和控制的模型，每步计算出的控制量是位置式信号。MAC 仅适应于开环稳定系统。

（2）动态矩阵控制，简称 DMC(Dynamic Matrix Control)，是 1980 年美国 Shell Oil 公司 C. R. Culter 提出的。DMC 算法采用被控对象的单位阶跃响应序列作为预测和控制的模型，每步计算出的控制量是增量式信号。DMC 算法对系统控制无稳态误差，但也只能适用于开环稳定的系统。

（3）广义预测控制，简称 GPC(Generalized Predictive Control)，是 1987 年英国剑桥大学 D. W. Clarke 提出的。GPC 算法采用的预测和控制模型是被控对象的 CARIMA(被控自回归积分滑动平均)形式的差分方程，差分方程的系数通过在线参数辨识获得，所以，GPC 是一种自适应控制策略，即把系统模型参数辨识同预测控制结合起来，同时在线实现。GPC 每步计算出的控制量也是增量式信号，控制系统无稳态误差，它既适用于开环稳定系统也适用于开环不稳定系统。

以上三类模型预测控制的基本思想原理是相同的，它们主要区别是：采用的被控对象的模型的形式各不相同，因而与之相应的预测控制算法形式和细节有所区别。

模型预测控制的基本原理简述如下：

由系统理论可知，一个动态系统的未来输出可分解为自由响应和强迫响应，即

$$y(k+j) = y_0(k+j)\,|_k + y_f(k+j)\,|_k, \quad j \geqslant 1 \qquad (7.1.1)$$

式中，$y(k+j)$ 为系统在 k 时刻的未来各步输出；$y_0(k+j)\,|_k$ 为系统在 k 时刻的未来各步自由响应输出，它们都是由系统过去（即 k 时刻以前）各步控制量 $u(k-i)(i>0)$ 所产生的输出。它们与系统本身特性和过去各步的 $u(k-i)$ 有关。当系统处于 k 时刻时，$y_0(k+j)\,|_k$ 都是不变的确定值，但只因未到测量时刻，现时刻都无法直接测量。然而可以利用系统模型（即系统输出与输入关系）和系统过去各步控制量 $u(k-i)$（或过去控制量与输出量）计算出 $y_0(k+j)\,|_k$ 的数值。这就是所说的"模型预测"的意思。为叙述方便，约定以后将 $y_0(k+j)\,|_k$ 称为系统在 k 时刻的未来各步预测输出。

$y_f(k+j)\,|_k$ 为系统在 k 时刻的未来各步强迫响应输出，在系统无扰动的情况下，它们是由系统未来各步控制量 $u(k+i)(i \geqslant 0)$ 所产生的输出。它们取决于系统本身特性和未来各步的控制量 $u(k+i)$。很显然，$y_f(k+j)\,|_k$ 与 $y_0(k+j)\,|_k$ 不同，当系统处于 k 时刻时，相应的 $y_f(k+j)\,|_k$ 是待定的可变量，可以按照控制要求，通过确定未来各步的控制量 $u(k+i)$ 来确定其数值大小。对于线性系统，$y_f(k+j)\,|_k$ 是未来各步控制量 $u(k)$，$u(k+1)$，…，$u(k+j-1)$ 的线性组合，而且组合系数可由系统模型确定。同样为了叙述方便，也约定以后将 $y_f(k+j)\,|_k$ 称为系统在 k 时刻的未来各步可调输出。

由式(7.1.1)，系统在 k 时刻的未来输出分解如图 7.1 所示。

基于动态系统未来输出的分解及其上述分析，模型预测控制对系统未来输出 $y(k+j)$ 的控制采用按时间分段、多步预测、滚动优化的策略，即每步（采样周期）只考虑系统未来有限步，比如 P 步（$P \geqslant 1$）内的优化控制问题，并且取系统未来 P 步的期望输出 $y_d(k+j)$ 与实际输出 $y(k+j)(j=1,2,\cdots,P)$ 之差和未来 m 步（$m \leqslant P$）控制量 $u(k+j-1)(j=1,2,\cdots,m)$ 的二次型函数作为系统未来 P 步内的系统性能指标，即

$$J = \sum_{j=1}^{P} q_j \left[y_d(k+j) - y(k+j) \right]^2 + \sum_{j=1}^{m} r_j u^2(k+j-1)$$

$$= \sum_{j=1}^{P} q_j \left[y_d(k+j) - y_0(k+j) \mid_k - y_f(k+j) \mid_k \right]^2 + \sum_{j=1}^{m} r_j u^2(k+j-1)$$

(7.1.2)

式中, q_j 和 r_j 分别为误差加权与控制加权系数; $y_d(k+j)$ 为未来 P 步期望输出, 可以按照控制要求确定, 如图 7.1 中虚线 $y_d(t)$ 所示; $y_0(k+j) \mid_k$ 虽不能直接测量, 但可以利用系统模型通过计算获得; $y_f(k+j) \mid_k$ 是未知的, 且是未来 m 步待定的控制量 $u(k+j-1)$ 的线性组合。通过对指标函数 J 的极小化求得未来 m 步待优化的控制量序列 $\{u(k+j-1)\}$ ($j=1,2,\cdots,m$), 但只执行求得的控制量序列的第一个控制量 $u(k)$。下一步 $(k+1)$ 时刻, 递推一步极小化过程求得 $(k+1)$ 时刻的未来 m 步待求的控制量序列, 并同样只执行其中的第一个控制量 $u(k+1)$。如此反复持续进行, 这就是上述"滚动优化"的含义。

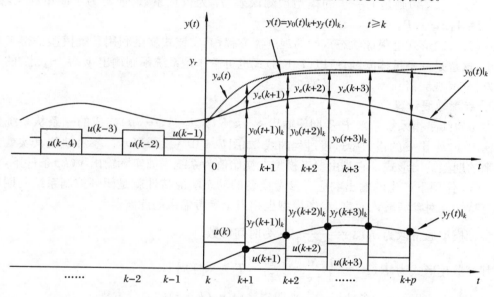

图 7.1　动态系统未来输出分解

由上不难看出, 实现上述控制策略的算法需要解决如下问题:

(1) 由给定的被控控对象模型推导出计算系统未来 P 步预测输出 $y_0(k+j) \mid_k$ 的方程式和由未来 m 步控制量 $u(k+j-1)$ 线性组合构成的系统未来 P 步可调输出 $y_f(k+j) \mid_k$ 的表达式;

(2) 按照要求, 给出计算系统未来 P 步的期望输出 $y_d(k+j)$ 的方程式;

(3) 给出二次型性能指标函数(7.1.2)式 J 极小化解的表示式。

实现上述控制策略的具体模型预测控制算法, 在每个采样周期内通常都包含如下计算步骤:

1. 输出预测

利用已知系统模型和系统过去的控制量(或过去的控制量与输出量)计算出系统未来 P

步预测输出 $y_0(k+i)|_k$，$i=1,2,\cdots,P$。

2. 输出预测校正

系统模型总有误差，模型误差必然使得由模型计算出的系统未来预测输出 $y_0(k+j)|_k$ 与实际系统未来预测输出之间存在偏差（称为模型预测误差）。此外，实际系统总存在各种外部扰动，在 k 时刻以前作用于系统的扰动必然影响系统的未来预测输出，因而也将造成模型预测误差。为了减少由模型误差和过去外部扰动造成的模型预测误差，提高预测精度，一般都用模型预测误差来校正由模型获得的系统未来预测输出，即

$$\hat{y}_0(k+i)|_k = y_0(k+i)|_k + f_i[y(k) - y_m(k)], \quad i=1,2,\cdots,P \quad (7.1.3)$$

式中，$\hat{y}_0(k+i)|_k$ 是系统 k 时刻的未来第 i 步预测输出的校正（也称估计或重构）；

$y(k)$ 是系统在 k 时刻的实际输出测量值；

$y_m(k)$ 是由模型获得的 k 时刻的输出；

$y(k) - y_m(k)$ 则是前一步的模型预测误差，f_i 为校正系数，通常为了简单起见，都取 $f_i = 1$，$i=1,2,\cdots,P$。

式(7.1.3)形式上很像状态重构的观测器方程，其实该式就是利用系统模型获得未来预测输出，这也是一种重构问题，所以(7.1.3)式也可看作是系统预测输出 $y_0(k+j)|_k$ 的一种重构方程（或观测器）。

3. 参考轨线计算

参考轨线是指系统未来 P 步期望输出 $y_d(k+i)(i=1,\cdots,p)$ 连成的一条从系统当前实际输出 $y(k)$ 出发的指数型过渡过程曲线，如图 7.1 中 $y_d(t)$ 所示。参考轨线其实就是系统未来的期望输出形式。它是由参考模型在初始值为系统当前实际输出 $y(k)$ 条件下，在参考输入 y_r 作用下产生的输出响应。参考模型的动态响应特性就是闭环控制系统的期望动态响应特性。对参考输入而言，参考模型也相当于参考输入的滤波器。

参考模型通常取为 $R(s) = \dfrac{1}{\tau s + 1}$，$\tau$ 为时间常数。

其离散化形式为 $R(z) = \dfrac{(1 - e^{-T/\tau})z^{-1}}{1 - e^{-T/\tau}z^{-1}}$，$T$ 为采样周期。

由 $R(z)$ 可得形成参考轨线的未来期望输出 $y_d(k+i)$ 的差分方程。

$$\begin{cases} y_d(k) = y(k) \\ y_d(k+i) = e^{-T/\tau}y_d(k+i-1) + (1 - e^{-T/\tau})y_r, \quad i=1,2,\cdots,P \end{cases} \quad (7.1.4)$$

令 $\beta = e^{-T/\tau}$，并将(7.1.4)中两式合并经整理写成

$$y_d(k+i) = \beta^i y(k) + (1 - \beta^i)y_r, \quad i=1,2,\cdots,P \quad (7.1.5)$$

式中，β 称为参考轨线系数或柔化因子，显然 $0 \leqslant \beta < 1$。可以看出，参考轨线的时间常数 τ 取得越大，β 值也越大，相应的参考轨线越平缓，则控制系统的响应和控制速度就越慢，反之亦然。若取 $\beta = 0$，则参考轨线就是参考输入 y_r 本身，相应的控制系统在相同条件下，其响应和控制速度最快，甚至出现较大超调，而且控制量一般都很大，有可能使执行器饱和。由此可见，β 值对模型预测控制系统的动态性能有很大的影响，所以 β 是 MPC 算法设计中的一个重要参数。

MPC 引入参考轨线，可以增加 MPC 系统设计和调整的自由度与灵活性，从而使 MPC

系统更容易满足各种场合的控制要求。比如，很多过程控制系统要求输出变化较平缓，控制量不宜过大，对于这种要求，MPC 只要适当增大 β 值就能满足。

4. 按二次型性能指标滚动优化

(7.1.2)式是理想情况下的系统二次型性能指标函数，它没有考虑实际系统模型误差和外部扰动对系统未来输出预测的影响。实际系统的二次型性能指标函数应将(7.1.2)式中的理想的未来预测输出 $y_0(k+j)|_k$ 改为经(7.1.3)式校正后的未来预测输出 $\hat{y}_0(k+j)|_k$。即

$$J = \sum_{j=1}^{P} q_j \left[y_d(k+j) - \hat{y}_0(k+j)|_k - y_f(k+j)|_k \right]^2 + \sum_{j=1}^{m} r_j u^2(k+j-1)$$

$$(7.1.6)$$

为了求解方便，可以将(7.1.6)式改为向量形式：

$$\begin{aligned} J &= \| Y_d(k+1) - \hat{Y}_0(k+1) - Y_f(k+1) \|_Q^2 + \| U(k) \|_R^2 \\ &= \left[Y_e(k+1) - Y_f(k+1) \right]^{\mathrm{T}} Q \left[Y_e(k+1) - Y_f(k+1) \right] + U^{\mathrm{T}}(k) R U(k) \end{aligned}$$

$$(7.1.7)$$

式中，$Y_e(k+1) = Y_d(k+1) - \hat{Y}_0(k+1)$；

$Y_d(k+1) = \left[y_d(k+1), \cdots, y_d(k+P) \right]^{\mathrm{T}}$ 为系统未来 P 步期望输出向量；

$\hat{Y}_0(k+1) = \left[\hat{y}_0(k+1)|_k, \cdots, \hat{y}_0(k+P)|_k \right]^{\mathrm{T}}$ 为校正后的系统未来 P 步预测输出向量；

$Y_f(k+1) = \left[y_f(k+1)|_k, \cdots, y_f(k+P)|_k \right]^{\mathrm{T}}$ 为系统未来 P 步可调输出向量；

$U(k) = \left[u(k), u(k+1), \cdots, u(k+m-1) \right]^{\mathrm{T}}$ 为系统未来 m 步待优化的控制向量。

Q 和 R 分别为误差和控制加权矩阵，通常都取为对角阵，即

$$Q = \mathrm{diag}\left[q_1, q_2, \cdots q_P \right], \quad R = \mathrm{diag}\left[r_1, r_2, \cdots, r_m \right]$$

P 为预测步数，也称为预测时域长度。m 为控制优化步数，也称为控制优化时域长度。Q、R、P、m 均为预测控制算法的设计参数。

由(7.1.6)或(7.1.7)式可以看出，这里用的二次型性能指标函数，第一项是系统未来 P 步期望输出与预测估计输出之差的加权平方和，以衡量未来 P 步的控制效果；第二项是系统未来 m 步控制量的加权平方和，以衡量未来 P 步的控制代价。二次型性能指标优化，就是通过(7.1.6)或(7.1.7)式的二次型性能指标 J 的极小化求解未来 m 步待优化的控制量序列 $\{u(k+i-1)\}$，即控制量 $U(k)$。由函数极小值条件可知，二次型性能指标函数 J 的极小化解必须满足：

$$\frac{\partial J}{\partial U(k)} = 0 \tag{7.1.8}$$

由此方程便可解得待优化的控制向量，记为 $U^*(k)$，$U^*(k)$ 即为未来 m 步的最优控制量，$U^*(k)$ 的表达形式通常为

$$U^*(k) = K\left[Y_d(k+1) - \hat{Y}_0(k+1) \right] = K Y_e(k+1) \tag{7.1.9}$$

式中，K 为 $m \times P$ 型常数矩阵，称为控制增益矩阵，其中元素同系统模型和加权矩阵 Q、R 以及 P 和 m 都有关。

　　按(7.1.9)式可以一次同时求得未来 m 步的最优控制量。如果按采样周期顺序依次执行这 m 个控制量,那么系统在未来 m 步内实为开环顺序控制。这样,由于系统模型误差和外部干扰等不确定因素的影响,必然使系统经 m 步开环顺序控制后,系统实际输出可能会出现偏离参考轨线的过大输出误差。因此,为了及时抑制系统不确定因素的影响,减小输出误差,MPC 采用了上述滚动优化策略,即按(7.1.9)式计算出的未来 m 步控制量,只执行其中第一个 k 时刻的控制量 $u(k)$,下一步控制量 $u(k+1)$ 再按(7.1.9)式递推一步重新计算。这样,每步控制都是闭环控制,所以能够改善控制系统性能,增强克服不确定性因素影响的鲁棒性。为了减少在线计算量,每步只需计算当前一步最优控制量,由 (7.1.9)式可得当前最优控制量 $u^*(k)$ 计算式为

$$u^*(k) = K_1 Y_e(k+1) \tag{7.1.10}$$

式中,$K_1 = [k_1, k_2, \cdots, k_P] = [1, 0, \cdots, 0]K$,即为增益矩阵 K 的第一行向量。(7.1.10)式称为 MPC 的即时最优控制律。

　　滚动优化是模型预测控制的一个重要策略思想,它跟前一章讲的最优控制的优化方法不同,它不是采用全局优化目标,通过离线计算一次求解,而是采用有限步的局部优化目标,并实施在线滚动优化。这样,在理论上对全局而言,虽然局部优化解是次优解,但是局部优化,一方面使优化问题得以简化,另一方面,更为重要的是,由于它实施在线滚动优化,使得它能够及时地对系统存在的诸多不确定因素的有害影响进行补偿和抑制,因而使控制系统具有较强的鲁棒性能。

　　与上述模型预测控制基本原理相对应的模型预测控制系统原理结构图如图 7.2 所示。读者可以对照该图进一步加深对 MPC 的基本原理的理解。

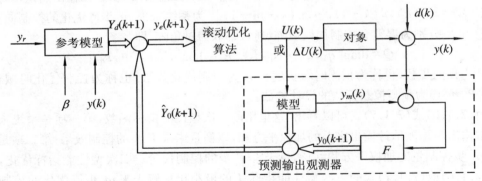

图 7.2　MPC 控制系统原理结构图

模型预测控制的主要特点是:

　　(1) 利用系统模型和系统过去控制量(或过去控制量及输出量)对系统未来输出进行多步预测;

　　(2) 采用参考轨线增加控制系统设计与调整灵活性;

　　(3) 采用有限步二次型性能指标函数,并实施在线滚动优化;

　　(4) 易于处理对系统输入和输出的约束;

　　(5) 对系统模型比较宽容,模型形式多样化,对模型精度要求较低,模型易于获得;

　　(6) 控制系统具有较强的鲁棒性;

（7）原理直观易懂，控制算法便于计算机实现。

7.2　MPC 的基本算法

本节分别讨论 MPC 的几种典型预测控制的基本算法以及算法中的参数设计问题。

7.2.1　MAC(模型算法控制)的基本算法

1. 系统模型与输出多步预测

MAC 采用的系统模型是系统的单位脉冲响应序列，它是一种非参数化模型，它很容易通过现场测试获得。在如图 7.3 所示系统输入端加一单位方波脉冲，脉冲时间宽度为一采样周期 $T(T \ll T_m$——系统主导时间常数)，幅值为 1，则系统对应的输出响应即为该系统的单位脉冲响应 $h(t)$。对 $h(t)$ 按采样周期 T 采样并进行 A/D 转换，便得到系统的单位脉冲响应序列 $\{h_i\}(i=1,2,\cdots)$。$\{h_i\}$ 用后向时间平移算子 q^{-1}（即延时算子）可表示为

$$H(q^{-1}) = h_1 q^{-1} + h_2 q^{-2} + \cdots = \sum_{i=1}^{\infty} h_i q^{-i} \tag{7.2.1}$$

$H(q^{-1})$ 即是系统的脉冲传递函数（和 Z 传递函数概念相同）。

对于线性渐近稳定的系统，单位脉冲响应序列 $\{h_i\}$ 最终会随着时间衰减为零，如图 7.3 所示，即在 $N \gg 1$ 的条件下，$h_{N+i} \approx 0, i > 0$。因此，工程上可以截取 $H(q^{-1})$ 中的前 N 项作为系统的近似脉冲传递函数。即

$$H_m(q^{-1}) = h_1 q^{-1} + h_2 q^{-2} + \cdots + h_N q^{-N} \approx H(q^{-1}) \tag{7.2.2}$$

并用 $H_m(q^{-1})$ 作为预测和控制的模型，通常取 $N = 20 \sim 50$。

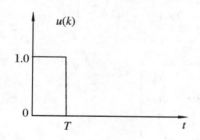
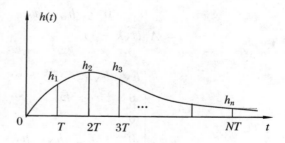

图 7.3　系统单位脉冲(方波)响应

利用 $H_m(q^{-1})$，系统输出可表示为

$$
\begin{aligned}
y(k) &= H_m(q^{-1})u(k) = (h_1 q^{-1} + h_2 q^{-2} + \cdots + h_N q^{-N})u(k) \\
&= h_1 u(k-1) + h_2 u(k-2) + \cdots + h_N u(k-N) \\
&= \sum_{i=1}^{N} h_i u(k-i)
\end{aligned}
\tag{7.2.3}
$$

该式其实就是离散卷积和公式,该式也可以直接利用线性系统的比例叠加原理推导获得。该式表明,系统在 k 步的输出 $y(k)$ 是 k 步以前 N 步控制量,$u(k-1),\cdots,u(k-N)$ 分别作用于系统后,对 k 步输出贡献之和。

由(7.2.3)式,可得系统在 k 步时的未来 P 步输出分别为

$$\begin{cases} y(k+1) = H_m(q^{-1})u(k+1) = h_1 u(k) + \underline{h_2 u(k-1) + \cdots + h_N u(k-N+1)} \\ y(k+2) = H_m(q^{-1})u(k+2) = h_1 u(k+1) + h_2 u(k) + \underline{h_3 u(k-1) + \cdots + h_N u(k-N+2)} \\ \qquad\qquad \vdots \\ y(k+P) = H_m(q^{-1})u(k+P) \\ \qquad = h_1 u(k+P-1) + \cdots + h_P u(k) + \underline{h_{P+1} u(k-1) + \cdots + h_N u(k-N+P)} \end{cases}$$

$$(7.2.4)$$

该式即为系统未来多步输出预测方程。可以看出该式右端各式下边画有横线的各项之和显然是系统未来各步输出中的自由响应项,即未来各步预测输出 $y_0(k+i)|_k, i=1,2,\cdots,P$,它们都是由 k 步以前控制量产生的。式中右端下边不带横线的各项,显然均为系统未来输出中的强迫响应项,即未来各步可调输出 $y_f(k+i)|_k, i=1,2,\cdots,P$,它们都是 k 步和未来各步控制量将要产生的。由此可知,系统在 k 步时的未来 P 步预测输出分别为

$$\begin{cases} y_0(k+1)|_k = h_N u(k-N+1) + h_{N-1}u(k-N+2) + \cdots + h_2 u(k-1) \\ y_0(k+2)|_k = h_N u(k-N+2) + h_{N-1}u(k-N+3) + \cdots + h_3 u(k-1) \\ \qquad\qquad \vdots \\ y_0(k+P)|_k = h_N u(k-N+P) + h_{N-1}u(k-N+P+1) + \cdots + h_{P+1} u(k-1) \end{cases}$$

$$(7.2.5)$$

为了推导方便,将上式方程组改写成向量矩阵形式

$$Y_0(k+1) = \begin{bmatrix} h_N & h_{N-1} & \cdots & \cdots & \cdots & h_2 \\ 0 & h_N & h_{N-1} & \cdots & \cdots & h_3 \\ 0 & \ddots & \ddots & \vdots & \vdots & \vdots \\ 0 & 0 & h_N & h_{N-1} & \cdots & h_{P+1} \end{bmatrix} \begin{bmatrix} u(k-N+1) \\ u(k-N+2) \\ \vdots \\ u(k-1) \end{bmatrix}$$

$$= A_1 U(k-1) \qquad (7.2.6)$$

式中

$$A_1 = \begin{bmatrix} h_N & h_{N-1} & \cdots & \cdots & \cdots & h_2 \\ 0 & h_N & h_{N-1} & \cdots & \cdots & h_3 \\ 0 & \ddots & \ddots & \vdots & \vdots & \vdots \\ 0 & 0 & h_N & h_{N-1} & \cdots & h_{P+1} \end{bmatrix}_{P\times(N-1)} \qquad (7.2.7)$$

$U(k-1) = [u(k-N+1), u(k-N+2), \cdots, u(k-1)]^T$ 为过去 N 步控制向量;

$Y_0(k+1) = [y_0(k+1)|_k, y_0(k+2)|_k, \cdots, y_0(k+P)|_k]^T$ 为未来 P 步预测输出向量。

系统在 k 步时未来 P 步可调输出分别为

$$\begin{cases} y_f(k+1)\,|_k = h_1 u(k) \\ y_f(k+2)\,|_k = h_2 u(k) + h_1 u(k+1) \\ \qquad \vdots \\ y_f(k+P)\,|_P = h_P u(k) + h_{P-1} u(k+1) + \cdots + h_1 u(k+P-1) \end{cases} \qquad (7.2.8)$$

同样,也将上式方程组写成向量形式

$$Y_f(k+1) = \begin{bmatrix} h_1 & 0 & \cdots & 0 \\ h_2 & h_1 & \ddots & 0 \\ \vdots & \vdots & \ddots & \vdots \\ h_P & h_{P-1} & \cdots & h_1 \end{bmatrix} \begin{bmatrix} u(k) \\ u(k+1) \\ \vdots \\ u(k+P-1) \end{bmatrix} = A_2 U(k) \qquad (7.2.9)$$

式中

$$A_2 = \begin{bmatrix} h_1 & 0 & \cdots & 0 \\ h_2 & h_1 & \ddots & 0 \\ \vdots & \vdots & \ddots & \vdots \\ h_P & h_{P-1} & \cdots & h_1 \end{bmatrix}_{P \times P} \qquad (7.2.10)$$

$Y_f(k+1) = \left[y_f(k+1)\,|_k, y_f(k+2)\,|_k, \cdots, y_f(k+P)\,|_k \right]^{\mathrm{T}}$

$U(k) = \left[u(k), u(k+1), \cdots, u(k+P-1) \right]^{\mathrm{T}}$ 为未来待优化的控制向量。

若取未来控制量优化步数 $m < P$,则 $U(k) = \left[u(k), u(k+1), \cdots, u(k+m-1) \right]^{\mathrm{T}}$,并设 $(k+m-1)$ 步以后各控制量相等,即

$$u(k+m) = u(k+m+1) = \cdots = u(k+P-1) = u(k+m-1)$$

与此对应的 A_2 阵为

$$A_2 = \begin{bmatrix} h_1 & 0 & \cdots & 0 \\ h_2 & h_1 & \ddots & \vdots \\ \vdots & \ddots & \ddots & 0 \\ h_m & \cdots & \cdots & h_1 \\ h_{m+1} & \cdots & \cdots & h_1+h_2 \\ \vdots & & & \vdots \\ h_P & h_{P-1} & \cdots & \sum_{i=1}^{P-m+1} h_i \end{bmatrix}_{P \times m} \qquad (7.2.11)$$

由(7.2.6)和(7.2.9)式得系统未来 P 步输出方程组(7.2.4)的向量形式

$$Y(k+1) = Y_0(k+1) + Y_f(k+1) = A_1 U(k-1) + A_2 U(k) \qquad (7.2.12)$$

式中,$Y(k+1) = \left[y(k+1), y(k+2) \cdots, y(k+P) \right]^{\mathrm{T}}$ 为系统未来 P 步输出向量。

(7.2.12)、(7.2.6)及(7.2.9)式即为分别由系统单位脉冲响应模型推得的系统未来 P 步输出、预测输出和可调输出的预测方程(或预测模型)。利用这三个方程便很容易按照上节讲的 MPC 基本原理推得实现多步预测滚动优化策略的预测控制算法。

由未来预测输出方程(7.2.6)式可以看出,式中 $U(k-1)$ 是由系统过去 N 步已作用于系统的控制量 $u(k-i)(i=1,2,\cdots,N)$ 所构成的,所以 $U(k-1)$ 在 k 时刻是已知的;式中矩阵 A_1 是由系统单位脉冲响应模型数据构成的,也是已知的。因此,系统未来 P 步预测输

出 $Y_0(k)$ 可以利用方程(7.2.6)式通过计算获得(即重构)。如前所述,为了减小因模型误差和实际系统存在的扰动等不确定因素而造成的模型预测误差,需要对 $Y_0(k+1)$ 进行校正。即

$$\hat{Y}_0(k+1) = Y_0(k+1) + F[y(k) - y_m(k)]$$
$$= A_1 U(k-1) + F[y(k) - y_m(k)] \qquad (7.2.13)$$

式中,$F = [1, 1, \cdots, 1]_{P \times 1}^T$ 为校正系数矩阵;

$y(k)$ 为 k 时刻系统实际输出;

$y_m(k) = y_0(k)|_{k-1} + h_1 u(k-1)$ 是由模型获得的系统 k 时刻的输出。

于是,系统未来 P 步输出方程(7.2.12)相应地改为

$$\hat{Y}(k+1) = \hat{Y}_0(k+1) + Y_f(k+1) = \hat{Y}_0(k+1) + A_2 U(k) \qquad (7.2.14)$$

这里,$\hat{Y}(k+1) = [\hat{y}(k+1), \hat{y}(k+2) \cdots, \hat{y}(k+P)]^T$ 为校正后由模型确定的未来 P 步输出。

2. 最优控制律

按照参考轨线方程(7.1.5)式计算系统未来 P 步期望输出 $Y_d(k+1)$,即

$$y_d(k+i) = \beta^i y(k) + (1-\beta^i) y_r, \quad i = 1, 2, \cdots, P$$

柔化因子 β 为 $0 < \beta < 1$ 的实系数;$y(k)$ 为实际系统 k 时刻输出;y_r 为参考输入。

将 $y_d(k+i)(i = 1, 2, \cdots, P)$ 也表示成向量形式,即

$$Y_d(k+1) = [y_d(k+1), y_d(k+2) \cdots, y_d(k+P)]^T$$

将系统未来 P 步可调输出方程(7.2.9)式代入系统未来 P 步二次型性能指标函数(7.1.7)式中,得

$$J = \| Y_d(k+1) - \hat{Y}_0(k+1) - A_2 U(k) \|_Q^2 + \| U(k) \|_R^2$$
$$= [Y_e(k+1) - A_2 U(k)]^T Q [Y_e(k+1) - A_2 U(k)] + U^T(k) R U(k)$$
$$= Y_e^T(k+1) Q Y_e(k+1) - Y_e^T(k+1) Q A_2 U(k) - U^T(k) A_2^T Q Y_e(k+1)$$
$$+ U^T(k) A_2^T Q A_2 U(k) + U^T(k) R U(k) \qquad (7.2.15)$$

式中,$Y_e(k+1) = Y_d(k+1) - \hat{Y}_0(k+1)$

由(7.2.15)式可以看出,性能指标函数 J 是待优化的 $U(k)$ 的函数,最优的 $U(k)$ 应使函数 J 取极小值,所以 $U(k)$ 应满足方程

$$\frac{\partial J}{\partial U(k)} = 0 - A_2^T Q Y_e(k+1) - A_2^T Q Y_e(k+1) + 2 A_2^T Q A_2 U(k) + 2 R U(k)$$
$$= 2(A_2^T Q A_2 + R) U(k) - 2 A_2^T Q Y_e(k+1) = 0 \qquad (7.2.16)$$

由上式即得二次型性能指标函数(7.2.15)式的最优解,即

$$U^*(k) = (A_2^T Q A_2 + R)^{-1} A_2^T Q Y_e(k+1)$$
$$= K[Y_d(k+1) - \hat{Y}_0(k+1)] \qquad (7.2.17)$$

式中,$K = (A_2^T Q A_2 + R)^{-1} A_2^T Q$,为 $m \times P$ 型预测控制增益矩阵,它与系统模型数据以及加权阵 Q 和 R 都有关。

按滚动优化准则,每步只需按(7.2.17)式计算出当前最优控制量 $u^*(k)$,即

$$u^*(k) = K_1[Y_d(k+1) - \hat{Y}_0(k+1)] \qquad (7.2.18)$$

式中

$$K_1 = [k_1, k_2, \cdots, k_P] = [1, 0, \cdots, 0](A_2^T Q A_2 + R)^{-1} A_2^T Q$$

亦即矩阵 $(A_2^T Q A_2 + R)^{-1} A_2^T Q$ 的第一行向量,称为即时控制增益阵。式(7.2.18)即为 MAC 的即时最优控制律。

综合上述推导,MAC 的控制算法是由式(7.2.13)、(7.1.5)和(7.2.18)三式所构成。

3. MAC 实现步骤

(1) 通过方波脉冲试验获取被控系统的单位脉冲响应序列模型;

(2) 确定设计参数:预测步数 P、控制优化步数 m、柔化因子 β、误差加权矩阵 Q 和控制加权阵 R;

(3) 离线计算即时最优控制增益阵 $K_1 = [k_1, k_2, \cdots, k_P] = [1, 0, \cdots, 0]$ $(A_2^T Q A_2 + R)^{-1} A_2^T Q$;

(4) 测量系统当前实际输出 $y(k)$,并按(7.2.13)式计算校正预测输出 $\hat{Y}_0(k+1)$;

(5) 按(7.1.5)式计算未来期望输出,并形成向量 $Y_d(k+1)$;

(6) 按(7.2.18)式计算即时最优控制量 $u^*(k)$;

(7) 检验控制量 $u^*(k)$ 是否超越上、下限:

- 若 $u^*(k)$ 超越其上限,则取 $u(k) =$ 上限值;
- 若 $u^*(k)$ 超越其下限,则取 $u(k) =$ 下限值;

将最后确定的即时控制量 $u(k)$ 输出并执行;

(8) 下个采样周期开始,递推一步返回(4),重复进行。

4. 参数 P、m、Q、R、β 对系统性能影响及其选取原则

由上面推导的 MAC 算法可以看出,参数 P、m、Q、R、β 都是 MAC 算法中的待定设计参数,它们的取值对 MAC 的控制性能都有很大的影响。由于这些参数对系统控制性能影响关系很复杂,目前尚无法用解析方式对它们的影响进行定量分析,只能定性分析它们对系统控制性能影响的趋势。在实际应用中,这些参数的选取,主要是参照它们对控制性能影响的定性趋势,根据被控对象特性和控制系统性能要求,通过经验试凑来确定。在线运行时,再根据实际控制效果,作适当调整。下面给出这几个参数对控制性能影响的简要说明及其选取原则,仅供设计时参考,有关它们对控制性能影响的详细分析参见文献[15]。

(1) 预测步数 P,是控制过程中每步进行优化的时域长度,P 的大小对控制系统的稳定性和快速性有较大影响。增大 P 有利于增强控制系统稳定性和鲁棒性,但是系统动态响应速度将变慢;减小 P 将有利于增加系统动态响应速度和控制的快速性,但会降低系统稳定性和鲁棒性。若 Q 过小,如 $P=1$,则在系统模型误差和外部扰动较大的情况下,系统性能将会很差。尤其对于存在延迟的系统和非最小相位系统,P 过小,就有可能导致系统不稳定。所以 P 的选取不宜过小,在控制快速性基本满足的情况下,P 应适当选取大一些。P 所对应的时域长度应能覆盖被控对象的脉冲响应的主要动态部分。一般可取 $P = N/3$ 左右,N 为脉冲响应模型长度。

(2) 控制优化步数 m,即每步通过优化所要确定的未来控制量的数目。由于每步优化是针对未来 P 步控制性能指标的,所以 R 应是 $m \leqslant P$,一般都是取 $m < P$。N_1 大小对系统性能影响与 P 的影响近似相反。m 减小有利于改善控制系统稳定性和鲁棒性,但控制快速

性变差,跟踪控制能力减弱;m 增大有利于提高系统快速性,增强系统跟踪控制能力,但控制系统的稳定性和鲁棒性随之下降。所以 m 选取应兼顾系统的快速性和稳定性两个方面的要求,综合平衡考虑。一般来说,m 不宜过大,通常可取 m 为 $P/3$ 左右,对于具有振荡响应特性的对象,m 应适当大一些,对于无振荡简单响应特性的对象,m 应适当小一些。在实际中,考虑到 m 与 P 对系统性能影响作用近似相反。因此,为了参数调整方便,设计时可先根据被控对象的动态特性和控制要求初选 m 值,然后再通过仿真试验确定 P 值。

（3）加权阵 Q 和 R:误差加权阵 Q 和控制加权阵 R 通常都取为对角阵,即
$$Q = \mathrm{diag}\{q_1, q_2, \cdots, q_P\}, \quad R = \mathrm{diag}\{r_1, r_2, \cdots, r_m\}$$
而且 R 阵一般更简单地取为 $R = rI_m$（I_m 为 m 阶单位阵）。由系统二次型性能指标函数(7.1.6)或(7.1.7)式不难理解,Q 和 R 的大小对系统性能影响作用也是相反的。如果 R 是确定的,增大 Q（即 q_i）,则二次型性能指标的第一项误差指标即系统未来 P 步输出与期望输出之间误差加权平方和,在指标函数中的比重增大,这就意味系统强调控制效果。相反,指标函数的第二项控制代价指标,即系统未来 m 步控制量加权平方和,在指标函数中的比重就相对减小。这样,相对应的控制系统的误差指标将会减少,控制快速性将随之增加,然而,控制代价将增大,相应控制量的幅值随之增大,系统稳定性也将减弱;相反,如果 Q 是确定的,增大 R（即 r_i 或 r）就意味着指标强调控制代价,则控制系统的控制代价指标将会下降,相应的控制量幅值将减小,系统稳定性也将增强,而系统的误差指标将会相对增大,控制快速性也将下降。考虑到 Q 与 R 对系统性能影响作用的相反性,设计时,通常先确定 Q,并取
$$q_i = \begin{cases} 0, & i < N_1 \\ 1, & i \geq N_1 \end{cases}$$
式中,N_1 为系统时延或非最小相位系统脉冲响应的反向部分的时域步数。将 R 或 r 作为可调参数,由零逐渐增大,直至获得满意的控制效果为止。

柔化因子 β 是 $0 < \beta < 1$ 的实数,它是决定参考轨线形状的唯一参数,对控制系统性能影响作用是十分明显的。如前节所述,β 增大,系统控制快速性下降,二次型性能指标中的第一项误差指标将增加,第二项控制代价指标明显减小,相应的系统鲁棒性增强;反之,减小 β,系统控制快速性增加,二次型指标中误差减小,控制代价指标增加,系统稳定性和鲁棒性减弱。所以,β 的选取,应综合考虑系统对快速性和稳定性及鲁棒性的要求。通常,如果系统要求不强调快速性,而是强调控制平稳性,且系统存在较大模型误差和明显的非线性等不确定因素,那么 β 应取得偏大一些。一般过程控制系统,β 通常取 $\beta \geq 0.6$。

上述参数对 MAC 系统性能影响的定性趋势及其选取原则,原则上适用于后面将要介绍的其他几种 MPC 算法。

7.2.2　IMAC(增量模型算法控制)的基本算法

理论分析表明,MAC 系统存在稳态偏差,只有在 $P = m = 1, R = 0$,且模型完全匹配(即无模型误差)的极特殊情况下,控制系统才无稳态偏差。显然这是 MAC 的一个重要缺点,限制了它的应用范围,应该予以改进。将 MAC 基本算法稍作修改,变为增量模型算法控制(简称 IMAC)就能克服 MAC 这一缺点,能够使相应控制系统无稳态偏差。IMAC 和 MAC

一样,也是采用被控对象的单位脉冲响应序列作模型,其控制算法的基本原理也与 MAC 相同,所不同的是 IMAC 每步进行优化的是系统未来 m 步控制增量 $\Delta u(k+i-1)$ $(i=1,$ $2,\cdots,m)$ 而不是控制量 $u(k+i-1)$。由 IMAC 的即时最优控制律直接求得的是系统当前控制增量 $\Delta u(k)$。这就意味着在 IMAC 的控制算法中引入了积分作用,所以 IMAC 能够消除控制系统的稳态偏差。

现在推导 IMAC 的具体控制算法。

由方程(7.2.12)知,系统未来 P 步输出向量为

$$Y(k+1) = A_1 U(k-1) + A_2 U(k)$$

式中

$$U(k) = [u(k), u(k+1), \cdots, u(k+m-1)]^T$$

将向量 $U(k)$ 中的未来 m 步待优化的控制量 $u(k+i-1)$ $(i=1,2,\cdots,m)$ 表示成增量形式,即

$$\begin{cases} u(k) = u(k-1) + \Delta u(k) \\ u(k+1) = u(k-1) + \Delta u(k) + \Delta u(k+1) \\ \vdots \\ u(k+m-1) = u(k-1) + \Delta u(k) + \cdots + \Delta u(k+m) \end{cases} \tag{7.2.19}$$

于是向量 $U(k)$ 可表示为

$$U(k) = \begin{bmatrix} 1 \\ 1 \\ \vdots \\ 1 \end{bmatrix} u(k-1) + \begin{bmatrix} 1 & 0 & \cdots & 0 \\ 1 & 1 & \ddots & 0 \\ \vdots & \ddots & \ddots & \vdots \\ 1 & 1 & \cdots & 1 \end{bmatrix} \begin{bmatrix} \Delta u(k) \\ \Delta u(k+1) \\ \vdots \\ \Delta u(k+m) \end{bmatrix}$$

$$= H_i u(k-1) + S \Delta U(k) \tag{7.2.20}$$

式中,$H_i = [1, 1, \cdots, 1]^T$ 为列向量。

$\Delta U(k) \triangleq [\Delta u(k), \Delta u(k+1), \cdots, \Delta u(k+m)]^T$ 为未来 m 步待优化的控制增量向量。

$$S = \begin{bmatrix} 1 & 0 & \cdots & 0 \\ 1 & 1 & \ddots & \vdots \\ \vdots & \ddots & \ddots & 0 \\ 1 & 1 & \cdots & 1 \end{bmatrix}_{m \times m}$$

将式(7.2.20)代入方程(7.2.19),得

$$Y(k+1) = A_1 U(k-1) + A_2 H_i u(k-1) + A_2 S \Delta U(k) \tag{7.2.21}$$

因 $U(k-1)$ 和 $u(k-1)$ 是过去已作用于系统的控制量,所以未来 P 步预测输出向量为

$$Y_0(k+1) = A_1 U(k-1) + A_2 H_i u(k-1)$$

$$= \begin{bmatrix} h_N & h_{N-1} & \cdots & \cdots & \cdots & \cdots & h_2 \\ 0 & h_N & h_{N-1} & \cdots & \cdots & \cdots & h_3 \\ \vdots & \vdots & \ddots & \ddots & \vdots & \vdots & \vdots \\ 0 & \cdots & 0 & h_N & h_{N-1} & \cdots & h_{P+1} \end{bmatrix} \begin{bmatrix} u(k-N+1) \\ u(k-N+2) \\ \vdots \\ u(k-1) \end{bmatrix} + \begin{bmatrix} h_1 \\ h_2 + h_1 \\ \vdots \\ \sum_{i=1}^{P} h_i \end{bmatrix} u(k-1)$$

$$= \begin{bmatrix} h_N & h_{N-1} & \cdots & \cdots & \cdots & h_3 & h_2 + h_1 \\ 0 & h_N & h_{N-1} & \cdots & \cdots & h_4 & h_3 + h_2 + h_1 \\ \vdots & \vdots & \ddots & \ddots & \vdots & \vdots & \vdots \\ 0 & \cdots & 0 & h_N & h_{N-1} & \cdots & \sum_{i=1}^{P+1} h_i \end{bmatrix} \begin{bmatrix} u(k-N+1) \\ u(k-N+2) \\ \vdots \\ u(k-1) \end{bmatrix}$$

$$= A_0 U(k-1) \tag{7.2.22}$$

式中

$$A_0 = \begin{bmatrix} h_N & h_{N-1} & \cdots & \cdots & \cdots & h_3 & h_2 + h_1 \\ 0 & h_N & h_{N-1} & \cdots & \cdots & h_4 & h_3 + h_2 + h_1 \\ \vdots & \vdots & \ddots & \ddots & \vdots & \vdots & \vdots \\ 0 & \cdots & 0 & h_N & h_{N-1} & \cdots & \sum_{i=1}^{P+1} h_i \end{bmatrix}, \quad \begin{bmatrix} h_1 \\ h_2 + h_1 \\ \vdots \\ \sum_{i=1}^{P} h_i \end{bmatrix} = A_2 H_i$$

在 $Y(k+1)$ 的方程(7.2.21)中,因向量 $\Delta U(k)$ 是未来 m 步尚未作用于系统的控制增量 $\Delta u(k+i-1)$ $(i=1,2,\cdots,m)$ 所构成的,所以系统未来 P 步可调输出向量为

$$Y_f(k+1) = A_2 S \Delta U(k) = A_f \Delta U(k) \tag{7.2.23}$$

式中

$$A_f = A_2 S = \begin{bmatrix} h_1 & 0 & \cdots & 0 \\ h_2 & h_1 & \ddots & \vdots \\ \vdots & \ddots & \ddots & 0 \\ \vdots & \vdots & \ddots & h_1 \\ \vdots & \vdots & \vdots & h_2 + h_1 \\ \vdots & \vdots & \vdots & \vdots \\ h_P & h_{P-1} & \cdots & \sum_{i=1}^{P-m+1} h_i \end{bmatrix}_1 \begin{bmatrix} 1 & 0 & \cdots & 0 \\ 1 & 1 & \ddots & \vdots \\ \vdots & \ddots & \ddots & 0 \\ 1 & 1 & \cdots & 1 \end{bmatrix}$$

$$= \begin{bmatrix} h_1 & 0 & \cdots & 0 \\ h_2 + h_1 & h_1 & \ddots & \vdots \\ \vdots & \ddots & \ddots & 0 \\ \vdots & \vdots & \ddots & h_1 \\ \vdots & \vdots & \vdots & h_2 + h_1 \\ \vdots & \vdots & \vdots & \vdots \\ \sum_{i=1}^{P} h_i & \sum_{i=1}^{P-1} h_i & \cdots & \sum_{i=1}^{P-m+1} h_i \end{bmatrix} = \begin{bmatrix} a_1 & 0 & \cdots & 0 \\ a_2 & a_1 & \ddots & \vdots \\ \vdots & \ddots & \ddots & 0 \\ \vdots & \vdots & \ddots & a_1 \\ \vdots & \vdots & \vdots & a_2 \\ \vdots & \vdots & \vdots & \vdots \\ a_p & a_{p-1} & \cdots & a_{p-m+1} \end{bmatrix}_{P \times m} \tag{7.2.24}$$

其中,$a_j = \sum_{i=1}^{j} h_i$,$j = 1,2,\cdots,P$。

用未来 P 步预测输出方程(7.2.22)建立未来 P 步预测输出的重构方程:

$$\hat{Y}_0(k+1) = A_0 U(k-1) + F[y(k) - y_m(k)] \tag{7.2.25}$$

式中，$F = [1,1,\cdots,1]^{\mathrm{T}}_{P\times 1}$ 为校正系数矩阵；$y(k)$ 为 k 时刻系统实际输出；$y_m(k) = y_0(k)|_{k-1}$ $+ h_1\Delta u(k-1)$ 是由模型获得的 k 时刻的输出。

由此方程便获得校正的未来 P 步预测输出 $\hat{Y}_0(k+1)$。

于是系统未来 P 步输出可表示为

$$\hat{Y}(k+1) = \hat{Y}_0(k+1) + Y_f(k+1) = \hat{Y}_0(k+1) + A_f\Delta U(k) \quad (7.2.26)$$

按照参考轨线方程(7.1.5)式计算系统未来 P 步期望输出 $Y_d(k+1)$。

取系统未来 P 步二次型性能指标函数为

$$J = \parallel Y_d(k+1) - \hat{Y}(k+1)\parallel^2_Q + \parallel \Delta U(k)\parallel^2_R$$
$$= [Y_d(k+1) - \hat{Y}_0(k+1) - A_f\Delta U(k)]^{\mathrm{T}}Q[Y_d(k+1)$$
$$- \hat{Y}_0(k+1) - A_f\Delta U(k)] + \Delta U^{\mathrm{T}}(k)R\Delta U(k) \quad (7.2.27)$$

由方程

$$\frac{\partial J}{\partial \Delta U(k)} = 2(A_f^{\mathrm{T}}QA_f + R)\Delta U(k) - 2A_f^{\mathrm{T}}QY_e(k+1) = 0 \quad (7.2.28)$$

解得，二次型性能指标最优解为

$$\Delta U^*(k) = (A_f^{\mathrm{T}}QA_f + R)^{-1}A_f^{\mathrm{T}}QY_e(k+1) \quad (7.2.29)$$

式中，$Y_e(k+1) = Y_d(k+1) - \hat{Y}_0(k+1)$。

$\Delta U^*(k)$ 即为未来 P 步的最优控制增量的向量。相应的当前 k 时刻的即时最优控制律为

$$\Delta u^*(k) = [1,0,\cdots,0](A_f^{\mathrm{T}}QA_f + R)^{-1}A_f^{\mathrm{T}}QY_e(k+1)$$
$$= K_1[Y_d(k+1) - \hat{Y}_0(k+1)] \quad (7.2.30)$$

这里，$K_1 = [k_1,k_2,\cdots,k_P] = [1,0,\cdots,0](A_f^{\mathrm{T}}QA_f + R)^{-1}A_f^{\mathrm{T}}Q$。

k 时刻的控制量为

$$u(k) = u(k-1) + \Delta u^*(k) \quad (7.2.31)$$

综上推导，IMAC 基本算法由方程(7.2.25)、(7.1.5)、(7.2.30)和(7.3.31)组成，实现步骤与 MAC 基本相同。

7.2.3 DMC(动态矩阵控制)的基本算法

DMC 是 MPC 中的一种重要控制算法。DMC 基本原理和 MAC 相同，所不同的是 DMC 采用容易获得的被控对象单位阶跃响应序列作为预测和控制的模型，并且控制算法同 IMAC 一样也是增量形式，所以，DMC 控制系统可以消除稳态偏差，因此 DMC 的应用比 MAC 更为广泛。

1. 系统模型与输出多步预测

设系统的脉冲传递函数为 $H(q^{-1})$，则系统输出可表示为

$$y(k) = H(q^{-1})u(k) = H(q^{-1})\frac{1-q^{-1}}{1-q^{-1}}u(k) = \frac{H(q^{-1})}{1-q^{-1}}\Delta u(k)$$
$$= A(q^{-1})\Delta U(k) \quad (7.2.32)$$

式中，$\Delta u(k) = (1 - q^{-1})u(k) = u(k) - u(k-1)$ 为控制增量。

$A(q^{-1}) = H(q^{-1})\dfrac{1}{1 - q^{-1}}$ 为系统单位阶跃响应序列的算子表示式，其中 $\dfrac{1}{1 - q^{-1}}$ 为单位阶跃的算子表示。式(7.2.32)表明系统输出可以用系统单位阶跃响应序列和控制增量表示。

被控对象的单位阶跃响应 $a(t)$ 很容易通过现场试验获得。选用适当的采样周期对连续的单位阶跃响应 $a(t)$ 进行采样和 A/D 转换，即得系统的单位阶跃响应序列 $\{a_i\}(i=1, 2, \cdots)$。为了方便应用，用时延算子 q^{-1} 将其表示为

$$A(q^{-1}) = a_1 q^{-1} + a_2 q^{-2} + \cdots = \sum_{i=1}^{\infty} a_i q^{-i} \tag{7.2.33}$$

对于线性渐近稳定系统，单位阶跃响应序列 $\{a_i\}$，最终会随着时间趋于常值，即阶跃响应的稳态值 a_∞ 如图 7.4 所示。而且在 N 项($N \gg 1$)后面的各项都近似相等，即 $a_{N+i} \approx a_N$ $(i>0)$。因此，我们可以令 $A(q^{-1})$ 中的 N 项后面的各项 $a_{N+i} = a_N (i>0)$，并令 $a_N = a_\infty$，即取系统单位阶跃响应序列模型为

$$\begin{aligned}
A_m(q^{-1}) &= a_1 q^{-1} + a_2 q^{-2} + \cdots + a_N q^{-N} + a_N q^{-N-1} + \cdots \\
&= a_1 q^{-1} + a_2 q^{-2} + \cdots + a_N q^{-N}(1 + q^{-1} + q^{-2} + \cdots) \\
&= a_1 q^{-1} + a_2 q^{-2} + \cdots + a_N q^{-N} \frac{1}{1 - q^{-1}} \approx A(q^{-1})
\end{aligned} \tag{7.2.34}$$

应用该模型很容易推得系统未来输出预测方程和增量式最优控制律。

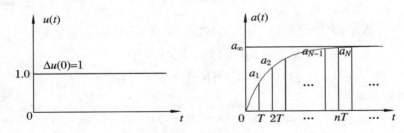

图 7.4　单位阶跃响应及其序列

由(7.2.32)和(7.2.34)式可知，系统输出可用单位阶跃响应序列模型表示，即

$$\begin{aligned}
y(k) &= A_m(q^{-1})\Delta u(k) = \left(a_1 q^{-1} + a_2 q^{-2} + \cdots + a_{N-1} q^{-N+1} + a_N q^{-N} \frac{1}{1 - q^{-1}}\right)\Delta u(k) \\
&= a_1 \Delta u(k-1) + a_2 \Delta u(k-2) + \cdots \\
&\quad + a_{N-1}\Delta u(k-N+1) + a_N u(k-N)
\end{aligned} \tag{7.2.35}$$

式中

$$u(k-N) = q^{-N} \frac{1}{1 - q^{-1}}\Delta u(k) = \sum_{i=0}^{k-N} \Delta u(i) = \Delta u(0) + \Delta u(1) + \cdots + \Delta u(k-N)$$

上式表明，系统在 k 时刻的输出 $y(k)$ 是 k 时刻以前，从系统启动的 0 时刻开始直到 $k-1$ 时刻的各步控制增量 $\Delta u(i)(i=0,1,\cdots,k-1)$，分别作用于系统后，在 k 时刻所产生的输出响应值之和。

由式(7.2.35)可得系统未来 P 步输出分别为

$$
\begin{cases}
\begin{aligned}
y(k+1) &= A_m(q^{-1})\Delta u(k+1) = a_1\Delta u(k) \\
&\quad + \underline{a_2\Delta u(k-1) + \cdots + a_{N-1}\Delta u(k-N+2) + a_N u(k-N+1)} \\
y(k+2) &= A_m(q^{-1})\Delta u(k+2) = a_1\Delta u(k+1) + a_2\Delta u(k) \\
&\quad + \underline{a_3\Delta u(k-1) + \cdots + a_{N-1}\Delta u(k-N+3) + a_N u(k-N+2)} \\
&\vdots \\
y(k+P) &= A_m(q^{-1})\Delta u(k+P) = a_1\Delta u(k+P-1) + \cdots + a_P\Delta u(k) \\
&\quad + \underline{a_{P+1}\Delta u(k-1) + \cdots + a_{N-1}\Delta u(k-N+P+1) + a_N u(k-N+P)}
\end{aligned}
\end{cases}
\tag{7.2.36}
$$

该式即为由单位阶跃响应序列推得的未来多步输出预测方程。可以看出,该方程右端各式中下边画有横线的各项都是由 k 步以前控制增量产生的,所以,它们之和都是系统未来各步输出中的自由响应项,即未来各步预测输出 $y_0(k+i)|_k$,$i=1,2,\cdots,P$;方程中右端各式中下边不带横线的各项都是 k 步和未来各步尚未作用于系统的控制增量所产生的,显然,它们之和都是系统未来各步输出中的强迫响应项,即未来各步可调输出 $y_f(k+i)|_k$,$i=1,2,\cdots,P$。由此可知,系统在 k 步时的未来 P 步预测输出分别为

$$
\begin{cases}
y_0(k+1)|_k = a_N u(k-N+1) + a_{N-1}\Delta u(k-N+2) + \cdots + a_2\Delta u(k-1) \\
y_0(k+2)|_k = a_N u(k-N+2) + a_{N-1}\Delta u(k-N+3) + \cdots + a_3\Delta u(k-1) \\
\quad\vdots \\
y_0(k+P)|_k = a_N u(k-N+P) + a_{N-1}\Delta u(k-N+P+1) + \cdots + a_{P+1}\Delta u(k-1)
\end{cases}
\tag{7.2.37}
$$

为方便推导,将上式改写成向量矩阵形式:

$$
\begin{aligned}
Y_0(k+1) &= \begin{bmatrix}
a_{N-1} & a_{N-2} & \cdots & \cdots & \cdots & \cdots & a_2 \\
0 & a_{N-1} & a_{N-2} & \ddots & \vdots & \vdots & a_3 \\
\vdots & \ddots & \ddots & \ddots & \ddots & \vdots & \vdots \\
0 & \cdots & 0 & a_{N-1} & a_{N-2} & \cdots & a_{P+1}
\end{bmatrix}
\begin{bmatrix}
\Delta u(k-N+2) \\
\Delta u(k-N+3) \\
\vdots \\
\Delta u(k-1)
\end{bmatrix} \\
&\quad + a_N\begin{bmatrix}
u(k-N+1) \\
u(k-N+2) \\
\vdots \\
u(k-N+P)
\end{bmatrix} \\
&= G_1\Delta U(k-1) + a_N U(k-N+1)
\end{aligned}
\tag{7.2.38}
$$

式中

$$
G_1 = \begin{bmatrix}
a_{N-1} & a_{N-2} & \cdots & \cdots & \cdots & \cdots & a_2 \\
0 & a_{N-1} & a_{N-2} & \ddots & \vdots & \vdots & a_3 \\
\vdots & \ddots & \ddots & \ddots & \ddots & \vdots & \vdots \\
0 & \cdots & 0 & a_{N-1} & a_{N-2} & \cdots & a_{P+1}
\end{bmatrix}_{P\times(N-2)}
\tag{7.2.39}
$$

$$
Y_0(k+1) = [y_0(k+1)|_k, y_0(k+2)|_k, \cdots, y_0(k+P)|_k]^{\mathrm{T}}
$$
$$
\Delta U(k-1) = [\Delta u(k-N+2), \Delta u(k-N+3), \cdots, \Delta u(k-1)]^{\mathrm{T}}
$$
$$
U(k-N+1) = [u(k-N+1), u(k-N+2), \cdots, u(k-N+P)]^{\mathrm{T}}
$$

系统在 k 步时未来 P 步可调输出分别为

$$\begin{cases} y_f(k+1)\mid_k = a_1\Delta u(k) \\ y_f(k+2)\mid_k = a_2\Delta u(k) + a_1\Delta u(k+1) \\ \qquad\vdots \\ y_f(k+P)\mid_k = a_P\Delta u(k) + a_{P-1}\Delta u(k+1) + \cdots + a_1\Delta u(k+P-1) \end{cases}$$

$$(7.2.40)$$

同样,也将上式写成向量矩阵形式

$$Y_f(k+1) = \begin{bmatrix} a_1 & 0 & \cdots & 0 \\ a_2 & a_1 & \ddots & \vdots \\ \vdots & \ddots & \ddots & 0 \\ a_p & a_{P-1} & \cdots & a_1 \end{bmatrix} \begin{bmatrix} \Delta u(k) \\ \Delta u(k+1) \\ \vdots \\ \Delta u(k+p-1) \end{bmatrix} = G_2\Delta U(k) \quad (7.2.41)$$

式中

$$G_2 = \begin{bmatrix} a_1 & 0 & \cdots & 0 \\ a_2 & a_1 & \ddots & \vdots \\ \vdots & \ddots & \ddots & 0 \\ a_p & a_{P-1} & \cdots & a_1 \end{bmatrix}_{P\times P}$$

$$(7.2.42)$$

$$Y_f(k+1) = \begin{bmatrix} y_f(k+1)\mid_k, y_f(k+2)\mid_k, \cdots, y_f(k+P)\mid_k \end{bmatrix}^{\mathrm{T}}$$

$\Delta U(k) = \begin{bmatrix} \Delta u(k), \Delta u(k+1), \cdots, \Delta u(k+P-1) \end{bmatrix}^{\mathrm{T}}$ 为未来待优化的控制增量序列。

如果取未来控制增量的优化步数 $m < P$,则

$$\Delta U(k) = \begin{bmatrix} \Delta u(k), \Delta u(k+1), \cdots, \Delta u(k+m-1) \end{bmatrix}^{\mathrm{T}}$$

并设

$$\Delta u(k+m) = \Delta u(k+m+1) = \cdots = \Delta u(k+P-1) = 0$$

于是相应的(7.2.42)式矩阵 G_2 为

$$G_2 = \begin{bmatrix} a_1 & 0 & \cdots & 0 \\ a_2 & a_1 & \ddots & \vdots \\ \vdots & a_2 & \ddots & 0 \\ \vdots & \ddots & \ddots & a_1 \\ \vdots & \ddots & \ddots & a_2 \\ \vdots & & \ddots & \vdots \\ a_P & a_{P-1} & \cdots & a_{P-m+1} \end{bmatrix}$$

$$(7.2.43)$$

由(7.2.38)和(7.2.41)式得系统未来 P 步输出预测方程组(7.2.36)的向量形式

$$Y(k+1) = Y_0(k+1) + Y_f(k+1)$$
$$= G_1\Delta U(k-1) + a_N U(k-N+1) + G_2\Delta U(k) \quad (7.2.44)$$

用未来 P 步预测输出方程(7.2.38)建立未来 P 步预测输出的重构方程

$$\hat{Y}_0(k+1) = G_1\Delta U(k-1) + a_N U(k-N+1) + F[y(k) - y_m(k)] \quad (7.2.45)$$

式中 F 阵可取 $F = [1,1,\cdots,1]^{\mathrm{T}}_{P\times 1}$,由重构方程(7.2.45)获得未来 P 步预测输出的校正。于是系统未来 P 步输出可表示为

$$\hat{Y}(k+1) = \hat{Y}_0(k+1) + Y_f(k+1) = \hat{Y}_0(k+1) + G_2\Delta U(k) \qquad (7.2.46)$$

2. 最优控制律

按照参考轨线方程(7.1.5)式计算系统未来 P 步期望输出 $Y_d(k+1)$。取系统未来 P 步二次型性能指标函数为

$$J = \parallel Y_d(k+1) - \hat{Y}_0(k+1) - G_2\Delta U(k) \parallel_Q^2 + \parallel \Delta U(k) \parallel_R^2$$
$$= [Y_e(k+1) - G_2\Delta U(k)]^{\mathrm{T}}Q[Y_e(k+1) - G_2\Delta U(k)] + \Delta U^{\mathrm{T}}(k)R\Delta U(k)$$
$$(7.2.47)$$

式中，$Y_e(k+1) = Y_d(k+1) - \hat{Y}_0(k+1)$。

$\Delta U(k)$ 应使性能指标函数 J 取极小值。由方程

$$\frac{\partial J}{\partial \Delta U(k)} = 2(G_2^{\mathrm{T}}QG_2 + R)\Delta U(k) - 2G_2^{\mathrm{T}}QY_e(k+1) = 0 \qquad (7.2.48)$$

解得二次型性能指标最优解为

$$\Delta U^*(k) = (G_2^{\mathrm{T}}QG_2 + R)^{-1}G_2^{\mathrm{T}}QY_e(K+1)$$
$$= K[Y_d(k+1) - Y_0(k+1)] \qquad (7.2.49)$$

式中，$K = (G_2^{\mathrm{T}}QG_2 + R)^{-1}G_2^{\mathrm{T}}Q$。

相应的当前 k 时刻的即时最优控制律为

$$\Delta u^*(k) = K_1[Y_d(k+1) - \hat{Y}_0(k+1)] \qquad (7.2.50)$$

式中，$K_1 = [1,0,\cdots,0](G_2^{\mathrm{T}}QG_2 + R)^{-1}G_2^{\mathrm{T}}Q$ 为即时控制增益阵。

即时控制量为

$$u(k) = u(k-1) + \Delta u^*(k) \qquad (7.2.51)$$

由上可知，DMC 的基本算法由方程(7.2.45)、(7.1.5)、(7.2.50)和(7.2.51)组成。

3. DMC 实现步骤

(1) 通过阶跃试验获取被控系统的单位阶跃响应序列模型 $A_m(q^{-1})$；

(2) 确定设计参数：P、m、Q、R 和 β，其选取原则和方法可以参照 MAC 设计参数的选取；

(3) 离线计算即时最优控制增益阵 K_1；

(4) 测量系统当前实际输出 $y(k)$，并按(7.2.45)式计算校正预测输出 $\hat{Y}_0(k+1)$；

(5) 按式(7.1.5)计算未来期望输出，并形成向量 $Y_d(k+1)$；

(6) 按式(7.2.50)计算即时最优控制增量 $\Delta u^*(k)$；并按式(7.2.51)计算即时控制量 $u(k)$；

(7) 检验最优控制增量 $\Delta u^*(k)$ 和控制量 $u(k)$ 是否超越上、下限值：

· 它们若超越它们的上限，则令它们等于它们的上限值；

· 它们若超越它们的下限，则令它们等于它们的下限值；

将最后确定的即时控制量 $u(k)$ 输出执行；

(8) 下个采样周期开始，递推一步返回(4)，重复进行。

4. 有纯延迟系统的 DMC 算法

大多数工业过程被控对象都有纯延迟特性，对于这类系统，在应用 DMC 进行控制时，

需要对上述 DMC 算法稍作修改。

设被控对象有 l 步延迟,它的单位阶跃响应序列模型为

$$A_m(q) = a_d q^{-d} + a_{d+1} q^{-d-1} + \cdots + a_N q^{-N} \frac{1}{1 - q^{-1}} \tag{7.2.52}$$

式中,$d = l + 1$ 为总延迟,其中包括连续响应离散化产生的一步延迟。显然有 l 步延迟的系统,其单位阶跃响应序列前 d 项 $a_i = 0(i = 0, 1, \cdots, d-1)$。这样的系统,在 k 时刻的即时控制增量 $\Delta u(k)$ 只能影响未来第 d 步及其以后各步的输出,而不会影响未来 1 至 $d-1$ 步的输出。或者说未来 1 至 $d-1$ 步的输出在 k 时刻是无法控制的,它们完全取决它们的预测输出 $y_0(k+i)|_k (i = 0, 1, \cdots, d-1)$。因此,系统未来 P 步二次型指标函数为

$$J_d = \sum_{i=d}^{P} q_i \left[y_d(k+i) - \hat{y}_0(k+i)|_k - y_f(k+i)|_k \right]^2$$
$$+ \sum_{i=1}^{m} r_i \Delta u^2(k+i-1), \quad P \geqslant m + d \tag{7.2.53}$$

其向量形式为

$$J_d = \| Y_d(k+d) - \hat{Y}_0(k+d) - Y_f(k+d) \|_Q^2 + \| \Delta U(k) \|_R^2 \tag{7.2.54}$$

式中

$$Y_d(k+d) = [y_d(k+d), \cdots, y_d(k+P)]^T$$
$$y_d(k+i) = \beta^i y(k) + (1 - \beta^i) y_r, \quad i = d, d+1, \cdots, P$$
$$\hat{Y}_0(k+d) = [\hat{y}_0(k+d)|_k, \cdots, \hat{y}_0(k+P)|_k]^T$$

$\hat{Y}_0(k+d)$ 可以从 $\hat{Y}_0(k+1)$ 中截取获得

$$Y_f(k+d) = [y_f(k+d)|_k, \cdots, y_f(k+P)|_k]^T = G_d \Delta U(k) \tag{7.2.55}$$

式中

$$G_d = \begin{bmatrix} a_d & 0 & \cdots & 0 \\ a_{d+1} & a_d & \ddots & \vdots \\ \vdots & a_{d+1} & \ddots & 0 \\ \vdots & \ddots & \ddots & a_d \\ \vdots & \vdots & \vdots & \vdots \\ a_P & a_{P-1} & \cdots & a_{P-m+1} \end{bmatrix}_{(P-l) \times m} \tag{7.2.56}$$

将 (7.2.55) 式代入 (7.2.54) 式,对 J_d 极小化,即可得 k 时刻即时最优控制律为

$$\Delta u^*(k) = K_1 [Y_d(k+d) - \hat{Y}_0(k+d)] \tag{7.2.57}$$

式中

$$K_1 = [1, 0, \cdots, 0](G_d^T Q G_d + R)^{-1} G_d^T Q$$

前面讨论的 MAC 和 IMAC 基本算法按照上述方法修改,同样可以获得控制具有纯延迟系统的控制算法。

7.2.4 GPC(广义预测控制)的基本算法

GPC 是一种自适应模型预测控制算法,与 MAC 和 DMC 不同,它采用传统的参数化模

型,模型参数较少,易于在线辨识。GPC 基本算法通过在线辨识获得模型参数,再利用模型参数实现多步预测和滚动优化,从而实现自适应模型预测控制策略。因此,GPC 既有一般MPC 的特点,又有自适应控制的特点。它不仅对被控系统特性参数变化有更好的鲁棒性,而且可以控制开环不稳定系统。GPC 的控制算法和 DMC 及 IMAC 一样也是增量形式,算法中含有积分作用,能够消除控制系统的稳态偏差。

1. 系统模型和输出多步预测

GPC 采用被控对象的参数化模型为含有外部随机阶跃扰动项的输入输出差分方程,即

$$\bar{A}(q^{-1})y(k) = B(q^{-1})u(k-1) + C(q^{-1})\xi(k)/\Delta \tag{7.2.58}$$

该方程通常称为被控自回归积分滑动平均模型,简称 CARIMA(Controlled Auto-Regressive Integrated Average)模型。式中,$y(k)$、$u(k)$ 分别为系统的输出和输入;$\xi(k)$ 为均值为零,方差为 σ^2 的白噪声序列;$\Delta = 1 - q^{-1}$ 为差分算子,$\xi(k)/\Delta$ 表示随机阶跃扰动,即阶跃扰动出现的时间和幅值是随机的。

$$\bar{A}(q^{-1}) = 1 + \sum_{i=1}^{n_a} \bar{a}_i q^{-i}, \quad B(q^{-1}) = \sum_{i=0}^{n_b} b_i q^{-i}, \quad C(q^{-1}) = 1 + \sum_{i=1}^{n_c} c_i q^{-i}$$

这里假设系统的延迟 $d=1$,若 $d>1$,则将多项式 $B(q^{-1})$ 中的前 $d-1$ 项系数置为零即可。为了处理方便,将式(7.2.58)重新表示为

$$A(q^{-1})y(k) = B(q^{-1})\Delta u(k-1) + C(q^{-1})\xi(k) \tag{7.2.59}$$

式中

$$A(q^{-1}) = (1 - q^{-1})\bar{A}(q^{-1}) = 1 + \sum_{i=1}^{n} a_i q^{-i}$$

$$n = n_a + 1, \quad a_i = \bar{a}_i - \bar{a}_{i-1}(1 \leqslant i \leqslant n_a), \quad a_n = -\bar{a}_{n_a}$$

模型中各个多项式的系数 a_i, b_i, c_i 可以通过增广最小二乘法在线辨识获得其估计值。这里我们不考虑参数辨识问题,假设它们都是已知的确定值。

未来第 j 步输出最优估计。

为了方便推导和对 GPC 本质的理解,先令 $C(q^{-1}) = 1$,即系统模型为

$$A(q^{-1})y(k) = B(q^{-1})\Delta u(k-1) + \xi(k) \tag{7.2.60}$$

该系统未来输出最优预测跟第 5 章中讲的 CARMA 模型描述系统的未来输出最优预测形式是相同的。为此引入 Diophantine 方程

$$1 = E_j(q^{-1})A(q^{-1}) + q^{-j}F_j(q^{-1}) \quad 或 \quad \frac{1}{A(q^{-1})} = E_j(q^{-1}) + \frac{q^{-j}F_j(q^{-1})}{A(q^{-1})}$$

$$\tag{7.2.61}$$

式中

$$\left. \begin{array}{l} \deg E_j = j - 1, \quad E_j(q^{-1}) = 1 + e_j(1)q^{-1} + \cdots + e_j(j-1)q^{-j+1} \\ \deg F_j = n_a = n - 1, \quad F_j(q^{-1}) = f_j(0) + f_j(1)q^{-1} + \cdots + f_j(n_a)q^{-n_a} \end{array} \right\} \tag{7.2.62}$$

多项式 $E_j(q^{-1})$ 可以看作是 1 除以 $A_j(q^{-1})$ 的 $j-1$ 阶商式,而 $q^{-j}F_j(q^{-1})$ 则是相应的余式。

将方程(7.2.60)两边同乘以 $E_j(q^{-1})$,得

$$E_j(q^{-1})A(q^{-1})y(k) = E_j(q^{-1})B(q^{-1})\Delta u(k-1) + E_j(q^{-1})\xi(k) \tag{7.2.63}$$

由(7.2.61)式知

$$E_j(q^{-1})A_j(q^{-1}) = 1 - q^{-j}F_j(q^{-1})$$

将上式代入(7.2.63)式,得

$$
\begin{aligned}
y(k) &= q^{-j}F_j(q^{-1})y(k) + E_j(q^{-1})B(q^{-1})\Delta u(k-1) + E_j(q^{-1})\xi(k) \\
&= q^{-j}F_j(q^{-1})y(k) + G_j(q^{-1})\Delta u(k-1) + E_j(q^{-1})\xi(k)
\end{aligned}
\tag{7.2.64}
$$

式中

$$
\left.
\begin{aligned}
&G_j(q^{-1}) = E_j(q^{-1})B(q^{-1}), \quad \deg G_j = n_j = n_b + j - 1, \quad n_b = \deg B(z) \\
&G_j(q^{-1}) = g_j(0) + g_j(1)q^{-1} + \cdots + g_j(n_j)q^{-n_j}, \quad g_j(0) = b_0
\end{aligned}
\right\}
\tag{7.2.65}
$$

由(7.2.64)式即得系统在 k 时刻的未来第 j 步输出为

$$y(k+j) = F_j(q^{-1})y(k) + G_j(q^{-1})\Delta u(k+j-1) + E_j(q^{-1})\xi(k+j) \tag{7.2.66}$$

式中,$E_j(q^{-1})\xi(k+j) = \xi(k+j) + e_j(1)\xi(k+j-1) + \cdots + e_j(j-1)\xi(k+1)$,此项与未来噪声序列 $\xi(k+i)(0 \leqslant i \leqslant j)$ 有关,其数值无法估计。显然,系统未来第 j 步输出 $y(k+j)$ 也是随机量,在 k 时刻无法获得其精确值,只能利用方程(7.2.66)获得它的估计值。记 $y(k+j)$ 的估计为 $\hat{y}(k+j)|_k$,估计误差为 $\tilde{y}(k+j)|_k = y(k+j) - \hat{y}(k+j)|_k$。

可以证明,系统(7.2.60)的未来第 j 步输出 $y(k+j)$ 在估计误差的方差

$$J_e = E[\tilde{y}^2(k+j)|_k] \tag{7.2.67}$$

最小意义下的最优估计为

$$\hat{y}^*(k+j)|_k = F_j(q^{-1})y(k) + G_j(q^{-1})\Delta u(k+j-1) \tag{7.2.68}$$

估计误差为

$$\tilde{y}(k+j)|_k = E_j(q^{-1})\xi(k+j)$$

其方差为

$$J_e = [1 + e_j^2(1) + \cdots + e_j^2(j-1)]\sigma^2$$

(以上结论请读者自己证明。)

可以看出,方程(7.2.68)右边第一项取决于系统在 k 时刻及其以前的实际输出;第二项既与 k 时刻以前的控制增量有关,也与 k 时刻及其未来的控制增量有关。仿效 MAC 和 DMC 做法,把系统未来输出表示为预测输出和可调输出之和,为此,将方程(7.2.68)右边第二项 $G_j(q^{-1})\Delta u(k+j-1)$ 展开,即

$$
\begin{aligned}
\hat{y}^*(k+j)|_k &= F_j(q^{-1})y(k) + [g_j(0) + g_j(1)q^{-1} + \cdots + g_j(n_j)q^{-n_j}]\Delta u(k+j-1) \\
&= \underline{F_j(q^{-1})y(k)} + g_j(0)\Delta u(k+j-1) + g_j(1)\Delta u(k+j-2) + \cdots \\
&\quad + g_j(j-1)\Delta u(k) + \underline{g_j(j)\Delta u(k-1) + \cdots + g_j(n_b+j-1)\Delta u(k-n_b)} \\
&= \hat{y}_0(k+j)|_k + y_f(k+j)|_k, \quad (n_j = n_b + j - 1)
\end{aligned}
\tag{7.2.69}
$$

式中

$$\hat{y}_0(k+j)|_k = F_j(q^{-1})y(k) + g_j(j)\Delta u(k-1) + \cdots + g_j(n_b+j-1)\Delta u(k-n_b) \tag{7.2.70}$$

为 $y^*(k+j)|_k$ 中的预测输出(即自由响应项);

$$y_f(k+j)|_k = g_j(j-1)\Delta u(k) + \cdots + g_j(1)\Delta u(k+j-2) + g_j(0)\Delta u(k+j-1) \tag{7.2.71}$$

为 $y^*(k+j)|_k$ 中的可调输出(即强迫响应项)。

令 $j = 1,2,\cdots,P$,则由方程(7.2.69)~(7.2.71)可得系统未来 P 步输出预测方程组,即

$$\begin{cases} \hat{y}^*(k+1)|_k = \hat{y}_0(k+1)|_k + g_1(0)\Delta u(k) \\ \hat{y}^*(k+2)|_k = \hat{y}_0(k+2)|_k + g_2(1)\Delta u(k) + g_2(0)\Delta u(k+1) \\ \quad\vdots \\ \hat{y}^*(k+P)|_k = \hat{y}_0(k+P)|_k + g_P(P-1)\Delta u(k) \\ \qquad\qquad\qquad + g_P(P-2)\Delta u(k+1) + \cdots + g_P(0)\Delta u(k+P-1) \end{cases} \tag{7.2.72}$$

将方程组改写成向量形式

$$\hat{Y}^*(k+1) = \hat{Y}_0(k+1) + G_2 \Delta U(k) \tag{7.2.73}$$

式中

$$\hat{Y}^*(k+1) = [\hat{y}^*(k+1)|_k, \cdots, \hat{y}^*(k+P)|_k]^{\mathrm{T}}$$

$$\hat{Y}_0(k+1) = [\hat{y}_0(k+1)|_k, \cdots, \hat{y}_0(k+P)|_k]^{\mathrm{T}}$$

$$\Delta U(k) = [\Delta u(k), \cdots, \Delta u(k+p-1)]^{\mathrm{T}}$$

$\Delta U(k) = [\Delta u(k), \cdots, \Delta u(k+P-1)]^{\mathrm{T}}$ 为未来 P 步待优化的控制增量。

$$G_2 = \begin{bmatrix} g_1(0) & 0 & \cdots & 0 \\ g_2(1) & g_2(0) & \ddots & \vdots \\ \vdots & \vdots & \ddots & 0 \\ g_P(P-1) & g_P(P-2) & \cdots & g_P(0) \end{bmatrix}_{P \times P} \tag{7.2.74a}$$

$G_2 \Delta U(k)$ 为系统未来 P 步可调输出向量。

如果取控制优化步数 $m < P$,且 $\Delta u(k+m) = \Delta u(k+m+1) = \cdots = \Delta u(k+P-1) = 0$,则

$$\Delta U(k) = [\Delta u(k), \cdots, \Delta u(k+m-1)]^{\mathrm{T}}$$

相应地,

$$G_2 = \begin{bmatrix} g_1(0) & 0 & \cdots & 0 \\ \vdots & g_2(0) & \ddots & 0 \\ \vdots & & \ddots & \ddots \\ g_m(m-1) & g_m(m-2) & \cdots & g_m(0) \\ g_{m+1}(m) & g_{m+1}(m-1) & \cdots & g_{m+1}(1) \\ \vdots & \vdots & \vdots & \vdots \\ g_P(P-1) & g_P(P-2) & \cdots & g_P(P-m) \end{bmatrix}_{P \times m} \tag{7.2.74b}$$

由(7.2.70)式可得

$$
\hat{Y}_0(k+1) =
\begin{bmatrix}
F_1(q^{-1}) \\
F_2(q^{-1}) \\
\vdots \\
F_P(q^{-1})
\end{bmatrix}
y(k)
$$

$$
+
\begin{bmatrix}
g_1(n_b) & g_1(n_b-1) & \cdots & g_1(1) \\
g_2(n_b+1) & g_2(n_b) & \cdots & g_2(2) \\
\vdots & \vdots & \vdots & \vdots \\
g_P(n_b+P-1) & g_P(n_b+P-2) & \cdots & g_P(P)
\end{bmatrix}
\begin{bmatrix}
\Delta u(k-n_b) \\
\Delta u(k-n_b+1) \\
\vdots \\
\Delta u(k-1)
\end{bmatrix}
$$

$$(7.2.75)$$

2. 最优控制律

与 MAC 和 DMC 算法一样,取系统的二次型性能指标函数为

$$
\begin{aligned}
J &= \parallel Y_d(k+1) - \hat{Y}^*(k+1) \parallel_Q^2 + \parallel \Delta U(k) \parallel_R^2 \\
&= \parallel Y_d(k+1) - \hat{Y}_0(k+1) - G_2\Delta U(k) \parallel_Q^2 + \parallel \Delta U(k) \parallel_R^2 \quad (7.2.76)
\end{aligned}
$$

式中,$Y_d(k+1)$ 为未来 P 步期望输出,由参考轨线方程(7.1.5)计算获得。

$\hat{Y}_0(k+1)$ 为未来 P 步预测输出向量,由预测方程(7.2.75)计算获得。$\hat{Y}_0(k+1)$ 不需再用模型预测误差进行校正。因为在它的预测方程(7.2.75)中,已经通过其中的现在及过去受扰动影响的系统实际输出 $y(k-i)(i=0,1,\cdots,n)$ 考虑了扰动对未来预测输出的影响。

对(7.2.76)式 J 极小化,即可求得二次型性能指标函数的最优解为

$$
\Delta U^*(k) = (G_2^{\mathrm{T}}QG_2 + R)^{-1}G_2^{\mathrm{T}}Q[Y_d(k+1) - \hat{Y}_0(k+1)] \quad (7.2.77)
$$

即时最优控制律为

$$
\Delta u^*(k) = K_1[Y_d(k+1) - \hat{Y}_0(k+1)] \quad (7.2.78)
$$

其中,$K_1 = [1,0,\cdots,0](G_2^{\mathrm{T}}QG_2 + R)^{-1}G_2^{\mathrm{T}}Q$ 为即时控制增益阵。

即时控制量

$$
u(k) = u(k-1) + \Delta u^*(k) \quad (7.2.79)
$$

3. Diophantine 方程的递推解

执行上述 GPC 即时最优控制律,需要事先通过 Diphantine 方程(7.2.61)和式(7.2.65)求多项式 $F_j(q^{-1})$ 和 $G_j(q^{-1})(j=1,2,\cdots,P)$。为了减少在线求解 $F_j(q^{-1})$ 和 $G_j(q^{-1})$ 的计算量,通常采用递推求解法。利用多项式 $E_j(q^{-1})$、$F_j(q^{-1})$ 及 $G_j(q^{-1})$ 之间相互关系,可以推导出求解它们的递推计算式。

由方程(7.2.61)有

$$
1 = E_{j+1}(q^{-1})A(q^{-1}) + q^{-j-1}F_{j+1}(q^{-1}) \quad (7.2.80)
$$

上式与方程(7.2.61)相减得

$$
E_{j+1}(q^{-1}) - E_j(q^{-1}) = \frac{q^{-j}}{A(q^{-1})}[F_j(q^{-1}) - q^{-1}F_{j+1}(q^{-1})] \quad (7.2.81)
$$

上式右边分子多项式从 0 到 $(j-1)$ 次项系数均为零,所以,$E_{j+1}(q^{-1})$ 与 $E_j(q^{-1})$ 的前 $(j-1)$ 次项的系数必相等,即

$$e_{j+1}(i) = e_j(i), \quad i = 0, 1, \cdots, j-1 \tag{7.2.82}$$

于是有

$$E_{j+1}(q^{-1}) = E_j(q^{-1}) + e_{j+1}(j)q^{-j} \tag{7.2.83}$$

将上式代入(7.2.81)式,得

$$F_{j+1}(q^{-1}) = q[F_j(q^{-1}) - e_{j+1}(j)A(q^{-1})] \tag{7.2.84}$$

将上式两边同时展开,并令两边同次项系数相等,可得(注意到 $A(q^{-1})$ 为首一多项式)

$$\begin{cases} e_{j+1}(j) = f_j(0) \\ f_{j+1}(0) = f_j(1) - e_{j+1}(j)a_1 = f_j(1) - f_j(0)a_1 \\ f_{j+1}(1) = f_j(2) - e_{j+1}(j)a_2 = f_j(2) - f_j(0)a_2 \\ \qquad\vdots \\ f_{j+1}(i) = f_j(i+1) - f_j(0)a_{i+1}, \quad 0 \leqslant i < n_a \\ f_{j+1}(n_a) = -f_j(0)a_n \end{cases} \tag{7.2.85}$$

式(7.2.82)、(7.2.83)和(7.2.85)就是 Diophantine 方程的递推解公式。递推初值可以令 $j=1$ 由方程(7.2.61)获得。即由

$$1 = E_1(q^{-1})A(q^{-1}) + q^{-1}F_1(q^{-1})$$

得 $E_j(q^{-1})$ 和 $F_j(q^{-1})$ 的初值为

$$\begin{cases} E_1(q^{-1}) = e_1(0) = 1 \\ F_1(q^{-1}) = q[1 - A(q^{-1})] = -a_1 - a_2 q^{-1} - \cdots - a_n q^{-n_a} \end{cases} \tag{7.2.86}$$

关于 $G_j(q^{-1})$ 的递推计算式：

由(7.2.65)和(7.2.83)及(7.2.85)式,可得

$$\begin{aligned} G_{j+1}(q^{-1}) &= E_{j+1}(q^{-1})B(q^{-1}) = E_j(q^{-1})B(q^{-1}) + e_{j+1}(j)q^{-j}B(q^{-1}) \\ &= G_j(q^{-1}) + f_j(0)q^{-j}B(q^{-1}) \end{aligned} \tag{7.2.87}$$

将该式两边展开,并令两边同次项系数相等,即得 $G_j(q^{-1})$ 的递推计算式

$$\begin{cases} g_{j+1}(i) = g_j(i), \quad i = 0, 1, \cdots, j-1 \\ g_{j+1}(i) = g_j(i) + f_j(0)b_{i-j}, \quad j \leqslant i \leqslant n_b + j - 1 \\ g_{j+1}(n_b + j) = f_j(0)b_{n_b} \end{cases} \tag{7.2.88}$$

递推计算公式的初值为

$$G_1(q^{-1}) = E_1(q^{-1})B(q^{-1}) = B(q^{-1}) \tag{7.2.89}$$

式(7.2.88)第一式表明,多项式 $G_{j+1}(q^{-1})$ 与 $G_j(q^{-1})$ 的前 j 项系数相等,因此,式(7.2.73)中的矩阵 G_2 的所有元素 $g_j(i = 0, 1, \cdots, P-1; j = 1, 2, \cdots, P)$ 可以相应地改为 $G_P(q^{-1})$ 的前 P 项系数 $g_P(i)(i = 0, 1, \cdots, P-1)$。$P$ 为预测步数。

由式(7.2.65)和(7.2.61)可得

$$G_P(q^{-1}) = E_p(q^{-1})B(q^{-1}) = S(q^{-1})[1 - q^{-P}F_P(q^{-1})] \tag{7.2.90}$$

式中,$S(q^{-1}) = \dfrac{B(q^{-1})}{A(q^{-1})} = \dfrac{B(q^{-1})}{(1 - q^{-1})\bar{A}(q^{-1})}$ 为系统(7.2.60)的单位阶跃响应的算子表示式。

上式表明,$G_P(q^{-1})$ 的前 P 项系数 $g_P(i)$,$(i = 0, 1, \cdots, P-1)$,只取决于 $S(q^{-1})$,可见,

$G_P(q^{-1})$ 的前 P 项系数 $g_P(i)$,即 G_2 中的元素,就是系统(7.2.60)的单位阶跃响应序列的前 P 项值。由此说明,GPC 算法其实质与 DMC 是相同的,只是它们关于未来预测输出 $\hat{Y}_0(k+1)$ 的预测方程形式不同而已。

【例 7.2.1】 设系统 CARIMA 模型为

$$(1 + \overline{a}_1 q^{-1})y(k) = (b_0 + b_1 q^{-1})u(k-1) + \xi(k)/(1 - q^{-1})$$

试用递推法求多项式 $F_j(q^{-1})$ 和 $G_j(q^{-1})$,$j = 1,2,3$。

解 由给定模型知

$$A(q^{-1}) = (1 - q^{-1})(1 + \overline{a}_1 q^{-1}) = 1 + (\overline{a}_1 - 1)q^{-1} - \overline{a}_1 q^{-2} = 1 + a_1 q^{-1} + a_2 q^{-2}$$

$$B(q^{-1}) = b_0 + b_1 q^{-1}, \quad C(q^{-1}) = 1$$

即

$$a_1 = \overline{a}_1 - 1, \quad a_2 = -\overline{a}_2; \quad n_a = 1, \quad n = 2; \quad n_b = 1$$

(1) 初值 $j = 1$。

$$E_1(q^{-1}) = e_1(0) = 1$$
$$F_1(q^{-1}) = q[1 - A(q^{-1})] = -a_1 - a_2 q^{-1}$$
$$G_1(q^{-1}) = E_1(q^{-1})B(q^{-1}) = b_0 + b_1 q^{-1}$$

即

$$e_1(0) = 1, \quad f_1(0) = -a_1, \quad f_1(1) = -a_2, \quad g_1(0) = b_0, \quad g_1(1) = b_1$$

(2) $j = 2$。

由(7.2.85)式,有

$$f_2(0) = f_1(1) - f_1(0)a_1 = -a_2 + a_1^2$$
$$f_2(1) = -f_1(0)a_2 = -f_1(0)a_2 = a_1 a_2$$

由(7.2.88)式,有

$$g_2(0) = g_1(0) = b_0$$
$$g_2(1) = g_1(1) + f_1(0)b_0 = b_1 - a_1 b_0$$
$$g_2(2) = f_1(0)b_1 = -a_1 b_1$$

即

$$F_2(q^{-1}) = f_2(0) + f_2(1)q^{-1}$$
$$G_2(q^{-1}) = g_2(0) + g_2(1)q^{-1} + g_2(2)q^{-2}$$

(3) $j = 3$。

由(7.2.85)式,有

$$f_3(0) = f_2(1) - f_2(0)a_1 = a_1 a_2 - (a_1^2 - a_2)a_1$$
$$f_3(1) = -f_2(0)a_2 = (a_2 - a_1^2)a_2$$

由(7.2.88)式,有

$$g_3(0) = g_2(0) = g_1(0) = b_0$$
$$g_3(1) = g_2(1) = b_1 - a_1 b_0$$
$$g_3(2) = g_2(2) + f_2(0)b_0 = -a_1 b_1 + (a_1^2 - a_2)b_0$$
$$g_3(3) = f_2(0)b_1 = (a_1^2 - a_2)b_1$$

即

$$F_3(q^{-1}) = f_3(0) + f_3(1) q^{-1}$$

$$G_3(q^{-1}) = g_3(0) + g_3(1) q^{-1} + g_3(2) q^{-2} + g_3(3) q^{-3}$$

4. GPC 实现步骤

(1) 设置参数：n_a、n_b、d、P、m、β、Q 及 R；

(2) 读取 $y(k)$ 和 y_r；

(3) 用递推最小二乘法辨识系统模型(7.2.60)的参数，获得 $\hat{A}(q^{-1})$ 和 $\hat{B}(q^{-1})$；

(4) 由式(7.2.85)、(7.2.86)和(7.2.88)递推求得 $F_j(q^{-1})$ 和 $G_j(q^{-1})$；

(5) 按式(7.2.75)和(7.1.5)分别计算出 $\hat{Y}_0(k+1)$ 和 $Y_d(k+1)$；

(6) 按式(7.2.74b)构成矩阵 G_2；并计算 $K_1 = [1, 0, \cdots, 0](G_2^{\mathrm{T}} Q G_2 + R)^{-1} G_2^{\mathrm{T}} Q$；

(7) 按式(7.2.78)和(7.2.79)计算即时控制量 $u(k)$；

(8) 返回(2)。

7.3　MPC 系统的内模控制结构及其分析

　　模型预测控制(MPC)虽然其基本原理和控制算法都比较直观易于理解，但是，由于它采用多步预测滚动优化策略，相应的控制算法不是简单的差分方程形式，致使 MPC 系统特性分析变得很复杂很困难。这个问题至今尚未完全彻底解决，MPC 系统特性主要还靠系统仿真来检验。

　　MPC 系统的分析目前通常采用两类分析方法，一类是将 MPC 当作内模控制的一种特殊形式，采用内模控制分析方法；另一类是将 MPC 当作状态反馈的一种特殊形式，采用状态空间分析方法。本节先将讨论 MPC 系统的内模控制结构及其初步分析，下节再讨论状态空间方法。

7.3.1　内模控制及其基本特征

　　内模控制，简称 IMC(Internal Model Control)。最早是由 C. E. Carcia 等人于 1982 年提出来的。内模控制的基本结构如图 7.5 所示。

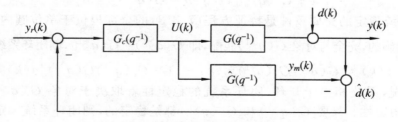

图 7.5　内模控制系统结构图

图中，$u(k)$、$y(k)$ 分别为被控对象的输入和输出量；y_r 为参考输入；$G(q^{-1})$ 为被控对象；$\hat{G}(q^{-1})$ 为被控对象的模型，也称内部模型，简称内模；$G_c(q^{-1})$ 为内模控制器；$y_m(k)$ 为内部模型输出；$d(k)$ 为不可测量扰动。

由图 7.5 可以看出，内模控制系统与常规反馈控制系统相比，主要区别是，在内模控制系统中引入了被控对象的模型 $\hat{G}(q^{-1})$（即内模）环节，这是内模控制的一个基本特征。由于用内模可以获取被控对象中某些不可测量而对控制有用的信息，利用这些信息可以有效地改善控制系统性能，也可以为控制器设计带来方便，可以避免某些复杂系统（如纯延迟、多变量系统）的常规反馈控制器设计所遇到难以克服的困难。对于图 7.5 所示系统，作用于对象中的扰动 $d(k)$ 是不可测量的，若用常规反馈控制，则由于反馈控制存在动态时滞，很难及时有效地克服扰动 $d(k)$ 的动态影响；采用内模控制，由于引入了内模，可以用系统实际输出 $y(k)$ 与内模 $\hat{G}(q^{-1})$ 输出 $y_m(k)$ 之差来获取扰动 $d(k)$ 的估计值 $\hat{d}(k)$。将 $\hat{d}(k)$ 作为反馈信号，并且控制器采用对象的逆系统，即 $G_c(q^{-1}) = \hat{G}^{-1}(q^{-1})$，那么就能像前馈控制一样能够及时甚至完全克服 $d(k)$ 的影响。

下面来讨论图 7.5 所示基本内模控制系统所具有的特性。

1. 对偶稳定性

由图 7.5 可得

$$u(k) = G_c(q^{-1})\{y_r(k) - [G(q^{-1}) - \hat{G}(q^{-1})]u(k) - d(k)\}$$

化简后可得闭环系统控制量表示式

$$u(k) = \frac{G_c(q^{-1})}{1 + G_c(q^{-1})[G(q^{-1}) - \hat{G}(q^{-1})]}[y_r(k) - d(k)] \qquad (7.3.1)$$

相应的闭环系统输出表示式为

$$
\begin{aligned}
y(k) &= \frac{G(q^{-1})G_c(q^{-1})}{1 + G_c(q^{-1})[G(q^{-1}) - \hat{G}(q^{-1})]}[y_r(k) - d(k)] + d(k) \\
&= \frac{G(q^{-1})G_c(q^{-1})}{1 + G_c(q^{-1})[G(q^{-1}) - \hat{G}(q^{-1})]}y_r(k) \\
&\quad + \frac{1 - \hat{G}(q^{-1})G_c(q^{-1})}{1 + G_c(q^{-1})[G(q^{-1}) - \hat{G}(q^{-1})]}d(k)
\end{aligned}
\qquad (7.3.2)
$$

显然，闭环系统的特征方程为

$$1 + G_c(q^{-1})[G(q^{-1}) - \hat{G}(q^{-1})] = 0 \qquad (7.3.3)$$

因此，闭环系统稳定的充要条件是特征方程（7.3.3）的全部根位于单位圆内。如果内模 $\hat{G}(q^{-1})$ 是精确的，完全与对象 $G(q^{-1})$ 匹配，即 $\hat{G}(q^{-1}) = G(q^{-1})$，则闭环系统输出为

$$y(k) = G(q^{-1})G_c(q^{-1})y_r(k) + [1 - G_c(q^{-1})\hat{G}(q^{-1})]d(k) \qquad (7.3.4)$$

这种情况，系统相当于开环，闭环系统的稳定性就取决于对象 $G(q^{-1})$ 和控制器 $G_c(q^{-1})$ 的稳定性。只要 $G(q^{-1})$ 和 $G_c(q^{-1})$ 都是稳定的，则闭环系统一定稳定；如果 $G(q^{-1})$ 和 $G_c(q^{-1})$ 不稳定或两者其中之一不稳定，则闭环系统一定不稳定。这就是所说的内模控制对偶稳定性。因此对于开环稳定的被控对象，设计内模控制系统时，只要设计的

控制器是稳定的,则整个控制系统就必然是稳定的。这表明,在内模精确的情况下,内模控制器设计比常规反馈控制器设计简便得多,它避免了常规反馈控制器设计中为了保证闭环稳定性而带来的种种困难。对于开环不稳定的对象,可以先用反馈控制使之稳定,然后再用内模控制。

2. 理想控制特性

内模控制系统如果对象 $G(q^{-1})$ 稳定,内模精确 $\hat{G}(q^{-1}) = G(q^{-1})$,内模控制器为 $G_c(q^{-1}) = \hat{G}^{-1}(q^{-1})$,且内模的逆 $\hat{G}^{-1}(q^{-1})$ 稳定并可实现,则由式(7.3.4)得系统输出为

$$y(k) = G(q^{-1})G_c(q^{-1})y_r(k) + [1 - G_c(q^{-1})\hat{G}(q^{-1})]d(k) = y_r(k) \qquad (7.3.5)$$

这表明内模控制系统在上述条件下具有理想的控制特性,即控制系统能够完全消除外部扰动的影响,而且系统输出能够理想地无偏差地跟踪参考输入。

应当指出,上述条件中,内模的逆 $\hat{G}^{-1}(q^{-1})$ 稳定并可实现,在实际中往往难以满足。对于有纯延迟的系统或有不稳定零点的系统,显然,都不能满足这个条件。在这种情况下,内模控制器 $G_c(q^{-1})$ 只能取内模 $\hat{G}(q^{-1})$ 的近似逆。对于有纯延迟的系统 $q^{-l}G_0(q^{-1})$ ($G_0(q^{-1})$ 中无纯延迟),可取内模控制器为 $G_c(q^{-1}) = \hat{G}_0^{-1}(q^{-1})$;对于有不稳定零点的系统 $\hat{G}(q^{-1}) = \hat{G}_-(q^{-1})\hat{G}_+(q^{-1})$($\hat{G}_-(q^{-1})$ 为 $\hat{G}(q^{-1})$ 中的不稳定零点因式),内模控制器可取 $G_c(q^{-1}) = \hat{G}_+^{-1}(q^{-1})f(q^{-1})$,其中 $f(q^{-1})$ 为滤波器,并且 $f(1) = \hat{G}_-^{-1}(1)$。

3. 理想稳态特性

由式(7.3.2)可得内模控制系统的闭环偏差方程为

$$e(k) = y_r(k) - y(k) = \frac{1 - \hat{G}(q^{-1})G_c(q^{-1})}{1 + G_c(q^{-1})[G(q^{-1}) - \hat{G}(q^{-1})]}[y_r(k) - d(k)]$$

$$(7.3.6a)$$

由上式可以看出,若闭环稳定,且 $G_c(1) = \hat{G}^{-1}(1)$,则即使 $\hat{G}(q^{-1}) \neq G(q^{-1})$,系统对于阶跃输入和外部扰动,其稳态偏差 $e(\infty)$ 为零。这表明内模控制系统只要闭环稳定,内模控制器的稳态增益 $G_c(1)$ 等于内模稳态增益的倒数 $\hat{G}^{-1}(1)$,那么不论内模是否精确,控制系统对于阶跃输入和外部扰动均无稳态偏差,控制系统呈现出具有理想的稳态特性。这是内模控制系统的一个十分可贵的优点。

内模控制系统具有这种理想稳态特性,可以解释为,是因其等效反馈系统(如图 7.6 所示)中的等效控制器

$$C(q^{-1}) = \frac{G_c(q^{-1})}{1 - G_c(q^{-1})\hat{G}(q^{-1})} \qquad (7.3.6b)$$

在 $G_c(1) = \hat{G}^{-1}(1)$ 时,其稳态增益 $C(1)$ 为无穷大,相当于其中含有积分作用的缘故。

4. 鲁棒性

应该指出,上面讲的内模控制的对偶稳定性,是在内模 $\hat{G}(q^{-1})$ 匹配条件下(即 $\hat{G}(q^{-1}) = G(q^{-1})$)获得的。这个条件在实际中往往很难保证。这样,当内模失配时($\hat{G}(q^{-1}) \neq$

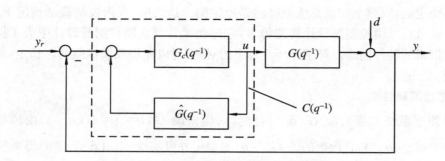

图 7.6　内模控制系统的等效反馈结构

$G(q^{-1})$），即使被控对象和内模控制器都是稳定的。闭环系统也不一定能稳定，有可能不稳定。因此，内模控制系统设计还应设法使系统具有足够的鲁棒性能，即要保证系统在内模失配的情况下，闭环系统仍然稳定。对此要求，通常通过在内模控制系统的反馈通道中或内模控制器前附加一个滤波器来实现，如图 7.7 所示。

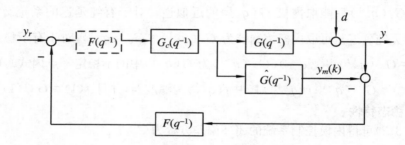

图 7.7　附加滤波器的内模控制系统

由图 7.7 可以写出附加滤波器 $F(q^{-1})$ 后的内模控制系统的闭环特征方程

$$1 + G_c(q^{-1})F(q^{-1})\big[G(q^{-1}) - \hat{G}(q^{-1})\big] = 0$$

或

$$G_c^{-1}(q^{-1}) + F(q^{-1})\big[G(q^{-1}) - \hat{G}(q^{-1})\big] = 0 \tag{7.3.7}$$

当内模失配 $\hat{G}(q^{-1}) \neq G(q^{-1})$ 时，可以通过设计 $F(q^{-1})$ 使上式的全部特征根均位于单位圆内，从而使闭环系统稳定。显然 $F(q^{-1})$ 的设计要按对象特性和内模失配情况进行，举例说明如下：

设对象和内模的脉冲传递函数分别为

$$G(q^{-1}) = (q^{-2} + q^{-1})H(q^{-1}),\ \hat{G}(q^{-1}) = 2q^{-1}H(q^{-1})$$

其中 $H(q^{-1})$ 不含纯延迟，并且所有零、极点均在单位圆内。内模控制器取为 $G_c(q^{-1}) = H^{-1}(q^{-1})$，将它代入系统特征方程(7.3.7)，可得

$$H(q^{-1})\big[1 + F(q^{-1})(q^{-2} - q^{-1})\big] = 0 \tag{7.3.8}$$

若取 $F(q^{-1}) = 1$，则上式有两个根为 $q_{1,2} = (1 \pm \mathrm{j}\sqrt{3})/2$，其模 $|q_{1,2}| = 1$。它们都位于单位圆上，系统会出现持续振荡。如果取 $F(q^{-1})$ 为一阶环节，即

$$F(q^{-1}) = \frac{1-\alpha}{1-\alpha q^{-1}},\quad 0 < \alpha < 1$$

则方程(7.3.7)中的原来位于单位圆上的两根就变为

$$q_{1,2} = (1 \pm \sqrt{4\alpha - 3})/2$$

对于任何 α 值($0 < \alpha < 1$),这两个根都在单位圆内,因而系统能保持稳定。

由此可见,在内模控制系统中引入滤波器,可以增强系统的鲁棒性,不过系统的动态响应将会变得缓慢一些。在实际中,内模与对象的失配情况往往很难用数学解析表示的,因此,滤波器 $F(q^{-1})$ 中的滤波系数 α 一般不是事先通过计算给出的,而是根据对控制性能的要求通过在线整定来确定。

7.3.2　单步预测 MAC 系统的内模控制结构及其分析

从上面讨论的内模控制可知,内模控制具有两个基本特征,一是在系统中引入对象的模型(即内模),二是内模控制器采用内模的逆 $\hat{G}^{-1}(q^{-1})$,若 $\hat{G}^{-1}(q^{-1})$ 不可实现或不稳定,则采用内模的近似逆。而从前两节讨论的 MPC 基本原理及其几种基本算法可以看出,MPC 也具有内模控制的两个基本特征,一是在其系统中也是引入了对象的内模,利用内模获取系统中不可测量的未来预测输出,二是它的控制算法所对应的控制器也有近似于内模逆的性质。因此我们可以认为 MPC 也是一种内模控制,MPC 系统可以看作是内模控制系统的一种特殊形式,因而可以借用内模控制系统的分析方法来分析 MPC 闭环系统的一些特性。

下面我们以 MAC 为例来讨论 MPC 系统的内模控制结构及其简单的初步分析。为了讨论方便和突出问题本质,我们先从单步预测控制(即 $m = p = 1$),并对控制量不加任何限制(即控制加权 $R = 0$)情况下的 MAC 系统分析入手。

设被控系统的脉冲传递函数为 $H(q^{-1})$,系统实际输出为

$$y(k) = H(q^{-1})u(k) + d(k) \tag{7.3.9}$$

其中,$d(k)$ 为外部扰动。

控制系统内模的脉冲响应表示式为 $H_m(q^{-1}) = \sum_{i=1}^{N} h_i q^{-i}$($h_i$ 是通过测试或辨识获得的),并设 $m = P = 1, Q = 1, R = 0$,则由 MAC 即时最优控制律(7.2.18)式和给定参数 $m = P = 1, Q = 1, R = 0$,可得相应的单步预测 MAC 即时最优控制律为

$$u(k) = K_1[y_d(k + 1) - \hat{y}_0(k + 1) \mid_k] \quad \text{(为了方便,省去最优标记“ * ”)} \tag{7.3.10}$$

式中

$$K_1 = (A_2^{\mathrm{T}} Q A_2 + R)^{-1} A_2^{\mathrm{T}} Q = (h_1 \cdot h_1)^{-1} h_1 = h_1^{-1} \tag{7.3.11}$$

其中,$A_2 = h_1, Q = 1, R = 0$。

$$\hat{y}_0(k + 1) \mid_k = A_1 U(k - 1) + [y(k) - y_m(k)] \tag{7.3.12}$$

其中

$$A_1 = [h_N \quad h_{N-1} \quad \cdots \quad h_2], \quad U(k-1) = [u(k - N + 1) \quad \cdots \quad u(k - 1)]^{\mathrm{T}}$$

$$y_m(k) = H_m(q^{-1})u(k), \quad y(k) = H(q^{-1})u(k) + d(k)$$

代入式(7.3.12),整理得

$$\hat{y}_0(k + 1) \mid_k = h_N u(k - N + 1) + \cdots + h_2 u(k - 1) + h_1 u(k) - h_1 u(k) + y(k) - y_m(k)$$

$$= (h_1 + h_2 q^{-1} + \cdots + h_N q^{-N+1})u(k) - h_1 u(k) + y(k) - y_m(k)$$

$$= q(h_1 q^{-1} + h_2 q^{-2} + \cdots + h_N q^{-N})u(k) - h_1 u(k) + y(k) - H_m(q^{-1})u(k)$$

$$= q H_m(q^{-1})u(k) - h_1 u(k) + y(k) - H_m(q^{-1})u(k) \tag{7.3.13}$$

将 K_1 和 $\hat{y}_0(k+1)|_k$ 代入(7.3.10)式,得

$$u(k) = h_1^{-1}[y_d(k+1) - q H_m(q^{-1})u(k) + h_1 u(k) - y(k) + H_m(q^{-1})u(k)] \tag{7.3.14}$$

进而可解得

$$u(k) = q^{-1}H_m^{-1}(q^{-1})\{y_d(k+1) - [y(k) - H_m(q^{-1})u(k)]\} \tag{7.3.15}$$

(1) 当参考轨线柔化因子 $\beta = 0$ 时,$y_d(k+1) = y_r$ 为常值参考输入。考虑到 $y(k) = H(q^{-1})u(k) + d(k)$,不难想象式(7.3.15)所对应的系统结构如图 7.8 所示。很明显,这种情况下的 MAC 系统为一典型的内模控制结构。这里内模控制器 $G_c(q^{-1}) = q^{-1}H_m^{-1}(q^{-1})$,为内模 $H_m(q^{-1})$ 的近似逆。因 $H_m(q^{-1})$ 有一步延迟,其理想逆不可实现。由图7.8或式(7.3.15)可得闭环系统控制方程为

$$u(k) = \frac{q^{-1}H_m^{-1}(q^{-1})}{1 + q^{-1}H_m^{-1}(q^{-1})[H(q^{-1}) - H_m(q^{-1})]}[y_r - d(k)] \tag{7.3.16}$$

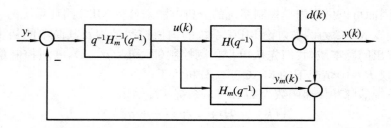

图 7.8 $\beta = 0$ 时,单步预测 MAC 系统的结构

相应闭环系统输出方程为

$$y(k) = H(q^{-1})u(k) + d(k)$$

$$= \frac{q^{-1}H_m^{-1}(q^{-1})H(q^{-1})}{1 + q^{-1}H_m^{-1}(q^{-1})[H(q^{-1}) - H_m(q^{-1})]}[y_r - d(k)] + d(k)$$

$$= \frac{q^{-1}H_m^{-1}(q^{-1})H(q^{-1})}{1 + q^{-1}H_m^{-1}(q^{-1})[H(q^{-1}) - H_m(q^{-1})]}y_r$$

$$+ \frac{1 - q^{-1}}{1 + q^{-1}H_m^{-1}(q^{-1})[H(q^{-1}) - H_m(q^{-1})]}d(k)$$

$$= \frac{G_c(q^{-1})H(q^{-1})}{1 + G_c(q^{-1})[H(q^{-1}) - H_m(q^{-1})]}y_r + \frac{1 - G_c(q^{-1})H_m(q^{-1})}{1 + G_c(q^{-1})[H(q^{-1}) - H_m(q^{-1})]}d(k) \tag{7.3.17}$$

式中,$G_c(q^{-1}) = q^{-1}H_m^{-1}(q^{-1})$ 为内模控制器。

图 7.8 和闭环系统输出方程(7.3.17)均表明,当 $m = P = 1$,$Q = 1$,$R = 0$,$\beta = 0$ 时,MAC 系统具有典型内模控制系统的结构。显然,这种情况下,MAC 系统具有内模控制系统所具有的特性。① 若内模精确 $H_m(q^{-1}) = H(q^{-1})$,则 MAC 系统稳定性取决于 $q^{-1}H_m^{-1}(q^{-1})$ 和

$H(q^{-1})$，MAC 的对象 $H(q^{-1})$ 应是稳定的，所以只要 $H_m^{-1}(q^{-1})$ 是稳定的，MAC 系统就一定稳定；② 若内模不精确 $H_m(q^{-1}) \neq H(q^{-1})$，则 MAC 系统稳定的充要条件是特征方程

$$1 + q^{-1}H_m^{-1}(q^{-1})[H(q^{-1}) - H_m(q^{-1})] = 0 \qquad (7.3.18)$$

的所有根均位于单位圆内；③ 具有理想的稳态特性，即不论内模是否精确，只要 MAC 系统稳定，且 $G_c(1) = H_m^{-1}(1)$，则 MAC 系统对于常值参考输入和外部扰动均无稳态偏差。

（2）当参考轨线柔化因子 $\beta \neq 0$，为 $0 < \beta < 1$ 的常数时

$$y_d(k+1) = \beta y(k) + (1 - \beta)y_r \qquad (7.3.19)$$

于是由方程（7.3.15）可以看出，这种情况下的 MAC 系统结构如图 7.9(a) 所示。

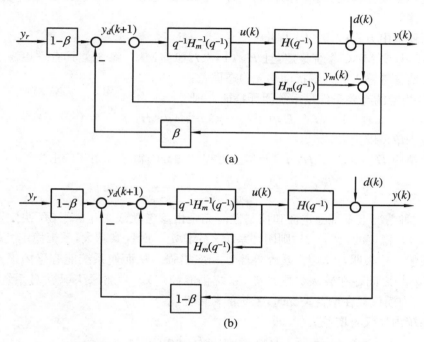

图 7.9 $\beta \neq 0$ 时单步预测 MAC 系统的内模控制结构

该图显示，$\beta \neq 0$ 时，单步预测 MAC 与典型内模控制系统结构略有区别，在典型内模控制系统外增加了一条正反馈支路，但系统仍具有内模控制的基本特征，系统中引入了内模，控制器为内模的近似逆。图 7.9(a) 的结构可等效化为图 7.9(b) 的形式，由图可得这种情况下的 MAC 系统闭环输出方程为

$$
\begin{aligned}
y(k) &= \frac{(1-\beta)q^{-1}H(q^{-1})y_r}{(1-q^{-1})H_m(q^{-1}) + (1-\beta)q^{-1}H(q^{-1})} + \frac{(1-q^{-1})H_m(q^{-1})d(k)}{(1-q^{-1})H_m(q^{-1}) + (1-\beta)q^{-1}H(q^{-1})} \\
&= \frac{(1-\beta)\dfrac{q^{-1}}{H_m(q^{-1}) - \beta q^{-1}H(q^{-1})}H(q^{-1})y_r}{1 + \dfrac{q^{-1}[H(q^{-1}) - H_m(q^{-1})]}{H_m(q^{-1}) - \beta q^{-1}H(q^{-1})}} + \frac{(q-1)\dfrac{q^{-1}H_m(q^{-1})}{H_m(q^{-1}) - \beta q^{-1}H(q^{-1})}d(k)}{1 + \dfrac{q^{-1}[H(q^{-1}) - H_m(q^{-1})]}{H_m(q^{-1}) - \beta q^{-1}H(q^{-1})}} \\
&= \frac{(1-\beta)G_c(q^{-1})H(q^{-1})}{1 + G_c(q^{-1})[H(q^{-1}) - H_m(q^{-1})]}y_r + \frac{(q-1)G_c(q^{-1})H_m(q^{-1})}{1 + G_c(q^{-1})[H(q^{-1}) - H_m(q^{-1})]}d(k)
\end{aligned}
$$

$$(7.3.20)$$

式中，$G_c(q^{-1}) = \dfrac{q^{-1}}{H_m(q^{-1}) - \beta q^{-1} H(q^{-1})}$ 为等效的内模控制器。

若内模精确 $H_m(q^{-1}) = H(q^{-1})$，则

$$G_c(q^{-1}) = \frac{q^{-1}}{1 - \beta q^{-1}} H_m^{-1}(q^{-1}) = G_f(q^{-1}) H_m^{-1}(q^{-1}) \tag{7.3.21}$$

其中，$G_f(q^{-1}) = \dfrac{q^{-1}}{1 - \beta q^{-1}}$ 可以看作是一滤波器。这种情况下，相当于系统中引入了惯性滤波器，等效内模控制器则由内模逆和滤波器构成。在 $H_m(q^{-1}) \neq H(q^{-1})$ 时，$G_c(q^{-1})$ 则由内模近似逆和滤波器构成。和内模控制一样，在 MAC 系统中引入滤波器 $G_f(q^{-1})$ 也可增强系统的鲁棒性。

系统闭环输出方程(7.3.20)表明：

① $\beta \neq 0$，只要 MAC 系统稳定，且 $H_m(1) = H(1)$，MAC 系统就具有理想稳态特性，即系统对于常值参考输入和外部扰动均无稳态偏差；

② 系统稳定的充要条件是系统闭环特征方程

$$(1 - q^{-1}) H_m(q^{-1}) + (1 - \beta) q^{-1} H(q^{-1}) = 0 \tag{7.3.22}$$

的根全部位于单位圆内。

当内模精确 $H_m(q^{-1}) = H(q^{-1})$ 时，由方程(7.3.20)得系统闭环输出为

$$y(k) = \frac{(1 - \beta) q^{-1}}{1 - \beta q^{-1}} y_r + \frac{1 - q^{-1}}{1 - \beta q^{-1}} d(k) \tag{7.3.23}$$

可以看出，这种情况下系统稳定性和控制性能完全由参考轨线柔化因子 β 所决定，只要内模逆 $H_m^{-1}(q^{-1})$ 是稳定的，且 $\beta < 1$，则闭环系统一定稳定。而且 β 越大，系统稳定度越高，但动态响应越缓慢。这表明，β 增大，系统鲁棒性相应增强。从而使系统能容忍内模 $H_m(q^{-1})$ 与对象 $H(q^{-1})$ 之间存在较大失配误差（系统仍能稳定）。为加深认识 β 对系统鲁棒性影响，下面考察内模仅存在增益失配时，系统的鲁棒性。

假设系统内模仅有增益失配，即

$$H(q^{-1}) = k H_m(q^{-1}) \tag{7.3.24}$$

$k > 0$ 为增益失配系数。将此关系式代入方程(7.3.20)，得

$$y(k) = \frac{(1 - \beta) q^{-1} k H_m(q^{-1}) y_r}{(1 - q^{-1}) H_m(q^{-1}) + (1 - \beta) q^{-1} k H_m(q^{-1})}$$

$$+ \frac{(1 - q^{-1}) H_m(q^{-1}) d(k)}{(1 - q^{-1}) H_m(q^{-1}) + (1 - \beta) q^{-1} k H_m(q^{-1})}$$

$$= \frac{(1 - \beta) k}{q - [1 - (1 - \beta) k]} y_r + \frac{q - 1}{q - [1 - (1 - \beta) k]} d(k) \tag{7.3.25}$$

可以看出，在内模仅有增益失配时，只要能使系统极点 $[1 - (1 - \beta) k]$ 位于单位圆内，或增益失配系数 k 满足不等式

$$0 < k < 2/(1 - \beta) \tag{7.3.26}$$

系统就仍然稳定，而且 β 增大，允许的增益失配系数 k 也相应增大，亦即 β 增大，系统鲁棒性相应增强。在内模同时还存在时延、阶次失配的一般情况下，β 增大，系统鲁棒性也会相应增强，但是系统动态响应速度将会下降。由图 7.9(b)可知，这是因为 β 增大，使 $(1 - \beta)$ 减

小,进而使 MAC 系统的反馈回路增益相应减小的缘故。顺便补充一点,若式(7.3.24)中的内模增益失配系数 $0<k<1$,即内模 $H_m(q^{-1})$ 的稳态增益大于对象 $H(q^{-1})$ 的稳态增益,这种情况,虽然也是增益失配,但是,即使柔化因子 $\beta=0$,也总能满足(7.3.26)式,相应的系统也总能稳定。这就意味着内模增益小于对象增益的失配,即 $k>1$,会降低系统稳定性,有可能导致系统不稳定;然而,内模增益大于对象增益的失配,即 $0<k<1$,反而有利于系统稳定,不会导致系统不稳定,只是使系统响应速度变慢,控制性能有所下降。这是因为等效内模控制器是内模的近似逆,内模增益增大,等效内模控制器的增益将会减小,从而导致控制回路增益相应减小的缘故。基于这个分析,在实现 MAC 算法时,可以人为地适当增大由实验获得的内模增益(即将获得的内模 $H_m(q^{-1})$ 乘一大于 1 的系数后再用于 MAC 算法中),其效果同增大 β 值效果类似,同样可以增强系统鲁棒性,使系统在其对象实际增益在一定范围内增大时,不致丧失稳定性。

以上所有分析结论,都是针对特定条件下单步预测 MAC 系统分析的结果,其中定性结论原则上也适用于一般条件下的多步预测 MAC 系统,以及其他 MPC 系统。

7.3.3　多步预测 MAC 系统的内模控制结构及其分析

现在来讨论多步预测 MAC 系统的内模控制结构。

1. 当 $m=P>1,Q=I,R=0$ 时的多步预测 MAC 系统

一般情况下的多步预测 MAC 即时最优控制律为(7.2.18)式,即

$$u(k)=K_1[Y_d(k+1)-\hat{Y}_0(k+1)]$$

其中,$K_1=[1,0,\cdots,0](A_2^\mathrm{T}QA_2+R)^{-1}A_2^\mathrm{T}Q$ 为控制增益阵。当 $m=p>1$ 时,

$$A_2=\begin{bmatrix}h_1 & 0 & \cdots & 0\\h_2 & h_1 & \ddots & \vdots\\\vdots & \ddots & \ddots & 0\\h_P & h_{P-1} & \cdots & h_1\end{bmatrix}_{P\times P}$$

为可逆下三角阵。

当 $Q=I,R=0$,则 $K_1=[1,0,\cdots,0]A_2^{-1}=[h_1^{-1},0,\cdots,0]=h_1^{-1}[1,0,\cdots,0]_{1\times P}$
因此,这种情况下($m=P>1,Q=I,R=0$)的多步预测 MAC 即时最优控制律为

$$\begin{aligned}u(k)&=h_1^{-1}[1,0,\cdots,0][Y_d(k+1)-\hat{Y}_0(k+1)]\\&=h_1^{-1}[y_d(k+1)-\hat{y}_0(k+1)\,|_k]\end{aligned} \tag{7.3.27}$$

这里,$y_d(k+1)=[1,0,\cdots,0]Y_d(k+1)$;$\hat{y}_0(k+1)|_k=[1,0,\cdots,0]\hat{Y}_0(k+1)$。

将(7.3.27)式与前面(7.3.10)式相比,会发现这种情况下的多步预测 MAC 算法同前面讨论的 $Q=1,R=0$ 条件下的单步预测 MAC 算法完全相同。这表明,对于线性系统而言,若 $R=0,m=P$,则多步预测控制与单步预测控制完全等价。

2. 当 $R\neq0$ 时多步预测 MAC 系统的内模控制结构

在 $R\neq0,Q=I,P>1,m\leqslant P$ 最一般情况下的多步预测 MAC 即时最优控制律(7.2.18)式中 $K_1=[k_1,k_2,\cdots,k_P]$,$\hat{Y}_0(k+1)=A_1U(k-1)+F[y(k)-y_m(k)]$

其中

$$A_1 = \begin{bmatrix} h_N & h_{N-1} & \cdots & \cdots & \cdots & \cdots & h_2 \\ 0 & h_N & h_{N-1} & \ddots & \ddots & \vdots & h_3 \\ \vdots & \ddots & \ddots & \ddots & \ddots & \ddots & \vdots \\ 0 & \cdots & 0 & h_N & h_{N-1} & \cdots & h_{P+1} \end{bmatrix}_{P\times(N-1)}, \quad F = \begin{bmatrix} 1 \\ 1 \\ \vdots \\ 1 \end{bmatrix}_{P\times1}$$

$$U(k-1) = [u(k-N+1),\cdots,u(k-1)]^{\mathrm{T}}$$

显然

$$K_1 \hat{Y}_0(k+1) = K_1 A_1 U(k-1) + K_1 F[y(k) - y_m(k)] \qquad (7.3.28)$$

其中

$$K_1 A_1 = \begin{bmatrix} k_1 & k_2 & \cdots & k_p \end{bmatrix} \begin{bmatrix} h_N & h_{N-1} & \cdots & \cdots & \cdots & \cdots & h_2 \\ 0 & h_N & h_{N-1} & \ddots & \ddots & \vdots & h_3 \\ \vdots & \ddots & \ddots & \ddots & \ddots & \ddots & \vdots \\ 0 & \cdots & 0 & h_N & h_{N-1} & \cdots & h_{P+1} \end{bmatrix}$$

$$= \begin{bmatrix} g_{N-1} & g_{N-2} & \cdots & g_1 \end{bmatrix} = G_0$$

G_0 为 $1\times(N-1)$ 型实常数矩阵。这里

$$\left. \begin{array}{l} g_i = \displaystyle\sum_{j=1}^{P} k_j h_{i+j}, \quad i = 1,2,\cdots,N-P \\[4mm] g_{N-i} = \displaystyle\sum_{j=1}^{i} k_j h_{N-i+j}, \quad i = p-1,\cdots,2,1 \end{array} \right\} \qquad (7.3.29)$$

$$K_1 F = [k_1, k_2, \cdots, k_P][1,1,\cdots,1]^{\mathrm{T}} = \sum_{i=1}^{P} k_i$$

令

$$k_0 = \sum_{i=1}^{p} k_i$$

于是

$$\begin{aligned} K_1 \hat{Y}_0(k+1) &= G_0 U(k-1) + k_0[y(k) - y_m(k)] \\ &= g_{N-1} u(k-N+1) + g_{N-2} u(k-N+2) + \cdots \\ &\quad + g_1 u(k-1) + k_0[y(k) - y_m(k)] \\ &= g_{N-1} q^{-N+1} u(k) + g_{N-2} q^{-N+2} u(k) + \cdots + g_1 q^{-1} u(k) + k_0[y(k) - y_m(k)] \\ &= (g_1 q^{-1} + g_2 q^{-2} + \cdots + g_{N-1} q^{-N+1}) u(k) + k_0[y(k) - y_m(k)] \\ &= G_0(q^{-1}) u(k) + k_0[y(k) - y_m(k)] \end{aligned} \qquad (7.3.30)$$

式中

$$G_0(q^{-1}) \triangleq g_1 q^{-1} + g_2 q^{-2} + \cdots + g_{N-1} q^{-N+1} \qquad (7.3.31)$$

将上式代入 MAC 即时最优控制律(7.2.18)式,得

$$\begin{aligned} u(k) &= K_1 Y_d(k+1) - K_1 \hat{Y}_0(k+1) \\ &= K_1 Y_d(k+1) - G_0(q^{-1}) u(k) - k_0[y(k) - y_m(k)] \end{aligned} \qquad (7.3.32)$$

由此得

$$u(k) = \frac{k_0}{1 + G_0(q^{-1})} \{ k_0^{-1} K_1 Y_d(k+1) - [y(k) - y_m(k)] \} \qquad (7.3.33)$$

（1）当柔化因子 $\beta = 0$ 时，$y_d(k+1) = y_d(k+2) = \cdots = y_d(k+P) = y_r$，$y_r$ 为常值参考输入。所以

$$K_1 Y_d(k+1) = \sum_{i=1}^{P} k_i y_r = k_0 y_r \qquad (7.3.34)$$

代入(7.3.33)式,得

$$u(k) = \frac{k_0}{1 + G_0(q^{-1})} \{ y_r - [y(k) - y_m(k)] \}$$

式中，$y(k) = H(q^{-1}) u(k) + d(k)$ 为对象实际输出，其中 $d(k)$ 为外部扰动；$y_m(k) = H_m(q^{-1}) u(k)$ 为内模输出。

令

$$G_c(q^{-1}) = \frac{k_0}{1 + G_0(q^{-1})} \qquad (7.3.35)$$

为等效内模控制器,于是有

$$u(k) = G_c(q^{-1}) \{ y_r - [y(k) - H_m(q^{-1}) u(k)] \} \qquad (7.3.36)$$

由上式可以看出，$\beta = 0$ 时，多步预测 MAC 系统结构如图 7.10 所示。

很显然，系统结构形式与 $Q = 1$，$R = 0$ 时的单步预测 MAC 系统内模控制结构图 7.8 相似。但这里的内模控制器 $G_c(q^{-1})$ 已不明显具有内模 $H_m(q^{-1})$ 逆的形式，只在实质上与内模逆有关，或只是近似程度很低的内模逆。

考虑到 $y(k) = H(q^{-1}) u(k) + d(k)$，由方程(7.3.36)或图 7.10 可推得闭环系统控制方程

$$\begin{aligned}
u(k) &= \frac{G_c(q^{-1})}{1 + G_c(q^{-1})[H(q^{-1}) - H_m(q^{-1})]} [y_r - d(k)] \\
&= \frac{k_0}{1 + G_0(q^{-1}) + k_0[H(q^{-1}) - H_m(q^{-1})]} [y_r - d(k)]
\end{aligned} \qquad (7.3.37)$$

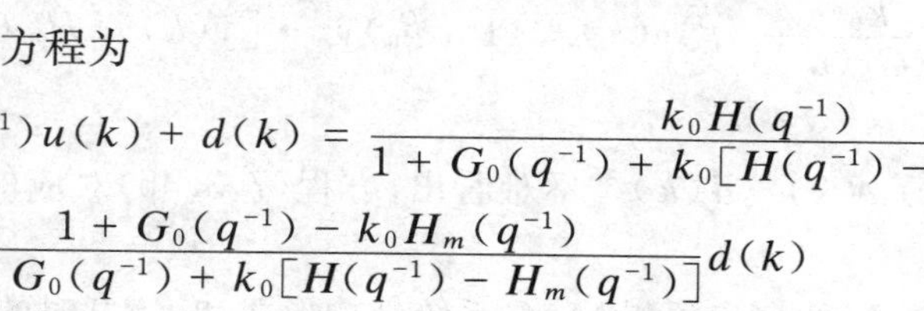

图 7.10　$\beta = 0$ 多步预测 MAC 系统的内模控制结构

相应的闭环系统输出方程为

$$y(k) = H(q^{-1}) u(k) + d(k) = \frac{k_0 H(q^{-1})}{1 + G_0(q^{-1}) + k_0[H(q^{-1}) - H_m(q^{-1})]} y_r$$

$$- \frac{1 + G_0(q^{-1}) - k_0 H_m(q^{-1})}{1 + G_0(q^{-1}) + k_0[H(q^{-1}) - H_m(q^{-1})]} d(k) \qquad (7.3.38)$$

显然，这种情况下的多步预测 MAC 系统稳定充要条件是，闭环特征方程

$$1 + G_0(q^{-1}) + k_0[H(q^{-1}) - H_m(q^{-1})] = 0 \tag{7.3.39}$$

所有的根均位于单位圆内。

当内模精确 $H(q^{-1}) = H_m(q^{-1})$ 时，闭环系统输出方程为

$$y(k) = \frac{k_0 H(q^{-1})}{1 + G_0(q^{-1})} y_r + \left[1 - \frac{k_0 H(q^{-1})}{1 + G_0(q^{-1})}\right] d(k) \tag{7.3.40}$$

方程表明，对于稳定的对象 $H(q^{-1})$，闭环系统稳定的充要条件是内模控制器 $G_c(q^{-1})$ 的特征方程

$$1 + G_0(q^{-1}) = 0 \tag{7.3.41}$$

的根全部位于单位圆内，即 $G_c(q^{-1})$ 是稳定的。如果 $G_c(q^{-1})$ 不稳定，可以按照 7.2 节讨论的 MAC 算法设计参数选取原则，通过试凑改变参数 Q、R、P 和 m 来调整增益矩阵 K_1 中的元素 k_i 值，进而间接改变多项式 $G_0(q^{-1})$ 的系数 g_i 值，使得 $G_c(q^{-1})$ 稳定。

由式(7.3.29)和(7.3.31)可以看出

$$1 + G_0(1) \neq k_0 H_m(1)$$

因此，由方程(7.3.40)可知，在上述一般情况下的多步预测 MAC 系统，即使内模精确 $H(q^{-1}) = H_m(q^{-1})$，它也不具有理想稳态特性，它对常值参考输入和外部扰动都会存在稳态偏差。这是 MAC 的一个缺陷。

(2) 当柔化因子 $\beta \neq 0$ 时

$$Y_d(k+1) = \begin{bmatrix} y_d(k+1) \\ y_d(k+2) \\ \vdots \\ y_d(k+P) \end{bmatrix} = \begin{bmatrix} \beta \\ \beta^2 \\ \vdots \\ \beta^P \end{bmatrix} y(k) + \begin{bmatrix} 1-\beta \\ 1-\beta^2 \\ \vdots \\ 1-\beta^P \end{bmatrix} y_r$$

于是

$$K_1 Y_d(k+1) = [k_1, k_2, \cdots, k_P] Y_d(k+1) = \left(\sum_{i=1}^{P} k_i \beta^i\right) y(k) + \left(k_0 - \sum_{i=1}^{P} k_i \beta^i\right) y_r \tag{7.3.42}$$

进而

$$k_0^{-1} K_1 Y_d(k+1) = \beta_0 y(k) + (1 - \beta_0) y_r \tag{7.3.43}$$

式中

$$\beta_0 \triangleq k_0^{-1} \sum_{i=1}^{P} k_i \beta^i \tag{7.3.44}$$

将式(7.3.43)代入式(7.3.33)，得

$$u(k) = \frac{k_0}{1 + G_0(q^{-1})}\{\beta_0 y(k) + (1 - \beta_0) y_r - [y(k) - H_m(q^{-1}) u(k)]\} \tag{7.3.45}$$

式中，$y(k) = H(q^{-1}) u(k) + d(k)$。不难看出，方程(7.3.45)对应的系统框图如图 7.11 (a)所示。

结构图表明，$\beta \neq 0$ 时的多步预测 MAC 系统结构形式和 $\beta \neq 0$ 时的单步预测 MAC 系统

结构图 7.9(a)相同，$\beta \neq 0$ 仍具内模控制结构的特征，但不同的是这里的内模控制器不具明显的内模逆的形式。图 7.11(a)可等效化为图 7.11(b)，由图 7.11(b)或方程(7.3.45)可得 $\beta \neq 0$ 时多步预测 MAC 系统闭环输出方程为

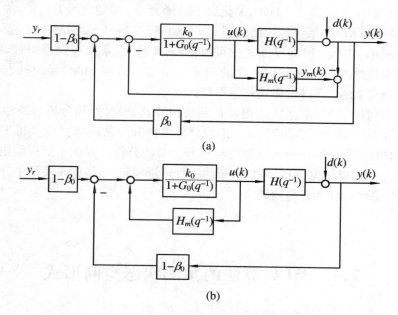

图 7.11　$\beta \neq 0$ 多步预测 MAC 系统的内模控制结构

$$y(k) = \frac{(1-\beta_0)k_0 H(q^{-1})}{1 + G_0(q^{-1}) - \beta_0 k_0 H(q^{-1}) + k_0[H(q^{-1}) - H_m(q^{-1})]} y_r$$
$$+ \frac{1 + G_0(q^{-1}) - k_0 H_m(q^{-1})}{1 + G_0(q^{-1}) - \beta_0 k_0 H(q^{-1}) + k_0[H(q^{-1}) - H_m(q^{-1})]} d(k)$$
$$= \frac{(1-\beta_0)G'_c(q^{-1})H(q^{-1})}{1 + G'_c(q^{-1})[H(q^{-1}) - H_m(q^{-1})]} y_r$$
$$+ \frac{[1 + G_0(q^{-1}) - k_0 H_m(q^{-1})]k_0^{-1}G'_c(q^{-1})}{1 + G'_c(q^{-1})[H(q^{-1}) - H_m(q^{-1})]} d(k) \tag{7.3.46}$$

式中，$G'_c(q^{-1}) = \dfrac{k_0}{1 + G_0(q^{-1}) - \beta_0 k_0 H(q^{-1})}$，为等效内模控制器。

闭环系统稳定性取决于闭环特征方程

$$1 + G'_c(q^{-1})[H(q^{-1}) - H_m(q^{-1})] = 0 \tag{7.3.47}$$

的根是否全部位于单位圆内。若全部位于单位圆内，则闭环系统稳定，否则不稳定。当内模精确 $H_m(q^{-1}) = H(q^{-1})$ 时，闭环系统输出方程为

$$y(k) = \frac{(1-\beta_0)k_0 H(q^{-1})}{1 + G_0(q^{-1}) - \beta_0 k_0 H(q^{-1})} y_r + \frac{1 + G_0(q^{-1}) - k_0 H_m(q^{-1})}{1 + G_0(q^{-1}) - \beta_0 k_0 H(q^{-1})} d(k)$$

$$\tag{7.3.48}$$

表明，这种情况下，对于稳定的对象 $H(q^{-1})$，只要等效内模控制器 $G'_c(q^{-1})$ 的特征方程

$$1 + G_0(q^{-1}) - \beta_0 k_0 H(q^{-1}) \tag{7.3.49}$$

的根全部位于单位圆内，闭环系统就一定稳定。方程(7.3.48)还表明，和 $\beta = 0$ 时的多步预

测 MAC 系统一样,即使内模精确 $H_m(q^{-1}) = H(q^{-1})$,$\beta \neq 0$ 时的多步预测 MAC 系统,也因 $1 + G_0(1) \neq k_0 H_m(1)$,而不具典型内模控制的理想稳态特性,系统对常值参考输入和外部扰动也都存在稳态偏差。

此外,由 β_0 的定义式(7.3.44)知,柔化因子 β 增大,β_0 将随之增大,$(1 - \beta_0)$ 相应减小。$\beta \neq 0$ 时的多步预测 MAC 系统等效结构图 7.11(b)显示,当 $(1 - \beta_0)$ 减小时,系统的反馈回路增益将随之减小。因此,根据反馈理论可以推断,β 增大,系统稳定度增加,稳定贮备增大,鲁棒性增强,反之亦然。由此表明,柔化因子 β 对多步预测 MAC 系统动态特性的影响作用和对单步预测 MAC 系统的影响作用类似。

本节虽然只讨论了 MAC 系统的内模控制结构及其分析,但是分析思路和方法也适用于 DMC 系统和 GPC 系统。运用本节讨论的分析思路和方法同样可以获得 DMC 系统和 GPC 系统的内模控制结构,进而可以进行与本节类似的分析。因此本节所给出的 MAC 系统的内模控制结构可以作为 MPC 系统分析的一种理论框架,所得的一些简单分析结果可以用来指导 MPC 算法设计和系统调试。

7.4 MPC 算法的预测状态空间形式

MPC 算法及其系统也可以采用状态空间方法进行分析和设计[18~26]。如果把 MPC 算法中的系统未来各步预测输出(即自由响应输出)$y_0(k + i)|_k (i = 0, 1, \cdots, N - 1)$ 定义为系统状态,那么就可以把 MPC 采用的被控系统模型(单位脉冲响应序列或单位阶跃响应序列或 CARIMA 型差分方程)转换为对应的状态空间模型。由状态空间模型推得相应 MPC 算法,不仅在线计算量大为减少,而且具有状态反馈的形式,相应的 MPC 系统具有状态反馈系统的结构,因此可以运用以状态空间法为基础的现代控制理论中的某些成果来研究 MPC 算法设计及其系统分析。而且可以使 MAC、DMC 和 GPC 等三种典型模型预测控制算法具有统一的形式。本节将分别讨论 MAC、DMC 和 GPC 算法的状态空间形式,以及含有积分作用的无自衡系统的 MPC 算法和可以减小模型裁断误差的一种改进的 MPC 算法。

7.4.1 MAC 算法的预测状态空间形式

1. 单位脉冲响应模型的预测状态空间表示

设被控系统开环稳定,其单位脉冲响应模型为 $H_m(q^{-1}) = h_1 q^{-1} + h_2 q^{-2} + \cdots + h_N q^{-N}$,其中 q^{-i} 为 i 步延迟算子,h_i 为单位脉冲响应各序列值。由系统模型 $H_m(q^{-1})$ 可得系统在 $k, k + 1, \cdots, k + N$ 各时刻的输出分别为

$$\begin{cases} y(k) = H_m(q^{-1})u(k) = \underline{h_1 u(k-1) + h_2 u(k-2) + \cdots + h_N u(k-N)} \\ y(k+1) = H_m(q^{-1})u(k+1) = h_1 u(k) + \underline{h_2 u(k-1) + \cdots + h_N u(k-N+1)} \\ y(k+2) = H_m(q^{-1})u(k+2) = h_1 u(k+1) + h_2 u(k) + \underline{h_3 u(k-1) + \cdots + h_N u(k-N+2)} \\ \quad\vdots \\ y(k+N-2) = H_m(q^{-1})u(k+N-2) = h_1 u(k+N-3) + \cdots \\ \qquad\qquad + h_{N-2} u(k) + \underline{h_{N-1} u(k-1) + h_N u(k-2)} \\ y(k+N-1) = H_m(q^{-1})u(k+N-1) = h_1 u(k+N-2) + \cdots + h_{N-1} u(k) + \underline{h_N u(k-1)} \\ y(k+N) = H_m(q^{-1})u(k+N) = h_1 u(k+N-1) + \cdots + h_{N-1} u(k+1) + h_N u(k) \end{cases}$$

$$(7.4.1)$$

当系统处于 k 时刻时,上式中 $u(k-i)$, $i=1,2,\cdots,N$ 均为 k 时刻以前的已作用于系统的控制量,所以系统在 k 时刻的未来各步预测输出(即自由响应输出)分别为方程组(7.4.1)中各式右端下边画横线的各项之和,即分别为

$$\begin{cases} y_0(k)\,|_k = h_1 u(k-1) + h_2 u(k-2) + \cdots + h_N u(k-N) = y(k) \\ y_0(k+1)\,|_k = h_2 u(k-1) + h_3 u(k-2) + \cdots + h_N u(k-N+1) \\ y_0(k+2)\,|_k = h_3 u(k-1) + h_4 u(k-2) + \cdots + h_N u(k-N+2) \\ \quad\vdots \\ y_0(k+N-2)\,|_k = h_{N-1} u(k-1) + h_N u(k-2) \\ y_0(k+N-1)\,|_k = h_N u(k-1) \\ y_0(k+N)\,|_k = 0 \end{cases}$$

$$(7.4.2)$$

当系统处于 $k+1$ 时刻时,方程组(7.4.1)中的 k 时刻的控制量 $u(k)$ 已作用于系统,成为 $k+1$ 时刻的以前控制量,所以由方程组(7.4.1)可知,系统在 $k+1$ 时刻的未来各步预测输出 $y_0(k+i)\,|_{k+1}$ 分别为

$$\begin{cases} y_0(k+1)\,|_{k+1} = h_1 u(k) + \underline{h_2 u(k-1) + \cdots + h_N u(k-N+1)} \\ \qquad\qquad = h_1 u(k) + y_0(k+1)\,|_k \\ y_0(k+2)\,|_{k+1} = h_2 u(k) + \underline{h_3 u(k-1) + \cdots + h_N u(k-N+2)} \\ \qquad\qquad = h_2 u(k) + y_0(k+2)\,|_k \\ \quad\vdots \\ y_0(k+N-2)\,|_{k+1} = h_{N-2} u(k) + \underline{h_{N-1} u(k-1) + h_N u(k-2)} \\ \qquad\qquad = h_{N-2} u(k) + y_0(k+N-2)\,|_k \\ y_0(k+N-1)\,|_{k+1} = h_{N-1} u(k) + \underline{h_N u(k-1)} = h_{N-1} u(k) + y_0(k+N-1)\,|_k \\ y_0(k+N)\,|_{k+1} = h_N u(k) \end{cases}$$

$$(7.4.3)$$

方程组(7.4.3)表明,系统在 $k+1$ 时刻的未来各步预测输出与系统在 k 时刻的未来各步预测输出之间存在一种简单的递推关系,即

$$\begin{cases} y_0(k+i)\,|_{k+1} = y_0(k+i)\,|_k + h_i u(k), \quad i=1,2,\cdots,N-1 \\ y_0(k+N)\,|_{k+1} = h_N u(k) \end{cases}$$

$$(7.4.4)$$

这表明,系统在 $k+1$ 时刻的未来各步预测输出分别是前一步 k 时刻的未来相应各步

预测输出与 k 时刻的控制量 $u(k)$ 所产生的未来各步输出响应之和。这种递推关系显然符合线性系统的比例叠加原理,如图 7.12 所示。

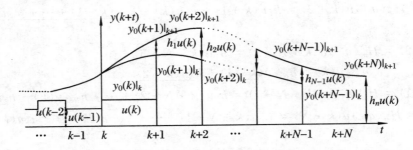

图 7.12　系统未来预测输出的递推关系图解

若定义系统状态变量,并有

$$\left.\begin{aligned} x_i(k) &\triangleq y_0(k+i-1)\,|_k \\ x_i(k+1) &= y_0(k+i)\,|_{k+1} \end{aligned}\right\} \tag{7.4.5}$$

于是方程组(7.4.3)或(7.4.4)可改写为

$$\left\{\begin{aligned} x_1(k+1) &= x_2(k) + h_1 u(k) \\ x_2(k+1) &= x_3(k) + h_2 u(k) \\ &\vdots \\ x_{N-1}(k+1) &= x_N(k) + h_{N-1} u(k) \\ x_N(k+1) &= h_N u(k) \end{aligned}\right. \tag{7.4.6}$$

由方程组(7.4.2)的第一个方程知,系统 k 时刻的输出为

$$y(k) = y_0(k)\,|_k = x_1(k) \tag{7.4.7}$$

将方程组(7.4.6)和方程(7.4.7)分别写成向量形式,即为系统的状态空间模型

$$\left\{\begin{aligned} X(k+1) &= AX(k) + Bu(k) \\ y(k) &= Cx(k) \end{aligned}\right. \tag{7.4.8}$$

式中,$X(k) = [x_1(k), x_2(k), \cdots, x_N(k)]^{\mathrm{T}}$ 为系统状态向量,

$$A = \begin{bmatrix} 0 & 1 & 0 & & 0 \\ 0 & 0 & 1 & \ddots & 0 \\ 0 & 0 & 0 & \ddots & 0 \\ 0 & 0 & 0 & \ddots & 1 \\ 0 & 0 & 0 & & 0 \end{bmatrix}_{N \times N}, \quad B = \begin{bmatrix} h_1 \\ h_2 \\ \vdots \\ h_N \end{bmatrix}_{N \times 1}, \quad C = \begin{bmatrix} 1 & 0 & \cdots & \cdots & 0 \end{bmatrix}_{1 \times N}$$

(7.4.8)式即为系统单位脉冲模型 $H_m(q^{-1})$ 的预测状态空间表示式,容易验证式(7.4.8)中

$$CA^{i-1}B = h_i, \quad i = 1, 2, \cdots, N$$

h_i 为系统马尔科夫参数,即系统单位脉冲响应序列。

由此可见,(7.4.8)式是模型 $H_m(q^{-1})$ 的一种状态空间实现。其实采用第 3 章中讲的嵌套实现法也可以获得这个结果。由于这里的系统状态 $X(k)$ 是系统的未来各步预测输出,故称之为预测状态,以区别于系统一般状态。由预测状态构成的空间称为预测状态空间。预测状态空间模型(7.4.8)的预测状态信号流图如图 7.13 所示。

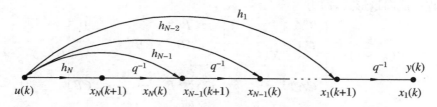

图 7.13　单位脉冲响应的预测状态信流图

可以验证预测状态空间模型(7.4.8)的能观矩阵为

$$O_b = \begin{bmatrix} C \\ CA \\ \vdots \\ CA^{N-1} \end{bmatrix} = I_N \tag{7.4.9}$$

I_N 为单位阵。显然,能观矩阵 O_b 是满秩的,所以系统预测状态 $X(k)$ 是完全能观的。因此系统预测状态 $X(k)$ 可以用状态观测器进行重构,获得其估计值。

需要指出,能观矩阵为单位阵是所有预测状态空间模型的共同特征,也是预测状态空间模型区别于一般状态空间模型的一种标记。可以证明,凡是能观矩阵是单位阵的状态空间模型,其状态分量 $x_i(k)$ 一定是系统未来各步预测输出,即 $x_i(k) = y_0(k+i-1)|_k, i \geqslant 1$。由此不难推断,任意形式的状态空间模型,若其能观矩阵是满秩的,则用其能观矩阵作为变换阵,通过相似变换就可以将原状态空间模型转换为预测状态空间模型(请读者自己证明)。

同样,可以验证预测状态空间模型(7.4.8)的能控矩阵为

$$C_0 = \begin{bmatrix} B & AB & \cdots & A^{N-1}B \end{bmatrix} = \begin{bmatrix} h_1 & h_2 & \cdots & h_{N-1} & h_N \\ h_2 & h_3 & & h_N & 0 \\ & \vdots & \ddots & 0 & 0 \\ \vdots & h_N & 0 & 0 & 0 \\ h_1 & 0 & 0 & 0 & 0 \end{bmatrix} \tag{7.4.10}$$

C_0 的行列式为

$$\det C_0 = (-1)^{\frac{N(N-1)}{2}} h_N^N$$

通常获取的单位脉冲响应模型 $H_m(q^{-1})$ 中的 $N \gg 1$,且 h_N 很小,接近于零(否则模型误差大,不能有效描述真实系统特性),所以 $\det C_0 \approx 0$,因此模型(7.4.8)中的预测状态实际上是不完全能控的。因而不能依据这种模型(7.4.8),采用以系统状态完全能控为前提的设计方法(如极点配置设计法)来设计系统控制律。然而下面将证明,(7.4.8)式描述的系统未来各步输出 $y(k+i)(i \geqslant 1)$ 总是能控的,因此可以采用基于系统未来有限步输出误差及控制量的二次型指标函数最优化设计的模型预测控制策略来实现输出控制目标。

2. 基于预测状态空间模型的 MAC 算法

由预测状态空间模型(7.4.8)式可得系统未来 N 步输出分别为

$$\begin{cases} y(k+1) = Cx(k+1) = CAx(k) + CBu(k) \\ y(k+2) = Cx(k+2) = CA^2x(k) + CABu(k) + CBu(k+1) \\ \quad \vdots \\ y(k+N) = Cx(k+N) = CA^NBx(k) + CA^{N-1}Bu(k) + \cdots + CBu(k+N-1) \end{cases}$$

将以上方程写成向量形式,即为

$$Y(k+1) = \begin{bmatrix} CA \\ CA^2 \\ \vdots \\ CA^N \end{bmatrix} X(k) + \begin{bmatrix} CB & & & 0 \\ CAB & CB & & \\ \vdots & & \ddots & \\ CA^{N-1}B & \cdots & \cdots & CB \end{bmatrix} U(k)$$

$$= \begin{bmatrix} C \\ CA \\ \vdots \\ CA^{N-1} \end{bmatrix} AX(k) + \begin{bmatrix} h_1 & & & 0 \\ h_2 & h_1 & & \\ \vdots & & \ddots & \\ h_N & \cdots & \cdots & h_1 \end{bmatrix} U(k)$$

$$= AX(k) + A_2 U(k) \tag{7.4.11}$$

式中

$$Y(k+1) = [y(k+1), y(k+2), \cdots, y(k+N)]^T$$
$$U(k) = [u(k), u(k+1), \cdots, u(k+N-1)]^T$$
$$\begin{bmatrix} C \\ CA \\ \vdots \\ CA^{N-1} \end{bmatrix} = O_b = I_N, \quad h_i = CA^{i-1}B, \quad i = 1, 2, \cdots, N$$

在上式中,预测状态 $X(k)$ 在 k 时刻是已知的,它虽不能直接测量,但可以用模型(7.4.8)式通过重构获得,因此只要 A_2 阵可逆,则对于按控制要求任意给定的未来 N 步输出 $Y(k+1)$,就可以解出相应的未来 N 步控制量 $U(k)$。这就意味着系统未来 N 步输出完全能控。若系统无纯延迟,显然 A_2 阵可逆(因 $\det A_2 = h_1^N \neq 0$)。若系统有 l 步纯延迟,则 $h_i = 0(i = 1, 2, \cdots, l)$ 显然 A_2 不可逆,这种情况下,系统未来前 l 步输出 $y(k+i)(i = 1, 2, \cdots, l)$ 不能控,其余未来各步输出仍然能控。

式(7.4.11)就是由预测状态空间模型(7.4.8)导出的系统未来 N 步输出预测方程,其中,系统未来 N 步预测输出为

$$Y_0(k+1) = AX(k)$$

$$= \begin{bmatrix} 0 & 1 & & & 0 \\ & 0 & 1 & & \\ & & \ddots & \ddots & \\ & & & \ddots & 1 \\ 0 & & & & 0 \end{bmatrix} \begin{bmatrix} x_1(k) \\ x_2(k) \\ \vdots \\ x_N(k) \end{bmatrix} = \begin{bmatrix} x_2(k) \\ x_3(k) \\ \vdots \\ x_N(k) \\ 0 \end{bmatrix}$$

系统未来 N 步可调输出为

$$Y_f(k+1) = A_2 U(k)$$

可以看出,预测方程式(7.4.11)中的预测步数 $P = N$,这是为了论证预测状态空间模型(7.4.8)的未来输出的能控性而设的。在工程实际中,通常取 $P < N$。当 $P < N, m = P$ 时,系统未来 P 步输出预测方程是由方程组(7.4.11)中的前 P 个方程所构成的方程组,即

$$Y(k+1) = \begin{bmatrix} x_2(k) \\ x_3(k) \\ \vdots \\ x_{P+1}(k) \end{bmatrix} + \begin{bmatrix} h_1 & & & 0 \\ h_2 & h_1 & & \\ \vdots & \vdots & \ddots & \\ h_P & h_{P-1} & \cdots & h_1 \end{bmatrix} U(k)$$

$$= C_P X(k) + A_2 U(k) \tag{7.4.12}$$

式中

$$Y(k+1) = [y(k+1),\cdots,y(k+p)]^T, U(k) = [u(k),\cdots,u(k+p-1)]^T$$

$$C_P = \begin{bmatrix} 0 & 1 & 0 & | \\ 0 & 0 & 1 & | & 0 \\ \vdots & & & \ddots & | \\ 0 & \cdots & \cdots & 0 & 1 & | \end{bmatrix}_{P \times N}, \quad A_2 = \begin{bmatrix} h_1 & & & \\ h_2 & h_1 & 0 & \\ \vdots & & \ddots & \\ h_P & h_{P-1} & \cdots & h_1 \end{bmatrix}_{P \times P}$$

若取控制优化步数 $m < P$，并且令 $u(k+m) = u(k+m+1) = \cdots = u(k+P-1) = u(k+m-1)$，则 A_2 阵如 (7.2.11) 式。

$$C_P X(k) = Y_0(k+1) = [y_0(k+1)|_k, \cdots, y_0(k+P)|_k]^T$$

$$A_2 U(k) = Y_f(k+1) = [y_f(k+1)|_k, \cdots, y_f(k+P)|_k]^T$$

与 MAC 基本算法一样，取二次型指标函数为

$$J = \| Y_d(k+1) - Y(k+1) \|_Q^2 + \| U(k) \|_R^2$$

$$= \| Y_d(k+1) - C_P X(k) - A_2 U(k) \|_Q^2 + \| U(k) \|_R^2 \tag{7.4.13}$$

式中，$Y_d(k+1) = [y_d(k+1),\cdots,y_d(k+P)]^T$ 为未来 P 步期望输出，可按参考轨线方程 (7.1.5) 式计算。对 J 极小化，则由

$$\frac{\partial J}{\partial U(k)} = 0$$

求得最优控制律为

$$U^*(k) = (A_2^T Q A_2 + R)^{-1} A_2^T Q [Y_d(k+1) - C_P X(k)] \tag{7.4.14}$$

相应的即时最优控制律为

$$u^*(k) = K_1 [Y_d(k+1) - C_P X(k)] \tag{7.4.15a}$$

式中，$K_1 = [1,0,\cdots,0](A_2^T Q A_2 + R)^{-1} A_2^T Q$ 为即时控制增益。

由上式可以看出，由预测状态空间模型 (7.4.8) 导出的 MAC 最优控制律具有预测状态反馈的形式（其本质与基本算法相同）。但其中预测状态 $X(k)$ 不可直接测量，必须用预测状态观测器来获得它的重构 $\hat{X}(k)$，用以代替真实的 $X(k)$ 实现即时最优控制律 (7.4.15a)，即

$$u^*(k) = K_1 [Y_d(k+1) - C_P \hat{X}(k)] \tag{7.4.15b}$$

3. 预测状态观测器

预测状态空间模型 (7.4.8) 描述的系统虽然系统预测状态 $X(k)$ 不可直接测量，但预测状态完全能观，因此可以用状态观测器来重构预测状态 $\hat{X}(k)$。常用预测状态观测器有开环观测器和闭环观测器两种形式，如果系统过程噪声和测量噪声较强，也可以采用稳态 Kalman 滤波器。

开环预测状态观测器

对于预测状态空间模型(7.4.8)的开环预测状态观测器形式为

$$\begin{cases} X(k+1) = AX(k) + Bu(k) & (7.4.16) \\ \hat{X}(k) = X(k) + F[y(k) - CX(k)] & (7.4.17) \end{cases}$$

$$F = [1,1,\cdots,1]^{\mathrm{T}}_{N\times 1}$$

将 $\hat{X}(k)$ 代入(7.4.15b)式,即得可执行的 MAC 即时最优控制律,即

$$u^*(k) = K_1[Y_d(k+1) - C_P\hat{X}(k)]$$

为了减少计算量,式(7.4.17)也可以改写成

$$C_P\hat{X}(k) = C_PX(k) + F[y(k) - CX(k)] \qquad (7.4.18)$$

其中

$$F = [1,1,\cdots,1]^{\mathrm{T}}_{P\times 1}$$

$C_P\hat{x}(k) = \hat{Y}_0(k+1)$ 即为校正后的系统未来 P 步预测输出。由此可见,方程(7.4.18)就是前面讨论的 MAC 基本算法中的未来 P 步预测输出校正方程(7.2.13)。

采用方程(7.4.16)和(7.4.18)组成开环预测状态观测器,其相应 MAC 系统结构如图7.14 所示。

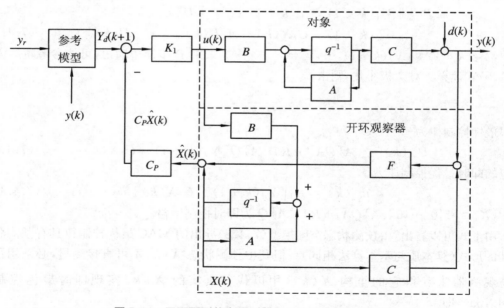

图 7.14 开环预测状态观测器及 MAC 系统的结构图

由式(7.4.17)或(7.4.18)与(7.4.16)构成的开环预测状态观测器,虽然其中也包含了重构误差校正,但是校正是开环补偿形式,而不是闭环反馈形式,因此获得重构状态 $\hat{X}(k)$ 存在较大的重构误差。在控制系统性能上表现出易于受高频干扰的影响,系统控制量容易产生较大波动。采用闭环预测状态观测器,可以提高重构精度,改善系统对高频干扰的抑制能力。

闭环预测状态观测器

对应于预测状态空间模型(7.4.8)的闭环预测状态观测器可采用预报观测器形式,即

$$\hat{X}(k+1) = A\hat{X}(k) + Bu(k) + F[y(k) - C\hat{X}(k)] \tag{7.4.19}$$

式中,$F = [f_1, f_2, \cdots, f_N]^{\mathrm{T}}$ 为观测器反馈增益矩阵,F 应使闭环观测器(7.4.19)稳定,即应使闭环观测器状态转移矩阵$(A - FC)$的所有特征值位于单位圆内。

关于 F 阵的设计方法,有以下三种:

(1) 简单取 $F = f[1,1,\cdots,1]_{N \times 1}$,其中取 $0 < f < 1$,f 越小,系统对于干扰滤波效果越好,但系统响应速度将变慢;

(2) 按闭环观测器极点配置设计:由于方程(7.4.8)中 A 阵的特殊结构,预测状态空间模型(7.4.8)其实是一种观测器规范型,所以反馈增益阵 F 可按照闭环极点配置来设计。由闭环观测器方程(7.4.19)可知,观测器的状态转移矩阵为

$$A - FC = \begin{bmatrix} -f_1 & 1 & & & 0 \\ -f_2 & 0 & 1 & & \\ \vdots & \vdots & & \ddots & \\ \vdots & \vdots & & & 1 \\ -f_N & 0 & \cdots & \cdots & 0 \end{bmatrix}_{N \times N} \tag{7.4.20}$$

显然,闭环观测器(7.4.19)的特征方程为

$$\det[\lambda I - A + FC] = \lambda^N + f_1\lambda^{N-1} + \cdots + f_{N-1}\lambda + f_N = 0 \tag{7.4.21}$$

设配置的闭环观测器的极点为 α_i,$|\alpha_i| < 1$,$i = 1, 2, \cdots, N$,相应的闭环观测器期望特征方程为

$$(\lambda - \alpha_1)(\lambda - \alpha_2)\cdots(\lambda - \alpha_N) = \lambda^N + \beta_1\lambda^{N-1} + \cdots + \beta_{N-1}\lambda + \beta_N = 0 \tag{7.4.22}$$

则取 $f_i = \beta_i$,$i = 1, 2, \cdots, n$,完成 F 的设计。

实际中,不必配置全部非零极点,只需配置前面几个非零极点,其余极点可取为零。

(3) 按稳态 Kalman 滤波器设计

如果系统过程噪声和测量噪声较强,且已知它们的协方差,则可以用预测状态空间模型(7.4.8)按照稳态 Kalman 滤波器增益递推公式计算出反馈增益阵 F,相应闭环观测器就成为稳态 Kalman 滤波器,它能使预测状态在重构误差平方和最小意义下是最优的。

采用闭环预测状态观测器的 MAC 系统结构如图 7.15 所示。在观测器所用的模型(A, B)精确的情况下,MAC 系统闭环特性由如下方程组所决定:

$$\begin{cases} X(k+1) = AX(k) + Bu(k) \\ y(k) = CX(k) \\ \hat{X}(k+1) = A\hat{X}(k) + Bu(k) + F[y(k) - C\hat{X}(k)] \\ u(k) = K_1[Y_d(k+1) - C_P\hat{X}(k)] \\ Y_d(k+1) = \begin{bmatrix} \beta \\ \beta^2 \\ \vdots \\ \beta^P \end{bmatrix} CX(k) + \begin{bmatrix} 1-\beta \\ 1-\beta^2 \\ \vdots \\ 1-\beta^P \end{bmatrix} y_r \end{cases} \tag{7.4.23}$$

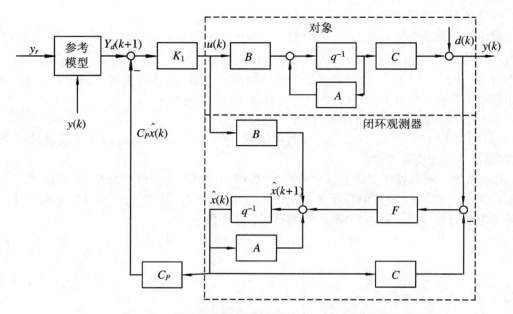

图 7.15　闭环预测状态观测器及 MAC 系统的结构图

令

$$\beta_0 = K_1 \left[\beta, \beta^2, \cdots, \beta^P\right]^{\mathrm{T}} = \sum_{i=1}^{P} k_i \beta^i, \quad k_0 = \sum_{i=1}^{P} k_i$$

则由方程组(7.4.23)可得闭环系统状态方程为

$$\begin{bmatrix} X(k+1) \\ \tilde{X}(k+1) \end{bmatrix} = \begin{bmatrix} A + B\beta_0 C - BK_1 C_P & BK_1 C_P \\ 0 & A - FC \end{bmatrix} \begin{bmatrix} X(k) \\ \tilde{X}(k) \end{bmatrix} + \begin{bmatrix} B(k_0 - \beta_0) \\ 0 \end{bmatrix} y_r$$

$$(7.4.24)$$

式中,$\tilde{X}(k) = X(k) - \hat{X}(k)$为预测状态重构误差。

　　闭环系统的动态特性取决于闭环特征方程

$$\Delta(q) = \det \begin{bmatrix} qI - A - B\beta_0 C + BK_1 C_P & BK_1 C_P \\ 0 & qI - A + FC \end{bmatrix}$$

$$= \det(qI - A - B\beta_0 C + BK_1 C_P)\det(qI - A + FC) = 0 \quad (7.4.25)$$

的特征根(即闭环系统极点)分布,可以看出,在观测器所用模型(A,B)精确的情况下,闭环系统极点是由优化控制极点和闭环观测器极点组成的。显然分离原理成立,即控制器和观测器可以独立设计或整定。优化控制增益阵 K_1 和参考轨线柔化因子 β 只影响控制极点,而不影响观测器极点。控制极点决定系统外部动态行为即控制性能,观测器极点决定重构状态的动态行为。如果观测器所用模型(A,B)有误差,与实际系统模型失配。分离原理就不成立,观测器的反馈增益 F 也会影响系统外特性。

　　由上讨论可知,MAC 的预测状态空间形式算法和 MAC 基本算法的本质是相同的,所不同的只是用开环或闭环预测状态观测器方程取代了系统未来 P 步预测输出的预测校正方程:

$$\hat{Y}_0(k+1) = A_1 U(k-1) + F[y(k) - y_m(k)]$$

MAC 的预测状态空间形式算法与基本算法相比,其优点在于:

(1) 预测状态观测器方程的计算是简单递推形式,避免了预测校正方程中的计算量很大的 $A_1 U(k-1)$ 的计算,因此大大减少了 MAC 的在线计算量。

(2) 闭环预测状态观测器由于采用重构误差反馈校正,只要闭环稳定,重构误差将趋于零,所以其预测精度高于预测校正方程。若采用稳态 Kalman 滤波器还可以在噪声作用下获得最优预测。由于预测精度的提高,系统控制性能也将得到相应的改善。

(3) 为运用现代控制理论中的状态空间法进一步研究分析 MAC 系统给出了一个理论框架。

7.4.2　DMC 算法的预测状态空间形式

1. 单位阶跃响应模型的预测状态空间表示

设被控系统开环稳定,其单位阶跃响应算子模型为

$$A_m(q^{-1}) = a_1 q^{-1} + a_2 q^{-2} + \cdots + a_{N-1} q^{-N+1} + a_N q^{-N} \frac{1}{1-q^{-1}} \tag{7.4.26a}$$

系统输出可表示为

$$\begin{aligned} y(k) &= A_m(q^{-1}) \Delta u(k) \\ &= a_1 q^{-1} \Delta u(k) + a_2 q^{-2} \Delta u(k) + \cdots \\ &\quad + a_{N-1} q^{-N+1} \Delta u(k) + \frac{a_N q^{-N}}{1-q^{-1}} \Delta u(k) \end{aligned} \tag{7.4.26b}$$

由该式出发,采用上面讲的由系统单位脉冲响应模型 $H_m(q^{-1})$ 推导预测状态空间表示式的相同方法和步骤就可以得到 $A_m(q^{-1})$ 的预测状态空间表示式。为了加深对预测状态空间表示式的认识,下面改用第三章中讲的嵌套实现法来推导。

将方程(7.4.26b)写成如下嵌套形式:

$$\begin{aligned} y(k) = q^{-1}\Big\{ a_1 \Delta u(k) + q^{-1}\Big[a_2 \Delta u(k) + \cdots \\ + q^{-1}\Big[a_{N-1} \Delta u(k) + q^{-1} \frac{a_N}{1-q^{-1}} \Delta u(k) \Big] \cdots \Big] \Big\} \end{aligned} \tag{7.4.26c}$$

定义状态变量

$$\begin{cases} x_N(k) = q^{-1} \dfrac{a_N}{1-q^{-1}} \Delta u(k) \\ x_{N-1}(k) = q^{-1}[a_{N-1} \Delta u(k) + x_N(k)] \\ \quad\vdots \\ x_2(k) = q^{-1}[a_2 \Delta u(k) + x_3(k)] \\ x_1(k) = q^{-1}[a_1 \Delta u(k) + x_2(k)] = y(k) \end{cases} \tag{7.4.27}$$

由状态定义式可得

$$\begin{cases} x_1(k+1) = x_2(k) + a_1\Delta u(k) \\ x_2(k+1) = x_3(k) + a_2\Delta u(k) \\ \qquad\vdots \\ x_{N-1}(k+1) = x_N(k) + a_{N-1}\Delta u(k) \\ x_N(k+1) = x_N(k) + a_N\Delta u(k) \\ y(k) = x_1(k) \end{cases} \qquad (7.4.28)$$

将方程组(7.4.28)改写为向量－矩阵形式即为系统状态空间模型,即

$$\begin{cases} X(k+1) = AX(k) + B\Delta u(k) \\ y(k) = x_1(k) = CX(k) \end{cases} \qquad (7.4.29)$$

其中,$X(k) = [x_1(k),\cdots,x_N(k)]^{\mathrm{T}}$ 为状态变量。

$$A = \begin{bmatrix} 0 & 1 & & & 0 \\ 0 & 0 & 1 & & \\ & \ddots & \ddots & \ddots & \\ & & & \ddots & 0 & 1 \\ 0 & & & & 0 & 1 \end{bmatrix}_{N\times N}, \quad B = \begin{bmatrix} a_1 \\ a_2 \\ \vdots \\ a_N \end{bmatrix}_{N\times 1}, \quad C = \begin{bmatrix} 1 & 0 & \cdots & 0 \end{bmatrix}_{1\times N}$$

系统单位阶跃响应状态空间模型(7.4.29)的状态信号流图如图7.16所示。

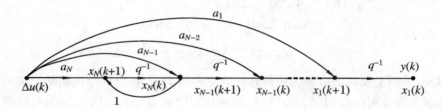

图 7.16　单位阶跃响应预测状态信流图

可以验证:

(1) 状态空间模型(7.4.29)满足

$$CA^{i-1}B = a_i, \quad i = 1,2,\cdots,N$$

a_i 为系统马尔科夫参数,即以 $\Delta u(k)$ 为输入时的系统单位脉冲响应序列,以 $u(k)$ 为输入时的系统单位阶跃响应序列。这表明(7.4.29)式是模型 $A_m(q^{-1})$ 的一种状态空间实现。

(2) (7.4.29)式的能观矩阵为

$$O_b = \begin{bmatrix} C \\ CA \\ \vdots \\ CA^{N-1} \end{bmatrix} = I_N \qquad (7.4.30)$$

该式表明,状态空间模型(7.4.29)式的状态完全能观,而且它也是预测状态空间模型,即它的状态分量 $x_i(k) = y_0(k+i-1)|_k (i=1,2,\cdots,N)$(请读者自己用上式证明)。

(3) 预测状态空间模型(7.4.29)式的能控性矩阵为

$$C_0 = \begin{bmatrix} B & AB & \cdots & A^{N-1}B \end{bmatrix} = \begin{bmatrix} a_1 & a_2 & \cdots & a_{N-1} & a_N \\ a_2 & \vdots & & a_N & \vdots \\ \vdots & \vdots & \cdot^{\cdot^{\cdot}} & & \vdots \\ \vdots & a_N & & & \vdots \\ a_N & a_N & \cdots & \cdots & a_N \end{bmatrix} \tag{7.4.31}$$

C_0 的行列式为

$$\det C_0 = (-1)^{\frac{N(N-1)}{2}} a_N (a_N - a_{N-1})^{N-1}$$

通常取 $N \gg 1$，$(a_N - a_{N-1})$ 近似等于零，所以 $\det C_0$ 也近似等于零，因此预测状态空间模型(7.4.29)中的预测状态实际上是不完全能控的，因而也不可采用以系统状态完全能控为前提的设计法进行系统控制律的设计。

（4）系统未来 N 步输出是完全能控的，若系统有 l 步纯滞后，则系统未来前 l 步输出不能控，其余各步仍能控（请读者自己证明）。

2. 基于预测状态空间模型的 DMC 算法

由预测状态空间模型(7.4.29)可得系统未来 P 步输出方程组：

$$\begin{cases} y(k+1) = Cx(k+1) = CAx(k) + CB\Delta u(k) \\ y(k+2) = Cx(k+2) = CA^2 x(k) + CAB\Delta u(k) + CB\Delta u(k) \\ \quad\vdots \\ y(k+P) = Cx(k+P) = CA^P x(k) + CA^{P-1}B\Delta u(k) \\ \qquad\qquad + CA^{P-2}B\Delta u(k+1) + \cdots + CB\Delta u(k+P-1) \end{cases}$$

将该方程写成向量形式，即为系统未来 P 步输出预测方程：

$$Y(k+1) = \begin{bmatrix} CA \\ CA^2 \\ \vdots \\ CA^P \end{bmatrix} X(k) + \begin{bmatrix} CB & & & 0 \\ CAB & CB & & \\ \vdots & \vdots & \ddots & \\ CA^{P-1}B & CA^{P-2}B & \cdots & CB \end{bmatrix} \begin{bmatrix} \Delta u(k) \\ \Delta u(k+1) \\ \vdots \\ \Delta u(k+P-1) \end{bmatrix}$$

$$= C_P X(k) + G_2 \Delta U(k) \tag{7.4.32}$$

式中

$$Y(k+1) = [y(k+1), \cdots, y(k+p)]^T, \quad \Delta U(k) = [\Delta u(k), \cdots, \Delta u(k+p-1)]^T$$

$$C_P = \begin{bmatrix} CA \\ CA^2 \\ \vdots \\ CA^P \end{bmatrix} = \begin{bmatrix} 0 & 1 & & & & \\ 0 & 0 & 1 & & 0 & \\ \vdots & & \ddots & \ddots & & \\ 0 & \cdots & \cdots & 0 & 1 \end{bmatrix}_{P \times N}, \quad CA^i = [\underbrace{0 \cdots 0}_{i+1} 1, 0 \cdots 0]_{1 \times N}$$

$$G_2 = \begin{bmatrix} CB & & & 0 \\ CAB & CB & & \\ \vdots & \vdots & \ddots & \\ CA^{P-1}B & CA^{P-2}B & \cdots & CB \end{bmatrix} = \begin{bmatrix} a_1 & & & 0 \\ a_2 & a_1 & & \\ \vdots & \vdots & \ddots & \\ a_P & a_{P-1} & \cdots & a_1 \end{bmatrix}_{P \times P}$$

当取 $m < P$，且 $\Delta u(k+m) = \Delta u(k+m+1) = \cdots = \Delta u(k+P-1) = 0$ 时

$$G_2 = \begin{bmatrix} a_1 & & & 0 \\ a_2 & a_1 & & \\ \vdots & & \ddots & \\ a_m & \cdots & \cdots & a_1 \\ \vdots & & & \vdots \\ a_P & \cdots & \cdots & a_{P-m+1} \end{bmatrix}_{P \times m}$$

显然,预测方程(7.4.32)中,$C_P X(k) = [x_2(k), \cdots, x_{P+1}(k)]^T = Y_0(k+1)$ 为系统未来 P 步预测输出向量;$G_2 \Delta U(k) = Y_f(k+1)$ 为系统未来 P 步可调输出向量。

由方程(7.4.32)按 DMC 基本算法相同的二次型指标函数优化求得的滚动优化即时控制律为

$$\Delta u^*(k) = K_1 [Y_d(k+1) - C_P X(k)]$$

式中,$K_1 = [1, 0, \cdots, 0](G_2^T Q G_2 + R)^{-1} G_2^T Q$ 为即时控制增益矩阵;$Y_d(k+1)$ 为未来 P 步期望输出向量。

因实际系统预测状态 $X(k)$ 不可测量,所以上面 DMC 即时最优控制律中的 $X(k)$ 应改用预测状态观测器重构的 $\hat{X}(k)$,因此 DMC 的预测状态空间形式的即时最优控制律应为

$$\Delta u^*(k) = K_1 [Y_d(k+1) - C_P \hat{X}(k)] \tag{7.4.33}$$

3. 预测状态观测器

DMC 和 MAC 一样既可以用开环观测器,也可以用闭环观测器或稳态 Kalman 滤波器。DMC 的闭环观测器按极点配置法设计同 MAC 闭环观测器设计略有区别。DMC 所用的闭环观测器也可以是预报观测器形式,即

$$\hat{X}(k+1) = A\hat{X}(k) + B\Delta u(k) + F[y(k) - C\hat{X}(k)]$$
$$= (A - FC)\hat{X}(k) + B\Delta u(k) + Fy(k) \tag{7.4.34}$$

式中

$$A - FC = \begin{bmatrix} -f_1 & 1 & & & 0 \\ -f_2 & 0 & 1 & & \\ \vdots & \vdots & & \ddots & \ddots \\ \vdots & \vdots & & & 0 & 1 \\ -f_N & 0 & \cdots & & 0 & 1 \end{bmatrix}_{N \times N} \tag{7.4.35}$$

反馈增益矩阵 F 同样可按极点配置法设计。由(7.4.35)式知,闭环观测器(7.4.34)的特征方程为

$$\det[\lambda I - A + FC] = \lambda^N + (f_1 - 1)\lambda^{N-1} + (f_2 - f_1)\lambda^{N-2}$$
$$+ \cdots + (f_N - f_{N-1}) = 0 \tag{7.4.36}$$

设闭环观测器配置的极点为 $\alpha_i, |\alpha_i| < 1 (i = 1, 2, \cdots, N)$,则闭环观测器相应的期望特征方程为

$$(\lambda - \alpha_1)(\lambda - \alpha_2)\cdots(\lambda - \alpha_N) = \lambda^N + \beta_1 \lambda^{N-1} + \cdots + \beta_{N-1}\lambda + \beta_N = 0 \tag{7.4.37}$$

令方程(7.4.36)和(7.4.37)中对应项系数相等,得

$$f_1 = \beta_1 + 1, f_2 = \beta_2 + f_1 = \beta_2 + \beta_1 + 1, \cdots$$

即

$$f_i = \sum_{j=1}^{i} \beta_j + 1, \quad i = 1, 2, \cdots, N$$

F 阵也可以简单取为 $F = f[1,1,\cdots,1]_{N\times1}^T$，取 $0 < f < 1$，可确保闭环观测器稳定，f 越小，滤波效果越好，但响应速度减缓。

在系统过程噪声和测量噪声较强，且已知它们的协方差情况下，同样可以采用稳态 Kalman 滤波器，F 阵可以用预测状态空间模型(7.4.29)按照 Kalman 滤波器稳态增益递推公式计算获得。

采用开环或闭环预测状态观测器的 DMC 系统结构分别与图 7.14 和图 7.15 所示的 MAC 系统结构相同。

7.4.3　GPC 算法的预测状态空间形式

GPC 采用的系统模型是(7.2.59)式 CARIMA 模型，即

$$A(q^{-1})y(k) = B(q^{-1})\Delta u(k) + C(q^{-1})w(k) \tag{7.4.38}$$

其中

$$\begin{aligned}
A(q^{-1}) &= (1 - q^{-1})(1 + \bar{a}_1 q^{-1} + \cdots + \bar{a}_{n_a} q^{-n_a}) \\
&= 1 + a_1 q^{-1} + \cdots + a_n q^{-n}, \quad n = n_a + 1 \\
B(q^{-1}) &= b_1 q^{-1} + b_2 q^{-2} + \cdots + b_{n_b} q^{-n_b} \\
C(q^{-1}) &= 1 + c_1 q^{-1} + \cdots + c_{n_c} q^{-n_c}
\end{aligned}$$

$y(k)$ 和 $\Delta u(k)$ 分别为系统输出量和控制增量；$w(k)$ 为零均值白噪声。

可以证明系统 CARIMA 模型的相应预测状态空间模型[21]为

$$\begin{cases} X(k+1) = AX(k) + B\Delta u(k) + Dw(k) \\ y(k) = CX(k) + d_0 w(k) \end{cases} \tag{7.4.39}$$

式中，$X(k) = [x_1(k), x_2(k), \cdots, x_{N-1}(k)]^T$ 为预测状态向量。

$$A = \begin{bmatrix} 0 & 1 & & & & 0 \\ 0 & 0 & 1 & & & \\ \vdots & & \ddots & \ddots & & \\ \vdots & & & \ddots & \ddots & \\ \vdots & & & & 0 & 1 \\ 0 & \cdots & 0 & -a_n & \cdots & -a_1 \end{bmatrix}_{N\times N}, \quad B = \begin{bmatrix} g_1 \\ g_2 \\ \vdots \\ g_N \end{bmatrix}_{N\times1}, \quad D = \begin{bmatrix} d_1 \\ d_2 \\ \vdots \\ d_N \end{bmatrix}_{N\times1}$$

$C = [1, 0, \cdots, 0]_{1\times N}$，$N \geqslant n$ 且 $N = P + 1$，P 为预测步数。

矩阵 B 中的元素 $g_i (i = 1, 2, \cdots, N)$ 是多项式 $B(q^{-1})$ 除以 $A(q^{-1})$ 的 N 阶商多项式的各项系数，即

$$\frac{B(q^{-1})}{A(q^{-1})} = g_1 q^{-1} + g_2 q^{-2} + \cdots + g_N q^{-N} + \frac{Q(q^{-1})}{A(q^{-1})} \tag{7.4.40}$$

$g_i (i = 1, 2, \cdots, p+1)$ 满足如下迭代关系：

$$\begin{cases} g_0 = 0 \\ g_1 = b_1 \\ g_i = b_i - \sum_{j=1}^{i-1} a_j g_{i-j}, \quad n_b \geqslant i \geqslant 2 \\ g_i = - \sum_{j=1}^{n} a_j g_{i-j}, \quad N \geqslant i > n_b \end{cases} \tag{7.4.41a}$$

或

$$\begin{bmatrix} g_1 \\ g_2 \\ \vdots \\ g_n \\ \vdots \\ g_N \end{bmatrix} = \begin{bmatrix} 1 & & & & & \\ a_1 & 1 & & & & \\ a_2 & a_1 & \ddots & & 0 & \\ \vdots & & \ddots & \ddots & & \\ a_n & a_{n-1} & \cdots & a_1 & 1 & \\ & a_n & & \ddots & & \ddots \\ & & \ddots & & \ddots & \ddots \\ 0 & & a_n & & a_1 & 1 \end{bmatrix}^{-1} \begin{bmatrix} b_1 \\ b_2 \\ \vdots \\ b_{n_b} \\ 0 \\ \vdots \\ 0 \end{bmatrix} \tag{7.4.41b}$$

矩阵 D 中的元素 $d_i (i = 1, 2, \cdots, N)$ 及 d_0 是多项式 $C(q^{-1})$ 除以 $A(q^{-1})$ 的 N 阶商多项式的各项系数,即

$$\frac{C(q^{-1})}{A(q^{-1})} = d_0 + d_1 q^{-1} + \cdots + d_N q^{-N} + \frac{E(q^{-1})}{A(q^{-1})} \tag{7.4.42}$$

$d_i (i = 0, 1, 2, \cdots, N)$ 满足下式迭代关系:

$$\begin{cases} d_0 = 1 \\ d_i = c_i - \sum_{j=1}^{i} a_j d_{i-j}, \quad n_c \geqslant i \geqslant 1 \\ d_i = - \sum_{j=1}^{n} a_j d_{i-j}, \quad N \geqslant i > n_c \end{cases} \tag{7.4.43a}$$

或

$$\begin{bmatrix} d_0 \\ d_1 \\ \vdots \\ d_n \\ \vdots \\ d_N \end{bmatrix} = \begin{bmatrix} 1 & & & & & \\ a_1 & 1 & & & & \\ a_2 & a_1 & \ddots & & 0 & \\ \vdots & & \ddots & \ddots & & \\ a_n & a_{n-1} & \cdots & a_1 & 1 & \\ & a_n & & \ddots & & \ddots \\ & & \ddots & & \ddots & \ddots \\ 0 & & a_n & & a_1 & 1 \end{bmatrix}^{-1} \begin{bmatrix} 1 \\ c_1 \\ c_2 \\ \vdots \\ c_n \\ 0 \\ \vdots \\ 0 \end{bmatrix} \tag{7.4.43b}$$

式(7.4.40)表明,$g_i (i = 1, 2, \cdots, N)$ 是系统输出对控制输入 $\Delta u(k)$ 的单位脉冲响应(亦即对 $u(k)$ 的单位阶跃响应)的前 N 项序列值,因 $B(q^{-1})$ 有一步延迟,$g_0 = 0$;式(7.4.42)表明,$d_i (i = 0, 1, \cdots, N)$ 是系统输出对干扰 $w(k)$ 的单位脉冲响应的前 $N+1$ 项序列值。

CARIMA 模型的预测状态信号流图如图 7.17 所示。

可以验证：

（1）状态空间模型（7.4.39）满足

$$\begin{cases} CA^{i-1}B = g_i, & i = 1,2,\cdots,N \\ CA^{i-1}d = d_i, & i = 1,2,\cdots,N \end{cases} \tag{7.4.44}$$

因此，表明方程组（7.4.39）是 CARIMA 模型（7.4.38）的一种状态空间实现。

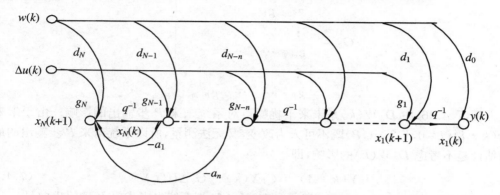

图 7.17　CARIMA 模型的预测状态信流图

（2）状态空间模型（7.4.39）的能观矩阵为

$$O_b = \begin{bmatrix} C \\ CA \\ \vdots \\ CA^{N-1} \end{bmatrix} = I_N \tag{7.4.45}$$

该式表明，状态空间模型（7.4.39）是预测状态空间模型，即其状态分量 $x_i(k) = y_0(k+i-1)|_k$（$i = 1,2,\cdots,N$），而且预测状态完全能观。

（3）若 $N = n$，且多项式 $B(q^{-1})$ 与 $A(q^{-1})$ 互质（即无公因式），则预测状态空间模型（7.4.39）是 CARIMA 模型（7.4.38）的最小状态空间实现，其预测状态完全能控；若 $N > n$，则预测状态空间模型（7.4.39）就不是 CARIMA 模型（7.4.38）的最小状态空间实现，其预测状态也就不完全能控。

（4）预测状态空间模型（7.4.39）的未来 N 步输出是完全能控的。

由预测状态空间模型（7.4.39），并考虑到式（7.4.44），可得系统未来 P（取 $P = N-1$）步输出方程为

$$Y(K+1) = C_P X(k) + G_2 \Delta U(k) + D_2 W(k) \tag{7.4.46}$$

式中

$$Y(k+1) = [y(k+1),\cdots,y(k+P)]^{\mathrm{T}}, \quad \Delta U(k) = [\Delta u(k),\cdots,\Delta u(k+p-1)]^{\mathrm{T}}$$

$$W(k) = [w(k),w(k+1),\cdots,w(k+p)]^{\mathrm{T}}$$

$$C_P = \begin{bmatrix} CA \\ CA^2 \\ \vdots \\ CA^P \end{bmatrix} = \begin{bmatrix} 0 & 1 & & 0 \\ & 0 & 1 & \\ & & \ddots & \ddots \\ 0 & & & 0 & 1 \end{bmatrix}_{P \times N} = \begin{bmatrix} 0 & I_P \end{bmatrix}$$

$$G_2 = \begin{bmatrix} g_1 & & & 0 \\ g_2 & g_1 & & \\ \vdots & & \ddots & \\ g_P & \cdots & \cdots & g_1 \end{bmatrix}_{P \times P}, \quad D_2 = \begin{bmatrix} d_1 & d_0 & & & 0 \\ d_2 & d_1 & d_0 & & \\ \vdots & \vdots & & \ddots & \ddots \\ d_P & d_{P-1} & \cdots & d_1 & d_0 \end{bmatrix}_{P \times (P+1)}$$

当取 $m < p$，且 $\Delta u(k+m) = \Delta u(k+m+1) = \cdots = \Delta u(k+P-1) = 0$ 时，

$$G_2 = \begin{bmatrix} g_1 & & & 0 \\ g_2 & g_1 & & \\ \vdots & & \ddots & \\ g_m & \cdots & \cdots & g_1 \\ \vdots & & & \vdots \\ g_P & \cdots & \cdots & g_{P-m+1} \end{bmatrix}_{P \times m}$$

方程(7.4.46)中 $D_2 W(k)$ 是未来干扰噪声对系统未来 P 步输出的影响。由于未来噪声 $w(k+i)(i=0,1,2,\cdots,P)$ 既不可人为改变，又无法测量，所以系统未来 P 步输出的最合理的估计是不考虑 $D_2 W(k)$ 的影响，即

$$\hat{Y}(k+1) = C_P X(k) + G_2 \Delta U(k) \tag{7.4.47}$$

式中，$C_p X(k) = [x_2(k), \cdots, x_{P+1}(k)]^{\mathrm{T}} = Y_0(k+1)$ 为系统未来 P 步预测输出向量；

$G_2 \Delta U(k) = Y_f(k+1)$ 为系统未来 P 步可调输出。

由方程(7.4.47)按 GPC 基本算法相同的二次型指标函数优化求得滚动优化时即时控制律为

$$\Delta u^*(k) = K_1 [Y_d(k+1) - C_P X(k)]$$

式中，$K_1 = [1,0,\cdots,0](G_2^{\mathrm{T}} Q G_2 + R)^{-1} G_2^{\mathrm{T}} Q$ 为即时控制增益；$Y_d(k+1)$ 为未来 P 步期望输出向量。

因预测状态 $X(k)$ 不可测量，需要用观测器重构的 $\hat{X}(k)$ 替代，因此 GPC 预测状态空间形式的即时最优控制律为

$$\Delta u^*(k) = K_1 [Y_d(k+1) - C_P \hat{X}(k)] \tag{7.4.48}$$

重构的预测状态 $\hat{X}(k)$ 由闭环预测状态观测器获得，即

$$\hat{X}(k+1) = A\hat{X}(k) + B\Delta u(k) + D[y(k) - C\hat{X}(k)] \tag{7.4.49}$$

式中，$D = [d_1, d_2, \cdots, d_{P+1}]^{\mathrm{T}}$ 为作为闭环观测器的反馈增益阵。

可以证明，只要 CARIMA 模型中 $C(q^{-1})$ 是稳定多项式(即其零点均在单位圆内)，则闭环预测状态观测器(7.4.49)总是稳定的。其实(7.4.49)式即是稳态 Kalman 滤波器，可以获得预测状态的最优重构。采用闭环预测状态观测器的 GPC 系统结构与图 7.15 所示的 MAC 系统结构相同。由上可以看出，系统单位脉冲响应，单位阶跃响应和 CARIMA 模型的相应预测状态空间模型(7.4.8)、(7.4.29)和(7.4.39)形式基本相同，它们的共同特点是：

(1) 它们的能观矩阵均为单位阵，其阶数取决于预测状态维数。这是所有预测状态空间模型的基本特征，依此可以判断任意状态空间模型是否是预测状态空间模型；

(2) 它们的控制矩阵 B 都是由系统对输入($u(k)$ 或 $\Delta u(k)$)的单位脉冲响应序列构成的；

(3) 它们的状态转移矩阵 A 中的最后一行为 $[0,\cdots,0,-a'_n,-a'_{n-1},\cdots,-a'_1]$，其中 a'_i 为系统脉冲传递函数 $B(q)/A(q)$ 中的多项式 $A(q)=q^N+\sum\limits_{i=1}^{n}a'_iq^{N-i}$ 的系数 $a'_i(i=1,2,\cdots,n)$。

由此不难理解，CARIMA 模型的预测状态空间模型 (7.4.39) 是系统脉冲传递函数 $B(q)/A(q)$ 的预测状态空间模型的标准型，而单位脉冲和单位阶跃响应模型的预测状态空间模型 (7.4.8) 和 (7.4.29) 都是它的特例。对于单位脉冲响应 $H_m(q^{-1})=\sum\limits_{i=1}^{N}h_iq^{-i}$，可以看作脉冲传递函数为 $B(q)/A(q)=\sum\limits_{i=1}^{N}h_iq^{N-i}/q^N$，其中 $A(q)=q^N$（其系数 $a'_i=0$），$B(q)=\sum\limits_{i=1}^{N}h_iq^{N-i}$，所以相应的预测状态空间模型 (7.4.8) 中，A 阵最后一行为 $[0\ \cdots\ \ 0]$，B 阵由单位脉冲响应序列 $h_i(i=1,2,\cdots,N)$ 组成；对单位阶跃响应模型 $H_m(q^{-1})/(1-q^{-1})$，同样可以看作脉冲传递函数为 $B(q)/A(q)=\sum\limits_{i=1}^{N}h_iq^{N-i}/q^N(1-q^{-1})=a_1q^{-1}+a_2q^{-2}+\cdots$，其中 $A(q)=q^N-q^{N-1}$，其系数 $a'_1=-1$，$a'_i=0(i>1)$，$B(q)=\sum\limits_{i=1}^{N}h_iq^{N-i}$，所以相应预测状态空间模型 (7.4.29) 中，A 阵最后一行为 $[0\ \cdots\ \ 0\ \ 1]$，B 阵为系统对增量输入 $\Delta u(k)$ 的单位脉冲响应序列 $a_i(i=1,2,\cdots,N)$，亦即系统对输入 $u(k)$ 的单位阶跃响应序列。由此可知，GPC 的预测状态空间模型及其相应控制算法更具一般性，因此可作为 MPC 算法的统一形式。

7.4.4　无自平衡系统的 MAC 和 DMC 算法

无自平衡系统是指一类含有一阶积分作用的临界稳定系统，因为它没有自平衡能力，故称之为无自平衡系统。无自平衡系统的脉冲传递函数可表示为 $\dfrac{1}{1-q^{-1}}H(q^{-1})$，其中 $H(q^{-1})$ 是稳定的、具有自平衡能力的子系统。无自平衡系统的单位脉冲响应和单位阶跃响应如图 7.18 所示。在工业上有很多过程被控对象属于无自平衡系统。

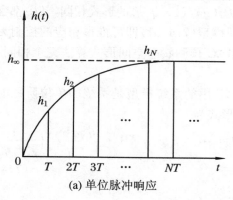
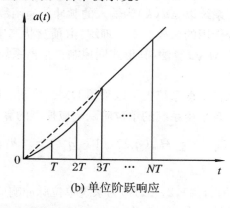

(a) 单位脉冲响应　　　　　　　　(b) 单位阶跃响应

图 7.18　无自衡系统的单位脉冲响应和单位阶跃响应

采用 MAC 或 DMC 基本算法控制无自平衡系统,算法很复杂,计算量也相当大,而采用 MAC 或 DMC 的预测状态空间形式的算法,其算法和计算量同控制自平衡系统几乎完全相同,不增加算法的复杂程度和计算量。

由图 7.18(a)可以看出,无自平衡系统的单位脉冲响应的形态同自平衡系统的单位阶跃响应形态相似,由图可知无自平衡系统的单位脉冲响应算子模型为

$$H_m(q^{-1}) = h_1 q^{-1} + \cdots + h_{N-1} q^{-N+1} + h_N q^{-N} + h_N q^{-N-1} + \cdots$$

$$= h_1 q^{-1} + \cdots + h_{N-1} q^{-N+1} + \frac{h_N q^{-N}}{1 - q^{-1}} \qquad (7.4.50a)$$

系统输出可表示为

$$y(k) = H_m(q^{-1})u(k) = h_1 q^{-1} u(k) + \cdots + h_{N-1} q^{-N+1} u(k) + \frac{h_N q^{-N}}{1 - q^{-1}} u(k)$$

$$(7.4.50b)$$

显然,式(7.4.50a)和式(7.4.50b)分别同自平衡系统单位阶跃响应模型(7.4.26a)和输出表示式(7.4.26b)的形式完全相同。因此,仿照前面讨论过的自平衡系统单位阶跃响应模型转换为预测状态空间模型(7.4.29)的推导过程,即可获得无自平衡系统的单位脉冲响应模型(7.4.50a)的预测状态空间模型[22]为

$$\begin{cases} X(k+1) = AX(k) + Bu(k) \\ y(k) = CX(k) \end{cases} \qquad (7.4.51)$$

式中

$$A = \begin{bmatrix} 0 & 1 & & & 0 \\ 0 & 0 & 1 & & \\ & \ddots & \ddots & \ddots & \\ & & & \ddots & 0 & 1 \\ 0 & & & & 0 & 1 \end{bmatrix}_{N \times N}, \quad B = \begin{bmatrix} h_1 \\ h_2 \\ \vdots \\ h_N \end{bmatrix}_{N \times 1}, \quad C = \begin{bmatrix} 1 & 0 & \cdots & 0 \end{bmatrix}$$

由该式可以看出,无自平衡系统单位脉冲应模型的预测状态空间模型(7.4.51)和自平衡系统单位阶阶跃应模型的预测状态空间模型(7.4.29)的形式完全相同,所不同的是这里(7.4.51)式中的输入量是 $u(k)$ 而不是 $\Delta u(k)$,B 阵中的元素 h_i 是系统的单位脉冲响应序列而不是单位阶跃响应序列。这是因为无自平衡系统的脉冲传递函数 $H(q)/(1-q^{-1})$ 同自平衡系统以 $\Delta u(k)$ 为输入的脉冲传递函数 $H_m(q)/(1-q^{-1})$ 的形式相同,其中都含有一阶积分作用的缘故。不难理解,由预测状态空间模型(7.4.51)即可推得相应的控制无自平衡系统 MAC 算法,其形式同控制自平衡系统 MAC 预测状态空间形式算法完全相同,不再赘述。

无自平衡系统也可以采用 DMC 控制。DMC 用的系统模型是系统的单位阶跃响应模型。无自平衡系统的单位阶跃响应模型的算子形式为

$$G_m(q^{-1}) = H_m(q^{-1})/(1 - q^{-1}) = \left(h_1 q^{-1} + \cdots + h_{N-1} q^{-N+1} + \frac{h_N q^{-N}}{1 - q^{-1}} \right) \left(\frac{1}{1 - q^{-1}} \right)$$

$$(7.4.52a)$$

式中,$h_i(i = 1, 2, \cdots, N)$ 为系统单位脉冲响应序列。

系统输出可表示为

$$y(k) = G_m(q^{-1})\Delta u(k) = \left(h_1 q^{-1} + \cdots + h_{N-1} q^{-N+1} + \frac{h_N q^{-N}}{1 - q^{-1}} \right) \frac{1}{1 - q^{-1}} \Delta u(k)$$

$$= \frac{\Delta h_1 q^{-1} + \Delta h_2 q^{-2} + \cdots + \Delta h_N q^{-N}}{1 - 2q^{-1} + q^{-2}} \Delta u(k)$$

$$= \frac{\Delta h_1 q^{N-1} + \Delta h_2 q^{N-2} + \cdots + \Delta h_N}{q^N - 2q^{N-1} + q^{N-2}} \Delta u(k) = \frac{B(q)}{A(q)} \Delta u(k) \qquad (7.4.52b)$$

式中，$\Delta h_1 = h_1, \Delta h_i = h_i - h_{i-1}(i > 1)$；

$A(q) = q^N - 2q^{N-1} + q^{N-2}$，其系数 $a_1' = -2, a_2' = 1$；

$B(q) = \Delta h_1 q^{N-1} + \cdots + \Delta h_N$。

显然，无自平衡系统以 $\Delta u(k)$ 为输入的脉冲传递函数为 $B(q)/A(q)$，因此由前面讨论的系统脉冲传递函数与其预测状态空间模型关系可知，无自平衡系统的单位阶跃响应预测状态空间模型为

$$\begin{cases} X(k+1) = AX(k) + B\Delta u(k) \\ y(k) = CX(k) \end{cases} \qquad (7.4.53)$$

其中

$$A = \begin{bmatrix} 0 & 1 & & & 0 \\ 0 & 0 & 1 & & \\ & \ddots & \ddots & \ddots & \\ & & \ddots & 0 & 1 \\ 0 & & & -1 & 2 \end{bmatrix}_{N \times N}, \quad B = \begin{bmatrix} a_1 \\ a_2 \\ \vdots \\ a_N \end{bmatrix}_{N \times 1}, \quad C = \begin{bmatrix} 1 & 0 & \cdots & 0 \end{bmatrix}_{1 \times N}$$

B 阵中，$a_i = \sum_{j=1}^{i} h_j (i = 1, 2, \cdots, N)$ 是无自平衡系统的单位阶跃响应序列（亦即系统以 $\Delta u(k)$ 为输入的单位脉冲响应序列）可通过现场实验获得。

由预测状态空间模型(7.4.53)，即可推得相应的控制无自平衡系统的 DMC 算法，其形式同控制自平衡系统的 DMC 预测状态空间形式算法完全相同，推导方法也完全相同，不再赘述。

7.4.5　可减小模型截断误差的 MAC 和 DMC 改进算法

传统 MAC 和 DMC 无论是基本算法还是预测状态空间形式的算法，都是分别截取被控对象的单位脉冲和单位阶跃响应序列的前 N 项序列为模型，然而被控对象的实际单位脉冲和单阶跃响应序列都是无限项的。因此，MAC 和 DMC 分别截取被控对象的单位脉冲和单位阶跃响应的前 N 项序列为模型，必然存在模型误差。仿真表明，这种模型截断误差会使控制系统动态品质恶化，如果模型所取时间响应序列长度 N 过小，模型截断误差过大，甚至有可能导致控制系统不稳定。传统 MAC 和 DMC 为了减少模型截断误差，通常是增大时间响应序列的截断长度 N，使得 N 项后面的单位脉冲响应序列值很小，接近于零；或使得 N 项后面的单位阶跃响应序列值尽可能接近稳态值。但是，这样做势必增加算法的计算量。因此在 MAC 和 DMC 的工程实现时，存在着减小模型截断误差与减小计算量之间的矛盾。

下面介绍的 MAC 和 DMC 的改进算法[24]可以解决这一矛盾。在相同的模型长度 N 的

情况下,可以大大减小模型截断误差,而在相同的模型截断误差情况下,可以减小算法的计算量。

1. MAC 改进算法

对于稳定的被控对象,尤其是具有过阻尼特性的被控对象(工业中大多过程系统都有这种特性),其单位脉冲响应序列总是从若干项后(设 N 项)开始近似呈指数衰减,如图 7.19 所示。基于这种现象假设(这是符合工程实际的),稳定的被控对象的单位脉冲响应序列模型可表示为

$$
\begin{aligned}
H_m(q^{-1}) &= h_1 q^{-1} + \cdots + h_{N-1} q^{-N+1} + h_N q^{-N} + \alpha h_N q^{-N-1} + \alpha^2 h_N q^{-N-2} + \cdots \\
&= h_1 q^{-1} + \cdots + h_{N-1} q^{-N+1} + h_N q^{-N}(1 + \alpha q^{-1} + \alpha^2 q^{-2} + \cdots) \\
&= h_1 q^{-1} + \cdots + h_{N-1} q^{-N+1} + \frac{h_N q^{-N}}{1 - \alpha q^{-1}}
\end{aligned} \tag{7.4.54a}
$$

式中,$h_i (i = 1, 2, \cdots, N)$ 是被控对象的单位脉冲响应序列的前 N 项,可由实验获得;

$\alpha (0 < \alpha < 1)$ 为单位脉响应序列从 N 项起的指数衰减率。

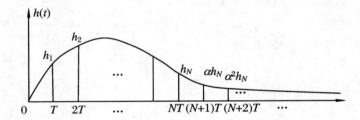

图 7.19　稳定系统的单位脉冲响应

因此系统输出可表示为

$$
\begin{aligned}
y(k) &= H_m(q^{-1}) u(k) \\
&= h_1 q^{-1} u(k) + \cdots + h_{N-1} q^{-N+1} u(k) + \frac{h_N q^{-N}}{1 - \alpha q^{-1}} u(k) \\
&= q^{-1}\left\{ h_1 u(k) + q^{-1}\left[h_2 u(k) + \cdots + q^{-1}\left[h_{N-1} u(k) + q^{-1} \frac{h_N}{1 - \alpha q^{-1}} u(k) \right] \cdots \right] \right\}
\end{aligned}
$$

$$\tag{7.4.54b}$$

定义状态变量

$$
\begin{cases}
x_N(k) = q^{-1} \dfrac{h_N}{1 - \alpha q^{-1}} u(k) & \rightarrow x_N(k+1) = \alpha x_N(k) + h_N u(k) \\
x_{N-1}(k) = q^{-1}[h_{N-1} u(k) + x_N(k)] & \rightarrow x_{N-1}(k+1) = x_N(k) + h_{N-1} u(k) \\
\quad \vdots & \qquad \vdots \\
x_2(k) = q^{-1}[h_2 u(k) + x_3(k)] & \rightarrow x_2(k+1) = x_3(k) + h_2 u(k) \\
x_1(k) = q^{-1}[h_1 u(k) + x_2(k)] & \rightarrow x_1(k+1) = x_2(k) + h_1 u(k) \\
y(k) = x_1(k)
\end{cases}
$$

$$\tag{7.4.55}$$

显然,方程组(7.4.55)即为系统单位脉响应模型 $H_m(q^{-1})$(7.4.54a)式的一种状态空间实现,将其写成状态空间模型的标准形式,即

$$\begin{cases} X(k+1) = AX(k) + Bu(k) \\ y(k) = x_1(k) = CX(k) \end{cases} \tag{7.4.56}$$

式中

$$A = \begin{bmatrix} 0 & 1 & & & 0 \\ 0 & 0 & 1 & & \\ & \ddots & \ddots & \ddots & \\ & & \ddots & 0 & 1 \\ 0 & & & 0 & \alpha \end{bmatrix}_{N \times N}, \quad B = \begin{bmatrix} h_1 \\ h_2 \\ \vdots \\ h_N \end{bmatrix}_{N \times 1}, \quad C = \begin{bmatrix} 1 & 0 & \cdots & 0 \end{bmatrix}_{1 \times N}$$

可以验证方程组(7.4.56)：

(1) $CA^{i-1}B = h_i (i = 1, 2, \cdots, N)$；

(2) (A, C) 的能观矩阵 $O_b = I_N$，表明方程(7.4.56)为 $H_m(q^{-1})$ 的预测状态空间模型，预测状态完全能观；

(3) 系统未来 N 步输出完全能控(若无纯延迟)。

模型中衰减率 α 选取的准则是，使系统按指数衰减序列 $h_N, \alpha h_N, \alpha^2 h_N, \cdots$ 的包络和被截去序列 $h_N, h_{N+1}, h_{N+2}, \cdots$ 的包络分别与时间轴包围的面积相等。这样即可使模型和实际被控对象的稳态增益相等。由此可得

$$h_N \sum_{i=0}^{\infty} \alpha^i = \sum_{i=N}^{\infty} h_i$$

即

$$h_N \frac{1}{1-\alpha} = \sum_{i=N}^{\infty} h_i$$

因而

$$\alpha = 1 - \frac{h_N}{\sum\limits_{i=N}^{\infty} h_i}$$

由系统预测状态空间模型(7.4.56)，按照传统 MAC 的预测状态空间形式算法的推导方法，即可推得 MAC 改进算法，其形式与传统 MAC 的预测状态空间形式算法相同。

2. DMC 的改进算法

基于上述关于被控对象单位脉冲响应序列特征的假设，也可以推得可减小模型截断误差的 DMC 改进算法。

把上述单位脉冲响应模型表示的系统输出(7.4.54b)式中的输入 $u(k)$ 改为增量输入 $\Delta u(k)$，即

$$\begin{aligned} y(k) &= H_m(q^{-1})u(k) = H_m(q^{-1}) \frac{1}{1-q^{-1}} \Delta u(k) \\ &= \left(h_1 q^{-1} + \cdots + h_{N-1} q^{-N+1} + \frac{h_N q^{-N}}{1-\alpha q^{-1}} \right) \frac{1}{1-q^{-1}} \Delta u(k) \\ &= \left(h_1 q^{-1} + \cdots + h_{N-1} q^{-N+1} + h_N q^{-N} + \frac{\alpha h_N q^{-N-1}}{1-\alpha q^{-1}} \right) \frac{1}{1-q^{-1}} \Delta u(k) \\ &= \left((h_1 q^{-1} + \cdots + h_N q^{-N}) \frac{1}{1-q^{-1}} + \frac{\alpha h_N q^{-N-1}}{(1-\alpha q^{-1})(1-q^{-1})} \right) \Delta u(k) \end{aligned}$$

$$= \left(a_1 q^{-1} + \cdots + a_{N-1} q^{-N+1} + \frac{a_N q^{-N}}{1 - q^{-1}} + \frac{\alpha h_N q^{-N-1}}{(1 - \alpha q^{-1})(1 - q^{-1})} \right) \Delta u(k)$$

$$= \left(a_1 q^{-1} + \cdots + a_{N-1} q^{-N+1} + \frac{(a_N - \alpha a_{N-1} q^{-1}) q^{-N}}{1 - (1 + \alpha) q^{-1} + \alpha q^{-2}} \right) \Delta u(k) \tag{7.4.57a}$$

式中，$a_i = \sum_{j=1}^{i} h_j$ 或 $a_i = a_{i-1} + h_i (i = 1, 2, \cdots, N)$ 是系统的单位阶跃响应序列。

将式(7.4.57a)写成嵌套形式，即

$$y(k) = q^{-1} \Big\{ a_1 \Delta u(k) + q^{-1} \Big[a_2 \Delta u(k)$$
$$+ \cdots + q^{-1} \Big[a_{N-1} \Delta u(k) + \frac{q^{-1}(a_N - \alpha a_{N-1} q^{-1}) \Delta u(k)}{1 - (1 + \alpha) q^{-1} + \alpha q^{-2}} \Big] \cdots \Big] \Big\} \tag{7.4.57b}$$

定义状态变量

$$\begin{cases} x_N(k) = q^{-1} \dfrac{a_N \Delta u(k) - \alpha a_{N-1} \Delta u(k-1)}{1 - (1 + \alpha) q^{-1} + \alpha q^{-2}} & \rightarrow x_N(k+1) = (1 + \alpha) x_N(k) - \alpha x_N(k-1) \\ & \qquad + a_N \Delta u(k) - \alpha a_{N-1} \Delta u(k-1) \\ x_{N-1}(k) = q^{-1}[a_{N-1} \Delta u(k) + x_N(k)] & \rightarrow x_{N-1}(k+1) = x_N(k) + a_{N-1} \Delta u(k) \\ \quad \vdots & \qquad \vdots \\ x_2(k) = q^{-1}[a_2 \Delta u(k) + x_3(k)] & \rightarrow x_2(k+1) = x_3(k) + a_2 \Delta u(k) \\ x_1(k) = q^{-1}[a_1 \Delta u(k) + x_2(k)] & \rightarrow x_1(k+1) = x_2(k) + a_1 \Delta u(k) \\ y(k) = x_1(k) \end{cases}$$
$$\tag{7.4.58}$$

由以上方程组中的第二个方程得

$$x_N(k-1) = x_{N-1}(k) - a_{N-1} \Delta u(k-1)$$

将此式代入以上方程组中的第一个方程，得

$$x_N(k+1) = (1 + \alpha) x_N(k) - \alpha x_{N-1}(k) + a_N \Delta u(k)$$

将此方程替代方程组(7.4.58)中的第一个方程，便得系统状态空间模型，即

$$\begin{cases} X(k+1) = AX(k) + B\Delta u(k) \\ y(k) = x_1(k) = CX(k) \end{cases} \tag{7.4.59}$$

式中

$$A = \begin{bmatrix} 0 & 1 & & & 0 \\ 0 & 0 & 1 & & \\ & \ddots & \ddots & \ddots & \\ & & \ddots & 0 & 1 \\ 0 & \cdots & 0 & -\alpha & 1+\alpha \end{bmatrix}_{N \times N}, \quad B = \begin{bmatrix} a_1 \\ a_2 \\ \vdots \\ a_N \end{bmatrix}_{N \times 1}, \quad C = \begin{bmatrix} 1 & 0 & \cdots & 0 \end{bmatrix}_{1 \times N}$$

同样可以验证方程组(7.4.59)：

(1) $CA^{i-1}B = a_i, i = 1, 2, \cdots, N$ 为系统单位阶跃响应序列，亦即以 $\Delta u(k)$ 为输入的单位脉冲响应序列；

(2) (A, C) 的能观矩阵 $O_b = I_N$，表明方程组(7.4.59)为系统单位阶跃响应模型 $H_m(q^{-1})/(1 - q^{-1})$ 的相应预测状态空间模型，其预测状态完全能观；

（3）系统未来 N 步输出完全能控（若系统无纯延迟）。

矩阵 A 中衰减率 α 选取的原则仍是，使模型的稳态增益和实际被控对象的稳态增益相等。即

$$a_{N-1} + \Delta a_N \sum_{i=0}^{\infty} \alpha^i = a_{N-1} + \Delta a_N \frac{1}{1-\alpha} = a_\infty \quad\text{——为对象稳态增益} \quad (7.4.60)$$

式中

$$\Delta a_N = a_N - a_{N-1}$$

由上式解得

$$\alpha = 1 - \frac{a_N - a_{N-1}}{a_\infty - a_{N-1}} = \frac{a_\infty - a_N}{a_\infty - a_{N-1}} \quad (7.4.61)$$

由系统预测状态空间模型（7.4.59），按照传统 DMC 的预测状态空间形式算法相同的推导方法，即可推得 DMC 改进算法，其形式与传统 DMC 的预测状态空间形式算法相同。

以上 MAC 和 DMC 改进算法也可以控制无自平衡系统（算法请读者自己推导）。

3. 仿真实验

一个连续被控对象 $H(s) = \dfrac{10}{(2s+1)(10s+1)(40s+1)}$，取采样周期 $T = 2\,\text{s}$，$H(s)$ 的单位脉冲响应序列如图 7.20(a) 所示。截取单位脉响应前 8 项为被控对象模型，即

$$H_m(q^{-1}) = h_1 q^{-1} + \cdots + h_8 q^{-8}$$

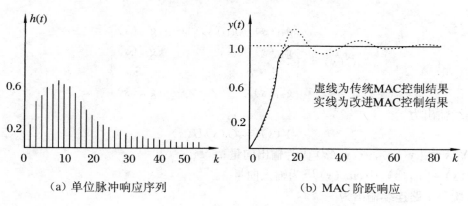

　　（a）单位脉冲响应序列　　　　　　　（b）MAC 阶跃响应

图 7.20

用传统 MAC 算法的控制结果如图 7.20(b) 中虚线所示。显然由于所取模型长度 N 偏小，模型截断误差偏大，相应控制系统动态性能较差，超调量偏大，过渡过程时间过长。在相同情况下，改用上述 MAC 改进算法控制，取脉冲响应序列衰减率 $\alpha = 0.91$，控制结果如图 7.20(b) 中实线所示。显然控制性能比传统 MAC 算法控制的性能好得多。

7.5 多变量系统的 MPC 算法

前面讨论的单变量系统 MPC 的几种典型算法(MAC、IMAC、DMC 和 GPC),应用线性系统比例、叠加原理很容易将它们推广应用于多变量系统控制。其实,MPC 优越性的很重要一点是体现在对多变量系统控制方面。它在对多变量系统解耦和约束优化控制方面都比其他多变量系统控制方法(如内模控制法、多变量控制频域法)更简单实用。因此,多变量系统尤其是多变量过程系统成为 MPC 的一个重要应用领域。考虑到几种 MPC 推广应用于多变量系统的思路和方法基本相同,所以下面只讨论其中常用的多变量系统 DMC 算法,其他多变量系统 MPC 算法不再逐一讨论。

7.5.1 多变量 DMC 集中预测集中优化算法

1. 多变量系统单位阶跃响应模型

设被控系统是 n 输入和 n 输出($n \geqslant 2$)的线性多变量系统,系统开环稳定,其传递函数矩阵为

$$G(s) = \begin{bmatrix} g_{11}(s) & g_{12}(s) & \cdots & g_{1n}(s) \\ g_{21}(s) & & & g_{2n}(s) \\ \vdots & & & \vdots \\ g_{n1}(s) & \cdots & \cdots & g_{nn}(s) \end{bmatrix} \tag{7.5.1a}$$

系统连续输出为

$$Y(s) = G(s)U(s) \tag{7.5.1b}$$

其中,$Y(s) = [y_1(s), \cdots, y_n(s)]^T$ 为输出向量;

$U(s) = [u_1(s), \cdots, u_n(s)]^T$ 为输入向量。

系统第 i 路连续输出为

$$y_i(s) = g_{i1}(s)u_1(s) + g_{i2}(s)u_2(s) + \cdots + g_{in}(s)u_n(s) \tag{7.5.1c}$$

式中,$g_{ij}(s)$($i, j = 1, \cdots, n$)是系统由第 j 路输入到第 i 路输出的通道传递函数;其中,$g_{ii}(s)$($i = 1, \cdots, n$)为第 i 路主通道传递函数;$g_{ij}(s)$,$j \neq i$ 为第 i 路耦合通道传递函数。

一个多变量系统所有耦合通道的传递函数不会全部为零,否则多变量系统实际上就是 n 个单变量系统,因而可以采用单变量系统控制方法进行控制。一般多变量系统的输入和输出数目有可能不相等,这里为了讨论方便,又不失一般性,设其相等。

对于上述多变量系统,假设通过现场测试已经获得各个通道 $g_{ij}(s)$ 的单位阶跃响应序列为 $g_{ij}(k)$,$k = 1, 2, \cdots$(通常 $g_{ij}(0) = 0$),其算子表示式为

$$g_{ij}(q^{-1}) = g_{ij}(1)q^{-1} + g_{ij}(2)q^{-2} + \cdots + g_{ij}(N)q^{-N} + g_{ij}(N+1)q^{-N-1} + \cdots$$

$$= g_{ij}(1)q^{-1} + g_{ij}(2)q^{-2} + \cdots + g_{ij}(N)q^{-N}\frac{1}{1-q^{-1}} \tag{7.5.2a}$$

式中, $i=1,\cdots,n$; $j=1,\cdots,n$; q^{-1} 为单位延迟算子; $g_{ij}(q^{-1})$ 为系统第 i 路输出对第 j 路输入的单位阶跃响应序列模型; $g_{ij}(k)$ 是 $g_{ij}(q^{-1})$ 的算子 q^{-1} 多项式的各项系数。注意 $g_{ij}(q^{-1})$ 与 $g_{ij}(s)$ 及 $g_{ij}(k)$ 不是相同函数。

在上式中,假设 $g_{ii}(N+k)=g_{ij}(N)\simeq g_{ij}(\infty)$, $k\geqslant 1$; N 为模型长度。为了方便,还假设系统各通道的模型长度相等,均为 N。

由(7.5.2a)可知,多变量系统的单位阶跃响应模型是与 $G(s)$ 相对应的关于 q^{-1} 的多项式矩阵,即

$$G(q^{-1})=\begin{bmatrix} g_{11}(q^{-1}) & g_{12}(q^{-1}) & \cdots & g_{1n}(q^{-1}) \\ g_{21}(q^{-1}) & & & g_{2n}(q^{-1}) \\ \vdots & & & \vdots \\ g_{n1}(q^{-1}) & \cdots & \cdots & g_{nn}(q^{-1}) \end{bmatrix}$$

$$= G_1 q^{-1}+G_2 q^{-2}+\cdots+G_N q^{-N}\frac{1}{1-q^{-1}} \tag{7.5.2b}$$

其中,系数矩阵

$$G_i=\begin{bmatrix} g_{11}(i) & g_{12}(i) & \cdots & g_{1n}(i) \\ g_{21}(i) & & & g_{2n}(i) \\ \vdots & & & \vdots \\ g_{n1}(i) & \cdots & \cdots & g_{nn}(i) \end{bmatrix}, \quad i=1,2,\cdots,N$$

系统离散输出可表示为

$$Y(k)=G(q^{-1})\Delta U(k)=G_1 q^{-1}\Delta U(k)+\cdots+G_N\frac{q^{-N}}{1-q^{-1}}\Delta U(k) \tag{7.5.2c}$$

其中

$$Y(k)=[y_1(k),\cdots,y_n(k)]^{\mathrm{T}}$$

$$\Delta U(k)=[\Delta u_1(k),\cdots,\Delta u_n(k)]^{\mathrm{T}}$$

可以看出,多变量系统单位阶跃响应模型(7.5.2b)和系统输出表示式(7.5.2c)同单变量系统单位阶跃响应模型(7.4.26a)及其输出表示式(7.4.26b)形式完全相同,由此可以推断,多变量系统单位阶跃响应模型(7.5.2b)的对应预测状态空间模型为如下形式:

$$\begin{cases} X(k+1)=AX(k)+B\Delta U(k) \\ Y(k)=CX(k) \end{cases} \tag{7.5.3}$$

式中, $X(k)=[X_1^{\mathrm{T}}(k),X_2^{\mathrm{T}}(k),\cdots,X_N^{\mathrm{T}}(k)]^{\mathrm{T}}$ 为预测状态向量; 其中, $X_i(k)=[x_{i1}(k),x_{i2}(k),\cdots,x_{in}(k)]^{\mathrm{T}}(i=1,2,\cdots,N)$ 为预测状态分向量。

$$A=\begin{bmatrix} 0 & I_n & & & \\ 0 & 0 & I_n & & 0 \\ \vdots & \ddots & \ddots & \ddots & \\ & & \ddots & 0 & I_n \\ 0 & & & & I_n \end{bmatrix}_{nN\times nN}, \quad B=\begin{bmatrix} G_1 \\ G_2 \\ \vdots \\ G_N \end{bmatrix}_{nN\times n}, \quad C=\begin{bmatrix} I_n & 0 & \cdots & 0 \end{bmatrix}_{n\times nN}$$

其中, I_n 为 n 阶单位阵。

和单变量系统一样,可以验证方程(7.5.3):

(1) $CA^{i-1}B = G_i\,(i=1,2,\cdots,N)$;

(2) (A,C)的能观性矩阵为 I_{nN},预测状态完全能观;

(3) 系统未来 N 步输出完全能控。

由预测状态空间模型(7.5.3)可以推得多变量系统未来 P 步输出方程为

$$Y_P(k+1) = \begin{bmatrix} X_2(k) \\ X_3(k) \\ \vdots \\ X_{P+1}(k) \end{bmatrix} + \begin{bmatrix} G_1 & & & \\ G_2 & G_1 & & 0 \\ \vdots & & \ddots & \\ & & & G_1 \\ & & & \vdots \\ G_P & G_{P-1} & \cdots & G_{P-m+1} \end{bmatrix} \Delta U(k)_m$$

$$= C_{P_n}X(k) + G\Delta U(k)_m \tag{7.5.4}$$

式中

$$Y_P(k+1) = [Y^T(k+1), Y^T(k+2), \cdots, Y^T(k+P)]^T$$

$$Y^T(k+i) = [y_1(k+i), \cdots, y_n(k+i)], \quad i=1,2,\cdots,P$$

$$C_{P_n} = [O_{nP\times n} \vdots I_{nP} \vdots O_{nP\times n(N-P-1)}]_{nP\times nN}, \quad G = \begin{bmatrix} G_1 & & & \\ G_2 & G_1 & & 0 \\ \vdots & & \ddots & \\ & & & G_1 \\ & & & \vdots \\ G_P & G_{P-1} & \cdots & G_{P-m+1} \end{bmatrix}_{nP\times nm}$$

P 为预测步数,m 为未来控制优化步数;

$$\Delta U(k)_m = [\Delta U^T(k), \Delta U^T(k+1), \cdots, \Delta U^T(k+m-1)]^T$$

$$\Delta U^T(k+i) = [\Delta u_1(k+i), \Delta u_2(k+i), \cdots, \Delta u_n(k+i)], \quad i=0,1,\cdots,m-1$$

由方程(7.5.4)按多变量系统控制有限时域二次型指标函数

$$J = \parallel Y_{dP}(k+1) - C_{P_n}X(k) - G\Delta U(k)_m \parallel_Q^2 + \parallel \Delta U(k)_m \parallel_R^2 \tag{7.5.5}$$

优化,求得滚动优化即时最优控制律为

$$\Delta U^*(k) = K_m[Y_{dP}(k+1) - C_{P_n}X(k)] \tag{7.5.6a}$$

式中

$$\Delta U^*(k) = [\Delta u_1^*(k), \cdots, \Delta u_n^*(k)]^T$$

$$Y_{dP}(k+1) = [Y_d^T(k+1), Y_d^T(k+2), \cdots, Y_d^T(k+P)]^T$$

$$Y_d^T(k+i) = [y_{d1}(k+i), y_{d2}(k+i), \cdots, y_{dn}(k+i)], \quad i=1,2,\cdots,P$$

$y_{dj}(k+i)(j=1,\cdots,n;i=1,\cdots,P)$按照参考轨线方程(7.1.5)计算。

$K_m = [I_n \vdots O](G^TQG+R)^{-1}G^TQ$ 为 $n\times nP$ 控制增益矩阵。

(7.5.6a)式中的预测状态不可测量,要用观测器重构的预测状态 $\hat{X}(k)$ 代替,因此多变量系统基于预测状态空间模型(7.5.3)的 DMC 即时最优控制律为

$$\Delta U^*(k) = K_m[Y_{dP}(k+1) - C_{P_n}\hat{X}(k)] \tag{7.5.6b}$$

对于多变量系统预测状态空间模型(7.5.3),采用开环观测器较为简便,不涉及观测器稳定性问题。而多变量系统闭环观测器为确保闭环稳定,反馈增益阵设计比单变量系统要复杂得多,困难得多。所以采用上述控制算法时,不宜采用闭环观测器。对于多变量系统预测状态空间模型(7.5.3),可采用如下形式的开环观测器:

$$\begin{cases} X(k+1) = AX(k) + B\Delta U(k) \\ C_{P_n}\hat{X}(k) = C_{P_n}X(k) + F[Y(k) - CX(k)] \end{cases} \quad (7.5.7)$$

式中,$F = [I_n \vdots I_n \vdots \cdots \vdots I_n]_{nP \times n}^{T}$ 为校正系数矩阵;$Y(k)$ 为 k 时刻的系统实际输出向量。

以上给出的多变量系统 DMC 算法,是将多变量系统当作如同单变量系统一样的整体进行多步预测和按照二次型指标函数进行优化求解,所以称之为多变量系统集中预测集中优化的 DMC 算法。这是单变量 DMC 算法的一种直接推广,算法的表示形式同单变量系统 DMC 算法相同,简洁明了。在算法中充分考虑了系统各个耦合通道的影响,如果算法参数 (P, m, Q, R, β) 设计选取适当,可以获得较好的系统整体性能。但是不足之处是算法中的待调参数的设计选取比单变量系统要复杂得多,很难同时兼顾系统各路输出的控制要求,同时算法中含有高维矩阵求逆运算,当系统维数(即 n)较大时,计算量将会很大。多变量系统 DMC 的另一种形式是下面讨论的分散优化算法。

7.5.2　多变量 DMC 分散预测分散优化算法

多变量系统 DMC 分散预测分散优化算法,是将多变量系统分散为若干单变量系统分别进行多步预测和优化控制,从而使得多变量 DMC 算法参数设计选取以及算法求解计算得以简化。

由系统单位阶跃响应模型(7.5.2b)和(7.5.2c)可知,系统各路输出可以表示为

$$y_i(k) = g_{i1}(q^{-1})\Delta u_1(k) + g_{i2}(q^{-1})\Delta u_2(k) + \cdots + g_{in}(q^{-1})\Delta u_n(k)$$
$$= [g_{i1}(q^{-1}), g_{i2}(q^{-1}), \cdots, g_{in}(q^{-1})]\Delta U(k) \quad (i = 1, 2, \cdots, n) \quad (7.5.8a)$$

式中

$$\Delta U(k) = [\Delta u_1(k), \Delta u_2(k), \cdots, \Delta u_n(k)]^{T}$$

$\Delta u_i(k), i = 1, 2, \cdots, n$ 分别为系统各路输入在 k 时刻的控制增量。

将(7.5.2a)式代入(7.5.8a)式,经整理得

$$y_i(k) = \left[g_i.(1)q^{-1} + g_i.(2)q^{-2} + \cdots + g_i.(N)\frac{q^{-N}}{1 - q^{-1}} \right]\Delta U(k), i = 1, 2, \cdots, n$$

$$(7.5.8b)$$

式中,$g_i.(k) = [g_{i1}(k), g_{i2}(k), \cdots, g_{in}(k)]_{1 \times n} (k = 1, 2, \cdots, n)$ 为一行向量,是由系统所有输入到第 i 路输出的各通道 $g_{ij}(s), j = 1, 2, \cdots, n$ 的单位阶跃响应序列的第 k 项值构成的。

可以看出,系统第 i 路输出用单位阶跃响应模型表示式(7.5.8b)同前面讨论的单变量系统输出用单位阶跃响应模型表示式(7.4.26b)形式完全相同。由此不难理解,仿照前面讲的单变量系统单位阶跃响应模型转换为预测状态空间模型的嵌套实现法,即可推得多变量系统第 i 路输出的预测状态空间模型为

$$\begin{cases} X_i(k+1) = AX_i(k) + B_i\Delta U(k) \\ y_i(k) = CX_i(k), \quad i = 1, 2, \cdots, n \end{cases} \quad (7.5.9a)$$

式中，$X_i(k) = [x_{i1}(k), x_{i2}(k), \cdots, x_{iN}(k)]^{\mathrm{T}}(i = 1, 2, \cdots, N)$ 为第 i 路输出的预测状态向量。

$$A = \begin{bmatrix} 0 & 1 & & & 0 \\ 0 & 0 & 1 & & \\ & \ddots & \ddots & \ddots & \\ & & & 0 & 1 \\ 0 & & & 0 & 1 \end{bmatrix}_{N \times N},$$

$$B_i = \begin{bmatrix} g_{i\cdot}(1) \\ g_{i\cdot}(2) \\ \vdots \\ g_{i\cdot}(N) \end{bmatrix} = \begin{bmatrix} g_{i1}(1) & g_{i2}(1) & \cdots & g_{in}(1) \\ g_{i1}(2) & g_{i2}(2) & \cdots & g_{in}(2) \\ \vdots & \vdots & & \vdots \\ g_{i1}(N) & g_{i2}(N) & \cdots & g_{in}(N) \end{bmatrix}_{N \times n}$$

$$= \begin{bmatrix} B_{i1} & B_{i2} & \cdots & B_{in} \end{bmatrix}$$

$B_{ij} = [g_{ij}(1), g_{ij}(2), \cdots, g_{ij}(N)]^{\mathrm{T}}_{N \times 1}, \quad j = 1, 2, \cdots, n, \quad C = [1, 0, \cdots, 0]_{1 \times N}$

方程组(7.5.9a)也可以改写成

$$\begin{cases} X_i(k+1) = AX_i(k) + B_{i1}\Delta u_1(k) + B_{i2}\Delta u_2(k) + \cdots + B_{in}\Delta u_n(k) \\ y_i(k) = CX_i(k), i = (1, 2, \cdots, n) \end{cases}$$

$$(7.5.9\text{b})$$

由第 i 路输出的预测状态空间模型(7.5.9b)式可得系统第 i 路输出的未来 P 步输出方程

$$Y_i(k+1) = \begin{bmatrix} x_{i2}(k) \\ x_{i3}(k) \\ \vdots \\ x_{i(P+1)}(k) \end{bmatrix} + G_{ii}\Delta U_{mi}(k) + \sum_{\substack{j=1 \\ j \neq i}}^{n} G_{ij}\Delta U_{mj}(k)$$

$$= C_P X_i(k) + G_{ii}\Delta U_{mi}(k) + \sum_{\substack{j=1 \\ j \neq i}}^{n} G_{ij}\Delta U_{mj}(k) \quad (i = 1, 2, \cdots, n)$$

$$(7.5.10)$$

式中，$C_P = [O_{P \times 1} \vdots I_P \vdots O_{P \times (N-P-1)}]_{P \times N}$；

$Y_i(k+1) = [y_i(k+1), y_i(k+2), \cdots, y_i(k+i)]^{\mathrm{T}}(i = 1, \cdots, n)$ 是系统第 i 路未来 P 步输出向量；

$\Delta U_{mi}(k) = [\Delta u_i(k)|_k, \Delta u_i(k+1)|_k, \cdots, \Delta u_i(k+m-1)|_k]^{\mathrm{T}}(i = 1, 2, \cdots, n)$ 是系统在 k 时刻的第 i 路输入的未来待优化的控制增量序列，m 为控制优化步数。

$$G_{ij} = \begin{bmatrix} g_{ij}(1) & & & \\ g_{ij}(2) & g_{ij}(1) & & 0 \\ \vdots & & \ddots & \\ \vdots & & & g_{ij}(1) \\ \vdots & & & \vdots \\ g_{ij}(P) & g_{ij}(P-1) & \cdots & g_{ij}(P-m+1) \end{bmatrix}_{P \times m}, \quad i = 1, 2, \cdots, n, \quad j = 1, 2, \cdots, n$$

基于第 i 路输出的预测状态空间模型(7.5.9a)或(7.5.9b)可建立闭环预测状态观测器

$$\hat{X}_i(k+1) = A\hat{X}_i(k) + B_i\Delta U(k) + F[y_i(k) - C\hat{X}_i(k)], \quad i = 1, 2, \cdots, n$$

$$(7.5.11)$$

式中,反馈增益阵 $F = [f_1, f_2, \cdots, f_N]^T$,与单变量系统闭环预测状态观测器设计相同,可以用极点配置法进行设计,也可以简单取为 $F = f[1, 1, \cdots, 1]^T, 0 < f < 1$。用闭环观测器(7.5.11)获得的重构预测状态 $\hat{X}_i(k)$ 替换方程(7.5.10)中的 $X_i(k)$ 即得系统第 i 路未来 P 步输出的预测校正方程,即

$$\hat{Y}_i(k+1) = C_P \hat{X}_i(k) + G_{ii} \Delta U_{mi}(k) + \sum_{\substack{j=1 \\ j \neq i}}^{n} G_{ij} \Delta U_{mj}(k), \quad i = 1, 2, \cdots, n$$

$$(7.5.12)$$

显然,系统各路未来 P 步输出的预测校正都可以用此方程表示。这就是所说的多变量系统未来多步输出的分散预测的意思。

基于分散预测校正方程(7.5.12)求解系统各路输入的未来优化控制序列 $\Delta U_{mi}^*(k)$ $(i = 1, 2, \cdots, n)$ 有两种方式:

(1) 一种是集中优化方式,将系统各路输出的预测校正方程(7.5.12)联立,形成多变量系统整体输出预测校正方程,即

$$\hat{Y}(k+1) = \bar{C}_P \hat{X}(k) + \bar{G} \Delta U_m(k) \qquad (7.5.13)$$

其中

$$\hat{Y}(k+1) = [\hat{Y}_1^T(k+1), \hat{Y}_2^T(k+1), \cdots, \hat{Y}_n^T(k+1)]^T$$

$$\hat{X}(k) = [\hat{X}_1^T(k), \hat{X}_2^T(k), \cdots, \hat{X}_n^T(k)]^T$$

$$\Delta U_m(k) = [\Delta U_{m1}^T(k), \Delta U_{m2}^T(k), \cdots, \Delta U_{mn}^T(k)]^T$$

$$\bar{C}_P = \text{diag}\{C_P, C_P, \cdots, C_P\}$$

$$\bar{G} = \begin{bmatrix} G_{11} & G_{12} & \cdots & G_{1n} \\ G_{21} & G_{22} & \cdots & G_{2n} \\ \vdots & \vdots & & \vdots \\ G_{n1} & \cdots & \cdots & G_{nn} \end{bmatrix}$$

基于整体预测校正方程(7.5.13)按系统整体二次型指标函数

$$J = \| Y_d(k+1) - \hat{Y}(k+1) \|_Q^2 + \| \Delta U_m(k) \|_R^2 \qquad (7.5.14)$$

进行优化,即可求得系统各路未来最优控制增量序列 $\Delta U_m(k)$。式中 $Y_d(k+1) = [Y_{1d}^T(k+1), Y_{2d}^T(k+1), \cdots, Y_{nd}^T(k+1)]^T$;$Y_{id}^T(k+1) = [y_{id}(k+1), y_{id}(k+2), \cdots, y_{id}(k+P)]$ $(i = 1, \cdots, n)$,这是系统第 i 路未来 P 步期望输出向量。

这种集中优化方式,其本质同前面的集中优化算法相同,形式上稍有区别。这里不再详述。

(2) 另一种是分散优化方式,即基于各路未来输出预测校正方程(7.5.12),分别按照各路分散二次型指标函数:

$$J_i = \| Y_{di}(k+1) - \hat{Y}_i(k+1) \|_{Q_i}^2 + \| \Delta U_{mi}(k) \|_{Ri}^2, \quad i = 1, 2, \cdots, n \quad (7.5.15)$$

进行优化,求得系统各路未来最优控制增量序列 $\Delta U_{mi}(k), i = 1, 2, \cdots, n$。

多变量系统由于耦合通道 $g_{ij}(s)(i \neq j)$ 的存在,不难看出,系统各路未来输出预测校正方程(7.5.12)中的动态系数矩阵 $G_{ij}(j \neq i)$ 将不为零,因而各路分散二次型指标函数 J_i 不

仅是相应的第 i 路未来待优化的控制增量序列 $\Delta U_{mi}(k)$ 的函数,而且也是其余各路未来待优化的控制增量序列 $\Delta U_{mj}(k)(j \neq i)$ 的函数。因此,在严格意义上来说,多变量系统 DMC 一般是不能实现上述分散优化求解的。但是,为了使多变量系统 DMC 算法设计和实现得以简化,通过对优化问题作一些合理的简化近似,还是可以实现上述分散优化求解的。其中一种简化近似方法[16],通过迭代计算来实现分散优化求解,即先不考虑系统耦合通道的影响,令方程(7.5.12)中的各耦合通道未来待优化的输入 $\Delta U_{mj}(k) = 0(j \neq i)$,分别按分散二次型指标函数(7.5.15)式优化,求得各路未来控制增量序列并记为 $\Delta U_{mi}^{(1)}(k)(i = 1,2,\cdots,n)$;用解得的 $\Delta U_{mi}^{(1)}(k)$ 代替方程(7.5.12)中相应的耦合通道待优化的输入 $\Delta U_{mj}(k)$,再按指标函数(7.5.15)式优化求得各路未来控制增量序列并记为 $\Delta U_{mi}^{(2)}(k)(i = 1,2,\cdots,n)$;这样反复迭代优化,直至 l 次迭代与前一次迭代的解较为相近时,停止迭代,并将最后优化求得的各路未来控制增量序列 $\Delta U_{mi}^{(l)}(k)(i = 1,2,\cdots,n)$ 作为分散优化的解。这种方法虽然可行,但计算量过大,而且存在迭代是否收敛的检验问题。详细算法参见[16]。

另一种简化近似方法[25],根据 DMC 滚动优化的特点,每步优化求解时,可利用前一步($k-1$ 时刻)已求得的各路未来最优控制增量序列

$$\Delta U_{mj}(k-1) = [\Delta u_j(k-1)|_{k-1}, \Delta u_j(k)|_{k-1}, \cdots, \Delta u_j(k+m-2)|_{k-1}]^{\mathrm{T}}, \quad j = 1,2,\cdots,n$$
$$(7.5.16)$$

中的从 k 到 $k+m-2$ 时刻的增量序列取代方程(7.5.12)中的耦合通道待优化的控制增量序列 $\Delta U_{mj}(k)(j \neq i)$,即令

$$\Delta U_{mj}(k) = [\Delta u_j(k)|_{k-1}, \Delta u_j(k+1)|_{k-1}, \cdots, \Delta u_j(k+m-2)|_{k-1}, \Delta u_j(k+m-2)|_{k-1}]^{\mathrm{T}}$$
$$= S\Delta U_{mj}(k-1), \quad j \neq i \qquad (7.5.17)$$

式中

$$S = \begin{bmatrix} 0 & 1 & & & \\ & 0 & 1 & & 0 \\ & & \ddots & \ddots & \\ & 0 & & 0 & 1 \\ & & & 0 & 1 \end{bmatrix}_{m \times m}$$

这样,预测校正方程(7.5.12)中仅有一个待优化的未知向量 $\Delta U_{mi}(k)$,与此对应的分散二次型指标函数 J_i 也只是一个未知待优化向量 $\Delta U_{mi}(k)$ 的函数。因此如同单变量系统一样,便可分别按二次型指标函数(7.5.15)优化求解系统各路未来控制增量序列。由方程(7.5.12)按分散二次型指标函数(7.5.15)优化,推得系统各路分散优化控制律为

$$\Delta U_{mi}(k) = (G_{ii}^{\mathrm{T}} Q_i G_{ii} + R_i)^{-1} G_{ii}^{\mathrm{T}} Q_i \begin{bmatrix} Y_{id}(k+1) - C_P \hat{X}_i(k) \\ - \sum_{\substack{j=1 \\ j \neq i}}^{n} G_{ij} S \Delta U_{mj}(k-1) \end{bmatrix}$$
$$i = 1,2,\cdots,n \qquad (7.5.18)$$

$\Delta U_{mi}(k)$ 的初值可取 $\Delta U_{mi}(0) = 0(i = 1,2,\cdots,n)$。每步只执行 $\Delta U_{mi}(k)$ 的首项值 $u_i(k)|_k$。

式(7.5.18)中的输出误差加权阵 Q_i 和控制加权阵 R_i 以及决定 $Y_{id}(k+1)$ 的柔化因子

β_i 可以按照对应的各路输出、输入特性要求进行设计和调整（即分散设计），不必考虑它们对其他各路输出和输入特性的影响，因此这些参数的设计调整比集中优化简便得多。

由分散优化控制律(7.5.18)式不难看出，分别由(7.5.18)式求得的系统 k 时刻的未来控制增量序列 $\Delta U_m(k)$ 同 $k-1$ 时刻的未来控制增量序列 $\Delta U_m(k-1)$ 之间是一种递推关系，因此整个系统的上述分散优化算法也存在是否收敛的问题。为此需要进一步考察上述分散优化算法的收敛条件。

为了便于对分散优化控制律(7.5.18)式的分析，令

$$K_i = (G_{ii}^{\mathrm{T}}Q_iG_{ii} + R_i)^{-1}G_{ii}^{\mathrm{T}}Q_i$$

$$G_{if} = [G_{i1}, G_{i2}, \cdots, G_{in}] - G_{ii} = [G_{i1}, \cdots, G_{i(i-1)}, 0, G_{i(i+1)}, \cdots, G_{in}]$$

$$S_0 = \mathrm{diag}\{S, S, \cdots, S\}$$

$$Y_{ie} = Y_{id}(k+1) - C_P\hat{X}_i(k)$$

利用上述符号可将(7.5.18)式改写为

$$\Delta U_{mi}(k) = K_i[Y_{ie} - G_{if}S_0\Delta U_m(k-1)], \quad i = 1, 2, \cdots, n \tag{7.5.19}$$

再将各路分散优化控制律(7.5.18)式联立，构成系统整体控制律

$$\Delta U_m(k) = K[Y_e - G_fS_0\Delta U_m(k-1)] = K[Y_e - G_fS_0q^{-1}\Delta U_m(k)] \tag{7.5.20}$$

式中

$$K = \mathrm{diag}\{K_1, K_2, \cdots, K_n\}, \quad Y_e = [Y_{1e}^{\mathrm{T}}, Y_{2e}^{\mathrm{T}}, \cdots, Y_{ne}^{\mathrm{T}}]^{\mathrm{T}}$$

$$G_f = \begin{bmatrix} G_{1f} \\ G_{2f} \\ \vdots \\ G_{nf} \end{bmatrix} = \begin{bmatrix} 0 & G_{12} & \cdots & \cdots & G_{1n} \\ G_{21} & 0 & G_{23} & \cdots & G_{2n} \\ \vdots & \vdots & \vdots & & \vdots \\ G_{n1} & G_{n2} & \cdots & G_{n(n-1)} & 0 \end{bmatrix}$$

由式(7.5.20)可得

$$\Delta U_m(k) = (I + KG_fS_0q^{-1})^{-1}KY_e \tag{7.5.21}$$

该式表明，由上述分散优化控制律(7.5.18)式得到的系统整体控制律是一个递推动态过程，其结构如图 7.21 所示。显然，系统控制律递推过程收敛或稳定的充要条件是图 7.21 所示

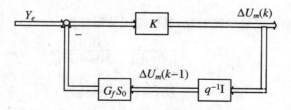

图 7.21　多变量 DMC 分散优化控制器结构

等效反馈回路的增益矩阵全部特征值的模均小于 1，即

$$|\lambda(KG_fS_0)| < 1 \tag{7.5.22}$$

可以证明：若式(7.5.22)成立，则由分散优化控制律(7.5.18)式或(7.5.20)式获得的系统未来控制增量序列 $\Delta U_m(k)$ 将收敛于它的分散优化值 $\Delta U_m^*(k)$。

设 $\Delta U_m(k)$ 与其优化值 $\Delta U_m^*(k)$ 之差为

$$\Delta \tilde{U}_m(k) = \Delta U_m^*(k) - \Delta U_m(k)$$

代入式(5.7.20)得

$$\Delta U_m(k) = K\left[Y_e - G_f S_0 \Delta U_m^*(k-1) + G_f S_0 \Delta \tilde{U}_m(k-1)\right]$$

$$= K\left[Y_e - G_f S_0 \Delta U_m^*(k-1)\right] + K G_f S_0 \Delta \tilde{U}_m(k-1)$$

$$= \Delta U_m^*(k) + K G_f S_0 \Delta \tilde{U}(k-1) \tag{7.5.23}$$

由该式得

$$\Delta \tilde{U}_m(k) = \Delta U_m^*(k) - \Delta U_m(k) = -K G_f S_0 \Delta \tilde{U}_m(k-1) \tag{7.5.24}$$

式中

$$\Delta U_m^*(k) = K\left[Y_e - G_f S_0 \Delta U_m^*(k-1)\right]$$

由式(7.5.24)显见,式(7.5.22)成立,$\Delta \tilde{U}_m(k)$ 将趋于零。

由于分散优化控制律(7.5.18)式存在是否收敛问题,因此在线执行时,应先离线检验收敛条件(7.5.22)式是否满足。若不满足,可以通过减小分散优化指标函数(7.5.15)式中的输出误差加权 Q_i,增大控制加权 R_i,和增加预测步数 P 等措施,使得式(7.5.22)式得以满足。一般耦合不严重的多变量系统,通过这些措施通常能够使(7.5.22)式满足。对于强耦合的多变量系统,若用上述措施仍不能够使(7.5.22)式满足时,可以将(7.5.18)式中的耦合通道的系数矩阵 $G_{ij}, (j \neq i)$ 乘以压缩因子 $K_{ij} = k_{ij} I_p, 0 < k_{ij} < 1(j \neq i), I_p$ 为 p 阶单位阵,亦即将分散优化控制律(7.5.18)式改为

$$\Delta U_{mi}(k) = (G_{ii}^T Q_i G_{ii} + R_i)^{-1} G_{ii}^T Q_i \left[Y_{id}(k+1) - C_P \hat{X}_i(k) - \sum_{\substack{j=1 \\ j \neq i}}^{n} K_{ij} G_{ij} S \Delta U_{mj}(k-1)\right]$$

$$i = 1, 2, \cdots, n \tag{7.5.25}$$

这样,相应的矩阵 $K G_f S_0$ 特征值的模也必将相应减小,通过减小压缩因子 k_{ij},总可以使(7.5.22)式得以满足。这样做虽然能使(7.5.22)式得到满足,但将使控制系统动态性能有所下降,闭环系统耦合作用将随 k_{ij} 减小而增强,甚至导致闭环系统丧失稳定性,所以,k_{ij} 不可取得过小。

仿真实验

一个二输入二输出多变量被控对象,其传递函数矩阵为

$$G(s) = \begin{bmatrix} \dfrac{1}{100s+1} & \dfrac{0.9}{50s+1} \\ \dfrac{-1}{50s+1} & \dfrac{1.75}{100s+1} \end{bmatrix}$$

取采样周期 $T = 10\,\text{s}, P = 10, m = 2, R_1 = R_2 = 10 I_m, Q_1 = Q_2 = I_p, \beta_1 = \beta_2 = 0.6$,压缩因子 $k_{12} = k_{21} = 0$。采用上述多变量 DMC 分散优化控制算法(7.5.11)和(7.5.18)式进行控制,控制系统对参考输入单位阶跃响应和对输出阶跃扰动响应如图 7.22 所示。输出阶跃扰动幅值为 0.5,从第 40 个采样周期开始作用于参考输入为零的一路输出端。图中,控制系统动态响应曲线显示,控制系统性能较为理想,动态响应速度较快,无超调,无稳态偏差,并且耦合作用也较小。

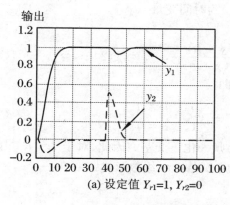

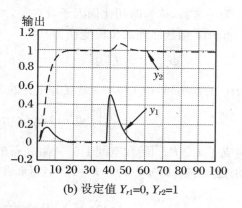

(a) 设定值 $Y_{r1}=1$, $Y_{r2}=0$ (b) 设定值 $Y_{r1}=0$, $Y_{r2}=1$

图 7.22　多变量 DMC 分散优化控制系统动态响应

7.6　基于 Laguerre 函数模型的预测控制

拉盖尔函数(Laguerre Function)是一种正交函数序列(或级数),它构成了 $L^2[R^+]$ 函数空间(由平方可积实函数所构成的空间)中的一组完备的归一化正交基。对于开环稳定的动态系统,其脉冲响应函数在时间域 $[0,\infty)$ 上是有界的,属于 $L^2[R^+]$ 空间上的函数,它可以近似为有限项 Laguerre 函数序列的线性组合,由此构成系统的 Laguerre 函数近似模型(简称 Laguerre 函数模型)。Laguerre 函数模型兼有非参数化模型(单位脉冲响应和阶跃响应模型)和参数化模型(脉冲传递函数模型)的优点。由它所表征系统的特性参数远少于非参数化模型,模型参数便于在线辨识,易于实现系统自适应控制;同时,Laguerre 函数模型和非参数化模型一样,模型参数与系统阶次无关,并且模型中包含了系统时延的信息,实现自适应控制时不必事先知道系统的阶次和时延,因此采用 Laguerre 函数模型的自适应预测控制具有比非自适应的 MAC 和 DMC 更好的鲁棒控制性能,对于被控对象阶次和时延变化较 GPC 有更强的适应能力,而且 Laguerre 函数还可以用来作为稳定的非线性系统近似模型,因而可以实现非线性系统的自适应预测控制。由此可见,基于 Laguerre 函数模型预测控制兼有非参数化模型和参数化模型预测控制的优点,因此它应有更加广阔的应用前景。本节拟将简要地介绍动态系统的 Laguerre 函数模型以及基于这种模型的线性系统预测控制算法。

7.6.1　动态系统的 Laguerre 函数模型

1. Laguerre 函数

连续型 Laguerre 函数定义为如下函数序列:

$$\Phi_i(t) = \sqrt{2b}\,\frac{e^{bt}}{(i-1)!}\cdot\frac{d^{i-1}}{dt^{i-1}}(t^{i-1}\cdot e^{-2bt}), \quad i=1,2,\cdots,\infty \qquad (7.6.1)$$

其中 b 为一常数,称为时间比例因子,$t \in [0, \infty)$ 为时间变量。

Laguerre 函数序列的拉氏变换为

$$\Phi_i(s) = L[\Phi_i(t)] = \sqrt{2b} \, \frac{(s-b)^{i-1}}{(s+b)^i}, \quad i = 1, 2, \cdots, \infty \tag{7.6.2}$$

Laguerre 函数序列 $\{\Phi_i(t)\}_{i=1}^{\infty}$ 是互为正交的,即

$$\int_0^{\infty} \Phi_i(t) \Phi_j(t) \mathrm{d}t = \begin{cases} 0, & i \neq j \\ 1, & i = j \end{cases} \tag{7.6.3}$$

它们构成了 $L^2[R^+]$ 函数空间上的一组完备的归一化正交基。因此,对于 $L^2[R^+]$ 函数空间中的任意函数,即 $\forall f(t) \in L^2[R^+]$,可展开成 Laguerre 级数形式:

$$\left. \begin{aligned} f(t) &= \sum_{n=1}^{\infty} C_n \Phi_n(t) \\ C_n &= \int_0^{\infty} f(t) \Phi_n(t) \mathrm{d}t, \quad n = 1, 2, \cdots \end{aligned} \right\} \tag{7.6.4}$$

其中,$C_n (n = 1, 2, \cdots)$ 称为函数 $f(t)$ 的 Laguerre 系数(或谱)。

而且,$f(t)$ 可以用有限的 N 级 Laguerre 级数逼近,即

$$f_N(t) = \sum_{i=1}^{N} C_i \Phi_i(t) \tag{7.6.5}$$

其逼近精度为

$$\lim_{N \to \infty} \| f(t) - f_N(t) \| = 0 \tag{7.6.6}$$

2. 线性系统的 Laguerre 函数模型

线性时不变系统的输出可以表示为如下时间函数形式:

$$y(t) = \int_0^{\infty} h(\tau) u(t-\tau) \mathrm{d}\tau \tag{7.6.7}$$

式中,$y(t)$ 和 $u(t)$ 分别为系统的输出和输入,$h(t)$ 为系统的单位脉冲响应函数。

对于线性时不变稳定系统,其单位脉冲响应 $h(t) \in L^2[R^+]$ 空间,所以 $h(t)$ 可以展开成 Laguerre 级数形式,即

$$\left. \begin{aligned} h(t) &= \sum_{i=1}^{\infty} C_i \Phi_i(t) \\ C_i &= \int_0^{\infty} h(t) \Phi_i(t) \mathrm{d}t, \quad i = 1, 2, \cdots \end{aligned} \right\} \tag{7.6.8}$$

于是,系统输出表示式(7.6.7)可改写为

$$y(t) = \int_0^{\infty} h(\tau) u(t-\tau) \mathrm{d}\tau = \int_0^{\infty} \sum_{i=1}^{\infty} C_i \Phi_i(\tau) u(t-\tau) \mathrm{d}\tau$$

$$= \sum_{i=1}^{\infty} C_i \int_0^{\infty} \Phi_i(\tau) u(t-\tau) \mathrm{d}\tau = \sum_{i=1}^{\infty} C_i l_i(t) \tag{7.6.9}$$

式中

$$l_i(t) = \int_0^{\infty} \Phi_i(\tau) u(t-\tau) \mathrm{d}\tau \tag{7.6.10}$$

对(7.6.9)式两边进行拉氏变换,得

$$Y(s) = \sum_{i=1}^{\infty} C_i \Phi_i(s) U(s) = \sum_{i=1}^{\infty} C_i L_i(s) \qquad (7.6.11)$$

其中

$$L_i(s) = L\left[\int_0^{\infty} \Phi_i(\tau) u(t - \tau) d\tau\right] = \Phi_i(s) U(s) \qquad (7.6.12)$$

系统输出 $Y(s)$ 若取前 N 级 Laguerre 函数近似,则可表示为

$$Y_m(s) = \sum_{i=1}^{N} C_i \Phi_i(s) U(s) = \sum_{i=1}^{N} C_i L_i(s) \qquad (7.6.13)$$

$Y_m(s)$ 为 Laguerre 函数近似模型的输出拉氏变换。由式(7.6.13)可知,线性系统 Laguerre 函数近似模型结构如图 7.23 所示。

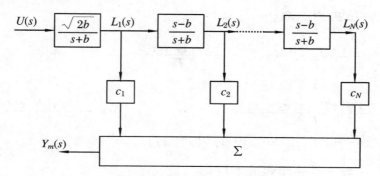

图 7.23 线性连续系统 Laguerre 函数模型结构

该结构图表明,线性稳定系统的输入输出动态关系可以用 N 级数 Laguerre 函数构成的滤波网络近似表示,该滤波网络第一级为一低通滤波器,其余各级数均为全通滤波器。各级滤波器均有一个相同的极点 $-b$,除第一级以外,其余各级均有一个相同的零点 b,系统输出就是各级滤波器输出 $L_i(s)$ 的线性组合。Laguerre 函数近似模型具有如下特点:

(1) 从图 7.23 可以看出,Laguerre 函数模型与被控对象直接相关的是 Laguerre 系数向量 $C = [c_1, c_2, \cdots, c_N]^T$,在 b 和 N 给定时,该系数向量可以通过最小二乘算法在线辨识获得。由于该模型参数 c_i 辨识不需要知道对象的具体结构知识,因而能有效避免模型结构失配问题;

(2) Laguerre 函数近似模型对系统时延有良好的逼近效果。系统时延 $e^{-s\tau}$ 可以表示为如下形式:

$$\exp(-s\tau) = \lim_{N \to \infty} \left(\frac{1 - s\tau/2N}{1 + s\tau/2N}\right)^N \qquad (7.6.14)$$

若令 $b = \dfrac{2N}{\tau}$,则 Laguerre 函数近似模型中的全通滤波器便能够近似表征系统的时延特性;

(3) Laguerre 函数近似模型所需滤波器级数 N 与系统本身阶数以及时延大小有关。对于阶数不太高且时延大小和主时间常数相当的系统,一般取 N 等于 5~10 可满足精度要求。当需要增加模型级数时,由于 Laguerre 函数的正交性质决定了原低阶 Laguerre 系数保持不变,因此无需重复辨识。这样就为在线增加 Laguerre 网络级数提供了方便;

(4) 仿真表明 Laguerre 近似模型对其参数 b 的选择并不敏感,通常可由先验知识取 b

近似于对象穿越频率。

线性离散系统的 Laguerre 函数模型有两种形式,一种采用连续网络补偿法将图 7.23 中的各级连续 Laguerre 滤波器离散化[27],并定义各级滤波器输出 $l_i(k)$ 为模型状态分量,将离散化后的 Laguerre 函数模型表示为如下离散状态空间形式:

$$
\begin{cases}
L(k+1) = AL(k) + Bu(k) & (7.6.15) \\
y_m(k) = C^{\mathrm{T}}L(k) & (7.6.16)
\end{cases}
$$

其中,$L(k) = [l_1(k), l_2(k), \cdots, l_N(k)]^{\mathrm{T}}$ 为 Laguerre 函数模型的状态向量;$y_m(k)$ 为模型输出;$u(k)$ 为模型输入。

$$
A = \begin{bmatrix}
\tau_1 & 0 & \cdots & 0 \\
\dfrac{-(\tau_1\tau_2+\tau_3)}{T} & \tau_1 & & \vdots \\
\dfrac{\tau_2(\tau_1\tau_2+\tau_3)}{T} & \dfrac{-(\tau_1\tau_2+\tau_3)}{T} & \tau_1 & \\
\vdots & & \ddots & 0 \\
\dfrac{(-1)^{N-1}\tau_2^{N-2}(\tau_1\tau_2+\tau_3)}{T} & \cdots & \cdots & \dfrac{-(\tau_1\tau_2+\tau_3)}{T} \quad \tau_1
\end{bmatrix}_{N\times N}
$$

$$
B^{\mathrm{T}} = \begin{bmatrix} \tau_4 & (-\tau_2/T)\tau_4 & \cdots & (-\tau_2/T)^{N-1}\tau_4 \end{bmatrix}
$$

$$
\tau_1 = \mathrm{e}^{-bT}, \quad \tau_2 = T + \frac{2}{b}(\mathrm{e}^{-bt}-1)
$$

$$
\tau_3 = T\mathrm{e}^{-bT} - \frac{2}{b}(\mathrm{e}^{-bT}-1), \quad \tau_4 = \sqrt{2b}\frac{1-\tau_1}{b}
$$

T 为采样周期,$C = [c_1, c_2, \cdots, c_N]^{\mathrm{T}}$ 为 Laguerre 系数向量。

当模型参数 b、N 和 T 由先验知识给定后,方程(7.6.15)中 A 和 B 矩阵的所有元素可通过计算获得,Laguerre 系数 $C_i(i=1,2,\cdots,N)$ 通过最小二乘辨识算法获得。辨识模型为

$$
y_m(k) = L^{\mathrm{T}}(k)C \tag{7.6.17}
$$

基于模型方程(7.6.15)和(7.6.17)的最小二乘递推辨识算法为

$$
\begin{cases}
\hat{C}(k) = \hat{C}(k-1) + \dfrac{P(k-1)L(k)}{\lambda + L^{\mathrm{T}}(k)P(k-1)L(k)}[y(k) - L^{\mathrm{T}}(k)\hat{C}(k-1)] \\
P(k) = \dfrac{1}{\lambda}\left[P(k-1) - \dfrac{P(k-1)L(k)L^{\mathrm{T}}(k)P(k-1)}{\lambda + L^{\mathrm{T}}(k)P(k-1)L(k)}\right]
\end{cases}
$$

$$\tag{7.6.18}$$

式中,$0 < \lambda < 1$ 为遗忘因子,$y(k)$ 为对象的实际输出;$\hat{C}(k)$ 为 Laguerre 系数向量在 k 时刻的估计。

线性离散系统 Laguerre 函数模型的另一种形式,采用离散 Laguerre 函数序列 Z 变换来表示,即

$$
Y_m(z) = \sum_{i=1}^{N} C_i \Psi_i(z)U(z) = \sum_{i=1}^{N} C_i L_i(z) \tag{7.6.19}
$$

式中,$L_i(z) = \psi_i(z)U(z)$;$\psi_i(z) = z[\varphi_i(k)] = \dfrac{\sqrt{1-a^2}}{z-a}\left(\dfrac{1-az}{z-a}\right)^{i-1}$ 为 Laguerre 函数序列

的 Z 变换。

方程(7.6.19)相应的离散 Laguerre 函数模型结构如图 7.24 所示。由方程(7.6.19)可得离散 Laguerre 函数模型的状态空间形式,即

$$\begin{cases} L(k+1) = AL(k) + Bu(k) & (7.6.20) \\ y_m(k) = C^{\mathrm{T}} L(k) & (7.6.21) \end{cases}$$

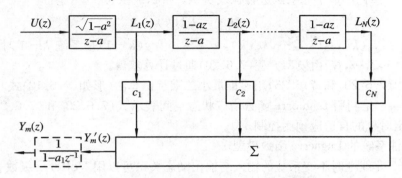

图 7.24　线性离散系统 Laguerre 函数模型结构

式中

$$L(k) = [l_1(k), l_2(k), \cdots, l_N(k)]^{\mathrm{T}}$$

$$A = \begin{bmatrix} a & & & & 0 \\ \eta & a & & & \\ -a\eta & \eta & a & & \\ \vdots & & & \ddots & \\ (-a)^{N-2}\eta & \cdots & \cdots & \eta & a \end{bmatrix}_{N \times N}$$

$$B^{\mathrm{T}} = \begin{bmatrix} \sqrt{\eta} & (-a)\sqrt{\eta} & \cdots & (-a)^{N-1}\sqrt{\eta} \end{bmatrix}$$

$$C^{\mathrm{T}} = \begin{bmatrix} c_1 & c_2 & \cdots & c_N \end{bmatrix}$$

$$\eta = 1 - a^2$$

模型参数 a 和 N 由先验知识给定,Laguerre 系数 $c_i(i=1,2,\cdots,N)$ 可通过最小二乘辨识算法获得。辨识模型为

$$y_m(k) = L^{\mathrm{T}}(k) C \qquad (7.6.22)$$

按照模型方程(7.6.20)和(7.6.22),应用最小二乘递推辨识算法(7.6.18)即可在线获得参数向量 C 的估计。

对于开环不稳定的被控对象,可以在 Laguerre 函数模型的输出端串接一个一阶不稳定环节 $\dfrac{1}{1-a_1 z^{-1}}$,构成增广 Laguerre 函数模型[29],如图 7.24 所示。

相应的增广状态空间表示式为

$$\begin{cases} \bar{L}(k+1) = \bar{A}\bar{L}(k) + \bar{B}u(k) & (7.6.23) \\ y_m(k) = \bar{C}^{\mathrm{T}}\bar{L}(k) & (7.6.24) \end{cases}$$

式中

$$\bar{L}(k) = [l_1(k), l_2(k), \cdots, l_N(k), y_m(k-1)]^{\mathrm{T}}$$

$$\bar{A} = \begin{bmatrix} A & 0 \\ \vdots & \vdots \\ \bar{C}^{\mathrm{T}} \end{bmatrix}, \quad \bar{B} = \begin{bmatrix} B \\ \vdots \\ 0 \end{bmatrix}, \quad \bar{C}^{\mathrm{T}} = \begin{bmatrix} C^{\mathrm{T}} & a_1 \end{bmatrix}$$

其中不稳定极点 a_1 可以同 Laguerre 系数 $c_i(i=1,2,\cdots,N)$ 合并构成模型参数向量。

$\bar{C}^{\mathrm{T}} = \begin{bmatrix} C^{\mathrm{T}} & a_1 \end{bmatrix}$ 用最小二乘法进行在线辨识。辨识模型为

$$y_m(k) = \bar{L}^{\mathrm{T}}(k)\bar{C} \tag{7.6.25}$$

式中,$\bar{L}^{\mathrm{T}}(k) = [l_1(k), l_2(k), \cdots, l_N(k), y(k-1)]$;$y(k-1)$ 是系统 $k-1$ 时刻的实际输出;$l_i(k)(i=1,2,\cdots,N)$ 由模型方程(7.6.20)通过计算获得。

依据方程(7.6.20)和(7.6.25)用递推最小二乘辨识算法(形如(7.6.18)式)即可在线获得 $\bar{C}$ 的估计。于是利用 Laguerre 函数增广状态空间表示式(7.6.23)和(7.6.24)便可实现对开环不稳定对象的自适应预测控制。

3. 非线性系统的 Laguerre 函数模型

众所周知,非线性时不变系统的输入与输出动态关系可以用 Volterra 级数表示:

$$y(t) = h_0 + \int_0^\infty h_1(\tau_1)u(t-\tau_1)\mathrm{d}\tau_1$$
$$+ \int_0^\infty \int_0^\infty h_2(\tau_1,\tau_2)u(t-\tau_1)u(t-\tau_2)\mathrm{d}\tau_1\mathrm{d}\tau_2 + \cdots \tag{7.6.26a}$$

式中,$u(t)$ 和 $y(t)$ 分别为系统输入和输出;$h_0, h_1(\tau_1), h_2(\tau_1,\tau_2)$ 分别为系统的 Volterra 零阶、一阶和二阶核。

在工程应用中,一般情况下,可以近似取 Volterra 级数前三项,即

$$y(t) = h_0 + \int_0^\infty h_1(\tau_1)u(t-\tau_1)\mathrm{d}\tau_1 + \int_0^\infty \int_0^\infty h_2(\tau_1,\tau_2)u(t-\tau_1)u(t-\tau_2)\mathrm{d}\tau_1\mathrm{d}\tau_2$$
$$\tag{7.6.26b}$$

对于稳定的非线性系统,其 Volterra 核都属于 $L^2[0,\infty]$ 函数空间,因此可以用 N 级 Laguerre 函数序列近似,即

$$\begin{cases} h_1(\tau_1) = \sum_{i=1}^N C_i\varphi_i(\tau_1) \\ h_2(\tau_1,\tau_2) = \sum_{i=1}^N \sum_{j=1}^N C_{ij}\varphi_i(\tau_1)\varphi_j(\tau_2) \end{cases} \tag{7.6.27}$$

式中,$C_i, C_{ij}(i=1,2,\cdots,N;j=1,2,\cdots,N)$ 均为常系数;$\varphi_i(\tau)(i=1,2,\cdots)$ 为 Laguerre 函数序列。

将(7.6.27)式代入(7.6.26b)式,得

$$y(t) = h_0 + \sum_{i=1}^N C_i\int_0^\infty \varphi_i(\tau_1)u(t-\tau_1)\mathrm{d}\tau_1$$
$$+ \sum_{i=1}^N \sum_{j=1}^N C_{ij}\int_0^\infty \int_0^\infty \varphi_i(\tau_1)\varphi_j(\tau_2)u(t-\tau_1)u(t-\tau_2)\mathrm{d}\tau_1\mathrm{d}\tau_2$$
$$= h_0 + \sum_{i=1}^N C_il_i(t) + \sum_{i=1}^N \sum_{j=1}^N C_{ij}l_i(t)l_j(t) \tag{7.6.28}$$

其中，$l_i(t) = \displaystyle\int_0^\infty \varphi_i(\tau) u(t - \tau) \mathrm{d}\tau (i = 1, 2, \cdots, N)$ 为第 i 级 Laguerre 滤波器的输出，亦即 Laguerre 函数模型的第 i 个状态分量。

与方程(7.6.28)相应的非线性系统离散输出方程为

$$y(k) = h_0 + \sum_{i=1}^{N} C_i l_i(k) + \sum_{i=1}^{N} \sum_{j=1}^{N} C_{ij} l_i(k) l_j(k)$$

与此相应的非线性系统离散 Laguerre 函数（近似）模型结构如图 7.25 所示。

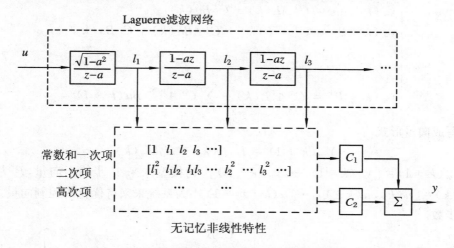

图 7.25　非线性系统离散 Laguerre 函数模型结构

图中

$$C_1^{\mathrm{T}} = \begin{bmatrix} c_0 & c_1 & c_2 & \cdots & c_N \end{bmatrix}; \quad C_2^{\mathrm{T}} = \begin{bmatrix} c_{11} & c_{12} & \cdots & c_{22} & c_{21} & \cdots & c_{NN} & \cdots \end{bmatrix}$$

由方程(7.6.28)和图 7.25 可得非线性系统离散 Laguerre 函数模型的状态空间表示式

$$\begin{cases} L(k + 1) = AL(k) + Bu(k) & \text{(7.6.29)} \\ y_m(k) = c_0 + C^{\mathrm{T}} L(k) + L^{\mathrm{T}}(k) D L(k) & \text{(7.6.30)} \end{cases}$$

式中，$L(k), A, B$ 定义与方程(7.6.20)相同；

$$c_0 = h_0, \quad C^{\mathrm{T}} = \begin{bmatrix} c_1 & c_2 & \cdots & c_N \end{bmatrix};$$

$$D = \begin{bmatrix} c_{11} & c_{12} & \cdots & c_{1N} \\ c_{21} & c_{22} & \cdots & c_{2N} \\ \vdots & \vdots & & \vdots \\ c_{N1} & c_{N2} & \cdots & c_{NN} \end{bmatrix}$$

其中，模型参数 $c_0, c_1, \cdots, c_N, c_{11}, c_{12}, \cdots, c_{NN}$ 可用最小二乘辨识算法在线计算获得其估计。辨识模型为

$$y_m(k) = \Phi(k)\theta \tag{7.6.31}$$

式中

$$\theta = \Big[\underbrace{\begin{matrix} c_0 & c_1 & c_2 & \cdots & c_N \end{matrix}}_{C_1^{\mathrm{T}}}, \underbrace{\begin{matrix} c_{11} & c_{12} & \cdots & c_{21} & c_{22} & \cdots & c_{NN} \end{matrix}}_{C_2^{\mathrm{T}}} \Big]^{\mathrm{T}}$$

$$\Phi(k) = \begin{bmatrix} 1 & l_1(k) & l_2(k) & \cdots & l_N(k) & l_1^2(k) & l_1(k)l_2(k) & \cdots & l_2^2(k) & \cdots & l_N^2(k) & \cdots \end{bmatrix}$$

利用模型方程(7.6.29)和(7.6.30)即可实现一类非线性系统的自适应预测控制。

7.6.2 预测控制算法

依据上面给出的各类系统 Laguerre 函数模型的状态空间表示式很容易推得相应的预测控制算法。对于线性开环稳定系统,按照其 Laguerre 函数模型的状态空间表示式(7.6.15)和(7.6.16)可得系统模型未来 P 步输出为

$$
\begin{cases}
y_m(k+1) = C^T A L(k) + C^T B u(k) \\
y_m(k+2) = C^T A^2 L(k) + C^T A B u(k) + C^T B u(k+1) \\
\quad\quad\vdots \\
y_m(k+P) = C^T A^P L(k) + \sum_{i=0}^{m-1} C^T A^{P-1-i} B u(k+i)
\end{cases}
\tag{7.6.32a}
$$

将上式写成向量形式

$$
Y_m(k+1) = H_0 L(k) + H_f U_m(k) \tag{7.6.32b}
$$

式中,$Y_m(k+1) = [y_m(k+1), \cdots, y_m(k+P)]^T$ 为模型未来 P 步输出向量,P 为预测步数;$U_m(k) = [u(k), u(k+1), \cdots, u(k+m-1)]^T$ 为系统未来待优化的控制向量,m 为控制优化步数。

$$
H_0 = \begin{bmatrix} C^T A \\ C^T A^2 \\ \vdots \\ C^T A^P \end{bmatrix}_{P \times N} , \quad
H_f = \begin{bmatrix}
C^T B & & & \\
C^T A B & C^T B & & \\
\vdots & & \ddots & \\
C^T A^{m-1} B & \cdots & & C^T B \\
\vdots & & & \vdots \\
C^T A^{P-1} B & \cdots & & C^T A^{P-m} B
\end{bmatrix}_{P \times m}
$$

$H_0 L(k) = Y_0(k+1) = [y_0(k+1), \cdots, y_0(k+P)]^T$ 为模型未来 P 步预测输出向量(即未来 P 步自由响应输出)。

由于模型有误差,实际系统存在外部干扰,未来预测输出 $Y_0(k+1)$ 需要修正,即

$$
\hat{Y}_0(k+1) = H_0 L(k) + F[y(k) - y_m(k)] \tag{7.6.33}
$$

式中,$y(k)$ 为实际系统输出;$y_m(k)$ 为模型输出;$F = [1, 1, \cdots, 1]^T_{P \times 1}$ 为校正系数矩阵。

与 $\hat{Y}_0(k+1)$ 相应的系统未来 P 步输出校正(或估计)为

$$
\hat{Y}(k+1) = \hat{Y}_m(k+1) = \hat{Y}_0(k+1) + H_f U_m(k) \tag{7.6.34}
$$

取系统二次型性能指标函数为

$$
\begin{aligned}
J &= \| Y_d(k+1) - \hat{Y}(k+1) \|_Q^2 + \| U_m(k) \|_R^2 \\
&= \| Y_d(k+1) - \hat{Y}_0(k+1) - H_f U_m(k) \|_Q^2 + \| U_m(k) \|_R^2
\end{aligned}
\tag{7.6.35}
$$

式中,$Y_d(k+1) = [y_d(k+1), \cdots, y_d(k+P)]^T$ 为未来 P 步期望输出向量。

$y_d(k+i)(i=1,2,\cdots,P)$ 可按参考轨线方程(7.1.5)式计算。Q 和 R 分别为误差和控制加权阵。

对二次型指标函数(7.6.35)式极小化即得系统最优控制律为

$$U_m^*(k) = (H_f^T Q H_f + R)^{-1} H_f^T Q \left[Y_d(k+1) - \hat{Y}_0(k+1) \right] \qquad (7.6.36)$$

和一般 MPC 一样,实行滚动优化,每步只执行 $U_m^*(k)$ 中的第一个元素 $u^*(k)$,与此相应的即时最优控制律为

$$u^*(k) = K_1 \left[Y_d(k+1) - \hat{Y}_0(k+1) \right] \qquad (7.6.37)$$

式中,$K_1 = [1,0,\cdots,0](H_f^T Q H_f + R)^{-1} H_f^T Q$ 为即时控制增益阵。

由上可以看出,基于 Laguerre 函数模型预测控制,由于模型参数 C^T 需要在线辨识,使得预测控制算法中的 H_0,H_f 和 K_1 矩阵都需要在线计算,因此在线计算量比一般 MPC 计算量大得多。为了减少算法的在线计算量,控制优化步数 m 应尽可能取得小一些,一般情况下可取 $m=1$,当 $m=1$ 时,并令 $u(k+P-1) = u(k+P-2) = \cdots = u(k)$,则相应的 H_f 为

$$H_f = \begin{bmatrix} C^T B \\ C^T(A+I)B \\ \vdots \\ C^T(A^{P-1}+A^{P-2}+\cdots+I)B \end{bmatrix} = \begin{bmatrix} C^T B \\ C^T \overline{A}_1 B \\ \vdots \\ C^T \overline{A}_{P-1} B \end{bmatrix}_{P \times 1}$$

式中

$$\overline{A}_i = (A^i + A^{i-1} + \cdots + I), \quad i = 1,2,\cdots,P-1$$

B 和 $\overline{A}_i B(i=1,2,\cdots,P-1)$ 以及 H_0 中的 $A^i(i=1,2,\cdots,P)$ 都可事先离线计算出放到内存中待用。

以上推得的预测控制律(7.6.37)为全量式控制算法。与 MAC 相似,当控制加权 $R \neq 0$ 时,控制存在稳态误差。基于 Laguerre 函数模型的预测控制也可以采用类似 DMC 的增量式控制算法。采用增量式控制算法需要将系统的 Laguerre 函数模型状态空间表示式(7.6.15)和(7.6.16)式改为增量形式:

$$\begin{cases} \Delta L(k+1) = A\Delta L(k) + B\Delta u(k) \\ \Delta y_m(k) = C^T \Delta L(k) \end{cases} \qquad (7.6.38)$$

由此方程组可推得增量式即时最优控制律为

$$\begin{cases} \Delta u^*(k) = K_1 \left[Y_d(k+1) - \hat{Y}_0(k+1) \right] \\ u(k) = u(k-1) + \Delta u^*(k) \end{cases} \qquad (7.6.39)$$

式中

$$K_1 = [1,0,\cdots,0](H_f^T S^T Q S H_f + R)^{-1} H_f^T S^T Q$$

其中,$S = \begin{bmatrix} 1 & & & 0 \\ 1 & 1 & & \\ \vdots & & \ddots & \\ 1 & \cdots & \cdots & 1 \end{bmatrix}_{P \times P}$ 为下三角矩阵。

$$\begin{aligned} \hat{Y}_0(k+1) &= S\Delta Y_0(k+1) + F y_m(k) + F[y(k) - y_m(k)] \\ &= SH_0 \Delta L(k) + F y_m(k) + F[y(k) - y_m(k)] \end{aligned}$$

$$= SH_0 \Delta L(k) + Fy(k) \qquad (7.6.40)$$

$$F = [1,1,\cdots,1]^{\mathrm{T}}, \quad \Delta Y_0(k+1) = [\Delta y_0(k+1) \quad \Delta y_0(k+2) \quad \cdots \quad \Delta y_0(k+P)]^{\mathrm{T}}$$

模型参数向量 C 辨识算法相应地改为

$$\begin{cases} \hat{C}(k) = \hat{C}(k-1) + \dfrac{P(k-1)\Delta L(k)}{\lambda + \Delta L^{\mathrm{T}}(k)P(k-1)\Delta L(k)}[\Delta y(k) - \Delta L(k)\hat{C}(k-1)] \\[2mm] P(k) = \dfrac{1}{\lambda}\left[P(k-1) - \dfrac{P(k-1)\Delta L(k)\Delta L^{\mathrm{T}}(k)P(k-1)}{\lambda + \Delta L^{\mathrm{T}}(k)P(k-1)\Delta L(k)}\right] \end{cases}$$

$$(7.6.41)$$

式中,$0 < \lambda < 1$ 为遗忘因子,$\Delta y(k)$ 为实际系统输出增量,$\Delta L(k)$ 由式(7.6.38)中的状态方程计算获得。

基于 Laguerre 函数模型的线性不稳定系统的预测控制算法推导与上述线性稳定系统预测控制算法基本相同。关于非线性系统基于 Laguerre 函数模型的预测控制算法,为了避免求解高阶代数方程,通常只取控制优化步数 $m = 1$,即使如此,控制算法推导也十分繁琐(参见[28])。这里不予讨论。基于 Laguerre 函数模型自适应预测控制,同样可以扩展用于多变量系统。

习　　题

7.1　已知连续被控对象传递函数为 $G(s) = \dfrac{5\mathrm{e}^{-s}}{s+0.4}$。

(1) 试求该系统离散单位脉冲响应序列(即系统对幅值为 1 宽度为 T 的单位方波的响应序列)$h_i(i=1,2,\cdots)$ 取 $T=1\,\mathrm{s}$;

(2) 取该系统的单位脉冲响应模型为 $H_m(q^{-1}) = \displaystyle\sum_{i=1}^{10} h_i q^{-i}$。

① 利用 $H_m(q^{-1})$ 写出系统在 k 时刻($k \geqslant 10$)的未来第 j 步预测输出 $y_0(k+j)|_k$ 的表示式;

② 试计算 MAC 算法的控制增益阵 K,取参数:$P=4,m=2,Q=I_p,R=0.5I_m$;

(3) 取该系统单位阶跃响应模型 $A_m(q^{-1}) = \left(\displaystyle\sum_{i=1}^{10} h_i q^{-i}\right)/(1-q^{-1})$。

① 利用 $A_m(q^{-1})$ 写出系统在 K 时刻($k \geqslant 10$)的未来第 j 步预测输出 $y_0(k+j)|_k$ 的表示式;

② 试计算 DMC 算法的控制增益 K,取 $P=5,m=1,Q=I_p,R=0.5$。

7.2　已知被控对象差分方程为 $y(k) - 0.6y(k-1) = 0.4\Delta u(k-1)$ \qquad (P7.2)

(1) 试写出系统在 k 时刻的未来第 3 步输出 $y(k+3)$ 表示式;

(2) 若式(P7.2)改为 $y(k) - 1.6y(k-1) + 0.6y(k-2) = 0.6\Delta u(k-1) + 0.5\Delta u(k-2)$,重复(1)的要求。

7.3　设 MAC 算法中未来待优化的控制序列为

$$u(k+i) = \alpha^i u(k), i = 0, 1, \cdots, m-1, 0 < \alpha < 1$$

试重新推导 MAC 的优化控制律。

7.4　已知系统状态空间模型为 $\begin{cases} x(k+1) = Ax(k) + Bu(k) \\ y(k) = Cx(k) \end{cases}$　　　　　(P7.4)

(1) 式(P7.4)系统能观矩阵 $O_b = I_n$, n 为 $x(k)$ 的维数, 试证明式(P7.4)中的状态向量 $x(k)$ 为预测输出向量, 即 $x_i(k) = y_0(k+i-1)|_k, i = 1, 2, \cdots, n$;

(2) 若式(P7.4)中 $A = \begin{bmatrix} 0 & 1 & 0 \\ 0 & 0 & 1 \\ 0 & -a_2 & -a_1 \end{bmatrix}$, $B = \begin{bmatrix} b_1 \\ b_2 \\ b_3 \end{bmatrix}$, $C = [1 \ 0 \ 0]$, 试验证式

(P7.4)为预测状态空间模型, 并证明 B 阵中的元素 b_1, b_2, b_3 就是该系统的单位脉冲响应序列的前三项序列值;

(3) 若式(P7.4)中 $A = \begin{bmatrix} 1.6 & 1 \\ -0.6 & 0 \end{bmatrix}$, $B = \begin{bmatrix} 1 \\ 0 \end{bmatrix}$, $C = [1 \ 0]$。

① 试判断式(P7.4)是否为预测状态空间模型?

② 若不是, 试利用线性变换将(P7.4)转换为预测状态空间模型, 并给出 4 维预测状态空间模型的 A, B, C 阵。

7.5　已知连续被控对象 $G(S) = \dfrac{2}{(10S+1) + (15S+1)}$。

(1) 取采样周期 $T = 3 \text{ s}$, 分别采用 MAC 和 DMC 算法(有关控制参数自行设计选取)进行计算机控制仿真, 试分别给出两种控制算法的系统输出和控制量的仿真曲线, 并讨论控制算法中设计参数对控制性能的影响。

(2) 在系统输出端加一白噪声干扰序列 $w(k)$, 分别采用带开环和闭环预测状态观测器的 DMC 预测状态空间形式算法进行计算机控制仿真。分别给出两种情况下的系统输出和控制量的仿真曲线, 并加以比较和讨论。取 $T = 3 \text{ s}$。

第 8 章　计算机控制系统的工程实现

前几章,我们着重从离散信号与系统的角度讨论了计算机控制系统分析与设计的基本理论和方法。这章我们将讨论计算机控制系统工程实现中的一些基本问题,其中包括:计算机控制系统工程实现的步骤及其任务和内容;计算机控制系统体系结构及其软件、硬件功能要求及实现;以及计算机控制系统抗干扰问题。讨论中一般不涉及计算机控制系统有关硬件、软件的具体知识、以及系统的具体实现细节(这不是本书的内容范围),只侧重介绍计算机控制系统工程实现中所涉及的一些基本的具有普遍性的原则和方案。

8.1　计算机控制系统工程实现的步骤及其任务

计算机控制系统工程实现,简而言之,就是根据具体被控对象在控制和自动化方面的功能需求,以合理的成本集成组建一个可满足其功能和技术要求的由硬件和软件构成的实际计算机控制系统。这是一项比较复杂的涉及很多技术领域的高技术工作。其中不仅涉及自动控制,计算机硬件及软件,电子电路、测量与仪器仪表以及通信等多方面技术,而且还涉及与被控对象有关的机械、电气和热工方面的知识和技术。所以这项工作通常需要多个技术领域的专业人员合作协同完成。与此同时,这项工作也是一项较复杂的系统工程,工作头绪较多,为了有较高的工作效率,通常都是按部就班,逐步逐项有序进行。整个工程实现工作大致可分为:设计准备、系统设计、组装集成、仿真调试和联调投运等几个步骤或阶段。

1. 设计准备

在做控制系统设计前,应该对被控对象工艺机理及运行过程作深入调研和分析。在此基础上,给计算机控制系统提出切合实际的、合理的工作任务目标,进而确定计算机控制系统应有的各项功能和相应的各项技术性能与要求,以及控制系统运行环境等,为控制系统设计提供设计依据和目标。

(1) 系统功能

首先根据被控对象运行工艺要求,确定计算机控制系统应有的各项功能。对于工业过程计算机控制系统而言,其功能一般都应具有控制功能,操作功能,检测和显示监视功能,故障报警和故障联锁功能,参数记录与报表打印功能,先进控制与管理功能,以及控制系统组态功能等。

① 控制功能。这是计算机控制系统必备的首项功能。系统设计前应该根据被控对象运行的工艺要求,合理地确定执行闭环控制的参数(即被控量)和执行人工操作的开环控制的参数(被控量)。执行闭环控制的参数,通常都同被控对象运行有关的安全、节能、环保以及产品质量和生产效率等某些方面关系密切,对其有直接影响,且工艺上易于实现闭环控制;而执行人工开环控制的参数,通常都同被控对象运行有关的安全、节能、环保等方面有一定关系,但对其影响较小,而且工艺上也难以实现闭环控制。对于那些对被控对象运行有关的上述几方面影响很小,或无影响的参数,可不予控制,仅列为检测、显示和监视的参数。

② 操作功能。这也是计算机控制所必备的功能。计算机控制系统尤其过程计算机控制系统,都应该具备简便而可靠的操作功能,以便于过程操作人员对控制系统作必要的操作。操作功能通常是通过人机界面设备实现的。系统设计前,需要根据控制系统规模大小,复杂程度,操作项目多寡和操作频度等方面综合考虑,确定操作项目和操作方式,并明确定下是采用由专用显示屏和专用键盘或触摸键或触摸屏以及声光报警装置构成的操作台,还是采用通用显示器和通用键盘或光笔进行操作。

③ 检测和显示监视功能。除了列为控制的工艺参数需要检测外,其余所有的凡与被控对象运行有关的参数都应检测,并将其相应检测信号输入计算机,计算机根据需要可对检测信号进行各种数字处理,也可以各种形式予以显示。所有检测参数在系统设计前最好用表格形式分类列出:参数名称,参数类型(即温度、流量、压力、位置,连续量或开关量等类)度量单位名称,数值范围或量程,工程量或相对量百分数等。所有检测参数通常都将由显示器以数字表格或颜色形式予以显示,以便于操作人员对被控对象运行全面综合监视,从而确保被控对象运行的安全。

④ 故障报警和故障联锁功能。为保障被控对象安全运行,避免意外事故的发生,应该将直接影响被控对象安全正常运行的那些参数的检测信号列为报警检查信号,并分别给出每个报警信号的安全上限和下限值,以及报警级别和报警方式(声光或语音)。报警信号一旦超出安全上限或下限值,便立即报警。报警后,操作人员应立即响应采取相应操作,排除故障,使控制系统运行恢复到安全状态。如果报警持续特定一段时间(预先设定)后,仍无人响应或响应操作有误,系统应该立即执行故障联锁功能,即系统将立即自动发出一系列时间顺序逻辑控制指令,并执行相应操作,使被控对象停止运行或使其处于一种安全状态,以避免发生重大事故。为了便于故障联锁功能的实现,应该给出系统自动执行联锁操作的时间顺序逻辑和相应执行机构名称。

⑤ 参数记录和报表打印功能。系统设计前,需要按照生产经营管理的要求,确定被控过程需要记录的有关参数。计算机控制系统便将这些要记录的参数检测信号保存到存储器中的数据库中,长期保留,也可随时调出查阅。同时还应按照生产调度管理要求,确定需要打印的各种记录报表中的参数和报表打印格式(时、班、日、周、月报表等)以及是定时打印还是随机打印等。

⑥ 先进控制与管理功能。如果被控对象特性复杂,对系统控制性能要求又高,采用常规 PID 控制有可能难以达到控制性能要求,因此则应要求控制系统需要具备执行先进控制的功能,如多变量解耦控制,自适应、自校正控制和模型预测控制等。这些先进控制策略和

算法,在系统软件设计时,需编写成相应的应用软件模块,系统运行时,根据需要进行调用。如果控制系统规模很大,系统有可能需要执行大范围高层次的优化管理功能,比如需要对各子系统运行负荷和能源材料的实际消耗与需求进行统计分析,进而对各子系统运行负荷和能源材料供应等进行优化调度等。如果要求系统具备管理功能,应列写出具体管理项目及其实现的要求和条件。

⑦ 系统组态功能。控制系统中各个控制回路的结构和控制算法,在系统运行过程中,有可能经常视实际控制效果而进行必要的调整。为了调整的方便,通常都要求计算机控制具备系统组态功能。这样,控制系统作有关回路结构和控制算法调整,只要通过人机界面简便的组态操作便可实现。如果要求控制系统具有组态功能,应该于系统设计前,给出系统各个回路结构和控制算法的待调整的全部方案,以便组态软件的设计。

(2) 系统性能

系统设计前,还需在确定计算机控制系统各项功能的基础上,根据被控对象的工艺流程及其对相关工艺参数和操作要求,进一步确定控制系统的主要性能要求及指标,以作为控制系统设计的依据。计算机控制系统的主要性能要求通常有:

· 对全部检测工艺参数的检测精度和检测信号 A/D 转换精度的要求;

· 对全部需要执行控制的工艺参数的稳态和动态精度的要求;

· 对控制系统在对抗和抑制干扰方面的性能要求;

· 对控制系统工作可靠性可维护性方面的性能要求。系统工作可靠性是指计算机控制系统无故障运行能力,通常是用平均无故障间隔时间即 MTBF 作为指标,其值越大,系统越可靠。工程上对计算机控制系统的可靠性要求都是很高的,一般都要求 MTBF 大于数千甚至上万小时。系统可维护性是指系统出现故障后进行维修工作的方便程度。工程上常用平均维修时间 MTTR(Mean Time To Repair)作为指标,它指每次故障后需要维修时间的平均值,其值越小,系统可维护性能就越好。

(3) 系统运行环境

由于控制系统的运行环境不同,控制系统的结构和元部件的选用会有较大差别,所以系统设计前,应该给出控制系统运行环境的指标,作为系统设计的条件。控制系统运行环境指标通常包括如下几个方面:

· 温度和湿度指标;

· 震动与冲击指标;

· 电源波动和电磁辐射方面的指标;

· 量系统物理空间尺寸方面的指标等。

2. 系统设计

系统设计是在对被控对象运行机理和工艺过程充分了解的基础上,以前期准备阶段确定的控制系统应有各项功能和主要性能要求以及系统运行环境作为设计依据和目标,需要完成如下工作:

(1) 确定控制系统规模和结构

控制系统规模和结构应根据被控对象需要控制和检测以及监视参数的数量多少来确定。计算机控制系统结构有两大类(下节介绍),一类是集中式的结构,另一类是分布式网络结构。如果被控参数和需要检测及监视的参数较少,比如被控参数少于 10 个,检测及监视的参数少于 60 个,而且被控对象的装置仅为一台,则可考虑采用集中式控制系统,即系统中只用一台控制计算机承担系统全部功能相关的数字处理。若系统中被控参数和检测及监视参数分别多于 10 个和 60 个,且被控对象装置为 2 台以上,工作现场空间范围较大,则应采用分布式网络结构。

(2) 选择实现技术路线

控制系统规模和结构确定后,应该对控制系统实现的技术路线作出选择。常用的实现技术路线有如下三种:

① 控制系统硬件和软件全部自行设计(系统软件除外),其中硬件包括板级部件均自行设计和加工。

② 硬件由 OEM(Original Equipment Manufacturer,原始设备制造商)产品组成,系统软件由 OEM 产品厂家供给,或从市场购买。而应用软件和一些特殊要求的功能模块硬件自行设计开发。

③ 购买成套的硬件系统和系统软件以及组态软件,自己仅开发一些应用软件。

以上三种实现技术路线各有长短,第一种路线的优点是省钱,成本低,而缺点是需要投入足够的技术力量,且耗时,工程周期长。因此它适合于作前瞻性研究和新产品开发以及小规模或专用控制系统。第二种路线的优点是不需投入很多人力,省时,工程周期短,缺点是成本较高,它适合于规模较大的控制系统。第三种路线的优点是省力省时,工程周期最短,缺点是需要投入的资金多,工程成本高。它常用于大规模或超大规模工业计算机控制系统的工程实现。究竟采用哪种路线,需要根据控制系统规模,所要求的工程实现周期以及投入的工程资金多少等因素综合权衡来抉择。

(3) 硬件模块设计

如果选择第一种或第二种实现技术路线,在确定控制系统总体结构后,还要对系统中各硬件模块或一些特殊功能块进行设计。比如,主机及其外部设备的接口电路,数字和模拟输入输出通道等模块的结构和线路均需予以设计,并对所用关键芯片要作出合理选择。硬件设计时,还应考虑与应用软件设计协调分工问题。计算机控制系统中有一些功能可用硬件实现,也可用软件实现。硬件实现的功能不占用机时,但硬件有老化和寿命问题;而软件实现则无此问题,但软件运行需占用机时。所以,一般原则是,在控制系统总体任务较少、机时充裕的情况下,凡是硬件实现的功能,软件也可实现的,尽量采用软件实现。

(4) 应用软件设计

不论选用上述哪种实现技术路线,控制系统应用软件都要自行设计编写。控制系统具有的各项功能都需要相应的应用软件在系统软件支撑下来实现。这些应用软件都要在系统设计阶段进行设计和编写。当然应用软件设计时,也应考虑同硬件模块设计协调分工问题。如果控制系统任务多,机时紧张,则应考虑凡本来由软件实现的功能,若硬件也可实现的,应由硬件实现,以便节约机时。

3. 组装集成

计算机控制系统设计完成后,即可按照设计要求,备齐系统所需的全部部件和功能硬件模块,并进行系统组装集成。系统组装集成工作主要有:

（1）硬件测试与组装

组装前需要对备好的系统所有部件和硬件模块分别进行测试,检验其性能是否符合技术要求。凡不合要求的部件或模块必须更换合格的,以确保所有的部件和模块技术完全合格,进而将全部合格的部件和模块按设计的结构组装集成为控制计算机硬件系统（不含被控对象）。

（2）软件组装调试

在通用计算机上将控制系统所用的软件及其应用软件模块进行组装,并分别进行必要的测试和调试,确保所用软件的功能正确无误。

（3）系统集成

将组装的软件系统移到组装好的控制计算机系统中,集成一个实际的控制计算机系统。

4. 仿真调试

用电子模拟或数字装置作为模拟的被控对象,同集成好的计算机系统连接,组成计算机控制系统的半实物仿真系统（即计算机系统是实物,被控对象是模拟的）。利用仿真系统进行整个控制系统联调。通过仿真实验,可检查控制系统所设计的功能,尤其有关控制功能及其性能指标,能否达到要求;排除仿真实验中出现的各种硬件和软件方面的故障错误;依据实验结果对硬件和软件作一些必要的调整和修改,使控制系统工作更可靠。

5. 联调投运

系统仿真调试工作完成后,便可将系统移至现场与被控对象连接成完整的、实际的计算机控制系统,并对整个控制系统再作一次全面测试。通过测试确认整个控制系统的各项性能均符合设计要求后,方可将系统逐步投入实际运行。系统投运时,需要正确处理如下主要问题:

（1）要有合格的系统操作室或机房。系统大部分硬件均置于操作室,所以对操作室应有严格要求。操作室通常要求干燥、清洁少尘、恒温、有较好的屏蔽电磁辐射的效果。

（2）系统电源引入方式,要注意引入可靠的稳定交流电源,重要系统还应采用 UPS 后备电源。

（3）注意不同地线的正确埋设和连接,由现场引入的信号线均应加屏蔽,并远离动力电源线。

（4）系统投运,要逐步推进,先易后难。通常先开通输入通道,引入全部输入信号,并通过显示器观察各个信号是否正常。若发现异常,应及时检查分析,排除故障。待系统输入通道和系统巡回检测工作正常运行后,再逐个投运控制回路。控制回路投运,要先置于手动开环运行,待系统运行处于平稳状态时,再将手动切换到自动状态,使回路闭合置于闭环控制。回路闭合时,要注意回路的初始偏差不要过大,以免控制系统波动过大,影响整个控制系统安全运行。控制回路闭合后,还要仔细观察系统控制行为,并耐心调试回路控制算法中的相关参数,使系统控制性能达到较满意或准最优水平。

8.2　计算机控制系统的结构

　　计算机控制系统的结构是由控制系统的任务功能、规模、性能、以及计算机及仪表的技术水平等决定的，所以实际计算机控制系统结构可以说是千差万别的。但是即便如此，如果按照系统中所用计算机多少和计算机之间联系以及系统中信号传递方式不同，计算机控制系统可以分为集中式计算机控制系统和分布式计算机控制系统以及现场总线式计算机控制系统。

8.2.1　集中式计算机控制系统的结构

　　集中式计算机控制系统中全部有关控制、监视及管理功能的数据运算和信息处理任务均由一台计算机集中承担完成。最典型集中式计算机控制系统结构如图 8.1 所示，整个系统是由一台计算机主机、主机外围设备(计算机与人界面)、输入及输出通道(计算机与被控对象界面)以及广义被控对象等四大部分构成的。其中计算机主机是整个控制系统的信息中枢，它通过输入通道(包括模拟输入和数字输入)获得被控对象及外界有关信息，按照事先给定的处理方法和控制算法进行运算处理并产生控制信号，包括数字量的顺序控制指令和模拟量的模拟控制信号。控制信号通过输出通道(包括数字输出和模拟输出)输出驱动被控对象的执行器或开关，以实现对被控对象的控制。

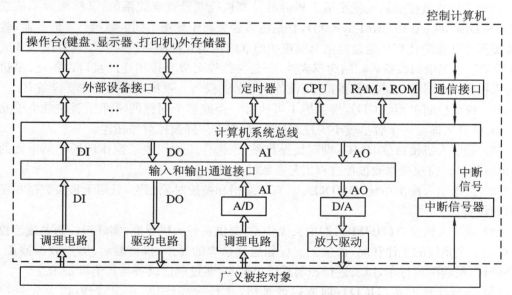

图 8.1　集中式计算机控制系统结构框图
(AI、AO 分别为模拟输入和输出通道的信号；DI、DO 分别为数字输入和输出通道的信号)

很明显,集中式计算机控制系统最大特点就是,系统仅有一台计算机,因此系统中的计算机利用率很高,系统费用成本较低。但是与此对应的最大缺陷是系统故障危险集中,一旦计算机出现故障瘫痪,必将导致整个控制系统瘫痪。危险集中是这类系统最为致命的弱点。某些场合,为了降低系统故障风险,增强系统可靠性,采用两台相同计算机并行工作,一台在线工作,另一台用作热备份,一旦在线工作机发生故障,则立刻切换由备份计算机代替之,继续工作,从而可以避免因在线工作机故障而导致整个控制系统瘫痪的风险。但是,这样做,显然使系统成本增加很多。这种双机平行结构如图 8.2 所示,系统中虽然有两台计算机,但实际在线参与工作的仍只有一台,所以它仍然是集中式计算机控制系统。

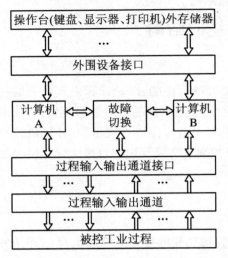

图 8.2 集中式双机控制系统结构框图

这类集中式计算机控制系统在计算机控制发展早期应用较多,随着计算机技术迅速发展,计算机性价比上升很快,这类系统在工业上应用越来越少。现今工业上计算机控制普遍采用分布式计算机控制系统结构。集中式计算机控制系统结构只用于控制功能较单一,规模较小的场合,或者用作分布式控制系统中的基层控制单元。

8.2.2 分布式计算机控制系统及其结构

分布式计算机控制系统就是第 1 章讲的计算机控制管理集成系统,又称集散系统或简称 DCS(Distributed Control System),它是由多台分布于现场不同区域执行不同控制、管理和监督操作功能的计算机通过通信总线连接而成的网络式控制系统。其结构如图 8.3 或图 1.5 所示。系统中的设备可归结为三大类,一是与被控对象直接相连的接口设备;二是执行高层人机接口和计算功能的设备;三是设备间通信的设备。系统中常用的主要设备有:

(1)现场控制单元(LCU),指系统中可执行一个或多个回路的闭环控制的最小单元设备。LCU 其实即是一个容量较小的控制计算机,它直接同被控对象相连。

(2)低层人机接口(LHMI):即现场操作站,供操作工或仪表工操作现场控制单元的设备,也可能是供监视或修改被控过程工艺参数的设备。

(3)数据输入输出单元(DI/DO):即 I/O 站指和被控对象相连,只用于采集数据和输出数据的设备。

(4)高层人机接口(HHMI):即中央操作站,提供友好人机界面,实现对控制系统监控操作,可显示全系统的工作状况,如工艺流程和运行趋势的显示,报警显示,历史数据搜集、统计和分析,报表生成打印,以及进行控制系统组态等,通过通信设备与其他设备相连。

(5)高级计算设备(HCD):即监控计算机,执行全局优化,系统管理,以及先进控制功能。

(6)外部计算机接口设备:允许其他通用计算机接入 DCS 系统,从中获取某些信息数据,实现资源共享。

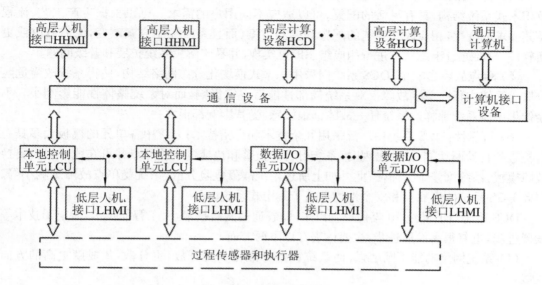

图 8.3　集散控制系统结构

(7) 通信设备:单级或多级通信网,提供 DCS 系统内部各设备间的数据和信息传输与交换。

这些设备,对于具体系统而言,可以根据系统控制任务功能规模及要求进行灵活配置,系统可大可小。

DCS 系统的结构体系和功能,很好体现了“分散控制,集中管理,分而自治和综合协调”的 DCS 最初设计初衷。系统中有关过程控制(包括模拟量控制和顺序逻辑控制)和数据采集任务分别由一个或多个现场控制单元(LCU)和输入输出单元(I/O)分散承担完成;有关过程现场局部监控操作则由 LHMI(现场操作站)承担实现;全系统大范围的集中监控功能,则由 HHMI(中央操作站)承担实现。即有关综合监视全系统各个现场控制单元和站点的全部信息,集中显示操作,进行数据存储分析,控制回路方案组态和参数修改,协调各现场控制单元的参数设定等。此外,还包括历史数据记录,各种报警处理以及网络信息发布等功能均由 HHMI 实现;有关全系统的全局优化,协调管理,信息管理,甚至包括各类经营活动,人事,物资及财务管理等功能都由监控计算机(HCD)承担实现。

DCS 系统与集中式控制系统相比,具有明显的优越性,主要体现在如下几方面:

(1) 分散性和集中性:DCS 系统控制分散,功能分散,负荷分散,从而危险分散;集中性体现在监视集中,操作集中和管理集中。

(2) 自治性和协调性:DCS 系统中各工作站独立地承担合理分配给它的规定任务。各工作站通过通信网络相互传递信息由中央操作站协调工作,以完成控制系统的总体功能和优化任务。

(3) 人机界面友好性:DCS 系统的现场控制站和中央控制站都用显示器作为系统监视和操作界面,显示器具有丰富逼真的图形画面显示功能,同时都有直观简洁的人机会话系统和实时操作菜单以及操作指导。进行系统监视和操作十分直观简便。

（4）适应性和灵活可扩展性，DCS系统硬软件均采用开放式，标准化和模块化设计，以及积木式系统结构，具有灵活的配置，可以适应不同用户的需求。可以根据生产工艺、流程及其要求的变化，相应改变系统的配置和控制方案，而且系统控制方案改变，无需修改或更换软件，只要通过组态软件进行相应组态即可实现，并易于解决系统扩展和升级问题。

（5）单点故障影响小：DCS系统因采用积木式模块化分布网络结构，使得系统故障危险分散。系统中任一单点故障仅对系统局部性能有一定影响，而对系统整体性能影响小。不会像集中式系统那样对系统任一故障都很敏感，受其影响都很大。

（6）可靠性：DCS系统中广泛采用冗余技术和容错技术；系统中各单元的模板大多具有自检查和自诊断功能；故障出现时，系统可自动报警和快捷定位故障点并可在线（带电）更换故障模板，系统维修十分简便；此外如上所述系统故障危险分散，系统受单点故障影响小等。因此DCS系统的可靠性和安全性均远高于集中式系统。

DCS系统自上世纪70年代产生以来，随着通信网络技术，人工智能技术，微电子技术等发展进步，也有很大发展进步，主要体表在以下两方面：

（1）系统网络功能不断增强，使系统朝着标准化和更开放，更分散，集成度更高的方向发展。

（2）软件及人机界面更加丰富。DCS系统已采用实时多用户，多任务操作系统，配备了先进控制软件，可实现自适应控制，解耦控制，优化控制和智能控制等先进而复杂的控制功能。此外多媒体技术也逐步引入DCS系统中。

8.2.3 现场总线式计算机控制系统及其结构

1. 现场总线的产生

集散控制系统虽然克服了集中型系统的缺点，成为20世纪80年代以来工业过程控制系统的主流。但是集散控制系统也有它本身的缺陷，例如集散控制系统的最下层，生产现场各处的参数通过统一的模拟信号（如4～20 mA）传递，需要一对一的物理连接，信号变化缓慢，为提高计算速度与精度，开销和难度都较大，信号传输的过程抗干扰能力也差。

在DCS系统形成过程中，由于受计算机早期存在的系统封闭的缺陷影响，各厂家的产品自成系统，不同厂家的设备不能互联在一起，难以实现互换与互操作。

新型的现场总线控制系统正是针对上一代控制系统存在的缺陷而给出了解决方案。它突破了DCS系统中通信由专用网络的封闭系统实现所造成的缺陷，把基于封闭、专用的解决方案变成了基于公开、标准化的解决方案；同时把DCS集中与分散相结合的集散系统结构，变成了新型分布式结构，把控制功能彻底下放到现场，依靠智能设备本身便可实现基本的控制功能，从而降低了安装成本和维护费用，可以说：开放性、分散性与数字通信是现场总线系统最显著的特征，有望成为21世纪控制系统的主流产品。

2. 现场总线的特点

现场总线（Fieldbus）是用于过程自动化和制造自动化最底层的现场设备或现场仪表互连的通信网络。现场总线控制系统FCS是现场通信网络与控制系统的集成。也就是说，现场总线控制系统是集控制、计算机、通信、网络等技术为一体的新型控制系统。

现场总线是连接现场智能设备和远离现场控制室的一个标准化数字、通信链路。它可以进行全数字化、双向、多站总线式信息数字通信,实现相互操作以及数据共享。现场总线控制系统除具有 DCS 系统的一般特点外,还有如下主要特点:

(1) 数字化和分散性:采用总线方式可以集中实时获取大范围内各测控点数据和故障信息,便于整个系统的优化操作和管理,并且可以把控制、信号处理等功能分散至现场装置中。现场的检测、控制信息与控制室的通信联系完全数字化,而不是传统的 4～20 mA 模拟信号,这样可以提高数据传输的可靠性和准确性,提高测量和控制精度。由于现场总线系统中分散在各设备前端的智能设备能直接执行各种传感、控制、报警和计算功能,因此可以减少变送器的数量,控制室的信号也无须转换、隔离等调理了。并且不需要单独的调节器、计算单元。

(2) 开放性和可互操作性:现场总线为开放式互联网络,所有技术和标准全是开放的。不同制造商的网络只要符合现场总线标准都可以挂在现场总线上。即可与同层网络互联,也可与不同层网络互联,这样互联的设备间、系统间的信息传递与沟通得以实现互操作,用户可以自由集成不同制造商的通信网络。不必在硬件或软件上花多大力气,就能够把来自不同供应商的产品组成大小随意的系统。

(3) 可靠性:由于现场总线设备的智能化、数字化,与模拟信号相比,从根本上提高了测量与控制的精确度,减少了传递误差。同时由于系统的结构简化,设备与连线均减少,每个现场仪表都可以进行数据采集和输出,PID 运算等处理。仪表的内部功能加强,减少了信号的往返传输,提高了系统的工作可靠性,同时也节省了材料费用及维护工作量。

3. 现场总线的标准

从现场总线问世起,国际电工组织就开始制定国际性现场总线统一标准。但至今国际统一标准尚未确定,现处于群雄并起、百家争鸣的阶段。目前已开发出有 40 多种现场总线。其中最具影响力的有如下 5 种,分别是 FF、Profibus、HART、CAN 和 LonWorks。下面简单介绍一下这五种流行的现场总线。

(1) FF(Foundation Fieldbus——基金会现场总线)

其前身是美国 Fisher-Rosemount 公司为首制定的 ISP 协议和以 Honeywell 公司为首制定的 World FIP 协议。1994 年由 ISP 和 World FIP 合作成立了现场总线基金会,其会员包括世界上 95% 以上的 DCS 和 PLC 制造商。该基金会致力于开发出国际上统一的现场总线协议。FF 的特色是以 ISO/OSI 开放系统互联模型为基础在其物理层、数据链路层、应用层之上加上了用户层。用户层主要针对自动化测控应用的需要,定义了信息存取的统一规则,用设备描述语言实现可互操作性。

基金会现场总线分低速总线 H1 和高速总线 H2 两种通信速率,H1 的传输速率为 31.25 Kbps,通信距离可达 1900 m,可支持总线供电,支持本质安全防暴环境。H2 的传输速率为 1 M 和 2.5 Mbps 两种,通信距离分别为 750 m 和 500 m。物理传输介质可支持双绞线、光缆和无线发射。H1 每段节点数最多 32 个,H2 每段节点数最多 124 个,H1 和 H2 之间通过网桥(Bridge)互连。拓扑结构:H1 为总线型或树型,H2 为总线型。

(2) Profibus(Process Fieldbus——过程现场总线)

由德国西门子公司为主的十几家德国公司于 1987 年共同推出。1991 年 Profibus 有三种改进型:DP 型用于分散外设间的高速数据传输,适合于加工制造行业应用;FMS 型用于主站之间的通信,适用于纺织、楼宇自动化、可编程控制器、低压开关等一般自动化;而 PA 型用于过程自动化,它遵守 IEC1158-2 标准,采用了 OSI 模型的物理层和数据链路层。

其传输速率为 9.6 Kbps～12 Mbps,最大传输距离在 12 Mbps 时为 100 m,1.5 Mbps 时为 400 m,可用中继器延长至 10 km。其传输介质可以是双绞线、也可以是光缆。最多可挂接 127 个站点,可实现总线供电与本质安全防暴。

(3) HART(Highway Addressable Remote Transducer——可寻址远程传感器数据通路)

由美国 Rosemount 公司 1989 年推出,1993 年成立了通信基金会。HART 的特点是在现有的模拟信号传输线上实现数字信号通信,它属于模拟系统向数字系统转变过程中的过度性产品,因而在当前的过渡时期具有较强的市场竞争力,HART 通信模型由 3 层组成:物理层、数据链路层和应用层。它的物理层采用 FSK(Frequency Shift Keying)技术,即在 4～20 mA 模拟信号上叠加不同频率的数字信号,逻辑"1"为 1200 Hz,逻辑"0"为 2200 Hz,数据传输速率为 1200 bps。数据链路层用于按 HART 通信协议规则建立 HART 信息格式,数据帧长度不固定,最长 25 个字节。寻址为 0～15,当地址为 0 时,处于 4～20 mA 与数字通信兼容状态;当地址为 1～15 时,则处于全数字通信状态。应用层的作用在于使 HART 指令付诸实现,即把通信状态转换成相应的信息。

HART 采用统一的设备描述语言 DDL(Device Description Language)。设备开发商用这种标准语言来描述设备特性,由 HART 基金会负责登记管理这些设备描述并把它们编为设备描述字典,主设备运用 DDL 技术,来理解这些设备的特性参数而不必为这些设备开发专用接口。HART 能提供总线供电,可满足保安防暴要求。

(4) CAN(Controller Area Network——控制局域网络)

CAN 最早由德国公司为汽车的监测和控制而设计,逐步发展到用于其他工业部门的控制。其总线规范被 ISO 国际标准组织制定为国际标准,已广泛应用于离散控制领域,Motorola,Intel,Philips 均生产独立的 CAN 芯片和带有 CAN 接口的 80C51 芯片。CAN 型总线产品有 AB 公司的 DeviceNet、台湾研华的 ADAM 数据采集产品等。

CAN 协议也是建立在国际标准组织的开放系统互联模型基础上的,不过,其模型结构只有 3 层,即只取 OSI 底层的物理层,数据链路层顶上层的应用层。其信号传输介质为双绞线,通信速率最高可达 1 Mbps/40 m,直接传输距离最远可达 10 km/5 Kbps。可挂设备数最多可达 110 个。CAN 的信号传输采用短帧结构,每一帧的有效数字为 8 个,因而传输时间短,受干扰的概率低。当节点严重错误时,具有自动关闭的功能,以切断该节点与总线的联系,使总线上的其他节点及其通信不受影响,具有较强的抗干扰能力。

(5) LonWorks(Local Operating Network System——局部操作网络系统)

由美国 Echelon 公司推出并由它与摩托罗拉,东芝公司共同倡导于 1990 年正式公布,主要应用于楼宇自动化、工业自动化和电力行业等。它采用了 ISO/OSI 模型的全部 7 层通信协议。采用面向对象的设计方法,通过网络变量把网络通信设计简化为参数设计。其传输速率从 300 bps 到 1.5 Mbps。直接通信距离可达 2700 m(78 Kbps,双绞线);支持双绞线、同轴电缆、光纤、射频、红外线、电源线等多种通信介质,并开发了相应的本安防暴产品。

LonWorks 技术所用的 LonTalk 协议封装在称之为 Neuron 的神经元芯片中并得以实

现,集成芯片中有 3 个 8 位 CPU,一个用于完成开放互联模型中第一和第二功能,成为媒体访问控制处理器,实现介质访问的控制与处理;第二个用于完成第三至第六层的功能,称为网络处理器,进行网络变量的寻址、处理、背景诊断、函数路径选择、软件计时、网络管理、并负责网络通信控制、收发数据包等;第三个是应用处理器,执行操作系统服务于用户代码,芯片中还具有存储信息缓冲区,以实现 CPU 之间的信息传递,并作为网络缓冲区和应用缓冲区。

Echelon 公司推出的 Neuron 神经元芯片实质为网络型微控制器,该芯片强大的网络通信处理功能配以面向对象的网络通信方式,大大降低了开发人员在构造应用网络通信方面所需花费的时间和费用,可将精力集中在所擅长的应用层进行控制策略的编制。

现场总线属于尚在发展之中的技术,自动化系统与设备将朝着现场网络集成自动化系统体系结构的方面前进。有理由认为,在从现在起的未来 10 年内,可能出现几大总线标准共存,甚至在一个现场总线系统内,几种总线标准的设备通过网桥网关互联而实现信息共存。

有关专家认为,在连续过程自动化领域,今后 10 年内 FF 基金会现场总线将成为主流总线技术,因为这一技术的发展背景是从这一领域的工业需求出发,充分考虑到连续工业的使用环境:如支持总线供电,可满足本质安全防爆要求。另外 FF 基金会几乎集中了世界上所有主要自动化设备制造商足以左右这一领域的主流技术。在离散制造加工业领域,由于行业应用的特点和历史原因,其主流技术会有一些差异。Profibus 和 CAN 在这一领域是具有较强竞争力的技术。它们在这一领域形成了自己的优势。在楼宇自动化,家庭自动化,Lon-Works 则具有独特的优势。

4. 以现场总线为基础的企业管控系统结构

现代工业技术的发展已经不再局限于某个工厂封闭操作。而是趋向于地区乃至全球企业集团兼并与联合,资源共享并合理再分配,统一优化操作和管理。信息交换沟通的领域正迅速覆盖从工厂的现场设备层到控制、管理的各个层次,从工段、车间、工厂、企业及世界各地市场。信息技术的飞速发展,导致了自动化系统结构的变革,而逐步形成以网络集成自动化系统为基础的企业信息系统。面向 21 世纪的现场总线系统的完整模型应定位于控制领域的最高层,即管理决策层。这一切都将随着信息产业的发展得以实施。现阶段完整的现场总线系统的结构如图 8.4 所示。

图 8.4 描述了一个以现场总线为基础的企业信息网络系统结构示意图,图中 H1、H2、LonWorks 等网段均为工厂现场设备连接的现场总线系统。它们将现场总线设备运行的各种信息传送到远离现场的控制室,并进一步与操作终端、上层控制网络相连。它一方面把一个现场设备运行参数、状态以及故障信息等送往控制室和其他现场设备;同时又将各种控制、维护、组态命令乃至现场设备的工作电源等送往各相关现场设备。沟通了生产过程现场级控制设备之间及其更高控制管理层次之间的联系。遵守同一通信协议的各种测量控制设备可以互换,不同通信协议的网段间可以通过网桥连接。通过以太网或快速光纤通信网FDDI(Fiber Distributed Data Interface,光纤分布式数据接口)与高速网段上的服务器、数据库、打印绘图外设等交换信息,并通过局域网、公用数据通信网、卫星发射接收装置与国际互联网 Internet 连接。此外,局域网以外的普通计算机、便携机等用户也可通过电话线、

Modem 等进入局域网。

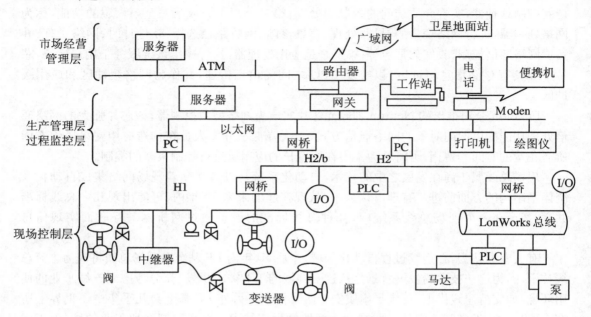

图 8.4 现场总线系统结构示意图

值得提出的是：现场总线网段与其他网段间实现信息交换，必须有严格的保安措施与权限限制，以保证设备与系统的安全运行。

图 8.4 中 H1、LonWorks 网段与工厂现场设备连接，是系统的基础层，称为网络的现场设备层，它由分散在控制现场的若干智能化设备组成。智能仪表采用功能模块结构，通过组态设计完成检测量 A/D 转换、数字滤波、温度压力补偿、PID 控制、阀位补偿等功能，它具有全数字化信息双向通信、多变量处理能力、自诊断报警、趋势分析等功能；来自现场一线的信息送往控制室，置入实时数据库，进行集中显示、高等控制计算。这是系统的过程控制监控层和过程管理层，或称为控制系统局域网，它通常可由 H2、以太网等传递速度较快的网段组成。它完成对过程控制中各种运行参数实时监测、报警和趋势分析、对被控变量进行连续控制和顺序控制、生成动态数据库、打印报表、生产计划接收和各种优化处理等；工厂的生产调度、计划、销售、库存、财务、人事等构成了系统的管理决策层，它是工厂局域网的上层。一般由关系数据库收集整理这些来自各部门的各类信息并进行综合处理。工厂局域网还可通过多种途径与外界广域网、互联网实现数据共享。这种信息集成系统可以完成多个层次间的信息交换，构成了较为完整的信息集成网络。

5. FCS 与 DCS 的比较

现场总线控制系统（FCS）是如何发展起来的呢？让我们先看如下两图：图 8.5 和图 8.6。上述两图示出了集散控制系统和现场总线控制系统控制层的结构。从图 8.5 看出，DCS 中的控制站与操作站一起位于控制室。来自现场的信号差压变送器通过模拟信号（4～20 mA）传递给控制站中的输入处理单元。控制信号经输出处理单元也以模拟信号的形式传递给位于现场的调节阀。从而构成一个闭合控制回路。信号的连接是一对一的，有一个现场仪表就有一个模拟信号传输线,传递方向是单向的。由于 DCS 控制部分分为两层,传感器、变送器以及执行器位于工业过程现场,控制站位于控制室,现场与控制室之间用模拟信号进行传输,所以当系统规模较大时,信号布线众多。信号的抗干扰措施、隔离、线性化补偿等信号的调理工作任务繁重。

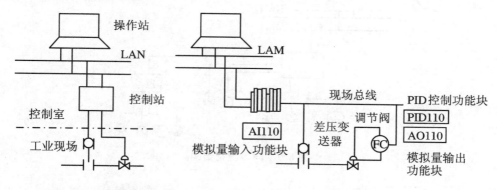

图 8.5　DCS 控制层结构　　　　图 8.6　FCS 控制层结构

从图 8.6 中我们可以看出,FCS 取消了控制站和输入/输出信号处理单元,能做到这一点关键是计算机技术、自动控制技术、网络通信技术的发展应用,各现场设备都带有微处理器,使得现场仪表既有检测、变换、校准和补偿功能,又有控制和运算功能。例如变送器有温度、压力、流量、物位和分析五大类,每类又有多个品种。变送器既有检测、变换和补偿功能,又有 PID 控制和运算功能。又如执行器,常用的驱动器有电动、气动两大类。每类又有多个品种,执行器的基本功能是信号驱动和执行,还内含调节阀输出特性补偿、PID 控制和运算功能,另外有阀门特性自校验和自诊断功能。图 8.6 中差压变送器除了检测管道中的差压外,还具有"模拟量输入功能块(AI110)",实现差压到流量的转换。调节阀具有"模拟量输出功能块(AO110)",还带有"控制功能块(PID110)"。差压变送器与调节阀中的这三个功能块通过现场总线便构成了一个闭合控制回路,完成流量的控制任务,而不必像 DCS 那样,测量信号先经输入处理单元到控制站,运算结果再从控制站经输出处理单元到调节阀。由于 FCS 控制部分直接位于工业现场,所以控制室与现场仪表的信息传输改为数字信号,数字信号的抗干扰能力比模拟信号强的多。因而只需要一对现场总线就能与多台仪表连接,减少了众多的布线和每一个信号的调理,同时也减少了工程安装和维护工作量,增加了系统的可靠性。将图 8.5 和图 8.6 扩展一下,就是 DCS 和 FCS 的典型结构。如图 8.7 和图 8.8 所示。

从 FCS 典型结构看,现场各智能仪表经现场总线通过组态互连,现场仪表与服务拓扑结构,可以是点到点型、总线型、菊花链型和树型结构。图中服务器下接 H1 和 H2 总线(H1 为低速现场总线,H2 为高速现场总线),上接局域网 LAN(Local Area Network),从图 8.6 和图 8.8 我们可以了解到现场总线对当今的自动化带来了以下 4 方面的变革:

(1) 用一对通信线连接多台数字仪表代替一对信号线连接一台模拟仪表;

(2) 用多变量、双向、数字通信方式代替单变量、单向、模拟传输方式;

(3) 用多功能的现场数字仪表代替单功能的现场模拟仪表;

(4) FCS 废弃了 DCS 的输入输出单元和控制站,即用分散式的虚拟控制站代替集中式的控制站,实现彻底的分散控制,FCS不仅结构是分散的,在软件编程和功能执行也是分散的。操作站只管组态,而功能执行,数据分析,执行的算法都是在现场仪表中进行的。

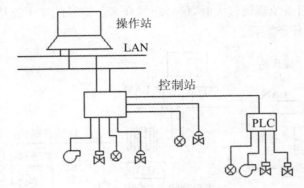

图 8.7　DCS 典型结构

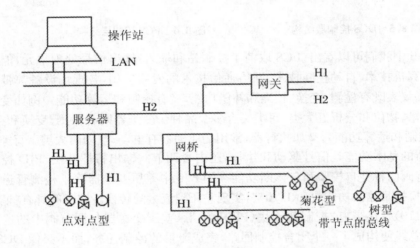

图 8.8　PCS 典型结构

8.3　计算机控制系统的软件实现

8.3.1　概述

计算机控制系统的规模有大小,结构有简繁,应用背景有差异,用户的要求也多种多样。如果针对每一个具体的应用实例,都从头开始设计,编制软件,并集成系统,无疑对控制系统的研制者和使用者都是不堪忍受的。从大量的实践经验中,人们逐渐总结出了一定的规律,找出了系统结构、软件和硬件实现上的共同点(有些已成为大家公认的行业标准),形成模块化和标准化的软、硬件产品,促进了计算机控制系统的广泛应用。

一般而言,从控制工程师的角度看不同系统,它所实现的功能却是相近的,无外乎输入数据,执行控制算法,再将控制量送给被控对象,这一过程也是前节所述不同结构的计算机控制系统要实现的共同功能。在工程应用中,考虑到其他方面的因素,如操作者对系统的干预和了解方式,系统的可扩展性,信息共享等,将该过程划分为若干环节,每一环节都由软件和硬件互相配合,共同实现所担负的任务。典型的计算机控制系统具有的基本功能模块及相互间的数据关系如图 8.9 所示。

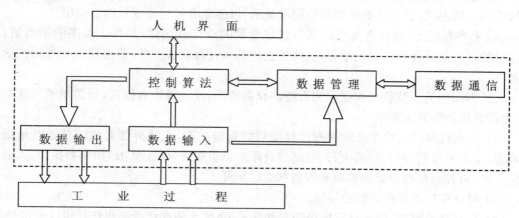

图 8.9　计算机控制系统的基本功能模块

图 8.9 虚框中的模块可独立运行,构成完整的控制回路,人机界面的基本作用是通过虚框内的数据,达到了解被控过程和控制系统本身状况的目的。操作者可通过人机界面干预系统的运行,但人机界面的实现应尽量减小对虚框内的影响,如同观测设备不能破坏被观测对象的基本行为一样。

这一节,我们将从各模块具有的功能入手,讨论计算机控制系统的软件实现要注意的问题,其中涉及的计算机技术如软件工程、实时程序设计、大型数据库管理、实时操作系统等已超出本书的范围,不作介绍,但要求读者对上述内容有所了解。

8.3.2　人机界面的要求和实现

当今人机界面已成为评判计算机控制系统优劣的重要因素,从使用者的角度看,他首先接触的是人机界面,能否获得用户认可,这是第一关。尽管随着自动化技术的发展,总的趋势是提高控制系统本身的智能化程度,逐步减少对操作者的依赖性,但是过去的几十年里,操作者的职责大致没变,变化只在于具体的功能各有侧重,实现这些功能的手段有所提高。概括地说良好的计算机控制系统应提供的界面供操作者执行以下功能:过程监视、过程操作、过程诊断和过程纪录。另外,利用人机工程学的基本理论指导设计友好的人机界面也是一个重要的课题,其目的在于保证操作者可更有效、更安全地使用系统。

1. 过程监视

最基本的监视功能应能够让一个或多个操作者同时观察和监视过程当前状态。该功能包括以下的具体要求。

（1）在任何时间，操作者必须能获得系统中所关心的过程变量的当前值，这包括连续过程变量（如流量、温度和压力）和逻辑过程变量（如泵的启停、开关位置），并且操作时间要短、数值要准确，如果由于某种原因（如传感器损坏或拿去维修）不能显示正确值，应能够报告原因。

（2）每一个过程变量，除了用硬件地址来标志外，还应该有仪表工程师给出标号，并附在工艺的说明中，如某温度的标号是"TT075/B"，其说明文字是"B 厂区第 75 号塔温"。

（3）过程变量的值必须以工程单位给出，相应的单位也要显示出来，以温度为例，华氏和摄氏的示值不同，必须将数值和单位同时显示，以准确表示过程变量的当前值。

（4）有些情况下，操作者要监视基本过程变量的组合或函数，如几个温度的平均值、几个流量的最大值或计算出的热焓等，这些量也同基本过程变量一样，要迅速准确地提供给操作者。

人机界面的另一监视功能是检测系统的异常状态，并向操作者报告，最简单的形式是报警，它的具体功能要求如下：

（1）由人机界面的功能模块判断过程变量的报警状态，人机界面必须清楚及时地报告该状态，变量的报警类型，如高值报警（超过高限）、低值报警（低于低限）和偏差报警等，必须指定清楚，被控系统的异常报警要和设备状态区别开。

（2）对计算量也要有类似的报警。

（3）在报警的同时，要么显示出报警限和变量值，要么使操作者能很快获得这些信息。

（4）当发生报警时，必须提供报警发生的时间，同时让操作者确认报警的存在。

（5）短期内有多个报警出现时，可采用优先级别加以区分。

（6）在有些过程中，异常状态很难判别，需要综合考虑多个过程变量，这时要求人机界面能够提供适当的机制，使操作者能够从这种多变量组合的报警状态中正确理解报警原因。

当监视过程时，操作者还会希望通过观察过程在某时间范围内的变化趋势，以判断是否会有故障发生。因此，人机界面要提供快速访问趋势曲线的功能，当然，不是所有变量都要求具有上述功能，具有上述功能的通常被称为"趋势变量"，它的具体要求如下：

① 可将趋势变量按性质或时间尺度加以分组，如可将过程中某一段的不同温度测点作为一组趋势变量。

② 趋势图要明确标明变量名称、工程单位、日期（年、月、日）、时间和时间增量。

③ 操作者要能准确读出趋势曲线上每一点的值。

④ 如果可能，趋势图可提供一些必要的附加信息，帮助操作者理解趋势变量的状态，这些信息包括变量的正常值、允许变化范围、变化率，所属控制回路的设定值等。

2. 过程操作

以上讨论的监视功能为过程控制提供了必要的信息，下面讨论过程操作的具体要求。

（1）人机界面必须让操作者很快访问到系统中所有的连续控制回路和逻辑顺序控制。

（2）对每一个连续控制回路，人机界面必须允许操作者执行所有正常的操作，如改变控制器的状态（自动、手动或串级），在手动状态下改变控制输出，改变设定值，监视操作结果。

（3）人机界面必须允许操作者执行以下逻辑控制操作：启停泵、开断阀等，如果操作中有互锁现象，应使操作者观察每一命令的状态和互锁信号的状态。

（4）在顺序控制中，操作界面必许允许操作者观察当前的状态，以决定执行下一步或终止该顺序控制过程。

（5）不论连续控制或顺序控制，当操作界面和系统的控制输出之间有单点故障时人机界面应能够保证操作者直接操作控制输出。

3. 过程诊断

在正常情况下，执行过程监视和过程操作倒不是太难，难的是在系统发生异常和危险时，如何实现上述功能，以达到定位故障、排除故障、牵引系统回到正常状态的目的。

当发生故障时，首先要判断是否由仪表或控制系统引起的，为此计算机控制系统要有以下的检测功能，操作者可查阅检测结果。

（1）对传感器做在线检测，并检查测量结果的合理性。

（2）控制系统内部模块的自检测。包括控制器、通信部件、计算设备和人机界面自身。如果仪表和控制系统工作正常，则是被控过程发生了异常。通常这种故障留给操作者来检测和判断，人机界面提供必要的信息。对只有几百个过程变量的系统，这不失为一种方法，但现在系统的规模已扩大到 5000～10000 个变量，且其中有些变量间的相关性很强，这种情况下，让操作工判断故障的源头和性质已变得极其困难，而传统的报警系统只能提供表面的现象，对寻找故障源帮助不大，因此，迫切要求在计算机控制系统中引入可自动检测系统故障的自检测系统。其功能包括：

① 首报警识别。告诉操作者在一报警序列中，哪一个最先产生。

② 报警级别区别。按照对被控过程的重要性程度设置不同的报警级别，要求操作者优先处理重要报警。

③ 先进的诊断系统。混合使用报警信息和过程变量数据，识别过程故障模式或故障设备。

许多先进的诊断系统和具体应用紧密相关，计算机控制系统软件应支持这种针对具有应用的故障诊断系统设计和实现。

4. 过程记录

以前，工厂里的操作工有一项单调乏味的工作，按时查抄仪表，记下所有过程变量的当前值，依过程性质的不同，抄表时间从一小时到若干小时不等。这些记录的信息和自动获得的趋势曲线一起，作为工艺操作状态的有用记录。

数据记录是最早用计算机实现的功能之一。当前先进的计算机控制系统里，该功能通常实现在人机界面中，而不需要单独的计算机。它的内容有以下几项：

（1）短期趋势记录，如过程监视中所述。

（2）人工输入过程数据。系统应允许操作者输入人工收集的过程信息，并保存下来，这些信息既可能是数字的，也可能是文字的，如操作工的简短说明等。

（3）报警记录。当报警发生时，可输出到打印机，或存储设备上，通常恢复到正常状态及操作者的确认也要记录。

（4）过程变量的周期记录。定期的将所选择的变量值输出到打印机或存储在磁盘上，周期大小取决于过程的动态特性，从数分钟到一小时不等。操作工或工程师还可以决定是记录瞬时值，还是该时间段的平均值。

（5）长期数据（历史数据）的存取。以上所述的报警记录，周期记录和短期趋势记录都是短期信息，最多可前溯数小时或一天，在系统中还要求上述信息或其平滑滤波值，一般为数月甚至数年，另外系统还要有快速获取并显示记录长时间的这些信息的机制。

（6）操作工的动作记录。一些工厂要求将操作工的控制动作自动记录下来，这些包括改变控制器状态、设定值、手动输出或逻辑命令。显然该功能不能被操作工屏蔽。

5. 图形界面

在现代计算机控制系统中，人机界面要求的上述功能都是以图形界面的方式实现。由于工厂的工人或工程师一般都习惯于 P & I 图（pipe-and-instrumentation diagram），使用类似于 P&I 图的界面实现过程监视和过程控制，可帮助操作工（特别是新手）清楚的认识到控制动作对过程的影响，从而减少误操作。在某些情况下，如培训时间不足、临时工较多，这时操作者很难在头脑中保持全过程的清楚流程，图形界面将抽象的流程具体化、视觉化。事实上，模拟屏在工厂里早已广泛使用，只是其造价高，占空间，一旦制成，很难改变。计算机上的图形界面不仅保持着形象逼真的特点，还克服了模拟屏的一系列不足。

计算机上的图形界面不局限于显示 P & I 图，它的图形显示类型非常丰富，只要用户能够想像得到，一般都可实现。当然这要求图形界面提供足够的基本图元。典型的有以下几类：

（1）静态域。提供动态部分的背景，包括标签、符号和其他不变的部件。

（2）数据域。动态显示并自动刷新过程信息。

（3）动态显示图元。可依过程信息而改变大小、颜色或形状等。如棒图、饼图、设备符号、连线等，既可由用户定义，也可直接使用系统定制好的部件，可形成丰富的流程图、仪表图、趋势曲线。

（4）能够建立比局部图大若干倍的画面，使用者可浏览其中的任一部分，并放大感兴趣的部分。

6. 人机界面中的人机工程学

过去，操作界面的设计更多地考虑了设备生产者，而不是使用者。最近，研究和实践都表明，改善人机界面可获得良好的收益，如减少误操作（可导致工厂停工或设备受损）、减少劳动强度（若疲劳操作会导致产量和质量下降）等。下面概括地给出设计和实现计算机控制系统的人机界面时，要考虑的人机工程学因素。

（1）考虑所有可能的操作人群（例如：男性和女性、左手和右手、人多和人少）。

（2）考虑常见的小毛病（例如：色盲或色弱、近视）。

（3）为使用者设计，不是为计算机程序员或工程师设计。

（4）提供快速获取所有必要的控制及过程信息。

（5）从操作者的角度安排画面布局，如按设备单元或功能等组织画面。

（6）使用颜色、符号、标签和位置时，保持一致，避免操作工混淆。

（7）不要显示无组织的大量信息。信息应该按某种标准组织起来，使其有具体意义。

（8）避免复杂的操作过程，不要让操作工去记一连串的按键动作以获得某些信息，尽可能提供在线操作帮助，或以菜单、交互窗口等方式帮助操作者。

（9）尽可能发现或过滤出操作者的错误输入，一旦错误发生了，系统应告诉操作者错在哪,下一步如何做。

以上所述,看起来都是显而易见的常见原则,但是,只要看一下现有的系统,我们会惊奇的发现这些原则经常被破坏。这里有不重视人机工程的因素,也有投资上的不足(如没有专门的画面设计人员)。现代的计算机控制系统在设计和实现人机界面时,已不能不考虑这些因素。否则,就不是好的系统。

8.3.3　数据管理和数据通信

计算机控制系统和其他计算机应用系统相比较,具有一显著的特点,即系统中存在着大量实时更新的数据,更新速度因被控对象的动态特性而不同,从毫秒至秒不等,如何有效存储和管理这些数据,是控制系统软件的一项重要工作。

1. 实时数据的内容

有时,人们称系统中的实时数据为"实时数据库",但它不是由通用数据库系统构成,如 Oracle,dBase 等,而是嵌入系统内的一种特殊数据库结构,其基本元素是系统中的"数据点",点的类型包括:模拟点、数字点、控制回路点、基本仪表点等。模拟点和数字点还可以进一步区分为输入点、输出点和计算点,一种数据点可以包含多个和多种其他类型的数据点。数据点的本质实际上是控制系统中各环节的模型,如模拟输入用模拟输入点表示。在控制系统的实时数据库中,每一个点除了保存当前值外,还有一系列的辅助信息,藉以表示它在系统中的性质和作用,这些内容有:

(1) 硬件地址(控制机号、模块号和输入/输出的通道号);

(2) 点的类型(模拟点或数字点);

(3) 点的标签和说明性文字;

(4) 工程单位;

(5) 信号量程;

(6) 高低报警限;

(7) 报警状态(无报警、高报、低报等);

(8) 报警确认状态(已确认或未确认);

(9) 一段时间内的趋势值(用于趋势点);

(10) 某些计算值(如过去一段时间内的平均值、最大值、最小值等)。

将不同类型的数据点的内容完整地分析清楚,已超出本书的范围,读者可参照这里给出的方法,结合具体问题,得到具体合理的实时数据库结构和内容。

2. 实时数据的组织和管理

早期的计算机控制系统将实时数据及其相关信息分开存储,如在控制单元中存储当前值和硬件地址,其他的相关信息则存储于高层人机接口和高级计算设备中,这种组织实时数据的方式存在着一系列的副作用。

(1) 如果多个人机接口要显示同一点的信息,则每一接口都要保留标签、描述、报警限等相关信息,这既是存储空间的浪费,也给数据的一致性维护带来极大的不便,若要修改某一数据点的字段内容,则必须保证所有人机接口上该点的内容都得到更新。要做到这一点实际上并不容易。

（2）每一个数据点要计算出各自显示的数据点的报警状态,这容易导致同一点的报警状态不一致。

现在,随着控制计算机存储容量、计算速度的增加,更合理的做法是将数据点的完整信息保存在各自的控制单元中,构成"分布实时数据库",各个点的报警检测、短期趋势都在本地控制单元中完成,其他部分,如人机接口,要访问该点的信息,则唯一地从某控制单元获取。同时,应该注意这种实时数据的组织和管理方式要求各控制单元的时钟保持一致(这也是实时控制系统的重要特征之一),因为人机接口中显示不同数据点的趋势以及报警状态都是以时间为基准的。保持时间同步的方法很多,不同系统有不同的解决方法,最简单的方法可用一台高层计算机做时间基准,定期通过网络更新各控制单元的时间。

3. 数据通信

不论计算机的功能如何强大,一台计算机的处理能力总是有限的,适应不了现代化大工业的规模。现代计算机控制系统的广泛应用,很大程度上得益于通信网络的发展。计算机控制系统中的通信网络也是计算机网络,因此具有计算机网络的一般特点,只是其服务对象是实时控制,而不是通常大家浏览的 www 网页。由于控制系统对实时性要求很高,计算机控制的网络协议一般不是常见的 TCP/IP,而采用专门的简单的实时传输协议。这里我们不打算进一步讨论计算机网络的一般原理和实时传输协议,而将重点放在利用计算机网络为控制系统做些什么上。

计算机控制系统采用的网络结构随着应用的规模和不同的厂家的产品而不同。从不同的产品中,我们列举两例,以供大家参考。

图 8.10 所示的通信网络有三层子网,一层是控制柜内的各控制模块可相互通信,不受其他控制柜的影响,第二层是过程级子网,允许不同控制柜内的模块相互通信,第三层是工厂级子网,允许 HHMI 和 HCD 等高层计算机访问下层网络,同时这些计算机之间也可通

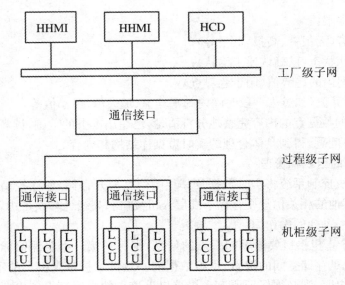

图 8.10　通信系统结构一

信。从实时性的要求看,低层子网的实时性要求高,协议一般不公开。

另一种结构如图 8.11 所示,也有三层结构,第一层本地子网允许某区域内的 LCU 相互通信。

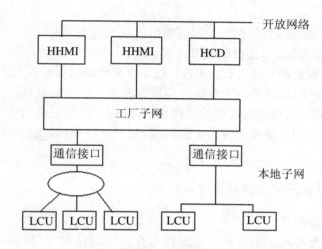

图 8.11 通信系统结构二

第二层是工厂子网,它将计算机系统的高层设备和低层设备连接起来,各设备间都可相互通信。

第三层是开放网络。通常就是 Internet,它可以向上和工厂的其他信息系统集成。

不论网络的结构如何,在控制系统中,它所担负的工作主要有以下内容:

(1) 本地控制单元间过程变量的传递,在发生控制算法需要多个 LCU 中的过程变量时,为了保证最小的传输延迟和最大的安全性,要求 LCU 直接相连,不要经过任何中间设备。

(2) 从 LCU 向 HHMI 和 LHMI 传递信息(过程变量、控制变量、报警状态等)。

(3) 从 HCD、HHMI 和 LHMI 向 LCU 传递设定值、控制器状态和控制变量等。

(4) 从 HHMI 向 LCU 下载控制系统的组态,用户程序及调整参数等。

(5) HHMI 间传递大量的数据(如历史纪录)、程序或控制系统组态信息。

(6) 保持分布系统中的实时时钟同步。

除此之外,最近的多媒体技术已允许在控制系统中传递声音和图像信息,更增加了控制系统的安全性。

8.3.4 数据输入和输出

在实际的计算机控制系统中,特别在大型过程控制中,存在着大量的过程变量和控制量,需要通过输入接口进入计算机系统和通过输出接口送给现场的执行机构。这些数据输入和输出的任务一般在 LCU 完成,由软件中的输入模块和输出模块和硬件配合,实现具体的功能,包括以下诸项:

(1) 同期扫描系统中的输入点。

（2）对输入信号进行消除尖峰处理和滤波处理。

（3）对模拟信号进行工程值转换。

（4）报警检测。

（5）处理事件中断。

（6）将输出值转换成硬件可接收范围的输出信号。

（7）将输出信号周期地送往控制通道。

事实上，这里的数据输入模块和输出模块已不仅简单地执行输入和输出任务，还承担了一部分数据处理的工作，以尽量减少其他使用数据模块的不必要处理。从这个角度我们可将控制算法模块视为一类特殊的数据处理模块，其处理方法就是前面章节介绍的数字控制器设计方法，只不过应用中要考虑很多工程因素，基于这种理解，我们不再单独讨论控制算法模块。

8.3.5　控制器的算法实现及其计算时延减少

1. 控制器的算法实现

如果数字控制器是基于系统输入输出模型设计法设计的，控制器则是用 z 传递函数 $D(z)$ 表示的。由于 $D(z)$ 是复变量 z 的函数，计算机不能直接在线计算，必须将它转换成计算机可直接计算的对应的差分方程或离散状态空间表示式。这就是所说的控制器的算法实现。常用实现方法，有直接实现法、串联实现和并联实现法。

（1）直接实现

设数字控制器的 z 传递函数为

$$D(z) = \frac{U(z)}{E(z)} = \frac{b_0 + b_1 z^{-1} + \cdots + b_m z^{-m}}{1 + a_1 z^{-1} + \cdots + a_n z^{-n}} \qquad (8.3.1)$$

由上式得

$$U(z) = (b_0 + b_1 z^{-1} + \cdots + b_m z^{-m})E(z) - (a_1 z^{-1} + \cdots + z_n z^{-1})U(z)$$

上式两边作反 z 变换，即得控制器的输出输入差分方程为

$$u(k) = b_0 e(k) + b_1 e(k-1) + \cdots + b_m e(k-m) - a_1 u(k-1) - \cdots - a_n u(k-n)$$
$$\qquad (8.3.2)$$

这就是计算机在每个采样周期内要执行的与 $D(z)$ 对应的控制算法。执行该算法需 $n+m+2$ 个存储单元，每次需作 $(n+m)$ 次移位操作。对于工业过程控制系统，该算法执行时，初始条件可设 $e(k) = e_0, k \leqslant 0; u(1-i) = u_0, i = 1, 2, \cdots, n; e_0$ 和 u_0 分别为系统闭合前系统偏差和开环控制量。系统投入闭环控制时，应尽量待开环系统处于平稳状态，且初始偏差 e_0 较小时进行。若 e_0 过大，可通过调整系统设定值，使 e_0 减小，待系统闭环平稳运行后，再将系统设定值调回原值。

$D(z)$ 也可以按第 3 章讲的直接实现法化为（3.3.42）式形式的控制器规范型状态空间表示式。即

$$\left. \begin{array}{l} X(k+1) = A_{co}X(k) + B_{co}e(k) \\ u(k) = C_{co}X(k) + d_{co}e(k) \end{array} \right\} \qquad (8.3.3)$$

式中

$$A_{co} = \begin{bmatrix} -a_1 & -a_2 & \cdots & -a_{n-1} & -a_n \\ 1 & 0 & \cdots & 0 & 0 \\ 0 & 1 & \ddots & \vdots & \vdots \\ \vdots & \ddots & \ddots & 0 & 0 \\ 0 & \cdots & 0 & 1 & 0 \end{bmatrix}_{n \times n}, \quad B_{co} = \begin{bmatrix} 1 \\ 0 \\ \vdots \\ 0 \end{bmatrix}_{n \times 1},$$

$$C_{co} = \begin{bmatrix} C_1 & C_2 & \cdots & C_n \end{bmatrix}_{1 \times n}, \quad d_{co} = b_o$$

$c_i = b_i - a_i b_0, i = 1, 2, \cdots, n; b_i = 0, i > m$。

式(8.3.3)其实是一差分方程组,由如下算式组成:

$$\left. \begin{aligned} x_1(k+1) &= \sum_{i=1}^{n} -a_i x_i(k) + e(k) \\ x_{i+1}(k+1) &= x_i(k), \quad i = 1, 2, \cdots, n-1 \\ u(k) &= \sum_{i=1}^{n} c_i x_i(k) + b_0 e(k) \end{aligned} \right\} \tag{8.3.4}$$

该算法执行时,仅需 $n+1$ 存储单元和 n 次移位操作,显然比式(8.3.2)好。

与此类似,$D(z)$ 也可化为第 3 章中的观测器规范型状态空间表示式(3.3.49)的形式,即

$$\left. \begin{aligned} X(k+1) &= A_{ob} X(k) + B_{ob} e(k) \\ u(k) &= C_{ob} X(k) + d_{ob} e(k) \end{aligned} \right\} \tag{8.3.5}$$

式中

$$A_{ob} = \begin{bmatrix} -a_1 & 1 & 0 & \cdots & 0 \\ -a_2 & 0 & \ddots & & \vdots \\ \vdots & \vdots & \ddots & \ddots & 1 \\ -a_n & 0 & \cdots & & 0 \end{bmatrix}_{n \times n}, \quad B_{ob} = \begin{bmatrix} c_1 \\ c_2 \\ \vdots \\ c_n \end{bmatrix}_{n \times 1}, \quad C_{ob} = \begin{bmatrix} 1 & 0 & \cdots & 0 \end{bmatrix}_{1 \times n}, \quad d_{ob} = b_0$$

$c_i = b_i - a_i b_0, i = 1, 2, \cdots, n; b_i = 0, i > m$。

式(8.3.5)实际是由以下差分方程组构成的:

$$\left. \begin{aligned} x_i(k+1) &= -a_i x_1(k) + x_{i+1}(k) + c_i e(k), \quad i = 1, 2, \cdots, n-1 \\ x_n(k+1) &= -a_n x_1(k) + c_n e(k) \\ u(k) &= x_1(k) + b_0 e(k) \end{aligned} \right\} \tag{8.3.6}$$

该算法也仅需 $n+1$ 个存储单元。

以上几种实现的控制算法有一很大缺陷,就是计算机执行时,算式中的任一参数 a_i, b_0, b_i 或 $c_i (i = 1, 2, \cdots, n)$ 的存储误差都会使控制器的零极点产生相应变化,从而改变控制器的动态特性,进而改变控制系统原有设计性能。而且每个参数存储误差对控制器零极点影响大小是不相同的。采用串联或并联实现方法,可使这种缺陷得到一定的改进。

(2) 串联实现

串联实现是将 $D(z)$ 的分母分子多项式作因式分解,并将 $D(z)$ 展成一阶和二阶子环节相串联结构,即

$$D(z) = \frac{U(z)}{E(z)} = b_0 D_1(z) D_2(z) \cdots D_l(z) \tag{8.3.7}$$

其中，$D_i(z)(i=1,\cdots,l)$ 可能是 $\dfrac{1+\beta_i z^{-1}}{1+\alpha_i z^{-1}}$ 或 $\dfrac{1+\beta_{i1}z^{-1}+\beta_{i2}z^{-2}}{1+\alpha_{i1}z^{-1}+\alpha_{i2}z^{-2}}$。一阶环节具有实的零极点，二阶环节具有共轭复极点或零点。将式(8.3.7)中的一阶和二阶子环节 $D_i(z)$ 用直接法化为差分方程，进而将各个差分方程联立，即是 $D(z)$ 对应的计算机控制算法。现以一个三阶控制器 $D(z)$ 为例予以说明，设

$$D(z) = \frac{U(z)}{E(z)} = b_0 D_2(z) D_1(z) \tag{8.3.8}$$

其中，$D_1(z)=\dfrac{U_2(z)}{E(z)}=\dfrac{1+\beta_1 z^{-1}}{1+\alpha_1 z^{-1}}$；$D_2(z)=\dfrac{U_1(z)}{U_2(z)}=\dfrac{1+\beta_{21}z^{-1}+\beta_{22}z^{-2}}{1+\alpha_{21}z^{-1}+\alpha_{22}z^{-2}}$。$D_2(z)$ 和 $D_1(z)$ 分别用直接实现法可得与式(8.3.2)相应差分方程如下：

$$\left.\begin{aligned}
u_2(k) &= e(k) + \beta_1 e(k-1) - \alpha_1 u_2(k) \\
u_1(k) &= u_2(k) + \beta_{21} u_2(k-1) + \beta_{22} u_2(k-2) - \alpha_{21} u_1(k-1) - \alpha_{22} u_1(k-2) \\
u(k) &= b_0 u_1(k)
\end{aligned}\right\} \tag{8.3.9}$$

以上三式联立的方程组(8.3.9)即是(8.3.8)式 $D(z)$ 的控制算法。串联实现的优点是，控制器中各子环节 $D_i(z)$ 的系数存储误差只能使相应子环节极点或零点发生变化，而不会影响其他子环节的零极点，而各子环节的系数与其零极点是相对应的，系统实验调试时，非常直观方便。

(3) 并联实现

并联实现是将数字控制器 $D(z)$ 展成一阶和二阶子环节相并联结构，即

$$D(z) = \frac{U(z)}{E(z)} = d_0 + D_1(z) + \cdots + D_l(z) \tag{8.3.10}$$

其中，$D_i(z),(i=1,\cdots,l)$ 可能是 $\dfrac{d_i}{1+\alpha_i z^{-1}}$ 或 $\dfrac{d_{i0}+d_{i1}z^{-1}}{1+\alpha_{i1}z^{-1}+\alpha_{i2}z^{-2}}$。

再将所有一阶和二阶子环节 $D_i(z)$ 和串联实现一样，用直接实现法化成相应的差分方程，$D(z)$ 控制算法即是由其各个子环节 $D_i(z)$ 相应差分方程联立组成。$D(z)$ 的输出控制量 $u(k)$ 就是各子环节输出 $u_i(k)$ 之和。下面也用一个三阶控制器为例予以说明。设

$$D(z) = \frac{U(z)}{E(z)} = d_0 + D_1(z) + D_2(z) \tag{8.3.11}$$

式中，$D_1(z)=\dfrac{U_1(z)}{E(z)}=\dfrac{d_1}{1+\alpha_1 z^{-1}}$；$D_2(z)=\dfrac{U_2(z)}{E(z)}=\dfrac{d_{10}+d_{11}z^{-1}}{1+\alpha_{21}z^{-1}+\alpha_{22}z^{-2}}$。其中，一阶子环节具有实极点，二阶子环节具有共轭复极点，d_0 为实数。d_0、$D_1(z)$ 和 $D_2(z)$ 分别与式(8.3.2)相对应的差分方程为

$$\left.\begin{aligned}
u_0(k) &= d_0 e(k) \\
u_1(k) &= d_1 e(k) - \alpha_1 u_1(k-1) \\
u_2(k) &= d_{10} e(k) + d_{11} e(k-1) - \alpha_{21} u_2(k-1) - \alpha_{22} u_2(k-2) \\
u(k) &= u_0(k) + u_1(k) + u_2(k)
\end{aligned}\right\} \tag{8.3.12}$$

式(8.3.12)即是上述三阶控制器(8.3.11)的相应控制算法。

并联实现的优点是各通道彼此独立，各环节计算误差仅影响其自身输出，而不影响其他

子环节的输出。子环节系数的存储误差也只影响其自身零、极点，对其他子环节无影响。研究表明，并联实现，控制器系数存储误差对系统性能影响最小，而直接实现的控制器系数的存储误差对系统性能影响最大。所以一般高于三阶以上的控制器 $D(z)$ 最好采用并联或串联实现，而对于一阶或有复极点二阶的低阶 $D(z)$ 由于不可分解，可用直接实现的算法。

2. 控制算法计算时延的减小

控制算法计算时延是指计算机控制系统在一个采样周期内，从被控量采样时刻到计算机执行控制算法，产生并经 D/A 输出控制信号的时刻之间的时间间隔。当然，这里的时延包括了 A/D 和 D/A 的转换时延，由于通常 A/D 和 D/A 转换时延相对极小，微秒甚至纳秒级，可忽略不计。控制系统中的计算时延相当于系统中的一个延迟环节，它必将致使系统性能恶化，所以应该尽量设法予以减少。

计算时延不仅与控制算法的计算量有关，也与控制算法执行方式关系很大。为了减小计算时延，控制算法实现时，可将控制算法 I_0 分为两个算式。将算法 I_0 中只与当前控制器输入 $e(k)$ 和输出 $u(k)$ 有关的部分划为一个算式 I，而将算式中与输入和输出过去时刻值即 $e(k-i)$ 及 $u(k-i)(i=1,2,\cdots)$ 有关部分划为另一算式 II。例如，以上控制算法式(8.3.2)可化为

$$\begin{cases} u(k) = b_0 e(k) + u_0(k) & \text{I} \\ u_0(k+1) = b_1 e(k) + \cdots + b_m e(k-m+1) - a_1 u(k) - \cdots - a_n u(k-n+1) & \text{II} \end{cases}$$

状态空间表示式形式的控制算法如式(8.3.3)和(8.3.5)本身即是两式，其中输出方程就是算式 I，状态方程组则是算式 II。这样，可将控制算法一步计算改为两步计算，并改由算式 I 输出控制量。即在每个采样周期内，执行控制算法时，先计算算式 I，计算出控制量 $u(k)$ 立即输出，再计算算式 II 获得 $u_0(k+1)$，为下时刻计算 $u(k+1)$ 作准备，继而等待直到下个采样时刻。由于算式 I 的计算量总比整个控制算法 I_0 小，所以，控制算法改为两步计算的时延也一定会比控制算法一步计算的时延小。控制算法两种执行方式的计算时延比较如图 8.12 所示，图 8.12(b)中 τ_1 为两步计算的时延，显然小于图 8.12(a)中的一步计算的时延 τ_0。

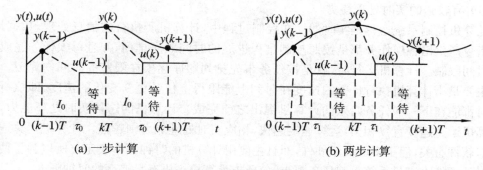

(a) 一步计算　　　　　　　　(b) 两步计算

图 8.12　控制算法两种执行方式计算时延比较

8.4 计算机控制系统的硬件实现

由 8.2 节介绍的几种计算机控制系统结构不难看出,不论较简单的集中式控制系统还是复杂的分布式控制系统或总线式控制系统,其中集中式控制系统从系统结构而言,它是最重要也是最基本的系统。它是其他两类复杂系统的基础,其他两类系统其实是在它的基础上扩展而成的。由于篇幅所限,本节仅集中介绍集中式计算机控制系统有关硬件实现问题,而且只限于从系统功能和技术要求角度,讨论有关硬件系统结构和关键部件选用问题,一般不涉及具体硬件的工作原理和设计问题。

8.4.1 控制计算机硬件系统的技术要求

在图 8.1 所示集中式计算机控制系统中就系统控制功能而言,其中控制计算机简称控制机是其最为关键的设备。控制机的硬件系统结构及配置如图 8.1 中虚线框所示。它由计算机主机(由 CPU、RAM、ROM、定时器及系统总线构成)和输入输出通道(包括数字量 I/O 和模拟量 I/O)以及外部设备构成。如果控制机用于分布式控制系统作为 LCU(即现场控制单元),其硬件系统可不必配置外部设备。控制机的基本功能是承担现场控制任务,即由输入通道收集被控对象和外部信息,按照预定算法运算和处理并及时产生控制指令,再通过输出通道输出,驱动执行机构,作用于被控对象,实现顺序逻辑控制和模拟量闭环反馈控制。关于控制机硬件系统的技术要求有如下几个方面:

1. 控制计算机主机的技术要求

控制计算机主机是整个控制系统的信息处理中枢,是计算机和控制系统中的核心部件。它的技术性能决定了计算机及控制系统的功能和性能的好坏。其技术要求有如下几项:

(1) 有较强的实时处理能力

计算机控制系统运行是实时的。在控制过程中,计算机所执行的信息处理,数据运算,控制指令产生出各项任务都是按照控制过程进展的时间顺序排列,并且每项任务完成都有严格时间限制。计算机运行时,就是按任务事先排列顺序逐项在限定的时间内完成。其实时性主要是指计算机执行任务的速度在时间上能跟得上任务更新变化的速度,即执行每项任务时都能在下一项任务尚未向计算机提出之前完成。计算机的这种实时处理能力,其实与计算机运算速度直接相关,运算速度越快,相应实时处理能力则越强。计算机运算速度快慢虽与软件有关,但更多取决于硬件,而且主要由计算机的时钟频率决定。所以为了使计算机实时处理能力满足系统控制任务要求,应要求计算机主机有足够高的时钟频率。

(2) 有较完善的中断系统

计算机控制系统运行过程中常出现突发的紧急情况,比如输入输出信号出现异常或某环节出现故障或危急情况,需要及时报警处理,系统运行中修改控制算法中某些参数或设置,还有主机与外部设备交换信息,或与其他计算机通信等,这些问题的处理通常都采用中断方式。当系统中某环节发生突发紧急情况时,即向主机发出中断请求信号,主机一旦接收到中断请求便按照预先的安排,暂停原有的工作程序而转去执行相应中断服务程序,待中断处理完毕,主机再回到原程序继续执行原来工作。中断功能一般计算机都是具有的,而实时控制计算机则对中断系统功能要求应该更高一些。这是因为计算机控制系统运行突发事件多,处理要求及时准确,不得有任何失误和延误,否则可能酿成事故。

（3）有较丰富的指令系统

主机指令系统越丰富,标志着计算机系统潜在的运算处理功能越强,而且为编写应用程序提供更加灵活、方便的条件。

（4）有足够的内存容量

计算机控制系统通常要求将那些常用应用程序和算法以及数据存放在计算机内存中,所以应该根据系统具体需求,估算并配置足够容量的计算机内存。有时还要配备外部存储器,并且为了确保控制系统可靠性,避免内存中存放的重要信息和参数因停电偶然事故而丢失,控制计算机中的内存一般都采用带有掉电保护的 RAM。

（5）有合理的字长

计算机字长是指计算机的并行数据总线的条数。字长直接影响计算中的数据精度,计算机寻址能力,指令数目和执行操作时间。对计算机控制系统而言,计算机的有限字长将使 A/D、D/A 转换和控制算法中参数存储以及控制算法运算均产生量化误差（这些量化误差对于系统都是有害的噪声干扰）。因此,控制机的字长应该根据对控制系统的性能要求,合理确定其长短。即既不过短,使量化误差过大,而降低系统性能,也不过长,使系统成本增加过多,造成不必要的浪费。

计算机主机以上五项技术要求,其实也是主机的五项技术性能指标,它是选用主机或设计主机的所要依据的技术条件。

2. 输入和输出通道的技术要求

控制机 I/O 通道分为,模拟量输入通道（即 AI）,数字量输入通道（即 DI）,模拟量输出通道（即 AO）和数字量输出通道（即 DO）。

AI 通道主要技术要求有:

（1）有足够的输入通道数。这要根据实际需要测量的参数数量而定,并应留一定数量的备用通道。

（2）有足够的转换精度和分辨率。主要根据测量仪表精度等级和系统精度要求确定。

（3）有足够的转换速度。主要根据模拟输入信号变化速度和系统带宽要求确定。

AO 通道的要求基本上与 AI 通道要求类似。

计算机控制系统中常常有大量的 DI 和 DO 信号,例如控制系统中的执行机构是步进电机时,计算机输出的控制信号就是一组脉冲;如果测量仪表是光电码盘或其他数字式仪表,则输入信号就是一组数字编码。此外系统执行顺序逻辑控制时,计算机输出的控制信号和输入计算机反映被控对象的各开关状态的信号,都是开关量也属数字量。系统中数字量输入输出计算机均由数字量通道接口实现。

3. 人机界面的要求

计算机控制系统通常都要配备操作站,作为人机界面,以便于操作人员和对控制系统维护的工程人员对控制系统运行进行监视和操作。作为人机联系界面的操作台应该使用方便符合人的操作习惯。其基本功能应该具有：

(1) 显示功能，可以及时显示操作人员需要的有关控制系统各种信息。

(2) 多种功能键方便操作，如报警，制表，打印，自动/手动切换，显示画面的切换等。

(3) 输入数据功能键，必要时可以修改控制算法参数。

(4) 功能键应有明显标志，并且具有即使操作有误也不致有严重后果的特性。

4. 有很高的系统可靠性和可维护性

如前所述，控制机是整个控制系统的信息中枢犹如人体大脑。计算机控制系统特别是工业过程计算机控制系统通常都是要长时间的不间断地运行。如果运行中控制机主机一旦出现故障，必将导致整个控制系统瘫痪，甚至产生重大事故。所以计算机控制系统对控制机尤其主机硬件系统的可靠性要求特别高，一般远高于普通科学计算或其他信息处理计算机，通常要求控制机整机和其中的模块的 MTBF 分别为 1 年和 10 年。因此控制机通常都由专门厂家按照性能要求采用模块化、标准化、系列化设计和先进工艺生产的。生产过程中对其元部件要进行多道老化和严格测试筛选，对于重要的对系统可靠性起关键作用的元部件，则采用"二重化"结构，即用两个相同部件并联运行，类似图 8.2 所示双计算机系统，即使其中一个部件故障失效，系统仍能工作，只有两个都失效了，才造成系统故障。这种"二重化"做法，视情况甚至扩展到整个系统，来提高系统的可靠性。

控制机硬件系统的可维护性也是十分重要的。可维护性好，表明控制机维护方便，出现故障后能够很快判断出故障位置和原因，从而能够很快修复。提高可维护性的措施是硬件模块化，并采用插件式结构，同时软件采用自检测和自诊断程序，以便及时发现和显示故障，并判断故障位置。

8.4.2 控制机主机的选择

控制机主机选择，原则上是依据前面讲的它应有的五项技术要求和要实现的计算机控制系统功能任务及要求来从市场相关系列产品中选择。工程中，控制机与控制系统功能任务和性能有关的主要参数是它的运算速度，内存容量和字长。

1. 计算机运算速度的选择

确定计算机运算速度主要由以下几方面要求和限制条件来考虑：

(1) 控制系统在一个工作周期内需要完成的基本工作量，包括数据获取，各种控制算法运算，数据转换输出以及各种监控程序的执行等。

(2) 系统采用的采样周期。系统采样周期遵循第 2 章讲的可按被控对象带宽或输入的模拟信号带宽确定。为减少一个采样周期内的工作量，控制系统也可采用多速率采样，即不同任务采用不同采样周期。

(3) 计算机的指令系统和时钟频率。为提高运算速度，可选用较高时钟频率的控制机主机。

(4) 硬件支持。为提高运算速度，也可以通过将某些软件实现的功能改由硬件实现。

2. 计算机内存容量的确定

确定控制计算机的内存容量应根据实现计算控制系统功能任务对计算机需要执行的全

部软件程序量和必须存储的各种数据量进行估算。以估算量为基础,再预留一个较大的备用空间,即可确定相对合理容量的计算机内存配置。

3. 计算机字长的确定

计算机字长确定通常有多种方法,对于控制机而言,比较适用的有如下两种方法:

(1) 参照 A/D 字长确定

控制机的字长应与 A/D 转换器的字长相协调。设 A/D 字长为 n_{ad},则 A/D 转换的数字最低有效数为 $2^{-n_{ad}}$,计算机对 A/D 转换的数字进行乘或除运算时,运算器的位数应该至少超过十进制一位,即超过二进制四位。所以计算机字长 n_{cp}(即二进制数字的位数)应为

$$n_{cp} \geqslant n_{ad} + 4 \tag{8.4.1}$$

其中 A/D 字长 n_{ad} 可以依据 A/D 输入信号动态变化范围或 A/D 转换精度要求来确定。设 A/D 输入的模拟信号的最大值为 u_{ma},最小变化值为 Δu_{mi},令 $N = u_{ma}/\Delta u_{mi}$,则 A/D 字长 n_{ad} 应满足 $(2^{n_{ad}} - 1) \geqslant N$,由此得

$$n_{ad} \geqslant \lg(N + 1)/\lg 2 \tag{8.4.2}$$

相应计算机字长应为

$$n_{cp} \geqslant \lg(N + 1)/\lg 2 + 4 \tag{8.4.3}$$

(2) 按乘除运算舍入误差的标准差确定

研究表明,计算机作 m 次乘/除运算,其结果的舍入误差的标准差 σ 为

$$\sigma = \sqrt{m} \, \frac{1}{2} 2^{-n_{cp}} \tag{8.4.4}$$

由上式可取

$$n_{cp} = (\lg \sqrt{m} - \lg 2\sigma)/\lg 2 \tag{8.4.5}$$

给出 m 和标准差即可按上式确定出计算机字长。

工程中,16 位微机通常都能满足大多数控制任务要求,一些特殊场合,若要求较高运算精度,可用软件方法采用双字长运算来实现。

控制机主机选择,除了必须考虑上述几方面的技术要求外,还应考虑其成本,程序编写难易以及输入输出接口是否方便等。现今控制机常用主机有单板机和工控机(即微机)。单板机体积小,功能全,成本低。其缺点是所用软件开发编制需用专用开发系统,开发较麻烦,单板机常用于小型控制系统。工程上应用较普遍的是工控机。工控机模块化结构,扩展、维护方便,有丰富的系统软件,可用高级语言和汇编语言编程。程序编写调试方便,但成本稍高些。此外对主要任务是顺序逻辑控制带少量模拟控制任务的场合常采用 PLC 即可编程控制器。PLC 的结构与前述控制计算机类似,其功能齐全,可靠性高,抗干扰能力强,使用维护方便。有关 PLC 详细介绍请参阅相关资料。

8.4.3 模拟输出通道及 D/A 选择

模拟输出通道主要由接口电路、D/A 转换器和其他辅助电路组成,其结构框图如图 8.13 所示,有三种不同形式:① 图 8.13(a)形式,不带多路开关,每路输出均由各自的 D/A 进行转换。其结构相对复杂些,成本高一些。这种结构常用于要求同时对多个对象进行较精确控制的场合。② 图 8.13(b)形式,由一个 D/A 和多路开关以及保持器构成,结构较简

单,比较经济,没有特殊要求的场合都可采用。图 8.13(c)形式较复杂,其不同之处是:① 采用光电隔离,以抑制外界干扰对 D/A 工作有害影响;② 用 A/D 将输出的模拟信号值读回,以检验输出模拟信号的准确性;③ 通过看门狗定时器,在计算机发生故障时,用选择电路给出安全输出信号,使输出保持原有值或最大输出或最小输出或事先设定值等均可确保系统处于安全状态,而不会因计算机故障导致输出的控制信号超出其允许范围而引发控制系统事故。这种结构主要用于对可靠性有特殊要求的控制系统。

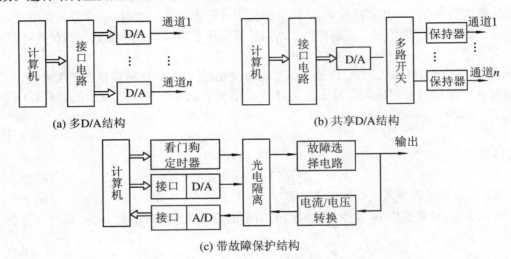

(a) 多D/A结构　　　　　　　　　(b) 共享D/A结构

(c) 带故障保护结构

图 8.13　模拟输出通道的几种原理结构图

选择模拟通道结构及 D/A 芯片,最基本的是按照前面说的模拟输出通道的三项主要技术要求(即足够通道数,足够转换精度和分辨率以及足够快的转换速度)和 D/A 芯片的技术指标来确定,在性能上一定要满足前述三项技术要求。除此外还要考虑 D/A 芯片的结构及应用特性,在其结构和应用上应满足接口方便,使外围电路简单,同时价格低廉。

D/A 芯片主要性能指标有:

(1) 转换精度:是衡量转换误差(即转换的实际输出与理论输出之差)大小的指标。转换误差由线性误差,增益误差和偏移误差组成。目前市场上的 8 位以字长的 D/A 芯片的精度均小于 0.4%,通常都能满足要求。

(2) 分辨率:指输入数字量发生一个单位变化时相应输出模拟量的变化量,它是以 D/A 字长最低位的有效值 LSB 表示即 $1/(2^{n_{ad}} - 1)$,n_{ad} 是 D/A 字长位数。通常对于同一 D/A 其转换精度与分辨率是协调一致的。

(3) 转换时间:定义为 D/A 的输入代码产生满刻度值变化时,其输出模拟信号达到满刻度值 ±LSB 时所需时间,一般为几十纳秒到几十微秒。这都能满足一般控制系统的要求。

(4) 输出电平:D/A 输出电平一般有 5~10 V;高压输出型的 D/A 输出电平可达 24~30 V;电流输出型 D/A 输出电流,低的 20 mA,高的可达 3 A。

(5) 输出代码形式:D/A 为单极性输出时,其输入代码可以是二进制码,BCD 码;当 D/A 为双极性输出时,其输入代码可以是原码、补码、偏移二进制码等。

D/A 上述这些性能指标在其相关产品手册中都可查到。选用 D/A 时除了要求 D/A

输出电平应与相应执行机构的放大驱动级的输入相匹配外,注重考虑以其字长位数表示的分辨率。D/A 的分辨率应由其后的执行机构的输入信号的动态范围决定。设 U_{ma} 为执行机构输入信号的最大值,U_{d} 为输入信号的最小值,即执行机构死区对应的输入电压。则 D/A 的字长位数 n_{ad} 应满足

$$1/(2^{n_{\mathrm{ad}}} - 1) \leqslant u_{\mathrm{d}}/u_{\mathrm{ma}} \tag{8.4.6}$$

所以

$$n_{\mathrm{ad}} \geqslant \lg\left(\frac{u_{\mathrm{ma}}}{u_{\mathrm{d}}} + 1\right)/\lg 2 \tag{8.4.7}$$

8.4.4　模拟输入通道及 A/D 选择

控制机的模拟输入通道是将被控对象测试的模拟信号转换成数字信号输入计算机,它主要由接口电路,A/D 转换器,多路开关构成的,其结构如图 8.14 所示。其中 8.14(a)方案

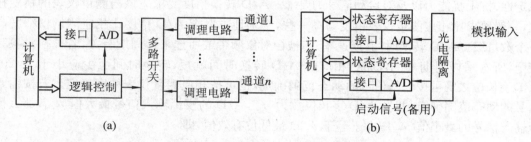

图 8.14　模拟输出通道原理结构图

是最常用的结构形式,结构较简单,其中调理电路用来将模拟输入信号调整或转换为 A/D 转换器输入所要求的信号类型及其大小范围,也可用来对输入信号进行滤波,改善输入信号质量。如果输入信号类型和大小范围符合 A/D 输入要求,而且信号受噪声污染很小,不需特殊处理,那么输入通道也可以不用调理电路,模拟输入信号可以直接输入 A/D。图 8.14(b)方案主要用于对模拟输入通道工作可靠性有特殊要求的控制系统。这种方案中采用了光电隔离器将外电路和计算机系统在电气上隔离分开,避免将外部干扰引入计算机系统。同时输入信号接入两个 A/D 通道,其中一个作为备用。在正常状态下备用通道不工作,一旦工作通道的状态寄存器检测到故障,则即刻启动备用通道接替工作,并将故障在人机界面上或以指示灯予以显示。显然,这种方案,结构较复杂,成本也高,一般对通道可靠性无特殊要求的控制系统都不会采用,而是采用前一种图 8.1(a)方案。

模拟输入通道中的 A/D 芯片选择基本上与模拟输出通道中 D/A 选择相同。总的原则是按照前面讲的模拟输入通道的主要三项技术要求和 A/D 芯片性能指标来选择。在性能上一定要满足控制系统对模拟输入通道的三项技术要求。A/D 转换器的主要性能指标有:

(1) 转换精度:是指在输入范围内,对于任一给定数字量所对应的模拟输入量的实际与理论值之间的差值大小。通常将此差值与整个转换范围满量程之比称为 A/D 的相对转换精度。

(2) 分辨率:是指 A/D 输出的数字量对相应输入的模拟量变化的分辨能力,即其输出

的数字量增加(或减少)一位所需要的输入模拟信号的最小变化量。它也是以 A/D 字长最后一位有效值 LSB 表示的,即 A/D 分辨率为 $1/(2^{n_{ad}}-1)$,其近似取为 $2^{-n_{ad}}$,n_{ad} 为 A/D 字长位数。A/D 的转换精度与分辨率之间关系同 D/A 一样,通常对于同一芯片两者是协调一致的。常用 A/D 芯片字长多为 8 位,10 位,12 位,14 位,16 位等,更高位数的少见。

(3) 转换时间:指在 A/D 处于就绪状态时,从转换启动开始,到获得与输入信号对应的数字输出信号所需的时间。转换时间的倒数称转换速率。A/D 转换时间或转换速率与 A/D 的字长有关。通常 A/D 的字长位数越多,则相应转换速率就越慢,或转换时间越长。逐次逼近式 A/D 转换时间为几微秒到几百微秒;双斜积分式 A/D 的转换时间几十毫秒到几百毫秒,比前一类 A/D 转换速度慢得多。

(4) 转换量程:指输入模拟量的变化范围。一般单极性 A/D 为 $0\sim10$ V 和 $0\sim20$ V;双极性 A/D 为 -5 V$\sim+5$ V 和 -10 V$\sim+10$ V。

A/D 芯片选择,重点要考虑的是 A/D 的转换精度,转换时间。此外还要注意它的工作稳定性,抗干扰能力以及对启动信号的要求。A/D 转换精度要求应该与测量仪表的精度相关,一般要求比相应测量仪表精度略高一些,个别地方要求 A/D 精度比相应测量仪精度高一个数量级。A/D 转换时间(或速率)与被控对象频带或所选采样周期有关,若被控对象频带窄,所选采样周期 T 小,那么相应的 A/D 转换时间就短,转换时间至少应小于 $T/20$。A/D 字长位数既可按输入信号的动态范围确定,也可按相应测量仪表精度确定。若按输入信号的动态范围确定,并设 A/D 字长位数为 n_{ad},A/D 的模拟输入信号最大值 u_{ma},那么模拟输入信号的最小值 u_{mi} 应大于等于 A/D 最低位有效值,即

$$u_{mi} \geq u_{ma}/(2^{n_{ad}}-1) \tag{8.4.8}$$

由此得

$$n_{ad} \geq \lg\left(\frac{u_{ma}}{u_{mi}}+1\right)/\lg 2 \tag{8.4.9}$$

8.4.5 数字输入输出通道的实现

数字输入输出通道又称开关量输入输出通道,主要由 I/O 缓冲部分和电气部分构成,如图 8.15 所示。数字输入输出通道的功能是将来到控制现场的开关量(即只有高低两种电平的信号)信号进行适当处理,转为计算机可接收的数字信号。其中输入缓冲器的作用是对外部输入信号进行缓冲、加强和选通。输出锁存器将计算机输出的数据或控制信号进行锁存,以便放大驱动执行机构,实现对被控对象的控制。I/O 缓冲部分的功能可用可编程接口电路(如 Intel8255A)构成,也可用简单电路(如 74LS240,244,373)实现。

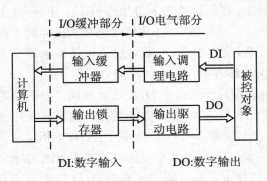

DI:数字输入　　DO:数字输出

图 8.15　控制机数字输入输出通道原理结构图

I/O 电气转换部分的功能主要是,滤波、电平转换、隔离、功率驱动等。由于外部输入信号可能引入干扰、过电压、瞬态尖峰和反极

性输入等,因此必须进行隔离、滤波、过电压和反电压保护措施,才能安全输入计算机。常用方法有:

(1) 用齐纳二极管或压敏电阻将瞬态尖峰钳位在安全电平上;

(2) 串联一只二极管防止反电压输入;

(3) 用限流电阻和齐纳二极管构成稳压电路作过电压保护;

(4) 用光电隔离器实现信号完全隔离;

(5) 用 RC 滤波器抑制干扰。

数字输出通道的作用是按照计算机输出开关量信号控制外部触点的通断或执行器的启停等。由于数字输出通道靠近有强电环境的大功率外部设备,所处环境恶劣,干扰较严重,因此数字输出通道在其输出电路中也必须采取隔离措施抑制干扰。隔离器根据输出级的不同,可分三极管型,单向可控硅和双向可控硅型等几种。输出开关量信号还需经过功率驱动级输出。开关量输出的驱动电路种类很多,常用的有:大/小功率晶体管、可控硅,达林顿阵列驱动器、固态继电器等。其中固态继电器由于无触点,比电磁继电器可靠性高,寿命长,速度快,对外界干扰影响小,因而被广泛用于工业控制领域。

8.5　计算机控制系统的抗干扰技术

具有实用价值的计算机控制系统一定要保证长期稳定可靠的运行,而它通常所处的工业环境不可避免的存在着多种形式的干扰,如果不采取有效的抗干扰措施,轻则影响信号的品质,降低控制系统的性能,重则使系统不能正常工作,影响生产或导致设备损坏。因此,了解计算机控制系统中常见的干扰形式及相应的抗干扰措施,具有重要工程意义。

8.5.1　干扰源

所谓干扰,一般指有用信号以外的噪音,或者因受环境影响而使信号发生的不期望的改变。总之,干扰对系统是不利的。在计算机系统中,按照干扰的来源不同,可将其分为三类,即电源干扰,空间干扰和设备干扰。

1. 电源干扰

该干扰主要来自供电电源,主要有:浪涌、尖峰、噪音和断电。

(1) 浪涌。挂在同一电网上的大功率设备,特别是感性负载设备,如大功率电动机等,在启动或停止时,会造成电网电压的大幅波动,形成浪涌。工业电网的欠压与过压常常达到额定值的 ±15% 以上,且持续时间较长。

(2) 尖峰。挂在同一电网上的大功率开关的通断,电焊机的使用,特别是有大功率可控硅设备的使用,可使电网上出现尖峰脉冲,其持续时间短,但峰值可达 2kV,甚至更高。

(3) 噪音。供电电网和系统供电的导线,对噪音具有天线效应,所接收的噪音会随电源进入计算机控制系统。

（4）断电。断电也是一种干扰，特别是瞬间断电，对计算机控制系统的干扰后果可能更严重。

2. 空间干扰

（1）静电和电场的干扰，处于电场中的设备和带静电的设备都易将干扰引入控制系统。

（2）磁场干扰，处于磁场中的电器设备，由于电磁感应的原理，易受其干扰。

（3）电磁辐射干扰，电磁辐射干扰有：广播电台或通信发射台发出的电磁波，电气设备，（如发射机，可控硅逆变电源等）发出的电磁干扰。另外，自然界和气象条件也易形成干扰，如太阳辐射电磁波，雷电造成过电或浪涌电流等。

3. 设备干扰

设备干扰指设备内部或设备之间产生的干扰。如 A/D 转换时，如多路转换开关和保持器的性能不好时，可造成邻近通道间的互相干扰；当电气设备漏电，接地系统不完善，或测量部件绝缘不好时，均会使通道中窜入共模电压或差模电压；输入信号和电源线距离过近时，容易在信号线上产生共模干扰或差模干扰。

以上三种干扰源，以来自交流电源的干扰最为严重，其次为设备干扰，再次为空间的辐射干扰，对后者一般采取适当的屏蔽措施，就可获得比较满意的效果。

8.5.2　干扰的耦合方式

干扰信号进到计算机控制系统的耦合方式主要有四种：静电耦合，电磁耦合，阻抗耦合和电磁辐射耦合。

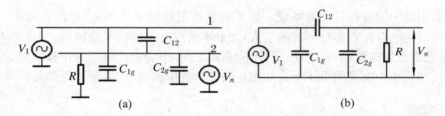

图 8.16　两导线间的电磁耦合

1. 静电耦合

该耦合方式也称电容耦合，当两根平行放置的导线距离足够近时，他们之间形成的电容效应不可忽略，外干扰可通过等效电容传播。其原理图如 8.16（a）所示，图 8.16（b）是其等效电路图。图中 C_{12} 表示两导线间的等效电容，C_{1g} 是导线 1 的对地等效电容。C_{2g} 是导线 2 的对地等效电容，R 是导线 2 的对地等效电阻，V_1 表示导线 1 上的干扰电压，V_n 是导线 2 上耦合电压，可由下式得到：

$$V_n = \frac{\mathrm{j}\omega R C_{12}}{1 + \mathrm{j}\omega R (C_{12} + C_{2g})} \cdot V_1$$

当 $\mathrm{j}\omega R(C_{12} + C_{2g}) \ll 1$ 时，上式可近似为 $V_n = \mathrm{j}\omega R C_{12} V_1$，即耦合电压与干扰电压的频率、幅值成正比，也与被干扰电路的阻抗和耦合电容成正比。因此，低电平信号放大器的输入阻抗应尽可能小。

当导线 2 对地绝缘良好时,有 $j\omega R(C_{12} + C_{2g}) \gg 1$,此时得到

$$V_n = C_{12}V_1/(C_{12} + C_{2g})$$

该式表明,导线 2 上的耦合电压取决于 C_{12} 和 C_{2g} 得分压作用,与干扰源的频率无关。

2. 电磁耦合

在载流体周围的空间存在磁场,磁场中的闭合电路受交变磁场的影响,将产生感应电视并形成感应电流,这是电磁感应的基本原理。在控制系统中,设备内部的线圈或变压器的漏磁就是一个很大的干扰源,在设备外部,当两根导线在较长的距离内敷设或架设时,就会产生电磁耦合干扰,其机理和等效电路如图 8.17 所示。

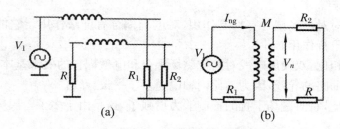

图 8.17　两导线间的电磁耦合及等效电路图

导线 2 上的耦合电压为 $V_n = j\omega M I_{ng}$。

3. 阻抗耦合

当两个电路的电流流经一个公共阻抗时,一个电路在该阻抗上所产生的电压将会影响到另一个电路,这种耦合方式,成为阻抗耦合。

公共阻抗通常分为公共地和公共电阻两种,其中公共电阻如公共电源的内阻,控制设备工作线路与连线的阻抗等。公共阻抗的数值与感应电压的频率有关,在低频时,基本等于连线的电阻和电源滤波器输出电容的容抗,在高频时基本等于连线的感抗和电源滤波器输出电容的容抗。

4. 电磁场辐射耦合

当高频电流流过导体时,在该导体周围产生电力线和磁力线,它们随着导体各个部分瞬时的电荷变化而变化,形成在空间传播的电磁波。处于电磁波中的导体将因电磁波的作用而感生出相应频率的电动势。

电磁场辐射干扰是一种无规则的干扰,它极易通过电源而耦合到系统中来。另外过长的信号线会起到天线的作用,它们既能接收干扰波,也能辐射干扰波。

8.5.3　干扰的抑制

屏蔽技术和接地技术是抑制空间干扰和设备干扰的有力措施。

1. 屏蔽技术

在计算机控制系统中,通常对信号传输线采取屏蔽,以避免引入干扰。常用的传输器材是双绞线、同轴电缆和双绞的屏蔽线对。

(1) 双绞线

双绞线造价低,是一种常用的信号线,可有效地抑制磁场耦合干扰,但是不能抑制电场

耦合干扰。其抑制磁场耦合干扰的基本原理很简单,将构成回路的两条线对绞在一起后,形成很多分割的小回路。相邻的两个小回路面积接近相等而方向相反,从而,使磁场干扰的影响近似相互抵消。

(2) 同轴电缆

同轴电缆只要将屏蔽体一点接地,就对电场耦合干扰有良好的屏蔽效果,但不能将电场耦合完全屏蔽,如果想获得更好的屏蔽效果,可尽量减短两端引线的外露部分,并选用屏蔽层为铝箔的同轴电缆(这样的屏蔽层无网孔)。

同轴电缆对磁场耦合也有良好的抑制作用。

(3) 双绞屏蔽线对

双绞屏蔽线对对磁场耦合有抑制作用,对电场耦合有屏蔽作用。它能够起双绞线和同轴电缆两者的抗干扰作用。

与同轴电缆相比,双绞屏蔽线对的抗磁场耦合和电磁耦合的效果基本相同,但它不再需要用屏蔽体作为回路的导线,因为它比同轴电缆多了一根导线。

与双绞线相比,它对磁场干扰的抑制能力增强了,这是由于多了一层屏蔽体。

2. 接地技术

在工业控制计算机系统中,采用适当的接地技术是抑制噪声和防止干扰的另一主要方法。如果能够在系统设计和施工中,把接地和屏蔽的工作做好,则大部分的噪声干扰将得到解决。

需要说明的是,这里的"地"指电位相同的等电位点或面,和真正的大地,既有联系,也有区别。所谓接地,不一定指与大地相连,但系统的保护接地一定要和大地连接,系统中其他的地电位,如模拟地,数字地,则要根据设计的要求,选择适当的地电位。

下面将具体说明计算机控制系统中的接地设计。

(1) 低频信号的接地设计

低频信号是指 I/O 通道中的信号,其频率一般在 1 MHz 以下。

从原理上讲,低频信号最好采用单点接地方式,如图 8.18 所示,这样各电路的地电位只与本电路的地电流和地线电阻有关,彼此没有影响,但它需要很多连线,在工程中不实用。一般在工程中采用分组接地法,按照电频,功率,噪声强弱等分成不同组分别接地,再将各组的公共地连接在一起于一点接地。实际应用中,至少分成三组:地电平电路的地线,继电器和发动机等的地线,设备机壳的地线。

图 8.18　多线路单点接地

(2) 通道馈线的接地设计

一个模拟量输入通道可认为由三部分组成,即信号源,馈线和放大器,其中馈线外一般包裹着屏蔽层。模拟量输入通道一般采用单点接地方式,即要么在放大器端接地,要么在信号源端接地,同时馈线电缆外的屏蔽层也应于同一点接地。如图 8.19 所示。

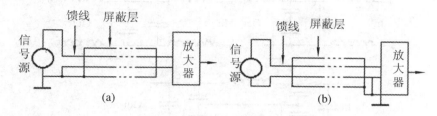

图 8.19　模拟输入通道的单点接地方式

（3）保护地线的接地设计

工业计算机控制系统的机房内,要有符合技术规定的保护地线。设备的金属壳体要保证可靠地连接到保护地线上,否则,系统内的强电因感应或绝缘体破损易使金属壳体带电,对设备和工作人员的安全都会构成威胁。

在进行外壳接地时,一定要采用诸如焊接的方式保证可靠接地,不要借用诸如滑道,铰链等部件的螺钉作为接地点。

8.5.4　系统供电技术

据有关资料显示,计算机控制系统中由噪声干扰而引起的故障中,80% 和电源供电有关,可见,良好的供电技术对系统的稳定运行非常重要。下面将介绍几种有效电源净化方法。

1. 线路滤波

从电网上引入的交流电经开关型稳压电源实现转换后,再向系统中的电子设备提供低压直流电源。在引入交流电后,一般要加入线路滤波器,以抑制由交流电的引入所带来的干扰在接入稳压后的低压直流电前,也要加入线路滤波器。常见的商用线路滤波器的结构如图 8.20 所示。

图 8.20(a)所示的为差模滤波器,用于滤去差模噪声,图 8.20(b)所示的为共模滤波器,其中绕在同一磁芯上的共模扼流圈可以抑制共模噪声,而它对工频和差模噪声所呈现的电感值为零。

2. 尖峰脉冲干扰的防治

尖峰脉冲是指叠加在电网正弦波上的尖峰状电压,其幅度可高至数千伏,但其持续的时间很短,仅为微秒级。对尖峰脉冲干扰的抑制,如果仅采用常规方法,很难奏效,必须采取防治结合的综合性措施。

（1）避开干扰源

尽量使用单独的交流电源为控制系统中的设备供电,不要和大功率感性负载,如电机共用同一电源。

（2）在引入交流电时增加必要的硬设备

例如在交流电源的输入端并联压敏电组,利用铁磁共振原理,采用超级隔离变压器,在交流电源的输入端串联均衡器等。

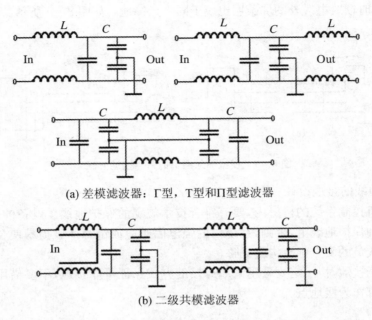

(a) 差模滤波器：Γ型，T型和Π型滤波器

(b) 二级共模滤波器

图 8.20　线路滤波器

（3）对大功率用电设备采取技术措施

必要时可将大功率感性用电设备的电源开关，换成过零型双向固态继电器 ACSSR（alternating current solid state relay），它在控制电平撤销时并不立即关断，直至交流电源的幅值几乎到达过零点即负载电流接近于零时才关断。这样避免了大功率用电设备在电源关断的瞬间向电网馈送储能，防止了尖峰干扰的产生。

（4）采用"看门狗（watchdog）"技术

在工业控制计算机内使用监控定时器 watchdog 技术，是一种防止尖峰脉冲干扰的有效方法。当侵入的尖峰脉冲干扰使程序编码的某一位发生改变时，程序所呈现的外在表现可能为"飞掉"，此时 watchdog 可帮助系统自动恢复正常运行。

3. 使用不间断电源 UPS

UPS 不仅能保护控制系统中的主要设备——计算机，还能够使现场数据不丢失，保证系统稳定地工作，特别在瞬时断电时，可避免关机后立即开机时对计算机造成的伤害。

4. 浪涌冲击的预防

在经常有雷击的场合，可在线路滤波器之前，交流电源的相线与零线之间接入压敏电阻和阀式避雷器等浪涌吸收器。现在已有实用的防雷避雷产品，要在规定的地方安装。安装时要注意检查防雷地线的接地电阻是否符合规定的数值，并且防雷地线应与设备的保护地线分开，相互远离。

习　题

8.1　计算机控制系统的总体设计包括哪些主要内容,以及计算机控制系统如何调试和投运?

8.2　计算机控制系统有哪些基本结构? 目前工业过程控制的主流是什么? 将来的发展趋势是什么?

8.3　目前流行的现场总线有哪几种? 现场总线有何特点?

8.4　计算机控制系统中的应用软件需要实现哪些基本功能,以及其中控制算法实现应注意哪些问题?

8.5　计算机控制系统硬件实现对控制机主机和输入、输出通道有何技术要求,以及如何选择控制机主机和输入、输出通道中的 A/D、D/A 芯片?

8.6　计算机控制系统常用哪些抗干扰技术(措施)?

参 考 文 献

［1］ 袁本恕.计算机控制系统［M］.合肥:中国科学技术大学出版社,1988.

［2］ 戴冠中.计算机控制原理［M］.西安:西北工业大学出版社,1988.

［3］ 刘植桢,郭木河,何克忠.计算机控制［M］.北京:清华大学出版社,1981.

［4］ Charles L Philips, Troy Nagle H Digital Control System Analysis and Design［M］. Prentice-Hall, Inc. , 1984.

［5］ 何克忠,郝忠恕.计算机控制系统分析与设计［M］.北京:清华大学出版社,1988.

［6］ 燕永田.工业控制计算机系统的设计与应用［M］.北京:中国铁道出版社,1999.

［7］ Astrom K J, Wittrmark B. Computer Controlled Systems Theory and Design［M］. Prentice-Hall, Inc. , 1984.

［8］ 蒋静坪.计算机实时控制系统［M］.杭州:浙江大学出版社,1992.

［9］ 李静泉.自适应控制系统理论、设计与应用［M］.北京:科学出版社,1990.

［10］ 王锦标,方崇智.过程计算机控制［M］.北京:清华大学出版社,1992.

［11］ 方崇智,萧德云.过程辨识［M］.北京:清华大学出版社,1998.

［12］ 盛国华译.数字控制系统［M］.北京:化学工业出版社,1986.

［13］ 张泰山.计算机控制系统［M］.北京:冶金工业出版社,1986.

［14］ 钱升,费炳铨.微型计算机控制原理与应用［M］.长沙:湖南科学技术出版社,1985.

［15］ 舒迪前.预测控制系统及其应用［M］.北京:机械工业出版社,1996.

［16］ 席裕庚.预测控制［M］.北京:国防工业出版社,1993.

［17］ Clarke D. Advances in Model-Based Predictive Control［M］. Oxford University Press, 1994.

［18］ Sifu Li(李嗣福), Kian Y Lim, Grant Fisher D. A State Space Formulation for Model Predictive Control［J］. AICHE Journal, 1989, 2.

［19］ 李嗣福.一种改进的模型算法控制［J］.信息与控制,1988,17(1).

［20］ 李嗣福.线性离散时间系统预测状态空间表达式［J］.中国科学技术大学学报,1994,24(1).

［21］ 李嗣福.参数化模型预测空间实现与预测递推算法［J］.控制理论与应用,1993,10(6).

［22］ 李嗣福.用改进模型算法控制无自平衡系统［J］.控制理论与应用,1990,7(1).

［23］ 李嗣福,陈忠保.GPC 的预测状态空间及预测控制算法形式统一［J］.控制与决策,1998,13(1).

［24］ 李嗣福.MAC 和 DMC 的改进算法［J］.自动化学报,1993,19(4).

［25］ 李嗣福.一种多变量系统分散优化 DMC 算法［J］.控制理论与应用,2000,17(1).

［26］ 李嗣福,陈忠保.基于预测状态空间实现的 GPC 自适应算法［J］.中国科学技术大学学报,1997,27(1).

［27］ Zervos C, Dumong G. Deterministic Adaptive Control Based on Laguerre Series Representation［J］. Int. J. Control, 1988, 48: 2333-2359.

[28] Dumont G A，Ye Fu，Guoqiang Lu. Nonlinear Adaptive Generalized Predictive Control and Application[C]//Advanced in Model Predictive Control. Oxford University Press，1994：498-515.

[29] 李嗣福,等.基于 Laguerre 模型与参数化模型构成的组合模型预测控制[J].中国科学技术大学学报,2001,31(1).

[30] 李嗣福,等.基于 Laguerre 函数的一类非线性系统预测控制[J].中国科学技术大学学报,2000,30(5).

[31] 高金源,夏洁.计算机控制系统[M].北京:清华大学出版社,2007.